Gerd Schulz, Klemens Graf
Regelungstechnik 1
De Gruyter Studium

Weitere empfehlenswerte Titel

Regelungstechnik 2, 3. Auflage
Gerd Schulz, Klemens Graf, 2013
ISBN 978-3-486-71281-0, e-ISBN 978-3-486-73615-1

Regelungs- und Steuerungstechnik für Ingenieure,
Band 1: Regelungstechnik, 4. Auflage
Fritz Tröster, 2015
ISBN 978-3-11-041114-4, e-ISBN (PDF) 978-3-11-041115-7,
e-ISBN (EPUB) 978-3-11-041119-5

Regelungs- und Steuerungstechnik für Ingenieure
Band 2: Steuerungstechnik, 4. Auflage
Fritz Tröster, 2015
ISBN 978-3-11-041728-9, e-ISBN (PDF) 978-3-11-041730-2,
e-ISBN (EPUB) 978-3-11-042395-2

Grundriß der praktischen Regelungstechnik, 22. Auflage
Dirk Fabian, Christian Spieker, Erwin Samal, 2014
ISBN 978-3-486-71290-2, e-ISBN 978-3-486-85464-0,
e-ISBN (EPUB) 978-3-486-98976-2

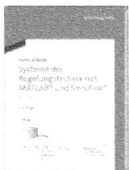

Systeme der Regelungstechnik mit MATLAB und Simulink, 2. Auflage
Helmut Bode, 2013
ISBN 978-3-486-73297-9, e-ISBN 978-3-486-76970-8

Gerd Schulz, Klemens Graf
Regelungstechnik 1

Lineare und nichtlineare Regelung,
rechnergestützter Reglerentwurf

5., korrigierte Auflage

DE GRUYTER
OLDENBOURG

Autoren
Prof. Dr. Gerd Schulz
82229 Seefeld
GG-Schulz@t-online.de

Prof. Dr. Klemens Graf
Hochschule München
Fakultät Elektrotechnik und Informationstechnik
Regelungstechnik und Automatisierungstechnik
Lothstraße 64, 80335 München
graf@ee.hm.edu

MATLAB and Simulink are registered trademarks of The MathWorks, Inc. See www.mathworks.com/ trademarks for a list of additional trademarks. The MathWorks Publisher Logo identifies books that contain MATLAB and Simulink content. Used with permission. The MathWorks does not warrant the accuracy of the text or exercises in this book. This book´s use or discussion of MATLAB and Simulink software or related products does not constitute endorsement or sponsorship by The MathWorks of a particular use of the MATLAB and Simulink software or related products.

For MATLAB® and Simulink® product information, or information on other related products, please contact:

The MathWorks, Inc.
3 Apple Hill Drive
Natick, MA, 01760-2098 USA
Tel: 508-647-7000

Fax: 508-647-7001
E-mail: info@mathworks.com
Web: www.mathworks.com

ISBN 978-3-11-041445-5
e-ISBN (PDF) 978-3-11-041446-2
e-ISBN (EPUB) 978-3-11-042392-1

Library of Congress Cataloging-in-Publication Data
A CIP catalog record for this book has been applied for at the Library of Congress.

Bibliographic information published by the Deutsche Nationalbibliothek
Die Deutsche Nationalbibliothek verzeichnet diese Publikation in der Deutschen Nationalbibliografie; detaillierte bibliografische Daten sind im Internet über http://dnb.dnb.de abrufbar.

© 2015 Walter de Gruyter GmbH, Berlin/Boston
Einbandabbildung: Airbus/Dumenjou
Druck und Bindung: CPI books GmbH, Leck
♾Printed on acid-free paper
Printed in Germany

www.degruyter.com

Vorwort zur 5. Auflage

In der vorliegenden fünften Auflage wurden die bekannt gewordenen Unstimmigkeiten korrigiert und beseitigt. Die Strukturierung der Kapitel wurde teilweise geändert.

Teil I: Lineare Regelung

In den ersten sechs Kapiteln werden die elementaren Grundlagen der Regelungstechnik erläutert. Nach einführenden Beispielen zur Regelung und Steuerung werden in *Kapitel 1* regelungstechnische Grundbegriffe vorgestellt. Die wesentlichen Elemente des Regelkreises werden veranschaulicht und die Eigenschaften Linearität und Rückwirkungsfreiheit definiert.

Die mathematische Behandlung der Elemente im Regelkreis ist Thema von *Kapitel 2*. Um den Einstieg in die Methoden der Regelungstechnik zu erleichtern, wird ausführlich auf die Behandlung von Regelkreisgliedern durch die Differentialgleichung eingegangen, bevor auf ihre Beschreibung durch Übertragungsfunktion und Frequenzgang übergegangen wird. Die grafischen Darstellungen des Frequenzgangs durch Ortskurve und Bode-Diagramm werden vorgestellt. Das Rechnen mit Regelkreisgliedern im Blockschaltbild, eine unverzichtbare Methode für die Analyse und Synthese von Reglern, ihre Verschaltung durch Reihen-, Parallel- und Kreisschaltung werden erläutert und am Beispiel eines Gleichstrommotors untersucht.

In *Kapitel 3* werden die Grundformen von Regelstrecken, wie proportionale, integrierende und spezielle Formen von Strecken, vorgestellt und jeweils durch mehrere praktische Beispiele veranschaulicht. Die im vorhergehenden Kapitel behandelten mathematischen Methoden werden angewendet und eingeübt. Für alle untersuchten Regelstrecken werden ihre Differentialgleichungen, Übertragungsfunktionen, Frequenzgänge, Sprungantworten sowie Ortskurven angegeben. Ausführlich wird auf die Linearisierung und Modellbildung von Regelstrecken eingegangen.

Das Thema von *Kapitel 4* ist das Verhalten linearer Regelkreise. Zunächst werden die grundlegenden Anforderungen an den Regelkreis aufgeführt. Die Wirkung der Grundbestandteile eines klassischen Reglers, des proportionalen, integrierenden und differenzierenden Anteils, wird ausführlich bei der Regelung proportionaler und integrierender Regelstrecken demonstriert. Abschließend wird die Realisierung analoger und digitaler elektrischer Regler untersucht.

Die Stabilität von Regelkreisen ist Ziel der Untersuchungen in *Kapitel 5*. Es wird die Unterscheidung zwischen interner und externer Stabilität vorgestellt. Die Untersuchung des Hurwitz-Kriteriums schließt sich an, bevor zum Abschluss das Nyquist-Verfahren als grafische Methode der Stabilitätsanalyse behandelt wird.

In *Kapitel 6* werden klassische Entwurfsverfahren untersucht. Begonnen wird mit den grundlegenden Entwurfsverfahren wie Pol-/Nullstellenkompensation, Kompensationsregler, Parameteroptimierung und Betragsoptimum. Empirische Entwurfsverfahren nach Ziegler/Nichols, Chien/Hrones und Reswick sowie Latzel schließen sich an.

Die folgenden zwei Kapitel beschäftigen sich mit der Synthese der klassischen Regler. In *Kapitel 7* wird der Reglerentwurf mit Hilfe des Bode-Diagramms untersucht. Nach der Vorstellung der Grundlagen des Arbeitens mit dem Bode-Diagramm werden die Bode-Diagramme einfacher Regelstrecken und Regler behandelt. Die in Kapitel 4 aufgeführten Entwurfsanforderungen für Regler im Zeitbereich werden dann auf den Frequenzbereich übertragen. Abschließend wird die Reglerauslegung mit dem Bode-Diagramm für proportionale und integrierende Strecken beispielhaft untersucht, und es wird die Verwendung phasenkorrigierender Netzwerke erläutert.

Im folgenden *Kapitel 8* wird die Reglersynthese mit Hilfe der Wurzelortskurve behandelt. Nach der Definition der Wurzelortskurve und der Vorstellung wichtiger Regeln für Konstruktion und Verlauf der Wurzelortskurve, werden zunächst wieder die Reglerentwurfsanforderungen vom Zeitbereich auf den Entwurf mit der Wurzelortskurve übertragen und formuliert. Die Wirkung der Einfügung und Verschiebung von Reglerpolen und -nullstellen auf den Verlauf der Wurzelortskurve wird ausführlich untersucht. Den Abschluss bildet die Demonstration des Entwurfs für einige typische Beispiele.

Bis zu dieser Stelle wurde zur Lösung der Regelungsaufgabe ausschließlich der einschleifige Standardregelkreis betrachtet. Im *Kapitel 9* wird nun beschrieben, wie durch strukturelle Erweiterungen des Standardregelkreises sein Führungs- und Störverhalten wesentlich verbessert werden können. Die Konzepte der Struktur mit zwei Freiheitsgraden, des Referenzregelkreises sowie der Bahnplanung führen auf Regelungsstrukturen, bei denen sich das Führungs- und Störverhalten getrennt einstellen lassen. Das erlaubt, die von einer realen Strecke vorgegebenen Grenzen der Regelgüte, vollständig auszunutzen. Eine weitere wichtige strukturelle Maßnahme ist die Vermeidung des Reglerüberlaufs beim Vorliegen einer Stellsignalbegrenzung. Die Verwendung zusätzlicher Rückführsignale führt zu den Regelungsstrukturen der Kaskadenregelung, der Störgrößenaufschaltung sowie der Hilfsstell- und Hilfsregelgrößenaufschaltung und auch der Verhältnisregelung.

Der Reglerentwurf für Zweigrößenregelstrecken, also von intern verkoppelten Strecken mit zwei Stellgrößen und zwei Regelgrößen in *Kapitel 10* schließt den Teil I der Linearen Regelung ab. Zunächst werden zwei Grundstrukturen von Zweigrößenregelstrecken vorgestellt. Es folgen dann verschiedene Möglichkeiten der Entkopplung dieser Strecken, d. h. die theoretische Überführung der Regelung dieser Zweigrößenregelstrecken auf die getrennte Regelung von zwei Eingrößenregelstrecken.

Teil II: Nichtlineare Regelung

Im nun folgenden Teil der nichtlinearen Regelung werden zunächst in *Kapitel 11* einige nichtlineare Regelkreisglieder vorgestellt. Dann wird in die Analyse von Regelkreisen mit Hilfe der harmonischen Balance eingeführt und die Beschreibungsfunktion definiert. Für verschiedene einfache Regelkreisglieder werden die Beschreibungsfunktionen berechnet.

Nach der Erläuterung des Zweiortskurvenverfahrens zur Stabilitätsuntersuchung wird es auf Regelkreise mit nichtlinearen Elementen angewendet.

In *Kapitel 12* wird nach der praktischen Realisierung einfacher nichtlinearer Regler die Regelung von Verzögerungs- und integrierenden Strecken mit Zwei- und Dreipunktreglern behandelt. Ziel der Untersuchung ist vorrangig die Ermittlung von Kenngrößen des Regelkreises wie z. B. Periodendauer, mittlere Regeldifferenz, Schwankungsbreite der Dauerschwingung und Ein-/Ausschaltverhältnis.

Als Anwendungsbeispiele linearer und nichtlinearer Regelungen werden in *Kapitel 13* die Kaskadenregelung eines Gleichstrommotors und die Stabilisierung eines instabilen Pendels untersucht. Beide Beispiele sind in den vorangehenden Kapiteln häufig als Beispiele für die vorgestellten Verfahren betrachtet worden. Ihre Regelung rundet damit die Betrachtung ab.

Teil III: Rechnergestützter Reglerentwurf

In diesem Teil wird die Verwendung eines Rechners beim Reglerentwurf näher analysiert. In *Kapitel 14* werden Grundlagen der nummerischen Systemanalyse gestreift. Zum einen ist dies die Ermittlung der Nullstellen von Polynomen, die in der Regelungstechnik oft gebraucht wird, und zum anderen wird die Simulation linearer und nichtlinearer Systeme betrachtet. Hierbei wird eine kurze Einführung in die Systembeschreibung durch die Zustandsdarstellung gegeben, und es werden nummerische Integrationsalgorithmen behandelt.

Zum Schluss werden in *Kapitel 15* spezielle regelungstechnische Analyse- und Entwurfsprogramme vorgestellt, die im Wesentlichen auf dem MATLAB/Simulink-Entwurfspaket und dSPACE-Soft- und Hardware beruhen. Diese Werkzeuge ermöglichen einen komfortablen Reglerentwurf und -test unter Anwendung vieler in diesem Buch behandelter Verfahren.

Anhang

Im Anhang wird eine komprimierte Darstellung der Laplace-Transformation zur Wiederholung und zum Nachschlagen angeboten. Das sichere Beherrschen der Laplace-Transformation ist notwendig zum Verstehen des in diesem Buch vermittelten regelungstechnischen Fachwissens.

Allgemeine Bemerkungen

Dieses Buch wendet sich an den Studenten der Elektrotechnik und des Maschinenbaus in praktisch orientierten Studiengängen an Hochschulen sowie an den in der Praxis tätigen Ingenieur. Es wurde konzipiert als Textbuch für die Vorlesungen Regelungstechnik 1 und 2 an der Hochschule München in der Fakultät für Elektrotechnik und Informationstechnik und wird dort seit vielen Jahren eingesetzt. Auf Grund der vielen durchgerechneten Beispiele und der zahlreichen Aufgaben mit Lösungen, ist das Buch zum Selbststudium sehr geeignet. Hierfür ist allerdings vorausgesetzt, dass der Leser leistungsfähige Programmsysteme wie z. B. MATLAB, MATRIXX ... zur Verfügung hat.

Zur Unterscheidung vom normalen Text werden Beispiele und Aufgaben mit dem Zeichen □ abgeschlossen.

Dank

Der besondere Dank geht an Herrn Dr. Gerhard Pappert und Herrn Leonardo Milla vom Verlag de Gruyter, bei denen wir jederzeit ein offenes Ohr für Probleme und Wünsche fanden und an die Firma Airbus, die uns immer wieder hervorragende Fotos für das Buchcover zur Verfügung stellt.

München, im Mai 2015   Gerd Schulz und Klemens Graf

Inhaltsverzeichnis

6 Reglersynthese mit klassischen Methoden   165

7 Reglersynthese mit dem Bode-Diagramm   187

8 Reglersynthese mit der Wurzelortskurve   227

Teil I

Lineare Regelung

1 Einführung in die Regelung und Steuerung

Regelungen findet man heute auf vielen technischen und nichttechnischen Gebieten, angefangen von Regelungen in Haushaltsgeräten (Temperaturregelung in Bügeleisen, Heizkissen, ...) über die Regelung in Fahrzeugen (Motor-Kennfeldregelung, Geschwindigkeitsregelung, ...) bis hin zu Prozessregelungen in industriellen Großanlagen, automatisch gesteuerten Produktionsabläufen, Energierückgewinnungsanlagen, Positions- und Lageregelung von Flugzeugen und Satelliten. Auch die Konstanthaltung der menschlichen Körpertemperatur oder die Beeinflussung des Wirtschaftswachstums durch politische Korrekturmaßnahmen sind Beispiele für Regelungsvorgänge in nichttechnischen Bereichen.

1.1 Regelungen

Temperatur-Regelung. Es sollen zur Einführung zunächst einige technische Regelvorgänge betrachtet werden, die das Grundsätzliche einer Regelung erkennen lassen. Als erstes Beispiel sei ein *langsamer Regelvorgang*, die Regelung der Raumtemperatur in einem Wohnhaus, betrachtet (siehe Abb. 1.1). In einem im Keller befindlichen Heizkessel wird z. B. mit einem Ölbrenner eine Spezialheizfläche aufgeheizt, die dann ihre Wärmeenergie an das durchströmende Wasser abgibt. In einem motorgetriebenen Mischer werden vor- und rücklaufendes Wasser gemischt und über eine Umlaufpumpe und Rohrleitungen dem Heizkörper im Raum zugeführt. Die Wärmeabgabe an den Wohnraum geschieht mittels Konvektion durch Heizkörper im Raum.

Bei der einschleifigen Regelung wird nur die Innentemperatur ϑ_i des Raumes gemessen und mit einem eingestellten Sollwert verglichen. Aus diesem Vergleichssignal bildet der Regler sein Steuersignal, mit dem der Stellmotor des Mischers angetrieben wird. Die mittlere Temperatur des Heizkessels wird dabei über einen Vorwahlschalter fest „von Hand" eingestellt. Die Verwendung von Thermostatventilen an jedem Heizkörper ist hierbei außer Acht gelassen.

Die zusätzliche Messung der Außentemperatur ϑ_a *steuert* den Sollwert der Kesseltemperatur, die nun ihrerseits geregelt wird (gestrichelt gezeichnet). Die Einstellung der Kesseltemperatur von Hand entfällt.

Dieses Beispiel enthält bereits alle *Merkmale einer selbsttätigen Regelung,*

> *nämlich das* fortlaufende Vergleichen *des Istwerts der Regelgröße mit dem
> Sollwert, wobei aus der Differenz der beiden ein Signal gebildet wird, das
> den Istwert stets in Richtung des Sollwerts führt.*

Würde die obige Regelung von Hand erfolgen (Steuerung), so müsste der Mensch an einem Thermometer die jeweilige Raumtemperatur ablesen und dann aufgrund des Messergebnisses entscheiden, in welche Richtung das Mischventil zu betätigen ist.

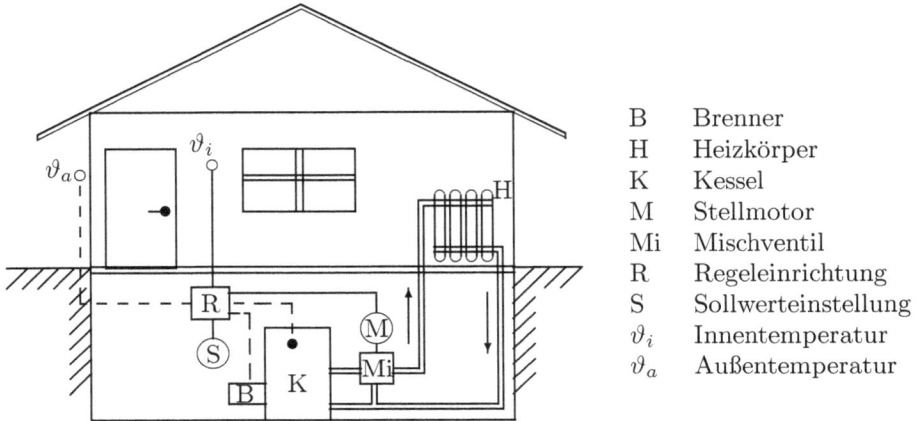

B	Brenner
H	Heizkörper
K	Kessel
M	Stellmotor
Mi	Mischventil
R	Regeleinrichtung
S	Sollwerteinstellung
ϑ_i	Innentemperatur
ϑ_a	Außentemperatur

Abbildung 1.1: *Aufbau einer Temperaturregelung*

Füllstandsregelung. Das zweite Beispiel einer Füllstandsregelung (siehe Abb. 1.2) kommt ohne externe Stellenergie für den Regelvorgang aus und ist im Zeitverhalten

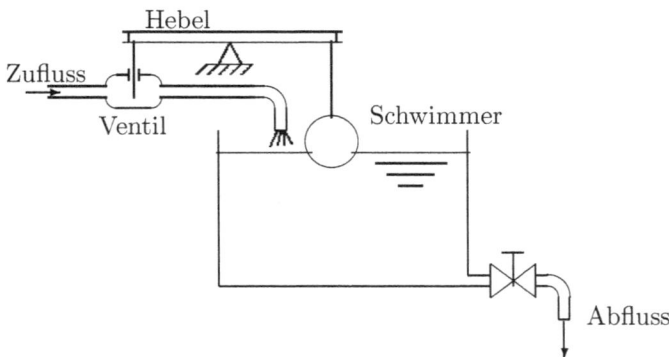

Abbildung 1.2: *Füllstandsregelung eines Behälters*

schneller als die vorangehende Temperaturregelung. Ein über dem Behälter drehbar gelagerter Hebel wird infolge der Auftriebskraft eines Schwimmers nach oben bzw. unten bewegt. Der Hebelarm wird so eingestellt, dass bei Erreichen der gewünschten Füllstandshöhe der Zufluss im Ventil geschlossen wird. Auch bei dieser Füllstandsregelung sind alle Merkmale einer Regelung vorhanden: Istwert und Sollwert der Regelgröße, Messung der gewünschten Füllstandshöhe, integrierte Regel- und Stelleinrichtung (Hebel).

Während die Raumtemperaturregelung typische Reaktionszeiten von ca. 15 bis 30 Minuten aufweist, läuft die Füllstandsregelung in ein paar Minuten ab.

Drehzahlregelung. Die nachfolgend betrachtete Drehzahlregelung eines Gleichstrommotors ist dagegen im Zeitraum von Sekunden abgeschlossen. Sie stellt somit eine *schnelle Regelung* dar. Das Erregerfeld des in Abb. 1.3 gezeigten fremderregten Gleichstrommotors wird über die Gleichrichterschaltung GR gespeist. Die mit einem Tachogenerator TG gemessene Drehzahl wird mit dem geforderten Sollwert der Drehzahl verglichen, und daraus wird im Regler das Stellsignal gebildet. Dieses Stellsignal wird im anschließenden Pulsgeber in einen Zündimpuls für die Thyristoren der nachfolgenden Gleichrichterschaltung, hier eine B6-Brückenschaltung, umgeformt. Die geglättete Ausgangsspannung U_A der Brückenschaltung ist dann die Ankerspannung des Gleichstrommotors. Die Drehzahl des Motors stellt sich proportional zur angelegten Ankerspannung ein.

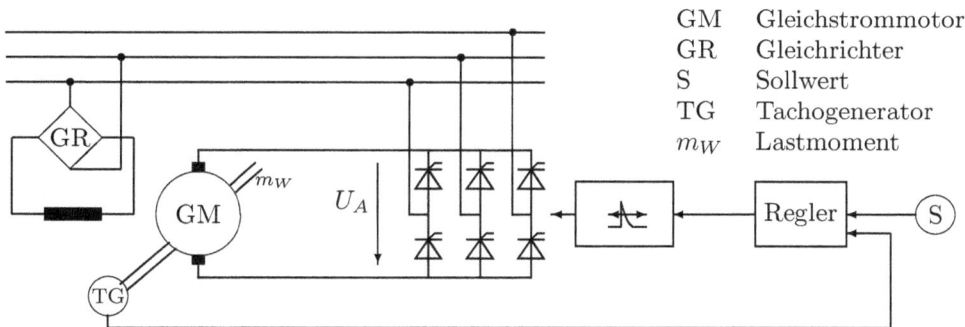

GM	Gleichstrommotor
GR	Gleichrichter
S	Sollwert
TG	Tachogenerator
m_W	Lastmoment

Abbildung 1.3: *Drehzahlregelung eines Gleichstrommotors*

Regelung des Thyroxingehalts. Als ein Beispiel für *biologische Regelvorgänge* zeigt Abb. 1.4 die Regelung des stoffwechselregulierenden Thyroxingehaltes des Blutes. Der Thyroxingehalt des Blutes wird durch die Beta-Zellen des Hypophysen-Vorderlappens (Hirnanhangdrüse) erfasst. Diese Beta-Zellen schütten bei einem zu geringen Thyroxingehalt des Blutes das Hormon Thyreotropin aus. Dieses Hormon gelangt über den Blutkreislauf zur Schilddrüse und regt wiederum die Schilddrüse zur Ausschüttung des Thyroxins an. Die Beta-Zellen sind sozusagen Messfühler und Regler in einer Funktion. Das Regelsignal Thyreotropin wiederum regt das „Stellglied" Schilddrüse zur Abgabe des „Stellsignals" Thyroxin an. Der Blutkreislauf mit seinem Thyroxingehalt stellt die Regelstrecke dar.

Großhirn

Kleinhirn

Hypophyse

Thyreotropin

Blutkreislauf

Schilddrüse

Thyroxin

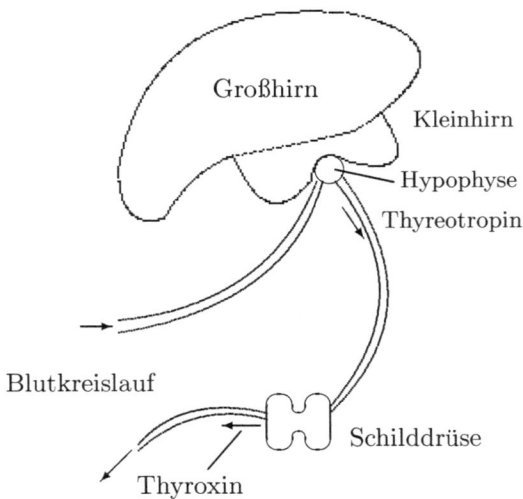

Abbildung 1.4: Regelung des Thyroxingehalts im Blut des Menschen

Ökonomische Regelvorgänge. Auch die Maßnahmen der Regierungen, Parlamente ... zur *Lenkung der Volkswirtschaft* der Bundesrepublik Deutschland sind Teil eines Regelprozesses. Durch Steuersätze, Subventionen, Fördermaßnahmen, Investitionen ... wird die Lenkung der Volkswirtschaft durchgeführt. Ziele sind dabei die Erhaltung der Geldwertstabilität, die Erreichung eines Wirtschaftswachstums, eine niedrige Arbeitslosenquote sowie ein Außenhandelsgleichgewicht. Durch Ministerien, Ämter, Behörden und Institute werden die aktuellen Zahlen der Inflationsrate, des Wirtschaftswachstums, der Arbeitslosenquote sowie des Außenhandels in regelmäßigen Abständen ermittelt und entsprechende Gegenmaßnahmen eingeleitet. Dieses Eingreifen entspricht der Funktion eines Reglers. Die Volkswirtschaft als Regelstrecke reagiert nach einer gewissen Zeit auf die Maßnahmen (oder auch nicht) und erfordert dann weitere Eingriffe.

Definitionen. Regelvorgänge werden in die folgenden Klassen eingeteilt:

- Die oben betrachteten technischen Regelungen sind in erster Linie so genannte *Festwertregelungen*. Bei einer solchen Regelung bleibt der Sollwert der Regelgröße über längere Zeit konstant.

- Im Gegensatz dazu spricht man von einer *Folgeregelung*, wenn die Regelgröße einem (zeitlich) veränderlichen Sollwert folgen soll. Dieser zeitlich veränderliche Sollwert wird durch einen Zeitplan oder ein Programm vorgegeben. Beispiele derartiger Folgeregelungen sind der Drehzahlhochlauf eines Motors entlang einer „Rampe", die Bahnverfolgung eines Satelliten durch eine Nachrichtenantenne oder ein Fräsvorgang nach Vorlage eines skalierten Modells.

- Bei einer *Verhältnisregelung* wird z. B. das Mischungsverhältnis zweier Medien auf einen Wert geregelt. Die Regelung des Benzin/Luftgemisches bei einem Kfz mit Katalysator ist ein typisches Beispiel.

Alle bisherigen Beispiele beinhalten das *Charakteristische eines Regelvorgangs*, das in IEC 60050-351 definiert ist:

> *Das* Regeln, *die* Regelung, *ist ein Vorgang, bei dem fortlaufend eine Größe, die Regelgröße (die zu regelnde Größe) erfasst, mit einer anderen Größe, der Führungsgröße, verglichen und im Sinne einer Angleichung an die Führungsgröße beeinflusst wird.* Kennzeichen *für das Regeln ist der geschlossene Wirkungsablauf, bei dem die Regelgröße im Wirkungskreis des (geschlossenen) Regelkreises fortlaufend sich selbst beeinflusst.*

Lässt man nichttechnische Regelvorgänge außer Acht, so können sich die technischen Regelungen unter Zuhilfenahme unterschiedlicher Medien abspielen:

- *Mechanische Regelungen* sind im Allgemeinen robust, temperaturunanfällig und häufig ohne Hilfsenergie. Beispiele sind die Regelung des Benzinstands im Vergaser, die Füllstandsregelung, . . .

- Die hervorragende Eigenschaft *pneumatischer Regelungen* ist ihre Explosionssicherheit. Beispiele sind die vielen chemischen und verfahrenstechnischen Regelungen in der Industrie.

- *Hydraulische Regelungen* eignen sich besonders gut zur schnellen Übertragung und Ausübung großer Kräfte und Momente. Beispiele sind die Klappenverstellung bei Flugzeugen, die Regelung von Bau- und Werkzeugmaschinen, . . .

- *Elektrische Regelungen* zeichnen sich durch die problemlose Signalübertragung, ihre Schnelligkeit und gute Miniaturisierbarkeit aus. Beispiele sind die Drehzahlregelung von Antrieben und alle Arten der Regelung unter Verwendung von Analog- und Digitalrechnern (Mikroprozessoren).

Häufig sind bei einer Regelung jedoch verschiedene physikalische Domänen beteiligt, so dass die Regelungstechnik einen interdisziplinären Charakter hat.

1.2 Steuerungen

Definition. Das Wesen der *Steuerung* im Unterschied zur Regelung wird in der englischen Sprache präzise erfasst durch das Wort „open loop control" im Unterschied zu „closed loop control" als Kennzeichnung für die Regelung. Es muss also der geschlossene Wirkungskreislauf fehlen, damit man von einer Steuerung sprechen kann. Betrachtet man unter diesem Aspekt die drei technischen Beispiele von Abschnitt 1.1, so sind für die Umwandlung dieser Anlagen in eine Steuerung die folgenden Maßnahmen erforderlich:

1. Bei der *Raumheizung* kann jegliche Rückführung der Temperatursensoren entfallen, sowohl für die Innen- als auch für die Außentemperatur. Ebenso sind Stellmotor und Regler überflüssig, da von Hand der Mischer auf eine Marke eingestellt wird. Findet man die richtige Stellung, so arbeitet die Raumheizung einwandfrei, solange Fenster und Tür nicht geöffnet werden. Beim Auftreten einer derartigen *Störung* sinkt die Raumtemperatur, denn es findet ja „keine fortlaufende Rückmeldung und kein Vergleich mit einem Sollwert" statt.

2. Nach Fortfall des Schwimmers (Sensor) und/oder des Hebelarms bei der *Füllstandsregelung* ist kein sinnvoller Betrieb mehr möglich. Die einmal am Ventil eingestellte Zuflussmenge wird permanent zufliessen und den Behälter zum Überlaufen bringen.

3. Bei der *Drehzahlregelung* entfällt mit dem Tachogenerator (Sensor) auch die Rückmeldung. Der Regler wird überflüssig. Über den Impulsgeber für den Gleichrichter kann man einen geeigneten Steuerwinkel α so einstellen, dass der Motor mit der gewünschten Drehzahl läuft. Ändert sich jedoch das Belastungsmoment (Störung), so bleibt wie bei der Raumheizung die Regelgröße nicht auf dem gewünschten Wert.

Durch den Wegfall des geschlossenen Wirkungskreislaufes kann die Anlage bei Auftreten von Laständerungen (Störungen) den Sollwert bei einer Steuerung nicht mehr halten. Das *Charakteristische einer Steuerung* ist somit:

> *Das* Steuern, *die* Steuerung *ist der Vorgang in einem System, bei dem ein oder mehrere Größen als Eingangsgrößen andere Größen als Ausgangsgrößen aufgrund der dem System eigentümlichen Gesetzmäßigkeiten beeinflussen.* Kennzeichen *für das Steuern ist der offene Wirkungsablauf, bei dem die durch die Eingangsgrößen beeinflussten Ausgangsgrößen nicht wieder über dieselben Eingangsgrößen auf sich selbst wirken.*

1.3   Signalflussplan (Blockschaltbild)

Regelung. Betrachtet man noch einmal die Abb. 1.1 und 1.3, so erkennt man in ihrer Funktion abgegrenzte Bauelemente oder Baugruppen. Bei der *Raumheizung* sind dies die Baugruppen(Einheiten):

(1) Sollwertgeber	(2) Regler	(3) Stellmotor
(4) Mischer	(5) Heizkörper	(6) Wohnraum
(7) Temperaturfühler	sowie Leitungen, Rohre ...	

Bei der *Drehzahlregelung* sind die folgenden Baugruppen erkennbar:

Motor	Tachogenerator	Regler	Sollwertgeber
Pulsgeber	Gleichrichter	...	

Diese Baugruppen besitzen unterschiedliche physikalische Eingänge und Ausgänge und sind über elektrische Leitungen, Rohrleitungen, Luftströmungen (Wohnraum) ... miteinander verbunden.

In der Regelungstechnik werden diese Baugruppen durch *rechteckige Blöcke* dargestellt, die durch Verbindungslinien (Wirkungsrichtungen) miteinander verbunden sind. Die Darstellung einer Anlage durch derartige Blöcke bezeichnet man als *Blockschaltbild* oder *Signalflussplan*.

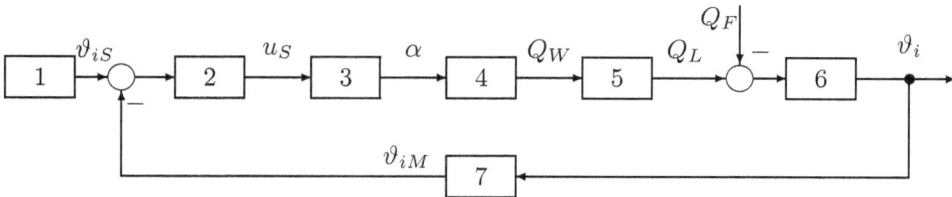

Abbildung 1.5: *Blockschaltbild der Temperaturregelung mit den oben aufgeführten Baugruppen; Bezeichnungen: ϑ_{is} - Solltemperatur, u_s - Steuerspannung, α - Winkel Mischventil, Q_W - Wärmemenge (Zulauf), Q_L - Wärmemenge des Raumes, Q_F - Wärmeverlust (Fenster), ϑ_i - Raumtemperatur, ϑ_{iM} - Messwert der Raumtemperatur*

Die Blöcke sind mit den Nummern der obigen Auflistung bezeichnet. Jeder Block weist unterschiedliche physikalische Eingangsgrößen und Ausgangsgrößen auf. Das Charakteristische einer Regelung, der geschlossene Wirkungsablauf, kommt durch die *Kreisstruktur* von Abb. 1.5 gut zur Geltung.

Steuerung. Würde man auf jegliche Rückführung der Raumheizung verzichten, so würde die Temperatureinstellung direkt am Mischer erfolgen. Dann ergäbe sich gemäß Abb. 1.6 eine Steuerung der Raumtemperatur.

Kennzeichnend für die Steuerung ist der *offene Wirkungsablauf.*

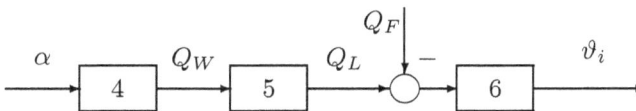

Abbildung 1.6: *Blockschaltbild der Steuerung der Raumtemperatur*

Deutlich erkennbar ist in beiden Blockschaltbildern 1.5 und 1.6 der Einfluss der *Störgröße* Q_F, die dem Öffnen des Fensters entspricht. Die Wärmemenge Q_F entweicht durch das Fenster (Minusvorzeichen). Während die Regelung durch den geschlossenen Wirkungsablauf den Einfluss der Störgröße erfassen kann, unterbleibt dies bei der Steuerung.

Regelkreis. Wie die vorangehenden Betrachtungen der Regelung und der Steuerung zeigen, können die physikalischen Größen (Signale) auf unterschiedliche Art und Weise aufeinander einwirken. Es treten z. B. Additions- bzw. Mischstellen und Verzweigungs- stellen dieser Signale auf, deren Wirkung Abb. 1.7 verdeutlicht.

Additions-, Subtraktionsstelle:

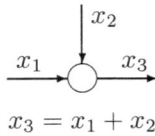

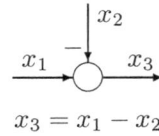

$$x_3 = x_1 + x_2 \qquad\qquad x_3 = x_1 - x_2$$

Verzweigungsstellen:

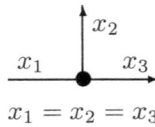

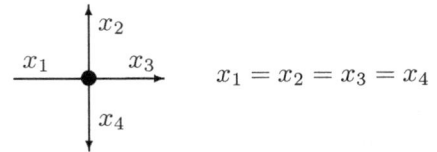

$$x_1 = x_2 = x_3 \qquad\qquad x_1 = x_2 = x_3 = x_4$$

Abbildung 1.7: *Signalleitungsverbindungen*

Entscheidend für die Wirkung einer Regelung ist die *Vorzeichenumkehr* im Regelkreis, die in Abb. 1.5 an der Subtraktionsstelle „Sollwert ϑ_{iS} minus Istwert ϑ_{iM}" auftritt. Bei einer positiven Regelabweichung ($\vartheta_{iM} > \vartheta_{iS}$) wirkt die Stellgröße α so auf die Regelstrecke ein, dass die Regelgröße wieder auf ihren Sollwert ($\vartheta_i = \vartheta_{iS}$) zurückgeht. Umgekehrt gilt das auch bei einer negativen Regelabweichung.

Ausgehend von der Darstellung eines Regelkreises in der Form von Abb. 1.5 ist man in der Regelungstechnik zu einer genormten Darstellung übergegangen. Die Normierung kommt sowohl durch Kennzeichnung der Blöcke als auch durch die Bezeichnung der Sig- nale zum Ausdruck. Die nachfolgende Abb. 1.8 zeigt eine allgemeine Regelkreisstruktur mit den *normierten Bezeichungen*.

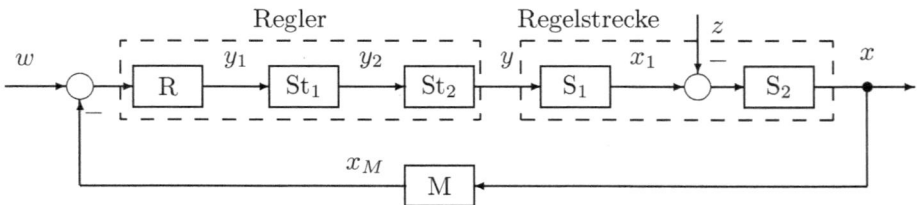

Abbildung 1.8: *Allgemeine Regelkreisstruktur*

Es gelten die folgenden *Definitionen*:

R	Regler	St_1	Stellglied 1 (Motor)
St_2	Stellglied 2 (Mischer)	S_1	Teilstrecke 1 (Heizkörper)
S_2	Teilstrecke 2 (Wohnraum)	M	Temperaturfühler
x	Regelgröße	y	Stellgröße
z	Störgröße	w	Führungsgröße (Sollwert)
x_M	Messwert (Regelgröße)	x_i	Hilfsgröße
$x_w = x - w$	Regelabweichung	$x_d = w - x$	Regeldifferenz
y_i	Hilfsgrößen		

Wie in Abb. 1.8 gestrichelt dargestellt, bezeichnet man oftmals Regler und Stellglied zusammen als Regler. Für Regler, Vergleicher und Messfühler wird auch der Begriff *Regeleinrichtung* gebraucht. Die Teilstrecken 1 und 2 ergeben die gesamte *Regelstrecke* (S). Mit diesen Zusammenfassungen ergibt sich damit die folgende Struktur eines *einschleifigen* Regelkreises (Abb. 1.9a):

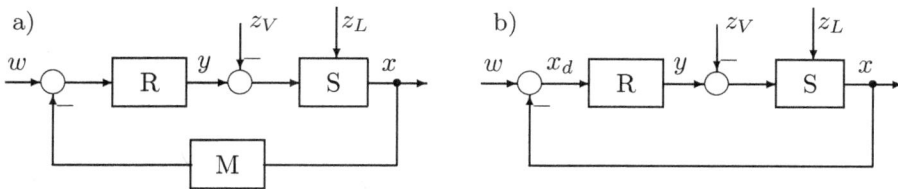

Abbildung 1.9: *Standardformen des Regelkreises*

Es gelten dabei die Bezeichnungen R – Regler, S – Regelstrecke und M – Messelement. Ist das Messelement (Sensor) „hinreichend" schnell und „hinreichend" genau, dann kann man auf seine Berücksichtigung verzichten und eine *Einheitsrückführung* vorsehen (Abb. 1.9b). Neu eingeführt wurde die Größe z_V, auch als *Versorgungsstörgröße* (z. B. ein Loch in der Leitung) bezeichnet. Die Störgröße z ($\widehat{=} Q_F$) (von Abb. 1.5) wird im Unterschied zu z_V dann als *Laststörgröße* z_L (z. B. Fenster AUF) bezeichnet.

Rückwirkungsfreiheit. Die einzelnen Einheiten (Regelkreisglieder) im Regelkreis werden als *rückwirkungsfrei* angenommen. Rückwirkungsfreiheit bedeutet, dass die Ausgangsgröße eines Regelkreisgliedes nicht auf die Eingangsgröße zurückwirkt. Z.B. wirkt die Temperatur des Raumes nicht zurück auf die Temperatur des Heizkörpers oder die Winkelstellung des Mischers nicht auf die Steuerspannung des Motors.

Linearität. Außerdem sind die Regelkreisglieder als linear angenommen. Unter *Linearität* versteht man, dass alle Beschreibungen eines Regelkreisgliedes linear sind, d. h. es liegen lineare Kennlinien, lineare Gleichungen, lineare Differentialgleichungen ... vor.

Diese Systemeigenschaft ist häufig nicht gegeben, da oft Nichtlinearitäten auftreten. Z. B. besteht bei jeder Ventilkennlinie ein nichtlinearer Zusammenhang zwischen der

Winkelstellung α und dem Strömungsvolumen Q. Ebenso ist das Isolationsverhalten eines Raumes bei 0°C anders als bei 20°C. Hier kommt einem die Tatsache entgegen, dass die meisten (durchaus nichtlinearen) Regelanlagen an einem *Arbeitspunkt* (Betriebspunkt) betrieben werden. Bei der Raumheizung liegt dieser Arbeitspunkt z. B. bei ca. 20°C. Das Wärmeverhalten des Raumes in der Umgebung von 20°C ist aber nun weitgehend zu der Temperaturänderung direkt proportional, ebenso wie das Strömungs-

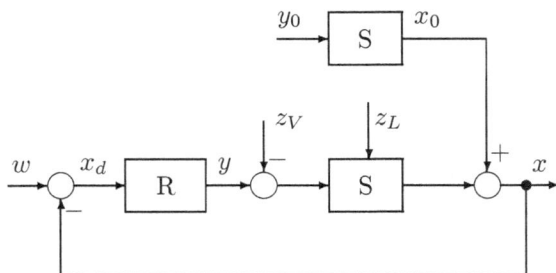

Abbildung 1.10: *Linearisierter Regelkreis mit Einstellung des Arbeitspunktes; x - Regelgröße (Temperaturänderung am Arbeitspunkt), x_0 - Arbeitspunkt*

volumen am Mischventil in der Nähe der Winkelstellung α, die für 20°C Raumtemperatur erforderlich ist, zu der Winkeländerung $\Delta\alpha$ direkt proportional ist. Damit kann man davon ausgehen, dass alle Regelparameter in der Nähe des Arbeitspunktes linear voneinander abhängen; *der Regelkreis ist in der Nähe des Arbeitspunktes linear.* Der Arbeitspunkt selber wird z. B. durch eine getrennte Steuerung (Stellsignal y_0; oft direkt am Regler vorgebbar) eingestellt, wie Abb. 1.10 zeigt.

Die Untersuchung des Regelkreises wird nur für den linearisierten Teil durchgeführt, die Arbeitspunkteinstellung ist davon unabhängig. Bei der Raumtemperaturregelung erfolgt die Einstellung des Arbeitspunktes des nichtlinearen Mischventils beispielsweise durch Einstellung der Kesseltemperatur auf 60°C oder 70°C.

Die Linearisierung eines nichtlinearen Regelkreisgliedes erfolgt mathematisch durch Bildung der Ableitung am Arbeitspunkt (Betriebspunkt). Dies zeigt die folgende Abb. am Beispiel der nichtlinearen Ventilkennlinie.

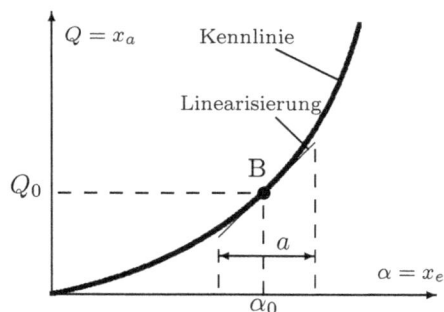

Abbildung 1.11: *Linearisierung einer Ventilkennlinie; B - Arbeitspunkt, a - linearer Arbeitsbereich, α_0 - Arbeitspunkt des Ventils (Winkelstellung)*

Mit dem Winkel $\alpha = x_e$ als Eingangsgröße und dem Wärmestrom $Q = x_a$ als Ausgangsgröße des betrachteten Mischventils wird $Q = f(\alpha) \approx Q_0 + \left.\frac{\partial Q}{\partial \alpha}\right|_{\alpha_0} \cdot \Delta\alpha$. Der Wert α_0

legt den Arbeitspunkt fest (*stationäres Verhalten*, oberer Bildteil von Abb. 1.10) und die Linearisierung am Arbeitspunkt B wird durch die partielle Ableitung und den linearen Regelkreis beschrieben (*dynamisches Verhalten*, unterer Bildteil von Abb. 1.10). Anstelle von $\Delta \alpha$ verwendet man im Regelkreis jedoch zur Vereinfachung der Schreibweise nur α. (Bei der Raumtemperaturregelung müsste z. B. die *Kesseltemperatur so eingestellt werden*, dass der Arbeitspunkt des Ventils in B liegt.) Die ausführliche Linearisierung einer nichtlinearen Regelstrecke wird in Abschnitt 3.5 behandelt.

Rückwirkungsfreiheit und Linearität sind wichtige Eigenschaften bei der Untersuchung von Regelkreisen und sie werden für die weiteren Untersuchungen als gegeben vorausgesetzt.

Vorgehensweise beim Reglerentwurf. Der praktische Entwurf eines Reglers erfolgt in mehreren aufeinander folgenden Schritten. Zunächst ist ein Modell der Regelstrecke zu ermitteln. Dies geschieht in den meisten Fällen durch die Aufstellung der Differentialgleichungen, die das dynamische Verhalten der Strecke beschreiben. Für dieses Modell der Regelstrecke entwirft man dann einen Modellregler nach einem Entwurfsverfahren, welches die speziellen Eigenschaften der Strecke berücksichtigt. In einem Modellregelkreis, bestehend aus Modellstrecke und Modellregler, wird der entwickelte Regler im Rahmen einer Simulation auf dem Digitalrechner überprüft, gegebenenfalls verbessert, bzw. sogar völlig neu entworfen. Sind die Simulationen des Modellregelkreises zufriedenstellend verlaufen, erfolgt nun der Entwurf des realen Reglers. Dieser reale Regler war früher ein analoger Regler, d.h. eine Operationsverstärkerschaltung, die das gleiche dynamische Ein-/Ausgangs-Verhalten, wie der Modellregler aufwies. Heute ist der reale Regler meist ein digitaler Regler, d.h. ein entsprechend programmierter Mikrocontroller, wiederum mit dem gleichen Ein-/Ausgangs-Verhalten, wie der Modellregler. Das in Abb. 1.12 dargestellte Entwurfsschema, verdeutlicht die einzelnen Schritte des Entwurfsprozesses.

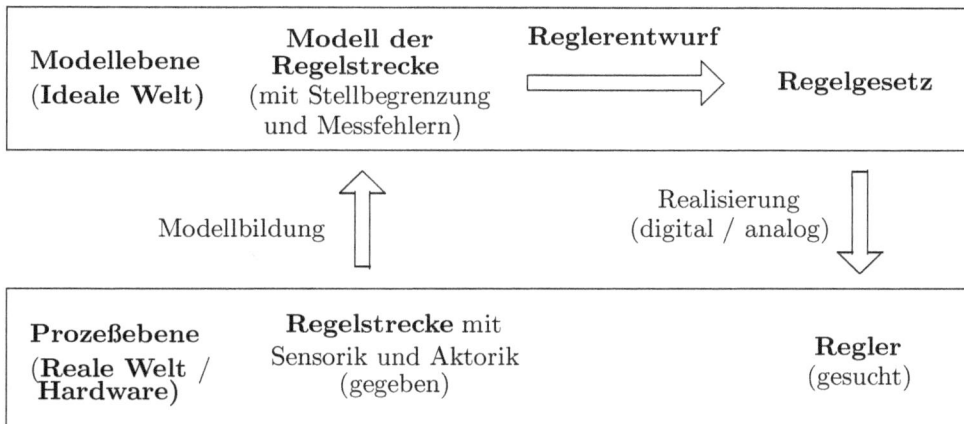

Abbildung 1.12: Entwurfsschritte beim Entwurf eines Reglers

Die Aufeinanderfolge der Kapitel in diesem Buch folgt im wesentlichen den in Abb. 1.12 dargestellten Schritten. In Abschnitt 15.2 wird dieser gesamte Entwurfsprozess noch einmal näher betrachtet auf der Basis der heute zur Verfügung stehenden modernen Entwurfssoftware.

2 Mathematische Behandlung von Regelkreisgliedern

Regelkreisglieder sind alle Einheiten und Baugruppen in einem Regelkreis. Das Ziel der mathematischen Behandlung von Regelkreisgliedern besteht darin, das Ein-/Ausgangsverhalten dieser Einheiten und Baugruppen mathematisch in allgemeingültiger Form zu erfassen. Dies geschieht im allgemeinen durch Differentialgleichungen, weil für die Funktion des Regelkreises das Zeitverhalten der beteiligten Systeme von entscheidender Bedeutung ist.

2.1 Die Beschreibung von Regelkreisgliedern durch Differentialgleichungen

2.1.1 Die lineare Differentialgleichung

Definition. Um das *Verhalten von Regelkreisgliedern* beschreiben zu können, benötigt man eine Gleichung, in der die Abhängigkeit der *Ausgangsgröße* x_a von der *Eingangsgröße* x_e dargestellt ist. Solche Gleichungen lassen sich für die einzelnen Glieder technischer Systeme aus den *physikalischen Grundgleichungen* entwickeln. Dazu dienen bei mechanischen Systemen z. B. das Newtonsche Gesetz oder das Hookesche Gesetz, bei elektrischen Systemen z. B. das Ohmsche Gesetz oder die Kirchhoffschen Sätze. Bei thermischen oder anderen Systemen existieren ähnliche Grundgesetze. In diesen so angewendeten Gleichungen spielen nicht nur die Augenblickswerte (Momentanwerte) $x_a(t)$ und $x_e(t)$ eine Rolle, sondern auch deren zeitliche Ableitungen wie Geschwindigkeiten $\dot{x}_a(t)$ und $\dot{x}_e(t)$, Beschleunigungen $\ddot{x}_a(t)$ und $\ddot{x}_e(t)$ usw. Auf diese Weise erhält man eine *Differentialgleichung*, die den Zusammenhang zwischen der Ausgangsgröße $x_a(t)$ und der Eingangsgröße $x_e(t)$ zu jedem Zeitpunkt beschreibt.

In allgemeiner Form lautet eine derartige *lineare Differentialgleichung mit konstanten Koeffizienten* wie folgt:

$$\ldots a_3 \cdot \dddot{x}_a(t) + a_2 \cdot \ddot{x}_a(t) + a_1 \cdot \dot{x}_a(t) + a_0 \cdot x_a(t) =$$
$$b_0 \cdot x_e(t) + b_1 \cdot \dot{x}_e(t) + b_2 \cdot \ddot{x}_e(t) + \ldots \tag{2.1}$$

Die willkürlich verwendeten Variablen x_a und x_e können beliebige physikalische Größen sein, wie z. B. Kraft, Weg, Spannung, Strom, Druck, Temperatur usw. Die Parameter a_0, $a_1, a_2 \ldots b_0, b_1 \ldots$ sind konstante Beiwerte (Koeffizienten), in denen sich die Kenngrößen des untersuchten Regelkreisgliedes niederschlagen.

2.1.2   Aufstellen der Differentialgleichung

Vorgehensweise. Bei der Aufstellung der Differentialgleichungen technischer Systeme geht man meist von physikalischen Grundgesetzen aus. Durch Verknüpfung der Grundgesetze wird die Differentialgleichung zur Beschreibung des Ein-/Ausgangsverhaltens des Systems entwickelt. Dies soll an mehreren Beispielen gezeigt werden.

Elektrisches System. Als erstes werde ein einfaches RL-Netzwerk untersucht, das z. B. der Erregerwicklung eines Gleichstrommotors entspricht.

Beispiel 2.1 (RL-Netzwerk):

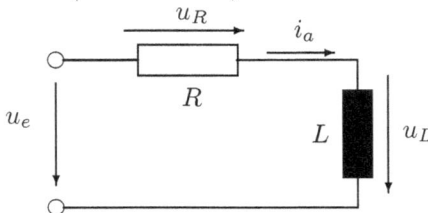

Abbildung 2.1: *Elektrisches Schaltbild*

Mit den Grundgesetzen

$$
\begin{aligned}
u_L &= L \cdot \frac{\mathrm{d}i_a}{\mathrm{d}t} && \text{Spulengleichung} \\
u_R &= R \cdot i_a && \text{Ohmsches Gesetz} \\
u_e &= u_R + u_L && \text{2. Kirchhoffsches Gesetz}
\end{aligned}
$$

lässt sich durch Einsetzen eine Differentialgleichung ableiten, die den Zusammenhang zwischen der angelegten Spannung u_e (Eingangsspannung) und dem sich einstellenden Strom i_a (Ausgangsgröße) wiedergibt:

$$
\frac{L}{R} \cdot \frac{\mathrm{d}i_a(t)}{\mathrm{d}t} + i_a(t) = \frac{1}{R} \cdot u_e(t) \ . \tag{2.2}
$$

In dieser Differentialgleichung erster Ordnung ist die Eingangsgröße $x_e = u_e$, die Ausgangsgröße $x_a = i_a$, und die Koeffizienten der Differentialgleichung lauten $a_1 = L/R$, $a_0 = 1$ und $b_0 = 1/R$.   □

Mechanisches System. Im zweiten Beispiel wird ein Feder-Masse-Schwinger untersucht. Eingangsgröße bei diesem schwingungsfähigen Gebilde ist der Druck p_e der über die Kolbenfläche A eines Zylinders eine Kraft F_M auf die Masse M ausübt. Die Masse wird dann um die Wegstrecke x_a ausgelenkt. Die dieser Auslenkung entgegenwirkenden Kräfte sind zum einen die Federkraft F_c, die der Auslenkung x_a proportional ist (Federkonstante c) sowie zum anderen die geschwindigkeitsproportionale Dämpferkraft F_d (Dämpfungsbeiwert d). Ausgangsgröße der Anordnung ist die Auslenkung x_a.

Beispiel 2.2 (Feder-Masse-Schwinger)

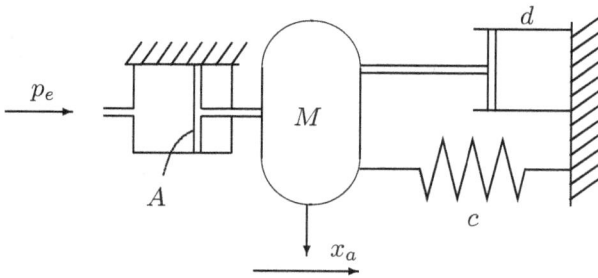

Abbildung 2.2: *Techno-logieschema*

Die Differentialgleichung für einen derartigen Feder-Masse-Schwinger wird mittels „Freischneiden" der Einzelelemente und Aufstellen der Grundgleichungen ermittelt.

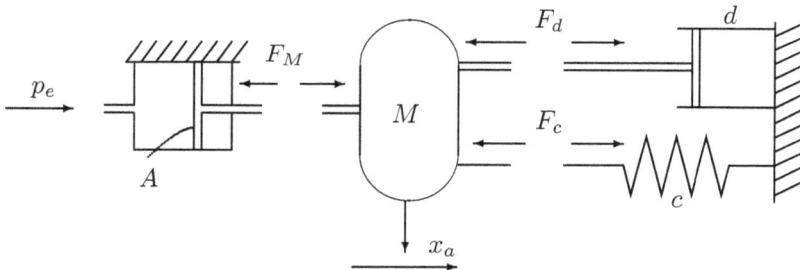

Abbildung 2.3: *Freigeschnittener Feder-Masse-Schwinger*

Mit den Grundgleichungen

$$
\begin{aligned}
F_M &= A \cdot p_e && \text{Druckkraft-Gleichung} \\
F_c &= c \cdot x_a && \text{Federkraft-Gleichung} \\
F_d &= d \cdot \dot{x}_a && \text{Dämpfer-Kraft-Gleichung} \\
M \cdot \ddot{x}_a &= F_M - F_c - F_d && \text{2. Newtonsches Gesetz}
\end{aligned}
$$

erhält man durch Einsetzen die folgende Differentialgleichung 2. Ordnung für dieses mechanische System:

$$
M \cdot \ddot{x}_a + d \cdot \dot{x}_a + c \cdot x_a = A \cdot p_e . \tag{2.3}
$$

Eingangsgröße ist der Druck p_e und Ausgangsgröße der Weg x_a der Masse M. Koeffizienten dieser Differentialgleichung sind die Masse M, die Federkraft c, der Dämpfungsbeiwert d und die Kolbenfläche A des Zylinders. $\qquad\square$

Gleichstrommotor. Als drittes einführendes Beispiel wird die Aufstellung der Bewegungsgleichungen eines Gleichstrommotors mit Permanentmagnetfeld untersucht.

Beispiel 2.3 (Gleichstrommotor): Im elektro-mechanischen Ersatzschaltbild des Ankerstromkreises sind Ankerkreiswiderstand bzw. -induktivität mit R_A bzw. L_A bezeichnet.

Die Pole des Permanentmagneten sind Nordpol N und Südpol S. In den Ankerwicklungen wird infolge des Induktionsgesetzes die mit e_A bezeichnete Spannung induziert. Die Größen m_A und m_W bilden Antriebs- und Widerstandsmoment des Antriebs. Trägheitsmoment J, Drehzahl n, magnetischer Fluss Ψ_f, Stromstärke i_A sowie die Motorkonstante c sind die weiteren Bezeichnungen.

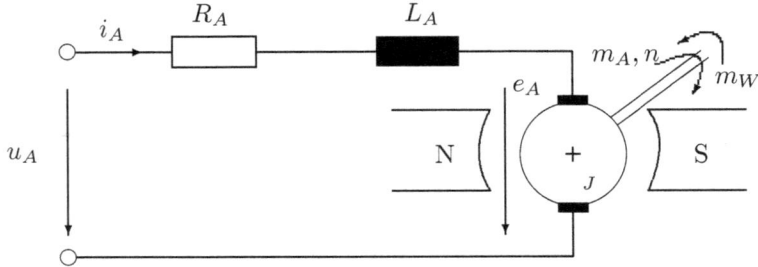

Abbildung 2.4: *Gleichstrommotor mit Permanenterregung*

Die Grundgleichungen für die Beschreibung des Gleichstrommotors lauten:

$$
\begin{aligned}
u_A &= R_A\, i_A + L_A\, \frac{\mathrm{d}i_A}{\mathrm{d}t} + e_A && \text{Maschengleichung} \\
e_A &= 2\pi\, c\Psi_f \cdot n && \text{Induktionsgesetz} \\
m_A &= c\Psi_f \cdot i_A && \text{Momentengleichung} \\
m_A - m_W &= 2\pi J \cdot \frac{\mathrm{d}n}{\mathrm{d}t} && \text{2. Newtonsches Gesetz}
\end{aligned}
$$

Zunächst ersetzt man e_A in der Maschengleichung gemäß dem Induktionsgesetz. Dann wird in der Bewegungsgleichung m_A durch die Momentengleichung ersetzt. Die dann resultierende Gleichung wird nach $i_A(t)$ aufgelöst und in die Maschengleichung eingesetzt. Mit dieser Vorgehensweise erhält man als resultierende Differentialgleichung für die Beschreibung des dynamischen Verhaltens eines Gleichstrommotors

$$
\frac{2\pi J L_A}{c\Psi_f} \cdot \ddot{n} + \frac{2\pi J R_A}{c\Psi_f} \cdot \dot{n} + 2\pi c\Psi_f \cdot n = u_A - \frac{R_A}{c\Psi_f} \cdot m_W - \frac{L_A}{c\Psi_f} \cdot \dot{m}_W \ . \tag{2.4}
$$

Ausgangsgröße des Motors ist die Drehzahl[1] n. Der Motor besitzt zwei Eingangsgrößen, zum einen die Ankerspannung u_A und zum anderen das Lastmoment m_W. Die Ankerspannung u_A ist die Stellgröße des Motors und das Lastmoment m_W ist die Störgröße. Die Differentialgleichung ist von der Ordnung 2. Nun ist jedoch eine der Eingangsgrößen (m_W), auf der rechten Seite der Differentialgleichung, abgeleitet.

Betrachtet man den stationären Anteil von Gleichung 2.4 (Nullsetzen aller Ableitungen), so erkennt man, dass die Drehzahl n der Ankerspannung u_A direkt proportional ist. Aufgrund des negativen Vorzeichens führt ein Lastmoment m_W zu einem Drehzahlabfall.   □

---

[1]gemessen in U/s, auch bezeichnet als Umlauffrequenz.

Aufgabe 2.1: Stellen Sie die Differentialgleichung für das folgende RLC-Netzwerk, mit u_e als Eingangsspannung und u_a als Ausgangsspannung auf.

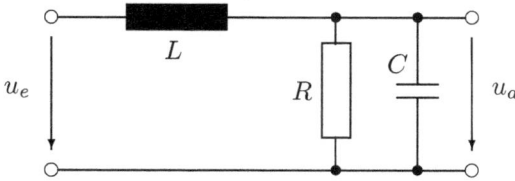

Abbildung 2.5: *Ersatzschalt-bild*

Lösung:

$$LC \cdot \frac{\mathrm{d}^2 u_a}{\mathrm{d}t^2} + \frac{L}{R} \cdot \frac{\mathrm{d}u_a}{\mathrm{d}t} + u_a = u_e \,.$$

$\square$

Aufgabe 2.2: Stellen Sie die Differentialgleichung für das folgende RLC-Netzwerk, mit u_e als Eingangsspannung und i_a als Ausgangsstrom auf.

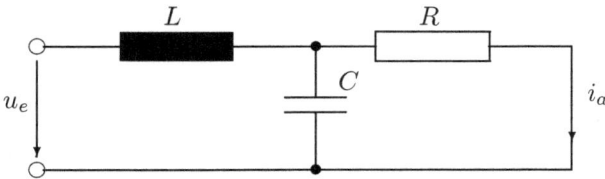

Abbildung 2.6: *Ersatz-schaltbild*

Lösung:

$$LRC \cdot \frac{\mathrm{d}^2 i_a}{\mathrm{d}t^2} + L \cdot \frac{\mathrm{d}i_a}{\mathrm{d}t} + R\, i_a = u_e \,.$$

$\square$

Aufgabe 2.3: Gegeben ist das technologische Ersatzschaltbild (Abb. 2.7) einer pneumatisch angesteuerten Dämpfereinrichtung zweier Massen:

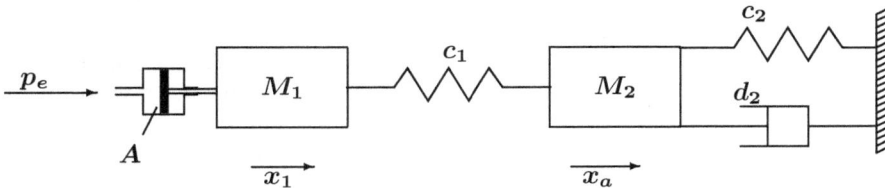

Abbildung 2.7: *Technologieschema des Systems*

Eingangsgröße ist der Druck $p_e(t)$ und Ausgangsgröße ist der Weg $x_a(t)$ der Masse M_2. Die Systemparameter sind:

– Federsteifigkeiten c_1, c_2,
– Dämpfungskonstante d_2,
– Fläche der Druckeinheit A.

1. Zeichnen Sie zunächst das freigeschnittene Feder-Masse-Dämpfer-System mit allen Schnittkräften.

2. Stellen Sie nun die Grundgleichungen des Systems auf.

3. Formen Sie aus den Grundgleichungen anschließend die Differentialgleichung des Gesamtsystems.

Lösung: Die resultierende Differentialgleichung lautet:

$$\frac{M_1 M_2}{c_1} \overset{IV}{x}_a(t) + \frac{M_1 d_2}{c_1} \overset{III}{x}_a(t) + \left(M_1 + M_2 + M_1 \frac{c_2}{c_1} \right) \ddot{x}_a(t) +$$

$$+ d_2\, \dot{x}_a(t) + c_2\, x_a(t) = A\, p_e\, . \qquad \square$$

2.1.3 Lösung der Differentialgleichung durch einen geeigneten Ansatz

$e^{\lambda t}$ **-Ansatz.** Nach dem Aufstellen einer Differentialgleichung ist deren Lösung zu bestimmen. Obwohl in der Regelungstechnik die Lösung meist mit Hilfe der Laplace-Transformation (siehe Anhang A) berechnet wird, soll hier zunächst der „mathematische Standardansatz", der $e^{\lambda t}$-Ansatz, verwendet werden. Dadurch wird, besonders am Anfang derartiger Untersuchungen, der Einblick in die Grundstrukturen von Differentialgleichungen gefördert. Dieser Einblick kann bei der schematischen Anwendung der Laplace-Transformation leicht verloren gehen. Außerdem lassen sich auf diese Weise leicht die Grundforderungen der Stabilität ableiten. In späteren Kapiteln wird dann jedoch meist die Laplace-Transformation angewendet.

Die Lösung von linearen Differentialgleichungen mit konstanten Koeffizienten mit dem $e^{\lambda t}$-Ansatz erfolgt in drei Schritten. Im ersten Schritt wird die Lösung der *homogenen Differentialgleichung* bestimmt. Die homogene Differentialgleichung erhält man, wenn man die rechte Seite der Differentialgleichung gleich Null setzt. Dann wird für die spezielle Anregungsfunktion eine spezielle *(partikuläre) Lösung* ermittelt. Zuletzt werden die *Anfangsbedingungen eingearbeitet*. Diese Vorgehensweise wird beispielhaft an einer Differentialgleichung 1. Ordnung erläutert.

Gegeben sei die Differentialgleichung 2.2 des schon zuvor untersuchten RL-Gliedes, welches die Erregerwicklung eines Gleichstrommotors darstellen soll:

$$\frac{L}{R} \cdot \frac{\mathrm{d}i_a(t)}{\mathrm{d}t} + i_a(t) = \frac{1}{R} \cdot u_e(t)\, . \qquad (2.5)$$

Lösung der homogenen Differentialgleichung. Die *homogene Differentialgleichung* erhält man durch Nullsetzen der rechten Seite der Differentialgleichung zu:

$$\frac{L}{R} \cdot \frac{di_a(t)}{dt} + i_a(t) = 0 \; . \tag{2.6}$$

Mit dem $e^{\lambda t}$-Ansatz, d. h. mit $i_{ah}(t) = e^{\lambda t}$ erhält man eingesetzt:

$$\frac{L}{R} \cdot \lambda \cdot e^{\lambda t} + e^{\lambda t} = 0$$

$$\Rightarrow e^{\lambda t} \cdot \left(\frac{L}{R} \cdot \lambda + 1 \right) = 0 \; .$$

Die Differentialgleichung 2.6 wird für alle Zeiten durch die Lösung $i_{ah}(t)$ erfüllt, wenn der Wert λ eine Wurzel (Nullstelle) der so genannten *charakteristischen Gleichung*

$$\frac{L}{R} \lambda + 1 = 0 \tag{2.7}$$

der Differentialgleichung ist. Die Wurzel der charakteristischen Gleichung lautet in diesem Fall

$$\lambda_1 = -R/L = -1/T_1 \tag{2.8}$$

mit $T_1 = L/R$ als Zeitkonstante ($[T_1]$ = Sekunde (s)) des Netzwerks[2]. Somit lautet die Lösung der homogenen Differentialgleichung

$$i_{ah}(t) = c_1 \cdot e^{-t/T_1} \; , \tag{2.9}$$

mit c_1 als Konstante, die durch die Anfangsbedingungen festgelegt wird.

Bestimmung der partikulären Lösung. Nun wird für die *inhomogene Differentialgleichung*,

$$\frac{L}{R} \cdot \frac{di_a(t)}{dt} + i_a = \frac{1}{R} \cdot u_e \; , \tag{2.10}$$

die partikuläre Lösung durch einen „Ansatz vom Typ der Störfunktion" ermittelt. Es sei angenommen, dass auf das RL-Netzwerk zum Zeitpunkt Null die Gleichspannung $u_e(t) = \hat{U}_e$ aufgeschaltet wird. Dann lautet der Ansatz für die partikuläre Lösung der Differentialgleichung $i_{ap} = k \cdot \hat{U}_e$. Eingesetzt folgt

$$\frac{L}{R} \cdot \frac{di_{ap}(t)}{dt} + i_{ap} = \frac{1}{R} \cdot u_e$$

$$\frac{L}{R} \cdot 0 + k \cdot \hat{U}_e = \frac{1}{R} \cdot \hat{U}_e$$

$$\Rightarrow k = \frac{1}{R} \; .$$

---

[2]Auf die Angabe der Einheit der Zeitkonstanten wird nachfolgend in der Regel verzichtet.

Die partikuläre Lösung lautet damit $i_{ap} = \dfrac{\hat{U}_e}{R}$.

Ist die Anregungsfunktion anstelle einer konstanten Spannung z. B. eine sinusförmige Spannung $u_e(t) = \hat{U}_e \cdot \sin \omega t$, dann wählt man für die Bestimmung der partikulären Lösung als Ansatz vom Typ der Störfunktion $i_{ap}(t) = k_0 \cdot \sin \omega t + k_1 \cdot \cos \omega t$.

Fehlt auf der linken Seite der Differentialgleichung die Größe x_a und treten nur deren Ableitungen auf, so ist bei einer konstanten Anregung $x_e = K$ als Ansatzfunktion zu wählen $x_{ap} = k_1 \cdot t \cdot K$.

Einarbeitung der Anfangsbedingungen. In die bisherige Lösung $i_a = i_{ah} + i_{ap} = c_1 \mathrm{e}^{-t/T_1} + \hat{U}_e/R$ wird nun die Anfangsbedingung[3] $i_a(0^+) = \hat{I}_{a0}$ eingearbeitet und man erhält:

$$i_a(0^+) = c_1 \cdot \mathrm{e}^0 + \frac{\hat{U}_e}{R} = \hat{I}_{a0} \qquad \rightarrow c_1 = \hat{I}_{a0} - \frac{\hat{U}_e}{R} \ . \tag{2.11}$$

Damit lautet dann die vollständige Lösung der Differentialgleichung

$$i_a(t) = i_{ah}(t) \ + \ i_{ap}(t) = \hat{I}_{a0} \cdot \mathrm{e}^{-t/T_1} + \frac{\hat{U}_e}{R} \cdot \left(1 - \mathrm{e}^{-t/T_1} \right) \ . \tag{2.12}$$

Aufgabe 2.4: Bestimmen Sie die vollständige Lösung der Differentialgleichung des RL-Gliedes mit der Anregung $u_e(t) = \hat{U}_e \cdot \sin \omega t$ für $t > 0$ und der Anfangsbedingung $i_a(0) = 0$. ($u(t)$ in V und $i_a(t)$ in A)

Lösung: $i_a(t) = \dfrac{\hat{U}_e}{R^2 + (\omega L)^2} \cdot \left(R \cdot \sin \omega t + (\omega L) \cdot \left[\mathrm{e}^{-t/T_1} - \cos \omega t \right] \right) \ .$ ☐

Aufgabe 2.5: Bestimmen Sie die vollständige Lösung der Differentialgleichung des Feder-Masse-Schwingers von Gleichung 2.3 mit den Zahlenwerten

$$\ddot{x}_a + 4 \cdot \dot{x}_a + 20 \cdot x_a = 2 \, p_e \tag{2.13}$$

und den Anfangsbedingungen $x_a(0) = 0$ und $\dot{x}_a(0) = 0$ für die Anregungsfunktion $p_e(t) = 2$ für $t > 0$. Die Einheiten von x_a und p_e sind cm bzw. N/cm^2.

Lösung: $x_a(t) = 0{,}2 - \mathrm{e}^{-2t} \cdot (0{,}2 \cdot \cos 4t + 0{,}1 \cdot \sin 4t) \ .$ ☐

---

[3]Mit $x(0^+)$ ist der rechtsseitige Grenzwert der Funktion $x(t)$ zum Zeitpunkt $t = 0$ bezeichnet. Es gilt $x(0^+) = \lim_{\epsilon \to 0} x(0+\epsilon)$. Der linksseitige Grenzwert einer Funktion ist entsprechend bezeichnet mit $x(0^-) = \lim_{\epsilon \to 0} x(0 - \epsilon)$. Ist $x(0^+) \neq x(0^-)$ dann ist die Funktion nicht stetig zum Zeitpunkt $t = 0$. Ist der Index "+" oder "–" nicht explizit angegeben, dann gilt $x(0^+) = x(0^-) = x(0)$.

Aufgabe 2.6: Bestimmen Sie die vollständige Lösung der Differentialgleichung 2.4 des Gleichstrommotors

$$2 \cdot \ddot{n} + 10 \cdot \dot{n} + 12 \cdot n = u_A \tag{2.14}$$

mit den Anfangswerten $n(0) = 0$ und $\dot{n}(0) = 0$ für eine Ankerspannung $U_A = 240\,\text{V}$ für $t > 0$ ($n(t)$ in U/s und $u_A(t)$ in V).

Lösung: $n(t) = 20 \cdot \left(1 + 2\mathrm{e}^{-3t} - 3\mathrm{e}^{-2t}\right)$. □

2.1.4 Spezielle Eingangssignale in der Regelungstechnik

Erläuterung. Regelkreisglieder werden in der Regelungstechnik nach ihrem dynamischen Verhalten beurteilt. Dabei spielt weniger das Schwingungsverhalten, ausgehend von einem bestimmten Anfangszustand eine Rolle, als vielmehr die Antwort des Regelkreisgliedes auf ein bestimmtes Eingangssignal (Anregungssignal). Bei der Analyse des Zeitverhaltens werden dabei *nicht* beliebige Eingangssignale herangezogen, sondern man beschränkt sich auf einige Grundtypen von Signalen. Diese Signale werden dann auch für die Bestimmung der partikulären Lösung der inhomogenen Differentialgleichung verwendet.

Sprungfunktion. Das am häufigsten verwendete Eingangssignal ist die mit $\sigma(t)$ bezeichnete Sprungfunktion (Abb. 2.8). Sie entspricht einer großen Zahl von in der Praxis vorkommenden Schaltvorgängen:

- In einem elektrischen Netzwerk wird ein Schalter geschlossen und dadurch eine Spannung angelegt.

- Ein Lastmoment wird an einen Motor angekuppelt.

- Der Brenner einer Heizung wird eingeschaltet.

- Der Sollwert eines Regelkreises wird aufgeschaltet.

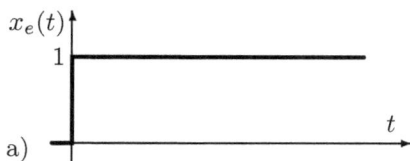

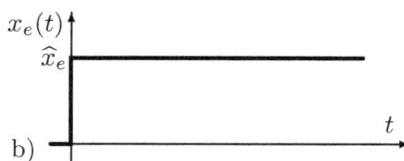

Abbildung 2.8: *Einheitssprungfunktion (Abb. a) und allgemeine Sprungfunktion (Abb. b)*

Die *Einheitssprungfunktion* wird beschrieben durch die Gleichung

$$\left.\begin{array}{lll} x_e = 0 & \text{für} & t < 0 \\ x_e = 1 & \text{für} & t \geq 0 \end{array}\right\} x_e(t) = \sigma(t) \ , \tag{2.15}$$

und für die *allgemeine Sprungfunktion* gilt:

$$\left.\begin{array}{llll} x_e = 0 & \text{für} & t < 0 \\ x_e = \widehat{x}_e & \text{für} & t \geq 0 \end{array}\right\} x_e(t) = \widehat{x}_e \cdot \sigma(t) \; . \tag{2.16}$$

Rampenfunktion. Die *Rampenfunktion* (Anstiegsfunktion) stellt ein Signal dar, welches mit konstanter Steigung linear ins Unendliche anwächst (Abb. 2.9). Sie repräsentiert ein zeitveränderliches Signal, welches häufig als Referenzsignal für Folgeregelungen verwendet wird. Soll eine Antenne oder ein Fernrohr einem bewegten Ziel nachgeführt werden, so kann als Testsignal für die Auslegung eines für eine derartige Aufgabe zu entwerfenden Nachführregelkreises diese Rampenfunktion eingesetzt werden.

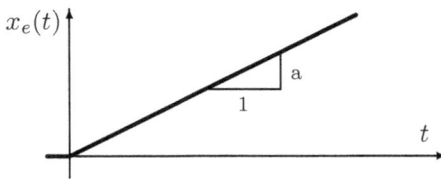

Abbildung 2.9: *Rampenfunktion*

Die Rampenfunktion wird definiert durch die Gleichung

$$\begin{array}{llll} x_e = 0 & \text{für} & t < 0 \\ x_e = a \cdot t & \text{für} & t \geq 0 \; . \end{array} \tag{2.17}$$

Impulsfunktion. Soll eine kurzzeitige Störung auf einen Regelkreis einwirken, so wird hierzu oft die *Impulsfunktion* $\delta(t)$ verwendet. Dieses Signal führt zu einer kurzzeitigen Anregung des Regelkreises. Das Signal ist nur zum Zeitnullpunkt von Null verschieden, sein Wert ist dann Unendlich. Zu allen anderen Zeiten ist die Impulsfunktion (oder auch Deltafunktion genannt) gleich Null.

Abbildung 2.10: *Impulsfunktion*

Die Impulsfunktion wird beschrieben durch die Beziehung:

$$\begin{array}{lllll} x_e = \infty & \text{für} & t = 0 \\ x_e = 0 & \text{für} & t \neq 0 & \text{wobei gilt} & \int\limits_{-\infty}^{+\infty} \delta(t) \, \mathrm{d}t = 1 \; . \end{array} \tag{2.18}$$

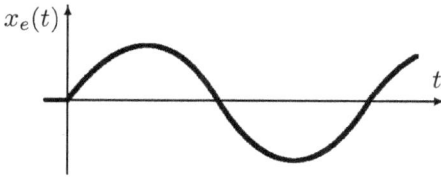

Abbildung 2.11: *Sinusfunktion*

Sinusfunktion. Die Sinusfunktion dient als Referenzsignal für oszillierende Eingangssignale in einem Regelkreis. Dies kann z. B. der Fall sein, wenn als Störsignale in einem System Vibrationen einer bestimmten Frequenz vorkommen, die auszuregeln sind. Auch Oberwellen bei elektrischen Netzwerken sind Störungen, die ähnlich modelliert werden.

Die Sinusfunktion wird beschrieben durch die Beziehung:

$$\begin{aligned} x_e &= 0 && \text{für} && t < 0 \\ x_e &= \widehat{x}_e \cdot \sin \omega t && \text{für} && t \geq 0 \;. \end{aligned} \tag{2.19}$$

2.1.5 Die Übergangsfunktion (Sprungantwort)

Definition. Zur Charakterisierung des Übertragungsverhaltens eines Regelkreisgliedes wird die Systemantwort in Abhängigkeit von bestimmten Eingangssignalen berechnet und dargestellt. Von den in Abschnitt 2.1.4 aufgeführten speziellen Eingangssignalen wird, wie schon erwähnt, am häufigsten der Sprungeingang verwendet.

Man bezeichnet nun den zeitlichen Verlauf des Ausgangssignals $x_a(t)$ (d. h. die Lösung der Differentialgleichung) für eine Sprungfunktion $x_e(t)$ am Eingang als Sprungantwort $x_a(t)$. *Die Normierung von $x_a(t)$ durch die Sprunghöhe $\widehat{x}_e$ bezeichnet man als* Übergangsfunktion $h(t)$. *Die Anfangsbedingungen der Differentialgleichung sind zu Null gesetzt. Es gilt somit*

$$h(t) = \frac{x_a(t)}{\widehat{x}_e} \qquad \text{für die Anregung} \qquad x_e(t) = \widehat{x}_e \cdot \sigma(t) \;.$$

Anwendung. Betrachtet man das zuvor untersuchte RL-Glied als Beispiel, so lautet die Lösung der Differentialgleichung für ein sprungförmiges Eingangssignal $x_e(t) = u_e(t) = \hat{U}_e \cdot \sigma(t)$

$$i_a(t) = i_{ah} + i_{ap} = c_1 \cdot e^{-t/T_1} + \hat{U}_e/R \;, \tag{2.20}$$

mit $T_1 = L/R$. Als Anfangsbedingung muss man nun $i_a(0) = 0$ einarbeiten und erhält die Konstante c_1 zu

$$i_a(0) = c_1 \cdot e^0 + \hat{U}_e/R = 0 \qquad \Rightarrow \qquad c_1 = -\hat{U}_e/R \;. \tag{2.21}$$

Damit lauten dann die *Sprungantwort* (siehe Abb. 2.12)

$$i_a(t) = \frac{\hat{U}_e}{R} \cdot \left(1 - e^{-t/T_1}\right) \tag{2.22}$$

und die *Übergangsfunktion*

$$h(t) = \frac{i_a(t)}{\hat{U}_e} = \frac{1}{R} \cdot \left(1 - e^{-t/T_1}\right) . \tag{2.23}$$

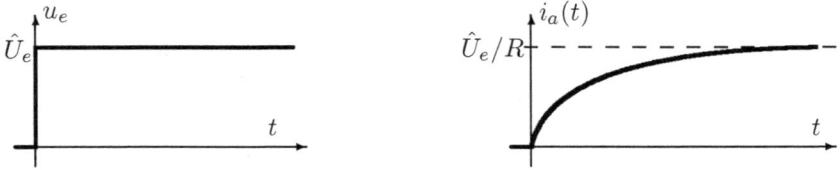

Abbildung 2.12: *Sprungeingang und Sprungantwort für das RL-Glied*

In Anlehnung an die Bezeichnung Sprungantwort nennt man die Antwort eines Regelkreisgliedes auf ein rampenförmiges Eingangssignal *Rampenantwort* (Anstiegsantwort) und auf ein impulsförmiges Eingangssignal *Impulsantwort*. Diese Impulsantwort wird bei der Laplace-Transformation auch mit Gewichtsfunktion bezeichnet.

Aufgabe 2.7: Bestimmen Sie die Sprungantwort $(x_e(t) = 2 \cdot \sigma(t))$ des Systems beschrieben durch die folgende Differentialgleichung: $\dot{x}_a + 4x_a(t) = 3x_e(t)$.

Lösung: $x_a(t) = 1{,}5 \cdot \left(1 - e^{-4t}\right)$.   □

Aufgabe 2.8: Bestimmen Sie die Übergangsfunktion, Rampen- und Impulsantwort des Feder-Masse-Schwingers mit der Differentialgleichung $\ddot{x}_a + 4 \cdot \dot{x}_a + 3 \cdot x_a = 2\,p_e$ (Einheiten: x_a in cm; p_e in N; Rampeneingang: $p_e(t) = t$).

Lösung:

Übergangsfunktion:	$h(t)$	$=$	$\frac{1}{3} \cdot \left(2 + e^{-3t} - 3e^{-t}\right)$
Rampenantwort:	$x_a(t)$	$=$	$\frac{1}{9} \cdot \left(6t - 8 - e^{-3t} + 9e^{-t}\right)$
Impulsantwort:	$x_a(t)$	$=$	$e^{-t} - e^{-3t}$

□

2.2 Darstellung von Regelkreisgliedern durch Übertragungsfunktion und Frequenzgang

2.2.1 Die Übertragungsfunktion

Laplace-Transformation. Wie in Abschnitt 2.1.2 erläutert, kann man die Lösungen von Differentialgleichungen auch mittels Anwendung der Laplace-Transformation bestimmen. Dies wird im Anhang A gezeigt und soll hier für das Beispiel der RL-Schaltung demonstriert werden, da diese Darstellungsart auf die Beschreibung von Regelkreisgliedern durch die Übertragungsfunktion und den Frequenzgang überleitet.

Transformiert man die einzelnen Terme der Differentialgleichung 2.2

$$T_1 \frac{di_a(t)}{dt} + i_a = \frac{1}{R} \cdot u_e \tag{2.24}$$

mit $T_1 = L/R$ in den Bildbereich, so resultiert mit $\mathcal{L}$ als Laplace-Operator:

$$\mathcal{L}\left\{ T_1 \cdot \frac{di_a(t)}{dt} \right\} = T_1 \cdot \left(s \cdot I_a(s) - i_a(0^+) \right) \tag{2.25}$$

$$\mathcal{L}\{i_a(t)\} = I_a(s) \tag{2.26}$$

$$\mathcal{L}\{u_e(t)\} = U_e(s) \ . \tag{2.27}$$

Somit lautet die Differentialgleichung im Bildbereich

$$I_a(s) \cdot (1 + T_1 \cdot s) = T_1 \cdot i_a(0^+) + \frac{1}{R} \cdot U_e(s) \ , \qquad \text{oder} \tag{2.28}$$

$$I_a(s) = \frac{1/R}{1 + T_1 \cdot s} \cdot U_e(s) + \frac{T_1}{1 + T_1 \cdot s} \cdot i_a(0^+) \ . \tag{2.29}$$

Mit $u_e(t) = \hat{U}_e \cdot \sigma(t)$ wird dann $\mathcal{L}\{u_e(t)\} = \hat{U}_e/s$. Die Rücktransformation von Gleichung 2.29 in den Zeitbereich mit Hilfe der Korrespondenztabelle A.1 wird dann für den Anfangswert $i_a(0^+) = \hat{I}_{a0}$

$$i_a(t) = \frac{\hat{U}_e}{R} \cdot \left(1 - e^{-t/T_1} \right) + \hat{I}_{a0} \cdot e^{-t/T_1} \ . \tag{2.30}$$

Definition der Übertragungsfunktion. Aus der Darstellung der Gleichungen 2.28 oder 2.29 kann man für die Anfangsbedingung $i_a(0^+) = 0$ den folgenden Ausdruck ableiten (mit $X_a(s) = \mathcal{L}\{x_a(t)\}$ und $X_e(s) = \mathcal{L}\{x_e(t)\}$):

$$\frac{I_a(s)}{U_e(s)} = \frac{X_a(s)}{X_e(s)} = \frac{1/R}{1 + T_1 \cdot s} \ . \tag{2.31}$$

Dieser Ausdruck ist die Übertragungsfunktion des betrachteten Systems. Sie ist wie folgt definiert:

Das Verhältnis der Laplace-transformierten Ausgangsgröße $X_a(s)$ zur Laplace-transformierten Eingangsgröße $X_e(s)$ wird als Übertragungsfunktion $F(s)$ eines Systems definiert, dabei sind alle Anfangsbedingungen von $x_a(t)$ zu Null gesetzt.

Die Übertragungsfunktion ist die in der Regelungstechnik meist gebrauchte Darstellungsart für die Beschreibung des Ein-/Ausgangsverhaltens von Regelkreisgliedern. Für die allgemeine Form einer Differentialgleichung nach Gleichung 2.1

$$a_n \overset{n}{x}_a + a_{n-1} \overset{n-1}{x}_a + \ldots + a_2 \ddot{x}_a + a_1 \dot{x}_a + a_0 x_a =$$
$$b_0 x_e + b_1 \dot{x}_e + b_2 \ddot{x}_e + \ldots + b_{m-1} \overset{m-1}{x}_e + b_m \overset{m}{x}_e$$

mit $x_e(t)$ als Eingangsgröße und $x_a(t)$ als Ausgangsgröße führt die Laplace-Transformation nach entsprechender Zusammenfassung zur Gleichung

$$\left[a_n s^n + a_{n-1} s^{n-1} + \ldots + a_2 s^2 + a_1 s + a_0 \right] \cdot X_a(s) =$$
$$\left[b_0 + b_1 s + b_2 s^2 + \ldots + b_{m-1} s^{m-1} + b_m s^m \right] \cdot X_e(s) \ .$$

Dabei sind alle Anfangsbedingungen zu Null gesetzt, so wie in der Praxis, wo man die Systemuntersuchungen ausgehend von der Ruhelage beginnt. Dies führt zur *allgemeinen Form* einer Übertragungsfunktion

$$\boxed{F(s) = \frac{X_a(s)}{X_e(s)} = \frac{b_0 + b_1 s + b_2 s^2 + \ldots + b_m s^m}{a_0 + a_1 s + a_2 s^2 + \ldots + a_n s^n} = \frac{Z(s)}{N(s)}} \qquad (2.32)$$

mit $Z(s)$ und $N(s)$ als Zähler- bzw. Nennerpolynom in s sowie $n \geq m$. Damit gilt dann auch die Ein-/Ausgangsbeschreibung eines Systems

$$X_a(s) = F(s) \cdot X_e(s) \ , \qquad (2.33)$$

die als Block wie folgt dargestellt werden kann:

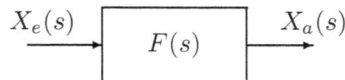

Abbildung 2.13: *Blocksymbol $F(s)$ einer Übertragungsfunktion*

Normalform, Pol-/Nullstellendarstellung. Andere Darstellungsformen einer Übertragungsfunktion sind die *Normalform*

$$F(s) = K \cdot \frac{1 + T_{01}s + T_{02}^2 s^2 + \ldots + T_{0m}^m s^m}{1 + T_1 s + T_2^2 s^2 + \ldots + T_n^n s^n}$$

mit $K = \dfrac{b_0}{a_0}$, $T_{0i}^i = \dfrac{b_i}{b_0}$ und $T_i^i = \dfrac{a_i}{a_0}$ und die *Pol-/Nullstellendarstellung*

$$F(s) = Q \cdot \frac{(s - s_{01})(s - s_{02})\ldots(s - s_{0m})}{(s - s_1)(s - s_2)\ldots(s - s_n)}$$

mit $Q = \dfrac{b_m}{a_n}$ und s_{0i} bzw. s_i als Nullstellen des Zählerpolynoms $Z(s)$ bzw. des Nennerpolynoms $N(s)$. In der Regelungstechnik bezeichnet man die Nullstellen s_i des Nennerpolynoms $N(s)$ einer Übertragungsfunktion als *Pole* und die Nullstellen s_{0i} des Zählerpolynoms $Z(s)$ als *Nullstellen*.

Aufgabe 2.9: Bestimmen Sie die Übertragungsfunktionen $F(s)$ des Feder-Masse-Schwingers aus Gleichung 2.3 und des Gleichstrommotors aus Gleichung 2.4. Welche Ordnung haben jeweils die Zähler- und Nennerpolynome?

Lösung:

Feder-Masse-Schwinger:

$$F_1(s) \quad = \quad \frac{X_a(s)}{P_e(s)} \quad = \quad \frac{A}{c + ds + Ms^2}$$

Gleichstrommotor:

$$F_2(s) \quad = \quad \frac{N(s)}{U_A(s)} \quad = \quad \frac{1}{(2\pi c\Psi_f) + \dfrac{2\pi J R_A}{c\Psi_f} \cdot s + \dfrac{2\pi J L_A}{c\Psi_f} \cdot s^2}$$

$$F_3(s) \quad = \quad \frac{N(s)}{M_W(s)} \quad = \quad \frac{-(R_A + L_A \cdot s)}{c\Psi_f \cdot \left((2\pi c\Psi_f) + \dfrac{2\pi J R_A}{c\Psi_f} \cdot s + \dfrac{2\pi J L_A}{c\Psi_f} \cdot s^2 \right)}$$

Die Ordnung der Zählerpolynome beträgt 0 bzw. 1 und die der Nennerpolynome beträgt jeweils 2. □

Aufgabe 2.10: Wie lautet die Übertragungsfunktion der RLC-Schaltung von Aufgabe 2.2 ?

Lösung: $F(s) = \dfrac{I_a(s)}{U_e(s)} = \dfrac{1}{LRCs^2 + Ls + R} \cdot$ □

2.2.2   Der Frequenzgang

Erläuterung. Die bisher untersuchten Beschreibungen von Regelkreisgliedern durch Differentialgleichung bzw. Übertragungsfunktion erfolgten im Zeitbereich bzw. Bildbereich. Beide Beschreibungsarten sind für beliebige Eingangssignale gültig. Schränkt man die Eingangssignale auf *periodische Signale* ein, so gelangt man zur Beschreibung von Regelkreisgliedern durch den Frequenzgang. Regelkreise werden zwar häufig nicht mit sinusförmigen Signalen beaufschlagt, aber wichtige Regelkreiseigenschaften, wie z.B. die Stabilität, lassen sich auch aus dem Frequenzgang ablesen.

Es soll zunächst das RLC-Glied von Aufgabe 2.1 untersucht werden. Die Differential-gleichung des RLC-Gliedes lautet

$$LC \cdot \frac{\mathrm{d}^2 u_a}{\mathrm{d}t^2} + \frac{L}{R} \cdot \frac{\mathrm{d}u_a}{\mathrm{d}t} + u_a = u_e(t) \; . \tag{2.34}$$

Mit den Zahlenwerten $R = 100\,\Omega$, $L = 0{,}1\,\mathrm{H}$ und $C = 50\,\mu\mathrm{F}$ ergibt sich für das si-nusförmige Eingangssignal (Wechselspannung) $u_e(t) = \hat{U}_e \cdot \sin \omega t$ mit $\hat{U}_e = 20\,\mathrm{V}$ und $\omega = 1000\,\mathrm{s}^{-1}$ der in Abb. 2.14 dargestellte Einschwingverlauf des Netzwerkes.

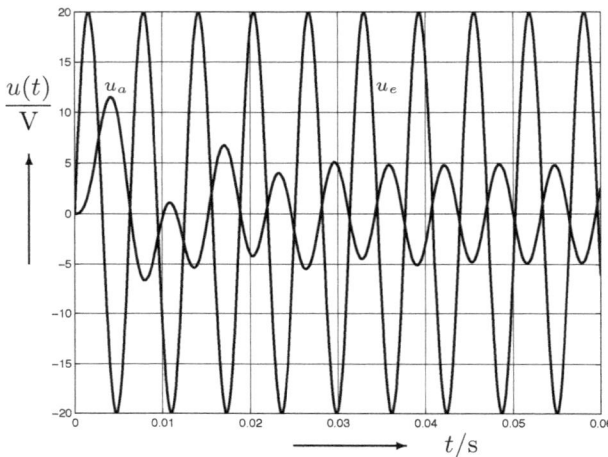

Abbildung 2.14: *Einschwingvorgang des RLC-Gliedes*

Die Ausgangsspannung $u_a(t)$ führt nach Abklingen des *Einschwingvorgangs* eine Dau-erschwingung mit der Frequenz der Eingangsspannung $u_e(t)$ aus. Diesen Zustand be-zeichnet man als *eingeschwungenen Zustand*. Beide Spannungen unterscheiden sich im eingeschwungenen Zustand in der Amplitude und im Phasenwinkel. Die Amplitude von u_a beträgt nur noch ca. 25 % der Eingangsamplitude und die Phasennacheilung liegt bei ca. $170 \ldots 180°$. Der eingeschwungene Zustand wird dabei nach ca. 40 ms erreicht.

Im eingeschwungenen Zustand gilt für die Signale

$$\begin{aligned}
x_e(t) \; (\hat{=} u_e(t)) &= \hat{x}_e \cdot \sin \omega t \\
x_a(t) \; (\hat{=} u_a(t)) &= \hat{x}_a \cdot \sin(\omega t + \varphi) \\
&= \hat{x}_a(\omega) \cdot \sin(\omega t + \varphi(\omega)) \; .
\end{aligned}$$

Amplitude $\hat{x}_a$ und Phasenverschiebung φ der Ausgangsspannung sind abhängig von der Frequenz ω der Eingangsspannung x_e und den Koeffizienten des Regelkreisgliedes. Dieser Zusammenhang wird durch den Frequenzgang repräsentiert, der nachfolgend auf zwei Arten hergeleitet wird.

Herleitung aus der Differentialgleichung. Als erste Methode zur Ermittlung des Frequenzgangs eines Systems soll die Differentialgleichung als Ausgangsbeziehung gewählt werden. In der allgemeinen Differentialgleichung eines Regelkreisgliedes

$$\ldots + a_2\ddot{x}_a + a_1\dot{x}_a + a_0 x_a = b_0 x_e + b_1 \dot{x}_e + b_2 \ddot{x}_e + \ldots \tag{2.35}$$

ersetzt man die sinusförmigen Ein-/Ausgangssignale in der Gaußschen Zahlenebene durch ihren komplexen Zeiger $e^{j\omega t}$ gemäß Abb. 2.15

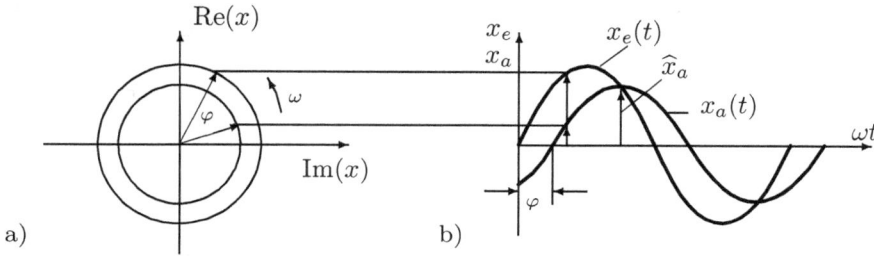

Abbildung 2.15: *Zeigerdarstellung der Ein-/Ausgangsschwingungen mit der Frequenz ω; Rotierende Zeiger (Abb. a) sowie zugehörige Sinusschwingungen (Abb. b)*

und erhält

$$x_e(t) = \widehat{x}_e \cdot \sin \omega t = \widehat{x}_e \cdot e^{j\omega t}$$
$$x_a(t) = \widehat{x}_a \cdot \sin(\omega t + \varphi) = \widehat{x}_a \cdot e^{j(\omega t + \varphi)} \ .$$

Bildet man die Ableitungen dieser Größen so folgt:

$$\dot{x}_e(t) = \widehat{x}_e \cdot (j\omega) \cdot e^{j\omega t}$$
$$\dot{x}_a(t) = \widehat{x}_a \cdot (j\omega) \cdot e^{j(\omega t + \varphi)}$$
$$\ddot{x}_e(t) = \widehat{x}_e \cdot (j\omega)^2 \cdot e^{j\omega t}$$
$$\ddot{x}_a(t) = \widehat{x}_a \cdot (j\omega)^2 \cdot e^{j(\omega t + \varphi)}$$
$$\vdots$$

Eingesetzt in Gleichung 2.35 und geeignet zusammengefasst resultiert dann:

$$\widehat{x}_a \left[\ldots a_2(j\omega)^2 e^{j(\omega t + \varphi)} + a_1(j\omega)e^{j(\omega t + \varphi)} + a_0 e^{j(\omega t + \varphi)} \right] =$$
$$\widehat{x}_e \left[b_0 e^{j\omega t} + b_1(j\omega)e^{j\omega t} + b_2(j\omega)^2 e^{j\omega t} \ldots \right] ,$$

und weiter vereinfacht ergibt sich:

$$\widehat{x}_a e^{j(\omega t + \varphi)} \left[\ldots a_2(j\omega)^2 + a_1(j\omega) + a_0 \right] = \widehat{x}_e e^{j\omega t} \left[b_0 + b_1(j\omega) + b_2(j\omega)^2 + \ldots \right].$$

Aus dem Verhältnis der komplexen Zeiger $\widehat{x}_a \cdot e^{j(\omega t + \varphi)}$ zu $\widehat{x}_e \cdot e^{j\omega t}$ und dem Kürzen von $e^{j\omega t}$ folgt dann die Definitionsgleichung für den *Frequenzgang* $F(j\omega)$

$$\boxed{F(j\omega) = \frac{X_a(j\omega)}{X_e(j\omega)} = \frac{\widehat{x}_a \cdot e^{j\varphi}}{\widehat{x}_e} = \frac{b_0 + b_1(j\omega) + b_2(j\omega)^2 + \ldots + b_m(j\omega)^m}{a_0 + a_1(j\omega) + a_2(j\omega)^2 + \ldots + a_n(j\omega)^n}}$$

(2.36)

mit $m \leq n$.

Der Frequenzgang $F(j\omega)$ ist eine frequenzabhängige komplexe Größe. Er beschreibt für ein sinusförmig angeregtes System im eingeschwungenen Zustand das Verhältnis der Ausgangsamplitude zur Eingangsamplitude unter Berücksichtigung des Phasenwinkels.

Herleitung aus der Übertragungsfunktion. Der zweite Ansatz geht von der Übertragungsfunktion aus. Die Herleitung des Frequenzgangs aus der Übertragungsfunktion Gleichung 2.32 ist besonders einfach, da man in Gleichung 2.32 nur s durch $j\omega$ zu ersetzen braucht. Aus

$$F(s) = \frac{X_a(s)}{X_e(s)} = \frac{b_0 + b_1 s + b_2 s^2 + \ldots + b_m s^m}{a_0 + a_1 s + a_2 s^2 + \ldots + a_n s^n} \tag{2.37}$$

wird dann

$$F(j\omega) = \frac{X_a(j\omega)}{X_e(j\omega)} = \frac{\widehat{x}_a \cdot e^{j\varphi}}{\widehat{x}_e} = \frac{b_0 + b_1(j\omega) + b_2(j\omega)^2 + \ldots + b_m(j\omega)^m}{a_0 + a_1(j\omega) + a_2(j\omega)^2 + \ldots + a_n(j\omega)^n}.$$

(2.38)

2.2.3   Grafische Darstellungen des Frequenzgangs

Die Ortskurve. Da der Frequenzgang eine komplexe Größe ist, kann man ihn entweder in der komplexen Ebene durch eine *Ortskurve* darstellen, oder man stellt Betrag und Phasenwinkel des Frequenzgangs getrennt in Abhängigkeit von ω dar. Diese Darstellungsart nennt man *Bode-Diagramm*. Zunächst wird die Ortskurvendarstellung betrachtet.

Hierzu wird für jede Frequenz ω der Sinusschwingung des Eingangssignals $x_e(t)$ der Real- und Imaginärteil des Frequenzgangs rechnerisch ermittelt und tabellarisch erfasst.

Real- und Imaginärteil werden dann in der komplexen Ebene, der so genannten $F(j\omega)$-Ebene, mit der Frequenz ω als Laufparameter grafisch dargestellt.

Der *Betrag* der Ortskurve für einen Frequenzpunkt gibt für ein sinusförmig angeregtes System im eingeschwungenen Zustand die Amplitudenänderung des Ausgangssignals $x_a(t)$ gegenüber dem Eingangssignal $x_e(t)$ an. Ist dieser Betrag z. B. gleich zwei, so ist die Amplitude der Sinusschwingung von $x_a(t)$ im eingeschwungenen Zustand doppelt so groß wie die Amplitude von $x_e(t)$.

Der *Phasenwinkel* der Ortskurve für einen Frequenzpunkt gibt an um welchen Phasenwinkel φ im eingeschwungenen Zustand das Ausgangssignal $x_a(t)$ gegenüber dem Eingangssignal $x_e(t)$ verschoben ist.

Für das zuvor schon mehrfach untersuchte Beispiel des RL-Gliedes, beschrieben durch die Differentialgleichung

$$\frac{L}{R} \cdot \frac{\mathrm{d}i_a(t)}{\mathrm{d}t} + i_a(t) = \frac{1}{R} \cdot u_e(t) \; , \tag{2.39}$$

resultiert für $R = 1\,\Omega$ und $L = 3\,\mathrm{H}$ der Frequenzgang mit der Dimension $1/\Omega$ zu:

$$F(j\omega) = \frac{I_a(j\omega)}{U_e(j\omega)} = \frac{1}{1 + 3(j\omega)} \; . \tag{2.40}$$

Für die Darstellung der Ortskurve müssen Real- und Imaginärteil des Frequenzgangs für die verschiedenen Frequenzen ω berechnet werden zu:

$$\mathrm{Re}\{F(j\omega)\} = \frac{1}{1 + 9\omega^2} \qquad \mathrm{Im}\{F(j\omega)\} = -\frac{3\omega}{1 + 9\omega^2} \; . \tag{2.41}$$

Die Berechnung einer Wertetabelle von Real- und Imaginärteil von $F(j\omega)$ für verschiedene ω ergibt (jeweils mit der Dimension $1/\Omega$):

ω in s^{-1}	0	0,1	0,2	1/3	0,5	1	10
$\mathrm{Re}\{F(j\omega)\}$	1	0,917	0,735	1/2	0,308	1/10	0,001
$\mathrm{Im}\{F(j\omega)\}$	0	-0,275	-0,441	-1/2	-0,462	-3/10	-0,033

Die grafische Darstellung der Ortskurve in der komplexen Ebene ergibt einen Halbkreis im vierten Quadranten, da bei dem RL-Glied eine Phasennacheilung des Ausgangsstroms gegen die Eingangsspannung vorliegt (Abb. 2.16).

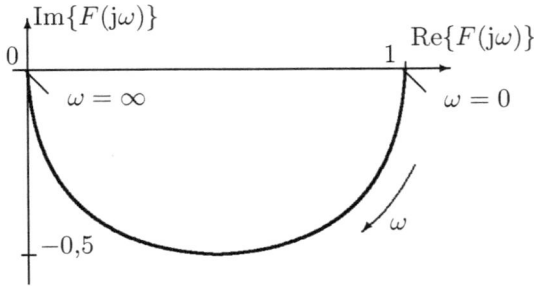

Abbildung 2.16:
Ortskurve des RL-
Gliedes

Falls ein Regelkreisglied dies zulässt (und es z. B. nicht instabil wird), kann man die
Ortskurve *experimentell ermitteln*. Zu diesem Zweck wird als Eingangssignal $x_e(t)$ eine Sinusschwingung verwendet und im eingeschwungenen Zustand die Amplitude und
Phasenlage der Ausgangsschwingung $x_a(t)$ für *alle* Frequenzen der Eingangsschwingung
im Bereich von $0 \leq \omega \leq \omega_{Max}$ gemessen.

Aufgabe 2.11: Berechnen Sie die Ortskurve des Feder-Masse-Schwingers für zwei Para-
metersätze beschrieben durch die Differentialgleichungen $\ddot{x}_a + 4 \cdot \dot{x}_a + 20 \cdot x_a = 2\,p_e$ und
$\ddot{x}_a + 4 \cdot \dot{x}_a + 2 \cdot x_a = 2\,p_e$. Stellen Sie beide Ortskurven in einem Diagramm dar.   □

Das Bode-Diagramm. Die Darstellung des Frequenzgangs durch seinen Betrag und
Phasenwinkel, abhängig von der Frequenz ω der Eingangsschwingung (d. h. Amplitudengang und Phasengang) nennt man *Bode-Diagramm*. Die Achsenskalierung wird beim
Amplitudengang $|F(j\omega)|$ üblicherweise doppellogarithmisch gewählt, und beim Phasen-
gang $\angle F(j\omega)$ einfachlogarithmisch. Der Betrag $|F(j\omega)| = \widehat{x}_a/\widehat{x}_e$ des Amplitudengangs
wird in Dezibel (dB) angegeben, mit der Definition[4]

$$\widehat{x}_a/\widehat{x}_e \; [\mathrm{dB}] = 20 \cdot \lg(\widehat{x}_a/\widehat{x}_e) \qquad \text{mit} \quad \lg = \log_{10} , \tag{2.42}$$

und der Umkehrung:

$$\widehat{x}_a/\widehat{x}_e = 10^{\dfrac{\widehat{x}_a/\widehat{x}_e \; [\mathrm{dB}]}{20}} . \tag{2.43}$$

Berechnet werden Amplitudengang und Phasengang aus dem Frequenzgang 2.38 mit
Hilfe der komplexen Rechnung zu[5]

$$|F(j\omega)| = \frac{|b_0 + b_1(j\omega) + b_2(j\omega)^2 + \ldots + b_m(j\omega)^m|}{|a_0 + a_1(j\omega) + a_2(j\omega)^2 + \ldots + a_n(j\omega)^n|}$$

$$= \sqrt{\mathrm{Re}\{F(j\omega)\}^2 + \mathrm{Im}\{F(j\omega)\}^2} \tag{2.44}$$

$$\angle F(j\omega) = \arctan\{\mathrm{Im}[F(j\omega)]/\mathrm{Re}[F(j\omega)]\} \quad \text{für } \mathrm{Re}[F(j\omega)] > 0 . \tag{2.45}$$

---

[4]Es werden für die Logarithmen die folgenden Bezeichnungen verwendet: $\lg \, \widehat{=} \, \log_{10}$ sowie
$\ln \, \widehat{=} \, \log_e$ mit log als allgemeine Bezeichung für den Logarithmus. Auf Taschenrechnern ist
jedoch im Allgemeinen die amerikanische Bezeichnung von log für $\log_{10}$ gebräuchlich.

[5]Hierbei sind die folgenden Rechenregeln für komplexe Zahlen z_1 und z_2 oft sehr hilfreich:
$|z_1 \cdot z_2| = |z_1| \cdot |z_2|$ und $|z_1/z_2| = |z_1|/|z_2|$.

Betrachtet man wieder das zuvor untersuchte RL-Glied mit $F(\mathrm{j}\omega) = \dfrac{1}{1 + 3(\mathrm{j}\omega)}$, so resultieren für Amplitudengang (Dimension $1/\Omega$) und Phasengang

$$|F(\mathrm{j}\omega)| = \frac{1}{\sqrt{1 + 9\,\omega^2}} \qquad \text{und} \qquad \angle\,F(\mathrm{j}\omega) = -\arctan(3\omega)\;. \qquad (2.46)$$

Die Berechnung einer Wertetabelle für verschiedene ω ergibt:

ω in s^{-1}	0,01	0,1	0,2	1/3	0,5	1,0	5,0	10	100
$|F|$ in dB	-0,004	-0,374	-1,34	-3,01	-5,12	-10,0	- 23,5	-29,5	-49,5
$\angle(F)$ in °	-1,72	-16,7	- 31,0	-45	-56,3	-71,6	- 86,2	-88,1	-89,8

Die grafische Darstellung der Tabelle im Bode-Diagramm zeigt Abb. 2.17.

Der Amplitudengang beginnt für niedrige Frequenzen bei 0 dB, hat dann bei der Eckfrequenz $\omega_E = 1/3\,\mathrm{s}^{-1}$ den Wert $-3,01\,\mathrm{dB}$ und geht dann für steigende Frequenzen mit einem Abfall von $-20\,\mathrm{dB/Dekade}$ gegen Null. Der Phasengang beginnt für niedrige Frequenzen bei 0°, hat bei der Eckfrequenz eine Phasennacheilung von 45° (d. h. $\angle(F) = -45°$) und geht für hohe Frequenzen gegen $-90°$.

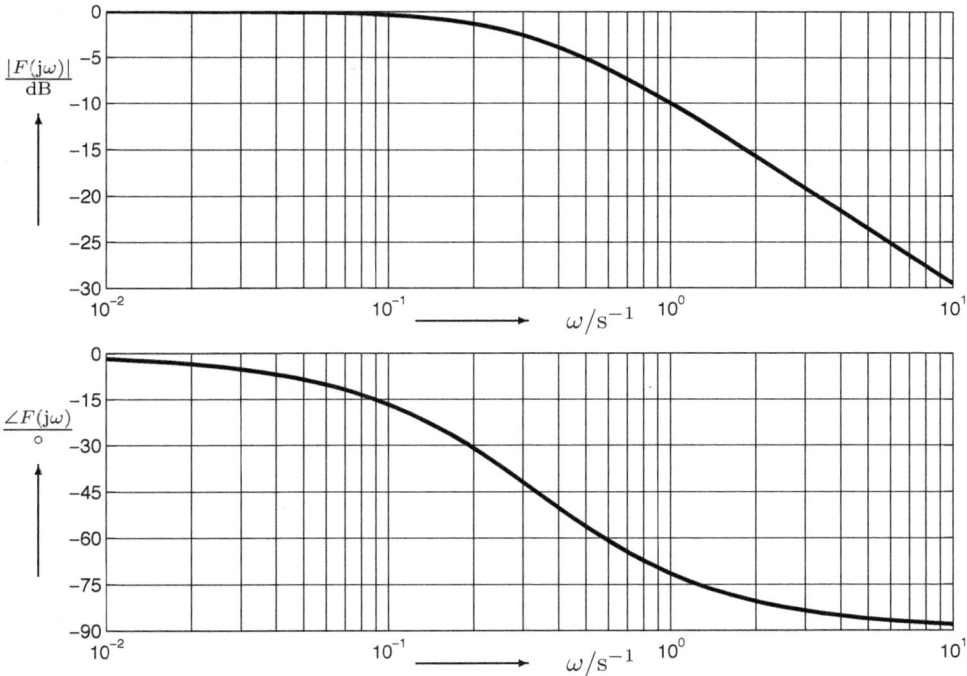

Abbildung 2.17: *Amplitudengang (oben) und Phasengang (unten) des RL-Gliedes*

Aufgabe 2.12: Untersuchen Sie zwei Versionen des Feder-Masse-Schwingers von Aufgabe 2.11 (Gleichung 1: $\ddot{x}_a + 4 \cdot \dot{x}_a + 20 \cdot x_a = 2 \cdot p_e$; Gleichung 2: $\ddot{x}_a + 4 \cdot \dot{x}_a + 2 \cdot x_a = 2 \cdot p_e$).

1. Stellen Sie zunächst eine Wertetabelle für Amplituden- und Phasengang für beide Frequenzgänge auf.

2. Zeichnen Sie anschließend beide Bode-Diagramme in ein Bild.

3. Wie groß ist der Amplitudenabfall für große Frequenzen?

4. Wie groß ist der Phasenwinkel für große Frequenzen?

Lösung:

1.) Wertetabelle (Gleichung 1):

ω in s^{-1}	1	2	3	4	5	8	10	100
$|F(j\omega)|/\text{dB}$	-19,74	-19,03	-18,21	-18,32	-20,26	-28,69	-33,01	-73,97
$\angle F(j\omega)/\circ$	-11,89	-26,57	-47,49	-75,96	-104,0	-144,0	-153,4	-177,7

Wertetabelle (Gleichung 2):

ω in s^{-1}	0,1	0,4	1	2	3	4	8	100
$|F(j\omega)|/\text{dB}$	-0,12	-1,72	-6,28	-12,30	-16,84	-20,53	-30,85	-73,98
$\angle F(j\omega)/\circ$	-11,37	-41,01	-75,96	-104,0	-120,3	-131,2	-152,7	-177,7

3.) Der Amplitudenabfall beträgt jeweils 40dB pro Dekade.

4.) Der Phasenwinkel beträgt $-180°$.   □

Aufgabe 2.13: Untersuchen Sie den Gleichstrommotor von Abschnitt 2.1.2 beschrieben durch die folgende Differentialgleichung (n in U/s und u_A in V):

$$2 \cdot \ddot{n} + 10 \cdot \dot{n} + 12 \cdot n = 60 \cdot u_A \ . \tag{2.47}$$

1. Berechnen und zeichnen Sie das Bode-Diagramm.

2. Wie groß ist der Amplitudenabfall für große Frequenzen?

3. Wie groß ist der Phasenwinkel für große Frequenzen?

Lösung:

1.) Wertetabelle:

ω in s^{-1}	0,1	0,4	1	2	3	4	8	100
$|F(j\omega)|/\text{dB}$	13,96	13,73	12,55	9,37	5,85	2,55	-7,42	-50,46
$\angle F(j\omega)/\circ$	-4,77	-18,90	-45,00	-78,69	-101,3	-116,6	-145,4	-177,1

2.) Der Abfall beträgt 40dB pro Dekade.

3.) Der Phasenwinkel beträgt $-180°$.   □

2.3 Das Rechnen mit Regelkreisgliedern im Blockschaltbild

2.3.1 Aufstellen von Blockschaltbildern

Blocksymbol. In Abschnitt 2.2.1 wurde das Übertragungsverhalten eines Regelkreisgliedes durch ein Blocksymbol repräsentiert, wobei in den Block die Übertragungsfunktion $F(s)$ eingetragen wird. Abb. 2.18 zeigt die Darstellung einer Übertragungsfunktion im Blockschaltbild mit der Eingangsgröße $X_e(s)$ und der Ausgangsgröße $X_a(s)$.

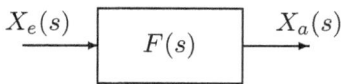

$$X_e(s) \longrightarrow \boxed{F(s)} \longrightarrow X_a(s)$$

Abbildung 2.18: *Blocksymbol* $F(s)$

Für einfache Regelkreisglieder kann man die Übertragungsfunktion direkt aus der Differentialgleichung ermitteln, wie z. B. für das RL-Glied

$$F(s) = \frac{1/R}{1 + L/R \cdot s} \ .$$

Blockschaltbild. Bei komplizierteren Baugliedern, wie z. B. dem Gleichstrommotor, ist es empfehlenswert, das Regelkreisglied aus den Grundgleichungen, die es beschreiben, schrittweise aufzubauen. Die Grundgleichungen des Gleichstrommotors lauten:

$$
\begin{aligned}
u_A &= R_A\, i_A + L_A\, \frac{\mathrm{d}i_A}{\mathrm{d}t} + e_A & &\text{Maschengleichung} \\
e_A &= 2\pi\, c\Psi_f \cdot n & &\text{Induktionsgesetz} \\
m_A &= c\Psi_f \cdot i_A & &\text{Momentengleichung} \\
m_A - m_W &= 2\pi J \cdot \frac{\mathrm{d}n}{\mathrm{d}t} & &\text{Impulssatz (2. Newtonsches Gesetz)}
\end{aligned}
$$

Zunächst werden diese Grundgleichungen Laplace-transformiert zu:

$$
\begin{aligned}
U_A(s) &= (R_A + L_A s) \cdot I_A(s) + E_A(s) & &\text{Maschengleichung} \\
E_A(s) &= 2\pi\, c\Psi_f \cdot N(s) & &\text{Induktionsgesetz} \\
M_A(s) &= c\Psi_f \cdot I_A(s) & &\text{Momentengleichung} \\
M_A(s) - M_W(s) &= 2\pi J \cdot s \cdot N(s) & &\text{Impulssatz.}
\end{aligned}
$$

Danach müssen die Ein- und Ausgangsgrößen einer jeden Gleichung festgelegt werden. Für die einzelnen Gleichungen resultieren dann die folgenden Übertragungsfunktionen:

$$F_1(s) \quad = \quad \frac{I_A(s)}{U_A(s) - E_A(s)} \quad = \quad \frac{1}{R_A + L_A s} \qquad \text{Maschengleichung}$$

$$F_2(s) \quad = \quad \frac{E_A(s)}{N(s)} \quad = \quad 2\pi\, c\Psi_f \qquad \text{Induktionsgesetz}$$

$$F_3(s) \quad = \quad \frac{M_A(s)}{I_A(s)} \quad = \quad c\Psi_f \qquad \text{Momentengleichung}$$

$$F_4(s) \quad = \quad \frac{N(s)}{M_A(s) - M_W(s)} \quad = \quad \frac{1}{2\pi J \cdot s} \qquad \text{Impulssatz}$$

Die einzelnen Übertragungsfunktionen werden dann in einem Blockschaltbild grafisch dargestellt (Abb. 2.19):

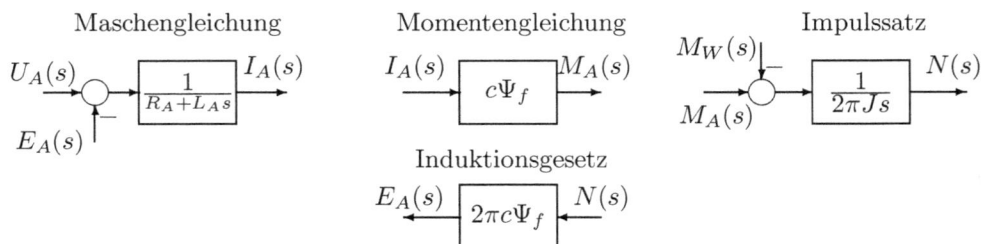

Abbildung 2.19: *Darstellung der Grundgleichungen durch Einzelblöcke*

Anschließend werden die zusammengehörenden Eingänge und Ausgänge der einzelnen Übertragungsfunktionen (Blöcke) verknüpft, und es entsteht das Blockschaltbild des Gesamtsystems „Gleichstrommotor" (Abb. 2.20). Infolge der Ankerrückwirkung (Induktionsgesetz) weist das Blockschaltbild des Gleichstrommotors eine Kreisstruktur (Kreisschaltung) auf, die im Vorwärtszweig eine Reihenschaltung dreier Blöcke enthält.

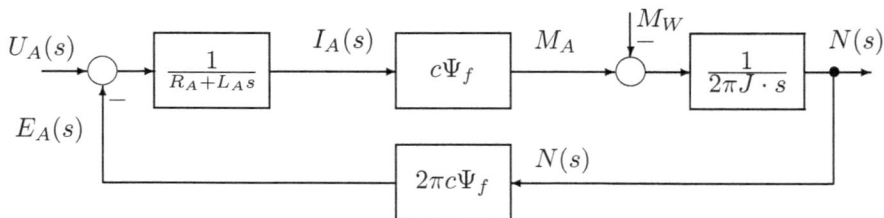

Abbildung 2.20: *Der Gleichstrommotor als Blockschaltbild*

Eingangsgrößen im Blockschaltbild sind die Ankerspannung $U_A(s)$ und das Lastmoment $M_W(s)$. Ausgangsgröße des Motors ist die Drehzahl $N(s)$.

Um das Blockschaltbild nun zu vereinfachen, müssen zunächst die Rechenregeln für die Verknüpfung von Regelkreisgliedern erarbeitet werden. Dies sind die Regeln für die Reihen-, Parallel- und Kreisschaltung von Regelkreisgliedern. Mit diesen Rechenregeln können dann die Übertragungsfunktionen der Blockschaltbilder von jeder Eingangsgröße $X_e(s)$ zu jeder Ausgangsgröße $X_a(s)$ berechnet werden.

2.3.2 Reihen-, Parallel- und Kreisschaltung von Regelkreisgliedern

Reihenschaltung. Es seien die Übertragungsfunktionen $F_1(s)$ und $F_2(s)$ durch eine Reihenschaltung wie folgt verbunden:

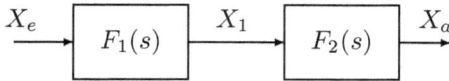

Abbildung 2.21: *Reihenschaltung*

Die Berechnung der Gesamtübertragungsfunktion $F(s)$ der Reihenschaltung dieser Regelkreisglieder geschieht in folgenden Schritten: Mit

$$X_1(s) = F_1(s) \cdot X_e(s) \qquad \text{und}$$
$$X_a(s) = F_2(s) \cdot X_1(s) \qquad \text{wird durch Einsetzen von } X_1 \text{ dann}$$
$$X_a(s) = F_1(s) \cdot F_2(s) \cdot X_e(s) \;,$$

und somit folgt für die Reihenschaltung von Regelkreisgliedern die Gesamtübertragungsfunktion $F(s)$ zu:

$$\boxed{F(s) = \frac{X_a(s)}{X_e(s)} = F_1(s) \cdot F_2(s)} \;. \tag{2.48}$$

Parallelschaltung. Es seien die Übertragungsfunktionen durch folgende Parallelschaltung verbunden:

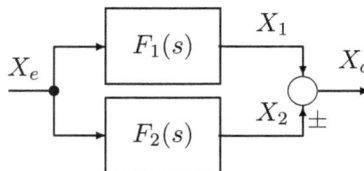

Abbildung 2.22: *Parallelschaltung*

Auch bei der nun untersuchten Parallelschaltung von Regelkreisgliedern (siehe Abb. 2.22) werden zunächst die Einzelübertragungsfunktionen aufgestellt und dann zusammengefasst. Aus

$$X_1(s) = F_1(s) \cdot X_e(s) \qquad \text{und}$$
$$X_2(s) = F_2(s) \cdot X_e(s) \qquad \text{wird durch Einsetzen von } X_1 \text{ und } X_2 \text{ dann}$$
$$X_a(s) = X_1(s) \pm X_2(s) = \{F_1(s) \pm F_2(s)\} \cdot X_e(s)$$

und somit folgt für die Parallelschaltung von Regelkreisgliedern die Gesamtübertragungsfunktion $F(s)$ zu:

$$\boxed{F(s) = \frac{X_a(s)}{X_e(s)} = F_1(s) \pm F_2(s)} \ . \tag{2.49}$$

Kreisschaltung. In der nachfolgenden Kreisschaltung sind $F_v(s)$ und $F_r(s)$ die Übertragungsfunktionen im Vorwärts- bzw. Rückwärtszweig. Wie gezeigt, kann die Rückkopplung mit negativem oder positivem Vorzeichen erfolgen.

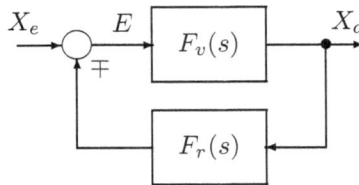

Abbildung 2.23: *Kreisschaltung*

Die Kreisschaltung ist die in jedem Regelkreis vorkommende Verknüpfung von Regelkreisgliedern. Sie führt zu neuen Pollagen. Nach der Berechnung von

$$E(s) = X_e(s) \mp F_r(s) \cdot X_a(s) \qquad \text{wird dieser Ausdruck in}$$
$$X_a(s) = F_v(s) \cdot E(s) = F_v(s) \cdot \{X_e(s) \mp F_r(s) \cdot X_a(s)\} \qquad \text{eingesetzt.}$$

Die Auflösung nach $X_a(s)$ ergibt dann:

$$X_a(s) \cdot \{1 \pm F_v(s) \cdot F_r(s)\} = F_v(s) \cdot X_e(s) \ .$$

Damit lautet die gesuchte Übertragungsfunktion der Kreisschaltung:

$$\boxed{F(s) = \frac{X_a(s)}{X_e(s)} = \frac{F_v(s)}{1 \pm F_v(s) \cdot F_r(s)} = \frac{1}{\dfrac{1}{F_v(s)} \pm F_r(s)}} \ . \tag{2.50}$$

Die Gesamtübertragungsfunktion bei *Mitkopplung („+" Vorzeichen im Blockschaltbild)* lautet dann

$$\boxed{F(s) = \frac{X_a(s)}{X_e(s)} = \frac{F_v(s)}{1 \ - \ F_v(s) \cdot F_r(s)}} \tag{2.51}$$

und bei *Gegenkopplung („−" Vorzeichen im Blockschaltbild)*

$$\boxed{F(s) = \frac{X_a(s)}{X_e(s)} = \frac{F_v(s)}{1 + F_v(s) \cdot F_r(s)}} \ . \tag{2.52}$$

Wird das Eingangssignal $X_e(s)$ am Summationspunkt negativ aufgeschaltet, so erhalten die Übertragungsfunktionen nach Gleichung 2.50 bis 2.52 ein negatives Vorzeichen, also

$$F(s) = \frac{X_a(s)}{X_e(s)} = \frac{-F_v(s)}{1 \pm F_v(s) \cdot F_r(s)} \ .$$

2.3.3 Verlegen von Summations- und Verzweigungsstellen

Regeln. In den Blockschaltbildern treten Summations- und Verzeigungsstellen von Signalen auf. Diese Summations- und Verzweigungsstellen kann man, wie in Abb. 2.24 gezeigt, nach bestimmten Regeln verlegen.

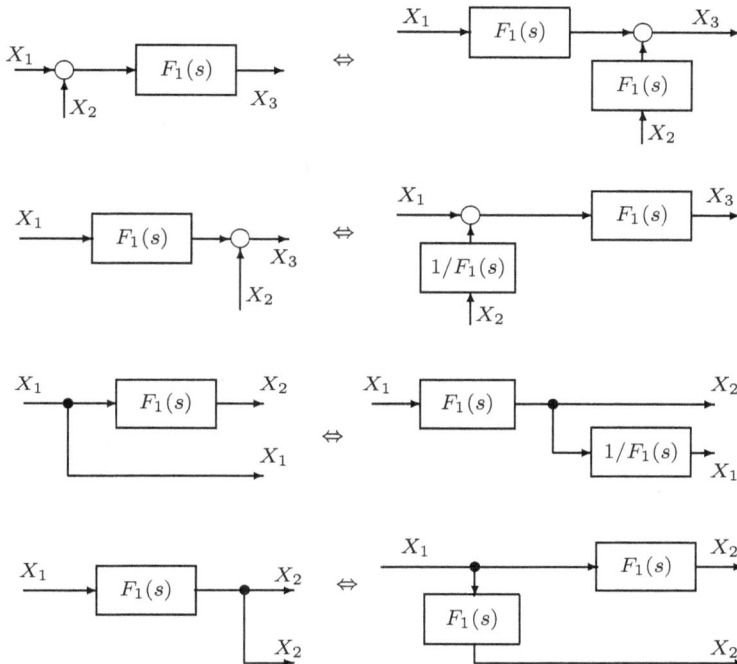

Abbildung 2.24: *Verlegen von Summations- und Verzweigungsstellen in Blockschalt-bildern*

Folgen mehrere Summationsstellen aufeinander, ohne dass ein Block oder eine Verzweigungsstelle dazwischen liegen, dann können diese Summationsstellen zu einer Summationsstelle zusammengefasst werden. Die gleiche Aussage trifft sinngemäß auf mehrere aufeinanderfolgende Verzweigungsstellen zu.

Eine Zusammenfassung von Summationsstellen mit dazwischenliegender Verzweigung, bzw. von Verzweigungsstellen mit dazwischenliegender Summationsstelle, ist jedoch *nicht* möglich.

2.3.4　Anwendung der Regeln für das Rechnen mit Blockschaltbildern

Gleichstrommotor. Die Anwendung der in den vorangehenden Abschnitten erarbeiteten Regeln soll am Beispiel des Gleichstrommotors von Abb. 2.20 demonstriert werden. Dieses Beispiel beinhaltet Summations- und Verzweigungsstellen sowie die Reihen- und Kreisschaltung von Übertragungsfunktionen.

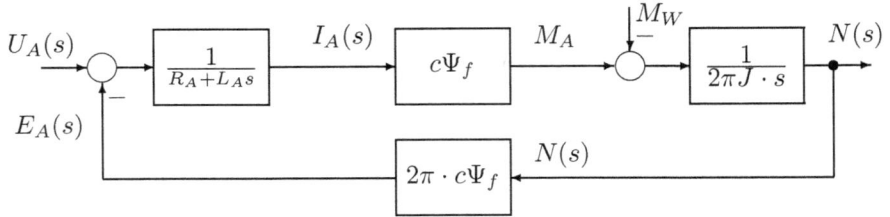

Abbildung 2.25: *Der Gleichstrommotor als Blockschaltbild*

Als erstes wird die Reihenschaltung der drei Übertragungsfunktionen im Vorwärtszweig der Kreisschaltung zusammengefasst. Setzt man im Vorwärtszweig die Eingangsgröße (Störmoment $M_W(s)$) gleich Null, dann resultiert als Übertragungsfunktion der *Reihenschaltung* der drei einzelnen Übertragungsfunktionen im Vorwärtszweig

$$F_v(s) = \frac{1}{R_A + L_A\,s} \cdot c\Psi_f \cdot \frac{1}{2\pi J \cdot s} = \frac{c\Psi_f}{2\pi J \cdot s \cdot (R_A + L_A s)}\ . \tag{2.53}$$

Die resultierende Schaltung ist dann eine Kreisschaltung mit *einem* Block im Vorwärtszweig und *einem* Block im Rückwärtszweig. Mit $F_r(s) = 2\pi \cdot c\Psi_f$ kann man dann nach den Rechenregeln der *Kreisschaltung* die Gesamtübertragungsfunktion ermitteln zu:

$$F(s) = \frac{N(s)}{U_A(s)} = \frac{F_v(s)}{1 + F_v(s) \cdot F_r(s)}$$

$$= \frac{\dfrac{c\Psi_f}{2\pi J \cdot s \cdot (R_A + L_A\,s)}}{1 + \dfrac{c\Psi_f}{2\pi J \cdot s \cdot (R_A + L_A\,s)} \cdot 2\pi \cdot c\Psi_f}$$

$$F(s) = \frac{c\Psi_f}{2\pi J \cdot s \cdot (R_A + L_A\,s) + 2\pi \cdot (c\Psi_f)^2}\ . \tag{2.54}$$

Diese Übertragungsfunktion des Gleichstrommotors mit der Spannung $U_A(s)$ als Eingangsgröße und der Drehzahl $N(s)$ als Ausgangsgröße kann dann als einzelne Übertragungsfunktion in einem Block dargestellt werden (Abb. 2.26).

$$U_A(s) \rightarrow \boxed{\frac{c\Psi_f}{2\pi J \cdot s \cdot (R_A + L_A\, s) + 2\pi \cdot (c\Psi_f)^2}} \rightarrow N(s)$$

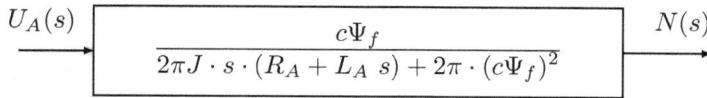

Abbildung 2.26: *Gesamtübertragungsfunktion des Gleichstrommotors*

Diese Übertragungsfunktion ist identisch zu der Übertragungsfunktion, die man erhält, wenn man Gleichung 2.4 Laplace-transformiert, $M_W(s)$ gleich Null setzt, und dann die resultierende Übertragungsfunktion herleitet.

> *Die Ermittlung der Übertragungsfunktion eines Systems durch Einsetzen und Auflösen der Grundgleichungen und anschließende Laplace-Transformation liefert dasselbe Ergebnis wie die Ermittlung der Übertragungsfunktion aus dem Blockschaltbild des Systems und Anwendung der Rechenregeln für Blockschaltbilder.*

Für komplexe Anordnungen von Übertragungsfunktionen kann man vorteilhaft die in [4] angegebene Regel nach Mason verwenden.

Aufgabe 2.14: Berechnen Sie mit den Rechenregeln für Blockschaltbilder die folgenden Übertragungsfunktionen des Gleichstrommotors:

$$
\begin{aligned}
F_1(s) &= N(s)/M_W(s) &\text{für} \quad U_A(s) &= 0 \\
F_2(s) &= I_A(s)/U_A(s) &\text{für} \quad M_W(s) &= 0 \\
F_3(s) &= I_A(s)/M_W(s) &\text{für} \quad U_A(s) &= 0 \,.
\end{aligned}
$$

Vergleichen Sie die Ergebnisse mit den Resultaten, die Sie durch Manipulation der Grundgleichungen des Gleichstrommotors erhalten. Setzen Sie hierbei jeweils $u_A(t)$ oder $m_W(t)$ gleich Null.

Lösung:

$$
\begin{aligned}
F_1(s) &= \frac{N(s)}{M_W(s)} = \frac{-(R_A + L_A s)}{2\pi J \cdot s \cdot (R_A + L_A\, s) + 2\pi \cdot (c\Psi_f)^2} \\[2mm]
F_2(s) &= \frac{I_A(s)}{U_A(s)} = \frac{2\pi J \cdot s}{2\pi J \cdot s \cdot (R_A + L_A\, s) + 2\pi \cdot (c\Psi_f)^2} \\[2mm]
F_3(s) &= \frac{I_A(s)}{M_W(s)} = \frac{2\pi \cdot c\Psi_f}{2\pi J \cdot s \cdot (R_A + L_A\, s) + 2\pi \cdot (c\Psi_f)^2} \,.
\end{aligned}
$$

$\square$

Aufgabe 2.15: Stellen Sie ausgehend von den Grundgleichungen des Feder-Masse-Schwingers von Beispiel 2.2 das Blockschaltbild der Anordnung dar. Vereinfachen Sie dann mit den Rechenregeln für Blockschaltbilder das Schaltbild und ermitteln Sie die Gesamtübertragungsfunktion $F(s)$.

Lösung: $F(s) = \dfrac{X_a(s)}{P_e(s)} = \dfrac{A}{c + d\,s + M\,s^2}$.   □

Aufgabe 2.16: Berechnen Sie mit den Rechenregeln für Blockschaltbilder die Gesamtübertragungsfunktion der folgenden Anordnung:

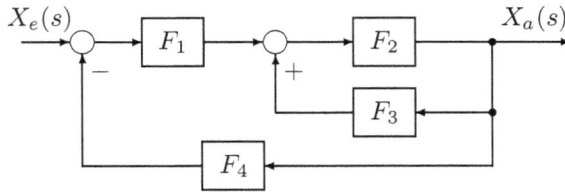

Lösung:
$$F(s) = \frac{X_a(s)}{X_e(s)} = \frac{F_1 \cdot F_2}{1 - F_2 \cdot F_3 + F_1 \cdot F_2 \cdot F_4}$$ □

Aufgabe 2.17: Berechnen Sie mit den Rechenregeln für Blockschaltbilder die Gesamtübertragungsfunktion der folgenden Anordnung:

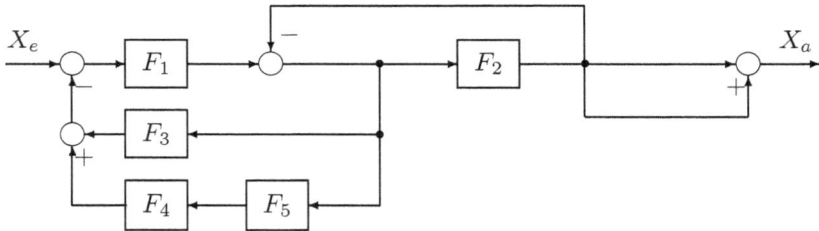

Lösung: $F(s) = \dfrac{X_a(s)}{X_e(s)} = \dfrac{2 \cdot F_1 \cdot F_2}{1 + F_2 + F_1 \cdot (F_3 + F_4 \cdot F_5)}$ □

3 Regelstrecken

Klassifizierung. Die *Regelstrecke* ist derjenige Teil einer Anlage, dessen Ausgangssignal (die *Regelgröße*) wie z. B. Temperatur, Druck, Weg, Drehzahl … geregelt werden soll. Die Regelgröße ist in den meisten Fällen fest vorgegeben. Dagegen sind die *Parameter der Regelstrecke*, das sind die Koeffizienten a_i und b_i der Differentialgleichung bzw. der Übertragungsfunktion der Regelstrecke, a priori jedoch in den seltensten Fällen gegeben. Diese Parameter der Regelstrecke müssen durch Berechnungen und/oder Messungen an der Regelstrecke ermittelt werden. Je genauer man diese Parameter kennt, umso besser kann man den Regler auf diese Parameter abstimmen. Die Ermittlung der Parameter der Regelstrecke, die so genannte *Parameteridentifizierung*, ist ein Spezialgebiet der Regelungstechnik und wird in Abschnitt 3.6.4 gestreift.

Da die Regelgröße meist vorgegeben ist, liegt es nahe, zunächst die Regelstrecken anhand ihrer Regelgrößen, bzw. ihrer Komponenten, zu klassifizieren. Beispielsweise würden dann Strecken aus elektrischen Bauelementen (wie z. B. Widerstand R, Spule L und Kondensator C) zu den elektrischen Strecken zählen und Feder-Masse-Dämpfer-Anordnungen zu den mechanischen Strecken. Bei näherer Betrachtung sieht man jedoch, dass beiden Strecken die gleiche Differentialgleichung zugrunde liegen kann, wie Aufgabe 3.1 zeigt.

Aufgabe 3.1: Bestimmen Sie die Differentialgleichung des nachfolgenden RLC-Reihenschwingkreises mit $u_e(t)$ als Eingangsspannung und $u_a(t)$ als Ausgangsspannung.

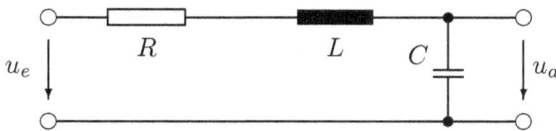

Lösung:
$$LC \cdot \ddot{u}_a + RC \cdot \dot{u}_a + u_a = u_e \quad \square$$

Die Differentialgleichung von Aufgabe 3.1 stimmt in der Form überein mit der Differentialgleichung des mechanischen Systems von Gleichung 2.3, allein die Koeffizienten der Differentialgleichungen sind verschieden. Daran zeigt sich, dass es wenig Sinn machen würde, zunächst elektrische Regelstrecken zu untersuchen, sie durch Differentialgleichungen und Übertragungsfunktionen zu beschreiben und anschließend bei mechanischen Regelstrecken wieder Differentialgleichungen und Übertragungsfunktionen mit der gleichen Struktur zu behandeln.

Daher klassifiziert man in der Regelungstechnik Regelstrecken nach ihrem *dynamischen Verhalten* beschrieben durch Differentialgleichungen bzw. Übertragungsfunktionen. Man unterscheidet die folgenden Grundformen:

- *Proportionale Regelstrecken (Regelstrecken mit Ausgleich)*

- *Integrierende Regelstrecken (Regelstrecken ohne Ausgleich)*

- *Spezielle Formen von Regelstrecken*

Proportionale Regelstrecken. Dies sind Regelstrecken wie z. B. ein Spannungsteiler, ein RC-Glied, ein RLC-Reihenschwingkreis, ein Feder-Masse-Dämpfer-Schwinger. Nach einem Sprungeingang geht die Ausgangsgröße nach Abklingen eines Einschwingvorgangs gegen einen stationärer Endwert x_∞, welcher zum Eingangssprung proportional ist (Abb. 3.1). Man nennt diese Strecken auch Strecken mit Ausgleich.

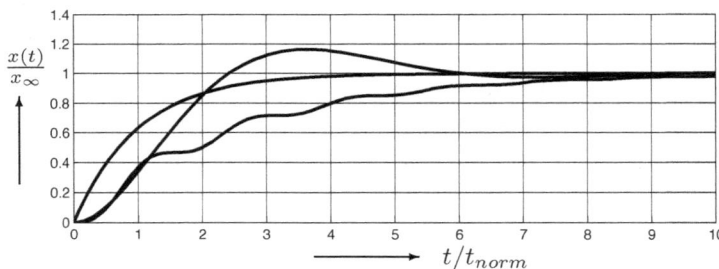

Abbildung   3.1: *Normierte Sprungantworten verschiedener proportionaler Strecken (Strecken mit Ausgleich)*

Proportionale Regelstrecken werden durch Differentialgleichungen gemäß Gleichung 3.1 beschrieben, wobei erforderlich ist, dass der Koeffizient a_0 *nicht* verschwindet:

$$\ldots a_3\,\dddot{x}_a\,(t) + a_2\ddot{x}_a(t) + a_1\dot{x}_a(t) + a_0 x_a(t) = b_0 x_e(t)\ . \tag{3.1}$$

Integrierende Regelstrecken. Dies sind Strecken, bei denen ein integrierendes Verhalten auftritt, wie z. B. beim Befüllen eines Behälters und der Bewegung von Massen. Nach einem Sprungeingang strebt die Ausgangsgröße nach Abklingen eines Einschwingvorgangs aufgrund der Integrationswirkung gegen unendlich (bzw. gegen einen Anschlag). Es findet kein Ausgleich wie bei den proportionalen Strecken statt. Sie heißen daher auch Strecken ohne Ausgleich (siehe Abb. 3.2).

Kennzeichnend für die Differentialgleichungen integrierender Strecken ist das Fehlen des $x_a(t)$-Terms, d. h. es ist der Koeffizient $a_0 = 0$,

$$\ldots a_3\,\dddot{x}_a\,(t) + a_2\ddot{x}_a(t) + a_1\dot{x}_a(t) = b_0 x_e(t) \tag{3.2}$$

bzw. nach Integration der Differentialgleichung gilt

$$\ldots a_3\ddot{x}_a(t) + a_2\dot{x}_a(t) + a_1 x_a(t) = b_0 \int_0^t x_e(\tau)\mathrm{d}\tau\ . \tag{3.3}$$

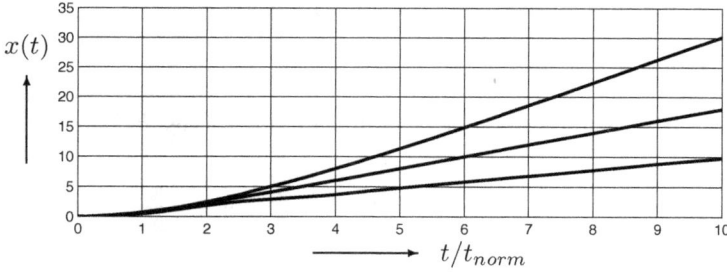

Abbildung 3.2: *Sprungantworten verschiedener integrierender Strecken (Strecken ohne Ausgleich)*

Spezielle Formen. Zu den *speziellen Formen von Regelstrecken* zählt man z. B. Regelstrecken mit Totzeit, mit Allpassverhalten oder mit differenzierendem Verhalten. Sie werden in einem gesonderten Abschnitt behandelt.

3.1 Proportionale Regelstrecken

3.1.1 Proportionale Strecken ohne Verzögerung (P-Glied)

Technische Beispiele. Proportionale Strecken ohne Verzögerung sind Strecken bzw. Übertragungsglieder, bei denen ein direkter proportionaler Zusammenhang zwischen der Eingangsgröße x_e und der Ausgangsgröße x_a gegeben ist. Beispiele hierzu zeigt Abb. 3.3.

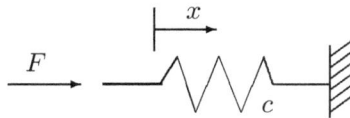

Feder: $x = \frac{1}{c} \cdot F$

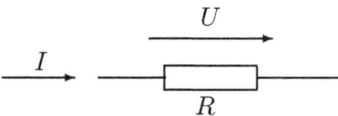

Ohmscher Widerstand: $U = R \cdot I$

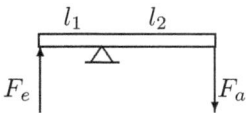

Hebel: $F_a = \frac{l_1}{l_2} \cdot F_e$

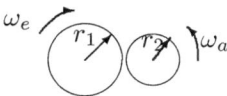

Getriebe: $\omega_a = \frac{r_1}{r_2} \cdot \omega_e$

Abbildung 3.3: *Beispiele für P-Strecken (P-Übertragungsglieder)*

Mathematische Beschreibung. Aufgrund der Proportionalität zwischen x_a und x_e gilt für das Übertragungsverhalten die (triviale) Differentialgleichung

$$a_0 \cdot x_a(t) = b_0 \cdot x_e(t) \ .$$

(3.4)

Aus Gleichung 3.4 folgen Übertragungsfunktion $F(s)$ und Frequenzgang $F(\mathrm{j}\omega)$ zu:

$$F(s) = \frac{X_a(s)}{X_e(s)} = \frac{b_0}{a_0} = K_S \quad \text{und} \quad F(\mathrm{j}\omega) = \frac{X_a(\mathrm{j}\omega)}{X_e(\mathrm{j}\omega)} = \frac{b_0}{a_0} = K_S \ .$$

(3.5)

Die Größe K_S bezeichnet man als Übertragungsbeiwert. Auf ein sprungförmiges Eingangssignal $x_e(t) = \hat{x}_e \cdot \sigma(t)$ antwortet ein P-Glied[1] sofort mit einem sprungförmigen Ausgangssignal $x_a(t) = K_S \cdot \hat{x}_e \sigma(t)$. Dies führt zur grafischen Darstellung der Sprungantwort nach Abb. 3.4.

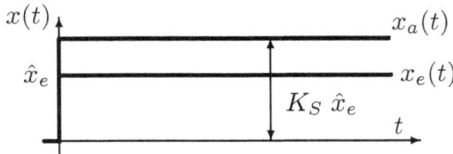

Abbildung 3.4:
Sprungantwort des
P-Gliedes

Zur Kennzeichnung des P-Gliedes durch ein Blocksymbol verwendet man entweder die Übertragungsfunktion $F(s)$ oder die Sprungantwort (Abb. 3.5).

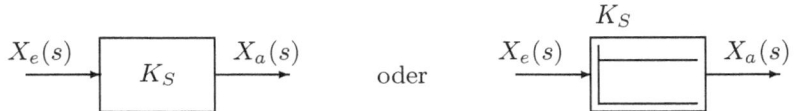

Abbildung 3.5: *Blocksymbol des P-Gliedes*

3.1.2   Proportionale Strecken mit Verzögerung 1. Ordnung (PT$_1$-Glied)

Technische Beispiele. Im Unterschied zu den idealen P-Gliedern antwortet eine PT$_1$-Regelstrecke nicht mehr sofort auf ein Eingangssignal, sondern mit einer gewissen Verzögerung. Diese Verzögerung wird durch einen Energiespeicher im betrachteten System hervorgerufen, welcher Energie nur verzögert aufnimmt. Bei den in Abb. 3.6 gezeigten Beispielen stellen ein elektrisches Magnetfeld, eine Feder, ein Druckbehälter oder ein Wasserbehälter diesen Energiespeicher dar.

---

[1]Die Bezeichnung ideales P-Glied oder reines P-Glied ist ebenfalls gebräuchlich.

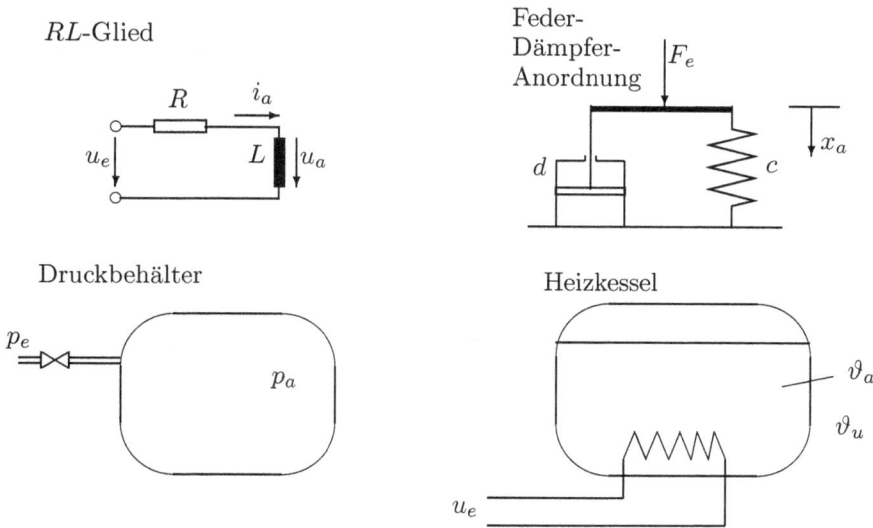

Abbildung 3.6: *Beispiele von Proportionalstrecken mit Verzögerung*

Mathematische Beschreibung. Die beschreibenden Differentialgleichungen dieser Anordnungen lauten

RL-Glied	$(L/R) \cdot \dot{i}_a + i_a$	$=$	u_e/R
Feder-Dämpfer	$d \cdot \dot{x}_a + c \cdot x_a$	$=$	F_e
Druckbehälter	$T_s \cdot \dot{p}_a + p_a$	$=$	p_e
Heizkessel	$T_k \cdot (\dot{\vartheta}_a - \dot{\vartheta}_u) + (\vartheta_a - \vartheta_u)$	$=$	$(u_e \cdot i_e)/k$.

In den Differentialgleichungen treten die Parameter der Anordnung (R, L, d, c, ...) explizit oder als zusammengefasste Konstanten ($T_k = m_f c_p/k$, T_s, ...) auf. Diese Konstanten enthalten die bestimmenden Einflussgrößen der Behälter wie z. B. Masse der Flüssigkeit m_f, Wärmeübergangszahl k, spezifische Wärmekapazität c_p, ... Die Grundform der zugrunde liegenden Differentialgleichung 1. Ordnung für derartige Anordnungen lautet:

$$a_1 \cdot \dot{x}_a + a_0 \cdot x_a = b_0 \cdot x_e \, , \tag{3.6}$$

bzw. in normierter Darstellung

$$T_S \cdot \dot{x}_a + x_a = K_S \cdot x_e \tag{3.7}$$

mit T_S als Zeitkonstante ($[T_S] = \mathrm{s}$) und K_S als Übertragungsbeiwert($[K_S]=[x_a]/[x_e]$). Aus Gleichung 3.7 folgen Übertragungsfunktion $F(s)$ und Frequenzgang $F(\mathrm{j}\omega)$ zu:

$$F(s) = \frac{X_a(s)}{X_e(s)} = \frac{K_S}{1 + T_S \cdot s} \qquad \text{und} \qquad F(\mathrm{j}\omega) = \frac{X_a(\mathrm{j}\omega)}{X_e(\mathrm{j}\omega)} = \frac{K_S}{1 + T_S \cdot \mathrm{j}\omega} \, . \tag{3.8}$$

Zur Berechnung der Sprungantwort von Gleichung 3.7 kann man auf die Lösung der Differentialgleichung 2.5 zurückgreifen, die in Abschnitt 2.1.3 erarbeitet wurde. Beides sind lineare Differentialgleichungen 1. Ordnung. Gemäß Gleichung 2.12 (mit dem Anfangswert $\hat{I}_{a0} = 0$) lautet dann die Sprungantwort für Gleichung 3.7:

$$x_a(t) = K_S\,\hat{x}_e \cdot (1 - \mathrm{e}^{-t/T_S})\,. \tag{3.9}$$

Abb. 3.7 zeigt die Sprungantwort und das Blocksymbol des PT_1-Gliedes. Die Steigung des Signals $x_a(t)$ zum Zeitnullpunkt beträgt $\hat{x}_e \cdot K_S/T_S$.

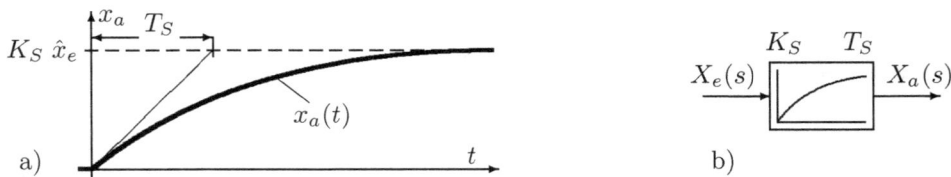

a)   b)

Abbildung 3.7: *Sprungantwort (Abb. a) und Blocksymbol eines PT_1-Gliedes (Abb. b)*

Real- und Imaginärteil der Ortskurve des PT_1-Gliedes berechnet man nach Abschnitt 2.2.3 aus

$$F(\mathrm{j}\omega) = \frac{K_S}{1 + T_S \cdot \mathrm{j}\omega} \tag{3.10}$$

zu

$$\mathrm{Re}\{F(\mathrm{j}\omega)\} = \frac{K_S}{1 + (\omega T_S)^2} \quad \text{und} \quad \mathrm{Im}\{F(\mathrm{j}\omega)\} = -\frac{K_S\omega T_S}{1 + (\omega T_S)^2}\,. \tag{3.11}$$

Die Ortskurve des PT_1-Gliedes ist ein Halbkreis mit dem Mittelpunkt[2] $(K_S/2; 0)$ und dem Radius $K_S/2$. Die Ortskurve beginnt bei $\omega = 0$ auf der reellen Achse, geht dann in den negativ imaginären Bereich und endet für $\omega \to \infty$ im Ursprung. Die Frequenz, bei der Real- und Imaginärteil der Ortskurve den gleichen Betrag aufweisen, nennt man Eckfrequenz. Sie beträgt hier $\omega_E = 1/T_S$.

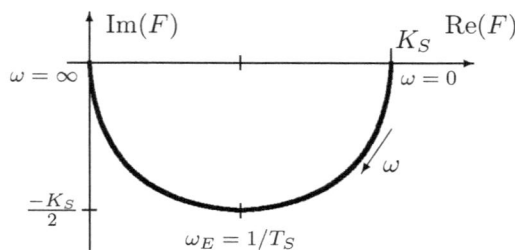

Abbildung 3.8: *Ortskurve des PT_1-Gliedes*

---

[2]Mit der Bezeichnung $(a; b)$ werden die Koordinaten eines Punktes mit dem Realteil a und dem Imaginärteil b beschrieben.

Aufgabe 3.2: Berechnen Sie die Übertragungsfunktion eines *RC*-Gliedes mit der angelegten
Spannung $u_e(t)$ als Eingangsgröße und der Spannung $u_a(t)$ als Ausgangsgröße.

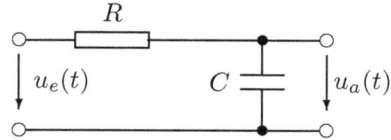

Lösung: $F(s) = \dfrac{U_a(s)}{U_e(s)} = \dfrac{1}{1 + RC \cdot s}$ □

Aufgabe 3.3: Es soll die Verbraucherklemmenspannung $u_a(t)$ eines fremderregten Gleich-
stromgenerators in Abhängigkeit von der Erregerspannung $u_e(t)$ für folgende Anordnung ermittelt werden:

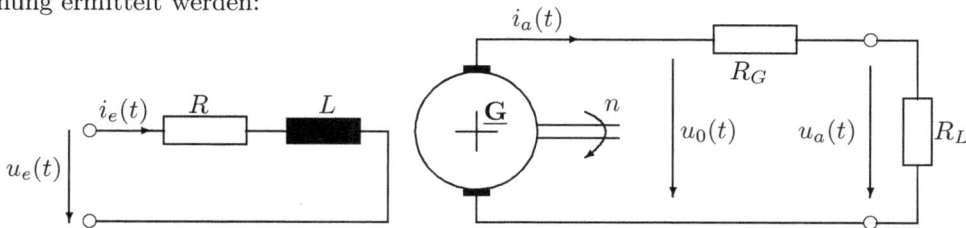

Für die vom Generator erzeugte Leerlaufspannung u_0 gilt:

$$u_0(t) = c \cdot n \cdot \frac{N}{R_m} \cdot i_e(t) = K_G \cdot i_e(t)$$

mit $K_G = 50\,\text{V/A}$. Ferner seien gegeben: $R = R_G = 2\,\Omega$, $L = 0{,}1\,\Omega\,s$ und $R_L = 18\,\Omega$.

Berechnen Sie die Differentialgleichung der Anordnung mit $u_e(t)$ als Eingangsgröße und
$u_a(t)$ als Ausgangsgröße für die angegebenen Zahlenwerte.

Lösung: $T_S \dot{u}_a(t) + u_a(t) = K_S u_e(t)$ mit $T_S = 50\,\text{ms}, K_S = 22{,}5$.   □

3.1.3   Reihenschaltung von Strecken mit Verzögerung 1. Ordnung

Technische Beispiele. Häufig bestehen Regelstrecken aus Reihenschaltungen von
Verzögerungsstrecken 1. Ordnung. Beispiele hierfür sind jegliche Arten von Temperaturregelstrecken, Raumheizungen (Aufheizung des Heizkörpers und danach Aufheizung
des Raumes), Wärmetauscher, Aufeinanderfolge von Druckkesseln, Reihenschaltungen
von RC-Gliedern oder RL-Gliedern. Abb. 3.9 zeigt einige dieser Beispiele.

Eine echte Reihenschaltung von Verzögerungsgliedern 1. Ordnung liegt nur dann vor,
wenn die nachfolgende Einheit nicht auf die vorhergehende Einheit zurückwirkt. Daher
ist z. B. bei den RC-Gliedern ein zusätzlicher Trennverstärker erforderlich, wenn die
Rückwirkung verhindert werden soll.

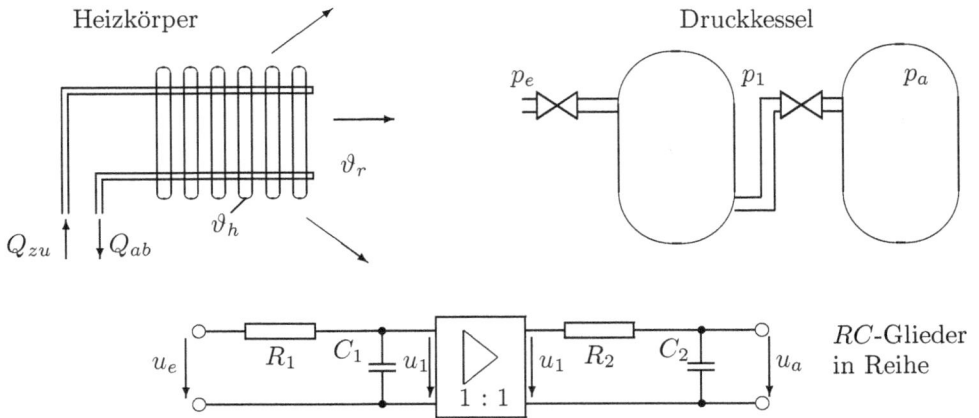

Abbildung 3.9: *Beispiele für Reihenschaltungen von Verzögerungsgliedern*

Reihenschaltungen von PT_1-Gliedern, wie sie Abb. 3.9 zeigt, gehören zu den am häufigsten anzutreffenden Regelstrecken.

Mathematische Beschreibung. Die beschreibenden Differentialgleichungen der einzelnen Einheiten dieser Anordnungen lauten mit den zusammengefassten Zeitkonstanten T_i und Übertragungsbeiwerten K_i:

RC-Glieder	$R_1 C_1 \cdot \dot{u}_1 + u_1 = u_e$	$R_2 C_2 \cdot \dot{u}_a + u_a = u_1$
Druckbehälter	$T_{S1} \cdot \dot{p}_1 + p_1 = p_e$	$T_{S2} \cdot \dot{p}_a + p_a = p_1$
Heizung	$T_h \cdot \dot{\vartheta}_h + \vartheta_h = K_h \cdot Q_{zu}$	$T_r \cdot \dot{\vartheta}_r + \vartheta_r = K_r \cdot \vartheta_h$.

Jedes einzelne PT_1-Glied wird durch die Differentialgleichung

$$a_{11}\dot{x}_1 + a_{10}x_1 = b_{10}x_e \qquad a_{21}\dot{x}_a + a_{20}x_a = b_{20}x_1$$

bzw. ihre Normierung

$$T_{S1}\dot{x}_1 + x_1 = K_1 x_e \qquad T_{S2}\dot{x}_a + x_a = K_2 x_1$$

beschrieben. Einsetzen von $x_1(t)$ aus der zweiten in die erste Differentialgleichung ergibt die resultierende Differentialgleichung der Reihenschaltung

$$a_{11}a_{21}\ddot{x}_a + (a_{10}a_{21} + a_{20}a_{11})\dot{x}_a + a_{10}a_{20}x_a = b_{10}b_{20}\, x_e$$
$$a_2 \cdot \ddot{x}_a + a_1 \cdot \dot{x}_a + a_0 \cdot x_a = b_0 \cdot x_e \, , \tag{3.12}$$

bzw. in normierter Darstellung

$$T_{S1}T_{S2} \cdot \ddot{x}_a + (T_{S1} + T_{S2}) \cdot \dot{x}_a + x_a = K_1 K_2 \cdot x_e = K_S \cdot x_e \, . \tag{3.13}$$

Dass eine *Reihenschaltung von einzelnen PT_1-Gliedern* vorliegt, erkennt man an der Übertragungsfunktion bzw. der Frequenzgangdarstellung besonders gut, wie die folgenden Gleichungen zeigen

$$F(s) = \frac{X_a(s)}{X_e(s)} = \frac{K_1}{1 + T_{S1}s} \cdot \frac{K_2}{1 + T_{S2}s} = \frac{K_S}{(1 + T_{S1}s) \cdot (1 + T_{S2}s)}$$

$$= \frac{K_S}{1 + (T_{S1} + T_{S2})s + T_{S1}T_{S2}s^2} \tag{3.14}$$

$$F(j\omega) = \frac{K_S}{(1 + T_{S1}j\omega) \cdot (1 + T_{S2}j\omega)} =$$

$$= \frac{K_S}{1 + (T_{S1} + T_{S2})(j\omega) + T_{S1}T_{S2}(j\omega)^2} \ . \tag{3.15}$$

Die Größen T_{S1}, T_{S2} heißen Zeitkonstanten der Einzelstrecken, und K_1, K_2 bzw. K_S sind die Übertragungsbeiwerte. Die Parameter T_{S1}, T_{S2} und K_S ergeben sich je nach Regelstrecke unter Verwendung der Grundgleichungen z. B. der Mechanik, Elektrotechnik, Thermodynamik ... .

Sprungantwort. Die Berechnung der Sprungantwort einer Reihenschaltung von zwei PT_1-Gliedern erfolgt, wie in Abschnitt 2.1.3 gezeigt, in drei Schritten:

1.) Lösung der *homogenen Differentialgleichung*:

$$T_{S1}T_{S2} \cdot \ddot{x}_a + (T_{S1} + T_{S2}) \cdot \dot{x}_a + x_a = 0 \tag{3.16}$$

Mit dem $e^{\lambda t}$ Ansatz, d.h $x_{ah} = e^{\lambda t}$ erhält man eingesetzt

$$e^{\lambda t} \cdot \{(T_{S1}\lambda + 1) \cdot (T_{S2}\lambda + 1)\} = 0$$
$$\Rightarrow \lambda_1 = -1/T_{S1}$$
$$\Rightarrow \lambda_2 = -1/T_{S2}$$
$$\Rightarrow x_{ah} = c_1 \cdot e^{-t/T_{S1}} + c_2 \cdot e^{-t/T_{S2}} \ .$$

2.) Lösung der *inhomogenen Differentialgleichung*:
Für einen Sprungeingang $x_e(t) = \hat{x}_e \cdot \sigma(t)$ liefert der Lösungsansatz vom Typ der Störfunktion $x_{ap}(t) = k \cdot \hat{x}_e \, \sigma(t)$ die partikuläre Lösung:

$$x_{ap} = K_S \cdot \hat{x}_e \, \sigma(t). \tag{3.17}$$

3.) Die *Einarbeitung der Anfangsbedingungen* $x_a(0) = \dot{x}_a(0) = 0$ unter Benutzung von $x_a(t) = x_{ah} + x_{ap} = c_1 e^{-t/T_{S1}} + c_2 e^{-t/T_{S2}} + K_S \hat{x}_e$ ergibt:

$$x_a(0) = 0 = K_S \, \hat{x}_e + c_1 + c_2$$
$$\dot{x}_a(0) = 0 = -c_1/T_{S1} - c_2/T_{S2} \ .$$

Aufgelöst nach c_1 und c_2 folgt $c_1 = -K_S\,\hat{x}_e \cdot \dfrac{T_{S1}}{T_{S1}-T_{S2}}$ und $c_2 = K_S\,\hat{x}_e \cdot \dfrac{T_{S2}}{T_{S1}-T_{S2}}$.
Damit lautet die Sprungantwort von $x_a(t)$

$$x_a(t) = K_S\,\hat{x}_e \cdot \left(1 - \frac{T_{S1}}{T_{S1}-T_{S2}} \cdot \mathrm{e}^{-t/T_{S1}} + \frac{T_{S2}}{T_{S1}-T_{S2}} \cdot \mathrm{e}^{-t/T_{S2}}\right) \; . \qquad (3.18)$$

Den Zeitverlauf der Lösung $x_a(t)$ dieser Reihenschaltung von zwei Verzögerungsgliedern
1. Ordnung zeigt Abb. 3.10.

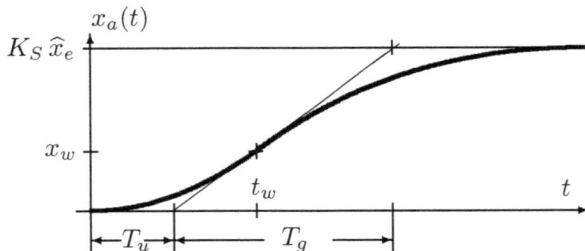

Abbildung 3.10: *Sprungantwort $x_a(t)$ der Reihenschaltung von zwei Verzögerungsgliedern*

Legt man im Wendepunkt der Sprungantwort von $x_a(t)$ eine Tangente an, so kann
man an der Zeitachse, wie eingezeichnet, die beiden *Ersatzzeitkonstanten* T_u (Verzugszeit) und T_g (Ausgleichszeit) ablesen, die jedoch nicht mit den Streckenzeitkonstanten
T_{S1}, T_{S2} (von Gleichung 3.14) übereinstimmen! Diese beiden Ersatzzeitkonstanten werden oft zur Kennzeichnung der Reihenschaltung von Verzögerungsgliedern 1. Ordnung
verwendet, wenn man die einzelnen Zeitkonstanten $T_{S1}, T_{S2}, T_{S3}\dots$ nicht berechnen
kann. Je mehr Verzögerungsglieder hintereinandergeschaltet sind, umso größer werden
T_u und T_g, d. h. umso langsamer nähert sich $x_a(t)$ seinem Endwert $K_S\hat{x}_e$.

Basierend auf diesen ermittelten Werten T_u und T_g können dann für diese Strecken
Regler entworfen werden (siehe Abschnitte 6.2.1 und 6.2.2). Das Verhältnis T_u/T_g wird
auch als Maß für die Regelbarkeit von Regelstrecken herangezogen. Je kleiner T_u/T_g,
umso besser ist die Regelbarkeit einer Strecke.

Während die Sprungantwort eines einzelnen Verzögerungsgliedes 1. Ordnung im Zeit-
nullpunkt mit der Steigung K_S/T_S beginnt, ist die *Steigung* der Sprungantwort der
Reihenschaltung von zwei oder mehr Verzögerungsgliedern *im Ursprung* immer Null.
Dies zeigt die Ableitung von Gleichung 3.18.

$$\dot{x}_a(0) = \hat{x}_e\,K_S \cdot \left(\frac{1}{T_{S1}-T_{S2}} - \frac{1}{T_{S1}-T_{S2}}\right) = 0 \; . \qquad (3.19)$$

Identische PT_1-Glieder. Ein *Sonderfall* der Reihenschaltung liegt dann vor, wenn die
Reihenschaltung aus *identischen* Einzelanordnungen besteht (identische Druckkessel,
identische *RC*-Glieder). Die Zeitkonstanten T_{Si} und die Verstärkungsfaktoren K_{Si} sind
dann auch identisch, und die Übertragungsfunktion nimmt die folgende Form an:

$$F(s) = \frac{K_S}{(1 + T_S \cdot s)^n} \; , \qquad (3.20)$$

mit $K_S = K_{S1} \cdot \ldots \cdot K_{Sn}$ und $T_S = T_{S1} = T_{S2} = \ldots$ und n als Anzahl der aufeinanderfolgenden Anordnungen. Bei der Berechnung der Sprungantwort weist die homogene Lösung der Differentialgleichung nun eine Mehrfachwurzel bei $\lambda = -1/T_S$ auf. Die homogene Lösung ist dann wie folgt anzusetzen:

$$x_{ah} = c_1 \cdot e^{\lambda t} + c_2 \cdot t \cdot e^{\lambda t} + c_3 \cdot t^2 \cdot e^{\lambda t} + \ldots + c_n \cdot t^n \cdot e^{\lambda t} \,. \tag{3.21}$$

Aufgabe 3.4: Eine Regelstrecke besteht aus einer Reihenschaltung von zwei identischen Druckkesseln mit Drosselventil, beschrieben durch Verstärkungsfaktor K_S und Zeitkonstante T_S. Berechnen Sie die Übertragungsfunktion dieser Reihenschaltung. Wie lautet die Übergangsfunktion?

Lösung:
$$F(s) = \frac{K_S^2}{(1 + T_S \cdot s)^2}$$
$$h(t) = \frac{x_a(t)}{\hat{x}_e} = K_S^2 \cdot \left(1 - (1 + t/T_S) \cdot e^{-t/T_S}\right) \qquad \Box$$

Aufgabe 3.5: Eine Regelstrecke besteht aus einer Reihenschaltung von drei unterschiedlichen Druckkesseln mit Drosselventil, beschrieben durch Verstärkungsfaktoren $K_{S1} \ldots K_{S3}$ und Zeitkonstante $T_{S1} \ldots T_{S3}$. Berechnen Sie die Übertragungsfunktion dieser Reihenschaltung. Wie lautet die Übergangsfunktion?

Lösung:
$$F(s) = \frac{\overbrace{K_{S1} \cdot K_{S2} \cdot K_{S3}}^{K_S}}{(1 + T_{S1} \cdot s) \cdot (1 + T_{S2} \cdot s) \cdot (1 + T_{S3} \cdot s)}$$
$$h(t) = K_S \cdot \left(1 - \frac{T_{S1}^2}{(T_{S1} - T_{S2})(T_{S1} - T_{S3})} \cdot e^{-t/T_{S1}} - \frac{T_{S2}^2}{(T_{S2} - T_{S1})(T_{S2} - T_{S3})} \cdot e^{-t/T_{S2}}\right.$$
$$\left. - \frac{T_{S3}^2}{(T_{S3} - T_{S1}) \cdot (T_{S3} - T_{S2})} \cdot e^{-t/T_{S3}}\right) \qquad \Box$$

Aufgabe 3.6: Stellen Sie die Differentialgleichung der Reihenschaltung von 2 RC-Gliedern (siehe Abb. 3.9) *mit* und *ohne* Trennverstärker auf ($R_1 = R_2$, $C_1 = C_2$). Begründen Sie den Unterschied.

Lösung: (mit) $(RC)^2 \ddot{u}_a + 2RC\dot{u}_a + u_a = u_e$
(ohne) $(RC)^2 \ddot{u}_a + 3RC\dot{u}_a + u_a = u_e$

Begründung: Schaltung ohne Trennverstärker nicht rückwirkungsfrei. $\qquad \Box$

Blocksymbole und Ortskurve. Die Blocksymbole einer Reihenschaltung von Verzögerungsgliedern 1. Ordnung zeigt Abb. 3.11.

Die Ortskurve einer Reihenschaltung von 2 Verzögerungsgliedern 1. Ordnung wird aus Gleichung 3.15 berechnet. Mit

$$\text{Re}\{F(j\omega)\} = \frac{K_S \cdot (1 - \omega^2 T_{S1} T_{S2})}{(1 - \omega^2 T_{S1} T_{S2})^2 + \omega^2 \cdot (T_{S1} + T_{S2})^2} \tag{3.22}$$

$$\text{Im}\{F(j\omega)\} = \frac{-K_S \cdot \omega \cdot (T_{S1} + T_{S2})}{(1 - \omega^2 T_{S1} T_{S2})^2 + \omega^2 \cdot (T_{S1} + T_{S2})^2} \tag{3.23}$$

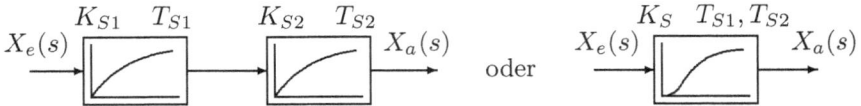

Abbildung 3.11: *Blocksymbole einer Reihenschaltung von zwei Verzögerungsgliedern 1. Ordnung*

erhält man nach dem Einsetzen von Zahlenwerten den folgenden typischen Ortskurvenverlauf. Die Ortskurve beginnt für $\omega = 0$ auf der reellen Achse und strebt mit wachsender Frequenz in den 4. Quadranten. Sie schneidet die negativ imaginäre Achse bei $-ja$ mit der Frequenz ω_1 und geht dann in den Ursprung. Die Werte für ω_1 und

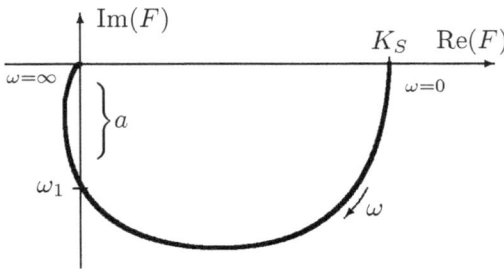

Abbildung 3.12: *Ortskurve der Reihenschaltung von zwei Verzögerungsgliedern 1. Ordnung*

a können aus den Gleichungen 3.22 und 3.23 berechnet werden. Aus $\text{Re}\{F(j\omega)\} = 0$ erhält man die Frequenz ω_1, die dann in $\text{Im}\{F(j\omega)\}$ eingesetzt wird und a ergibt:

$$\omega_1 = \frac{1}{\sqrt{T_{S1} \cdot T_{S2}}} \quad \text{und} \quad a = K_S \cdot \frac{\sqrt{T_{S1} \cdot T_{S2}}}{T_{S1} + T_{S2}} \ . \tag{3.24}$$

Für die Reihenschaltung von drei Verzögerungsgliedern verläuft die Ortskurve durch drei Quadranten der komplexen Ebene $F(j\omega)$, wie in Abb. 3.13 gezeigt.

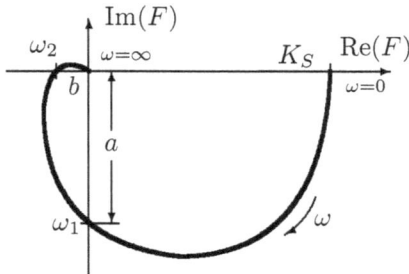

Abbildung 3.13: *Ortskurve der Reihenschaltung von drei Verzögerungsgliedern 1. Ordnung*

Aufgabe 3.7: Berechnen Sie für eine Reihenschaltung von drei Verzögerungsgliedern 1. Ordnung mit der Verstärkung K_S und den Zeitkonstanten $T_{S1} \dots T_{S3}$ die Frequenzen ω_1, ω_2 in Abb. 3.13 sowie die Achsenabschnitte a und b.

Lösung:

$$\omega_1 = \frac{1}{\sqrt{T_{S1}T_{S2} + T_{S1}T_{S3} + T_{S2}T_{S3}}} \qquad \omega_2 = \sqrt{\frac{T_{S1} + T_{S2} + T_{S3}}{T_{S1}T_{S2}T_{S3}}}$$

$$a = \frac{K_S}{\omega_1} \cdot \frac{1/(T_{S1}T_{S2}T_{S3})}{\omega_2^2 - \omega_1^2} \qquad b = \frac{K_S\omega_1^2}{\omega_2^2 - \omega_1^2} \qquad \square$$

Aufgabe 3.8: Es soll die Verbraucherklemmenspannung $u_a(t)$ einer Reihenschaltung von Gleichstromgeneratoren in Abhängigkeit von der Erregerspannung $u_e(t)$ untersucht werden.

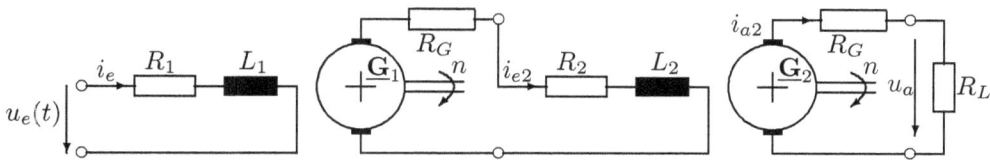

Für die vom Generator erzeugte Leerlaufspannung u_0 gilt

$$u_0(t) = c \cdot n \cdot \frac{N}{R_m} \cdot i_e(t) = K_G \cdot i_e(t)$$

mit $K_G = 50\,\text{V/A}$. Ferner seien gegeben: $R_1 = R_2 = R_G = 2\,\Omega$, $L_1 = L_2 = 0{,}1\,\Omega/s$ und $R_L = 18\,\Omega$.

1. Berechnen Sie die Differentialgleichung der Anordnung mit $u_e(t)$ als Eingangsgröße und $u_a(t)$ als Ausgangsgröße für die angegebenen Zahlenwerte.

2. Wie lautet die Übertragungsfunktion?

Lösung: 1. $\quad 4{,}44 \cdot 10^{-6}\ddot{u}_a(t) + 2{,}67 \cdot 10^{-4}\dot{u}_a(t) + 3{,}52 \cdot 10^{-3}u_a(t) = u_e(t)$

2. $\quad F(s) = \dfrac{284}{1 + 0{,}076s + 1{,}26 \cdot 10^{-3}s^2} = \dfrac{284}{(1 + 0{,}0516s)(1 + 0{,}0244s)}$ $\qquad \square$

3.1.4 Schwingungsfähige PT$_2$-Strecken

Schwingungsfähigkeit. Bei den bisher untersuchten Regelstrecken geht die Ausgangsgröße $x_a(t)$ nach einem *Sprungeingang* aperiodisch gegen ihren stationären Endwert. Die Strecken sind *nicht schwingungsfähig*. Damit ein System nach einem *Sprungeingang(!)* schwingt, müssen

1. mehrere *unterschiedliche* Energiespeicher vorhanden sein, so dass ein Energieaustausch zwischen den Speichern stattfinden kann, und

2. es darf die im System vorhandene Dämpfung nicht zu groß sein.

Beispiele für Energiespeicher in elektrischen Systemen sind Spule und Kondensator als Speicherelemente magnetischer und elektrischer Energie. Energiespeicher in mechanischen Systemen sind z. B. Feder und Masse als Speicher von Verformungs- bzw. kinetischer Energie. Das Vorhandensein zweier Speicher allein ist nicht hinreichend für die Schwingungsfähigkeit eines Systems, wie das Beispiel zweier verschalteter RC-Glieder zeigt. Damit das System nach einem Sprungeingang schwingt, muss die Energieform periodisch wechseln; elektrische Energie muss in magnetische Energie umgewandelt werden und umgekehrt. In mechanischen Systemen muss z. B. eine Umwandlung von potentieller in kinetische Energie und umgekehrt stattfinden, dann kann ein System schwingen.

Technische Beispiele. Drei Beispiele schwingungsfähiger Systeme zeigt Abb. 3.14. Sie weisen alle Energiespeicher unterschiedlicher Natur auf. Zur Untersuchung der mathematischen Grundlagen der Schwingungsfähigkeit sollen die Differentialgleichungen dieser Systeme betrachtet werden, die schon in Kapitel 2 in den Gleichungen 2.4 und 2.3 sowie in Aufgabe 3.1 ermittelt wurden:

Feder-Masse-Schwinger $\quad M \cdot \ddot{x}_a + d \cdot \dot{x}_a + c \cdot x_a = A \cdot p_e$

RLC-Schwingkreis $\qquad LC \cdot \ddot{u}_a + RC \cdot \dot{u}_a + u_a = u_e$

Gleichstrommotor $\qquad \dfrac{2\pi J L_A}{c\Psi_f} \cdot \ddot{n} + \dfrac{2\pi J R_A}{c\Psi_f} \cdot \dot{n} + 2\pi \cdot c\Psi_f \cdot n = u_A \, .$

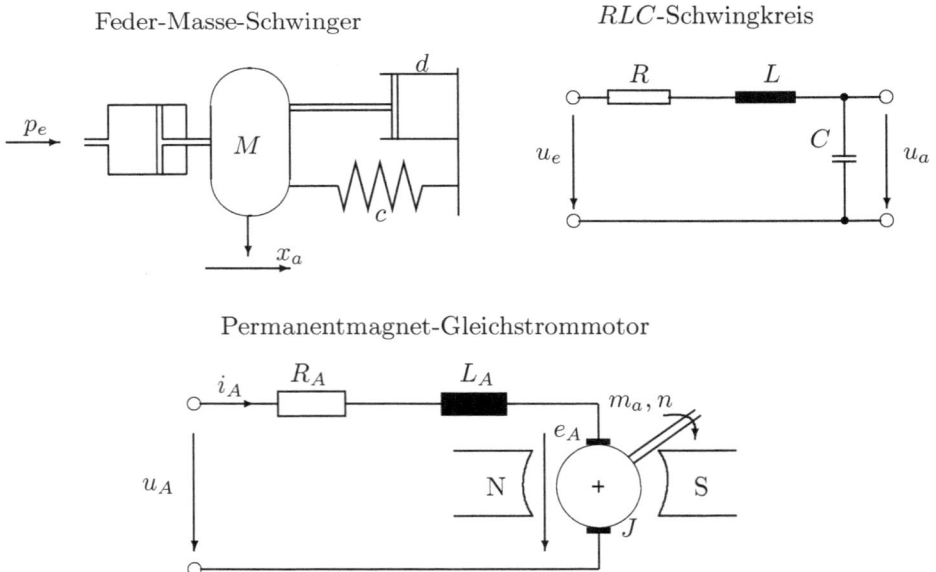

Abbildung 3.14: *Beispiele schwingungsfähiger Systeme*

Die Lösungen von Differentialgleichungen sind dann schwingungsfähig, wenn die Eigenwerte der homogenen Differentialgleichung (bzw. die Wurzeln der charakteristischen

Gleichung) konjugiert komplex sind. Dies soll an den obigen Beispielen überprüft werden.

Feder-Masse-Schwinger:

Charakteristische Gleichung: $\quad \lambda^2 + \dfrac{d}{M} \cdot \lambda + \dfrac{c}{M} = 0$

Wurzeln: $\quad \lambda_{1,2} = -\dfrac{d}{2M} \pm \sqrt{\dfrac{d^2}{4M^2} - \dfrac{4cM}{4M^2}}$

Wurzeln konjugiert komplex sofern: $\quad d^2 < 4cM$

RLC-Schwingkreis:

Charakteristische Gleichung: $\quad \lambda^2 + \dfrac{R}{L} \cdot \lambda + \dfrac{1}{LC} = 0$

Wurzeln: $\quad \lambda_{1,2} = -\dfrac{R}{2L} \pm \sqrt{\dfrac{CR^2}{4L^2C} - \dfrac{4L}{4L^2C}}$

Wurzeln konjugiert komplex sofern: $\quad R^2 < 4L/C$

Gleichstrommotor:

Charakteristische Gleichung: $\quad \lambda^2 + \dfrac{R_A}{L_A} \cdot \lambda + \dfrac{(c\Psi_f)^2}{JL_A} = 0$

Wurzeln: $\quad \lambda_{1,2} = -\dfrac{R_A}{2L_A} \pm \sqrt{\dfrac{JR_A^2}{4L_A^2J} - \dfrac{4L_A(c\Psi_f)^2}{4L_A^2J}}$

Wurzeln konjugiert komplex sofern: $\quad R_A^2 < 4L_A(c\Psi_f)^2/J$

Beim Feder-Masse-Schwinger darf der Reibungsbeiwert d des Dämpfertopfes nicht größer sein als ein vorgegebener Wert; beim RLC-Schwingkreis darf der Ohmsche Widerstand eine Grenze nicht überschreiten und beim Gleichstrommotor (hier ohne Lagerreibung) darf der Widerstand im Ankerkreis einen Maximalwert nicht überschreiten. Sofern diese Bedingungen erfüllt sind, treten konjugiert komplexe Wurzeln der charakteristischen Gleichung auf und das System schwingt nach einem Sprung der Eingangsgröße.

Ist der Energieverzehr innerhalb des Systems „sehr" groß, dann schwingt das System *nicht* nach einem Sprungeingang. Die Vermeidung von Schwingungen kann somit ohne eine Regelung allein durch *passive Maßnahmen* (großer Widerstand, große Dämpfung, große Reibung) erzielt werden. Diese passiven Maßnahmen führen jedoch zu einem dauernden Energieverbrauch und reduzieren den Wirkungsgrad des Systems. Mit *aktiven Maßnahmen* (d. h. mit einer Regelung) kann dieser Nachteil vermieden werden, und das System kann ohne Schwingungen (monoton) an seinen Endwert herangeführt werden. D. h. die Masse des Schwingers nähert sich monoton ihrer Endauslenkung, die Ausgangsspannung geht monoton gegen ihren Endwert, und die Motordrehzahl strebt nach Anlegen einer Ankerspannung monoton gegen ihre Enddrehzahl.

Wenn beim ungeregelten System die interne Dämpfung einen Grenzwert überschreitet, dann werden die Wurzeln der charakteristischen Gleichung reell. Dann kann *mathematisch* das System durch eine Reihenschaltung von zwei Verzögerungsgliedern 1. Ordnung dargestellt werden und es können die Ergebnisse von Abschnitt 3.1.3 herangezogen werden. *Physikalisch* liegt diese Aufspaltung in eine Reihenschaltung von zwei Teilsystemen allerdings *nicht* vor; allein aufgrund der Wurzeln der charakteristischen Gleichung wird diese mathematische Behandlung ermöglicht.

Mathematische Beschreibung. Die Grundformen der Differentialgleichung schwingungsfähiger und nichtschwingungsfähiger Systeme (Gleichung 3.12) stimmen überein, beide lauten:

$$a_2 \cdot \ddot{x}_a + a_1 \cdot \dot{x}_a + a_0 \cdot x_a = b_0 \cdot x_e \ . \tag{3.25}$$

Aufgrund der Schwingungsfähigkeit der Regelstrecken werden jedoch andere normierte Darstellungen dieser Differentialgleichung eingeführt. Die Division von Gleichung 3.25 durch a_0 bzw. a_2 führt zu den folgenden Normierungen:

$$T_b^2 \cdot \ddot{x}_a + T_a \cdot \dot{x}_a + x_a = K_S \cdot x_e \tag{3.26}$$

$$\frac{1}{\omega_0^2} \cdot \ddot{x}_a + \frac{2D}{\omega_0} \cdot \dot{x}_a + x_a = K_S \cdot x_e \tag{3.27}$$

$$\ddot{x}_a + 2D\omega_0 \cdot \dot{x}_a + \omega_0^2 \cdot x_a = K_S \omega_0^2 \cdot x_e \ . \tag{3.28}$$

In diesen Gleichungen sind die Kenngrößen D, ω_0, T_a, T_b und K_S eingeführt, die unten näher erläutert werden. Man kann nun die folgenden Darstellungen der Übertragungsfunktion aus den obigen Differentialgleichungen ableiten:

$$F(s) = \frac{K_S}{1 + T_a \cdot s + T_b^2 \cdot s^2} = \frac{K_S}{1 + \frac{2D}{\omega_0} \cdot s + \frac{1}{\omega_0^2} \cdot s^2} = \frac{K_S \cdot \omega_0^2}{\omega_0^2 + 2D\omega_0 \cdot s + s^2} \ .$$
$$\tag{3.29}$$

Den Frequenzgang des Systems erhält man folglich zu

$$F(j\omega) = \frac{K_S}{1 + T_a \cdot j\omega + T_b^2 \cdot (j\omega)^2} \ . \tag{3.30}$$

Sprungantwort. Die Berechnung der Sprungantwort wird wieder in drei Schritten durchgeführt.

1.) Lösung der *homogenen Differentialgleichung*

$$T_b^2 \cdot \ddot{x}_a + T_a \cdot \dot{x}_a + x_a = 0 \ . \tag{3.31}$$

Mit dem $\mathrm{e}^{\lambda t}$ Ansatz, d. h. $x_{ah} = \mathrm{e}^{\lambda t}$, erhält man eingesetzt

$$\mathrm{e}^{\lambda t} \cdot \{T_b^2 \cdot \lambda^2 + T_a \cdot \lambda + 1\} = 0 \tag{3.32}$$

$$\Rightarrow \lambda_{1,2} = -\frac{T_a}{2T_b^2} \pm \sqrt{\left(\frac{T_a}{2T_b^2}\right)^2 - \frac{1}{T_b^2}} \ . \tag{3.33}$$

Man führt nun die folgenden *Kenngrößen*[3] ein:

$$\omega_0 = \frac{1}{T_b} \qquad \text{Kennkreisfrequenz des dämp-}\atop\text{fungslos gedachten Systems,} \qquad (3.34)$$

$$D = \frac{T_a}{2T_b} \qquad \text{Dämpfungsgrad (Dämpfung),} \qquad (3.35)$$

$$\delta(= D\,\omega_0) = \frac{T_a}{2T_b^2} \qquad \text{Abklingkonstante,} \qquad (3.36)$$

$$\omega_e = \begin{cases} \sqrt{\omega_0^2 - \delta^2} & \text{Eigenkreisfrequenz des gedämpft} \\ \omega_0 \cdot \sqrt{1 - D^2} & \text{schwingenden Systems.} \end{cases} \qquad (3.37)$$

Mit diesen Abkürzungen lauten dann die Wurzeln der charakteristischen Gleichung

$$\lambda_{1,2} = -\delta \pm \mathrm{j} \cdot \sqrt{\omega_0^2 - \delta^2} = -\delta \pm \mathrm{j} \cdot \omega_e \qquad (3.38)$$

$$\Rightarrow x_{ah} = c_1 \cdot \mathrm{e}^{\lambda_1 t} + c_2 \cdot \mathrm{e}^{\lambda_2 t} \ . \qquad (3.39)$$

2.) Ermittlung der *partikulären Lösung*:
Für einen Sprungeingang $x_e(t) = \hat{x}_e\,\sigma(t)$ erhält man mit dem Lösungsansatz vom Typ der Störfunktion $x_{ap}(t) = k \cdot \sigma(t)$ die partikuläre Lösung

$$x_{ap} = K_S \cdot \hat{x}_e\,\sigma(t). \qquad (3.40)$$

3.) Die *Einarbeitung der Anfangsbedingungen* $x_a(0) = \dot{x}_a(0) = 0$ unter Benutzung von $x_a(t) = x_{ah} + x_{ap} = c_1 \mathrm{e}^{\lambda_1 t} + c_2 \mathrm{e}^{\lambda_2 t} + K_S \hat{x}_e$ ergibt:

$$x_a(0) = 0 = \hat{x}_e \cdot K_S + c_1 + c_2$$
$$\dot{x}_a(0) = 0 = c_1 \cdot (-\delta + \mathrm{j}\omega_e) - c_2 \cdot (\delta + \mathrm{j}\omega_e) \ .$$

Aufgelöst nach c_1 und c_2 folgt

$$c_1 = \hat{x}_e\,K_S \cdot \frac{-\delta - \mathrm{j}\omega_e}{2\mathrm{j}\omega_e}$$

$$c_2 = \hat{x}_e\,K_S \cdot \frac{\delta - \mathrm{j}\omega_e}{2\mathrm{j}\omega_e} \ .$$

Nach Einarbeitung dieser Anfangsbedingungen lautet dann die vollständige Sprungantwort $x_a(t)$ (mit $\varphi = \arctan(\omega_e/\delta)$):

$$x_a(t) = \hat{x}_e\,K_S \cdot \left(1 - \frac{\mathrm{e}^{-\delta t}}{\omega_e} \cdot (\delta \cdot \sin \omega_e t + \omega_e \cdot \cos \omega_e t)\right) \qquad (3.41)$$

$$= \hat{x}_e\,K_S \cdot \left(1 - \mathrm{e}^{-\delta t} \cdot \sqrt{1 + \frac{\delta^2}{\omega_e^2}} \cdot \sin(\omega_e t + \varphi)\right) \ . \qquad (3.42)$$

---

[3]Die Begriffe Dämpfung und Dämpfungsgrad werden nachfolgend gleichwertig verwendet.

Bei dieser Lösung werden die *folgenden Fälle* unterschieden:

1. Dämpfung $D = 0$ (ungedämpftes System):
   Dieser Fall wird erreicht für $T_a = 0$ und $\lambda_{1,2} = \pm j\omega_0$.

   $$\Rightarrow x_a(t) = \hat{x}_e\, K_S \cdot (1 - \cos\omega_0 t) \ . \tag{3.43}$$

2. Dämpfung $0 < D < 1$ (gedämpftes System):
   Dieser Fall tritt auf für $0 < T_a < 2T_b$ und $\lambda_{1,2} = -\delta \pm j\omega_e$ und es gilt:

   $$\Rightarrow x_a(t) = \hat{x}_e\, K_S \cdot \left(1 - e^{-\delta t} \cdot \sqrt{1 + \frac{\delta^2}{\omega_e^2}} \cdot \sin(\omega_e t + \varphi)\right) \ . \tag{3.44}$$

3. Dämpfung $D = 1$ (aperiodischer Grenzfall):
   Dieser Fall tritt auf für $T_a = 2T_b$ und $\lambda_{1,2} = -\delta$

   $$\Rightarrow x_a(t) = \hat{x}_e\, K_S \cdot \left(1 - (1 + \delta t) \cdot e^{-\delta t}\right) \ . \tag{3.45}$$

4. Dämpfung $D > 1$ (aperiodischer Verlauf):
   Der Fall tritt auf für $T_a > 2T_b$ und $\lambda_{1,2} = -\alpha_1;\ -\alpha_2$
   Dies entspricht (mathematisch) einer Reihenschaltung von zwei PT$_1$-Strecken:

   $$\Rightarrow x_a(t) = \hat{x}_e\, K_S \cdot \left(1 - \frac{\alpha_2}{\alpha_2 - \alpha_1} \cdot e^{-\alpha_1 t} + \frac{\alpha_1}{\alpha_2 - \alpha_1} \cdot e^{-\alpha_2 t}\right) \ . \tag{3.46}$$

5. Dämpfung $D < 0$ (instabile Regelstrecke):
   Die Sprungantwort $x_a(t)$ nähert sich keinem Endwert sondern geht oszillatorisch
   bzw. monoton gegen unendlich.

Die Übergangsfunktionen für verschiedene Dämpfungen D eines PT$_2$-Gliedes zeigt Abb.
3.15. Für $D = 0$ verläuft die Sprungantwort ungedämpft zwischen den Werten 0 und 2.
Mit zunehmender Dämpfung D nehmen die Amplituden der Schwingung ab. Beim aperiodischen Grenzfall ($D = 1$) tritt kein Überschwingen mehr auf. Für Dämpfungsgrade
$0 < D < 1$ besteht zwischen dem *maximalen prozentualen Überschwingen* oder auch
der Überschwingweite $\ddot{u}$, definiert zu $\ddot{u} = \frac{h_{Max} - h(\infty)}{h(\infty)} \cdot 100\%$, und dem Dämpfungsgrad
D der folgende Zusammenhang:

$$\ddot{u} = \exp\frac{-\pi \cdot D}{\sqrt{1 - D^2}} \qquad \text{bzw.} \qquad D = \frac{|\ln \ddot{u}|}{\sqrt{\pi^2 + (\ln \ddot{u})^2}} \ . \tag{3.47}$$

Für Dämpfungen $D > 1$ tritt kein Überschwingen auf und es zeigt sich dann der von
der Reihenschaltung von Verzögerungsstrecken 1. Ordnung her bekannte Verlauf.

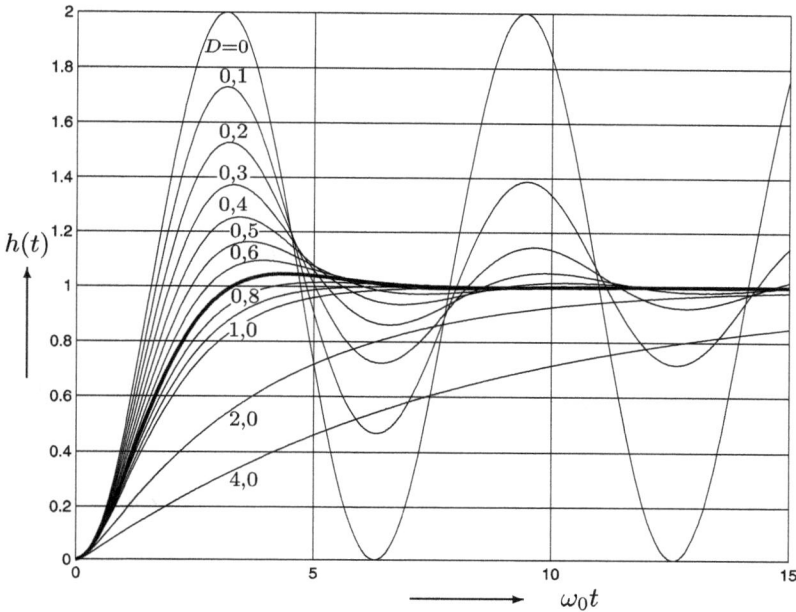

Abbildung 3.15: *Übergangsfunktionen eines PT_2-Systems mit verschiedenen Dämpfungen $D = 0$, $0{,}1$, $0{,}2$, ... 1, 2, 4 und $K_S = 1$, Verlauf mit $D = 0{,}7$ „***fett***" hervorgehoben*

Ortskurve und Blocksymbol. Die Ortskurve einer schwingungsfähigen Regelstrecke 2. Ordnung wird aus Gleichung 3.30 ermittelt. Mit dem daraus berechneten Real- und Imaginärteil des Frequenzgangs

$$\mathrm{Re}\{F(\mathrm{j}\omega)\} = \frac{K_S \cdot (1 - \omega^2 T_b^2)}{(1 - \omega^2 T_b^2)^2 + \omega^2 T_a^2} \tag{3.48}$$

$$\mathrm{Im}\{F(\mathrm{j}\omega)\} = \frac{-K_S \cdot \omega T_a}{(1 - \omega^2 T_b^2)^2 + \omega^2 T_a^2} \tag{3.49}$$

erhält man nach dem Einsetzen von Zahlenwerten den in Abb. 3.16 gezeigten typischen Ortskurvenverlauf.

Die Ortskurve ähnelt dem Verlauf der Ortskurve von Abb. 3.12. Bei Dämpfungen im Bereich $0 < D < 1$ kann beim schwingungsfähigen PT_2-Glied der Betrag von F größer als K_S werden, es tritt also eine Amplitudenüberhöhung auf. Die Werte für ω_0 und a können aus den Gleichungen 3.48 und 3.49 berechnet werden. Aus $\mathrm{Re}\{F(\mathrm{j}\omega)\} = 0$ erhält man die Frequenz ω_0, die dann in $\mathrm{Im}\{F(\mathrm{j}\omega)\}$ eingesetzt wird und a ergibt:

$$\omega_0 = \frac{1}{T_b} \qquad \text{und} \qquad a = K_S \cdot \frac{T_b}{T_a} = \frac{K_S}{2D} \ . \tag{3.50}$$

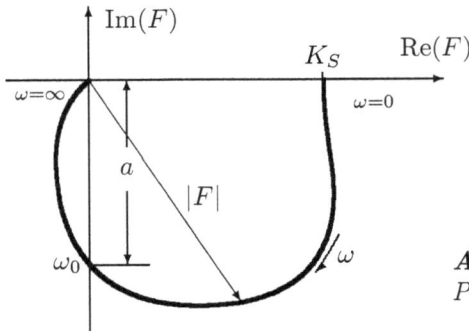

Abbildung 3.16: *Ortskurve eines PT₂-Gliedes*

Auch hier wird die Sprungantwort zur Kennzeichung von PT$_2$-Gliedern im Blockschaltbild (Abb. 3.17) verwendet.

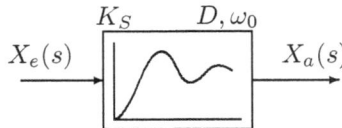

Abbildung 3.17: *Blocksymbol des PT₂-Gliedes*

Aufgabe 3.9: Der Feder-Masse-Dämpfer-Schwinger von Beispiel 2.2 werde durch die Differentialgleichung $8\ddot{x}_a(t) + 6\dot{x}_a(t) + 2x_a(t) = 3x_e(t)$ beschrieben.

1. Berechnen Sie die Kenngrößen K_S, T_a und T_b.

2. Wie groß sind ω_0, D und δ?

Lösung:

1. $K_S = 1{,}5$; $T_a = 3\,\mathrm{s}$ und $T_b = 2\,\mathrm{s}$.

2. $\omega_0 = 0{,}5\,\mathrm{s}^{-1}$; $D = 0{,}75$ und $\delta = 0{,}375$.   □

Aufgabe 3.10: Die Dämpfung des Feder-Masse-Dämpfer-Schwingers von Aufgabe 3.9 werde erhöht, so dass das Schwingungsverhalten durch die Differentialgleichung $8\ddot{x}_a(t) + 10\dot{x}_a(t) + 2x_a(t) = 3x_e(t)$ beschrieben wird.

1. Berechnen Sie die Kenngrößen K_S, T_a und T_b.

2. Wie groß sind ω_0, D und δ?

3. Stellen Sie nun das System durch eine Reihenschaltung von zwei PT$_1$-Gliedern dar. Wie lauten die Übertragungsfunktionen der PT$_1$-Glieder?

Lösung:

1. $K_S = 1{,}5$; $T_a = 5\,\text{s}$ und $T_b = 2\,\text{s}$.

2. $\omega_0 = 0{,}5\,\text{s}^{-1}$; $D = 1{,}25$ und $\delta = 0{,}6125$.

3. $F_1(s) = \dfrac{1{,}5}{1 + s}$ und $F_2(s) = \dfrac{1}{1 + 4s}$ $\qquad\qquad$ $\square$

3.2 Integrierende Regelstrecken

3.2.1 Integrierende Strecken ohne Verzögerung (I-Glied)

Technische Beispiele. Bei integrierenden Regelstrecken strebt die Ausgangsgröße keinem stationären Endwert zu, sie steigt aufgrund der Integratorwirkung ständig an. Bei derartigen Strecken ist ein regelnder Eingriff erforderlich, da sonst das Ausgangssignal (Druck, Temperatur, Drehzahl) über alle Grenzen wachsen und zur Zerstörung der Anlage führen würde. Drei Beispiele derartiger Strecken zeigt Abb. 3.18.

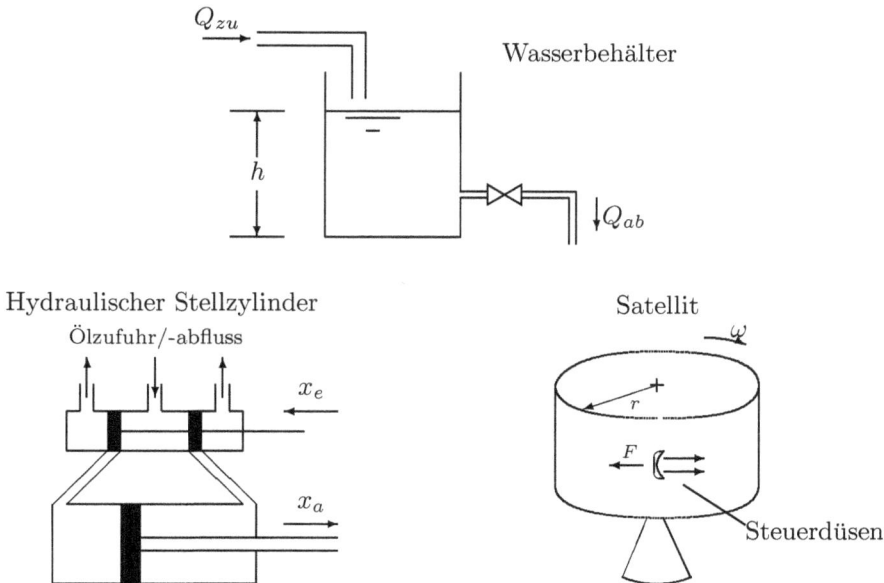

Abbildung 3.18: *Beispiele integrierender Regelstrecken*

Mathematische Beschreibung. Die Ausgangsgröße $x_a(t)$ der drei Beispiele ist das Integral der Eingangsgröße $x_e(t)$. Für die Beispiele gelten die folgenden Gleichungen:

$$h(t) = \frac{1}{A} \cdot \int (Q_{zu}(\tau) - Q_{ab}(\tau)) \mathrm{d}\tau \qquad \text{Wasserbehälter}$$

$$x_a(t) = K_I \cdot \int x_e(\tau) \mathrm{d}\tau \qquad \text{Stellzylinder}$$

$$\omega(t) = \frac{r}{J} \cdot \int F(\tau) \mathrm{d}\tau \qquad \text{Satellit.}$$

Darin sind A die Querschnittsfläche des Behälters sowie Q_{zu} und Q_{ab} die Zu- und Abflussmengen pro Zeiteinheit. K_I ist der Integrierbeiwert des Stellzylinders und r, J bedeuten Radius und Trägheitsmoment des Satelliten. F ist die Stellkraft der Steuerdüse.

Die diesen Strecken zu Grunde liegende Differentialgleichung lautet:

$$a_1 \cdot \dot{x}_a(t) = b_0 \cdot x_e(t) \ . \tag{3.51}$$

Es fehlt auf der linken Seite der Differentialgleichung der Term mit $x_a(t)$. Durch Integration und Normierung gelangt man zur folgenden Form:

$$x_a(t) = \frac{b_0}{a_1} \cdot \int_0^t x_e(\tau) \mathrm{d}\tau = K_{IS} \cdot \int_0^t x_e(\tau) \mathrm{d}\tau \ . \tag{3.52}$$

Darin ist K_{IS} der so genannte Integrierbeiwert. Die Lösung $x_a(t)$ der Differentialgleichung 3.52 auf einen Sprungeingang $x_e(t)$ lautet:

$$x_a(t) = \hat{x}_e \, K_{IS} \cdot t \ . \tag{3.53}$$

Sprungantwort und Blocksymbol sind in Abb. 3.19 dargestellt.

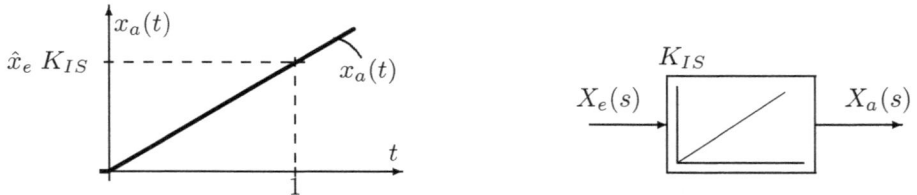

Abbildung 3.19: *Sprungantwort und Blocksymbol des I-Gliedes*

Aus Gleichung 3.52 folgen Übertragungsfunktion und Frequenzgang zu

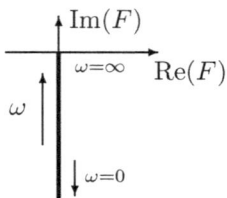

$$F(s) = \frac{K_{IS}}{s} \qquad \text{bzw.} \qquad F(\mathrm{j}\omega) = \frac{K_{IS}}{\mathrm{j}\omega} = -\mathrm{j} \cdot \frac{K_{IS}}{\omega} \ .$$

Die Ortskurve des Frequenzgangs zeigt Abb. 3.20. Die Ortskurve verläuft auf der negativ imaginären Achse von $-\infty$ bis in den Ursprung.

Abbildung 3.20: *Ortskurve des I-Gliedes*

3.2.2 Integrierende Strecken mit Verzögerungen (IT$_n$-Glied)

Technische Beispiele. Werden integrierende Strecken mit Verzögerungsstrecken in Reihe geschaltet, ergibt sich das Übertragungsverhalten verzögerter integrierender Regelstrecken. Je nach der Ordnung der Verzögerungsglieder entstehen IT$_1$, IT$_2$ ... IT$_n$-Glieder. Abb. 3.21 zeigt Beispiele derartiger Strecken.

Ölzufuhr/-abfluss

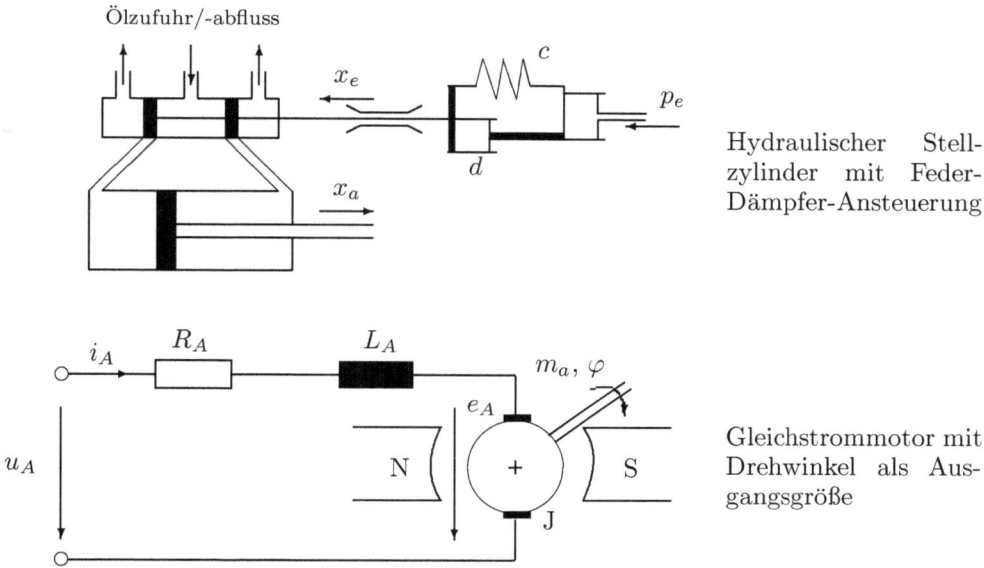

Hydraulischer Stellzylinder mit Feder-Dämpfer-Ansteuerung

Gleichstrommotor mit Drehwinkel als Ausgangsgröße

Abbildung 3.21: *Beispiele von integrierenden Strecken mit Verzögerung*

Mathematische Beschreibung. Die Differentialgleichungen der Anordnungen sind weitgehend schon aus den vorangehenden Beispielen bekannt. Bei der Stellzylinderanordnung sind näherungsweise die Massen des Steuerzylinders sowie des Dämpfertopfes vernachlässigt. Dann ergibt sich eine integrierende Strecke mit Verzögerung 1. Ordnung. Der Gleichstrommotor mit der Ankerspannung u_A als Eingangsgröße und der Drehzahl n als Ausgangsgröße ist ein reines Verzögerungsglied 2. Ordnung. Da aber wegen der Beziehung $\dot{\varphi} = 2\pi n$ der Drehwinkel φ das Integral der Drehzahl n darstellt, ist der Motor mit dem *Drehwinkel* als Ausgangsgröße eine integrierende Strecke mit Verzögerung 2. Ordnung. Die Differentialgleichungen der beiden Beispiele lauten

$$K_s d \cdot \ddot{x}_a + K_s c \cdot \dot{x}_a = A \cdot p_e \qquad \text{Hydraulischer Zylinder,}$$

$$\frac{J\,L_A}{c\Psi_f} \cdot \dddot{\varphi} + \frac{J\,R_A}{c\Psi_f} \cdot \ddot{\varphi} + c\Psi_f \cdot \dot{\varphi} = u_A \quad \text{Gleichstrommotor.}$$

Die Grundform dieser Differentialgleichungen ist

$$\ldots + a_3 \cdot \dddot{x}_a + a_2 \cdot \ddot{x}_a + a_1 \cdot \dot{x}_a = b_0 \cdot x_e \ . \tag{3.54}$$

Man kann die verschiedenen normierten Darstellungen der Verzögerungsglieder auch hier verwenden und erhält z. B. für die beiden obigen Beispiele in normierter Form (K_{IS} Integrierbeiwert, T_1, T_a, T_b Zeitkonstanten):

$$T_1 \cdot \dot{x}_a + x_a = K_{IS} \cdot \int x_e(\tau)\mathrm{d}\tau \quad \text{und} \tag{3.55}$$

$$T_b^2 \cdot \ddot{x}_a + T_a \cdot \dot{x}_a + x_a = K_{IS} \cdot \int x_e(\tau)\mathrm{d}\tau . \tag{3.56}$$

Gleichung 3.55 ist die Integro-Differentialgleichung eines IT_1-Gliedes und Gleichung 3.56 die eines IT_2-Gliedes. Daraus folgen dann die Übertragungsfunktionen und Frequenzgänge zu

$$F(s) = \frac{K_{IS}}{s \cdot (1 + T_1 \cdot s)} \quad \text{bzw.} \quad F(\mathrm{j}\omega) = \frac{K_{IS}}{\mathrm{j}\omega - T_1\omega^2} \tag{3.57}$$

$$F(s) = \frac{K_{IS}}{s \cdot (1 + T_a \cdot s + T_b^2 \cdot s^2)} \quad \text{bzw.}$$

$$F(\mathrm{j}\omega) = \frac{K_{IS}}{-T_a\omega^2 + \mathrm{j}(\omega - \omega^3 T_b^2)} . \tag{3.58}$$

Die Sprungantwort des IT_1-*Gliedes* lautet:

$$x_a(t) = \hat{x}_e \, K_{IS} \cdot \left(t - T_1 \cdot (1 - \mathrm{e}^{-t/T_1}) \right) . \tag{3.59}$$

Der Zeitverlauf von $x_a(t)$ und das Blocksymbol des IT_1-Gliedes ergeben sich dann gemäß Abb. 3.22.

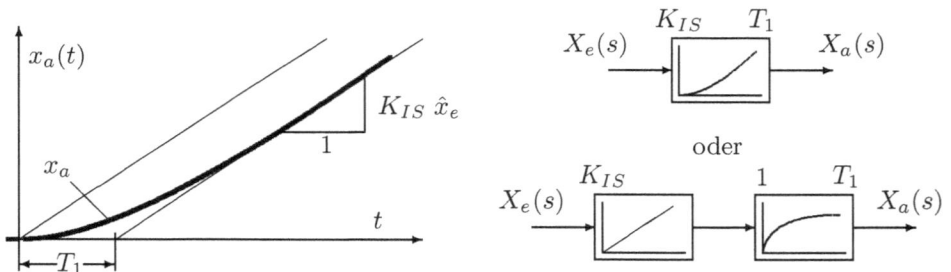

Abbildung 3.22: *Sprungantwort $x_a(t)$ und Blocksymbole des IT_1-Gliedes*

Aufgabe 3.11: Berechnen Sie für ein schwingungsfähiges IT_2-Glied ($0 < D < 1$) nach Gleichung 3.56 die Sprungantwort.

Lösung:

$$x_a(t) = K_{IS}\hat{x}_e \cdot \left\{ t - \frac{2\delta}{\delta^2 + \omega_e^2} \cdot \left(1 - e^{-\delta t} \cdot \left[\frac{\delta^2 - \omega_e^2}{2\omega_e \delta} \sin \omega_e t + \cos \omega_e t \right] \right) \right\}$$

□

Die Ortskurve des IT_1-Gliedes wird aus Gleichung 3.57 berechnet. Mit

$$\text{Re}\{F(j\omega)\} = -\frac{K_{IS} \cdot T_1}{1 + (\omega T_1)^2}$$

$$\text{Im}\{F(j\omega)\} = -\frac{K_{IS}}{\omega \cdot [1 + (\omega T_1)^2]}$$

erhält man nach dem Einsetzen von Zahlenwerten für ω den in Abb. 3.23 gezeigten Verlauf.

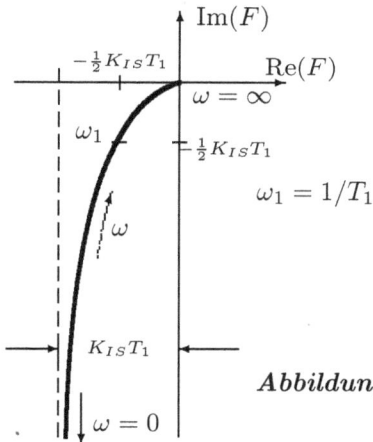

Abbildung 3.23: *Ortskurve IT₁-Glied*

3.3   Spezielle Formen von Regelstrecken

3.3.1   Strecken mit Totzeit (T_t-Glied)

Technische Beispiele. Regelstrecken mit Totzeit unterscheiden sich von den bisher betrachteten Regelstrecken in ihrem Zeitverhalten darin, dass bei Anregung des Systems mit Totzeit der Systemausgang für eine gewisse Zeit unverändert bleibt, bis eine Reaktion erfolgt. Dies tritt bei allen Regelstrecken auf, bei denen Transportvorgänge von Massen oder Laufzeiten von Signalen stattfinden.

Bei einer Rohrleitung vergeht eine gewisse Zeit bis, abhängig von der Strömungsgeschwindigkeit, ein Wasserstrom am Rohrende ankommt. Ähnlich baut sich bei einer

Gasleitung erst nach einer Zeitdauer ein Gasdruck am Rohrende auf. Bei einem Förderband vergeht eine gewisse Transportzeit bis das Fördergut das Förderband verlässt,
und bei einer Regelung mit Datenfernübertragung beträgt die Laufzeit der Messsignale
einige Millisekunden oder Sekunden. Die Zeit für den Massentransport bzw. die Signalübertragung nennt man *Totzeit* T_t. Beispiele für derartige Regelstrecken mit Totzeit
zeigt Abb. 3.24.

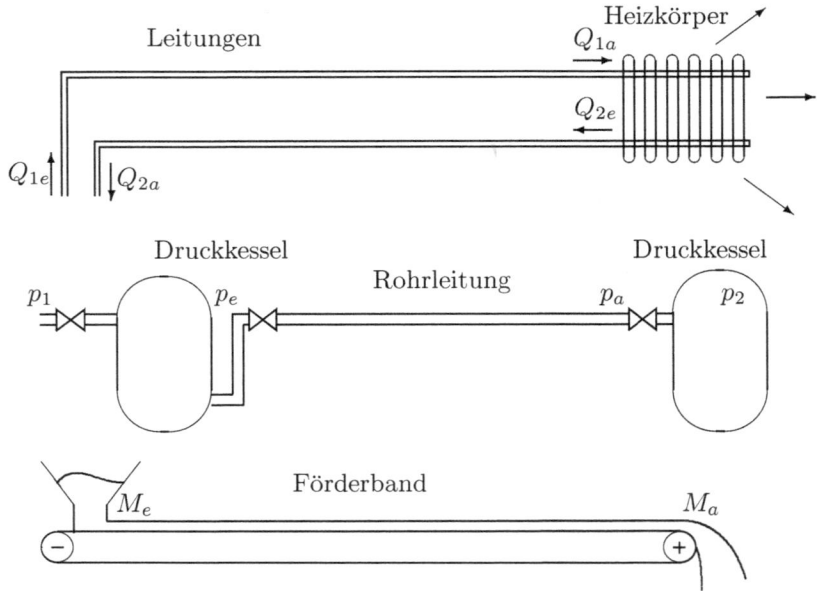

Abbildung 3.24: *Beispiele von Totzeitgliedern*

Mathematische Beschreibung. Mit l als Leitungs- bzw. Bandlänge und v als Strö-
mungs- bzw. Transportgeschwindigkeit betragen die jeweiligen Laufzeiten (Totzeiten)
$T_t = l/v$ und damit lauten die „Differentialgleichungen" für die obigen Regelstrecken

$$Q_{1a}(t) = Q_{1e}(t - T_t) \quad \text{und} \quad Q_{2a}(t) = Q_{2e}(t - T_t) \qquad \text{Leitungen der Heizung}$$

$$p_a(t) = p_e(t - T_t) \qquad \text{Rohrleitung}$$

$$M_a(t) = M_e(t - T_t) \qquad \text{Förderband.}$$

Die Ein- und Ausgangssignale eines Totzeitgliedes sind einander gleich, aber das Eingangssignal $x_e(t)$ erscheint erst nach der Totzeit T_t am Ausgang. Bis auf die Zeitverschiebung gleicht das Totzeitglied somit dem reinen P-Glied mit der Verstärkung Eins.
Aus diesen Überlegungen ergibt sich die Antwort des Totzeitgliedes auf einen Eingangssprung wie in Abb. 3.25 gezeigt.

Die Laplace-Transformation beschreibt die Zeitverschiebung von Signalen durch einen
Exponentialterm mit $-sT_t$ im Exponenten. Dies ergibt sich aufgrund der Definition der

Abbildung 3.25: *Sprungantwort und Blocksymbol des Totzeitgliedes*

Laplace-Transformation. Damit lauten Übertragungsfunktion bzw. Frequenzgang des Totzeitgliedes

$$F(s) = \mathrm{e}^{-sT_t} \qquad \text{bzw.} \qquad F(\mathrm{j}\omega) = \mathrm{e}^{-\mathrm{j}\omega T_t} \ . \tag{3.60}$$

Die *Ortskurve* des Totzeitgliedes ist ein Kreis in der komplexen Ebene mit dem Radius $r = |F(\mathrm{j}\omega)| = 1$ und dem Phasenwinkel $\varphi = -\omega T_t$. Mit wachsender Frequenz ω nimmt der Phasenwinkel linear ab, siehe Abb. 3.26.

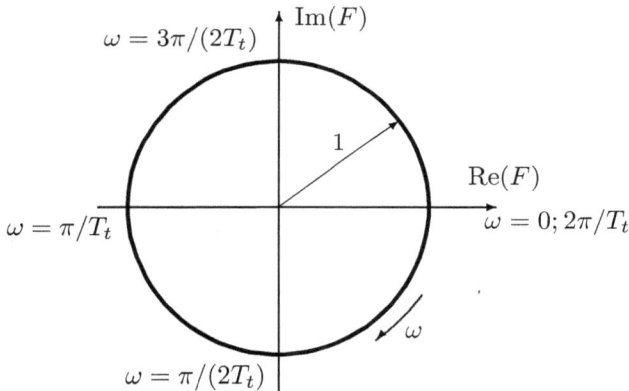

Abbildung 3.26: *Ortskurve des Totzeitgliedes*

Totzeitglieder treten oft zusammen mit Verzögerungsgliedern auf, Heizkörper mit Rohrleitung, Druckkessel mit Rohrleitung, usw. Die entsprechende Darstellung im Blockschaltbild ist dann z. B. eine Reihenschaltung von Totzeitglied und Verzögerungsgliedern 1. oder 2. Ordnung.

Die Übertragungsfunktion des Totzeitgliedes ist aufgrund des e^{-sT_t}-Terms keine gebrochenrationale Funktion. Will man das Totzeitglied durch eine gebrochenrationale Funktion approximieren, so wird hierzu in der Regel die *Padé-Approximation* verwendet:

$$F(s) = \mathrm{e}^{-sT_t} \approx \left(\frac{1 - s\frac{T_t}{2n}}{1 + s\frac{T_t}{2n}} \right)^n \tag{3.61}$$

mit n als wählbarer Konstante. Je größer n, umso genauer wird die Padé-Approximation der Totzeit.

Aufgabe 3.12: Wie lautet die Übertragungsfunktion der Druckkesselanordnung von Abb. 3.24, wenn identische Druckkessel vorliegen und die Eingangsgröße der Druck p_1 und die Ausgangsgröße der Druck p_2 ist?

Lösung: $F(s) = \dfrac{P_2(s)}{P_1(s)} = \dfrac{K_S^2}{(1 + T_1 s)^2} \cdot \mathrm{e}^{-sT_t}$.   □

3.3.2 Strecken mit differenzierendem Verhalten (DT$_n$-Glied)

Technische Beispiele. Eine ideale Differentiation (Ableitung) eines Signals tritt bei technischen Systemen nicht auf. Die Ableitung der Eingangsgröße kann nur mit einer Verzögerung erfolgen. Beispiele für ein derartiges Verhalten sind elektrische Netzwerke und Feder-Dämpfer-Anordnungen (Abb. 3.27).

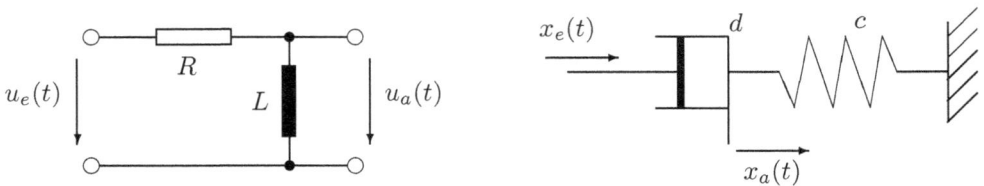

Abbildung 3.27: *Beispiele für differenzierende Strecken mit Verzögerung 1. Ordnung*

Mathematische Beschreibung. Die Differentialgleichungen dieser Beispiele lauten

$L \cdot \dot{u}_a + R \cdot u_a = L \cdot \dot{u}_e$ *RL*-Glied

$d \cdot \dot{x}_a + c \cdot x_a = d \cdot \dot{x}_e$ Feder-Dämpfer-Anordnung.

Die allgemeine Form eines derartigen Differenziergliedes mit Verzögerung 1. Ordnung lautet

$$a_1 \cdot \dot{x}_a + a_0 \cdot x_a = b_1 \cdot \dot{x}_e \ , \tag{3.62}$$

bzw. nach Division durch a_0 in normierter Darstellung, mit K_{DS} als Differenzierbeiwert und T_1 als Zeitkonstante:

$$T_1 \cdot \dot{x}_a + x_a = K_{DS} \cdot \dot{x}_e \ . \tag{3.63}$$

Daraus folgen dann Übertragungsfunktion und Frequenzgang des DT$_1$-Gliedes zu

$$F(s) = \frac{K_{DS} \cdot s}{1 + T_1 \cdot s} \quad \text{und} \quad F(\mathrm{j}\omega) = \frac{K_{DS} \cdot \mathrm{j}\omega}{1 + T_1 \cdot \mathrm{j}\omega} \ . \tag{3.64}$$

Beim *idealen D-Glied* entfällt die Zeitkonstante, d. h. es ist $T_1 = 0$ und für ein *DT$_2$-Glied* lauten Übertragungsfunktion und Frequenzgang dann entsprechend

$$F(s) = \frac{K_{DS} \cdot s}{1 + T_a s + T_b^2 s^2} \cdot \quad \text{und} \quad F(\mathrm{j}\omega) = \frac{K_{DS} \cdot \mathrm{j}\omega}{1 + T_a \mathrm{j}\omega + T_b^2 (\mathrm{j}\omega)^2} \ . \tag{3.65}$$

Die Sprungantwort des DT_1-Gliedes erhält man am einfachsten, wenn man die Übertragungsfunktion wie folgt aufspaltet:

$$F(s) = \frac{K_{DS} \cdot s}{1 + T_1 \cdot s} = \frac{K_{DS}}{T_1} - \frac{\frac{K_{DS}}{T_1}}{1 + T_1 \cdot s} \ .$$

Damit kann man die Sprungantwort des DT_1-Gliedes als Differenz der Sprungantworten einen idealen P-Gliedes mit $K = K_{DS}/T_1$ und eines PT_1-Gliedes mit $K = K_{DS}/T_1$ erhalten zu:

$$x_a(t) = \hat{x}_e \cdot \frac{K_{DS}}{T_1} - \hat{x}_e \cdot \frac{K_{DS}}{T_1} \left(1 - \mathrm{e}^{-t/T_1} \right) = \hat{x}_e \cdot \frac{K_{DS}}{T_1} \mathrm{e}^{-t/T_1} \ .$$

Sprungantwort und Blocksymbol dieses DT_1-Gliedes zeigt Abb. 3.28.

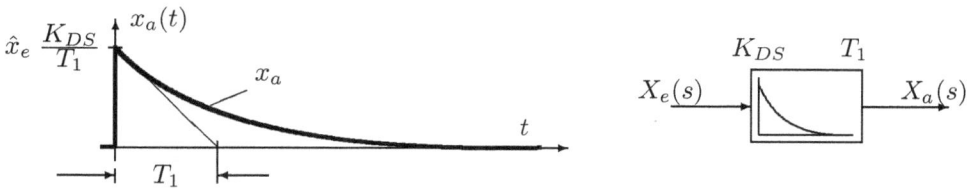

Abbildung 3.28: *Sprungantwort $x_a(t)$ und Blocksymbol des DT_1-Gliedes*

Die *Ortskurve* des DT_1-Gliedes wird aus Gleichung 3.64 berechnet. Mit

$$\mathrm{Re}\{F(\mathrm{j}\omega)\} = \frac{K_{DS} \cdot \omega^2 T_1}{1 + (\omega T_1)^2}$$

$$\mathrm{Im}\{F(\mathrm{j}\omega)\} = \frac{K_{DS} \cdot \omega}{1 + (\omega T_1)^2}$$

erhält man nach dem Einsetzen von Zahlenwerten für ω den in Abb. 3.29 gezeigten Verlauf. Die differenzierenden Regelkreisglieder sind phasenvoreilende Regelkreisglieder.

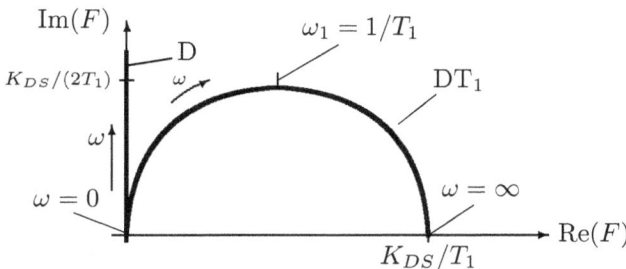

Abbildung 3.29: *Ortskurve des D- und DT_1-Regelkreisgliedes*

Die Ortskurve z. B. des DT_1-Gliedes beginnt für $\omega = 0$ mit einem Phasenwinkel von $+90°$ und endet für $\omega \rightarrow \infty$ beim Phasenwinkel $0°$. Diese Eigenschaft der Phasenvoreilung kann, wie später gezeigt wird, zur Verbesserung der Stabilität von Regelkreisen eingesetzt werden.

3.3.3   Strecken mit Allpassverhalten

Technische Beispiele. Unter dem Allpassverhalten einer Regelstrecke versteht man eine spezielle Reaktion des Systems auf ein Eingangssignal. Bei allen bisher untersuchten Regelstrecken antwortet die Strecke auf einen positiven Eingang mit einem positiven Ausgangssignal. Dies ist bei einer Strecke mit Allpassverhalten nicht der Fall. Das Ausgangssignal beginnt mit einem negativen Wert bzw. schlägt nach einem positiven Ausschlag in die negative Richtung aus.

Diese Reaktion tritt bei speziellen Feder-Dämpfer-Anordnungen auf, bei Dampferzeugern, bei speziellen RLC-Netzwerken und auch unter besonderen Bedingungen bei der Steuerung der Drehzahl einer Gleichstrommaschine durch das Erregerfeld. Die Ruderwirkung von Flugzeugen und Schiffen zeigt ebenfalls diese Reaktion. Abb. 3.30 zeigt die Beispiele einer Brückenschaltung und einer mechanischen Struktur mit Allpassverhalten.

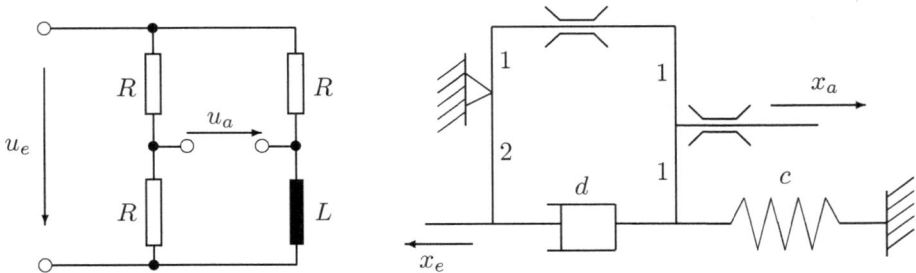

Abbildung 3.30: *Brückenschaltung und mechanische Struktur mit Allpassverhalten*

Mathematische Beschreibung. Die Differentialgleichungen dieser Beispiele von Regelstrecken mit Allpassverhalten lassen sich ableiten zu:

$$2L \cdot \dot{u}_a + 2R \cdot u_a = R \cdot u_e - L \cdot \dot{u}_e \qquad \text{RL-Brückenschaltung}$$

$$4d \cdot \dot{x}_a + 4c \cdot x_a = c \cdot x_e - d \cdot \dot{x}_e \qquad \text{Feder-Dämpfer-Hebel-Anordnung}$$

Die allgemeine Form eines Allpasses 1. Ordnung lautet

$$a_1 \cdot \dot{x}_a + a_0 \cdot x_a = K \cdot (a_0 \cdot x_e - a_1 \cdot \dot{x}_e) \,, \tag{3.66}$$

bzw. nach Division durch a_0 in normierter Form

$$T_1 \cdot \dot{x}_a + x_a = K \cdot (x_e - T_1 \cdot \dot{x}_e) \,. \tag{3.67}$$

Daraus folgen Übertragungsfunktion und Frequenzgang des Allpasses 1. Ordnung[4] zu

$$F(s) = K \cdot \frac{1 - T_1 \cdot s}{1 + T_1 \cdot s} \qquad \text{und} \qquad F(\mathrm{j}\omega) = K \cdot \frac{1 - T_1 \cdot \mathrm{j}\omega}{1 + T_1 \cdot \mathrm{j}\omega} \,. \tag{3.68}$$

---

[4]Die Übertragungsfunktion des Allpasses 2. Ordnung lautet: $F(s) = K \cdot \frac{1 - T_a s + T_b^2 s^2}{1 + T_a s + T_b^2 s^2}$.

Zur Ermittlung der Sprungantwort wird die Übertragungsfunktion aufgespalten in ein PT$_1$-Glied und ein DT$_1$-Glied:

$$F(s) = K \cdot \frac{1 - T_1 \cdot s}{1 + T_1 \cdot s} = \frac{K}{1 + T_1 \cdot s} - \frac{KT_1 \cdot s}{1 + T_1 \cdot s} \ .$$

Damit gewinnt man dann die Sprungantwort des Allpasses zu

$$x_a(t) = K \left(1 - \mathrm{e}^{-t/T_1}\right) \cdot \hat{x}_e - K\mathrm{e}^{-t/T_1} \cdot \hat{x}_e = K \left(1 - 2\mathrm{e}^{-t/T_1}\right) \cdot \hat{x}_e \quad (3.69)$$

die in Abb. 3.31 dargestellt ist.

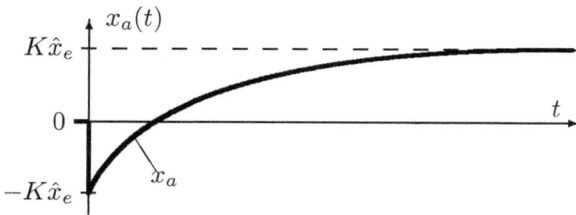

Abbildung 3.31: *Sprungantwort eines Allpassgliedes*

Die Ausgangsgröße $x_a(t)$ beginnt nach einer Sprunganregung beim negativen Wert $-K\hat{x}_e$ und nähert sich dann mit einem exponentiellen Verlauf dem positiven Endwert $+K\hat{x}_e$. Der Nulldurchgang findet zum Zeitpunkt $t = 0{,}6931 T_1$ statt.

Die *Ortskurve* des Allpassgliedes wird aus Gleichung 3.68 berechnet. Mit

$$\mathrm{Re}\{F(\mathrm{j}\omega)\} = K \cdot \frac{1 - (\omega T_1)^2}{1 + (\omega T_1)^2}$$

$$\mathrm{Im}\{F(\mathrm{j}\omega)\} = K \cdot \frac{-2\omega T_1}{1 + (\omega T_1)^2}$$

erhält man nach dem Einsetzen von Zahlenwerten für ω den in Abb. 3.32 gezeigten halbkreisförmigen Verlauf. Die Ortskurve des Allpassgliedes hat somit eine gewisse Ähnlichkeit mit dem Totzeitglied, bei dem ebenso der Betrag der Ortskurve konstant ist und der Phasenwinkel mit steigender Frequenz abnimmt.

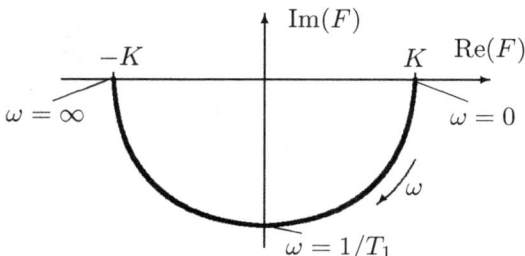

Abbildung 3.32: *Ortskurve eines Allpasses*

3.4 Regelstrecken höherer Ordnung und instabile Regelstrecken

3.4.1 Regelstrecken höherer Ordnung

Bewegungsvorgänge von Fahrzeugen. Bei der Untersuchung von Bewegungsvorgängen von Fahrzeugen ist es oft erforderlich, Translations- und/oder Rotationsbewegungen einer oder mehrerer Massen zu beschreiben. Die Ordnung der diese Vorgänge beschreibenden Differentialgleichungen steigt mit der Anzahl der Freiheitsgrade (Achsen der Translation, Achsen der Rotation) dieser Massen an. Typische Beispiele derartiger Anwendungen sind

- die Regelung der Lage und Geschwindigkeit eines Flugzeugs (Vertikal- und Drehbewegung eines Körpers),

- die Regelung des Schwebevorgangs einer Magnetschwebebahn (Vertikalbewegung „zweier" Körper: Schwebegestell und Fahrzeugzelle) oder

- die aktive Dämpfung von Kraftfahrzeugen (Vertikalbewegung von Rad und Fahrzeug).

Will man den kompletten Bewegungsvorgang derartiger Fahrzeuge in allen Achsen beschreiben, so führt dies zu Differentialgleichungen sehr hoher Ordnung ($\geq$ 6. Ordnung).

Aktive Dämpfung eines Fahrzeugs. Für vereinfachte Untersuchungen reicht es oft aus, die Bewegungsvorgänge z. B. nur in der Ebene oder als reine Translationsbewegung zu beschreiben. Dies soll am Beispiel der aktiven Dämpfung eines Kraftfahrzeugs gezeigt werden.

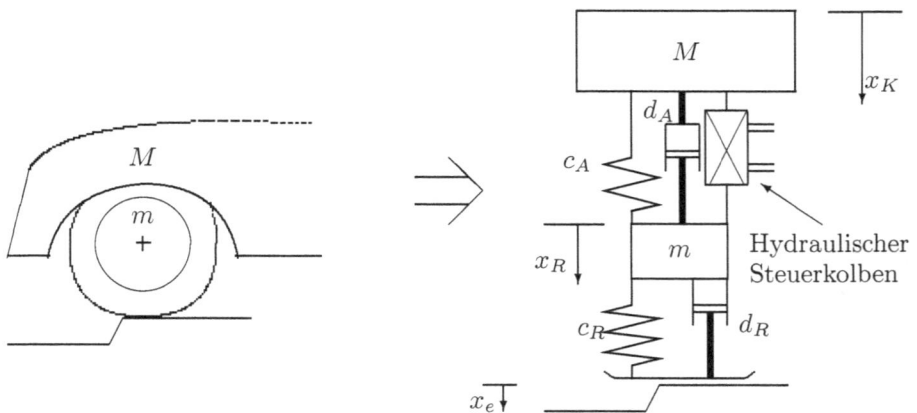

Abbildung 3.33: *Ebenes Modell einer aktiven Fahrzeugdämpfung*

Die in Abb. 3.33 eingezeichneten Parameter c und d bezeichnen die Federsteifigkeiten und Dämpfungsbeiwerte von Reifen (R) und Aufhängung (A). M bzw. m sind die Massen von Karosserieteil und Rad mit Aufhängung. Die steuernde Kraft des hydraulischen Stellgliedes sei F_H; x_e ist die Tiefe des Schlaglochs im Straßenbelag; x_K und x_R stellen die Auslenkungen von Karosserie und Aufhängung dar.

Nach dem Freischneiden der Massen von Rad und Karosserieteil lassen sich die folgenden Gleichungen ansetzen:

Impulssatz des Rades	$m \cdot \ddot{x}_R = F_{cA} + F_{dA} + F_H - F_{cR} - F_{dR}$
Impulssatz der Karosserie	$M \cdot \ddot{x}_K = -F_{cA} - F_{dA} - F_H$
Federkraft des Reifens	$F_{cR} = c_R \cdot (x_R - x_e)$
Federkraft der Aufhängung	$F_{cA} = c_A \cdot (x_K - x_R)$
Dämpfungskraft des Reifens	$F_{dR} = d_R \cdot (\dot{x}_R - \dot{x}_e)$
Dämpfungskraft der Aufhängung	$F_{dA} = d_A \cdot (\dot{x}_K - \dot{x}_R) \; .$

Die Gravitationskräfte fallen aus den Ansatzgleichungen heraus, wenn man x_K und x_R als Auslenkungen aus der Gleichgewichtslage annimmt. Nach längerer Rechnung erhält man unter Zuhilfenahme der *Laplace-Transformation* aus den obigen Ansatzgleichungen die Differentialgleichung der Auslenkung x_K der Karosserie aus der Ruhelage.

$$Mm \overset{IV}{x}_K + (d_A m + M[d_A + d_R]) \dddot{x}_K + (M(c_A + c_R) + mc_A + d_A d_R)\ddot{x}_K +$$
$$+ (d_A c_R + d_R c_A)\dot{x}_K + c_A c_R x_K =$$
$$d_A d_R \ddot{x}_e + (c_A d_R + d_A c_R)\dot{x}_e + c_A c_R x_e - m\ddot{F}_H - d_R \dot{F}_H - c_R F_H \; . \quad (3.70)$$

Zunächst sollen die *stationären Bedingungen* des Systems untersucht werden. Hierzu werden alle Ableitungen zu Null gesetzt. Damit erhält man

$$c_A x_K = c_A x_e - F_H \; . \quad (3.71)$$

Mit $F_H = 0$ erkennt man aus der Bedingung $x_K = x_e$, dass die Karosserie dem „Weg" des Schlaglochs folgt. Die Absenkung ist unabhängig von anderen Parametern. Für $x_e = 0$ (kein Schlagloch) und $F_H > 0$ ist die Auslenkung der Karosserie $x_K = -F_H/c_A$, d. h. die Karosserie wird angehoben.

Aus der Differentialgleichung folgen die Übertragungsfunktionen und Frequenzgänge zu

$$F_1(s) = \frac{X_K(s)}{X_e(s)} = \frac{c_A c_R + (c_A d_R + d_A c_R)s + d_A d_R s^2}{N(s)} \quad (3.72)$$

$$F_2(s) = \frac{X_K(s)}{F_H(s)} = -\frac{c_R + d_R s + m s^2}{N(s)} \quad (3.73)$$

$$N(s) = c_A c_R + (d_A c_R + d_R c_A)s + (M[c_A + c_R] + mc_A + d_A d_R)s^2$$
$$+ (d_A m + M[d_A + d_R])s^3 + Mm s^4$$

$$F_1(j\omega) = \frac{X_K(j\omega)}{X_e(j\omega)} = \frac{c_A c_R + (c_A d_R + d_A c_R)j\omega + d_A d_R(j\omega)^2}{N(j\omega)} \tag{3.74}$$

$$F_2(j\omega) = \frac{X_K(j\omega)}{F_H(j\omega)} = -\frac{c_R + d_R j\omega + m(j\omega)^2}{N(j\omega)} \tag{3.75}$$

$$N(j\omega) = c_A c_R + (d_A c_R + d_R c_A)j\omega + (M[c_A + c_R] + mc_A + d_A d_R)(j\omega)^2$$
$$+ (d_A m + M[d_A + d_R])(j\omega)^3 + Mm(j\omega)^4 \ .$$

Mit F_1 wird die Übertragungsfunktion „Karosserieauslenkung x_K infolge eines Schlaglochs x_e" erfasst. Dagegen beschreibt F_2 die Reaktion der Karosseriebewegung auf die Stellkraft F_H. Die Zählerpolynome von F_1 und F_2 enthalten Terme bis zur Ordnung s^2, d. h. die Übertragungsfunktionen weisen differenzierendes Verhalten auf. Die jeweiligen Nenner enthalten Terme bis zur Ordnung s^4, d. h. sie stellen Verzögerungen 4. Ordnung dar. Die Gesamtstrecke ist somit eine Überlagerung von proportionalen und differenzierenden Anteilen mit einer Verzögerung 4. Ordnung.

Strecken höherer Ordnung stellen oft eine Überlagerung von proportionalen, integrierenden und differenzierenden Streckenanteilen mit einer Verzögerung dar. Die analytische Ermittlung der Sprungantwort scheidet im Allgemeinen wegen der hohen Systemordnung aus.

Mit den Zahlenwerten $M = 250\,\text{kg}$, $m = 30\,\text{kg}$, $c_A = 19000\,\text{N/m}$, $c_R = 20000\,\text{N/m}$, $d_A = 2500\,\text{Ns/m}$ und $d_R = 1000\,\text{Ns/m}$ ergeben sich die in Abb. 3.34 gezeigten Sprungantworten für

  a) $x_e = 10\,\text{cm}$ und $F_H = 0$ und
  b) $x_e = 0$ und $F_H = \text{-}450\,\text{N}$.

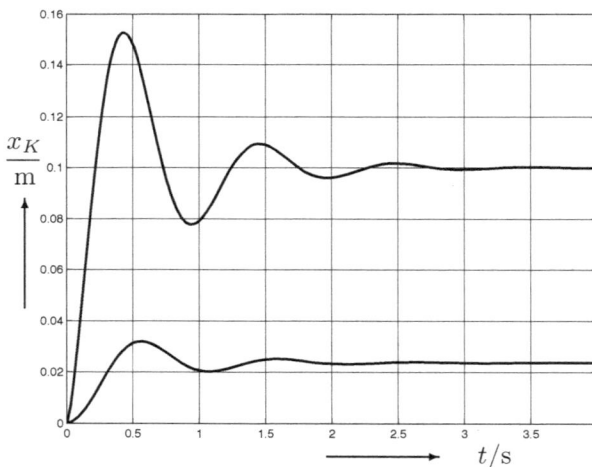

Abbildung 3.34: Reaktion der Karosserie auf ein Schlagloch (ob. Kurve) sowie auf eine sprungförmige Verstellung der Stellkraft (untere Kurve)

Nach ca. 3 s hat sich die Karosserie nach einem Schlagloch von 10 cm auch um 10 cm abgesenkt. Bei Anlegen einer Stellkraft des hydraulischen Stellzylinders von -450 N hebt sich die Karosserie nach ca 3 s um 2 cm. Die Sprungantworten ähneln der Sprungantwort eines Verzögerungsgliedes 2. Ordnung. Die bestimmenden Größen sind die Werte der Aufhängung und nicht die des Reifens, sie *dominieren* den Bewegungsverlauf. Bevor man an eine aktive Regelung der Fahrzeugdämpfung herangeht, ist zunächst eine Abstimmung der Federn und Dämpfungseigenschaften der Aufhängung vorzunehmen (passive Dämpfung). Erst danach kann mit weiteren Maßnahmen durch aktive Methoden (Regelung) die Fahrzeugdämpfung verbessert werden.

Aufgabe 3.13: Berechnen Sie aus den Ansatzgleichungen der aktiven Fahrzeugfederung die Differentialgleichung der Schwingung der Fahrzeugkarosserie nach Gleichung 3.70.

□

3.4.2 Instabile Regelstrecken

Technisches Beispiel. Ohne auf die Definitionen und Kriterien der Stabilität an dieser Stelle eingehen zu wollen, dies geschieht ausführlich in Kapitel 5, soll hier ein Beispiel einer instabilen Regelstrecke, d. h. einer Strecke, deren Ausgangssignal über alle Grenzen wächst, betrachtet werden. Instabile Strecken sind keine eigene Klasse von Strecken. Es können Strecken mit proportionalem, integrierendem oder auch differenzierendem Verhalten instabil werden.

Als Beispiel soll der Transport einer aufrecht stehenden Rakete von ihrem Montageplatz zur Startrampe dienen (Abb. 3.35). Diese Anordnung kann in grober Vereinfachung durch ein senkrecht stehendes Pendel dargestellt werden. Ohne eine Stabilisierung des Pendels (mittels Verfahren des Wagens) kippt das Pendel um, es ist instabil. Daher rührt auch die Bezeichnung instabiles Pendel [46].

Bewegungsgleichungen. Zur Ermittlung der Bewegungsgleichungen dieser Anordnung sind Wagen (Masse M) und Pendel (Masse m, Länge $2\,l$, Trägheitsmoment $J = \frac{1}{3}m(2l)^2$) freigeschnitten. Der Wagen kann horizontal (Koordinatenrichtung x_w) bewegt werden. Das Pendel kann sich um den Montagepunkt drehen (Winkel φ) und sein Schwerpunkt kann sich bewegen (Koordinatenrichtungen x_s und y_s). F_x ist die Antriebskraft des Wagens, und G bzw. $m \cdot g$ sind Gravitationskräfte. Die Kräfte H und V sind die Reaktionskräfte am Befestigungspunkt des Stabes. Die Ansatzgleichungen für die Linearbewegung des Wagens sowie für Linear- und Drehbewegungen des Stabes lauten:

$$M \cdot \ddot{x}_w = F_x - H \qquad \text{Impulssatz Wagen (horizontal)} \qquad (3.76)$$

$$m \cdot \ddot{x}_s = H \qquad \text{Impulssatz Stab (horizontal)} \qquad (3.77)$$

$$m \cdot \ddot{y}_s = V - m \cdot g \qquad \text{Impulssatz Stab (vertikal)} \qquad (3.78)$$

$$J \cdot \ddot{\varphi} = Vl \cdot \sin \varphi + Hl \cdot \cos \varphi \qquad \text{Impulssatz um Stabschwerpunkt} \qquad (3.79)$$

$$x_s = x_w - l \cdot \sin \varphi \qquad \text{x-Koordinate Stabschwerpunkt} \qquad (3.80)$$

$$y_s = l \cdot \cos \varphi \qquad \text{y-Koordinate Stabschwerpunkt.} \qquad (3.81)$$

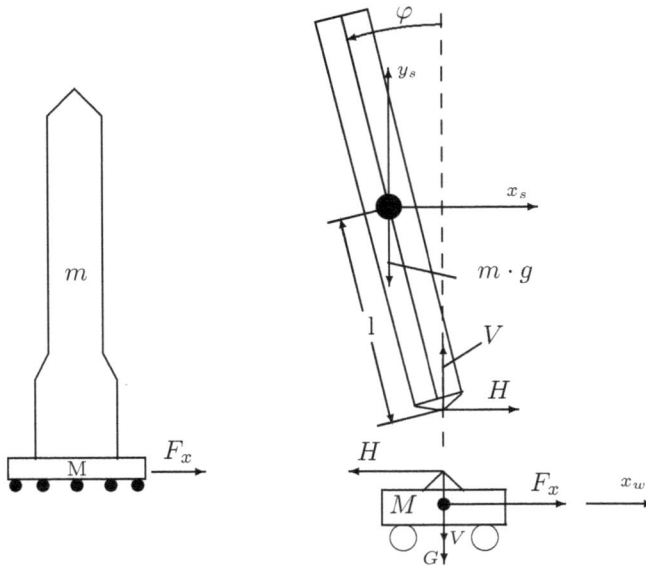

Abbildung 3.35:
Instabiles Pendel

Die Koordinaten des Stabschwerpunkts, Gleichung 3.80 und 3.81, werden in Gleichung 3.77 und 3.78 eingesetzt und ausdifferenziert. Diese Rechnungen führen zu einem nichtlinearen Gleichungssystem für die Bewegungen von Stab und Wagen. Das Gleichungssystem wird nun um den Arbeitspunkt $\varphi = 0$ linearisiert, indem für kleine Winkel $\sin \varphi \approx \varphi$ sowie $\cos \varphi \approx 1$ eingeführt werden. Für kleine Winkel $\varphi \approx 0$ können dann alle Glieder höherer Ordnung wie z. B. $\dot{\varphi}^2$, $\ddot{\varphi}^2 \varphi$ ... vernachlässigt werden, da sie klein gegenüber den anderen Termen sind. Dann ergibt sich das linearisierte Gleichungssystem:

$$M \cdot \ddot{x}_w = F_x - H \qquad (3.82)$$

$$m \cdot \ddot{x}_w - ml \cdot \ddot{\varphi} = H \qquad (3.83)$$

$$m \cdot g = V \qquad (3.84)$$

$$J \cdot \ddot{\varphi} = Vl \cdot \varphi + Hl \; . \qquad (3.85)$$

Die Elimination der Schnittkräfte (Reaktionskräfte) H und V am Befestigungspunkt des Stabes führt dann zu dem folgenden Gleichungssystem

$$\ddot{\varphi} - a_0 \cdot \varphi = b_0 \cdot F_x \qquad (3.86)$$

$$\ddot{x}_w = b_f \cdot F_x + b_\varphi \cdot \varphi \; , \qquad (3.87)$$

mit den Koeffizienten:

$$a_0 = \frac{3g}{l} \cdot \frac{M+m}{7M+4m}$$
$$b_0 = \frac{3}{l \cdot (7M+4m)}$$
$$b_\varphi = \frac{3mg}{7M+4m}$$
$$b_f = \frac{7}{7M+4m} \; .$$

(3.88)

Gleichung 3.86 beschreibt die linearisierte Drehbewegung des Stabes und Gleichung 3.87 die Wagenbewegung infolge Vorschubkraft F_x und Stabbewegung φ. Die Übertragungsfunktion der Drehbewegung mit Kraft F_x als Eingangsgröße und dem Drehwinkel φ als Ausgangsgröße (also der Regelstrecke) lautet dann:

$$F_\varphi(s) = \frac{\phi(s)}{F_x(s)} = \frac{b_0}{s^2 - a_0} \; .$$

(3.89)

Aufgabe 3.14: Ermitteln Sie ausgehend von den Gleichungen 3.76 bis 3.81 die linearisierten Bewegungsgleichungen 3.82 bis 3.85.

$\square$

Aufgabe 3.15: Berechnen Sie aus den linearisierten Bewegungsgleichungen 3.82 bis 3.85 das resultierende Gleichungssystem 3.86 und 3.87 des instabilen Pendels.

$\square$

Aufgabe 3.16: Es soll der Bewegungsverlauf des Stabes für die folgenden Zahlenwerte untersucht werden: $M/m = 10$ und $l = 1$ m.

1. Berechnen Sie für eine Anfangsauslenkung des Stabes von $\varphi(0) = \varphi_0 = 1°$ und $\dot{\varphi}(0) = 0$ den Verlauf von $\varphi(t)$ ohne Einwirkung einer Vorschubkraft F_x.

2. Was geschieht mit dem Stab?

Lösung:

1. $\varphi(t) = \frac{\varphi_0}{2} \cdot \left(e^{-2,09t} + e^{2,09t} \right)$

2. Der Stab kippt infolge der Gravitation um, er ist instabil! $\qquad$ $\cdot$ $\quad$ $\square$

Wie Aufgabe 3.15 zeigt, wird ohne eine Regelung der Antriebskraft F_x der Stab umkippen, also instabil sein. Es ist hier zwingend erforderlich, dass eine Regelung der Vorschubkraft vorgenommen wird, damit der Stab sicher im Stand gehalten werden kann.

3.5 Linearisierung einer nichtlinearen Regelstrecke

Vorgehensweise. In der Praxis auftretende Regelstrecken enthalten häufig lineare *und* nichtlineare Systemanteile. Derartige Regelstrecken sind für den nachfolgenden Reglerentwurf im Allgemeinen erst zu linearisieren. Die Linearisierung einer derartigen Regelstrecke, bestehend aus linearen und nichtlinearen Streckenanteilen wird an einem Beispiel dargestellt. Das Ziel der Untersuchung ist die Ermittlung der Übertragungsfunktion der Regelstrecke am stationären Betriebspunkt.

Die nichtlineare Regelstrecke wird durch das Blockschaltbild in Abb. 3.36 beschrieben. Die nichtlinearen Streckenanteile sind im untersuchten Fall eine *nichtlineare Funktion* $c(t) = b^3(t)/4$ sowie die *Multiplikation* der Variablen $x_a(t)$ mit $c(t)$. Derartige nichtlineare Zusammenhänge werden in der Regelungstechnik durch doppelt umrahmte Blöcke gekennzeichnet (siehe Kap. 11). Weiterhin treten zwei lineare Streckenanteile auf. Um die gleichzeitige Verwendung von Variablen im Zeit- und Bildbereich (z. B. $c(t)$ und $X_a(s)$) in einem Blockdiagramm zu vermeiden, wird für die Ableitung anstelle der Laplace-Variablen s der Operator $D = \mathrm{d}\ldots/\mathrm{d}t$ verwendet. Somit entspricht dem Block $0{,}5/(1 + 1{,}38D)$ dann die Differentialgleichung $0{,}5b(t) = x_a(t) + 1{,}38\dot{x}_a(t)$.

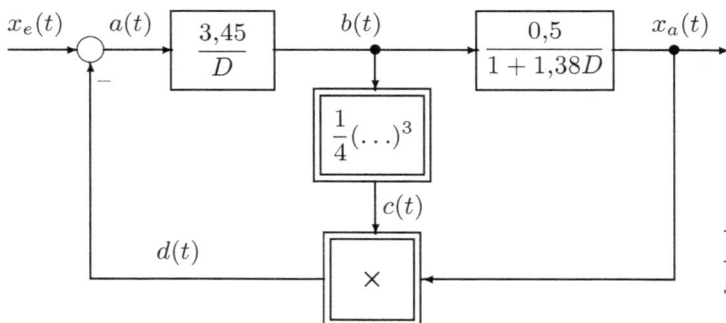

Abbildung 3.36: Nichtlineare Regelstrecke

Im Allgemeinen legt man den stationären Arbeitspunkt (Betriebspunkt $a(t) \rightarrow A_0$, $b(t) \rightarrow B_0$) einer nichtlinearen Regelstrecke so, dass bei Erreichen des Sollwertes der Regelgröße $x(t)$ die internen Größen der Strecke sich im Arbeitspunkt befinden. In diesem Beispiel soll die Ausgangsgröße $x_a(t)$ um den Betriebspunkt $X_{a0} = 1$ geregelt werden. Wegen des Integrators im Netzwerk muss für dessen Eingang am stationären Betriebspunkt gelten $A_0 = 0$.

Es werden dann die *stationären Werte der anderen Variablen* der Strecke berechnet. Wegen $X_{a0} = 1$ folgt aus der Übertragungsfunktion des PT_1-Gliedes dann $B_0 = 2$, und somit $C_0 = (B_0)^3/4 = 2$. Damit resultiert dann $D_0 = C_0 \cdot X_{a0} = 2$. Wegen $A_0 = 0$ gilt dann ebenso $X_{e0} = D_0 = 2$.

Nachdem die stationären Werte der Variablen bekannt sind, werden die nichtlinearen Terme um den Betriebspunkt durch Bildung der partiellen Ableitung am Betriebspunkt linearisiert. Aus $c(t) = f(b(t)) = b^3(t)/4$ resultiert dann

$$c(t) = C_0 + \Delta c = \left(\frac{1}{4}\right) B_0^3 + \left.\frac{\partial f(b)}{\partial b}\right|_{B_0} \cdot \Delta b$$

$$c(t) = \frac{1}{4} B_0^3 + \frac{3}{4} B_0^2 \cdot \Delta b = 2 + 3 \cdot \Delta b \ .$$

Die Linearisierung der Funktion $f(b(t))$ führt somit zu

$$\Delta c = \frac{3}{4} B_0^2 \cdot \Delta b = 3 \cdot \Delta b \ .$$

und die Linearisierung der Multiplikationsstelle führt zu

$$\Delta d = \left.\frac{\partial(c \cdot x_a)}{\partial x_a}\right|_{X_{a0}, C_0} \cdot \Delta x_a + \left.\frac{\partial(c \cdot x_a)}{\partial c}\right|_{X_{a0}, C_0} \cdot \Delta c$$

$$= C_0 \cdot \Delta x_a + X_{a0} \cdot \Delta c = 2 \cdot \Delta x_a + 1 \cdot \Delta c \ .$$

Mit diesen Zwischenergebnissen resultiert das Blockschaltbild von Abb. 3.37. Dabei wurden die Abweichungen vom Betriebspunkt $\Delta a, \Delta b, \dots$ überführt in die Laplace-Variablen $A(s), B(s), \dots$.

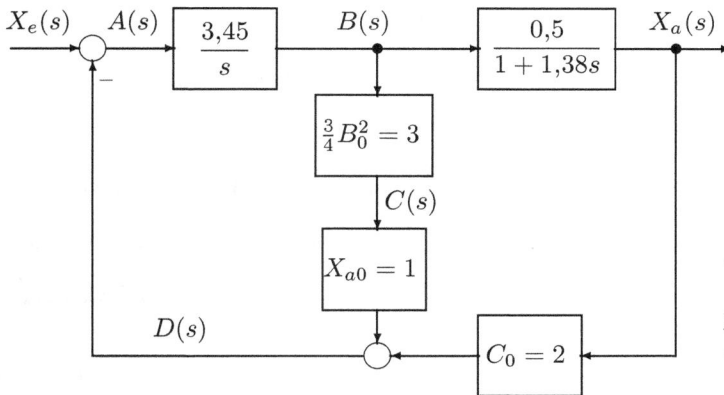

Abbildung 3.37:
Um einen Betriebspunkt linearisierte Regelstrecke

Mit den Rechenregeln für Blockschaltbilder (Abschnitt 2.3) wird dieses Blockschaltbild nach Abb. 3.37 dann umgeformt. Als Ergebnis resultiert für die um den Betriebspunkt $X_{a0} = 1$ linearisierte Regelstrecke ein PT_2-Verhalten zu

$$F_{Lin}(s) = \frac{X_a(s)}{X_e(s)} = \frac{0{,}125}{1 + 1{,}1075s + 0{,}1s^2} \ . \tag{3.90}$$

In der Umgebung des Arbeitspunktes verhält sich die nichtlineare Regelstrecke wie ein PT$_2$-Glied mit der Parametern $K_S = 0{,}125$, $T_a = 1{,}1075\,\text{s}$ und $T_b^2 = 0{,}1\,\text{s}^2$.

Aufgabe 3.17 (Linearisierung einer Regelstrecke): Es soll die Regelstrecke des obigen Beispiels untersucht werden. Als stationärer Betriebspunkt soll nun gelten $X_{a0} = 2$.

1. Wie lauten die Werte $A_0, B_0, C_0, D_0 \ldots$ im stationären Betriebspunkt?

2. Wie lautet die Übertragungsfunktion des linearisierten Systems in diesem Betriebspunkt?

Lösung: 1.) $A_0 = 0$; $B_0 = 4$; $C_0 = 16$; $D_0 = 32$; $X_{e0} = 32$

      2.) $F_{Lin}(s) = \dfrac{0{,}0156}{1 + 1{,}044s + 0{,}0125s^2}$ □

Aufgabe 3.18 (Linearisierung einer Regelstrecke): Gegeben ist das nachfolgende Blockschaltbild einer Regelstrecke mit nichtlinearen Elementen. Der Operator D steht für d.../dt.

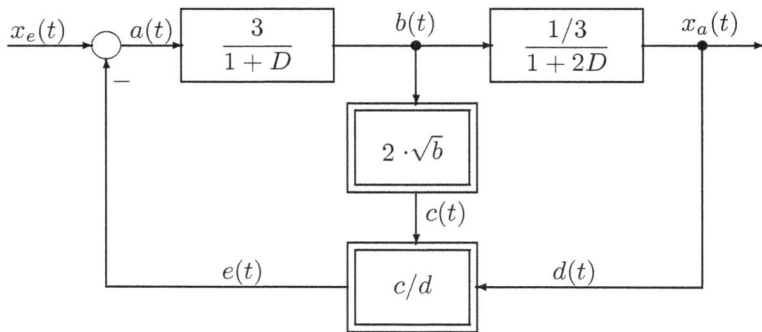

Die Regelstrecke soll an dem stationären Arbeitspunkt $X_{a0} = 3$ betrieben werden.

1. Berechnen Sie die stationären Werte der anderen Variablen a, b, c, d, e und x_e.

2. Linearisieren Sie die nichtlinearen Elemente der Strecke um den jeweiligen Arbeitspunkt.

3. Zeichnen Sie nun das Blockschaltbild der Strecke mit den linearisierten Elementen.

4. Berechnen Sie die Übertragungsfunktion der linearisierten Regelstrecke. Stellen Sie die Übertragungsfunktion in normierter Form dar.

Lösung: 1.) $A_0 = 3$; $B_0 = 9$; $C_0 = 6$; $D_0 = 3$; $E_0 = 2$; $X_{e0} = 5$

      4.) $F_{Lin}(s) = \dfrac{1{,}5}{1 + 5{,}5s + 3s^2}$ □

3.6 Modellbildung realer Regelstrecken

In den vorangehenden Abschnitten werden die verschiedenen Grundformen von Regelstrecken hinsichtlich ihres dynamischen Verhaltens und ihrer mathematischen Beschreibung untersucht. Für den Entwurf von Reglern, der in den nachfolgenden Kapiteln behandelt wird, ist die genaue Kenntnis der Parameter der Regelstrecke von großer Bedeutung. Daher sollen in diesem Abschnitt die verschiedenen Möglichkeiten der Ermittlung dieser Parameter der Regelstrecke kurz behandelt werden.

3.6.1 Analytische Berechnung der Parameter

Methode. Es werden bei der Bestimmung der Parameter, wie in den vorangehenden Abschnitten gezeigt, die Ansatzgleichungen für die Strecke aufgestellt. Je nach der Art der Regelstrecke sind diese Ansatzgleichungen elektrische, mechanische, thermodynamische, pneumatische, chemische ... Grundgleichungen. In diese Gleichungen gehen die bestimmenden Größen wie Widerstand R, Induktivität L, Kapazität C, Masse M, Federsteifigkeit c ... ein, die zuvor zu ermitteln sind. Aus diesen Grundgleichungen wird dann durch Umformung und Normierung die Differentialgleichung der Regelstrecke mit den Parametern K_S, K_{IS}, T_1, T_2 ... berechnet. Je genauer die physikalischen Werte R, L, C ... bekannt sind, umso genauer ergeben sich auch die regelungstechnischen Parameter K_S, K_{IS}, T_1, T_2 ..., die man als Übertragungsbeiwerte und Zeitkonstanten bezeichnet.

Diese Vorgehensweise ist bei mechanischen und elektrischen Regelstrecken meist möglich. Die Ermittlung der physikalischen Parameter ist jedoch nicht immer problemlos, wenn man z. B. an eine Raumheizung denkt. Hier gehen die Wärmeübergangszahlen der beheizten Räume, Dämmwerte von Mauerwerk und Fenstern, ... ein, die nur ungenau bekannt sind. Bei derartigen Regelstrecken kann es günstiger sein, die nachfolgende Methode anzuwenden.

3.6.2 Parameterbestimmung aus der Sprungantwort

PT$_1$-Regelstrecke. Bei Regelstrecken niedriger Ordnung wie z. B. einer P-, PT$_1$-, I-, IT$_1$- und einer schwingungsfähigen PT$_2$-Strecke kann man die Parameter der Regelstrecke aus der Sprungantwort ermitteln. Abb. 3.38 zeigt die Sprungantwort einer derartigen PT$_1$-Strecke. Man kann direkt aus der Sprungantwort für die bekannte Sprunghöhe des Eingangssignals $\hat{x}_e$ den Übertragungsbeiwert K_S und die Zeitkonstante T_1 ablesen.

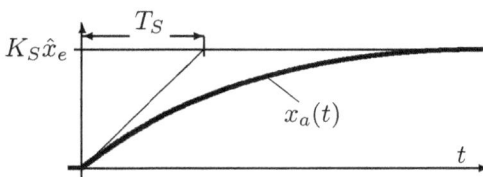

Abbildung 3.38: *Sprungantwort eines PT$_1$-Regelkreisgliedes*

PT$_2$-Regelstrecke. Die gleiche Vorgehensweise kann auf eine schwingungsfähige PT$_2$-Strecke angewendet werden. Aus der Sprungantwort dieser PT$_2$-Strecke nach Gleichung 3.29, kann man z. B. gemäß Abb. 3.39 den Verstärkungsfaktor K_S, die verschiedenen Überschwingwerte $\ddot{u}_i$ sowie die Zeit T_e ablesen. Mit den Abkürzungen $\Lambda_1 = \ln(\ddot{u}_i/\ddot{u}_{i+2})$ bzw. $\Lambda_2 = \ln(\ddot{u}_i/\ddot{u}_{i+1})$ können dann die Dämpfung D und die Kreisfrequenz ω_0 mit Hilfe der nachfolgenden Gleichungen berechnet werden.

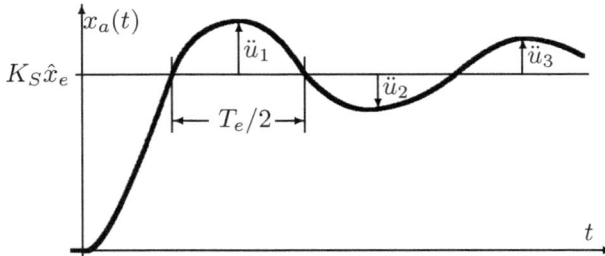

Abbildung 3.39: *Sprungantwort eines PT$_2$-Gliedes*

Es gelten die folgenden Beziehungen:

$$D = \frac{\Lambda_1}{\sqrt{4\pi^2 + \Lambda_1^2}} \qquad \text{bzw.} \qquad D = \frac{\Lambda_2}{\sqrt{\pi^2 + \Lambda_2^2}} \, . \tag{3.91}$$

sowie

$$\omega_e = 2\pi/T_e \qquad \text{bzw.} \qquad \omega_0 = \omega_e/\sqrt{1 - D^2} \, . \tag{3.92}$$

Aufgabe 3.19: Berechnen Sie die Formeln von Gleichung 3.91 und 3.92 aus der Sprungantwort von Gleichung 3.41 bzw. 3.42. □

3.6.3   Parameterbestimmung aus der Ortskurve

Vorgehensweise. Bei manchen technischen Anwendungen kann man die zu untersuchende Regelstrecke mit sinusförmigen Eingangssignalen von sehr niedrigen bis zu sehr hohen Frequenzen anregen. Aus der gemessenen Ausgangsamplitude und der Phasenverschiebung des Ausgangssignals im eingeschwungenen Zustand lässt sich die Ortskurve der Regelstrecke darstellen. Aus ausgezeichneten Werten dieser Ortskurve können dann die gesuchten Parameter der Regelstrecke ermittelt werden.

Dies soll zunächst für ein PT$_1$-Glied mit der nachfolgend in Abb. 3.40 gezeichneten Ortskurve gezeigt werden. Für die Anregung mit der Frequenz $\omega = 0$ (konstanter Eingang) resultiert im eingeschwungenen Zustand das Ausgangssignal zu $K_S\hat{x}_e$. Die bei der Frequenz $\omega_E = 1/T_1$ auftretende Phasenverschiebung von 45° zwischen Ein- und Ausgangsschwingung führt zur Festlegung der Zeitkonstanten T_1.

Ähnliche Beziehungen existieren für das PT$_2$-Glied, welches mit sinusförmigen Signalen angeregt wird. Die Ortskurve des PT$_2$-Gliedes wird in Abb. 3.41 gezeigt.

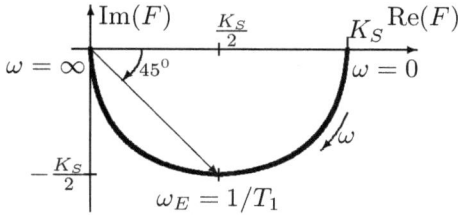

Abbildung 3.40: Ortskurve des PT_1-Gliedes

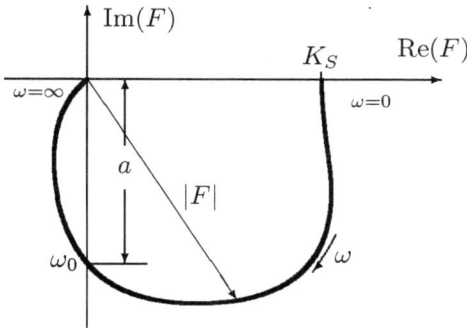

Abbildung 3.41: Ortskurve des PT_2-Gliedes

Bei Anregung mit einem Signal der Frequenz $\omega = 0$ (konstanter Eingang) liefert der konstante Endwert des Ausgangssignals den Übertragungsbeiwert K_S. Dann wird die Frequenz des Eingangssignals solange erhöht, bis das Ausgangssignal dem Eingang um 90° nacheilt. Bei dieser Frequenz ω_0 wird die Amplitude a des Ausgangssignals abgelesen. Mit diesen beiden Werten werden die Zeitkonstanten T_a und T_b des PT_2-Gliedes nach Gleichung 3.26 berechnet zu:

$$T_b = 1/\omega_0 \quad \text{und} \quad T_a = K_S \cdot T_b/a \ . \tag{3.93}$$

Auch für andere Übertragungsglieder gibt es ähnliche Beziehungen. Die Genauigkeit der berechneten Regelstreckenparameter hängt von der Genauigkeit der Amplituden- und Phasenmessung ab.

3.6.4 Parameteridentifizierung

Vorgehensweise. Bei vielen Anwendungen versagen die oben behandelten Verfahren zur Ermittlung der Parameter der Regelstrecke. Es besteht dann jedoch immer noch die Möglichkeit, die Regelstrecke mit einem Sprungeingang oder einem anderen Eingangssignal $x_e(t)$ anzuregen und die Systemantwort $x_a(t)$ aufzuzeichnen. Mit den Methoden der Parameteridentifizierung kann man dann aus den aufgezeichneten Messsignalen durch Minimierung eines Fehlerkriteriums die Parameter der Regelstrecke ermitteln.

Die gesuchten Parameter der Regelstrecke werden dabei solange durch einen numerischen Optimierungsalgorithmus verändert, bis der Fehler zwischen gemessenem Streckenausgang und berechnetem Modellausgang minimal ist. Je genauer die Messungen der Eingangs- und Ausgangssignale sind, umso besser werden die Streckenparameter berechnet.

Dies wird für eine PDT$_3$-Regelstrecke gezeigt, die mit einem Sprungeingang $\hat{x}_e = 1$ angeregt wird. Die Messdaten werden mit einem System mit der Übertragungsfunktion

$$F_S(s) = \frac{4 + s}{1 + 4s + 2s^2 + 3s^3} \, , \tag{3.94}$$

erzeugt. Anschließend wird die Messung durch Signalrauschen verfälscht und ergibt dann die Messdaten $x_a(t)$ der Regelstrecke.

Die verrauschten Messdaten $x_a(t)$ werden für den Eingangssprung $\hat{x}_e = 1$ mit einem Parameteridentifizierungsverfahren verarbeitet. Nach einigen Iterationsschritten hat das Verfahren die Modellparameter soweit modifiziert, dass der gemessene Ausgang $x_a(t)$ und der Ausgang des identifizierten Modells $x_m(t)$ sehr gut übereinstimmen, wie Abb. 3.42 zeigt.

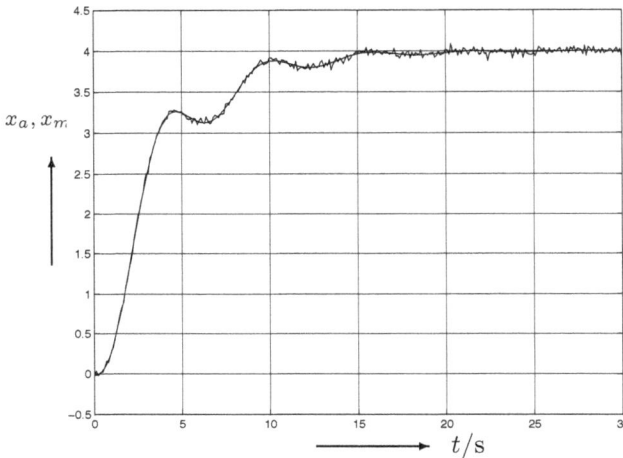

Abbildung 3.42: *Ausgang der Regelstrecke $x_a(t)$ und des Modells $x_m(t)$*

Das Identifizierungsprogramm hat im Rahmen der Modellanpassung eine Übertragungsfunktion mit den folgenden Parametern berechnet:

$$F_M(s) = \frac{3,9970 + 1,2649s}{1 + 4,0019s + 2,0565s^2 + 3,0016s^3} \, . \tag{3.95}$$

Die Koeffizienten a_0, $a_1 \ldots b_0$, b_1 des Modells stimmen nicht exakt, aber doch recht gut mit den Koeffizienten der „echten" Regelstrecke überein. Für diese Modelldaten ist nun ein geeigneter Regler zu entwerfen. Der entworfene Regler wird dann an der echten Regelstrecke überprüft und gegebenenfalls modifiziert. Die dabei anzuwendenden Methoden sind Themen der folgenden Kapitel.

4 Das Verhalten linearer Regelkreise

In diesem Kapitel wird das Verhalten linearer Regelkreise bestehend aus Regelstrecke und Regler untersucht. Nach der Erläuterung der Grundstruktur des *einschleifigen* Regelkreises werden die Anforderungen an den Regelkreis formuliert. Anschließend werden an verschiedenen einfachen Regelstrecken die sogenannten klassischen Regler, bestehend aus proportionalen, integrierenden und differenzierenden Anteilen eingeführt und erprobt. Dies entspricht dem Schritt Reglerentwurf in Abb. 1.12. Die Erfüllung der Anforderungen kann dabei in Simulationen überprüft werden. Das gefundene dynamische Verhalten des Reglers muss nun als Hardware analog oder digital realisiert werden und beendet den in Abb. 1.12 dargestellten Entwurfsprozeß.

4.1 Grundstruktur des einschleifigen Regelkreises

Definition. Die einführenden Untersuchungen in diesem Kapitel beschränken sich auf die Analyse des einschleifigen Regelkreises. Ein derartiger Regelkreis besteht aus Regelstrecke, Regler, Messelement und *einer* Rückführung (siehe Abb. 4.1).

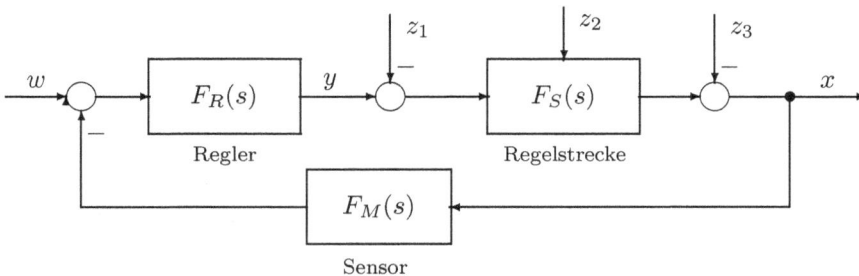

Abbildung 4.1: *Struktur des einschleifigen Regelkreises*

Auf den Regelkreis können Störgrößen z_i, wie in Abb. 4.1 gezeigt, an unterschiedlichen Stellen angreifen. Bei diesen einführenden Betrachtungen wird angenommen, dass nur die Störgröße z_1 einwirken soll. Diese Störgröße z_1 wird dann nachfolgend als Störgröße z bezeichnet. Weiterhin wird angenommen, dass der Sensor $F_M(s)$ der Regelgröße „hinreichend genau" und „hinreichend schnell" ist, so dass seine Übertragungsfunktion zu $F_M(s) = 1$ angenommen werden kann. Es liegt dann eine *Einheitsrückführung* vor. Diese

Sensoranforderungen werden meist erfüllt, ansonsten muss $F_M(s)$ in der Rückführung explizit berücksichtigt werden. Somit wird für die weiteren Untersuchungen in diesem Kapitel die folgende *Grundstruktur des einschleifigen Regelkreises* (Standardregelkreis) angenommen:

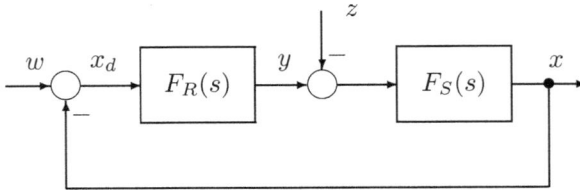

Abbildung 4.2: *Standardregelkreis*

Die Verwendung zusätzlicher Rückführungen zur Verbesserung der Regelung der Regelgröße $x(t)$, d. h. der so genannte *mehrschleifige* Regelkreis, wird in Abschnitt 9.4 behandelt. Die gleichzeitige Regelung mehrerer Regelgrößen $x_i(t)$ ist Thema der *Mehrgrößenregelung* [48].

4.2   Grundlegende Anforderungen an den Regelkreis

Grundforderungen.   Die Entwurfsanforderungen an einen Regelkreis werden nachfolgend für einen Standardregelkreis in der Struktur von Abb. 4.2 formuliert. Sie gelten in dieser Form auch für andere Regelkreise mit beliebiger Struktur.

Die Anforderungen lauten:

1. *Der Regelkreis soll stabil sein.* Ohne diese Hauptforderung ist die Erfüllung weiterer Anforderungen nicht möglich, bzw. hinfällig.

2. *Der Regelkreis soll ein „gutes" Führungsverhalten aufweisen.* D. h., nach Vorgabe einer Führungsgröße $w(t)$ soll die Regelgröße $x(t)$ auf die Führungsgröße einschwingen. Dieser Einschwingvorgang ist näher zu spezifizieren. Falls die Führungsgröße zeitveränderlich ist, soll die Regelgröße der Führungsgröße folgen.

3. *Der Regelkreis soll ein „gutes" Störverhalten aufweisen.* D. h., der Einfluss einer Störung $z(t)$ auf die Regelgröße $x(t)$ soll gering sein. Dieser Einfluss wird beschrieben durch Größen eines Einschwingvorgangs.

4. *Der Regelkreis soll robust sein.* D. h., das dynamische Verhalten des Regelkreises soll möglichst unempfindlich gegenüber Schwankungen von Parametern der Regelstrecke sein.

Die obigen Forderungen werden anschließend näher untersucht und quantifiziert.

4.2.1 Stabilität

Formulierung. Die Hauptforderung der Stabilität des geschlossenen Regelkreises wird ausführlich in Kapitel 5 untersucht werden. Sie mündet in Forderungen an die Lage der Pole des geschlossenen Regelkreises bzw. an den Verlauf der Nyquist-Ortskurve des aufgeschnittenen Regelkreises. Für einen Kreis ohne Totzeitglied müssen die Pole der charakteristischen Gleichung negativen Realteil aufweisen, damit der Regelkreis stabil ist. Für einen Kreis mit Totzeitglied muss der an die Nyquist-Ortskurve gezogene Fahrstrahl eine vorgeschriebene Winkeländerung durchlaufen.

4.2.2 Führungsverhalten

Stationäre Genauigkeit. Die Forderung nach einem guten Führungsverhalten kann man in einzelne Teilforderungen aufspalten. Die *erste Teilforderung* betrifft die stationäre Genauigkeit der Regelgröße:

Die Regelgröße $x(t)$ soll eine vorgegebene stationäre Genauigkeit aufweisen.

Wird ein sprungförmiger Sollwert $\widehat{w}$ vorgegeben, so soll die Regelgröße $x(t)$ möglichst genau auf den Sollwert $\widehat{w}$ einschwingen. Die Genauigkeit wird spezifiziert als Breite $2\epsilon \cdot \widehat{w}$ eines Fehlerbandes[1] um den Sollwert $\widehat{w}$, welches die Regelgröße im eingeschwungenen Zustand erreichen soll (siehe Abb. 4.3).

Dynamische Forderungen. Die *weiteren Teilforderungen* betreffen das dynamische Verhalten des Einschwingvorgangs. Dieses dynamische Verhalten wird durch Größen der Sprungantwort für eine sprungförmige Führungsgröße $\widehat{w}$ beschrieben, die in Abb. 4.3 dargestellt ist. In dieser Abbildung wird der Verlauf der Regelgröße $x(t)$ nach einem Sprung der Führungsgröße $w(t)$ durch die Größen $\ddot{u}$, T_{An} und T_{Aus} charakterisiert.

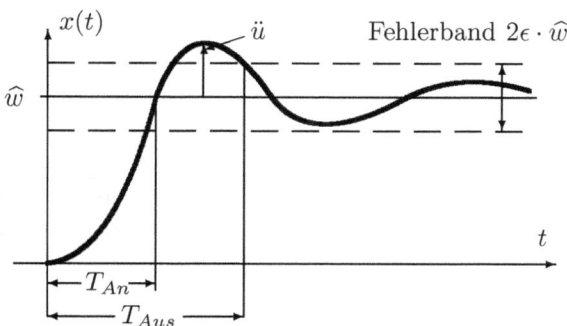

Abbildung 4.3: *Sprungantwort der Regelgröße nach einem Führungssprung*

Dabei bedeutet $\ddot{u} = \frac{x_{Max} - x(\infty)}{x(\infty)} \cdot 100\%$ die maximale prozentuale Überschwingweite oder das *maximale Überschwingen* (bezogen auf $\widehat{w}$). Es ist T_{An} die *Anregelzeit* bis zum

---

[1]Ein „5%-Fehlerband" (gestrichelt gezeichnet) hat die Breite $2\epsilon \cdot \widehat{w}$, also 10% von $\widehat{w}$.

erstmaligen Erreichen des Sollwertes $\hat{w}$ und T_{Aus} die *Ausregelzeit* bis zum letztmaligen Erreichen des Fehlerbandes $\pm\epsilon$ um den Sollwert $\hat{w}$. Für $t > T_{Aus}$ verbleibt die Regelgröße innerhalb des Fehlerbandes, wobei z. B. $\epsilon = 2\,\%, 5\%$ oder $10\,\%$ beträgt. Als *Forderung* für diese Größen gilt:

> *Die Überschwingweite der Regelgröße, ihre An- und Ausregelzeit sollen innerhalb vorgegebener Schranken liegen.*

Diese Kenngrößen beschreiben die Schnelligkeit des Einschwingvorgangs und sein Dämpfungsverhalten (Überschwingweite). Im Allgemeinen soll der Regelkreis möglichst schnell sein und möglichst wenig überschwingen.

Führungsübertragungsfunktion. Die Untersuchung des Führungsverhaltens des geschlossenen Regelkreises nach Abb. 4.2 und die Analyse der obigen Entwurfsanforderungen geschieht unter Verwendung der so genannten *Führungsübertragungsfunktion* $F_W(s) = X(s)/W(s)$. Darin sind $W(s)$ die Laplace-transformierte Führungsgröße[2] $w(t)$ und $X(s)$ die Laplace-transformierte Regelgröße $x(t)$, wobei $z(t) \equiv 0$ ist. Zur Berechnung dieser Führungsübertragungsfunktion wird Gleichung 2.52 der Kreisübertragungsfunktion herangezogen:

$$F(s) = \frac{F_v(s)}{1 \,+\, F_v(s) \cdot F_r(s)} \qquad (4.1)$$

mit F_v und F_r als Übertragungsfunktionen des Vorwärtszweiges und Rückwärtszweiges. In Abb. 4.2 ist das Vorwärtsglied $F_v(s) = F_R(s) \cdot F_S(s)$ und das Rückwärtsglied ist gleich 1. Somit lautet die *Führungsübertragungsfunktion des geschlossenen Regelkreises* von Abb. 4.2

$$\boxed{F_W(s) = \frac{X(s)}{W(s)} = \frac{F_R(s) \cdot F_S(s)}{1 + F_R(s) \cdot F_S(s)}\;.} \qquad (4.2)$$

Rampenförmige Führungsgröße. Die bisher aufgestellten Entwurfsforderungen für ein gutes Führungsverhalten gelten für eine sprungförmige Führungsgröße w, d. h. für die so genannte *Festwertregelung*. Soll die Regelgröße $x(t)$ einer veränderlichen Führungsgröße $w(t)$ folgen, so spricht man von einer *Folgeregelung*. Die Zeitverläufe der Führungsgröße $w(t)$ sind anwendungsspezifisch.

In der Regelungstechnik wählt man als Bezugsgröße zur Reglerauslegung für die Führungsgröße häufig ein rampenförmiges Signal $w(t) = c \cdot t$ mit c als Integrierbeiwert. Ist $w(t)$ der Verlauf der Sollposition, so ist c gleich der Sollgeschwindigkeit V. Kann die Regelgröße $x(t)$ dem Sollwert $w(t)$ nach Abklingen eines Einschwingvorgangs nicht exakt folgen, so tritt ein Folgefehler (oder *Schleppfehler*) μ auf (siehe Abb. 4.4).

---

[2]Es gilt somit $W(s) = \mathcal{L}\{w(t)\}$ und $X(s) = \mathcal{L}\{x(t)\}$.

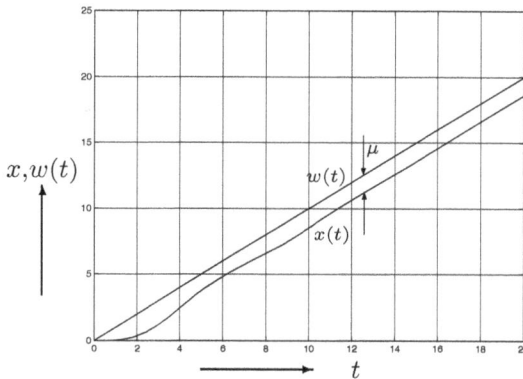

Abbildung 4.4:
*Führungsgröße w(t)
und Rampenantwort
der Regelgröße x(t)*

Liegt eine proportionale Regelstrecke vor, die mit einem Regler mit I-Anteil geregelt wird, so bleibt der Schleppfehler endlich. Bei einer Positionsregelung z.B. wird der Schleppfehler μ bezogen auf die Geschwindigkeit V des Führungssignals $w(t)$ und durch den K_V-Wert beschrieben. Man definiert

$$K_V = \frac{V}{\mu} \qquad \text{bzw.} \qquad \mu = \frac{V}{K_V} \ . \tag{4.3}$$

Für Folgeregelungen formuliert man dann als *Entwurfsanforderung* einen Maximalwert des Schleppfehlers bzw. einen Mindestwert von K_V:

> *Für eine Folgeregelung soll der Schleppfehler einen gegebenen Maximalwert nicht überschreiten, bzw. der K_V-Wert soll einen Mindestwert aufweisen.*

Die dynamischen Anforderungen für den Übergangsvorgang können ähnlich wie bei den Festwertregelungen erfolgen.

4.2.3 Störverhalten

Stationäre Genauigkeit. Wie beim Führungsverhalten unterscheidet man zwischen den stationären und den dynamischen Anforderungen an das Störverhalten eines Regelkreises. Bezüglich der *stationären Genauigkeit* gilt:

> *Die Regelgröße soll eine vorgegebene stationäre Genauigkeit aufweisen.*

Diese Forderung bezieht sich beim Störverhalten auf die Einwirkung der Störgröße $z(t)$. Nach Einwirkung einer konstanten Störgröße der Amplitude $\hat{z}$, soll die Regelgröße $x(\infty)$ im eingeschwungenen Zustand möglichst wenig vom Sollwert $\hat{w}$ abweichen. Die zulässige Abweichung wird wieder durch ein Fehlerband beschrieben (siehe Abb. 4.5).

Dynamische Anforderungen. Die *dynamischen Anforderungen* an das Störverhalten werden ebenfalls anhand des Einschwingvorgangs der Regelgröße nach einer sprungförmig einwirkenden Störgröße $z(t) = \hat{z}\,\sigma(t)$ beschrieben. Die Abb. 4.5 zeigt das Einschwingverhalten der Regelgröße, oder besser „Rückschwingen" der Regelgröße $x(t)$ auf den Sollwert $\hat{w}$, nach dem Einwirken der sprungförmigen Störgröße.

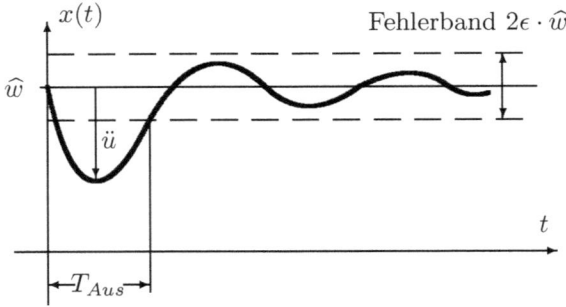

Abbildung 4.5: Einschwingvorgang der Regelgröße $x(t)$ nach einem Sprung der Störgröße $z(t)$

Das *Überschwingen* wird wieder durch die maximale prozentuale Überschwingweite $\ddot{u} = \frac{\hat{w}-x_{Min}}{\hat{w}} \cdot 100\%$ gekennzeichnet[3]. Die Zeit bis zum letztmaligen Eintreten in das Fehlerband bezeichnet man als *Ausregelzeit* T_{Aus}. Eine Anregelzeit ist beim Störverhalten nicht definiert. Zur Unterscheidung dieser Größen von denen des Führungsverhaltens kann eine Indizierung mit „W" für Führung und „Z" für Störung erfolgen.

Die dynamischen Anforderungen an die Regelgröße beim Störverhalten lauten:

> *Die Überschwingweite der Regelgröße und ihre Ausregelzeit sollen innerhalb vorgegebener Schranken liegen.*

Störübertragungsfunktion. Die Untersuchung des Störverhaltens des geschlossenen Regelkreises nach Abb. 4.2 und die Analyse der obigen Entwurfsanforderungen geschieht unter Verwendung der *Störübertragungsfunktion* $F_Z(s) = X(s)/Z(s)$ mit $Z(s)$ als Laplace-transformierter Störgröße[4] wobei $w(t) \equiv 0$ ist. Zur Berechnung dieser Störübertragungsfunktion wird wieder Gleichung 2.52 der Kreisübertragungsfunktion herangezogen:

$$F(s) = \frac{F_v(s)}{1 + F_v(s) \cdot F_r(s)} \tag{4.4}$$

mit F_v und F_r als Übertragungsfunktionen des Vorwärtszweiges und Rückwärtszweiges. Aus Abb. 4.2 entnimmt man für die Berechnung der Störübertragungsfunktion das

---

[3]Korrekterweise müsste man dieses Überschwingen eigentlich als Unterschwingen bezeichnen, da die Störgröße negativ auf den Regelkreis einwirkt. Bei positiv einwirkender Störgröße $\hat{z}$ gilt die Definition $\ddot{u} = \frac{x_{Max}-\hat{w}}{\hat{w}} \cdot 100\%$.

[4]Es gilt somit $Z(s) = \mathcal{L}\{z(t)\}$.

Vorwärtsglied zu $F_v(s) = F_S(s)$ und das Rückwärtsglied zu $F_R(s)$. Da die Störgröße negativ einwirkt, lautet die *Störübertragungsfunktion des geschlossenen Regelkreises* von Abb. 4.2

$$F_Z(s) = \frac{X(s)}{Z(s)} = \frac{-F_S(s)}{1 + F_R(s) \cdot F_S(s)} \; . \tag{4.5}$$

4.2.4   Robustheit

Definition. Regelstrecken besitzen häufig die unangenehme Eigenschaft, dass sich im Laufe des Betriebs ihre Parameter ändern. Beispiele hierfür sind die Erwärmung des Ankerwiderstandes eines Gleichstrommotors im Betrieb, die Drift eines elektronischen Verstärkers, die Abnahme der Transportmasse eines Fahrzeugs infolge Treibstoffverbrennung, die Zunahme des Trägheitsmoments eines Mediums in einer Zentrifuge usw.

Ein Ziel der Regelung ist die Reduzierung dieses Einflusses von Parameteränderungen auf das Führungs- und/oder Störverhalten möglichst *ohne* eine messtechnische Erfassung dieser Änderungen.

Die Formulierung der Entwurfsanforderungen bezüglich der Robustheit kann somit lauten:

> *Die Auswirkung von Parameteränderungen auf die Erfüllung der Entwurfsanforderungen z. B. bezüglich Überschwingen, Anregelzeit oder Ausregelzeit soll möglichst gering sein.*

Für den Reglerentwurf zur Erfüllung dieser Entwurfsanforderungen sind die Methode von Abschnitt 9.1.4 sowie die in Kapitel 14 vorgestellten nummerischen Entwurfswerkzeuge sehr gut geeignet. Ausführlich behandelt wird der Entwurf robuster Regler in [1], [16], [37] und [34]. Auch die Verfahren zum Entwurf „Selbsteinstellender Regler" (Self Tuning Regulator) sind hier einsetzbar [12].

4.3   Regelung einer PT$_1$-Strecke

Modell der Regelstrecke. Als Beispiele für proportionale Strecken mit einer Verzögerung 1. Ordnung werden in Abschnitt 3.1.2 Druck- und einfache Temperaturregelstrecken aufgeführt. Die Beschreibung derartiger Strecken durch ein PT$_1$-Glied stellt meist nur eine Näherung dar, die aber für prinzipielle Betrachtungen durchaus ausreichend ist.

Eine derartige Strecke soll mit verschiedenen Reglern geregelt werden, um die grundsätzliche Wirkung dieser Regler kennen zu lernen. Der betrachtete Temperaturregelkreis soll das in Abb. 4.6 gezeigte Aussehen haben.

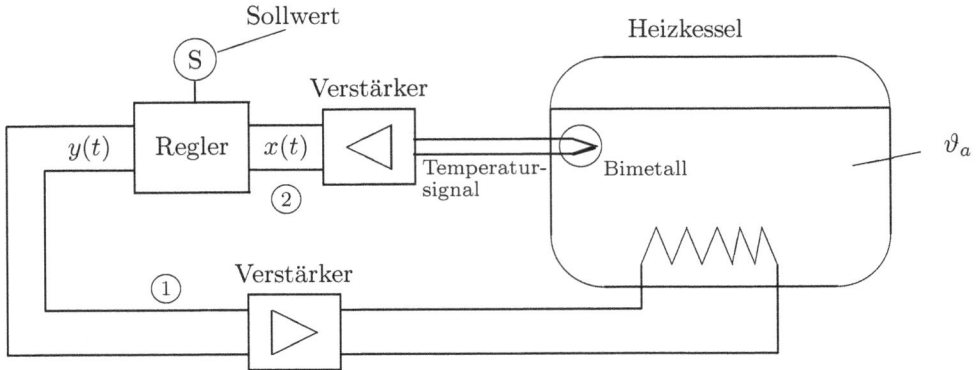

Abbildung 4.6: *Temperaturregelkreis*

Ein (isoliertes) Thermoelement dient als Messelement für die Temperatur ϑ_a. Aufgrund der geringen Ausgangsspannung muss diese in einem Verstärker auf einen Normsignalbereich (z. B. 0 ... 10 V) verstärkt werden. Der anschließende analoge oder digitale Regler (siehe Kapitel 4.6) verarbeitet entsprechend seiner Charakteristik die Differenz zwischen Sollwert und Messsignal und liefert das Stellsignal $y(t)$. Der Soll-/Istwertvergleich wird beim analogen Regler als Signaldifferenz über einen Operationsverstärker oder beim digitalen Regler als Subtraktion einer Zahl durchgeführt. Das Stellsignal (hier Ausgangsspannung) wird über einen Leistungsverstärker zur Ansteuerung der Heizspirale verwendet.

Aus der Sprungantwort der Regelstrecke (einschließlich Thermoelement und den beiden Verstärkern), die von Punkt 1 nach Punkt 2 gemessen wird und die (stark vereinfacht) den Verlauf von Abb. 3.7 aufweisen soll, kann man den Übertragungsbeiwert K_S und die Zeitkonstante T_1 der Strecke ablesen.

4.3.1   P-Regler

Regelkreis. Für die regelungstechnische Untersuchung dieser Regelanlage werden die einzelnen Baugruppen dann als Blöcke in einem Regelkreis dargestellt. Im Übertragungsbeiwert K_S der Regelstrecke sind die Umrechnungsfaktoren von Temperatur auf Spannung, eventuelle Verstärkungen und Pegelumsetzungen enthalten. T_1 ist die aus der Sprungantwort ausgemessene Zeitkonstante des Aufheizvorgangs.

Der eingesetzte P-Regler ist ein reiner proportionaler Verstärker mit dem Verstärkungsfaktor K_P, der frei wählbar ist. Ein derartiger P-Regler, aufgebaut als Operationsverstärkerschaltung oder als digitaler Regler soll für die Temperaturregelung des Heizkessels eingesetzt werden. Für dieses proportionale Übertragungsverhalten vereinfachen sich die Schaltungen bzw. Gleichungen des Reglers von Abb. 4.34 bzw. Gleichung 4.46 in Kapitel 4.6 auf den reinen proportionalen Signalkanal.

Führungsverhalten des Regelkreises. Als erstes wird das Führungsverhalten des Regelkreises mithilfe der Führungsübertragungsfunktion untersucht. Mit den Übertra-

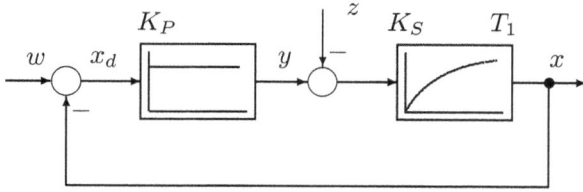

Abbildung 4.7: *Regelkreis mit P-Regler und PT₁-Strecke*

gungsfunktionen vom Regler, $F_R(s) = K_P$, und von der Regelstrecke, $F_S(s) = \dfrac{K_S}{1+T_1 s}$, berechnet man mithilfe von Gleichung 4.2 dann als Führungsübertragungsfunktion für den geschlossenen Regelkreis

$$F_W(s) = \frac{X(s)}{W(s)} = \frac{\frac{K_p K_S}{1+T_1 s}}{1 + \frac{K_P K_S}{1+T_1 s}} = \frac{K_P \cdot K_S}{(1 + K_P K_S) + T_1 s} = \frac{K_W}{1 + T_W s} \, , \qquad (4.6)$$

mit $K_W = K_P K_S/(1 + K_P K_S)$ und $T_W = T_1/(1 + K_P K_S)$. Der Verlauf für $x(t)$ für ein sprungförmiges Führungssignal $w(t) = \hat{w} \cdot \sigma(t)$ soll auf zwei Arten berechnet werden.

1. Berechnung der Sprungantwort mithilfe der Differentialgleichung. Die Übertragungsfunktion von Gleichung 4.6 ist in der Form identisch zur Übertragungsfunktion des PT₁-Gliedes von Gleichung 3.8. Aufgrund dieser Identität ergibt sich dann der Zeitverlauf der Regelgröße $x(t)$ bei einem Sprungeingang $w(t) = \hat{w} \cdot \sigma(t)$, analog zu Gleichung 3.9 zu

$$x(t) = K_W \hat{w} \cdot (1 - \mathrm{e}^{-t/T_W}) \, , \qquad (4.7)$$

mit $K_W = K_P K_S/(1 + K_P K_S)$ und $T_W = T_1/(1 + K_P K_S)$.

Für $t \to \infty$ nähert sich die Regelgröße $x(t)$ dem Wert $K_W \cdot \hat{w}$ und nicht dem Wert $\hat{w}$ des Führungssignals. Es tritt somit für $t \to \infty$ eine *bleibende Regeldifferenz*[5] $x_{d,W}(\infty) \neq 0$ auf (siehe Abb. 4.8).

$$x_{d,W}(\infty) = w(\infty) - x(\infty) = \hat{w} \cdot \left(1 - \frac{K_P K_S}{1 + K_P K_S} \right) = \frac{\hat{w}}{1 + K_P K_S} \, . \qquad (4.8)$$

Die Regelgröße $x(t)$ erreicht den Sollwert $\hat{w}$ nicht. Je größer der Verstärkungsfaktor K_P des Reglers, umso kleiner wird die Regeldifferenz. Es liegt nahe, den Verstärkungsfaktor K_P des Reglers soweit zu vergrößern, dass die Größe der Regeldifferenz verschwindend klein wird. Berechnet man jedoch den Verlauf des Stellsignals $y(t)$ so erhält man

$$y(t) = K_P \cdot x_d(t) = K_P \cdot (w(t) - x(t)) = K_P \cdot (\hat{w} - x(t)) =$$
$$= K_P \hat{w} \cdot \left(1 - K_W \left(1 - \mathrm{e}^{-t/T_W} \right) \right) \, .$$

---

[5]Die Größe $\frac{1}{1+K_P K_S}$ wird auch als (stationärer) Regelfaktor S bezeichnet. Dieser Regelfaktor kennzeichnet die Wirkung einer Regelung.

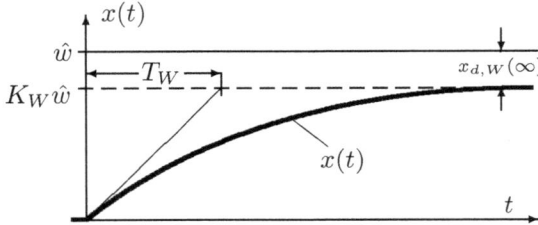

Abbildung 4.8: *Verlauf der Regelgröße* $x(t)$ *für einen Sprungeingang* $w(t) = \hat{w}\,\sigma(t)$

Zum Zeitpunkt $t = 0^+$, d. h. um eine infinitesimale Zeit $+\epsilon$ nach dem Sprung des Sollwertes zum Zeitpunkt $t = 0$, wird die Stellgröße damit $y(0^+) = K_P\hat{w}$, also sehr groß. Für praktische Anwendungen ist eine sehr große Stellgröße jedoch ungeeignet, da die Stelleinrichtung (Leistungsverstärker, Stellventil, Stellmotor, ...) nicht beliebig große Stellsignale liefern kann.

Man kann ebenso die Änderungsgeschwindigkeit $\dot{x}(t)$ der Regelgröße $x(t)$ berechnen. Die Ableitung von $x(t)$ nach der Zeit ergibt

$$\dot{x}(t) = \hat{w} \cdot \frac{K_W}{T_W} \cdot e^{-t/T_W} \ .$$

Zum Zeitpunkt $t = 0^+$ wird die Änderungsgeschwindigkeit $\dot{x}(0^+) = \hat{w} \cdot K_W/T_W = \hat{w}K_PK_S/T_1$, also für ein großes K_P ebenfalls sehr groß. Ebenso kann man zeigen, dass die Stellgeschwindigkeit $\dot{y}(0^+)$ der Stellgröße $y(t)$ für großes K_P auch unzulässig groß wird. Aus diesen Gründen kann eine Vergrößerung der Reglerverstärkung nicht zur Reduzierung der Regeldifferenz verwendet werden.

Einen erwünschten Effekt hat die Vergrößerung der Reglerverstärkung K_P jedoch auf die Zeitkonstante $T_W = T_1/(1 + K_PK_S)$ des geschlossenen Regelkreises. Je größer man K_P macht, umso kleiner wird die Zeitkonstante T_W, d. h. umso schneller wird der Regelkreis. Somit kann man feststellen:

> *Die Erhöhung der Reglerverstärkung K_P macht den Regelkreis schnell und verringert die bleibende Regeldifferenz.*

Für eine proportionale Strecke mit Verzögerung 1. Ordnung ist ein proportionaler Regler (P-Regler) bei der Forderung $x_{d,W}(\infty) = 0$ als ungeeignet anzusehen, da er für endliche Verstärkungen K_P zu einer bleibenden Regeldifferenz $x_{d,W}(\infty) > 0$ führt.

2. Berechnung der Sprungantwort mithilfe der Laplace-Transformation (siehe hierzu Anhang A). Aus der Führungsübertragungsfunktion (Gleichung 4.6) kann mittels Gleichung 2.33 die Laplace-transformierte Ausgangsgröße $X(s)$ angegeben werden zu:

$$X(s) = F_W(s) \cdot W(s) = \frac{K_P \cdot K_S}{(1 + K_PK_S) + T_1 s} \cdot W(s) \ .$$

Für einen Sprungeingang $w(t) = \hat{w}\,\sigma(t)$ lautet die Laplace-transformierte Führungsgröße $W(s) = \hat{w}/s$. Damit ergibt sich die Laplace-transformierte Ausgangsgröße (Regelgröße) $X(s)$ zu

$$X(s) = \frac{K_P \cdot K_S}{(1 + K_P K_S) + T_1 s} \cdot \frac{\hat{w}}{s} = \frac{K_W \cdot \hat{w}}{(1 + T_W s) \cdot s} = \frac{K_W \hat{w} \cdot [1/T_W]}{s \cdot ([1/T_W] + s)} \;, \quad (4.9)$$

mit $K_W \,\hat{=}\, (K_P K_S)/(1 + K_P K_S)$ und $T_W \,\hat{=}\, T_1/(1 + K_P K_S)$. Die Rücktransformation in den Zeitbereich mithilfe der Korrespondenztabelle der Laplace-Transformation (in diesem Fall Korrespondenz Nr. 13, Seite 414) liefert dieselbe Lösung wie in Gleichung 4.7

$$x(t) = K_W \hat{w} \cdot (1 - \mathrm{e}^{-t/T_W}) \;.$$

Ist die gesuchte Korrespondenz in der Korrespondenztabelle nicht explizit aufgeführt, dann führt eine Partialbruchzerlegung von $X(s)$ oder die Verwendung der Residuenmethode zur gesuchten Lösung im Zeitbereich.

Der wesentliche Vorteil bei der Verwendung der Laplace-Transformation liegt darin, dass die Aussagen über die bleibende Regeldifferenz und die Stellamplitude (für $t = 0$) ohne die explizite Berechnung der Sprungantwort der Regelgröße $x(t)$ möglich sind. Die Berechnung von $\dot{x}(0)$ und $\dot{y}(0)$ ist ebenso leicht möglich. Hierzu werden die Grenzwertsätze (Anhang A.2) der Laplace-Transformation wie folgt angewendet:

Für eine sprungförmige Führungsgröße $w(t) = \hat{w}\,\sigma(t)$ lautet die Anwendung des Endwertsatzes der Laplace-Transformation auf die Führungsübertragungsfunktion

$$x(\infty) = \lim_{t \to \infty} x(t) = \lim_{s=0} s \cdot X(s) = \lim_{s=0} s \cdot F_W(s) \cdot W(s) =$$

$$= \lim_{s=0} s \cdot F_W(s) \cdot \frac{\hat{w}}{s} = \hat{w} \cdot \lim_{s=0} F_W(s) = \hat{w} \cdot \lim_{s=0} \frac{K_W}{1 + T_W s} = K_W \cdot \hat{w}$$

Daraus folgt dann ebenso wie in Gleichung 4.8 mit $K_W = K_P K_S/(1 + K_P K_S)$

$$x_{d,W}(\infty) = w(\infty) - x(\infty) = \hat{w} \cdot \left(1 - \frac{K_P K_S}{1 + K_P K_S}\right) = \frac{\hat{w}}{1 + K_P K_S} \;.$$

Für den Fall *sprungförmiger Führungsgrößen* führt somit die Anwendung des Grenzwertsatzes zu der vereinfachten allgemeingültigen Beziehung:

$$\boxed{x(\infty) = \hat{w} \cdot \lim_{s=0} F_W(s) \;.} \quad\quad (4.10)$$

Zur Berechnung des Anfangswertes der Stellgröße $y(0^+)$ wird zunächst die Laplace-Transformierte der Stellgröße wie folgt ermittelt:

$$Y(s) = K_P \cdot X_d(s) = K_P \cdot (W(s) - X(s)) = \hat{w} K_P \cdot \left(\frac{1}{s} - \frac{K_W}{s \cdot (1 + T_W\,s)}\right) \;.$$

Die Anwendung des Anfangswertsatzes auf $Y(s)$ führt zu

$$y(0^+) = \lim_{t=0} y(t) = \lim_{s\to\infty} s \cdot Y(s) = \lim_{s\to\infty} s \cdot K_P \cdot \left(\frac{1}{s} - \frac{K_W}{s \cdot (1 + T_W\, s)} \right) \cdot \hat{w}$$

$$= \lim_{s\to\infty} K_P \cdot \left(1 - \frac{K_W}{1 + T_W\, s} \right) \cdot \hat{w} = \hat{w} \cdot K_P \,.$$

Aufgabe 4.1: Berechnen Sie mithilfe der Laplace-Transformation die Änderungsgeschwindigkeit der Regelgröße x und der Stellgröße y zum Zeitpunkt Null.

Lösung: $\dot{x}(0^+) = \dfrac{\hat{w} \cdot K_W}{T_W} = \dfrac{\hat{w} K_P \cdot K_S}{T_1}$ und

$$\dot{y}(0^+) = -\hat{w} \cdot \frac{K_P \cdot K_W}{T_W} = -\hat{w} \cdot \frac{K_P^2 \cdot K_S}{T_1} \qquad\qquad \square$$

Größen wie z. B. die bleibende Regeldifferenz $x_d(\infty)$ und die Stellamplitude zum Zeitpunkt Null $y(0^+)$, die für die Beurteilung eines Regelkreises wichtig sind, können mit der Laplace-Transformation sehr einfach berechnet werden. Daher wird für die Beurteilung von Regelkreisen weitgehend die Laplace-Transformation verwendet.

Störverhalten des Regelkreises. Mit der Gleichung 4.4 wird die Störübertragungsfunktion des Regelkreises mit P-Regler und PT$_1$-Strecke berechnet zu:

$$F_Z(s) = \frac{X(s)}{Z(s)} = \frac{-K_S}{(1 + K_P K_S) + T_1 s} = \frac{-K_Z}{1 + T_Z s} \,, \qquad (4.11)$$

mit $K_Z = K_S/(1 + K_P K_S)$ und $T_Z = T_W = T_1/(1 + K_P K_S)$.

Gleichung 4.11 beschreibt wiederum das Zeitverhalten eines PT$_1$-Übertragungsgliedes. Die Antwort auf ein sprungförmiges Störsignal $z(t) = \hat{z} \cdot \sigma(t)$ berechnet man wie zuvor unter Verwendung der Lösung der Differentialgleichung oder mit der Laplace-Transformation zu

$$x(t) = -\hat{z} \cdot K_Z \cdot (1 - \mathrm{e}^{-t/T_Z}) \,.$$

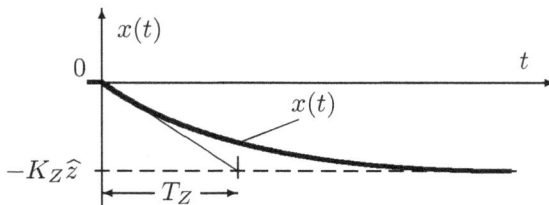

Abbildung 4.9: *Verlauf der Regelgröße $x(t)$ für einen Sprungeingang $z(t) = \hat{z} \cdot \sigma(t)$*

Der Endwertsatz der Laplace-Transformation liefert wiederum den Endwert der Regelgröße $x(t)$ für einen Sprung der Störgröße $z(t) = \hat{z} \cdot \sigma(t)$. Wegen $X(s) = F_Z(s) \cdot Z(s)$ und

$Z(s) = \hat{z}/s$ bei einem Sprungeingang vereinfacht sich die Berechnung des Endwertes wie folgt:

$$x(\infty) = \lim_{t \to \infty} x(t) = \lim_{s=0} s \cdot X(s) = \lim_{s=0} \{s \cdot F_Z(s) \cdot \frac{\hat{z}}{s}\} = \hat{z} \cdot \lim_{s=0} F_Z(s) \quad (4.12)$$

$$= \hat{z} \cdot \lim_{s=0} \frac{-K_S}{(1 + K_P K_S) + T_1 s} = \frac{-K_S \cdot \hat{z}}{1 + K_P K_S} = -\hat{z} \cdot K_Z \neq 0 \quad (4.13)$$

Damit wird dann die bleibende Regeldifferenz bei Einwirkung einer sprungförmigen Störung

$$x_{d,Z}(\infty) = w(\infty) - x(\infty) = 0 - (-\hat{z} \cdot K_Z) = \hat{z}K_Z \;.$$

Der P-Regler kann eine sprungförmige Störung $\hat{z} \cdot \sigma(t)$ nicht ausregeln (denn es ist $x_{d,Z}(\infty) \neq 0$), die Temperatur des Heizkessels sinkt ab. Wünschenswert wäre für die Regelung die Beibehaltung der Solltemperatur auch bei Einwirkung einer Störung.

Wie beim Führungsverhalten führt eine Vergrößerung des Verstärkungsfaktors K_P zu einer Verringerung der Regeldifferenz bei Einwirken der Störung $z(t)$, sie vergrößert jedoch auch die Stellgröße.

Für den Fall *sprungförmiger Störgrößen* führt somit die Anwendung des Grenzwertsatzes zu der vereinfachten allgemeingültigen Beziehung:

$$\boxed{x(\infty) = \hat{z} \cdot \lim_{s=0} F_Z(s) \;.} \quad (4.14)$$

Führungs- und Störverhalten. Normalerweise treten in einem Regelkreis Führungsgrößen und Störgrößen gleichzeitig auf, so dass man das Regelkreisverhalten in einem Diagramm (Abb. 4.10) darstellen kann.

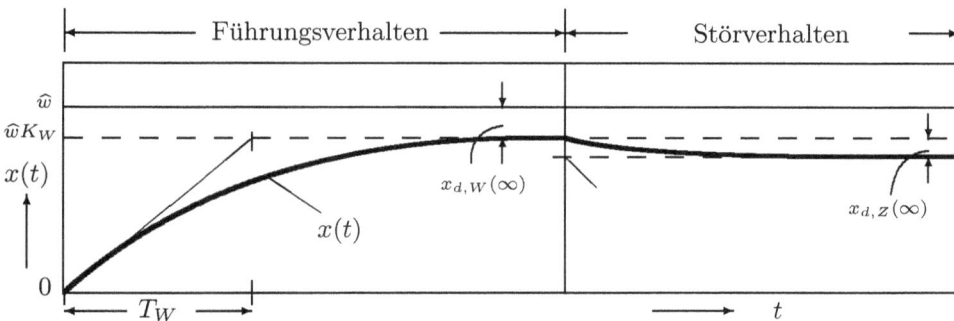

Abbildung 4.10: *Führungs- und Störverhalten des Regelkreises*

Zunächst wird der Heizkessel aufgeheizt, ohne dass eine Störgröße einwirkt. Aufgrund des (P-Reglers) tritt jedoch eine bleibende Regeldifferenz auf. Nach einiger Zeit tritt eine Störung auf, bei der z. B. über eine längere Zeit die Heizspannung abfällt. Die Heizkesseltemperatur sinkt weiter ab, da der P-Regler diese Störung nicht ausregeln kann. Dieser Gesamtvorgang wird bei der Regelkreisanalyse jedoch, wie zuvor gezeigt, in ein getrenntes Führungs- und Störverhalten aufgespalten und untersucht.

Da ein P-Regler für die Regelung einer PT_1-Strecke zu einer bleibenden Regeldifferenz führt, soll als nächstes für dieselbe Regelstrecke ein I-Regler eingesetzt werden.

4.3.2   I-Regler

Struktur des Regelkreises. Die Struktur des gesamten Regelkreises bleibt unverändert, wie in Abb. 4.6 gezeigt. Allein der rein proportionale Zweig des Reglers wird durch einen integrierenden Anteil ersetzt. Beim Operationsverstärker wird eine andere Schaltung verwendet, beim Mikrocontroller eine andere Reglergleichung programmiert (siehe Kap. 4.6). Die neue Regelkreisstruktur zeigt Abb. 4.11.

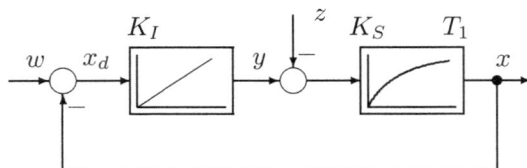

Abbildung 4.11: *Regelkreis mit I-Regler und PT_1-Strecke*

Wie beim P-Regler wird nun das Führungs- und Störverhalten dieses Temperaturregelkreises untersucht.

Führungsverhalten. Mit $F_R(s) = \frac{K_I}{s}$ als Regler und $F_S(s) = \frac{K_S}{1 + T_1\,s}$ als Regelstrecke berechnet man mithilfe von Gleichung 4.2 als Führungsübertragungsfunktion für den geschlossenen Regelkreis

$$F_W(s) = \frac{X(s)}{W(s)} = \frac{K_I \cdot K_S}{K_I K_S + s + T_1 s^2} \ . \tag{4.15}$$

Das Übertragungsverhalten des Regelkreises mit der Führungsgröße $w(t)$ als Eingangsgröße ist das Verhalten eines PT_2-Gliedes, das in Abschnitt 3.1.4 untersucht wird. Gleichung 4.15 kann man leicht umformen auf die Form

$$F_W(s) = \frac{1}{1 + T_a \cdot s + T_b^2 \cdot s^2} \ ,$$

mit $T_a = 1/(K_I K_S)$ und $T_b^2 = T_1/(K_I K_S)$.

Dies ist eine Normalform eines PT_2-Gliedes, wie sie in Gleichung 3.29 angegeben wird. Die Sprungantwort dieses Führungsverhaltens für einen Sollwertsprung entspricht dem von Abb. 3.15 und ist im linken Teil der Abb. 4.12 aufgetragen. Eine Überprüfung

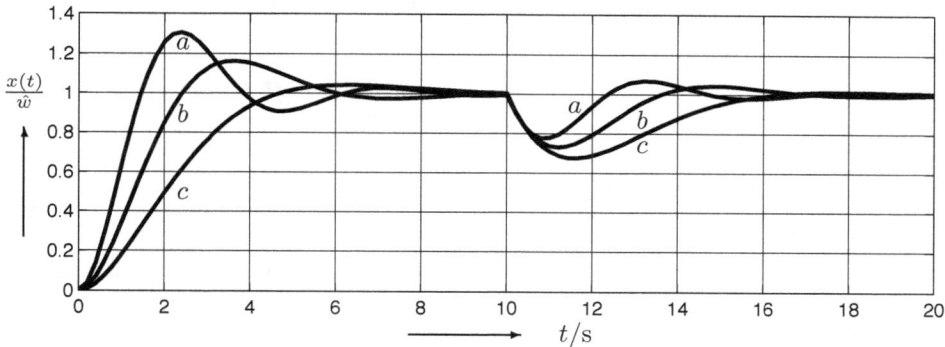

Abbildung 4.12: *Führungs- und Störverhalten des Regelkreises für ein großes K_I (Kurve a), mittleres K_I (Kurve b) und kleines K_I (Kurve c)*

des Endwertes der Regelgröße $x(t)$ für einen Sprungeingang $w(t) = \widehat{w} \cdot \sigma(t)$ führt mit Gleichung 4.2 zu:

$$x(\infty) = \widehat{w} \cdot \lim_{s=0} F_W(s) = \widehat{w} \ .$$

Der I-Regler führt bei einer PT$_1$-Regelstrecke zu *keiner* bleibenden Regelabweichung, es wird $x(\infty) = w(\infty) = \widehat{w}$. Das Stellsignal $y(t)$ verändert der I-Regler so lange, bis die Regeldifferenz an seinem Eingang Null ist[6]. Weiterhin kann man für das obige PT$_2$-Führungsverhalten die An- und Ausregelzeiten (siehe Abb. 4.3) der Regelgröße $x(t)$ explizit berechnen zu:

$$T_{An} = \frac{\pi/2 + \arcsin D}{\omega_e} \tag{4.16}$$

$$T_{Aus} = -\frac{\ln[\epsilon \cdot \sqrt{1 - D^2}]}{\delta} \ . \tag{4.17}$$

Störverhalten. Die Störungsübertragungsfunktion des Regelkreises mit I-Regler lautet unter Verwendung von Gleichung 4.5

$$F_Z(s) = \frac{X(s)}{Z(s)} = \frac{-K_S \cdot s}{K_I K_S + s + T_1 s^2} \ . \tag{4.18}$$

Dies ist das Übertragungsverhalten eines DT$_2$-Gliedes. Die Anwendung von Gleichung 4.14 für einen Störsprung ergibt

$$x(\infty) = \widehat{z} \cdot \lim_{s=0} F_Z(s) = 0 \ .$$

---

[6]Bei Inbetriebnahme des Regelkreises mit I-Anteil, muss darauf geachtet werden, dass bei Schließen des Regelkreises der Integrieranteil des Reglers rückgesetzt wird.

Der I-Regler regelt die Störung aus, die Regeldifferenz wird Null.

Der I-Anteil des Reglers beseitigt die bleibende Regeldifferenz.

In Abb. 4.12 wird das Einschwingverhalten des Regelkreises für verschiedene Integrier-beiwerte K_I dargestellt. In der linken Hälfte der Abbildung wird das Führungsverhalten und rechts das Störverhalten gezeigt. Für ein großes K_I (Kurve a) liegt ein gutes Störverhalten aber ein schlechteres Führungsverhalten aufgrund des großen Überschwingens vor. Umgekehrt ist es bei Auswahl eines kleinen Integrierbeiwertes (Kurve c). Nun schwingt die Regelgröße beim Führungsverhalten kaum über, dagegen ist das Störverhalten deutlich schlechter. Bei noch kleinerem K_I geht die Regelgröße sogar asymptotisch gegen den Sollwert, es liegen also rein reelle Pole des geschlossenen Regelkreises vor. Ein mittleres K_I (Kurve b) stellt einen somit guten Kompromiss für die Reglerauslegung dar.

Aufgabe 4.2: Berechnen Sie für den obigen Regelkreis mit den Zahlenwerten $K_S = 0{,}5$, $T_1 = 2\,\text{min}$ und $K_I = 2\,\text{min}^{-1}$ die Dämpfung D und die Eigenkreisfrequenz ω_0 der Führungsübertragungsfunktion.

Lösung: $D = 0{,}3536$ und $\omega_0 = 0{,}0118\,\text{s}^{-1}$ □

Zweifach integrierender Regler (I^2-Regler). Ist für die Regelung der PT_1-Strecke ein rampenförmiger Sollwert $w(t) = c \cdot t$ (siehe Abschnitt 4.2.2, Seite 92) vorgegeben, d.h. die Temperatur soll linear ansteigen, dann führt die Verwendung eines I-Reglers allerdings zu einem Schleppfehler μ wie man leicht erkennt. Es gilt

$$X(s) = F_W(s) \cdot W(s) = \frac{1}{1 + T_a \cdot s + T_b^2 \cdot s^2} \cdot \frac{c}{s^2} \ ,$$

und somit wird

$$x_d(\infty) = \lim_{s=0} s \cdot X_d(s) = \lim_{s=0} \frac{c(T_a + sT_b^2)}{1 + T_a \cdot s + T_b^2 \cdot s^2} = cT_a = \mu \ .$$

Diesen Schleppfehler bei einem rampenförmigen Sollwert kann man durch Verwendung eines zweifach integrierender Reglers (I^2-Regler) der Form

$$F(s) = \frac{K_{I1}}{s} + \frac{K_{I2}}{s^2} \tag{4.19}$$

beseitigen. Bei Verwendung dieses I^2-Reglers wird die Führungsübertragungsfunktion

$$F_W(s) = \frac{\left(\frac{K_{I1}}{s} + \frac{K_{I2}}{s^2}\right) \cdot \frac{K_S}{1 + T_1\,s}}{1 + \left(\frac{K_{I1}}{s} + \frac{K_{I2}}{s^2}\right) \cdot \frac{K_S}{1 + T_1\,s}} = \frac{K_S(K_{I2} + K_{I1}s)}{K_S(K_{I2} + K_{I1}s) + s^2(1 + T_1s)} \ ,$$

und die bleibende Regeldifferenz, d. h. der Schleppfehler μ verschwindet, wie die nachfolgende Berechnung zeigt:

$$x_d(\infty) = \lim_{s=0} s \cdot X_d(s) = \lim_{s=0} s \cdot (W(s) - X(s)) =$$

$$= \lim_{s=0} s \cdot \frac{s^2 \cdot (1 + T_1 s)}{K_S(K_{I2} + K_{I1}s) + s^2(1 + T_1 s)} \cdot \frac{c}{s^2} = 0 \ .$$

Dieser typische Effekt des I^2-Reglers gilt auch für die Regelung von Regelstrecken höherer Ordnung. Allerdings verschlechtert jeder zusätzliche I-Anteil die Stabilität des Regelkreises.

4.3.3   PI-Regler

PI-Regler und Regelkreisstruktur. Anstelle eines reinen P bzw. I-Reglers wird nun die Kombination beider Regleranteile, also ein proportional integrierend wirkender Regler (PI-Regler) eingesetzt. Die Übertragungsfunktion des PI-Reglers lautet

$$F_R(s) = \frac{X_a(s)}{X_e(s)} = K_P + \frac{K_I}{s} = K_P + \frac{K_P}{T_N s} = \frac{K_P \cdot (1 + T_N s)}{T_N s} \ .$$

Mit K_P und K_I als Proportional- bzw. Integrierbeiwert ergibt sich die als *Nachstellzeit* T_N bezeichnete Größe zu $T_N = K_P/K_I$. Die Sprungantwort dieses Reglers ist wegen der Parallelschaltung beider Anteile die Überlagerung der Sprungantworten eines P-Gliedes und eines I-Gliedes. Abb. 4.13 zeigt die Sprungantwort des PI-Reglers und sein Blocksymbol. Der um $t = -T_N$ scheinbar frühere Beginn der Sprungantwort des PI-Reglers führte zu der Bezeichnung *Nachstellzeit* für die Größe T_N.

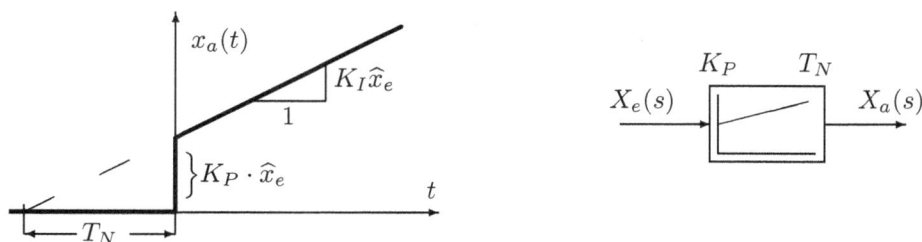

Abbildung 4.13: *Sprungantwort und Blocksymbol des PI-Reglers*

Der Temperaturregelkreis für den Heizkessel mit PI-Regler hat dann die in Abb. 4.14 gezeigte Struktur.

Führungsverhalten. Für die Untersuchung des Führungsverhaltens wird zunächst der Begriff der *Übertragungsfunktion F_0 des aufgeschnittenen Regelkreises* eingeführt. Schneidet man den Regelkreis an einer beliebigen Stelle auf, so ergibt sich bei Vernachlässigung der Vorzeichenumkehr als Übertragungsfunktion F_0 die Reihenschaltung aller in der Regelschleife auftretenden Regelkreisglieder wie folgt

$$F_0(s) = F_R(s) \cdot F_S(s) \ .$$

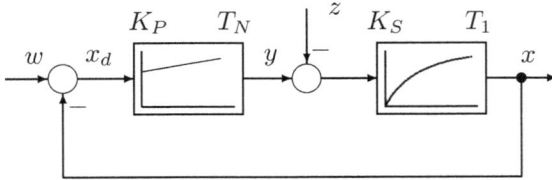

Abbildung 4.14: *Regelkreis mit PI-Regler und PT$_1$-Strecke*

Dann lautet die Führungsübertragungsfunktion[7] gemäß Gleichung 4.2

$$F_W(s) = \frac{X(s)}{W(s)} = \frac{F_R(s) \cdot F_S(s)}{1 + F_R(s) \cdot F_S(s)} = \frac{F_0(s)}{1 + F_0(s)} \cdot \qquad (4.20)$$

Für den PI-Regler mit PT$_1$-Strecke lautet dieses F_0

$$F_0(s) = \frac{K_P \cdot (1 + T_N s)}{T_N \, s} \cdot \frac{K_S}{1 + T_1 s} \cdot$$

Es fällt auf, dass Zähler und Nenner von F_0 beide einen Term $(1 + Ts)$ aufweisen. Im Zähler ist $T = T_N$ die Nachstellzeit des PI-Reglers, und im Nenner ist $T = T_1$ die Zeitkonstante der Strecke. Da T_1 als Zeitkonstante der Strecke den Heizvorgang langsam macht, liegt es nahe, durch den Regler diese Verzögerung zu beseitigen. Dies wird durch die Wahl von $T_N = T_1$ erreicht. Dann „kompensieren" sich die Terme $(1 + T_N s)$ und $(1 + T_1 s)$ in Zähler und Nenner. Diese Festlegung von Reglerparametern heißt *dynamische Kompensation*, und sie wird später in Abschnitt 6.1.1 noch ausführlich diskutiert. Aufgrund dieser Wahl $T_N = T_1$ vereinfacht sich F_0 zu

$$F_0(s) = \frac{K_P \cdot (1 + T_N s) \cdot K_S}{(T_N s) \cdot (1 + T_1 s)} = \frac{K_P \cdot K_S}{T_N s} \cdot$$

Eingesetzt in Gleichung 4.20 lautet dann die Führungsübertragungsfunktion

$$F_W(s) = \frac{\dfrac{K_P K_S}{T_N s}}{1 + \dfrac{K_P K_S}{T_N s}} = \frac{1}{1 + \left(\dfrac{T_N}{K_P K_S}\right) \cdot s} = \frac{1}{1 + T_W \cdot s} \cdot$$

Wie man leicht sieht, ist aufgrund des I-Anteils des Reglers die bleibende Regeldifferenz $x_{d,W}(\infty)$ für einen Sprung der Führungsgröße w gleich Null, denn es gilt:

$$x(\infty) = \widehat{w} \cdot \lim_{s=0} F_W(s) = \widehat{w} \cdot \lim_{s=0} \frac{1}{1 + T_W \cdot s} = \widehat{w} \cdot$$

Anders als beim reinen I-Regler hat man nun ein PT$_1$-Führungsverhalten. Die Zeitkonstante T_W kann nun mit dem noch freien Reglerparameter K_P gezielt auf einen gewünschten Wert eingestellt werden. Ein zu großes K_P führt wie beim P-Regler auch hier zu einer viel zu großen Stellamplitude zum Einschaltzeitpunkt. Abb. 4.15 zeigt in

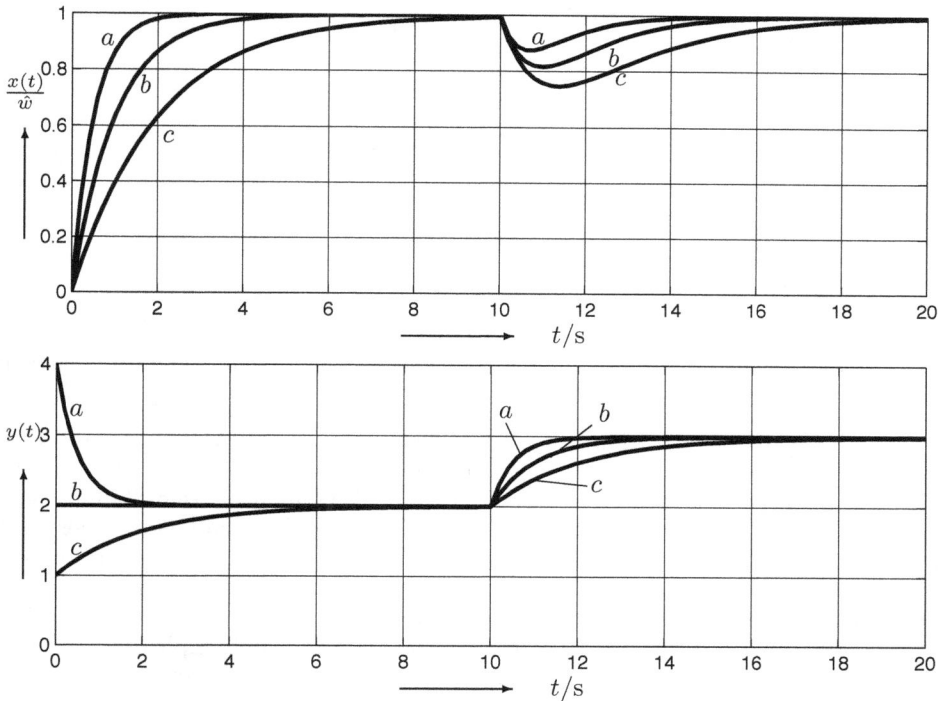

Abbildung 4.15: *Führungs- und Störverhalten des Regelkreises für ein großes K_P (Kurve a), mittleres K_P (Kurve b) und kleines K_P (Kurve c)*

den linken Bildhälften die Sprungantworten des Führungsverhaltens für verschiedene Werte von K_P. Mit zunehmendem K_P wird der Regelkreis immer schneller.

Aufgabe 4.3: Berechnen Sie die Stellamplitude $y(0^+)$ des Regelkreises von Abb. 4.14 in Abhängigkeit von den übrigen Regelkreisparametern für einen Sprung der Führungsgröße $w(t) = \widehat{w} \cdot \sigma(t)$.

Lösung: $y(0^+) = K_P \cdot \widehat{w}$ □

Störverhalten. Mit der Einführung von $F_0(s)$ lautet die Störübertragungsfunktion

$$F_Z(s) = \frac{-F_S(s)}{1 + F_0(s)} \ . \tag{4.21}$$

---

[7]Mit einem Messelement $F_M(s)$ in der Rückführung wird $F_0(s) = F_R(s)F_S(s)F_M(s)$ und $F_W(s) = F_R(s)F_S(s)/(1 + F_R(s)F_S(s)F_M(s))$.

Aufgrund der Wahl von $T_N = T_1$ (dynamische Kompensation) werden zwar die Zähler- und Nennerterme in $F_0(s)$ kompensiert jedoch nicht in $F_Z(s)$

$$F_Z(s) = \frac{\dfrac{-K_S}{1 + T_1 s}}{1 + \dfrac{K_P K_S}{T_N s}} = \frac{-K_S \, T_N \cdot s}{(1 + T_1 s) \cdot (K_P K_S + T_N s)} \; .$$

Für einen Störsprung wird der Endwert der Regelgröße

$$x(\infty) = \lim_{t \to \infty} x(t) = \hat{z} \cdot \lim_{s=0} F_Z(s) = \hat{z} \cdot \lim_{s=0} \frac{-K_S T_N \cdot s}{(1 + T_1 s) \cdot (K_P K_S + T_N s)} = 0.$$

Auch die Störung wird durch einen PI-Regler ausgeregelt, es tritt keine bleibende Regeldifferenz infolge eines Störsprungs auf.

Den Einfluss der Reglerverstärkung K_P auf das Führungs- und Störverhalten des Regelkreises bei Festlegung von $T_N = T_1$ zeigt Abb. 4.15. Im oberen Teilbild ist der Verlauf der Regelgröße $x(t)$ dargestellt und im unteren Teilbild die zugehörige Stellgröße $y(t)$. Für ein großes K_P (Kurven a) wird $\hat{w}$ schnell erreicht, allerdings zu Lasten einer großen maximalen Stellamplitude. Die Maximalablage der Regelgröße nach Einwirkung einer Störung zum Zeitpunkt $t = t_1$ ist relativ klein. Für ein mittleres K_P (Kurven b) wird $\hat{w}$ langsamer erreicht, dafür wird auch die Stellamplitude kleiner. Die maximale Abweichung bei Auftreten einer Störung nimmt zu. Die kleinsten Stellamplituden treten für ein kleines K_P auf (Kurven c), dafür nimmt die Abweichung der Regelgröße im Störfall jedoch zu.

Aufgabe 4.4: Berechnen Sie die Übertragungsfunktionen für die Stellgröße $Y(s)$ als Ausgangsgröße und $W(s)$ bzw. $Z(s)$ als Eingangsgröße, d. h. $F_{YW}(s) = Y(s)/W(s)$ und $F_{YZ}(s) = Y(s)/Z(s)$ bei Auslegung des Reglers $F_R(s)$ nach der dynamischen Kompensation. Prüfen Sie das Vorzeichen von $F_{YZ}(s)$.

Lösung: $F_{YW}(s) = \dfrac{1}{K_S} \cdot \dfrac{1 + T_N s}{1 + (T_N/[K_P K_S]) \cdot s}$ und

$\qquad F_{YZ}(s) = +\dfrac{1}{1 + (T_N/[K_P K_S]) \cdot s}.$ $\qquad\qquad\qquad\qquad$ □

4.4 Regelung einer PT$_2$-Strecke

Modell der Regelstrecke. Als Beispiele für Verzögerungsstrecken 2. Ordnung werden in Kapitel 3 Temperaturregelstrecken, Kaskaden von Druckspeichern aber auch Gleichstrommotoren aufgeführt. Abhängig von ihrer physikalischen Struktur können diese Strecken ein schwingungsfähiges oder nicht schwingungsfähiges Verhalten aufweisen. Zunächst soll hier nun als Beispiel für eine nicht schwingungsfähige Strecke die Regelung der Temperatur eines Raumes untersucht werden. Ein derartiger Regelkreis könnte wie in Abb. 4.16 gezeigt aufgebaut sein.

Das Signal eines Messfühlers im Raum wird in ein elektrisches Signal umgeformt und verstärkt. Im elektrischen Regler wird nach dem Soll-/Istwertvergleich das elektrische

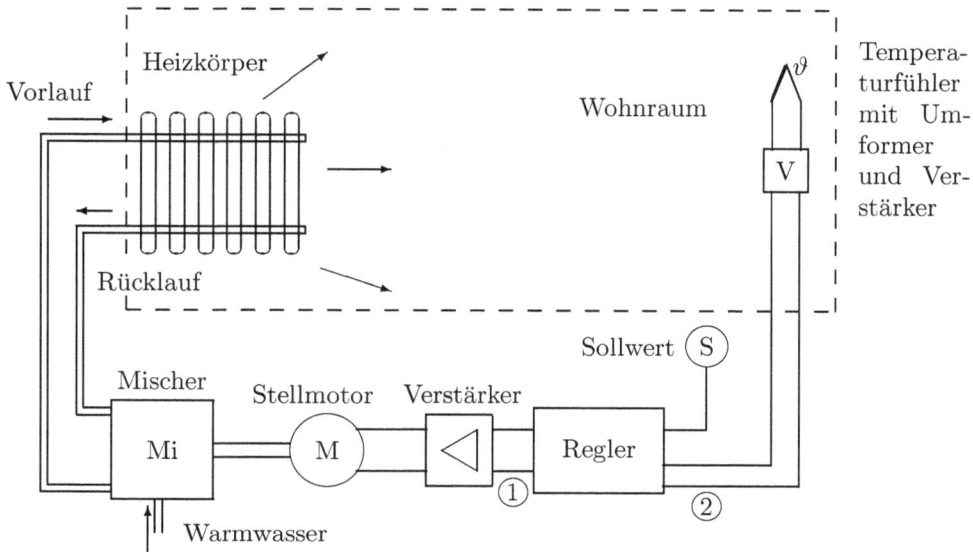

Abbildung 4.16: *Regelung der Temperatur in einem Wohnraum*

Stellsignal gebildet, verstärkt und als Steuersignal auf den Stellmotor gegeben. Der als Stellmotor eingesetzte (quasikontinuierliche) Schrittmotor verändert aufgrund einer speziellen Ansteuerung den Stellwinkel proportional zum Steuersignal des Reglers. Der Motor verstellt das Mischerventil und steuert das Mischungsverhältnis zwischen dem Warmwasser aus dem Heizkessel und dem Rücklaufwasser. Über die Rohrleitungen und den Heizkörper wird die Wärmeenergie dem Raum zugeführt.

Die Sprungantwort der Regelstrecke, gemessen in Wirkungsrichtung von Messpunkt 1 nach 2 soll näherungsweise ein nichtschwingendes PT_2-Verhalten, wie in Abb. 3.10, aufweisen. Mithilfe der Methoden der Parameteridentifizierung (siehe Abschnitt 3.6.4) werden dann die Zeitkonstanten T_{S1} und T_{S2} der Reihenschaltung (Gleichung 3.14) sowie der Übertragungsbeiwert K_S der Regelstrecke bestimmt[8]. Die beiden (dominierenden) Zeitkonstanten sind (1.) die Zeitkonstante der Erwärmung des Heizkörpers und (2.) die Zeitkonstante der Erwärmung des Raumes.

4.4.1 PI-Regler

Struktur des Regelkreises. Für die regelungstechnische Untersuchung dieser Regelung werden die einzelnen Baugruppen wieder als Blöcke in einem Regelkreis dargestellt. Damit ergibt sich bei Verwendung eines PI-Reglers die in Abb. 4.17 gezeigte Struktur.

---

[8]Aus Gründen der Vereinfachung wird nachfolgend der Index „S" bei den Streckenzeitkonstanten weggelassen, es gilt dann also: $F_S(s) = \frac{K_S}{(1+T_1 s)(1+T_2 s)}$

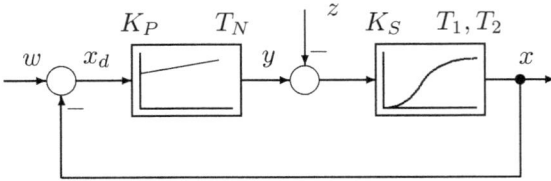

Abbildung 4.17: *Regelkreis mit PI-Regler und PT$_2$-Strekke*

Führungsverhalten. Mit $F_s(s) = \dfrac{K_S}{(1 + T_1 s) \cdot (1 + T_2 s)}$ lautet die Übertragungsfunktion des aufgeschnittenen Regelkreises

$$F_0(s) = F_R(s) \cdot F_S(s) = \frac{K_S \cdot K_P (1 + T_N s)}{T_N \, s \cdot (1 + T_1 s) \cdot (1 + T_2 s)} \ .$$

Für die Auslegung des Reglers nach dem Verfahren der *dynamischen Kompensation* kompensiert man mit dem Zählerterm $(1 + T_N s)$, der vom Regler stammt, den Term im Nenner mit der größeren Zeitkonstanten. Sofern also gilt $T_2 > T_1$ wählt man $T_N = T_2$. Dann wird

$$F_0(s) = \frac{K_S \cdot K_P}{T_N s \cdot (1 + T_1 s)} \ .$$

Als Führungsübertragungsfunktion resultiert dann Gleichung 4.22

$$F_W(s) = \frac{X(s)}{W(s)} = \frac{K_S K_P}{K_S K_P + T_N s (1 + T_1 s)} = \frac{1}{1 + \frac{T_N}{K_S K_P} s + \frac{T_N T_1}{K_S K_P} s^2} \ . \qquad (4.22)$$

Dies ist die Übertragungsfunktion eines Verzögerungsgliedes 2. Ordnung, das abhängig von den Reglerparametern schwingungsfähig oder nicht schwingungsfähig sein kann. Als freier Reglerparameter steht noch die Verstärkung K_P zur Verfügung, die geeignet gewählt werden kann. Die Nachstellzeit ist durch die Wahl von $T_N = T_2$ ja schon festgelegt. Für einen Sprung der Führungsgröße tritt keine bleibende Regeldifferenz auf, wie die Anwendung von Gleichung 4.10 zeigt:

$$x(\infty) = \widehat{w} \cdot \lim_{s=0} F_W(s) = \widehat{w} \cdot \lim_{s=0} \frac{1}{1 + \underbrace{\frac{T_N}{K_S K_P}}_{T_a} s + \underbrace{\frac{T_N T_1}{K_S K_P}}_{T_b^2} s^2} = \widehat{w} \ .$$

Da diese entscheidende Anforderung an den Regelkreis erfüllt ist, kann man nun eine Festlegung der freien Reglerverstärkung K_P so vornehmen, dass z. B. die Dämpfung D des Regelkreises einen vorgeschriebenen Wert, häufig $D = 1/\sqrt{2}$, annimmt. Mithilfe der Beziehung

$$D = \frac{T_a}{2 T_b} = \frac{\frac{T_N}{K_S K_P}}{2 \sqrt{\frac{T_N T_1}{K_S K_P}}} = 1/\sqrt{2}$$

resultiert dann nach der Auflösung nach K_P der Verstärkungsfaktor zu:

$$K_P = \frac{T_N}{2K_S T_1} \ .$$

Abb. 4.18 zeigt die Sprungantworten für drei verschiedene Reglerparameter K_P und $T_N = T_2$. In der Tendenz gelten dabei die bei der Regelung einer PT$_1$-Strecke mit einem PI-Regler gefundenen Aussagen. Mit zunehmender Verstärkung K_P wird der Sollwert der Regelgröße schneller erreicht, und das maximale Überschwingen bei Auftreten einer Störung nimmt ab. Dies wird jedoch erkauft mit einer verhältnismäßig großen maximalen Stellamplitude $y(t)$.

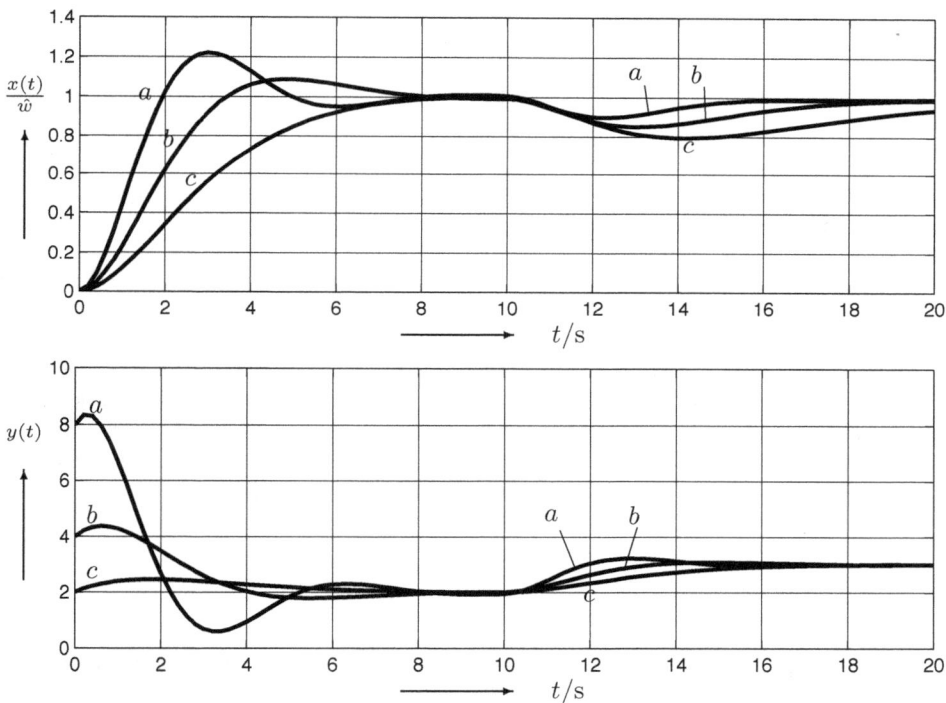

Abbildung 4.18: *Führungs- und Störverhalten des Regelkreises für ein $K_P > K_P^*$ (Kurve a), $K_P = K_P^*$ (Kurve b) und $K_P < K_P^*$ (Kurve c) mit $K_P^* = T_N/(2K_S T_1)$*

Aufgabe 4.5: Berechnen Sie allgemein für die obige Regelstrecke bei Verwendung eines PI-Reglers und Auslegung des Reglers nach dem Verfahren der dynamischen Kompensation die Reglerverstärkung K_P in Abhängigkeit von der gewünschten Dämpfung D.

Lösung: $K_P = \dfrac{T_N}{4D^2 T_1 K_S}$. □

Störverhalten. Die Störübertragungsfunktion dieses Regelkreises bei Auslegung des PI-Reglers nach der dynamischen Kompensation ($T_N = T_2$) lautet

$$F_Z(s) = \frac{X(s)}{Z(s)} = \frac{-F_S(s)}{1 + F_0(s)} =$$

$$= \frac{-K_S T_N s}{[K_S K_P + T_N s \cdot (1 + T_1 s)] \cdot (1 + T_2 s)} \ . \tag{4.23}$$

Für einen Sprung der Störgröße zeigt die Anwendung von Gleichung 4.14, dass keine bleibende Regeldifferenz auftritt, es wird

$$x(\infty) = \lim_{t \to \infty} x(t) = \widehat{z} \cdot \lim_{s=0} F_Z(s) = 0.$$

Damit führt ein PI-Regler bei einer PT$_2$-Strecke weder beim Führungs- noch beim Störverhalten zu einer bleibenden Regeldifferenz.

In der Abb. 4.19 wird nun zusätzlich das Einschwingverhalten des Regelkreises für verschiedene Nachstellzeiten T_N bei gleicher Reglerverstärkung K_P gezeigt. Bei Kurve a wurde die größere Streckenzeitkonstante gemäß $T_N = T_2 > T_1$ dynamisch kompensiert. Diese Einstellung führt zu einem schnellen Führungsverhalten mit geringem Überschwingen. Im Störverhalten jedoch ist die kompensierte größere Streckenzeitkonstante T_2 noch enthalten, was in einer langsamen Störausregelung resultiert (siehe Gl. 4.23). Schneller wird die Störung bei einer Wahl $T_1 < T_N < T_2$ ausgeregelt (Kurve b), wobei jedoch im Führungsverhalten ein größeres Überschwingen auftritt.

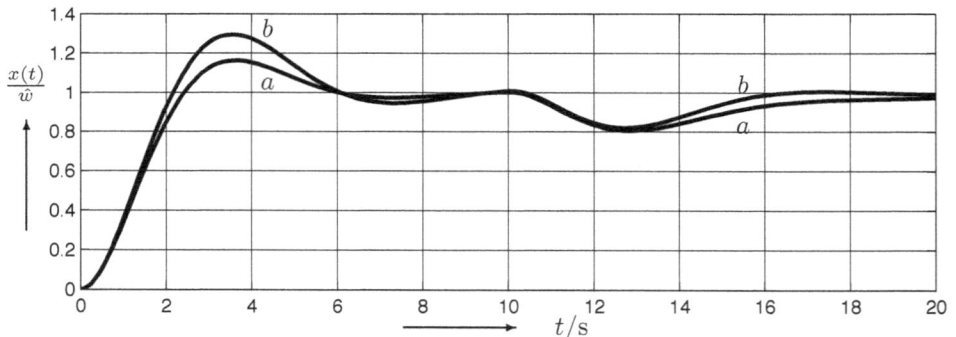

Abbildung 4.19: *Führungs- und Störverhalten des Regelkreises mit PT$_2$-Strecke und PI-Regler für unterschiedliche Nachstellzeiten T_N*

Resümee. Der PI-Regler ist ein geeigneter Regler für die Regelung von proportionalen Regelstrecken 2. Ordnung und, wie schon gezeigt, auch 1. Ordnung. Generell kann man einen PI-Regler für die Regelung von proportionalen Regelstrecken beliebiger Ordnung einsetzen, es treten weder beim Führungs- noch beim Störverhalten bleibende Regeldifferenzen auf. Wählt man das Verfahren der dynamischen Kompensation, so wird mit der Nachstellzeit T_N die größte Zeitkonstante der Strecke kompensiert, und mit K_P kann eine gewünschte Dämpfung D (hier z. B. $D = 1/\sqrt{2}$) eingestellt werden. Das Verfahren der dynamischen Kompensation ist vor allem im Hinblick auf das Führungsverhalten gut geeignet.

Aufgabe 4.6: Berechnen Sie die Übertragungsfunktionen für die Stellgröße $Y(s)$ als Ausgangsgröße und $W(s)$ bzw. $Z(s)$ als Eingangsgröße, d. h. $F_{YW}(s) = Y(s)/W(s)$ und $F_{YZ}(s) = Y(s)/Z(s)$ bei Auslegung des Reglers $F_R(s)$ nach der dynamischen Kompensation. Prüfen Sie das Vorzeichen von $F_{YZ}(s)$.

Lösung:

$$F_{YW}(s) = \frac{K_P \cdot (1 + T_N s)(1 + T_1 s)}{K_S K_P + T_N s(1 + T_1 s)} \quad \text{und}$$

$$F_{YZ}(s) = +F_W(s) = \frac{K_S K_P}{K_S K_P + T_N s \cdot (1 + T_1 s)}. \qquad \Box$$

4.4.2 PDT$_D$-Regler

Reglerstruktur. Der PI-Regler wird nun ersetzt durch einen PDT$_D$-Regler, also die Kombination eines proportionalen und differenzierenden Reglers mit Verzögerung. Die Übertragungsfunktion des PDT$_D$-Reglers, den man auch als *realen PD-Regler* bezeichnet, lautet

$$F_R = \frac{X_a(s)}{X_e(s)} = K_P + \frac{K_D s}{1 + T_D s} = \frac{K_P(1 + T_V s)}{1 + T_D s}, \qquad (4.24)$$

wobei $T_V = T_D + K_D/K_P$ gilt. Die hier eingeführte Größe T_V wird als *Vorhaltzeit* bezeichnet. Im Allgemeinen gilt $T_V \gg T_D$.

Lässt man die Verzögerungszeit T_D gegen Null gehen, so gelangt man zum so genannten *idealen PD-Regler* mit der Übertragungsfunktion

$$F_R(s) = \frac{X_a(s)}{X_e(s)} = K_P + K_D s = K_P \cdot (1 + T_V s).$$

Für viele grundsätzliche Untersuchungen wird oft der (nicht realisierbare) ideale PD-Regler verwendet[9]. Die Realisierung kann jedoch nur der reale PDT$_D$-Regler sein, da eine verzögerungslose Differentiation nicht möglich ist. Abb. 4.20 zeigt die Sprungantworten und Blocksymbole des idealen und realen PD-Reglers. Ein großer Vorteil des realen PD-Reglers liegt darin, dass beim Auftreten von hochfrequenten Störsignalen im Regelkreis diese durch die verzögerte Differentiation nicht unnötig verstärkt werden.

---

[9]Ermittelt man die Rampenantwort des idealen PD-Reglers, so entspricht sie der Sprungantwort des PI-Reglers von Abb. 4.13. Daher rührt auch für T_V die Bezeichnung *Vorhaltzeit* für den scheinbar früheren Beginn der Rampenantwort

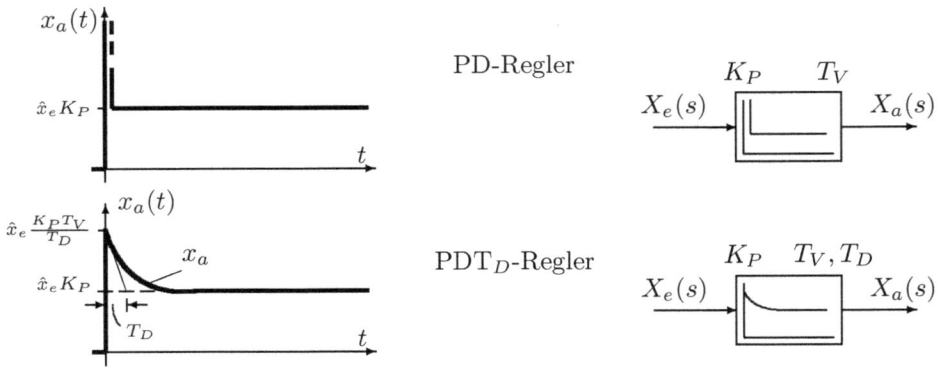

Abbildung 4.20: *Sprungantwort und Blocksymbol des PD- und PDT$_D$-Reglers*

Regelkreis. Den anschließend untersuchten geschlossenen Regelkreis der Temperaturregelung mit einem PDT$_D$-Regler zeigt Abb. 4.21.

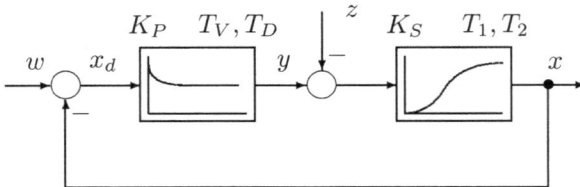

Abbildung 4.21: *Regelkreis mit PDT$_D$-Regler und PT$_2$-Strecke*

Führungsverhalten. Verwendet man für den PDT$_D$-Regler die in Gleichung 4.24 eingeführte Übertragungsfunktion, so resultiert als Übertragungsfunktion $F_0(s)$ des aufgeschnittenen Regelkreises

$$F_0(s) = F_R(s) \cdot F_S(s) = \frac{K_P K_S \cdot (1 + T_V s)}{(1 + T_1 s) \cdot (1 + T_2 s) \cdot (1 + T_D s)} \ .$$

Bei Auslegung des Reglers nach dem Verfahren der *dynamischen Kompensation* liegt es nahe, die größte Zeitkonstante der Regelstrecke (hier T_2) durch die Vorhaltzeit T_V des Reglers zu kompensieren. Dies führt allerdings, wie in [33] gezeigt wird, zu einer größeren Verstärkung K_P. Damit vereinfacht sich $F_0(s)$ zu:

$$F_0(s) = \frac{K_P K_S}{(1 + T_1 s) \cdot (1 + T_D s)} \ .$$

Die Führungsübertragungsfunktion des geschlossenen Regelkreises resultiert dann zu:

$$F_W(s) = \frac{K_P K_S}{K_P K_S + (1 + T_1 s) \cdot (1 + T_D s)} \ .$$

Dies ist wiederum die Übertragungsfunktion eines Verzögerungsgliedes 2. Ordnung. Als freier Regelparameter steht noch die Verstärkung K_P zur Verfügung, wobei die Wahl von T_D zunächst noch offen gelassen werden soll. Für einen Sprung der Führungsgröße $w(t)$ erbringt die Anwendung von Gleichung 4.10 jedoch eine *bleibende Regeldifferenz*, denn es gilt:

$$x(\infty) = \widehat{w} \cdot \lim_{s=0} F_W(s) = \widehat{w} \cdot \lim_{s=0} \frac{K_P K_S}{K_P K_S + (1 + T_1 s) \cdot (1 + T_D s)}$$

$$= \widehat{w} \cdot \frac{K_P K_S}{K_P K_S + 1} \neq \widehat{w}. \tag{4.25}$$

Die Größe der Regeldifferenz $x_{d,W}(\infty)$ ist unabhängig von der Verzögerungszeit T_D des Reglers und exakt genau so groß wie die Regeldifferenz bei der Regelung einer PT$_1$-Strecke (oder auch beliebigen PT$_n$-Strecke) mit einem P-Regler:

$$x_{d,W}(\infty) = \widehat{w} - x(\infty) = \widehat{w} \cdot \left(1 - \frac{K_P K_S}{1 + K_P K_S} \right) = \frac{\widehat{w}}{1 + K_P K_S} \ .$$

Das Fehlen eines integrierenden Anteils im Regler bei der Regelung von Verzögerungsstrecken führt zu einer bleibenden Regeldifferenz.

Einfluss des D-Anteils. Es soll nun die Wirkung des D-Anteils des Reglers im Regelkreis untersucht werden. Zu diesem Zweck wird die Dämpfung D der Übertragungsfunktion des geschlossenen Regelkreises berechnet. Diese Berechnungen lassen sich besonders einfach durchführen, wenn man den (idealen) PD-Regler verwendet. Legt man die Größe von T_V noch nicht fest, dann ergibt sich die Führungsübertragungsfunktion des geschlossenen Regelkreises zu:

$$F_W(s) = \frac{K_P K_S \cdot (1 + T_V s)}{K_P K_S (1 + T_V s) + (1 + T_1 s) \cdot (1 + T_2 s)} \ ,$$

bzw. nach der Normierung und unter Benutzung von $K^* = 1 + K_P K_S$ zu:

$$F_W(s) = \frac{K_P \ K_S \cdot (1 + T_V \ s)/K^*}{1 + \underbrace{[(T_1 + T_2 + K_P K_S T_V)/K^*]}_{T_a} \cdot s + \underbrace{[T_1 T_2 / K^*]}_{T_b^2} \cdot s^2} \ .$$

Der Dämpfungsgrad dieser Übertragungsfunktion resultiert dann unter Benutzung der Beziehung $D = T_a/(2 T_b)$ zu:

$$D = \frac{T_1 + T_2 + K_P K_S T_V}{2 \cdot \sqrt{T_1 T_2} \cdot \sqrt{1 + K_P K_S}} \ .$$

Der differenzierende D-Anteil des Reglers, d. h. die Vorhaltzeit T_V, erhöht die Dämpfung D des Regelkreises, d. h.:

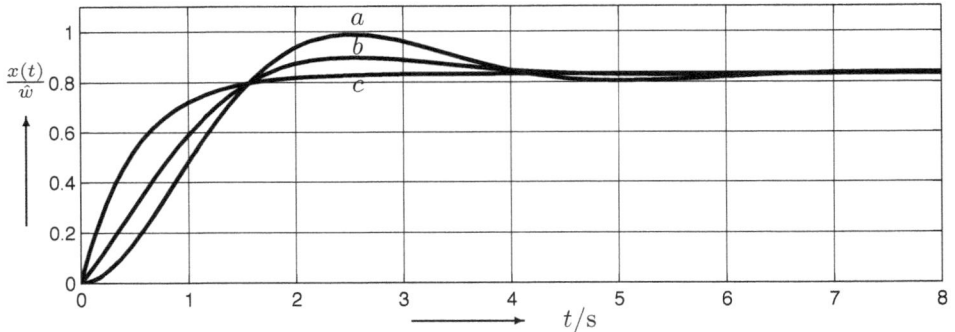

Abbildung 4.22: *Führungsverhalten einer PT_2-Strecke mit P-und idealem PD-Regler, Kurve (a) $TV = 0$, Kurve (b) T_V klein, Kurve (c) T_V grösser*

Der D-Anteil des Reglers macht also den Regelkreis stabiler.

Dies sollen die Sprungantworten der Regelgröße $x(t)$ von Abb. 4.22 verdeutlichen.

Die Regelung der PT_2-Strecke mit einem *P-Regler* führt für die gewählte Reglerverstärkung K_P bei bleibender Regeldifferenz zu dem schwingenden Verlauf der Regelgröße (Kurve a). Die Dämpfung der Regelgröße ist relativ schlecht, sie schwingt um ca 20 % über. Verwendet man nun bei gleicher Reglerverstärkung einen idealen *PD-Regler*, so wird mit steigender Vorhaltzeit T_V (wie oben gezeigt) die Dämpfung erhöht (Kurven b und c).

Treten in der Regelgröße hochfrequente Störsignale wie z.B. Sensorrauschen auf, so werden diese durch den D-Anteil verstärkt. Dies erklärt auch die Ableitung von $\sin \omega t$, die zu $\omega \cdot \cos \omega t$ führt, d.h. je hochfrequenter die Sinusschwingung, umso größer wird die Amplitude der Ableitung. Daraus ergibt sich ein unruhiger Verlauf des Stellsignals $y(t)$, der das Stellglied belastet.

Dieser unruhige Verlauf der Stellgröße wird glatter, wenn an Stelle des idealen PD-Reglers ein realer PDT_D-*Regler* mit einer Verzögerung T_D eingesetzt wird (Gleichung 4.24). Störsignale sehr hoher Frequenz werden von ihm nur noch mit dem Faktor

$$\lim_{s \to \infty} F_R(s) = \lim_{s \to \infty} \frac{K_P(1 + T_V s)}{1 + T_D s} = K_P \frac{T_V}{T_D}$$

verstärkt. Dies zeigt, dass trotz Verbesserung des Dämpfungsverhaltens des Regelkreises durch den D-Anteil immer eine genügend große „Verzögerung T_D" beim realen Regler vorzusehen ist.

Störverhalten. Die Störübertragungsfunktion des Regelkreises bei Auslegung des PDT_D-Reglers nach der dynamischen Kompensation ($T_V = T_2$) lautet:

$$F_Z(s) = \frac{-F_S(s)}{1 + F_0(s)} = \frac{-K_S \cdot (1 + T_D s)}{[K_P K_S + (1 + T_1 s)(1 + T_D s)](1 + T_2 s)} \ .$$

Auch beim Störübertragungsverhalten tritt eine bleibende Regeldifferenz nach einem Störsprung auf. Es gilt

$$x(\infty) = \lim_{t \to \infty} x(t) = \widehat{z} \cdot \lim_{s \to 0} F_Z(s) = -\widehat{z} \cdot \frac{K_S}{1 + K_P K_S} \quad (= -x_{d,Z}(\infty)) \ .$$

Aufgabe 4.7: Berechnen Sie für die obige Temperaturregelstrecke ($T_2 > T_1$) bei Verwendung eines PDT$_D$-Reglers und Auslegung des Reglers nach der dynamischen Kompensation die Verstärkung K_P so, dass die Dämpfung $D = 1/\sqrt{2}$ wird.

Lösung: $K_P = \dfrac{1}{K_S} \cdot \dfrac{T_1^2 + T_D^2}{2 T_1 T_D}$. $\qquad\qquad\qquad\qquad\qquad\qquad\qquad\qquad\qquad$ □

Aufgabe 4.8: Die obige Temperaturregelstrecke weise die folgenden Parameter auf: $T_1 = 1$ min, $T_2 = 3$ min und $K_S = 0{,}5$. Als Reglerparameter eines idealen PD-Reglers werden die Werte $K_P = 5$ und $T_V = 2$ min ausgewählt. Wie groß wird die Dämpfung D des geschlossenen Regelkreises? Ist der Regelkreis schwingungsfähig (Begründung)? Welchen Wert muss die Reglerverstärkung K_P mindestens aufweisen, damit die bleibende Regeldifferenz des Führungsverhaltens kleiner 10 % bleibt?

Lösung: $D = 1{,}39$; Nein, da $D > 1$; $K_P > 18$. $\qquad\qquad\qquad\qquad\qquad\qquad$ □

4.4.3 PIDT$_D$-Regler

Formen des PIDT$_D$-Reglers. Der fehlende I-Anteil beim PDT$_D$-Regler führt bei der Regelung einer Verzögerungsstrecke zu einer bleibenden Regeldifferenz. Dieser I-Anteil wird nun hinzugefügt und ergibt damit den PIDT$_D$-Regler, dessen realer Aufbau in Abschnitt 4.6.1 dargestellt wird. Die Übertragungsfunktion des Reglers besteht nun aus den nachfolgend dargestellten drei Anteilen

$$F_R(s) = \frac{X_a(s)}{X_e(s)} = K_P + \frac{K_I}{s} + \frac{K_D \cdot s}{1 + T_D \cdot s} \ . \tag{4.26}$$

Umrechnen und Gleichnamigmachen dieser Gleichung führt zu der als *Summenform des realen PID-Reglers* bezeichneten Form:

$$F_R(s) = \frac{(K_P T_D + K_D)s^2 + (K_P + K_I T_D)s + K_I}{s(1 + T_D s)} \tag{4.27}$$

$$= K_I \cdot \frac{1 + (K_P/K_I + T_D)s + ((K_P T_D + K_D)/K_I) \cdot s^2}{s(1 + T_D s)} \tag{4.28}$$

Zum Zweck der dynamischen Kompensation eignet sich besonders die nachfolgend eingeführte *Produktform des realen PID-Reglers*

$$F_R(s) = K_P^* \cdot \frac{(1 + T_N s)(1 + T_V s)}{T_N s(1 + T_D s)} = \tag{4.29}$$

$$= K_P^* \cdot \frac{1 + (T_N + T_V) \cdot s + T_N T_V s^2}{T_N s(1 + T_D s)} \tag{4.30}$$

Durch Koeffizientenvergleich der Gleichungen 4.28 und 4.30 erhält man die folgenden Beziehungen zur Umrechnung von der Produkt- in die Summenform:

$$K_I = \frac{K_P^*}{T_N} \tag{4.31}$$

$$K_P = K_P^* \left(1 + \frac{T_V - T_D}{T_N}\right) \tag{4.32}$$

$$K_D = K_P^* \left(T_V - T_D \frac{T_N + T_V - T_D}{T_N}\right) \tag{4.33}$$

Die Beziehungen zwischen K_P, K_I, K_D, T_N und T_V vom PI- und PD-Regler gelten beim PID-Regler nicht mehr.

Die Sprungantwort des realen PID-Reglers in der Produkform zeigt Abb. 4.23

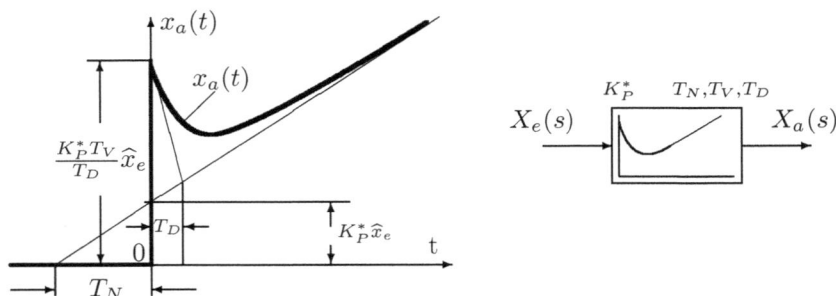

Abbildung 4.23: *Sprungantwort und Blocksymbol des PIDT_D-Reglers*

Formen des idealen PID-Reglers. Für grundsätzliche Betrachtungen setzt man oft $T_D = 0$ und erhält dann den so genannten *idealen PID-Regler*. Die Summenform der Übertragungsfunktion des PIDT_D-Reglers von Gleichung 4.26 vereinfacht sich dann zu

$$F_R(s) = \frac{X_a(s)}{X_e(s)} = K_P + \frac{K_I}{s} + K_D \cdot s \ . \tag{4.34}$$

Die Produktform geht mit $T_D = 0$ über in

$$F_R(s) = K_P^* \cdot \frac{(1 + T_N s)(1 + T_V s)}{T_N s} \tag{4.35}$$

Die zugehörige Sprungantwort und das Blocksymbol werden in Abb. 4.24 gezeigt. Wie beim idealen PD-Regler ist die Sprunghöhe des Ausgangssignals zum Zeitpunkt Null gleich unendlich. Es soll hier nochmals betont werden dass der ideale PID- genauso wie der ideale PD-Regler nicht realisierbar ist. Sie erleichtern jedoch die Analyse bei prinzipiellen Untersuchungen.

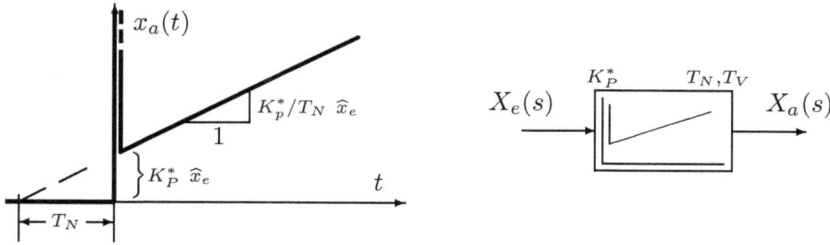

Abbildung 4.24: *Sprungantwort und Blocksymbol des idealen PID-Reglers*

Regelkreis Mit Verwendung des PIDT$_D$-Reglers resultiert dann das Strukturbild 4.25 des Temperaturregelkreises.

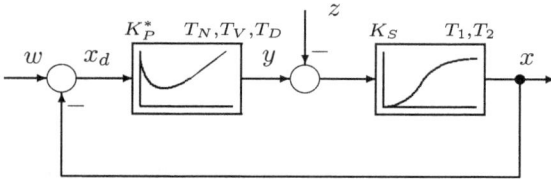

Abbildung 4.25: *Regelkreis mit PIDT$_D$-Regler und PT$_2$-Strecke*

Führungsverhalten. Für die Anwendung des PID-Reglers bei der Regelung einer Verzögerungsstrecke 2. Ordnung, die aus einer Reihenschaltung von zwei Verzögerungsstrecken 1. Ordnung besteht, liegt es nahe, die Produktform des Reglers zu verwenden, so dass beide Zeitkonstanten der Regelstrecke mittels dynamischer Kompensation kompensiert werden können.

$$F_R(s) = K_P^* \cdot \frac{(1 + T_N s) \cdot (1 + T_V s)}{T_N s}$$

Mit dieser Produktform des Reglers lautet dann die Übertragungsfunktion $F_0(s)$ des aufgeschnittenen Regelkreises

$$F_0(s) = F_R(s) \cdot F_S(s) = \frac{K_P^* \cdot (1 + T_N s) \cdot (1 + T_V s) \cdot K_S}{T_N s \cdot (1 + T_1 s) \cdot (1 + T_2 s)} \ .$$

Welche der beiden „Reglerzeitkonstanten" T_N oder T_V man zur Kompensation der Streckenzeitkonstanten T_1 oder T_2 verwendet ist beliebig, es ändert sich nur die Verstärkung K_P^*. Setzt man $T_N = T_1$ und $T_V = T_2$ so resultiert für $F_0(s)$

$$F_0(s) = \frac{K_P^* \cdot K_S}{T_N \cdot s} \ ,$$

und es folgt die Führungsübertragungsfunktion des geschlossenen Regelkreises zu

$$F_W(s) = \frac{1}{1 + \left(\frac{T_N}{K_P^* K_S}\right) \cdot s} = \frac{1}{1 + T_W s} \ .$$

Dies ist die Übertragungsfunktion eines Verzögerungsgliedes 1. Ordnung. Es entsteht der Eindruck, dass durch die Auswahl eines großen K_P^* die Regelgröße $x(t)$ beliebig schnell an den Sollwert $\widehat{w}$ herangeführt werden kann. Dies geht jedoch wie zuvor zu Lasten der Stellamplitude $y(0^+)$. Beim idealen PID-Regler ist $y(0^+)$ ohnehin gleich unendlich. Doch auch beim realen PIDT_D-Regler wächst die Stellamplitude

$$y(0^+) = K_P^* \cdot \frac{T_V}{T_D}$$

mit zunehmender Verstärkung K_P^* bzw. abnehmender Zeitkonstante T_D.

Setzt man einen *realen PID-Regler* in der Produktform nach Gleichung 4.28 für die Regelung der PT_2-Regelstrecke an, so kann man die Auslegung nach der dynamischen Kompensation relativ einfach berechnen. Es gilt dann für die Übertragungsfunktion $F_0(s)$:

$$F_0(s) = \frac{K_P^* \cdot (1 + T_N s)(1 + T_V s)}{T_N s \cdot (1 + T_D s)} \cdot \frac{K_S}{(1 + T_1 s)(1 + T_2 s)} \; .$$

Damit wählt man dann die Reglerzeitkonstanten gleich den Streckenzeitkonstanten wie folgt:

$$T_N = T_1 \quad \text{und} \quad T_V = T_2 \tag{4.36}$$

Mit diesen Reglerparametern für T_N, T_V und $T_D \leq T_{S,Min}$ werden[10] in Abb. 4.26 verschiedene Einschwingverläufe des Führungs- und Störverhaltens dargestellt.

Die Führungs- und Störsprungantwort des Regelkreises für einen PI-Regler, ausgelegt nach dynamischer Kompensation für eine Dämpfung $D = 0{,}5$ zeigt Kurve a. Wesentlich schnelleres Führungs- und Störverhalten kann bei Verwendung eines PIDT_D-Reglers erzielt werden (Kurven b+c). Die Zeitkonstante T_D des Reglers der Kurve b wurde größer als bei Kurve c gewählt. Die Verstärkung K_P^* beider PIDT_D-Regler wurde wie beim PI-Regler so gewählt, daß sich die Dämpfung im Regelkreis zu $D = 0{,}5$ ergibt. Je kleiner die Zeitkonstante T_D gewählt wird, desto schneller arbeitet der Regelkreis. Dies erfordert allerdings vor allem im Führungsverhalten auch große Stellsignale, wie in der unteren Bildhälfte von Abb. 4.26 zu sehen ist. Außerdem werden bei Wahl eines kleinen T_D Störungen wie Sensorrauschen stark verstärkt und führen zu den schon beim realen PD-Regler erwähnten Problemen.

Störverhalten. Wiederum soll für den idealen PID-Regler das Störverhalten untersucht werden. Die Störübertragungsfunktion ergibt zu

$$F_Z(s) = \frac{-F_S(s)}{1 + F_0(s)} = \frac{-(T_N/K_P^*) \cdot s}{(1 + T_1 s) \, (1 + T_2 s)(1 + \frac{T_N}{K_P^* K_S} s)} \; .$$

Diese enthält allerdings weiterhin die schon in F_0 kompensierten Streckenpole! Die Anwendung des Grenzwertsatzes zeigt, dass auch beim Störverhalten nach einem Störsprung keine bleibende Regeldifferenz auftritt. Es wird

$$x(\infty) = \lim_{t \to \infty} x(t) = \widehat{z} \cdot \lim_{s=0} F_Z(s) = 0.$$

---

[10]Mit $T_{S,Min}$ wird die kleinste Zeitkonstante der Regelstrecke bezeichnet.

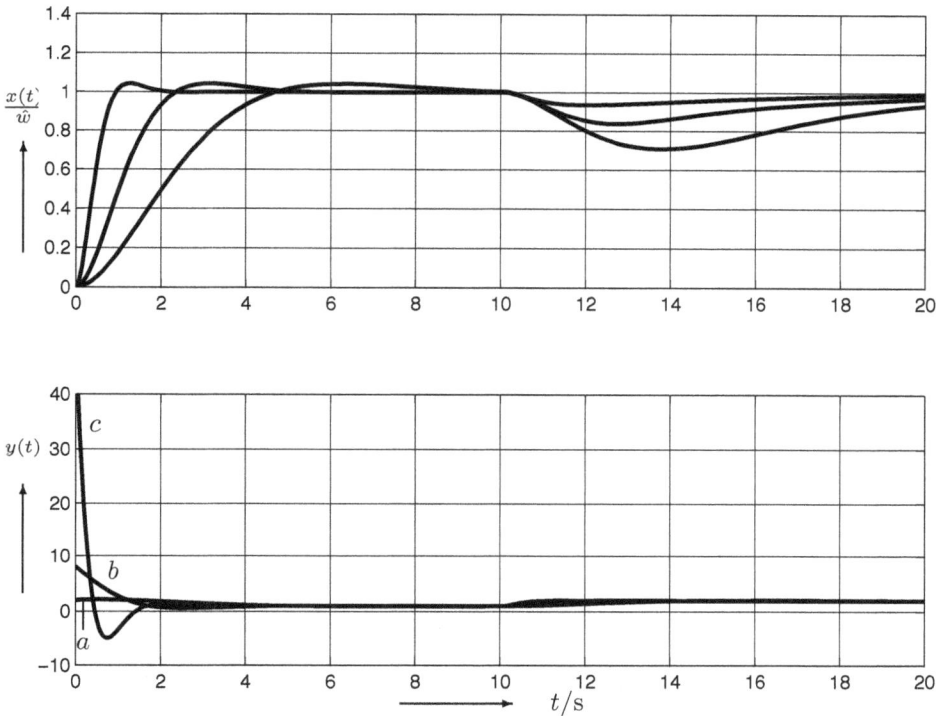

Abbildung 4.26: *Führungs- und Störverhalten des Regelkreises für einen PI-Regler (Kurve a) sowie zwei PIDT_D-Regler mit größerem bzw. kleinerem T_D (Kurven b+c)*

4.5 Regelung einer IT₁-Strecke

Modell der Regelstrecke. Als Beispiele für verzögerte integrierende Regelstrecken werden in Kapitel 3 ein über eine mechanische Feder-Dämpfer-Anordnung angesteuerter Stellzylinder sowie ein Gleichstrommotor aufgeführt. Der Gleichstrommotor stellt eine integrierende Regelstrecke mit Verzögerung dar, sofern als Eingangsgröße die Ankerspannung u_A und als Ausgangsgröße der Drehwinkel φ betrachtet wird. Ein derartiger Gleichstrommotor soll bei der Drehwinkelregelung eines Roboterarms als Stellglied eingesetzt werden.

Den prinzipiellen Aufbau eines derartigen Regelkreises zeigt Abb. 4.27. In den Roboterarm sind zur Drehwinkelmessung im Allgemeinen digitale Winkelsensoren integriert. Der gemessene Drehwinkel φ wird über einen Messverstärker dem Regler zugeführt.

Aus der Soll-/Istwertdifferenz bildet der elektrische Regler das Steuersignal u_{St} für die Stromrichterschaltung. In dieser Stromrichterschaltung wird durch eine Gleichrichterschaltung eine zur Steuerspannung proportionale Gleichspannung u_A erzeugt. Je nach erforderlicher Leistung sind diese Gleichrichterschaltungen mit Transistoren oder Thy-

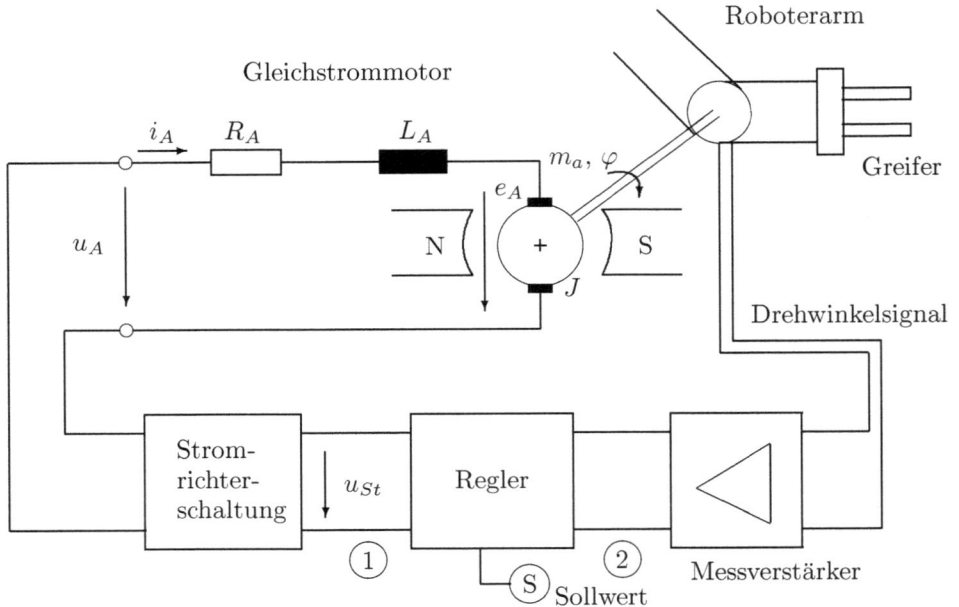

Abbildung 4.27: *Drehwinkelregelkreis eines Roboterarms*

ristoren bestückte Brückenschaltungen. Die Dynamik dieser Gleichrichterschaltungen ist im Allgemeinen so hoch im Vergleich zur Stellgeschwindigkeit des Roboterarms, dass man den Gleichrichter als ideales verzögerungsfreies Stellglied bei der Reglerauslegung betrachten kann. Mit dieser Ankerspannung wird dann der in den Roboterarm integrierte Gleichstrommotor geregelt.

Vernachlässigt man in der Differentialgleichung des Gleichstrommotors, die in Abschnitt 3.2.2 angegeben wird, die Ankerkreisinduktivität L_A, dann stellt der Gleichstrommotor mit Roboterarm eine integrierende Regelstrecke mit einer Verzögerung 1. Ordnung, also eine IT_1-Strecke dar. Die Sprungantwort zwischen den Messpunkten 1 und 2 zeigt also näherungsweise ein IT_1-Verhalten gemäß Abb. 3.22.

4.5.1   P-Regler

Regelkreis. Die Darstellung der Baugruppen des Winkelregelkreises in einem Blockschaltbild führt zu Abb. 4.28. Die Verstärkungsfaktoren der Verstärker, Umrechnungsfaktoren von Motor und Gleichrichter sind zum Integrierbeiwert K_{IS} zusammengefasst. Die dominierende Verzögerung T_1 des Kreises wird bestimmt durch den Fluss und den Ankerwiderstand des Motors sowie das Trägheitsmoment von Motor und Roboterarm. Als Störgröße z soll eine Versorgungsstörgröße z_V (z. B. Spannungseinbruch des versorgenden Drehstromnetzes) angenommen werden.

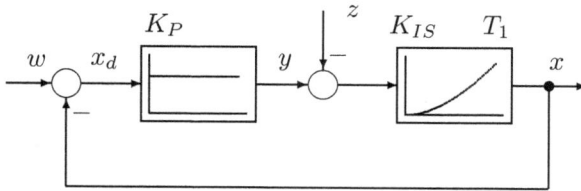

Abbildung 4.28: *Regelkreis mit P-Regler und IT$_1$-Strecke*

Führungsverhalten. Mit $F_R(s) = K_P$ als Regler und $F_S(s) = \dfrac{K_{IS}}{s \cdot (1 + T_1\, s)}$ als Regelstrecke berechnet man die Führungsübertragungsfunktion des geschlossenen Regelkreises zu

$$F_W(s) = \frac{X(s)}{W(s)} = \frac{K_P \cdot K_{IS}}{K_P K_{IS} + s \cdot (1 + T_1 s)} = \frac{K_P \cdot K_{IS}}{K_P K_{IS} + s + T_1 s^2} \ . \qquad (4.37)$$

Die Umformung von Gleichung 4.37 ergibt

$$F_W(s) = \frac{1}{1 + T_a \cdot s + T_b^2 \cdot s^2} \ ,$$

mit $T_a = 1/(K_P K_{IS})$ und $T_b^2 = T_1/(K_P K_{IS})$.

Die Überprüfung des Endwertes der Regelgröße $x(t)$ mithilfe von Gleichung 4.10 führt für einen Sprung der Führungsgröße $w(t) = \widehat{w} \cdot \sigma(t)$ zu keiner bleibenden Regelabweichung, da gilt $x(\infty) = \widehat{w}$. Dämpfung D und Kennkreisfrequenz ω_0 können über die proportionale Reglerverstärkung eingestellt werden. Eine unabhängige Einstellung beider Größen ist mit *einem* Reglerparameter jedoch nicht möglich.

Störverhalten. Die Störübertragungsfunktion des Regelkreises wird ermittelt zu:

$$F_Z(s) = \frac{X(s)}{Z(s)} = \frac{-K_{IS}}{K_P K_{IS} + s \cdot (1 + T_1 s)} = \frac{-K_{IS}}{K_P K_{IS} + s + T_1 s^2}. \qquad (4.38)$$

Für eine sprungförmige Störgröße tritt eine bleibende Regeldifferenz auf. Es wird dann $x(\infty) = -\widehat{z}/K_P$. Aufgrund dieser bleibenden Regeldifferenz ist der P-Regler für integrierende Strecken wenig geeignet, es sei denn, dass der Störgrößeneinfluss unbedeutend ist.

4.5.2   I-Regler

Regelkreis. Wird anstelle des P-Reglers nun ein I-Regler eingesetzt, so weist der Winkelregelkreis die in Abb. 4.29 gezeigte Struktur auf.

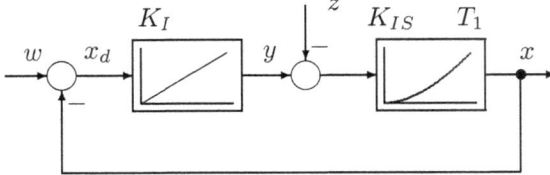

Abbildung 4.29: *Regelkreis mit I-Regler und* IT_1*-Strecke*

Führungsverhalten. Die Übertragungsfunktion des aufgeschnittenen Regelkreises bei Einsatz eines I-Reglers wird ermittelt zu

$$F_0(s) = F_R(s) \cdot F_S(s) = \frac{K_I K_{IS}}{s^2 \cdot (1 + T_1 s)} \ .$$

Damit lautet dann die Führungsübertragungsfunktion

$$F_W(s) = \frac{X(s)}{W(s)} = \frac{K_I \cdot K_{IS}}{K_I K_{IS} + s^2 \cdot (1 + T_1 s)} = \frac{K_I \cdot K_{IS}}{K_I K_{IS} + s^2 + T_1 s^3} \ . \quad (4.39)$$

In Gleichung 4.39 fehlt im Nenner der Term mit s^1. Zur Bestimmung des Zeitverhaltens der Regelgröße wird auf die Betrachtungen von Abschnitt 2.1.3 zurückgegriffen, und zunächst die Übertragungsfunktion in eine Differentialgleichung überführt mit $x(t)$ als Ausgangsgröße und $w(t)$ als Eingangsgröße. Diese Differentialgleichung lautet dann

$$T_1 \cdot \dddot{x} + \ddot{x} + K_I K_{IS} \cdot x = K_I K_{IS} \cdot w \ . \quad (4.40)$$

Zur Berechnung des Zeitverhaltens von $x(t)$ muss zunächst die Lösung der homogenen Differentialgleichung bestimmt werden. Die homogene Differentialgleichung kann auf die allgemeine Form

$$\dddot{x} + a_2 \cdot \ddot{x} + a_0 \cdot x = 0$$

gebracht werden. Mit dem $e^{\lambda t}$-Ansatz, d. h. $x_{ah} = e^{\lambda t}$ erhält man eingesetzt

$$e^{\lambda t} \cdot (\lambda^3 + a_2 \, \lambda^2 + a_0) = 0 \ .$$

Da jede Gleichung 3. Grades 3 Wurzeln aufweist, kann der Ausdruck in der Klammer wie folgt faktorisiert werden:

$$(\lambda^3 + a_2 \, \lambda^2 + a_0) = (\lambda - \lambda_1) \cdot (\lambda - \lambda_2) \cdot (\lambda - \lambda_3) = 0 \ , \quad (4.41)$$

mit λ_1 bis λ_3 als Wurzeln der Gleichung. Für z. B. zwei konjugiert komplexe und eine reelle Wurzel

$$\lambda_{1,2} = -\sigma \pm j\omega$$
$$\lambda_3 = -\alpha$$

resultiert dann in Gleichung 4.41 eingesetzt:

$$\begin{aligned}0 &= \lambda^3 + a_2\lambda^2 + a_0 = (\lambda - \lambda_1)\cdot(\lambda - \lambda_2)\cdot(\lambda - \lambda_3) \\ &= \lambda^3 + (2\sigma + \alpha)\lambda^2 + [(\sigma^2 + \omega^2) + 2\alpha\sigma]\lambda + \alpha(\sigma^2 + \omega^2)\ .\end{aligned} \tag{4.42}$$

Der Koeffizientenvergleich mit Gleichung 4.41 führt zu $a_1 = (\sigma^2 + \omega^2) + 2\alpha\sigma = 0$. Diese Bedingung kann aber nur erfüllt werden, wenn entweder α oder σ negativ werden. Negatives α oder σ bedeuten aber Wurzeln λ_i mit positivem Realteil. Die Lösung der homogenen Differentialgleichung besitzt somit mindestens eine gegen unendlich strebende Teillösung $x_{ah} = \mathrm{e}^{+|\sigma|t}\cdot\mathrm{e}^{\pm\mathrm{j}\omega t}$ oder $x_{ah} = \mathrm{e}^{+|\alpha|t}$. *Der Regelkreis ist instabil.* Ein I-Regler ist für die Regelung einer IT$_1$-Strecke unbrauchbar.

Aufgabe 4.9: Gleichung 4.41 möge drei reelle Wurzeln $\lambda_1 = -\alpha_1$, $\lambda_2 = -\alpha_2$ und $\lambda_3 = -\alpha_3$ besitzen. Welcher Bedingung müssen die Wurzeln gehorchen, damit Gleichung 4.41 erfüllt ist? Kann diese Bedingung für positive α_i erfüllt werden?

Lösung: $\alpha_1 \cdot \alpha_2 + \alpha_3 \cdot \alpha_1 + \alpha_2 \cdot \alpha_3 = 0$;   Nein $\qquad\square$

Aufgabe 4.10: Eine Regelstrecke mit reinem integrierenden Verhalten ($F_S(s) = K_{IS}/s$) soll mit einem I-Regler geregelt werden.

1. Wie lautet die Führungsübertragungsfunktion des Regelkreises?

2. Wie groß ist der Dämpfungsgrad D?

3. Beschreiben Sie das Verhalten des Regelkreises.

Lösung:

1. $F_W(s) = K_I K_{IS}/(s^2 + K_I K_{IS})$.

2. $D = 0$.

3. Der Regelkreis führt Dauerschwingungen aus.

$\qquad\square$

4.5.3   PI-Regler

Regelkreis. Anstelle der bisher verwendeten reinen proportionalen und integrierenden Regler wird nun ein PI-Regler verwendet. Dies führt zu der in Abb. 4.30 gezeigten Regelkreisstruktur.

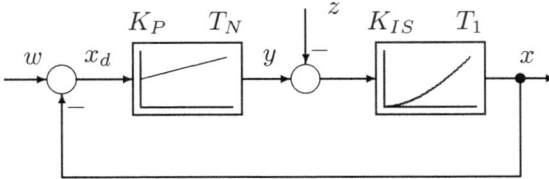

Abbildung 4.30: *Regelkreis mit PI-Regler und IT_1-Strecke*

Führungsverhalten. Die Übertragungsfunktion des aufgeschnittenen Regelkreises lautet

$$F_0(s) = F_R(s) \cdot F_S(s) = \frac{K_P K_{IS} \cdot (1 + T_N s)}{T_N s^2 \cdot (1 + T_1 s)} \ . \tag{4.43}$$

Würde man nun die als Nachstellzeit bezeichnete Größe $T_N = T_1$ setzen, so erhielte man

$$F_0(s) = \frac{K_P K_{IS}}{s^2 \cdot T_N} = \frac{a^2}{s^2} \ .$$

Die Führungsübertragungsfunktion lautet dann:

$$F_W(s) = \frac{X(s)}{W(s)} = \frac{F_0(s)}{1 + F_0(s)} = \frac{a^2}{a^2 + s^2} \ . \tag{4.44}$$

Gleichung 4.44 stellt die Übertragungsfunktion eines PT_2-Systems mit der Dämpfung $D = 0$ dar. *Der Regelkreis führt Dauerschwingungen durch!* Die Wahl der Nachstellzeit $T_N = T_1$ ist für die Regelung der IT_1-Strecke ungeeignet.

Daher wird die Übertragungsfunktion des geschlossenen Regelkreises aus Gleichung 4.43 ausgerechnet, ohne eine Festlegung von T_N im Voraus zu treffen. Später wird in Kapitel 5 gezeigt, dass nur die Wahl $T_N > T_1$ zu einem stabilen Regelkreis führt. Es resultiert für ein allgemeines T_N nun $F_W(s)$ zu:

$$F_W(s) = \frac{K_P \ K_{IS} \cdot (1 + T_N s)}{K_P K_{IS} \cdot (1 + T_N s) + T_N s^2 \cdot (1 + T_1 s)} \ . \tag{4.45}$$

Die Anwendung des Endwertsatzes auf Gleichung 4.45 für eine sprungförmige Führungsgröße w ergibt:

$$x(\infty) = \lim_{t \to \infty} x(t) = \widehat{w} \cdot \lim_{s=0} F_W(s) = \widehat{w} \ .$$

Es tritt *keine* bleibende Regeldifferenz auf, sofern der Regelkreis stabil ist. Außerdem sind anders als in Gleichung 4.39 im Nenner alle Terme mit s^0, $s^1 \ldots s^3$ vorhanden.

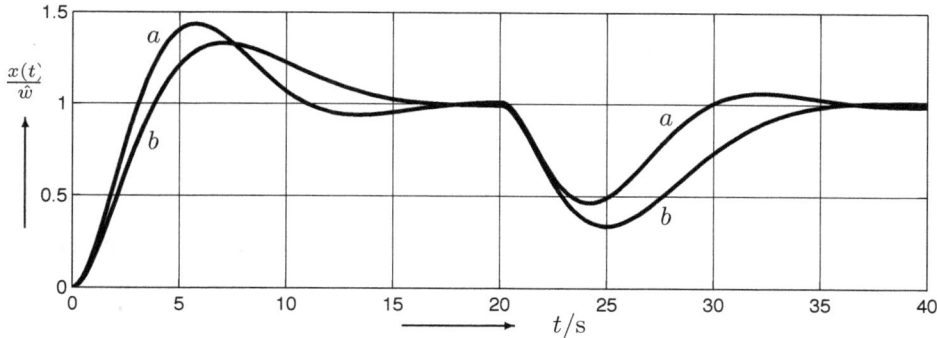

Abbildung 4.31: *Führungs- und Störverhalten des Regelkreises für $T_N = 4 \cdot T_1$ (Kurve a) und $T_N = 6 \cdot T_1$ (Kurve b)*

Abb. 4.31 zeigt zwei Einschwingverläufe für verschiedene Werte von K_P und T_N. Für $T_N = 4 \cdot T_1$ sowie $K_P = 1/(K_{IS}\sqrt{T_1 \cdot T_N})$ (Kurve a) erhält man im Führungsverhalten ein relativ großes Überschwingen von ca 50%. Ein geringeres Überschwingen aber dafür auch langsameres Regelverhalten liefert die Einstellung $T_N = 6 \cdot T_1$ sowie $K_P = 1/(K_{IS}\sqrt{T_1 \cdot T_N})$ (Kurve b). Insgesamt neigt der Regelkreis wegen des zweifach integrierenden Verhaltens in Regler und Strecke zum Schwingen.

Störverhalten. Die Störübertragungsfunktion des Regelkreises resultiert zu

$$F_Z(s) = \frac{X(s)}{Z(s)} = \frac{-K_{IS} \cdot T_N \cdot s}{K_P K_{IS} \cdot (1 + T_N s) + T_N s^2 \cdot (1 + T_1 s)} \ .$$

Mit Anwendung des Endwertsatzes folgt für die Störübertragungsfunktion für eine sprungförmige Störgröße $\widehat{z} \cdot \sigma(t)$:

$$x(\infty) = \lim_{t \to \infty} x(t) = \widehat{z} \cdot \lim_{s \to 0} F_Z(s) = 0 \ .$$

Eine konstante Störung verursacht keine bleibende Regeldifferenz. Die Zeitverläufe des Störverhaltens für eine sprungförmige Störung bei $t = t_1$ zeigt Abb. 4.31.

Aufgabe 4.11: Eine Regelstrecke mit reinem integrierenden Verhalten ($F_S(s) = K_{IS}/s$) soll mit einem PI-Regler geregelt werden.

1. Wie lautet die Führungsübertragungsfunktion des Regelkreises?

2. Wie groß ist der Dämpfungsgrad D?

3. Wie groß sind die bleibenden Regeldifferenzen bei Einwirkung sprungförmiger Führungs- und Störsignale?

Lösung: 1. $F_W(s) = \dfrac{K_P\,K_{IS}\cdot(1+T_N s)}{K_P K_{IS}\cdot(1+T_N s)+T_N s^2}$

           2. $D = \frac{1}{2}\cdot\sqrt{T_N K_P K_{IS}}$

           3.   In beiden Fällen gleich Null.

$\square$

Aufgabe 4.12: Eine IT$_1$-Regelstrecke ($F_S(s) = \dfrac{K_{IS}}{s\cdot(1+T_1 s)}$) wird mit einem PI-Regler

($F_R(s) = \dfrac{K_P(1+T_N s)}{T_N s}$) geregelt, dabei wird $T_N = 4T_1$ gewählt.

1. Ist der geschlossene Regelkreis stabil (Begründung!)?

2. Tritt bei Auftreten einer sprungförmigen Führungsgröße eine bleibende Regeldifferenz auf?

3. Es werde nun eine rampenförmige Führungsgröße $w(t) = c\cdot t$ aufgeschaltet. Wie berechnet man die Regeldifferenz $X_d(s)$?

4. Tritt nun ein Schleppfehler auf? Wie groß ist gegebenenfalls dieser Schleppfehler?

5. Wie groß ist das Stellsignal $y(t)$ für t gegen Unendlich?

Lösung: 1.   Der Kreis ist stabil, da $T_N > T_1$ gewählt ist.

           2.   Es tritt keine bleibende Regeldifferenz auf.

           3. $X_d(s) = \dfrac{W(s)}{1+F_0(s)}$.

           4.   Es tritt kein Schleppfehler auf, da sich schon zwei I-Anteile

               in Regler und Strecke im Regelkreis befinden.

           5.   Es gilt $y(\infty) = \dfrac{c}{K_{IS}}$.

4.6   Realisierung elektrischer Regler

Klassifizierung. Die Realisierung eines Reglers kann durch elektrische, pneumatische, hydraulische ... Komponenten geschehen. Hier soll allein die Realisierung elektrischer Regler untersucht werden, da derartige Regler am meisten verbreitet sind.

Wie in den vorangehenden Abschnitten gezeigt, klassifiziert man die Regler nach ihrem dynamischen Verhalten. Damit unterscheidet man Regler mit proportionalem, integrierendem und differenzierendem Verhalten. Weitere Streckeneigenschaften wie Totzeit- und Allpassverhalten sind, wie später gezeigt wird, aufgrund ihrer destabilisierenden

Wirkung für das dynamische Verhalten eines Reglers ungeeignet. Während die Regelstrecke das jeweilige dynamische Verhalten als systemimmanentes Verhalten aufweist, wird dem Regler aufgrund regelungstechnischer Überlegungen das jeweilige Verhalten gezielt gegeben.

4.6.1 Analoger Regler

Operationsverstärker. Der zentrale Baustein in der analogen Schaltungstechnik ist der Operationsverstärker. Er verstärkt mit einem Verstärkungsfaktor $V > 10^4$ die Differenz zwischen der angelegten positiven und negativen Eingangsspannung. Abb. 4.32 zeigt die Prinzipschaltung und die Ein-/Ausgangskennlinie eines derartigen Operationsverstärkers, der oft als Differenzverstärker aufgebaut ist.

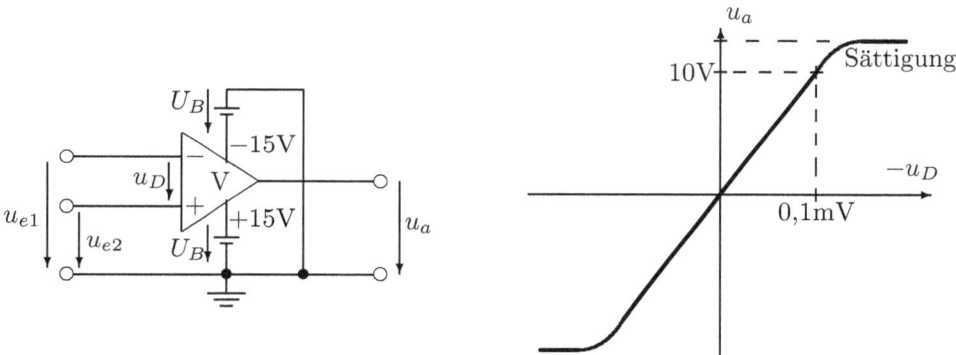

Abbildung 4.32: *Prinzipschaltbild und Kennlinie eines Operationsverstärkers*

Zur Erzielung hoher Differenzverstärkungen V werden die Operationsverstärker als mehrstufige Verstärker (wie z. B. der μA 741 Operationsverstärker) mit Eingangsdifferenzverstärker, Darlington-Transistor und zwei Transistoren in Emitterschaltung als Ausgangsstufe betrieben.

Die universelle Verwendungsmöglichkeit des Operationsverstärkers beruht auf der Beschaltung des Verstärkers durch ausgesuchte Ein- und Ausgangsnetzwerke. Dabei wird der positive Eingang des Verstärkers auf Masse gelegt. Abb. 4.33 zeigt einen beschalteten Operationsverstärker mit einem beliebigen Eingangsnetzwerk Z_e und einem beliebigen Ausgangsnetzwerk Z_r. Mit Z wird dabei der komplexe Scheinwiderstand (Impedanz) eines Netzwerks bezeichnet.

Die Anwendung der Kirchhoffschen Sätze liefert für dieses Netzwerk mit U und I als Wechselstromzeiger

$$U_e = I_e \cdot Z_e + U_D$$
$$U_a = I_r \cdot Z_r + U_D$$
$$U_a = -V \cdot U_D$$
$$I_B = I_e + I_r \ .$$

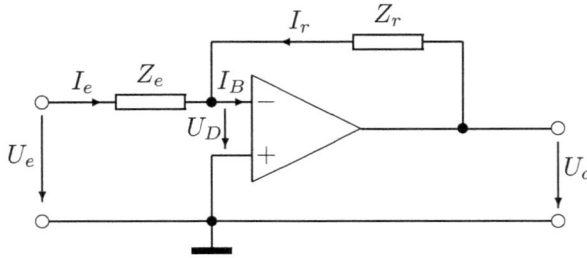

Abbildung 4.33: Rückge-
koppelter Operationsverstärker (U, I Wechselstromzeiger)

Da der Basisstrom $I_B \approx 0$ ist, gilt $I_e \approx -I_r$. Mit

$$\frac{U_e - U_D}{Z_e} = I_e = -I_r = -\frac{U_a - U_D}{Z_r}$$

resultiert dann für das Übertragungsverhalten

$$\frac{U_a}{U_e} = -\frac{Z_r}{Z_e + (Z_e + Z_r)/V} \ .$$

Da der Operationsverstärker einen großen Verstärkungsfaktor V ($\geq 10^4$) aufweist, vereinfacht sich das Übertragungsverhalten des rückgekoppelten Verstärkers zu:

$$F(\mathrm{j}\omega) = \frac{U_a(\mathrm{j}\omega)}{U_e(\mathrm{j}\omega)} \approx -\frac{Z_r(\mathrm{j}\omega)}{Z_e(\mathrm{j}\omega)} \ .$$

Durch Ersetzen des Terms $\mathrm{j}\omega$ durch die Laplace-Variable s ergibt sich dann die Übertragungsfunktion des Ein-/Ausgangsverhaltens des Operationsverstärkers mit $U_e(s)$ als
Laplace-transformierter Eingangsspannung und $U_a(s)$ als Laplace-transformierter Ausgangsspannung zu

$$\boxed{F(s) = \frac{U_a(s)}{U_e(s)} = -\frac{Z_r(s)}{Z_e(s)} \ .}$$

Dabei ist die Vorzeichenumkehr des Eingangssignals zu beachten.

Regler mit proportionalem Verhalten (P-Regler). Wählt man als Ein- und
Ausgangsnetzwerk Ohmsche Widerstände $Z_e = R_e$ und $Z_r = R_r$, dann weist der rückgekoppelte Operationsverstärker ein proportionales Übertragungsverhalten auf:

$$F_P(s) = \frac{U_a(s)}{U_e(s)} = -\frac{R_r}{R_e} = -K_P \ .$$

Der *Verstärkungsfaktor* (Proportionalbeiwert) beträgt damit $K_P = R_r/R_e$.

Regler mit integrierendem Verhalten (I-Regler). Wählt man als Eingangsnetzwerk einen Ohmschen Widerstand R_e und als Ausgangsnetzwerk einen Kondensator $Z_r(\mathrm{j}\omega) = 1/(\mathrm{j}\omega C_r)$ (d. h. $Z_r(s) = 1/(sC_r)$), dann weist der rückgekoppelte Operationsverstärker ein integrierendes Verhalten auf:

$$F_I(s) = \frac{U_a(s)}{U_e(s)} = -\frac{1}{s \cdot R_e C_r} = -\frac{K_I}{s} = -\frac{1}{T_I \cdot s} \ .$$

Der *Integrierbeiwert* K_I wird über die Wahl von Widerstand und Kondensator festgelegt zu $K_I = 1/(R_e \cdot C_r)$. Die Größe $T_I = 1/K_I = R_e \cdot C_r$ wird auch als *Integrierzeit* bezeichnet.

Regler mit differenzierendem Verhalten (DT$_D$-Regler). Wie bei den Regelstrecken ist ein ideales differenzierendes Verhalten nicht realisierbar; die Ableitung eines Eingangssignals erfolgt immer mit einer „Verzögerung T_D". Diese verzögerte Differentiation wird erreicht durch eine RC-Reihenschaltung als Eingangsnetzwerk und einen Ohmschen Widerstand als Ausgangsnetzwerk. Mit $Z_e(\mathrm{j}\omega) = R_e + 1/(\mathrm{j}\omega C_e)$ und $Z_r = R_r$ resultiert dann als Übertragungsverhalten:

$$F_D(s) = \frac{U_a(s)}{U_e(s)} = -\frac{R_r C_e \cdot s}{1 + s \cdot R_e C_e} = -\frac{K_D \cdot s}{1 + T_D \cdot s}. \quad (K_D = \text{Differenzierbeiwert})$$

Überlagerung der Übertragungseigenschaften (PIDT$_D$-Regler). Über ein Summationsnetzwerk werden die Ausgangssignale der obigen drei Regler aufsummiert und ergeben die in Abb. 4.34 gezeigte Gesamtschaltung eines Reglers mit proportionalem, integrierendem und differenzierendem Verhalten (PIDT$_D$-Regler).

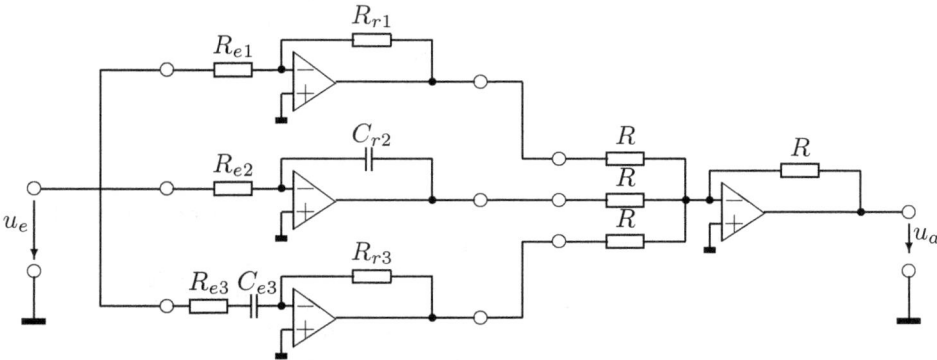

Abbildung 4.34: *Regler mit proportionalem, integrierendem und differenzierendem Verhalten - PIDT$_D$-Regler in Summenform*

Die Übertragungsfunktion des Reglers von Abb. 4.34 in Summenform lautet:

$$F(s) = \frac{U_a(s)}{U_e(s)} = K_P + \frac{K_I}{s} + \frac{K_D \cdot s}{1 + T_D \cdot s} \ . \tag{4.46}$$

Aufgabe 4.13: Ein PIDT$_D$-Regler soll durch rückgekoppelte Operationsverstärker realisiert werden. Bauelemente mit den folgenden Werten sind gegeben:

$$R_{e1} = R_{e2} = R_{r3} = 100\,\text{k}\Omega; \qquad R_{e3} = 10\,\text{k}\Omega; \qquad R_{r1} = 1\,\text{M}\Omega;$$
$$C_{r2} = 5\,\mu\text{F}; \qquad C_{e3} = 1\,\mu\text{F}; \qquad R = 100\,\text{k}\Omega;$$

Berechnen Sie K_P, K_I, K_D sowie T_D.

Lösung: $K_P = 10$; $K_I = 2\,\text{s}^{-1}$; $K_D = 0{,}1\,\text{s}$; $T_D = 0{,}01\,\text{s}$ □

Sprungantwort. Für eine sprungförmige Eingangsspannung der Amplitude $\hat{u}_e$ resultiert für den PIDT$_D$-Regler die in Abb. 4.35 gezeigte Sprungantwort. Zum Zeit-

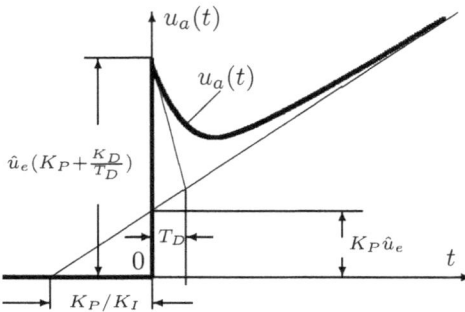

Abbildung 4.35: *Sprungantwort des PIDT$_D$-Reglers in Summenform*

punkt Null „springt" die Ausgangsspannung infolge der Differentiation auf den Wert $\hat{u}_e(K_P + \frac{K_D}{T_D})$. Sie klingt dann nach der Zeit $t > T_D$ auf ihren Minimalwert ab, bevor sie dann infolge der Integrationswirkung monoton weiter ansteigt. Die obere Grenze der Ausgangsspannung ist durch die Versorgungsspannung des Operationsverstärkers von ca. 15 V vorgegeben. Der Linearitätsbereich endet bei ca. 10 bis 12 V Ausgangsspannung.

4.6.2 Digitaler Regler

Mikrocontroller. Der zentrale Baustein der digitalen Signalverarbeitung ist der Mikrocontroller, in ihm werden Signale digital verarbeitet. Da die in einem Regelkreis auftretenden Signale jedoch analoge Signale sind, ist zuvor eine Wandlung des Eingangssignals $x_e(t)$ erforderlich. Die Eingangssignale eines Mikrocontrollers werden somit einer Analog/Digital-Wandlung unterworfen. Die digitalen Signale (Zahlen) werden dann im Prozessor verarbeitet, d. h. miteinander multipliziert, addiert, dividiert … Der *Regler* ist somit *als Gleichung im Mikroprozessor programmiert.* Die Verarbeitungsgeschwindigkeit der Signale hängt von der Taktzeit des Prozessors ab. Nach der Berechnung des Ausgangssignals $x_a(t)$ (Stellgröße) wird dieses dann wieder in ein analoges Signal gewandelt (D/A-Wandlung) und bis zur Berechnung des nächsten Ausgangssignals als konstantes Ausgangssignal ausgegeben[11]. Die Ausgangssignale des Mikrocontrollers

---

[11]Oft wird anstelle eines konstanten Ausgangssignals eine pulsbreiten-modulierte Spannung vom Mikrocontroller ausgegeben.

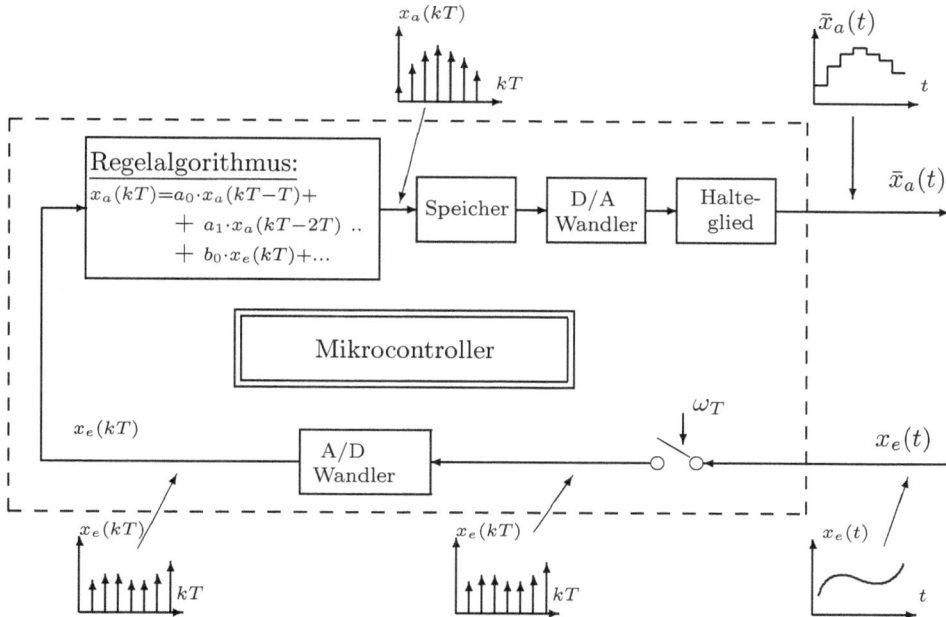

Abbildung 4.36: *Mikrocontroller als Regler*

weisen somit einen treppenförmigen Verlauf auf, die Eingangssignale sind jedoch stetige analoge Signale. Abb. 4.36 verdeutlich schematisch die Signalverarbeitung in einem Mikrocontroller.

In Abb. 4.36 treten Signale x_e und x_a auf, die durch Impulse (Pfeile) gekennzeichnet sind. Sie stellen Signale dar, die nur zu den *Abtastzeitpunkten* definiert sind. Die Abtastzeit ist das Zeitintervall, in dem der Prozessor einen neuen Ausgabewert x_a berechnet. In diesem Zeitabstand wird ein neuer Wert des Eingangssignals x_e eingegeben. Diese Eingabe wird durch den Abtaster, gekennzeichnet durch einen Schalter mit der Frequenzangabe ω_T, gesteuert. Auch das Ausgangssignal x_a wird für diese Zeitdauer durch ein Halteglied konstant gehalten und ergibt die gezeigte Treppenkurve (siehe auch Abb. 4.37 mit der Sprungantwort eines PIDT$_D$-Reglers). Die *Abtastzeit T bzw. Abtastfrequenz* $\omega_T = 2\pi/T$ hat in der digitalen Regelung einen bestimmenden Einfluss. Die mit $x_e(kT)$ und $x_a(kT)$ gekennzeichneten Signale sind Signale, die nur zu diesen Abtastzeitpunkten kT definiert sind. Der Regelalgorithmus (Gleichung des Reglers) verarbeitet diese Signale zu den Abtastzeitpunkten, da er nur eine endliche Rechengeschwindigkeit besitzt.

Die *Festlegung dieser Abtastzeit T* hängt von dem zu regelnden Prozess ab. So reicht es z. B. bei der Temperaturregelung eines Raumes aus, dem Regler alle paar Sekunden eine neue gemessene Temperatur mitzuteilen, die dann zur Berechnung eines neuen Stellsignals verwendet wird. Bei der Drehzahlregelung eines Motors muss jedoch ungefähr im Millisekundenabstand eine Drehzahlmessung für die Berechnung eines neuen Stellsignals (Ankerspannung) vorliegen. Die Abtastzeit des Mikrocontrollers muss so-

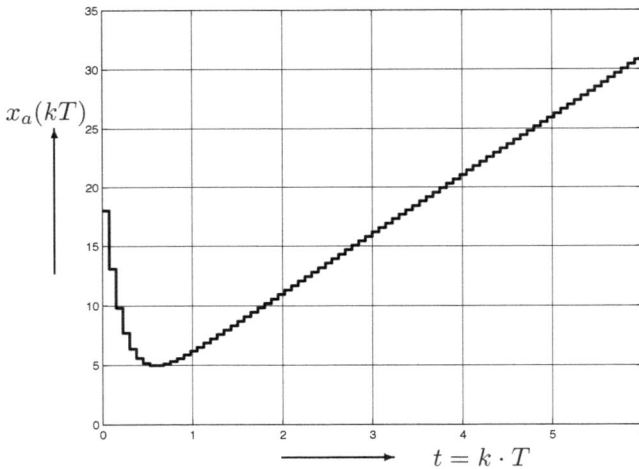

Abbildung 4.37: *Sprungantwort eines digitalen PIDT$_D$-Reglers*

mit deutlich schneller als die dominierenden Zeitkonstanten des Regelkreises sein. Im Allgemeinen wird verlangt, dass die Abtastfrequenz ω_T ca. 6- bis 10-mal größer als die höchste im System vorkommende Frequenz sein soll.

Speicherprogrammierbare Steuerungen (SPS). Während in einem Mikrocontroller über den Interrupt-Timer die Abtastfrequenz nahezu beliebig eingestellt werden kann, ist sie bei den *speicherprogrammierbaren Steuerungen (SPS)*, dem zweiten großen Einsatzbereich digitaler Regelungen, meist fest vorgegeben. Speicherprogrammierbare Steuerungen werden in erster Linie zur *Steuerung* von dynamischen Prozessen in der Automatisierungstechnik verwendet. Da eng verbunden mit der Steuerung von Prozessen oft auch eine Regelung notwendig ist, enthält eine SPS meist auch ein Reglermodul, bestehend wiederum aus einem Mikrocontroller mit Wandlern. Die Abtastzeit einer SPS ist oft fest vorgegeben mit z. B. 10 ms oder 40 ms.

Ermittlung der Reglergleichung. In einem Mikrocontroller werden die zur Regelung eines Prozesses benötigten Signale in der *Reglergleichung* mittels Addition, Multiplikation … verarbeitet. Eine einfache Methode zur Ermittlung dieser Reglergleichung besteht in der Anwendung des Rückwärtsdifferenzenquotienten der Differentialrechnung. Dies soll nachfolgend am Beispiel eines Reglers mit einem P- und einem I-Anteil, also einem PI-Regler gezeigt werden.

Die Übertragungsfunktion eines PI-Reglers enthält nur einen proportionalen und einen integrierenden Anteil. Nach Weglassen des differenzierenden Anteils in Gleichung 4.46 lautet die Übertragungsfunktion eines PI-Reglers somit

$$F(s) = \frac{X_a(s)}{X_e(s)} = K_P + \frac{K_I}{s} \ .$$

Hieraus erhält man die folgende Gleichung im Laplace-Bereich:

$$X_a(s) = K_P X_e(s) + \frac{K_I}{s} X_e(s)$$

bzw. nach Multiplikation mit s:

$$sX_a(s) = K_P s X_e(s) + K_I X_e(s) \ .$$

Die Rücktransformation dieser Gleichung vom Laplace-Bereich in den Zeitbereich ergibt die Differentialgleichung

$$\dot{x}_a(t) = K_P \dot{x}_e(t) + K_I x_e(t) \ . \tag{4.47}$$

Ersetzt man die Differentiation eines Signals durch seinen linksseitigen Grenzwert, den so genannten *Rückwärtsdifferenzenquotienten* und ersetzt weiterhin die Zeit t durch kT und Δt durch T, so resultiert:

$$\frac{\mathrm{d}x(t)}{\mathrm{d}t} = \lim_{\Delta t \to 0} \frac{x(t) - x(t - \Delta t)}{\Delta t} \approx \frac{x(kT) - x(kT - T)}{T}. \tag{4.48}$$

Dieser Differenzenquotient wird nun in Gleichung 4.47 verwendet:

$$\frac{x_a(kT) - x_a(kT - T)}{T} = K_P \frac{x_e(kT) - x_e(kT - T)}{T} + K_I x_e(kT) \ .$$

Nach kurzer Zwischenrechnung erhält man hieraus die *Reglergleichung* des PI-Reglers zu:

$$x_a(kT) = x_a(kT - T) + K_P \cdot [x_e(kT) - x_e(kT - T)] + K_I T \cdot x_e(kT) \ .$$

Die Verarbeitung dieser Reglergleichung im Mikroprozessor und Ausgabe der Signale $x_a(kT)$ zu den Abtastzeitpunkten, ergibt die Antwort eines PI-Reglers auf die Eingangssignale $x_e(kT)$.

Für viele praktische Anwendungen reichen diese groben Richtlinien für die Verwendung digitaler Regler aus, ohne weiter in die Theorie der digitalen Regelung einsteigen zu müssen. Bei Einhaltung der Empfehlungen hinsichtlich der Abtastfrequenz ω_T ist es weitgehend belanglos, ob der eingesetzte Regler ein analoger oder digitaler Regler ist. Ausführlich behandelt wird die digitale Regelung in [48].

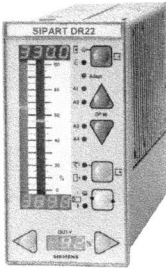

Die nebenstehende Abbildung zeigt einen typischen industriellen Kompaktegler in Einschubbauweise mit analoger Anzeige des Soll- und Istwertes. Die Anschlüsse der Verkabelung befinden sich auf der Rückseite.

Abbildung 4.38: *Typischer industrieller Regler Bildquelle: ©Siemens AG 2007*

5 Stabilität von Regelkreisen

Grundlagen. In Kapitel 4 wird die Zusammenschaltung von Regler und Regelstrecke zu einem Regelkreis eingeführt. Für die Regler im Regelkreis werden verschiedene Reglerkoeffizienten vorgegeben und dann das Zeitverhalten der Regelgröße $x(t)$ nach einem Sprung der Führungsgröße $w(t)$ bzw. der Störgröße $z(t)$ untersucht. Dieses betreffende Zeitverhalten wird mit Führungs- und Störverhalten des Regelkreises bezeichnet.

Für die folgenden Übertragungsfunktionen von Regler und Regelstrecke in allgemeiner Form

$$F_R(s) = \frac{Z_R(s)}{N_R(s)} = \frac{b_{0r} + b_{1r}s + \ldots + b_{m_r r}s^{m_r}}{a_{0r} + a_{1r}s + \ldots + a_{n_r r}s^{n_r}},$$

sowie

$$F_S(s) = \frac{Z_S(s)}{N_S(s)} = \frac{b_{0s} + b_{1s}s + \ldots + b_{m_s s}s^{m_s}}{a_{0s} + a_{1s}s + \ldots + a_{n_s s}s^{n_s}},$$

mit $m_r \leq n_r$ und $m_s \leq n_s$, lauten die Führungs- und Störübertragungsfunktionen des geschlossenen *Standardregelkreises*[1]:

$$F_W(s) = \frac{X(s)}{W(s)} = \frac{F_R(s) \cdot F_S(s)}{1 + F_R(s) \cdot F_S(s)} = \frac{F_0(s)}{1 + F_0(s)} =$$

$$= \frac{b_{0w} + b_{1w}s + \ldots + b_{m_w w}s^{m_w}}{a_0 + a_1 s + \ldots + a_n s^n} \qquad \text{und} \qquad (5.1)$$

$$F_Z(s) = \frac{X(s)}{Z(s)} = -\frac{F_S(s)}{1 + F_R(s) \cdot F_S(s)} = -\frac{F_S(s)}{1 + F_0(s)} =$$

$$= -\frac{b_{0z} + b_{1z}s + \ldots + b_{m_z z}s^{m_z}}{a_0 + a_1 s + \ldots + a_n s^n} . \qquad (5.2)$$

Wirken Führungs- und Störgröße gleichzeitig auf den Regelkreis ein, so resultiert die Laplace-Transformierte $X(s)$ der Regelgröße $x(t)$ zu

$$X(s) = F_W(s) \cdot W(s) + F_Z(s) \cdot Z(s)$$

$$X(s) = \frac{b_{0w} + b_{1w}s + \ldots + b_{m_w w}s^{m_w}}{a_0 + a_1 s + \ldots + a_n s^n} \cdot W(s) -$$

$$-\frac{b_{0z} + b_{1z}s + \ldots + b_{m_z z}s^{m_z}}{a_0 + a_1 s + \ldots + a_n s^n} \cdot Z(s) . \qquad (5.3)$$

---

[1]siehe Abb. 4.2

Die Umformung von Gleichung 5.3 ergibt

$$
\begin{aligned}
\{a_0 + a_1 s + \ldots + a_n s^n\} \cdot X(s) = {} & \{b_{0w} + b_{1w} s + \ldots + b_{m_w w} s^{m_w}\} \cdot W(s) - \\
& - \{b_{0z} + b_{1z} s + \ldots + b_{m_z z} s^{m_z}\} \cdot Z(s) \ ,
\end{aligned}
$$

und die Rücktransformation in den Zeitbereich führt zu der folgenden Differentialgleichung:

$$
\begin{aligned}
a_n \overset{n}{x}(t) + \ldots + a_1 \dot{x}(t) + a_0 x(t) = {} & b_{0w} w(t) + b_{1w} \dot{w}(t) + \ldots + b_{m_w} \overset{m_w}{w}(t) - \\
& - b_{0z} z(t) - b_{1z} \dot{z}(t) - \ldots - b_{m_z} \overset{m_z}{z}(t) \ .
\end{aligned} \tag{5.4}
$$

Die Stabilität dieser Differentialgleichung 5.4 wird nun nachfolgend untersucht. Analysiert man nur die Stabilität der linken Seite der Differentialgleichung, der so genannten *homogenen Differentialgleichung*, so bezeichnet man dies als *interne Stabilität*. Untersucht man das Stabilitätsverhalten von $x(t)$ nach einer externen Anregung durch $w(t)$ und/oder $z(t)$, so spricht man von der *externen Stabilität*.

Die nachfolgend abgeleiteten Stabilitätsdefinitionen gelten nicht nur für *Regelkreise*, sondern auch für einzelne *Regelkreisglieder* mit einer Eingangsgröße $x_e(t)$ und einer Ausgangsgröße $x_a(t)$.

5.1   Stabilitätsdefinitionen

5.1.1   Interne Stabilität

Definition. Man geht nun aus von der obigen Differentialgleichung 5.4

$$
\begin{aligned}
a_n \overset{n}{x}(t) + \ldots + a_1 \ \dot{x}(t) + a_0 \ x(t) = {} & b_{0w} \ w(t) + b_{1w} \ \dot{w}(t) + \ldots + b_{m_w} \overset{m_w}{w}(t) - \\
& - b_{0z} \ z(t) - b_{1z} \ \dot{z}(t) - \ldots - b_{m_z} \overset{m_z}{z}(t)
\end{aligned}
$$

und betrachtet nur die linke Seite dieser Differentialgleichung, die *homogene Differentialgleichung*

$$
a_n \overset{n}{x}(t) + \ldots + a_1 \ \dot{x}(t) + a_0 \ x(t) = 0 \ , \tag{5.5}
$$

die gleich Null gesetzt wird.

Hierauf basiert die *Stabilitätsdefinition* der internen Stabilität:

Man bezeichnet ein System (Regelkreis oder Regelkreisglied) als intern stabil *oder* asymptotisch stabil *wenn die Lösung x(t) der zugehörigen homogenen Differentialgleichung*

$$a_n \overset{n}{x}(t) + \ldots + a_1 \dot{x}(t) + a_0 x(t) = 0, \tag{5.6}$$

für beliebige Anfangsbedingungen

$$x(0) = x_0; \qquad \dot{x}(0) = \dot{x}_0; \qquad \ldots \qquad \overset{n-1}{x}(0) = \overset{n-1}{x_0}$$

für t → ∞ gegen Null geht.

Die Form der äußeren Anregung spielt bei dieser Stabilitätsdefinition also keine Rolle, daher auch die Bezeichnung interne Stabilität [23]. In Kapitel 2 werden die Lösungen dieser homogenen Differentialgleichung mit dem $e^{\lambda t}$-Ansatz, d. h. mit dem Ansatz $x(t) = x_h(t) = e^{\lambda t}$ berechnet. Einsetzen dieses Lösungsansatzes in die *homogene Differentialgleichung* 5.6 ergibt:

$$e^{\lambda t} \cdot (a_n \lambda^n + \ldots + a_1 \lambda + a_0) = 0 \,.$$

Diese Gleichung ist für alle Zeiten t erfüllt, wenn der Ausdruck in der Klammer, die so genannte *charakteristische Gleichung*, gleich Null wird:

$$a_n \lambda^n + \ldots + a_1 \lambda + a_0 = 0 \,. \tag{5.7}$$

Weisen die n Nullstellen (Wurzeln[2]) $\lambda_1 \ldots \lambda_n$ von Gleichung 5.7 einen negativen Realteil auf, dann geht die Lösung $x(t)$ der Differentialgleichung 5.6 für beliebige Anfangsbedingungen gegen Null.

Stabilitätskriterium. Da Gleichung 5.7 aber identisch ist zum Nenner der Führungs- bzw. Störübertragungsfunktionen 5.1 bzw. 5.2, nun aber mit der Laplace-Variablen s:

$$a_n s^n + \ldots + a_1 s + a_0 = 0 \qquad \text{bzw.} \qquad 1 + F_0(s) = 0 \,, \tag{5.8}$$

kann man die Kriterien für die Stabilität von Systemen direkt anhand der Übertragungsfunktionen definieren. Dabei werden die Nullstellen vom Nenner einer Übertragungsfunktion als *Pole* bezeichnet.

Ein System kann sowohl ein kompletter *Regelkreis*, beschrieben durch die Übertragungsfunktion $F_W(s) = \dfrac{F_0(s)}{1 + F_0(s)}$ oder $F_Z(s) = \dfrac{-F_S(s)}{1 + F_0(s)}$, als auch ein einzelnes *Regelkreisglied* wie z. B. $F_S(s) = \dfrac{Z_S(s)}{N_S(s)}$ sein. Dabei ist vorausgesetzt, dass gemeinsame Terme, wie z. B. $(1 \pm Ts)$, in Zähler und Nenner der jeweiligen Übertragungsfunktion, nicht herausgekürzt werden dürfen.

---

[2]Wurzeln und Nullstellen einer Gleichung bedeuten dasselbe.

Das *Kriterium* für die *interne Stabilität* eines Systems lautet:

> *Ein System ist dann* intern stabil, *wenn die charakteristische Gleichung*
> $1 + F_0(s) = 0$ *bzw. der Nenner $N(s)$ der Übertragungsfunktion nur Pole in*
> *der linken s-Halbebene, also mit negativem Realteil $\sigma < 0$ aufweisen. Für*
> *alle n Pole*

$$s_i = \sigma_i$$
$$s_{j,j+1} = \sigma_j \pm \mathrm{j}\omega_j \tag{5.9}$$

> *mit $i,j \in \{1,\ldots,n\}$ muss also gelten*

$$\sigma_{i,j} < 0 \; . \tag{5.10}$$

Anwendung. Die Lage zweier konjugiert komplexer Pole und das zugehörige Zeitverhalten stabiler, grenzstabiler und instabiler Bewegungen zeigt Abb. 5.1. Dabei sind die so genannten *Eigenbewegungen* eines Systems dargestellt.

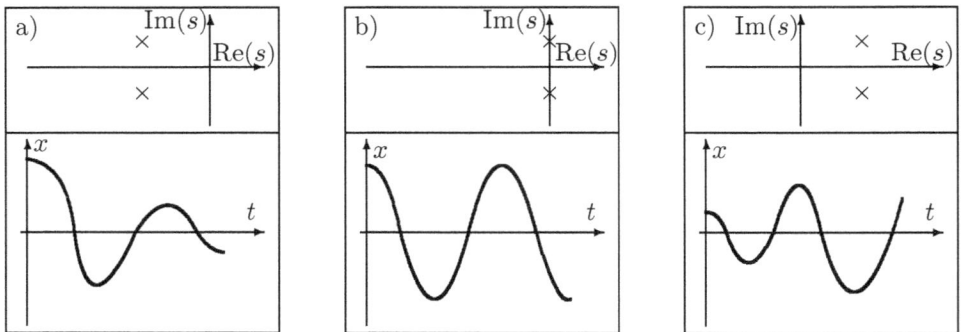

Abbildung 5.1: *Eigenbewegung eines stabilen (Abb. a), grenzstabilen (Abb. b) und instabilen Systems (Abb. c) für ein konjugiert komplexes Polpaar*

Die Eigenbewegungen sind die Bewegungen der Teillösungen $x_{h,i}(t) = \mathrm{e}^{\sigma_i t}$ bzw. $x_{h,j}(t) = \mathrm{e}^{(\sigma_j \pm \mathrm{j}\omega_j)t}$ der homogenen Differentialgleichung von einem von Null verschiedenen Anfangszustand. Die Überlagerung aller Eigenbewegungen ergibt die Antwort des nicht angeregten Systems, das von einem Anfangszustand „frei ausschwingt".

Bei Polen *auf* der reellen Achse verläuft die jeweilige Bewegung von $x(t)$ aperiodisch, d. h. entsprechend einer reellen Exponentialfunktion.

5.1.2   Externe Stabilität

Definition. Im Unterschied zur internen Stabilität wird bei der *Definition der externen Stabilität* neben dem Ausgangssignal auch das Eingangssignal des Systems mit in die Betrachtung einbezogen.

> *Ein System wird als* extern stabil *definiert, wenn ein beschränktes Eingangssignal $x_e(t)$ am Systemausgang ebenfalls nur ein beschränktes Ausgangssignal $x_a(t)$ hervorruft.*

Aufgrund der Signalbeschränkungen wird diese Stabilität oft auch als BIBO-Stabilität (Bounded Input – Bounded Output Stabilität) bezeichnet.

Der Zusammenhang zwischen dem Ein- und Ausgangssignal wird durch den Faltungssatz, siehe Anhang A, mit $g(t)$ als Gewichtsfunktion beschrieben

$$x_a(t) = \int\limits_0^t g(t-\tau) \cdot x_e(\tau)\, \mathrm{d}\tau .$$

Ist $x_e(t)$ ein beschränktes Eingangssignal

$$|x_e(t)| \leq M_e < \infty ,$$

mit M_e als beliebiger Konstante, so resultiert das Ausgangssignal $x_a(t)$ unter Verwendung des Faltungssatzes zu:

$$|x_a(t)| \leq \int\limits_0^t |g(t-\tau)| \cdot |x_e(\tau)|\, \mathrm{d}\tau \leq M_e \cdot \int\limits_0^t |g(t-\tau)|\, \mathrm{d}\tau . \tag{5.11}$$

Das Ausgangssignal $x_a(t)$ ist beschränkt, d. h. es gilt (mit M_a als beliebige Konstante)

$$|x_a(t)| \leq M_a < \infty$$

sofern das folgende Integral konvergiert

$$\int\limits_0^\infty |g(t-\tau)|\, \mathrm{d}\tau = \int\limits_0^\infty |g(\tau)|\, \mathrm{d}\tau < +\infty . \tag{5.12}$$

Die Gewichtsfunktion $g(t)$ ist im Wesentlichen durch die Nullstellen der charakteristischen Gleichung des Systems bestimmt, d. h. es gilt z. B. für verschiedene Nullstellen λ_i (ohne mehrfache Nullstellen)

$$g(t) = \sum_{i=1}^n k_i \cdot \mathrm{e}^{\lambda_i t} .$$

Somit resultiert für einen dieser Summanden mit reeller Nullstelle $\lambda_i = \sigma_i$ eingesetzt in die Integralgleichung 5.12

$$\int_0^t \left| k_i \cdot e^{\sigma_i \tau} \right| \, d\tau = \frac{|k_i|}{\sigma_i} \cdot \left(e^{\sigma_i \tau} \right) \Big|_0^t = \frac{|k_i|}{\sigma_i} \cdot \left(e^{\sigma_i t} - 1 \right) \tag{5.13}$$

Für $t \to \infty$ konvergiert dieses Integral, sofern die Nullstelle λ_i einen negativen Realteil σ_i aufweist.

Stabilitätskriterium. Damit stimmt das *Stabilitätskriterium für die externe Stabilität* eines Systems mit dem Kriterium für die interne Stabilität überein:

Ein System wird als extern stabil *bezeichnet, wenn seine charakteristische Gleichung $a_n s^n + \ldots + a_1 s + a_0 = 0$ nur Pole in der linken s-Halbebene, also mit negativem Realteil $\sigma < 0$ aufweist. Für alle n Pole*

$$s_i = \sigma_i$$
$$s_{j,j+1} = \sigma_j \pm \mathrm{j}\omega_j \tag{5.14}$$

mit $i,j \in \{1, \ldots, n\}$ muss also gelten

$$\sigma_{i,j} < 0 \, . \tag{5.15}$$

Da in der Regelungstechnik im Allgemeinen das Ein-/Ausgangsverhalten von Systemen und weniger das Bewegungsverhalten, ausgehend von einem bestimmten Anfangszustand, von Bedeutung ist, wäre ohne die Einführung der BIBO-Stabilität die Analyse der Stabilität allein auf der Basis der internen Stabilität unbefriedigend geblieben. Umso positiver ist es nun jedoch, dass beide Stabilitätsdefinitionen zu demselben folgenden Stabilitätskriterium führen:

Liegen die Pole des untersuchten Systems in der linken s-Halbebene, dann ist das System sowohl intern *als auch* extern stabil.

Nachfolgend wird daher auf diese Unterscheidung verzichtet und es wird nur noch von der Stabilität bzw. Instabilität eines Systems gesprochen und das Stabilitätskriterium als *allgemeines Stabilitätskriterium* bezeichnet.

Anwendung. Die *praktische Anwendung* des allgemeinen Stabilitätskriteriums ist mit den heutigen Rechnern kein Problem mehr, da sogar schon Taschenrechner leistungsfähige Nullstellenberechnungsprogramme enthalten. Auf die Rechenverfahren zur Nullstellenbestimmung wird in Abschnitt 14.1 eingegangen.

Die zwei folgenden Beispiele sollen die Anwendung des obigen Stabilitätskriteriums verdeutlichen. Zunächst wird ein einzelnes Regelkreisglied untersucht.

Beispiel 5.1: Betrachtet man den Feder-Masse-Schwinger von Kapitel 3, Abb. 3.14, so lautet die Differentialgleichung des Schwingers

$$M \cdot \ddot{x}_a + d \cdot \dot{x}_a + c \cdot x_a = A \cdot p_e \ ,$$

und die zugehörige Übertragungsfunktion des Regelkreisgliedes heißt

$$F_S(s) = \frac{X_a(s)}{P_e(s)} = \frac{Z(s)}{N(s)} = \frac{A}{Ms^2 + ds + c}.$$

Mit $M = 10 \,\text{kg}$, $d = 4 \,\text{kgs}^{-1}$ und $c = 0,3 \,\text{kgs}^{-2}$ resultiert dann die Nennergleichung $N(s) = 0$ (nach Weglassen der Dimensionen) zu:

$$10s^2 + 4s + 0,3 = 0 \ .$$

Die Pole der Übertragungsfunktion des Regelkreisgliedes ergeben sich zu

$$s_1 = -\,0,1 \qquad \text{und} \qquad s_2 = -\,0,3 \ .$$

Der Feder-Masse-Schwinger besitzt zwei reelle Pole in der linken s-Halbebene, die Eigenbewegungen klingen monoton ab. Folglich ist der Feder-Masse-Schwinger stabil.

Wenn die Federsteifigkeit auf $c = 0,5 \,\text{kgs}^{-2}$ ansteigt, dann wandern die Pole nach

$$s_{1,2} = -0,2 \pm \text{j}0,1 \ .$$

Der Schwinger bleibt stabil, da die Pole ebenso in der linken Halbebene liegen. Die Eigenbewegungen klingen nun jedoch oszillatorisch ab, da das Polpaar konjugiert komplex wird.   □

Beispiel 5.2: Als Beispiel für einen kompletten Regelkreis wird die Drehwinkelregelung des Gleichstrommotors von Abschnitt 4.5.2 mit einem reinen I-Regler untersucht. Mit

$$F_S(s) = \frac{K_{IS}}{s \cdot (1 + T_1 s)} \qquad \text{und} \qquad F_R(s) = \frac{K_I}{s}$$

wird

$$F_0(s) = \frac{K_I K_{IS}}{s^2 \cdot (1 + T_1 s)} \ .$$

Damit lautet dann die *charakteristische Gleichung*

$$1 + F_0(s) = 1 + \frac{K_I K_{IS}}{s^2 \cdot (1 + T_1 s)} = 0$$

bzw.

$$K_I K_{IS} + s^2 \cdot (1 + T_1 s) = 0 \ .$$

Mit den Zahlenwerten $K_I = 2\,\mathrm{s}^{-1}$, $K_{IS} = 1\,\mathrm{s}^{-1}$ und $T_1 = 0{,}1\,\mathrm{s}$ lautet die charakteristische Gleichung nach Weglassen der Dimensionen

$$2 + s^2 + 0{,}1s^3 = 0 \ .$$

Die Nullstellen der charakteristischen Gleichung ($\hat{=}$ Pole der Übertragungsfunktion) liegen bei:

$$s_1 = -10{,}19 \qquad \text{und} \qquad s_{2,3} = +0{,}096 \pm \mathrm{j}1{,}40 \ .$$

Zwei Pole liegen in der rechten s-Halbebene, der Regelkreis ist instabil. Die Eigenbewegung klingt oszillatorisch auf, so wie in Abb. 5.1c gezeigt. $\qquad\qquad\qquad\qquad\square$

Aufgabel 5.1: Eine PT$_3$-Regelstrecke mit der nachfolgend gegebenen Übertragungsfunktion $F_S(s) = \dfrac{5}{1 + 6s + 4s^2 + 2s^3}$ wird mit dem PI-Regler mit der Übertragungsfunktion $F_R(s) = \dfrac{K_P \cdot (1 + 4s)}{4s}$ geregelt.

1. Berechnen Sie die Pole der Regelstrecke.

2. Ist die Regelstrecke für sich stabil?

3. Wie lautet die charakteristische Gleichung für $K_P = 1$?

4. Berechnen Sie die Nullstellen der charakteristischen Gleichung.

5. Ist der geschlossenen Regelkreis stabil?

6. Ab welchem K_P wird der Regelkreis instabil?

Lösung:

1. $s_{1,2} = -0{,}9060 \pm 1{,}3559\mathrm{j}$ und $s_3 = -0{,}1880$

2. Die Regelstrecke ist stabil, alle Pole haben negativen Realteil.

3. $5 + 24s + 24s^2 + 16s^3 + 8s^4 = 0$

4. $s_{1,2} = -0{,}2577 \pm 1{,}3567\mathrm{j}$; $s_3 = -1{,}2147$ und $s_4 = -0{,}2698$.

5. Der geschlossene Regelkreis ist stabil, da alle Nullstellen negativen Realteil aufweisen.

6. Für $K_P > 1{,}8392$ wird der Regelkreis instabil.

$\hfill\square$

5.2 Das Hurwitz-Kriterium

Definition. Obwohl mit den heute zur Verfügung stehenden Rechenprogrammen die Anwendung des allgemeinen Stabilitätskriteriums problemlos ist, kann für Systeme niedriger Ordnung eine einfachere Stabilitätsprüfung erfolgen. Diese Stabilitätsprüfung geht von den Koeffizienten der charakteristischen Gleichung aus und erfordert keine explizite Nullstellenberechnung. Sie wurde von Routh und Hurwitz entwickelt und ist in der Form von Hurwitz bekannt geworden [22], [44].

Der Regelkreis mit der charakteristischen Gleichung

$$a_n s^n + \ldots + a_1 s + a_0 = 0$$

kann *monotone Instabilität* (dann liegt mindestens eine positiv reelle Nullstellen vor) oder *oszillatorische Instabilität* (dann liegt mindestens eine konjugiert komplexe Nullstelle mit positivem Realteil vor) aufweisen. Damit ein Regelkreis *stabil* ist müssen die folgenden *Hurwitz-Bedingungen* erfüllt sein:

1. *Es müssen alle Koeffizienten a_i der charakteristischen Gleichung von a_0 bis a_n vorhanden sein und gleiches Vorzeichen aufweisen. (Ab jetzt sind positive Koeffizienten a_i vorausgesetzt.)*

2. *Ordnet man man die Koeffizienten der charakteristischen Gleichung wie folgt in Form einer quadratischen Matrix an und stellt die so genannte Hurwitz-Determinante H*

$$H = \begin{vmatrix} a_1 & a_3 & a_5 & a_7 \ldots \\ a_0 & a_2 & a_4 & a_6 \ldots \\ 0 & a_1 & a_3 & a_5 \ldots \\ 0 & a_0 & a_2 & a_4 \ldots \\ 0 & 0 & a_1 & a_3 \ldots \\ 0 & 0 & a_0 & a_2 \ldots \\ \vdots & \vdots & \vdots & \vdots & \vdots \end{vmatrix} \qquad n \times n \ Matrix$$

auf, dann müssen zur Erfüllung der Stabilität die die Hauptabschnittsdeterminanten H_i, für $i = 1, \ldots n-1$, der hervorgehobenen Matrizen, also

$$H_1 = a_1 \qquad H_2 = \begin{vmatrix} a_1 & a_3 \\ a_0 & a_2 \end{vmatrix} = a_1 a_2 - a_0 a_3 \qquad usw.$$

positives Vorzeichen aufweisen.

Erläuterung. Diese Hurwitz-Bedingungen sagen nichts über den „Grad der Stabilität oder Instabilität" aus, also ob die Nullstellen der charakteristischen Gleichung nahe der imaginären Achse oder weit entfernt davon liegen. Es wird nur eine Aussage darüber getroffen, ob das System stabil, grenzstabil oder instabil ist.

Bedingung 1 ist leicht einzusehen, wenn man z. B. die folgenden drei Nullstellen der charakteristischen Gleichung annimmt:

$$s_1 = +\alpha \qquad s_2 = -\beta \qquad s_3 = -\gamma \ .$$

Dann resultiert unter Verwendung des Satzes von Vieta die charakteristische Gleichung zu:

$$(s - s_1)(s - s_2)(s - s_3) = s^3 + (\beta + \gamma - \alpha)s^2 + (\beta\gamma - \alpha[\beta + \gamma])s - \alpha\beta\gamma = 0.$$

Unabhängig von den Beträgen von α, β und γ weist nun der Koeffizient $a_0 = -\alpha\beta\gamma$ immer ein negatives und $a_3(\equiv 1)$ immer ein positives Vorzeichen auf. Sie haben unterschiedliche Vorzeichen und die Hurwitz-Bedingung 1 ist nicht erfüllt.

Aufgabe 5.2: Die charakteristische Gleichung besitze die drei Nullstellen $s_1 = -\alpha$ und $s_{2,3} = +\sigma \pm \mathrm{j}\omega$. Überprüfen Sie die Gültigkeit der ersten Hurwitz-Bedingung. □

Bedingung 2 wird plausibel, wenn man die Dauerschwingungen eines Systems an der Stabilitätsgrenze betrachtet. Für ein System 3. Ordnung lautet die homogene Differentialgleichung

$$a_3 \dddot{x}(t) + a_2 \ddot{x}(t) + a_1 \dot{x}(t) + a_0 x(t) = 0 \ .$$

Es wird angenommen, dass der Regelkreis an der Stabilitätsgrenze Dauerschwingungen ausführt. Dann gilt für $x(t)$:

$$x(t) = \widehat{x} \cdot \sin \omega t \ .$$

Setzt man $x(t)$ in die homogene Differentialgleichung ein, so resultiert:

$$\widehat{x} \cdot \{-a_3\omega^3 \cos \omega t - a_2\omega^2 \sin \omega t + a_1\omega \cos \omega t + a_0 \sin \omega t\} = 0 \ .$$

Ordnet man die Gleichung nach Sinus- und Kosinus-Termen so ergibt sich:

$$\widehat{x} \sin \omega t \cdot \{a_0 - a_2\omega^2\} = 0 \tag{5.16}$$

$$\widehat{x} \cos \omega t \cdot \{a_1\omega - a_3\omega^3\} = 0 \ . \tag{5.17}$$

Gleichung 5.17 ist für alle Zeiten t erfüllt sofern $\omega^2 = \frac{a_1}{a_3}$. Mit dieser Frequenz $\omega = \omega_{Krit} = \sqrt{\frac{a_1}{a_3}}$, der so genannten *kritischen Frequenz*, schwingt der Regelkreis an der

Stabilitätsgrenze[3]. Einsetzen dieser Bedingung von ω in 5.16 ergibt:

$$a_0 a_3 - a_1 a_2 = 0 \qquad \text{bzw.} \qquad a_1 a_2 - a_0 a_3 = 0 \ . \tag{5.18}$$

D. h. an der Stabilitätsgrenze erfüllen die Koeffizienten der charakteristischen Gleichung die Bedingung von Gleichung 5.18. Man kann zeigen, dass die Ungleichung

$$a_1 a_2 - a_0 a_3 > 0 \qquad \text{zu Nullstellen mit negativem Realteil, und} \tag{5.19}$$
$$a_1 a_2 - a_0 a_3 < 0 \qquad \text{zu Nullstellen mit positivem Realteil führt.} \tag{5.20}$$

Gleichung 5.18 ist aber identisch mit der Bedingung für die Unterdeterminante H_2. Mit den Hurwitz-Bedingungen

$$H_1 = a_1 > 0 \tag{5.21}$$

$$H_2 = \begin{vmatrix} a_1 & a_3 \\ a_0 & a_2 \end{vmatrix} = a_1 a_2 - a_0 a_3 > 0 \tag{5.22}$$

und $a_i > 0$ sind alle H_1 bis H_2 positiv und somit das System stabil, sofern die Beziehung $a_1 a_2 - a_0 a_3 > 0$ erfüllt ist.

Anwendungen. Für eine charakteristische Gleichung *4. Ordnung* weisen für positive a_i die Nullstellen negativen Realteil auf, sofern die nachfolgende Ungleichung erfüllt ist:

$$H_3 = a_1 a_2 a_3 - a_0 a_3^2 - a_1^2 a_4 = a_3 \cdot (a_1 a_2 - a_0 a_3) - a_1^2 a_4 > 0 \ .$$

Die Bedingung $H_2 = a_1 a_2 - a_0 a_3 > 0$ ist implizit in der vorangehenden Ungleichung enthalten.

Beispiel 5.3: Es wird wieder der Feder-Masse-Schwinger von Beispiel 5.1 untersucht. Die charakteristische Gleichung dieser Anordnung lautet:

$$M s^2 + ds + c = 0 \ .$$

Hurwitz-Bedingung 1 ist erfüllt, alle Koeffizienten der charakteristischen Gleichung sind vorhanden, $a_2 = M$, $a_1 = d$ und $a_0 = c$, und sie besitzen positives Vorzeichen. Die Determinante $H_1 = a_1 > 0$ ist bei Erfüllung von Bedingung 1 immer erfüllt. Daraus folgt:

> *Eine Übertragungsfunktion 2. Ordnung, deren Nenner alle Koeffizienten mit gleichem Vorzeichen enthält, ist immer stabil.*   □

---

[3]Diese Bedingung für ω_{Krit} gilt für ein System 3. Ordnung. Für Systeme höherer Ordnung wird ω_{Krit} entsprechend dem Vorgehen für ein System 3. Ordnung abgeleitet. Die Anwendung dieser Bedingungen für ω_{Krit} setzt voraus, dass die Reglerparameter so gewählt sind, dass das System Dauerschwingungen durchführt.

Beispiel 5.4: Bei der Drehwinkelregelung des Gleichstrommotors mit einem I-Regler in Beispiel 5.2 lautet die charakteristische Gleichung

$$1 + F_0(s) = 0 \quad \Rightarrow \quad K_I K_{IS} + s^2 + T_1 s^3 = 0 \ .$$

Es fehlt der Koeffizient a_1 vor s^1. Damit ist Hurwitz-Bedingung 1 nicht erfüllt, der Regelkreis weist mindestens einen Pol in der rechten s-Halbebene auf und ist instabil. Die Überprüfung der Hurwitz-Determinanten erübrigt sich. ☐

Beispiel 5.5: Es wird die Drehwinkelregelung von Beispiel 5.2 untersucht. Die Regelstrecke $F_S(s) = \dfrac{K_{IS}}{s \cdot (1 + T_1 s)}$ wird mit einem PI-Regler $F_R(s) = \dfrac{K_P \cdot (1 + T_N s)}{T_N s}$ geregelt. Es soll untersucht werden, mit welcher Frequenz ω_{Krit} der Regelkreis an der Stabilitätsgrenze schwingt und wie groß die Nachstellzeit T_N des PI-Reglers mindestens werden muss, damit der Regelkreis stabil wird.

Die Übertragungsfunktion F_0 des aufgeschnittenen Regelkreises lautet

$$F_0(s) = \frac{K_{IS}}{s \cdot (1 + T_1 \ s)} \cdot \frac{K_P \cdot (1 + T_N \ s)}{T_N \ s} \ .$$

Daraus folgt die charakteristische Gleichung zu:

$$1 + F_0(s) = 0 \quad \Rightarrow \quad K_{IS} K_P + K_{IS} K_P T_N s + T_N s^2 + T_N T_1 s^3 = 0 \ .$$

Sofern $K_P = K_{P,Krit}$, mit $K_{P,Krit}$ als so genannter *kritischer Verstärkung*[4], berechnet man für $n = 3$ die kritische Frequenz ω_{Krit} der Dauerschwingung der Regelgröße $x(t)$ an der Stabilitätsgrenze, aus:

$$\omega_{Krit} = \sqrt{\frac{a_1}{a_3}} = \sqrt{\frac{K_{IS} K_{P,Krit} T_N}{T_N T_1}} = \sqrt{\frac{K_{IS} K_{P,Krit}}{T_1}} \ .$$

Aus der Bedingung der Hurwitz-Determinanten

$$a_1 a_2 - a_0 a_3 = K_{IS} K_P T_N^2 - K_{IS} K_P T_N T_1 > 0 \qquad \text{folgt} \qquad T_N > T_1 \ ,$$

und somit muss für einen stabilen Regelkreis gelten: $T_N > T_1$. ☐

Aufgabe 5.3: Wie lauten die Hurwitz-Bedingungen für eine charakteristische Gleichung 5. Ordnung:

Lösung: 1.) $(a_0 a_3 - a_1 a_2) \cdot (a_2 a_5 - a_3 a_4) - (a_0 a_5 - a_1 a_4)^2 > 0$

         2.) $a_3 a_4 - a_2 a_5 > 0$ ☐

---

[4]Für $K_P = K_{P,krit}$ weist mindestens ein Pol der charakteristischen Gleichung den Realteil Null auf, alle anderen Pole besitzen negativen Realteil.

Aufgabe 5.4: Überprüfen Sie die Hurwitz-Bedingungen an dem Regelkreis von Aufgabe 5.1, also mit $F_S(s) = \dfrac{5}{1 + 6s + 4s^2 + 2s^3}$ und $F_R(s) = \dfrac{1 + 4s}{4s}$:

1. Sind alle Hurwitz-Bedingungen für $K_P = 1$ erfüllt?

2. Wie groß ist $K_{P,Krit}$?

Lösung:

1. Ja, die Hurwitz-Bedingungen sind alle erfüllt.

2. $K_{P,Krit} = 1{,}8392$.

$\square$

5.3 Das Nyquist-Kriterium

Einführung. Die bisher betrachteten Stabilitätskriterien gehen von der charakteristischen Gleichung

$$1 + F_0(s) = 1 + F_R(s) \cdot F_S(s) = 0 \tag{5.23}$$

aus. Das charakteristische Polynom $1 + F_0(s)$ bildet den Nenner der Übertragungsfunktion des geschlossenen Regelkreises. Die Lage der Nullstellen dieser Gleichung ist entscheidend für die Stabilität des Regelkreises.

Das Nyquist-Kriterium geht ebenso von dieser charakteristischen Gleichung aus, führt aber zu einem grafischen Stabilitätskriterium. Hierzu wird Gleichung 5.23 umgeformt zu

$$F_0(s) = F_R(s) \cdot F_S(s) = -1 \ .$$

$F_0(s)$ ist die Übertragungsfunktion des aufgeschnittenen Regelkreises, wenn man die Vorzeichenumkehr außer Acht lässt[5]. Diesen aufgeschnittenen Regelkreis zeigt Abb. 5.2. Die Stelle im Regelkreis, an der aufgeschnitten wird, ist für die Bestimmung von $F_0(s)$ unbedeutend.

---

[5]Falls die Rückführschleife ein Messelement $F_M(s)$ enthält gilt für die Übertragungsfunktion des aufgeschnittenen Regelkreises $F_0(s) = F_R(s) \cdot F_S(s) \cdot F_M(s)$.

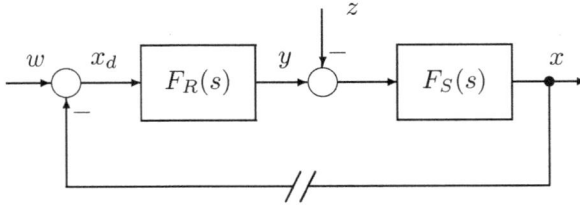

Abbildung 5.2: *Aufge-schnittener Regelkreis*

Man führt nun folgendes Experiment durch:

> Man regt den aufgeschnittenen Regelkreis an der Schnittstelle in Wirkungs-richtung mit einer Sinusschwingung der Frequenz ω_1 und der Amplitu-de 1 an. Dann durchläuft diese Sinusschwingung den Regelkreis und tritt am anderen freien Ende der Schnittstelle (im eingeschwungenen Zustand) phasenverschoben mit gleicher Frequenz ω_1 aber neuer Amplitude A_1 wie-der aus. Man verändert nun die Frequenz ω_1 solange, bis die Phasenver-schiebung zwischen dem Ein- und Ausgangssinus $-360°$ beträgt, und dann verändert man die Reglerverstärkung K_P solange bis die Amplitude A_1 des Ausgangssinus gleich 1 ist. Dieser Fall tritt genau dann auf, wenn die Anregungsfrequenz ω_1 gleich der *kritischen Frequenz* ω_{Krit} und die Regler-verstärkung K_P gleich der *kritischen Verstärkung* $K_{P,Krit}$ ist. Man kann dann die Anregung entfernen und den Regelkreis wieder schließen. Die ein-mal aufgetretene Sinusschwingung der Frequenz ω_{Krit} wird im Regelkreis nicht gedämpft, der Regelkreis schwingt an der Stabilitätsgrenze.

Eine Analyse dieser Dauerschwingung zeigt, dass die an der Schnittstelle angelegte Sinusschwingung an der Stelle der Bildung der Soll-/Istwertdifferenz infolge des Minus-zeichens eine Phasenverschiebung von $-180°$ erfährt. Da beim Auftreten einer Dauer-schwingung die gesamte Phasenverschiebung $-360°$ beträgt, muss die fehlende Phasen-verschiebung von $-180°$ vom Durchlauf der Schwingung durch $F_0(\mathrm{j}\omega) = F_R(\mathrm{j}\omega) \cdot F_S(\mathrm{j}\omega)$ verursacht werden. Weiterhin muss die Verstärkung von $F_0(\mathrm{j}\omega)$ also $|F_0(\mathrm{j}\omega)|_{\omega=\omega_{Krit}} = 1$ sein, da die Amplituden des Eingangs- und Ausgangssignals gleich sind.

Diese Bedingungen

$$|F_0(\mathrm{j}\omega)| = 1 \qquad \text{und} \qquad \varphi_0 = \angle F_0(\mathrm{j}\omega) = -180°$$

lassen sich zusammenfassen zu

$$F_0(\mathrm{j}\omega) = \left| F_0(\mathrm{j}\omega) \right| \cdot \mathrm{e}^{\mathrm{j} \angle F_0(\mathrm{j}\omega)} = 1 \cdot \mathrm{e}^{-\mathrm{j}\pi} = -1 \ . \tag{5.24}$$

Der Punkt $F_0(\mathrm{j}\omega) = -1$ ist für die Stabilitätsbeurteilung eines Regelkreises von ent-scheidender Bedeutung und man bezeichnet ihn als *kritischen Punkt* -1. Wenn die Ortskurve von $F_0(\mathrm{j}\omega)$ durch den Punkt -1 in der komplexen Ebene verläuft, dann be-findet sich der Regelkreis an der Stabilitätsgrenze und führt Dauerschwingungen mit der Frequenz ω_{Krit} durch. Die Frequenz ω_{Krit} ist gleich dem ω-Wert der Ortskurve an der Stelle -1. Die Amplitude der Dauerschwingungen hängt von der Amplitude der Anregung ab.

5.3.1 Das vereinfachte Nyquist-Kriterium

Erläuterung. Dieses obige Ergebnis soll für die Regelung einer PT_2-Strecke mit einem reinen I-Regler näher analysiert werden. Die Übertragungsfunktion des aufgeschnittenen Regelkreises $F_0(s)$ lautet dann für diesen Fall:

$$F_0(s) = F_R(s) \cdot F_S(s) = \frac{K_I \cdot K_S}{s \cdot (1 + T_1 s) \cdot (1 + T_2 s)} \; . \tag{5.25}$$

Die Stabilitätsgrenze für einen derartigen Regelkreis findet man mit dem Hurwitz-Kriterium an der Stelle $K_I = K_{I,Krit} = \frac{T_1 + T_2}{K_s T_1 T_2}$. Trägt man nun für diesen Regelkreis die Ortskurve $F_0(j\omega)$ in der komplexen Ebene auf, so kommt die Ortskurve für $\omega \to 0$ von $-j\infty$ und strebt für $\omega \to \infty$ gegen Null. Abb. 5.3 zeigt drei verschiedene Ortskurven, die linke für $K_I > K_{I,Krit}$, die mittlere für $K_I = K_{I,Krit}$ und die rechte für $K_I < K_{I,Krit}$.

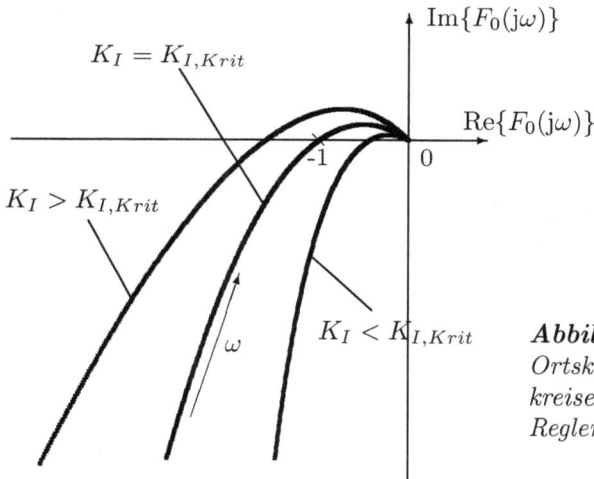

Abbildung 5.3: *Nyquist-Ortskurven des Regelkreises mit verschiedenen Reglerverstärkungen K_I*

Die Kurve für $K_I = K_{I,Krit}$ verläuft genau durch den *kritischen Punkt* -1 in der komplexen Ebene. Bei der stabilen Lösung ($K_I < K_{I,Krit}$) liegt der kritische Punkt -1 in Richtung ansteigender ω-Werte links der Ortskurve, und bei der instabilen Lösung ($K_I > K_{I,Krit}$) liegt der kritische Punkt -1 rechts der Ortskurve.

Man bezeichnet diese Ortskurven von $F_0(j\omega) = F_R(j\omega) \cdot F_S(j\omega)$ als *Nyquist-Ortskurven*. Diese Nyquist-Ortskurven sind die Abbildung der positiven imaginären Achse $s = +j\omega$ der s-Halbebene gemäß der Abbildungsvorschrift $F_0(s)$ in die Ortskurvenebene mit der reellen Achse $\mathrm{Re}\{F_0(j\omega)\}$ und der imaginären Achse $\mathrm{Im}\{F_0(j\omega)\}$. Man spricht hierbei auch von der Darstellung der Ortskurve in der F_0-Ebene.

Abbildung von der s-Ebene in die $F_0(j\omega)$-Ebene. Zum besseren Verständnis der nun folgenden Stabilitätsaussagen soll nicht nur die Ortskurve $F_0(j\omega)$, also die Abbildung der imaginären Achse in die F_0-Ebene untersucht werden, sondern es soll die gesamte obere s-Halbebene $s = \sigma + \mathrm{j}\omega$ in die F_0-Ebene abgebildet werden.

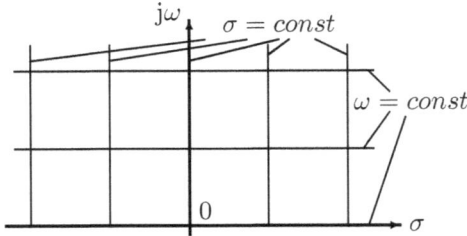

Abbildung 5.4: *Abgebildetes σ/ω-Netz*

Diese obere s-Halbebene zeigt Abb. 5.4 mit einigen hervorgehobenen Linien für $\sigma =$ const. und $\omega =$ const. Die positive imaginäre $\mathrm{j}\omega$-Achse ist darin als Spezialfall für $\sigma = 0$ enthalten.

Das σ/ω-Netz der s-Ebene von Abb. 5.4 mit $s = \sigma + \mathrm{j}\omega$ wird nun gemäß der Abbildungsvorschrift von Gleichung 5.25 in die F_0-Ebene abgebildet. Die Geraden von Bild 5.4 in der komplexen s-Ebene werden dabei in ein Netz von Kurven in der F_0-Ebene abgebildet (Bild 5.5a und 5.5b).

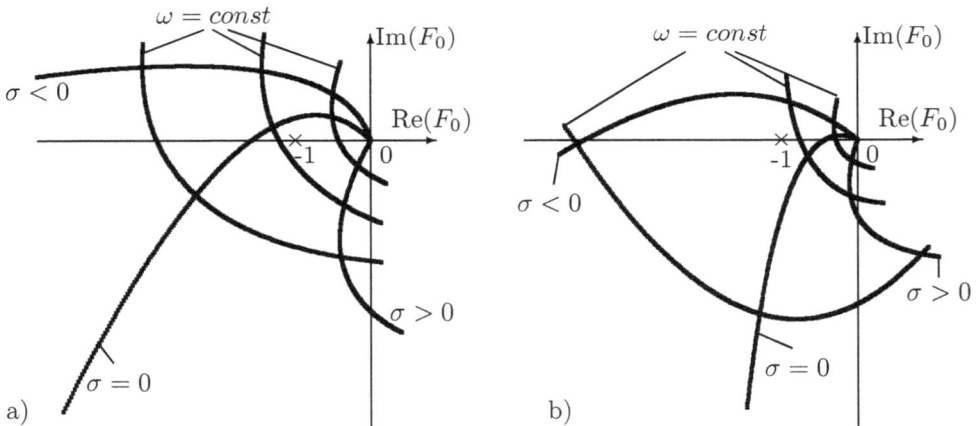

Abbildung 5.5: *Abbildung des σ/ω-Netzes für ein „instabiles K_I" (Abb. a) und ein „stabiles K_I" (Abb. b) in der F_0-Ebene*

In Abb. 5.5a liegt der kritische Punkt -1 rechts der Linie für $\sigma = 0$. Der *kritische Punkt* -1 liegt damit in dem Gebiet, in das die Linien der s-Ebene für $\sigma > 0$ abgebildet werden, also im Gebiet *aufklingender Schwingungen*. Die betrachtete Abbildung $F_0(s)$ führt damit zu aufklingenden Schwingungen und der geschlossene Regelkreis ist *instabil*.

In Abb. 5.5b liegen dagegen andere Verhältnisse vor. Die Abbildung des σ/ω-Netzes gemäß der Abbildungsvorschrift $F_0(s)$ – nun aber mit einer anderen Reglerverstärkung K_I – ergibt ein geändertes Kurvennetz. Der *kritische Punkt* -1 liegt nun links der

Linie für $\sigma = 0$. Er liegt damit in dem Gebiet, in das die Linien der s-Ebene mit $\sigma < 0$ abgebildet werden, also im Gebiet *abklingender Schwingungen*. Der geschlossene Regelkreis ist also *stabil*. Diese Linie für $\sigma = 0$ ist aber die oben eingeführte Nyquist-Ortskurve $F_0(j\omega)$, also die Abbildung der imaginären Achse $s = j\omega$ in die F_0-Ebene.

Stabilitätsdefinition. Aus diesen Betrachtungen lässt sich für „einfache" Regler und Strecken[6] aus der Lage des kritischen Punktes -1 in der F_0-Ortskurvenebene ein Stabilitätskriterium ableiten, das als *Nyquist-Stabilitätskriterium der vereinfachten Form* oder auch als *vereinfachtes Nyquist-Kriterium* bezeichnet wird:

> *Gegeben ist die Übertragungsfunktion des aufgeschnittenen Regelkreises in der folgenden Form*
>
> $$F_0(s) = F_R(s) \cdot F_S(s) = \frac{1}{s^q} \cdot \frac{b_0 + b_1 s + \ldots + b_m s^m}{a_0 + a_1 s + \ldots + a_{n-q} s^{n-q}} \cdot e^{-sT_t} \quad (5.26)$$
>
> *mit $q \leq 2$ und $m < n$.*
>
> *Liegen die Pole des aufgeschnittenen Regelkreises mit der Übertragungsfunktion $F_0(s)$ links der $j\omega$-Achse mit höchstens einem Doppelpol im Ursprung, dann ist der geschlossene Regelkreis stabil, wenn beim Durchlaufen der Ortskurve $F_0(j\omega)$ in Richtung steigender ω-Werte der kritische Punkt -1 immer links der Ortskurve liegt.*

Dieses vereinfachte Kriterium setzt somit die Stabilität des Reglers und der Regelstrecke voraus. Diese Voraussetzung ist jedoch in vielen Fällen erfüllt.

Anwendungsbeispiele. Betrachtet man z. B. stabile Verzögerungsstrecken 1. und 2. Ordnung, die mit einem P-Regler geregelt werden, so verläuft die Nyquist-Ortskurve $F_0(j\omega)$, wie in Abb. 5.6 gezeigt, nur im 3. und 4. Quadranten. Die negative reelle Achse wird nicht geschnitten, der kritische Punkt -1 liegt immer links der Nyquist-Ortskurve, der Regelkreis ist *strukturstabil*.

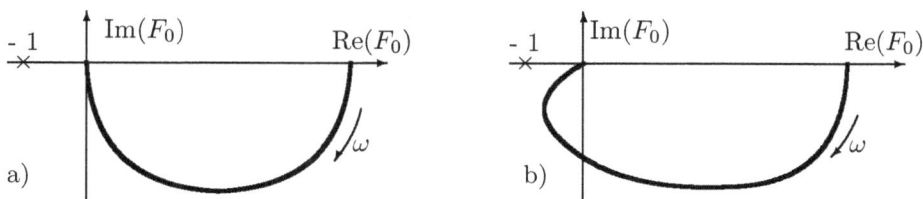

Abbildung 5.6: *Nyquist-Ortskurven strukturstabiler Regelkreise: P-Regler und PT_1-Strecke (Bild a) bzw. PT_2-Strecke (Bild b)*

Dagegen verläuft die Nyquist-Ortskurve einer integrierenden Regelstrecke, die mit einem I-Regler geregelt wird, d. h. es gilt $F_0(s) = K/s^2$ bzw. $F(j\omega) = -K/\omega^2$, genau

---

[6]Damit sind Phasenminimumsysteme mit Tiefpasseigenschaft gemeint.

entlang der negativ reellen Achse. Die Nyquist-Ortskurve kommt nun für $\omega = 0$ aus dem negativen, reellen Unendlichen und strebt für $\omega \to \infty$ gegen 0. Da die Ortskurve entlang der negativ reellen Achse verläuft, geht sie genau durch den kritischen Punkt -1, der Regelkreis führt Dauerschwingungen durch, er ist *grenzstabil*.

Betrachtet man nun die Nyquist-Ortskurve einer IT_1- oder IT_2-Regelstrecke, die mit einem I-Regler geregelt werden, so verläuft die Nyquist-Ortskurve von $F_0(j\omega)$ gemäß Abb. 5.7.

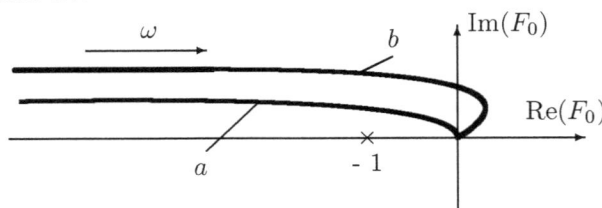

Abbildung 5.7: Nyquist-Ortskurve eines I-Reglers mit IT_1-Regelstrecke (Kurve a) und IT_2-Regelstrecke (Kurve b)

Die Regelkreise von Abb. 5.7 sind aufgrund des Verlaufs der Nyquist-Ortskurve *instabil*, der Punkt -1 liegt „rechts" der Ortskurve in Richtung anwachsendem ω. Dagegen ist der Regelkreis mit der Nyquist-Ortskurve von Abb. 5.8 stabil, da der kritische Punkt -1 in Richtung wachsender ω-Werte links der Ortskurve liegt.

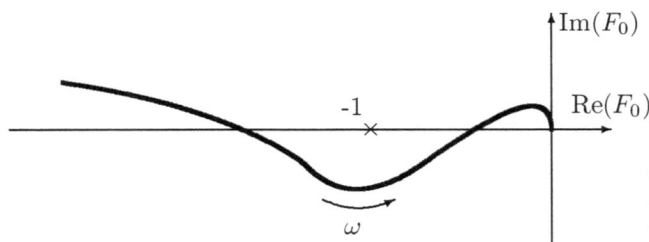

Abbildung 5.8: Nyquist-Ortskurve für einen stabilen Regelkreis

Die Stabilitätsuntersuchung und Reglerauslegung anhand der Nyquist-Ortskurve soll an einem einfachen Beispiel ausführlich behandelt werden.

Beispiel 5.6: Eine Verzögerungsstrecke 3. Ordnung (wie beispielsweise eine Temperaturregelstrecke bestehend aus drei Verzögerungsanteilen) mit den Zeitkonstanten T_1, T_2, T_3 und der Streckenverstärkung K_s soll mit einem reinen I-Regler geregelt werden. Die Zahlenwerte von Strecke und Regler lauten: $K_s = 2$, $T_1 = 1\,\text{s}$, $T_2 = 2\,\text{s}$, $T_3 = 3\,\text{s}$ und $K_I = 0{,}2\,\text{s}^{-1}$.

Dann ergibt sich die Übertragungsfunktion des aufgeschnittenen Regelkreises zu

$$F_0(s) = \frac{K_s \cdot K_I}{s \cdot (1 + T_1 s) \cdot (1 + T_2 s) \cdot (1 + T_3 s)},$$

und mit den angegebenen Zahlenwerten lautet der Frequenzgang:

$$F_0(j\omega) = \frac{0{,}4}{(6\omega^4 - 6\omega^2) + j(\omega - 11\omega^3)} \ .$$

Man erstellt nun eine Wertetabelle vom Real- und Imaginärteil von $F_0(j\omega)$ für verschiedene ω-Werte

ω/s^{-1}	0	0,05	0,1	0,15	0,2	0,3	0,3015
$\text{Re}\{F_0(j\omega)\}$	-2,4	-2,3142	-2,0752	-1,7505	-1,4043	-0,8141	-0,8067
$\text{Im}\{F_0(j\omega)\}$	$-\infty$	-7,5147	-3,1093	-1,4973	-0,6826	-0,0050	0

ω/s^{-1}	0,4	0,5	0,7	0,9	1	2	∞
$\text{Re}\{F_0(j\omega)\}$	-0,4343	-0,2215	-0,0513	-0,0072	0	+0,0023	0
$\text{Im}\{F_0(j\omega)\}$	0,1637	0,1723	0,1051	0,0553	0,04	0,0027	0

und stellt diese in der F_0-Ebene grafisch dar (Abb. 5.9). Die Ortskurve kommt für $\omega \to 0$ aus dem negativ imaginären Unendlichen, schneidet zuerst für $\omega_1 = 0,3015\,s^{-1}$ die reelle Achse bei $-0,8067$, schneidet dann für $\omega_2 = 1\,s^{-1}$ die imaginäre Achse kaum sichtbar bei $+j0,04$ und geht für $\omega \to \infty$ gegen Null.

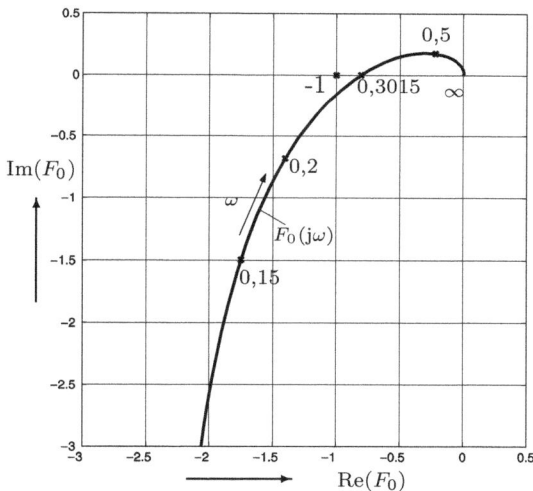

Abbildung 5.9: *Nyquist-Ortskurve der PT_3-Strecke mit I-Regler*

Die Anwendung des vereinfachten Nyquist-Kriteriums erfordert zunächst die Überprüfung der Voraussetzungen von Gleichung 5.26. Da $F_0(s)$ einen Einfachpol im Ursprung und ansonsten nur Pole in der linken s-Halbebene aufweist, kann das vereinfachte Nyquist-Kriterium angewendet werden. Der kritische Punkt -1 liegt in Richtung anwachsender ω-Werte links von der dargestellten Nyquist-Ortskurve. Somit ist der geschlossene Regelkreis stabil.

Aufgabe 5.5: Die Regelstrecke $F_S(s) = \frac{2}{(1+s)(1+2s)(1+3s)}$ von Beispiel 5.6 soll mit einem PI-Regler, ausgelegt nach dem Verfahren der dynamischen Kompensation, geregelt werden. Berechnen Sie hierzu:

1. für $K_P = 1$ die Nyquist-Ortskurve $F_0(\mathrm{j}\omega)$ sowie die Werte für $\omega = 0$ und $\omega \to \infty$,

2. die Frequenz ω_1, bei welcher der Imaginärteil von $F_0 = 0$ ist. Wie groß ist der Realteil?

3. Stellen Sie die Ortskurve grafisch dar.

4. Ist der geschlossene Regelkreis stabil?

Lösung:

1. $F_0(0) = -2 - \mathrm{j}\infty$ $F_0(\mathrm{j}\infty) = 0$
2. $\omega_1 = 1/\sqrt{2}\,s^{-1}$ $\mathrm{Re}\{F_0(\mathrm{j}\omega_1)\} = -4/9$
4. Stabil $\square$

5.3.2   Amplitudenrand und Phasenrand

Definition. Es ist zu erwarten, dass der Abstand der Nyquist-Ortskurve $F_0(\mathrm{j}\omega)$ vom kritischen Punkt -1 nicht ohne Einfluss auf das Schwingungsverhalten des Regelkreises ist. Diesen Abstand vom *kritischen Punkt* -1 beschreibt man durch „Amplitudenrand" und „Phasenrand", die in Abb. 5.10 definiert werden.

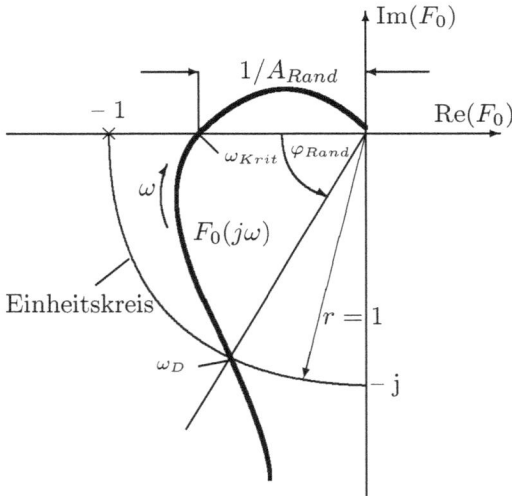

Abbildung 5.10: *Definition von Amplitudenrand und Phasenrand*

Den Abstand vom Ursprung bis zum Schnittpunkt der Nyquist-Ortskurve $F_0(\mathrm{j}\omega)$ mit der negativ reellen Achse bezeichnet man als $1/A_{Rand}$, mit A_{Rand} als *Amplitudenrand*. Die Frequenz auf der Ortskurve an dieser Stelle ist die kritische Frequenz ω_{krit}. Den Winkel zwischen der negativ reellen Achse bis zum Schnittpunkt der Nyquist-Ortskurve mit dem Einheitskreis um den Ursprung bezeichnet man als *Phasenrand* φ_{Rand}. Die Frequenz bei welcher der Betrag von $F_0(\mathrm{j}\omega) = 1$ ist nennt man die *Durchtrittsfrequenz* ω_D,

Der *Amplitudenrand* ist der Faktor, um den man die Verstärkung des Reglers vergrößern kann, bis die Stabilitätsgrenze erreicht ist. Der *Phasenrand* ist der Winkel, um den ein zusätzlich in den Regelkreis eingebautes Totzeitglied, die Ortskurve an der Stelle $|F_0(\mathrm{j}\omega)| = 1$ in mathematisch negativer Richtung „weiterdrehen" darf, bis die Stabilitätsgrenze erreicht ist. Je größer Amplitudenrand und Phasenrand, umso weiter verläuft die Nyquist-Ortskurve vom kritischen Punkt entfernt und umso „stabiler" ist der geschlossene Regelkreis.

Anwendung. Den Gebrauch beider Größen zeigen die nachfolgenden Berechnungen. Für das betrachtete Beispiel 5.6 der Temperaturregelung einer PT$_3$-Strecke mit einem I-Regler liest man aus der Wertetabelle ab, dass die Ortskurve bei der Frequenz $\omega_{Krit} = 0{,}3015\,\mathrm{s}^{-1}$ die negativ reelle Achse bei dem Wert $\mathrm{Re}\{F_0(\omega_1)\} = -0{,}8067$ schneidet. Der *Amplitudenrand* beträgt somit $A_{Rand} = 1/0{,}8067 = 1{,}2396$. Der Integrierbeiwert K_I des I-Reglers kann um den Faktor 1,2396, also vom alten Wert 0,2 auf den neuen Wert $0{,}2 \cdot A_{Rand} = 0{,}2479$ erhöht werden, bis die Stabilitätsgrenze erreicht wird. Der kritische Integrierbeiwert des I-Reglers beträgt somit $K_{I,Krit} = K_I \cdot A_{Rand} = 0{,}2479$.

Den *Phasenrand* kann man berechnen oder aus der Nyquist-Ortskurve ausmessen. Zur Berechnung ist zunächst die Ermittlung der Durchtrittsfrequenz ω_D erforderlich, bei der der Betrag von $F_0(\mathrm{j}\omega) = 1$ wird. Mit dieser Frequenz werden dann Real- und Imaginärteil von F_0 und daraus dann der Winkel φ_{Rand} berechnet. Hier resultieren Durchtrittsfrequenz und Phasenrand zu $\omega_D = 0{,}2665\,\mathrm{s}^{-1}$ und $\varphi_{Rand} = +8{,}3°$. Es kann somit bei der Temperaturregelung bis zum Erreichen der Stabilitätsgrenze eine zusätzliche Totzeit T_t (z. B. durch eine Verlängerung einer Rohrleitung) zugelassen werden, die zu einer Phasennacheilung von 8,3° führt. Das Totzeitglied wird beschrieben durch

$$F_{T_t}(\mathrm{j}\omega) = \mathrm{e}^{-\mathrm{j}\omega T_t}\ ,$$

und es resultiert dann bei $\omega = \omega_D$

$$\varphi_{Rand} = \omega_D \cdot T_t = 8{,}3° \cdot 0{,}01745 = 0{,}1448\,\mathrm{Rad}\ .$$

Die maximal zulässige Totzeit infolge der Verlängerung der Rohrleitung folgt damit zu

$$T_t = \frac{\varphi_{Rand}}{\omega_D} = \frac{0{,}1448}{\omega_D} = 0{,}5433\,\mathrm{s}.$$

Aus der zulässigen Totzeit und der Strömungsgeschwindigkeit des Wassers ergibt sich dann die zulässige Rohrverlängerung. Wird das Rohr länger, als diese Überlegungen erlauben, muss der Integrierbeiwert K_I reduziert werden.

Stabilitätskriterium. Schneidet die Nyquist-Ortskurve den Einheitskreis im 2. Quadranten, dann wird der Phasenrand negativ. Dies heißt aber auch, dass in Richtung fortschreitender ω-Werte der kritische Punkt −1 rechts der Nyquist-Ortskurve liegt. Daraus folgt dann die folgende Formulierung des *vereinfachten Nyquist-Kriteriums:*

> *Erfüllt die Übertragungsfunktion des aufgeschnittenen Regelkreises die Bedingungen des Nyquist-Kriteriums in der vereinfachten Form, dann ist der geschlossene Regelkreis stabil, sofern der Phasenrand positiv ist.*

Die Größen Amplituden- und Phasenrand werden auch, wie nachfolgend gezeigt wird, als Kriterien für die Erfüllung eines guten Führungs- und Störverhaltens verwendet.

Entwurfsforderungen. Für nicht „zu komplizierte" Verläufe von $F_0(j\omega)$ werden der Amplitudenrand und Phasenrand als Entwurfskriterium herangezogen. Für ein gutes *Führungsverhalten* fordert man

$$A_{Rand} > 4 \ldots 10 \qquad \text{und} \qquad \varphi_{Rand} > 50° \ldots 60°$$

und für ein gutes *Störverhalten*

$$A_{Rand} > 2 \ldots 3 \qquad \text{und} \qquad \varphi_{Rand} > 30° \ .$$

Zur Anwendung dieser grafischen Methode wird im Allgemeinen auf regelungstechnische Entwurfssoftware wie z. B. MATLAB zurückgegriffen, die Programme zur Berechnung und Darstellung der Nyquist-Ortskurven enthalten.

Aufgabe 5.6: Die Temperaturregelstrecke $F_S(s) = \frac{2}{(1+s)(1+2s)(1+3s)}$ von Aufgabe 5.5 soll mit einem PI-Regler $(T_N = 3\,s)$ geregelt werden.

1. Berechnen Sie den Amplituden- und Phasenrand für $K_P = 1$ sowie die Durchtrittsfrequenz ω_D bei der $|F_0(j\omega)| = 1$ ist.

2. Wie haben sich die Werte durch Einsatz des PI-Reglers verändert?

3. Um welchen Faktor k darf die Reglerverstärkung angehoben werden bis die Stabilitätsgrenze erreicht ist?

4. Welche zusätzliche Totzeit T_t im Regelkreis macht den Kreis grenzstabil?

5. Welchen Einfluss zeigt der PI-Regler gegenüber dem I-Regler?

Lösung:

1. $A_{Rand} = 9/4$, $\qquad \varphi_{Rand} = 23{,}7°$, $\qquad \omega_D = 0{,}45\,s^{-1}$

2. Amplituden- und Phasenrand sind größer geworden.

3. $k = A_{Rand} = 9/4 = 2{,}25$

4. $T_t = 0{,}92\,s$

5. Verbesserung des Stabilitätsverhaltens.   □

5.3.3   Das verallgemeinerte Nyquist-Stabilitätskriterium

Stabilitätskriterium. Die vereinfachte Fassung des Nyquist-Kriteriums gilt für nicht zu komplexe, stabile Übertragungsfunktionen des aufgeschnittenen Regelkreises. Die Stabilitätsuntersuchung derartiger Regelkreise *ohne Totzeit* kann jedoch auch mit dem allgemeinen Stabilitätskriterium von Abschnitt 5.1 durch Bestimmung der Pole des geschlossenen Regelkreises erfolgen. Dieses allgemeine Stabilitätskriterium versagt jedoch beim *Auftreten von Totzeiten im Regelkreis*, da das Totzeitglied nicht durch eine rationale Übertragungsfunktion beschrieben werden kann.

Das verallgemeinerte Nyquist-Kriterium erlaubt nun zusätzlich zu dem Auftreten von Totzeiten im Regelkreis auch *Pole von F_0 auf und rechts der imaginären Achse* (also auch instabile Strecken bzw. Regler). Die Stabilitätsprüfung derartiger Systeme ist mit *keinem* der bisher vorgestellten Verfahren möglich. Es wird die Nyquist-Ortskurve wie zuvor berechnet und dargestellt. Dann wird vom kritischen Punkt -1 ein Fahrstrahl $\vec{E}$ an die Ortskurve gelegt und von $0 \leq \omega \leq \infty$ die Ortskurve entlanggeführt. Die Winkeländerung dieses Fahrstrahls muss bei Stabilität des geschlossenen Regelkreises bestimmte Forderungen erfüllen.

Unter Zuhilfenahme der Funktionentheorie kann die folgende *allgemeine Fassung des Nyquist-Kriteriums* oder auch das *verallgemeinerte Nyquist-Kriterium* hergeleitet werden [15]:

> *Gegeben sei die folgende Übertragungsfunktion $F_0(s)$ des aufgeschnittenen Regelkreises*
>
> $$F_0(s) = F_R(s) \cdot F_S(s) = \frac{1}{s^q} \cdot \frac{b_0 + b_1 s + b_2 s^2 + \ldots + b_m s^m}{a_0 + a_1 s + a_2 s^2 + \ldots + a_{n-q} s^{n-q}} \cdot e^{-sT_t}$$
>
> *mit $q \leq 2$ und $m < n$.*
>
> *Die Übertragungsfunktion $F_0(s)$ enthalte n_p Pole mit positivem Realteil und n_i Pole auf der imaginären Achse. Dabei beinhaltet n_i auch die q Integratorpole. Wenn der vom kritischen Punkt -1 an die Nyquist-Ortskurve gezogene Fahrstrahl $\vec{E}$ beim Durchlauf von $\omega = 0$ bis $\omega \to \infty$ die Winkeländerung*
>
> $$\Delta \varphi_{Stabil} = \pi \cdot (n_p + n_i/2)$$
>
> *beschreibt, dann ist der geschlossene Kreis stabil.*

Anwendung des Stabilitätskriteriums. Zur Erläuterung dieses allgemeinen Nyquist-Kriteriums wird eine Verzögerungsstrecke 2. Ordnung, die zusätzlich ein Totzeitglied enthält, mit einem P-Regler geregelt. Eine derartige Regelstrecke entspricht z. B. einer Temperaturregelstrecke mit Totzeitglied. Die Untersuchung der Stabilität eines derartigen Regelkreises mit dem *allgemeinen Stabilitätskriterium* von Abschnitt 5.1 ist nicht möglich, da eine Totzeit im Kreis auftritt. Die Anwendung des vereinfachten Nyquist-Kriteriums ist jedoch erlaubt, sie soll hier aber nicht betrachtet werden.

Die Übertragungsfunktion $F_0(s)$ des aufgeschnittenen Regelkreises lautet für einen derartigen Kreis:

$$F_0(s) = \frac{K_P \cdot K_s}{(1 + T_1 s) \cdot (1 + T_2 s)} \cdot e^{-sT_t} \ .$$

Abb. 5.11 zeigt drei verschiedene Nyquist-Ortskurven $F_0(j\omega)$ für diese Übertragungsfunktion $F_0(s)$.

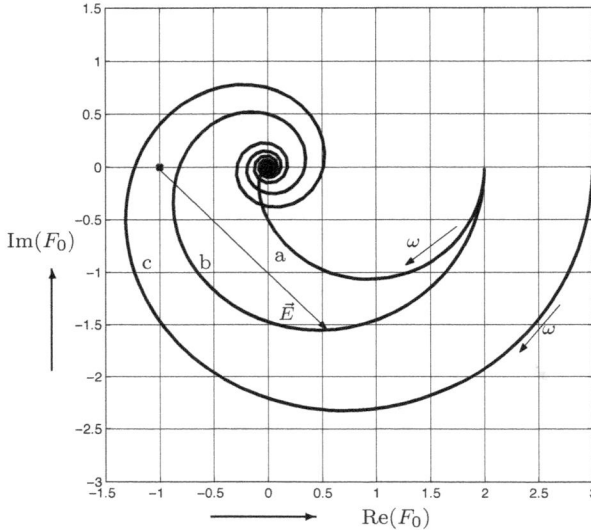

Abbildung 5.11: *Nyquist-Ortskurven der $PT_2 T_t$-Strecke mit P-Regler*

1.) PT_2-Strecke mit P-Regler (Kurve a). Die Nyquist-Ortskurve beginnt für $\omega = 0$ auf der reellen Achse und läuft mit wachsendem ω in den Ursprung. Sie verläuft nur im 3. und 4. Quadranten. Der bei -1 beginnende Fahrstrahl $\vec{E}$ beginnt für $\omega = 0$ beim Winkel $\varphi_0 = 0°$ und endet bei $\omega \to \infty$ ebenfalls bei $\varphi_\infty = 0°$. Die durchlaufende Winkeländerung beträgt $\Delta\varphi_{Mess} = 0°$. Da eine stabile PT_2-Strecke vorliegt ist die Zahl der Pole rechts bzw. auf der imaginären Achse $n_p = n_i = 0$. Die für Stabilität nach dem verallgemeinerten Kriterium erforderliche Winkeländerung beträgt $\Delta\varphi_{Stabil} = \pi \cdot (n_p + n_i/2) = 0\,Rad \,\widehat{=}\, 0°$. Es gilt $\Delta\varphi_{Mess} = \Delta\varphi_{Stabil}$, der geschlossene Regelkreis ist stabil.

2.) PT_2-Strecke mit Totzeit und P-Regler mit kleinem K_P (Kurve b). Infolge des Totzeitgliedes wird die Kurve a für jeden Frequenzpunkt ω um den jeweiligen Winkel $-\omega \cdot T_t$ gedreht und führt zu Kurve b. Zieht man den Fahrstrahl $\vec{E}$ vom kritischen Punkt -1 an die Ortskurve bei $\omega = 0$, so liegt der Winkel $\varphi_0 = 0°$ vor. In Richtung wachsender ω-Werte geht der Fahrstrahl zunächst bis ca. $-70°$ ins Negative, geht dann wieder bis ca. $+40°$ ins Positive, wieder ins Negative usw. Der Fahrstrahl wandert die Ortskurve entlang und endet für $\omega \to \infty$ wieder bei $\varphi_\infty = 0°$. Die gesamte Winkeländerung des Fahrstrahls beträgt $\Delta\varphi_{Mess} = \sum_\omega \Delta\ \varphi(\omega) = 0°$. Da weiterhin gilt $\Delta\varphi_{Mess} = \Delta\varphi_{Stabil}$ ist der geschlossene Regelkreis stabil.

3.) *PT$_2$-Strecke mit Totzeit und P-Regler mit großem K$_P$ (Kurve c).* Für die Orts-kurve c wird nun die Reglerverstärkung K_P soweit erhöht, dass die Ortskurve den kritischen Punkt –1 einmal umschlingt. Der Fahrstrahl $\vec{E}$ beginnt für $\omega = 0$ bei dem Winkel $\varphi_0 = 0°$, dreht sich beim Wandern entlang der Ortskurve um $\Delta\varphi = -360°$ und endet für $\omega \to \infty$ bei $\omega_\infty = -360°$. Die durchlaufende Winkeländerung beträgt damit $\Delta\varphi_{Mess} = -360°$. Da $\Delta\varphi_{Mess} \neq \Delta\varphi_{Stabil} = 0°$ (wie oben berechnet), ist der geschlossene Regelkreis instabil.

Das verallgemeinerte Nyquist-Kriterium liefert dasselbe Ergebnis wie das vereinfachte Nyquist-Kriterium, das man hier auch hätte anwenden können.

Abschließend soll die Anwendung des verallgemeinerten Nyquist-Kriteriums nun am Beispiel einer instabilen Regelstrecke mit einer zusätzlichen Totzeit untersucht werden. Bei einem derartigen System kann weder das allgemeine Stabilitätskriterium noch das vereinfachte Nyquist-Kriterium angewendet werden.

Beispiel 5.7: Als Modell für die instabile Regelstrecke wird das *instabile Pendel* von Abschnitt 3.4.2 verwendet. Die Übertragungsfunktion dieser Regelstrecke lautet für die Zahlenwerte $a_0 = 12$ und $b_0 = 0{,}2$ (siehe Gleichung 3.89)

$$F_S(s) = \frac{\phi(s)}{F_x(s)} = \frac{b_0}{s^2 - a_0} = \frac{0{,}2}{s^2 - 12} \; . \tag{5.27}$$

Die Pole der Regelstrecke liegen bei $s_{1,2} = \pm\sqrt{12} = \pm 3{,}46$. Somit liegt ein Pol in der rechten s-Halbebene, die Regelstrecke ist instabil. Eine derartige Regelstrecke kann mit einem PDT$_D$-Regler stabilisiert werden (siehe auch Abschnitt 8.4.3). Mit den Zahlen-werten $T_V = 0{,}2$ s und $T_D = 0{,}066$ s resultiert dann als Übertragungsfunktion des Reglers

$$F_R(s) = K_P \cdot \frac{1 + 0{,}2s}{1 + 0{,}066s} \qquad \text{mit } K_P > 0 \; . \tag{5.28}$$

Das Stellglied sei ein Stellmotor mit reinem Totzeitverhalten

$$F_{St}(s) = \mathrm{e}^{-sT_t} \; . \tag{5.29}$$

Es soll die Stabilität des geschlossenen Regelkreises von Abb. 5.12 für verschiedene Reg-lerverstärkungen K_P und zwei unterschiedliche Totzeiten $T_t = 0{,}1$ s und $0{,}2$ s untersucht werden. Somit lautet die Übertragungsfunktion $F_0(s)$ des aufgeschnittenen Regelkreises:

$$F_0(s) = K_P \cdot \frac{3 + 0{,}6s}{s^3 + 15s^2 - 12s - 180} \cdot \mathrm{e}^{-sT_t} \; . \tag{5.30}$$

Die Untersuchung der Stabilität dieses Regelkreises nach den Kriterien für *interne* oder *externe Stabilität* ist nicht möglich, da der Kreis ein Totzeitglied enthält. Ebenso ist die Untersuchung der Stabilität mithilfe des *vereinfachten Nyquist-Kriteriums* nicht möglich, da die Regelstrecke einen Pol in der rechten s-Halbebene aufweist. Es bleibt

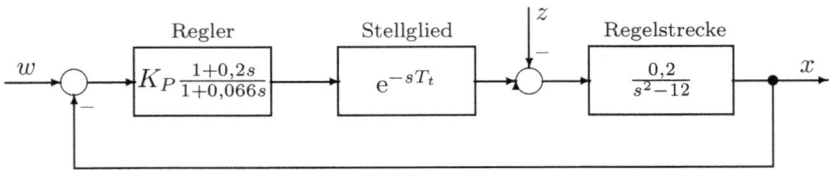

Abbildung 5.12: *Regelkreis mit instabiler Regelstrecke*

somit für die Untersuchung der Stabilität des geschlossenen Kreises nur das *verallge-meinerte Nyquist-Kriterium* übrig, da die anderen Kriterien versagen.

Abbildung 5.13 zeigt die Nyquist-Ortskurven des obigen Systems „Instabiles Pendel" für die Reglerverstärkungen $K_P = 70$ (Kurve a), $K_P = 60$ (Kurve b) und $K_P = 50$ (Kurve c) und die Totzeit $T_t = 0,1\,\text{s}$.

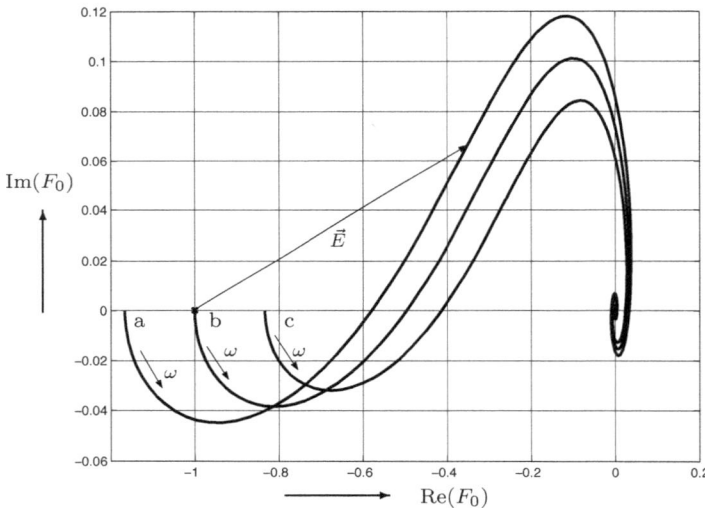

Abbildung 5.13: *Nyquist-Ortskurve für die Regelung des instabilen Pendels: mit den Reglerverstärkungen $K_P = 70$ (Kurve a), $K_P = 60$ (Kurve b) und $K_P = 50$ (Kurve c) und einer Totzeit des Stellgliedes von $T_t = 0,1\,s$*

Die Ortskurven beginnen auf der negativ-reellen Achse, verlaufen dann zunächst in den dritten Quadranten bis aufgrund der Wirkung des Totzeitgliedes die Ortskurven ihre Richtung ändern und sie in den zweiten Quadranten streben. Sie umrunden dann im Uhrzeigersinn den Ursprung und enden für $\omega \to \infty$ im Ursprung.

Abbildung 5.14 zeigt dann die Nyquist-Ortskurven des obigen Systems „Instabiles Pendel" für die Reglerverstärkungen $K_P = 70$ (Kurve d), $K_P = 60$ (Kurve e) und $K_P = 50$ (Kurve f) und die doppelte Totzeit $T_t = 0,2\,\text{s}$. Die größere Totzeit lässt die Ortskurven sofort von der negativ reellen Achse in den zweiten Quadranten streben. Sie streben ebenfalls asymptotisch gegen den Ursprung.

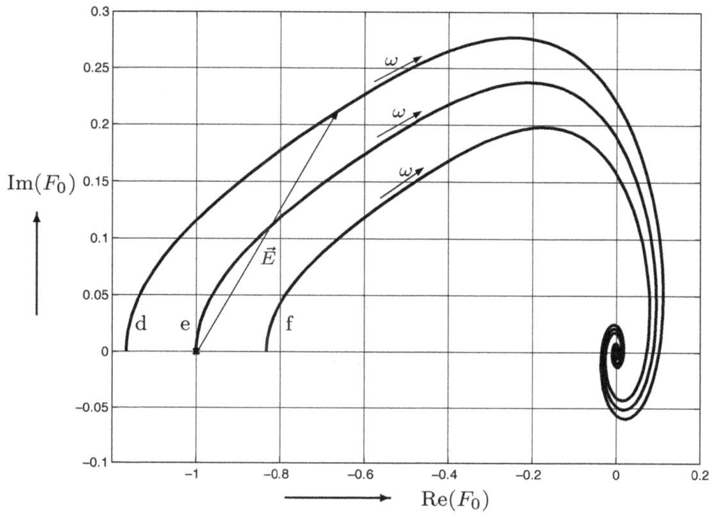

Abbildung 5.14: *Nyquist-Ortskurve für die Regelung des instabilen Pendels: mit den Reglerverstärkungen $K_P = 70$ (Kurve d), $K_P = 60$ (Kurve e) und $K_P = 50$ (Kurve f) und einer Totzeit des Stellgliedes von $T_t = 0,2\,s$.*

Würde man das vereinfachte Nyquist-Kriterium anwenden, so könnte man aus dem Verlauf der Ortskurven a bis f schließen, dass in Richtung fortschreitender ω-Werte der kritische Punkt -1 für die Kurven a und f links der Nyquist-Ortskurve liegt. Folglich wären die geschlossenen Regelkreise für Fall a und f stabil. Aufgrund der Instabilität der Regelstrecke, ein Pol liegt in der rechten s-Halbebene, ist jedoch das *vereinfachte Nyquist-Kriterium* nicht anwendbar.

Für die Anwendung des *verallgemeinerten Nyquist-Kriteriums* ist zunächst die Winkeländerung zu berechnen, die der Fahrstrahl $\vec{E}$ beim Durchlauf der Ortskurve von $\omega = 0$ bis ∞ für ein stabiles Verhalten erreichen muss. Diese Winkeländerung beträgt für *einen* Pol mit positivem Realteil ($n_p = 1$ und $n_i = 0$)

$$\Delta\varphi_{Stabil} = \pi \cdot (n_p + n_i/2) = \pi \,\widehat{=}\, +180° \;.$$

Analysiert man nun die Winkeländerung, die der Fahrstrahl $\vec{E}$ beim Durchlaufen der Kurven a bis f durchläuft, so erhält man für

Kurve a	$\rightarrow$	$\Delta\varphi_{Mess} = +180°$	Kurve d	$\rightarrow$	$\Delta\varphi_{Mess} = -180°$
Kurve b	$\rightarrow$	$\Delta\varphi_{Mess} = +90°$	Kurve e	$\rightarrow$	$\Delta\varphi_{Mess} = -90°$
Kurve c	$\rightarrow$	$\Delta\varphi_{Mess} = 0°$	Kurve f	$\rightarrow$	$\Delta\varphi_{Mess} = 0°.$

Somit ist allein das System mit der zugehörigen Nyquist-Ortskurve a, also das System mit der Totzeit $T_t = 0,1\,\text{s}$ und der Reglerverstärkung $K_P = 70$ stabil. Dies wird auch durch die Simulation bestätigt. $\qquad\qquad\qquad\qquad\qquad\qquad\qquad\qquad\qquad\qquad\qquad\square$

Aufgabe 5.7: Gegeben ist eine PT_2T_t-Regelstrecke mit den Daten $T_t = 0,5\,\text{s}$; $D = 0,9$; $\omega_0 = 6,28\,\text{s}^{-1}$; $K_S = 0,5$. Diese Strecke soll mit einem PI-Regler mit den Daten $T_N = 1\,\text{s}$ und $K_P = 1,5$ geregelt werden.

1. Zeichnen Sie die Nyquist-Ortskurve.

2. Welche Winkeländerung durchläuft der Fahrstrahl $\vec{E}$?

3. Ist der geschlossene Regelkreis stabil?

4. Wie groß sind der Stabilitätsrand A_{Rand} und die Frequenz ω_{Krit} ?

Lösung:

1.

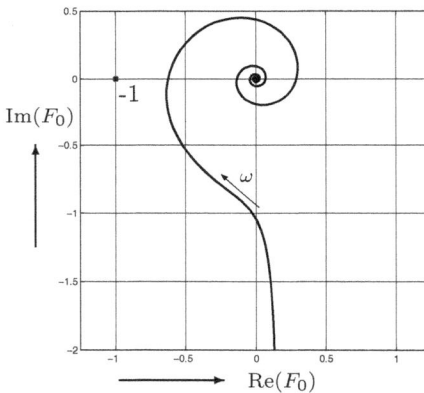

2 $\Delta\varphi_{Mess} = +90°$

3 Ja

4 $A_{Rand} = 1,6057$ bei $\omega_{Krit} = 3,7125\,s^{-1}$ $\qquad\qquad\qquad\qquad\qquad\square$

6 Reglersynthese mit klassischen Methoden

Einführung. In den Kapiteln 2 bis 5 werden die Grundlagen der Untersuchung linearer Regelkreise behandelt. Dabei ist es nicht das Ziel, die in Abschnitt 4.2 formulierten Anforderungen an den Regelkreis bezüglich Führungs- und Störverhalten möglichst gut zu erfüllen. Es sollen vielmehr die grundsätzlichen Eigenschaften des Verhaltens linearer Regelkreise aufgezeigt werden.

Aufbauend auf die damit gelegten Grundlagen werden in diesem Kapitel weitere Verfahren der Reglersynthese vorgestellt und, soweit möglich, miteinander verglichen. Um auch eine quantitative Vorstellung von den Unterschieden und Möglichkeiten der Reglerentwurfsmethoden zu gewinnen, werden diese vergleichenden Untersuchungen soweit es geht, am Beispiel einer Verzögerungsstrecke dritter Ordnung mit folgender Übertragungsfunktion durchgeführt:

$$F_S(s) = \frac{1}{1 + 0{,}1s} \cdot \frac{2}{1 + 0{,}5s} \cdot \frac{1}{1 + 1{,}2s} \; . \tag{6.1}$$

Diese Übertragungsfunktion könnte z. B. zu einer Reihenschaltung zweier Gleichstromgeneratoren (siehe Aufgabe 3.8, Seite 57) oder zweier kleinerer Druckbehälter gehören. Auch das Zeitverhalten von Motor-Generatorsätzen liegt in der gleichen Größenordnung.

Die bei diesen Vergleichen der Reglerentwürfe erzielten Ergebnisse sind *nicht* allgemein gültig. Sie sollen nur eine Vorstellung von den erzielbaren Ergebnissen bei den Entwurfsanforderungen wie z. B. Anregelzeit, Ausregelzeit und Überschwingen vermitteln.

6.1 Grundlegende Entwurfsverfahren

6.1.1 Pol-/Nullstellenkompensation

Kompensation reeller Streckenpole. Das Verfahren der Pol-/Nullstellenkompensation wird in Kapitel 4 ohne nähere Erläuterung bei der Auslegung einfacher Regler häufig angewendet und dort als *dynamische Kompensation* bezeichnet. Dabei werden Terme der Form $(1 + T_S s)$ im Nenner der Übertragungsfunktion der Regelstrecke durch geeignete Terme der Form $(1 + T_R s)$ im Zähler der Übertragungsfunktion des Reglers mit $T_R = T_S$ kompensiert. Es wird mit T_R die jeweils größte Streckenzeitkonstante T_S „kompensiert". Mit dieser Wahl eines Reglerparameters wird der Pol der Regelstrecke bei $s_1 = -1/T_S$ durch eine Nullstelle des Reglers bei $s_{01} = -1/T_R$ kompensiert, daher die Bezeichnung *Pol-/Nullstellenkompensation*. Offen bleibt dabei zunächst die Wahl der Reglerverstärkung K_P.

Diese Methode soll auf die PT$_3$-Regelstrecke von Gleichung 6.1 angewendet werden. Als Regler soll zunächst ein PI-Regler eingesetzt werden. Entwurfsziel ist die Minimierung der Ausregelzeit T_{Aus} für ein 5%-Fehlerband ($\epsilon = \pm 5\%$) beim Führungs- und Störverhalten für eine sprungförmige Führungsgröße $\hat{w} = 5$ bzw. eine sprungförmige Störgröße $\hat{z} = 1$. Die Struktur des untersuchten Regelkreises zeigt Abb. 6.1.

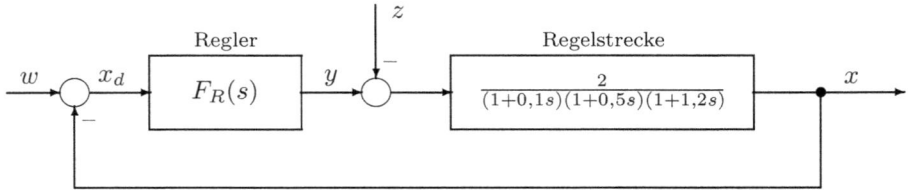

Abbildung 6.1: *Struktur des Regelkreises*

Wählt man die Nachstellzeit des PI-Reglers zu $T_N = T_{S,Max} = 1{,}2\,\mathrm{s}$, dann lauten die Übertragungsfunktion $F_0(s)$ des aufgeschnittenen Regelkreises sowie F_W und F_Z :

$$
\begin{aligned}
F_0(s) &= F_R(s) \cdot F_S(s) = K_P \frac{1+1{,}2s}{1{,}2s} \cdot \frac{2}{(1+0{,}1s)(1+0{,}5s)(1+1{,}2s)} \\
&= \frac{2K_P}{1{,}2s \cdot (1+0{,}1s)(1+0{,}5s)} \\
F_W(s) &= \frac{2K_P}{2K_P + 1{,}2s \cdot (1+0{,}1s)(1+0{,}5s)} \\
F_Z(s) &= \frac{-2 \cdot 1{,}2s}{(1+1{,}2s)[2K_P + 1{,}2s \cdot (1+0{,}1s)(1+0{,}5s)]}
\end{aligned}
$$

Der in $F_W(s)$ kompensierte Pol ist also in $F_Z(s)$ noch enthalten. Die Reglerverstärkung K_P wird nun unter Verwendung eines *Simulationsprogramms* durch Probieren so eingestellt, dass für das gewünschte Fehlerband

1. die Ausregelzeit $T_{Aus,W}$ für das Führungsverhalten minimal wird. Dies wird erreicht für $K_{P,W} = 0{,}52$. Oder

2. die Ausregelzeit $T_{Aus,Z}$ für das Störverhalten „klein " wird. Dies wird erreicht für $K_{P,Z} = 3$.

Die Zeitverläufe der Regelgrößen und des Stellsignals für diese Reglereinstellungen zeigt Abb. 6.2.

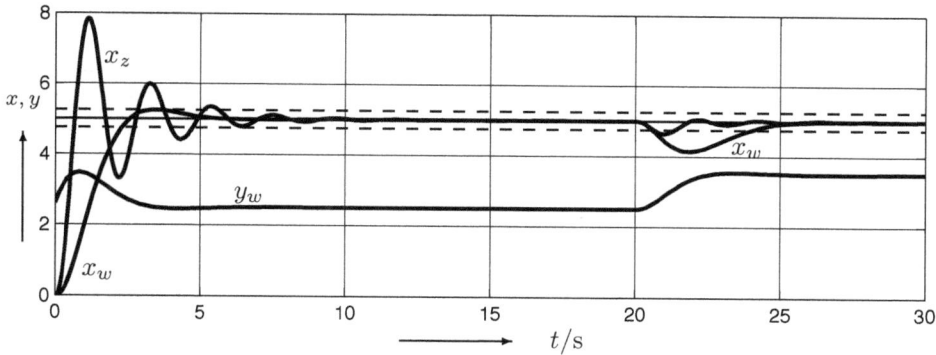

Abbildung 6.2: *Zeitverläufe* $x_w(t)$ *und* $y_w(t)$ *für* $K_P = 0{,}52$; *sowie Zeitverlauf* $x_z(t)$ *für* $K_P = 3$

Aus den Kurvenverläufen der obigen Abbildung liest man die folgenden Werte ab:

		$K_{P,W} = 0{,}52$	$K_{P,Z} = 3$
Führungsverhalten:	$T_{Aus,W}$	2,29 s	5,56 s
	$ü_{max,W}$	5 %	57 %
Störverhalten:	$T_{Aus,Z}$	3,96 s	1,36 s
	$ü_{max,Z}$	17 %	7 %

Durch eine Vergrößerung von $K_{P,Z}$ über den Wert 3 hinaus lässt sich $T_{Aus,Z}$ auf Null bringen (d. h. $x(t)$ verlässt das Fehlerband nicht). Es schwingt dann die Regelgröße beim Einschwingen auf $\hat{w}$ jedoch noch mehr über. Generell ist die Wahl großer Reglerverstärkungen mit Bedacht zu wählen, um nicht unmodellierte Eigenbewegungen unnötig anzuregen.

Ist eine Zeitkonstante der Strecke im Vergleich zu den anderen besonders groß (z. B. $T_1 \gg T_2, T_3$), so wird in [33] gezeigt, dass mit der Wahl $T_N = T_1$ das Störverhalten besonders langsam wird. Wenn das nicht akzeptiert werden kann, dann wählt man besser

$$T_2 < T_N < T_1 \ .$$

Bei Verwendung eines *PID-Reglers in der Produktform* (siehe Abschnitt 4.4.3, Seite 117) können dann die zwei größten Zeitkonstanten $T_1 = 1{,}2\,$s und $T_2 = 0{,}5\,$s kompensiert werden. Man setzt also $T_N = T_1$ und $T_V = T_2$ und wählt ein geeignetes K_P^*. Das Führungs- und Störverhalten des Regelkreises wird damit deutlich verbessert zu Lasten einer Vergrößerung der Stellamplitude.

Diese Methode der Pol-/Nullstellenkompensation ist bei reellen Polen der Strecke relativ *robust*, d. h. auch wenn man die Streckenpole nicht „exakt" kompensiert, so erhält man doch im Wesentlichen das gewünschte Einschwingverhalten der Regelgröße $x(t)$.

Kompensation konjugiert komplexer Streckenpole. Die Methode der Pol-/Nullstellenkompensation kann ebenso auf die Kompensation konjugiert komplexer Pole der Regelstrecke, also bei schwingungsfähigen Regelstrecken angewendet werden. Für eine schwingungsfähige PT$_3$-Strecke mit der Übertragungsfunktion

$$F_S(s) = \frac{K_S}{(1 + T_1 s)(1 + \frac{2D}{\omega_0} s + [\frac{s}{\omega_0}]^2)}$$

Man wählt dann den PID-Regler so, dass man mit dem Zähler des Reglers den schwingungsfähigen Teil des Nenners der Strecke kompensiert:

$$F_R(s) = K_P^* \cdot \frac{1 + \frac{2D}{\omega_0} s + [\frac{s}{\omega_0}]^2}{s} \ .$$

Die Reglerverstärkung K_P^* ist wieder auf ein gutes Führungs- oder Störverhalten abzustimmen.

Eine derartige Pol-/Nullstellenkompensation konjugiert komplexer Streckenpole ist im Allgemeinen nicht so *robust* wie die Kompensation reeller Streckenpole.

Kompensation von Polen und Nullstellen der Regelstrecke. Fügt man zur PT$_3$-Strecke nach Gleichung 6.1 einen differenzierenden Anteil hinzu, so erhält man z. B. die folgende PDT$_3$-Regelstrecke

$$F_{S1}(s) = \frac{1}{1 + 0{,}1s} \cdot \frac{2}{1 + 0{,}5s} \cdot \frac{1 + 2s}{1 + 1{,}2s} \ . \tag{6.2}$$

Die Regelstrecke schwingt nun über, obwohl sie nur reelle Pole aufweist. Die Sprungantworten (für $\hat{x}_e = 1$) beider Regelstrecken zeigt Abb. 6.3.

Will man nun *einen* Pol der Strecke und die Nullstelle der Strecke kompensieren, so wählt man einen PIT$_1$-Regler mit der Übertragungsfunktion wie folgt:

$$F_R(s) = K_P \cdot \frac{(1 + 1{,}2s)}{1{,}2s(1 + 2s)} \ .$$

Damit wird die Polstelle der Strecke bei $s_{1,S} = -1/1{,}2$ kompensiert durch die Nullstelle des Reglers bei $s_{01,R} = -1/1{,}2$ und die Nullstelle der Strecke bei $s_{01,S} = -1/2$ wird kompensiert durch die Polstelle des Reglers bei $s_{1,R} = -1/2$. Das Führungsverhalten des Regelkreises entspricht nun dem von Abb. 6.2, da $F_0(s)$ für beide Regelkreise identisch ist. Das Störverhalten der geregelten PDT$_3$-Strecke ist allerdings aufgrund des D-Anteils der Strecke deutlich unruhiger wie Abb. 6.4 zeigt.

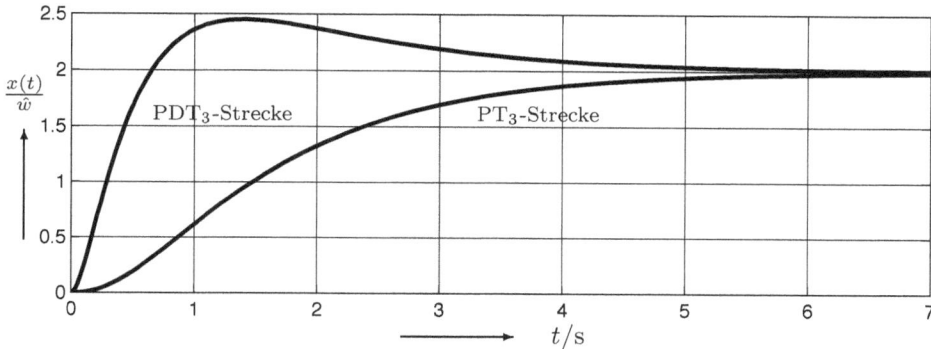

Abbildung 6.3: *Sprungantworten der PT_3-Strecke und der PDT_3-Strecke*

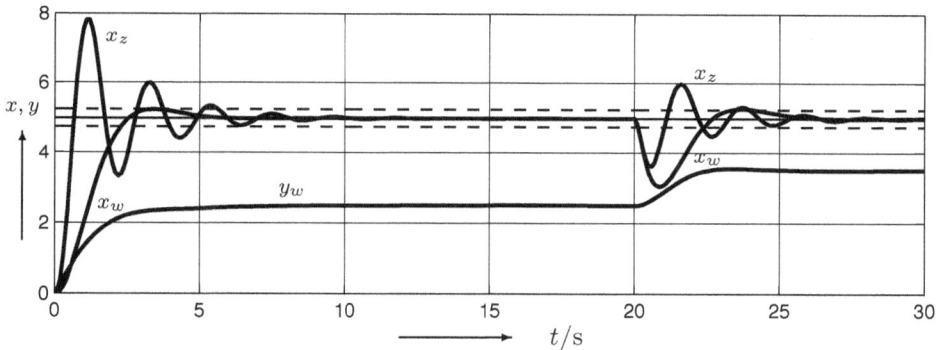

Abbildung 6.4: *Zeitverläufe $x_w(t)$ und $y_w(t)$ für $K_P = 0{,}52$; sowie Zeitverlauf $x_z(t)$ für $K_P = 3$*

Kompensation „instabiler" Streckenpole. Man könnte nun versuchen mit der Methode der Pol-/Nullstellenkompensation auch instabile Streckenpole, also Pole mit positivem Realteil, zu kompensieren und damit den Regelkreis zu stabilisieren. Da man die Pole der Regelstrecke jedoch immer nur mit endlicher Genauigkeit kennt, bleibt der geschlossene Regelkreis instabil. Dies verdeutlicht die nachfolgende Rechnung.

Es liege eine „instabile" PT_1-Regelstrecke wie folgt vor:

$$F_S(s) = \frac{K_S}{1 - T_1 s} \ .$$

Diese Strecke soll mit einem PI-Regler kompensiert werden. Da man T_1 aber nur ungenau kennt, gilt immer $T_N \neq T_1$. Es sei z. B. $T_N = T_1'$ mit $T_1' \neq T_1$. Dann wird

$$F_R(s) = K_P \cdot \frac{1 - T_1' s}{s} \ .$$

Somit lautet die Übertragungsfunktion $F_0(s)$ des aufgeschnittenen Regelkreises:

$$F_0(s) = \frac{K(1 - T_1's)}{s - T_1 s^2}$$

mit $K = K_P \cdot K_S$. Dann resultiert die charakteristische Gleichung $1 + F_0(s) = 0$ zu:

$$K + (1 - KT_1')s - T_1 s^2 = 0 \; .$$

Nach dem Hurwitz-Kriterium ist der geschlossenen Regelkreis für ein System zweiter Ordnung stabil, wenn alle Koeffizienten der charakteristischen Gleichung vorhanden sind und gleiches Vorzeichen aufweisen. Damit resultieren die folgenden Anforderungen an die Koeffizienten der charakteristischen Gleichung:

1. Wegen $T_1 > 0$ folgt die Bedingung $K < 0$.

2. Mit $K' = -K$ folgt dann die weitere Bedingung $1 + K'T_1' < 0$. Eine Erfüllung dieser Bedingung für positives K' und T_1' ist jedoch nicht möglich.

Der geschlossene Regelkreis bleibt also instabil. Die Pol-/Nullstellenkompensation kann somit *nicht* zur Stabilisierung von instabilen Streckenpolen verwendet werden.

6.1.2   Der Kompensationsregler

Methode. Zwischen den Übertragungsfunktionen von Regler und Strecke und der Führungsübertragungsfunktion besteht die bekannte Beziehung

$$F_W(s) = \frac{F_R(s) \cdot F_S(s)}{1 + F_R(s) \cdot F_S(s)} \; .$$

Die Idee für den Ansatz des Kompensationsreglers besteht darin, die Übertragungsfunktion $F_W(s)$ vorzuschreiben, und dann die obige Gleichung so umzuformen, dass man die Reglerübertragungsfunktion $F_R(s)$ als Funktion von $F_W(s)$ und $F_S(s)$ erhält. Diese Umformung führt zu der Beziehung

$$F_R(s) = \frac{F_W(s)}{F_S(s) \cdot (1 - F_W(s))} \; .$$

Für eine Führungsübertragungsfunktion in der Form $F_W(s) = 1/N_W(s)$, mit $N_W(s)$ als Nennerpolynom, ergibt die Auflösung nach $F_R(s)$

$$F_R(s) = \frac{1}{F_S(s) \cdot (N_W(s) - 1)} = \frac{N_S(s)}{Z_S(s) \cdot (N_W(s) - 1)} \; . \tag{6.3}$$

Darin sind $Z_S(s)$ und $N_S(s)$ Zähler- und Nennerpolynom der Regelstrecke. Für spezielle Formen von $N_W(s)$ wird in [55], [56] gezeigt, wie man mithilfe von Gleichung 6.3 die

Gleichung des Reglers so berechnen kann, dass die Regelgröße nach einem Sprung der Führungsgröße $\hat{w}$ den vorgeschriebenen Verlauf nimmt. Als geeignete Führungsübertragungsfunktion gibt Weber Reihenschaltungen identischer PT_1-Glieder an, die folgende Form aufweisen:

$$F_W(s) = \frac{1}{N_W(s)} = \frac{1}{(1 + s/\alpha)^r} \tag{6.4}$$

mit $\alpha = 1/T$ als Inverse einer Zeitkonstanten. Den Verlauf der zugehörigen Übergangsfunktionen für verschiedene Werte von r zeigt Abb. 6.5.

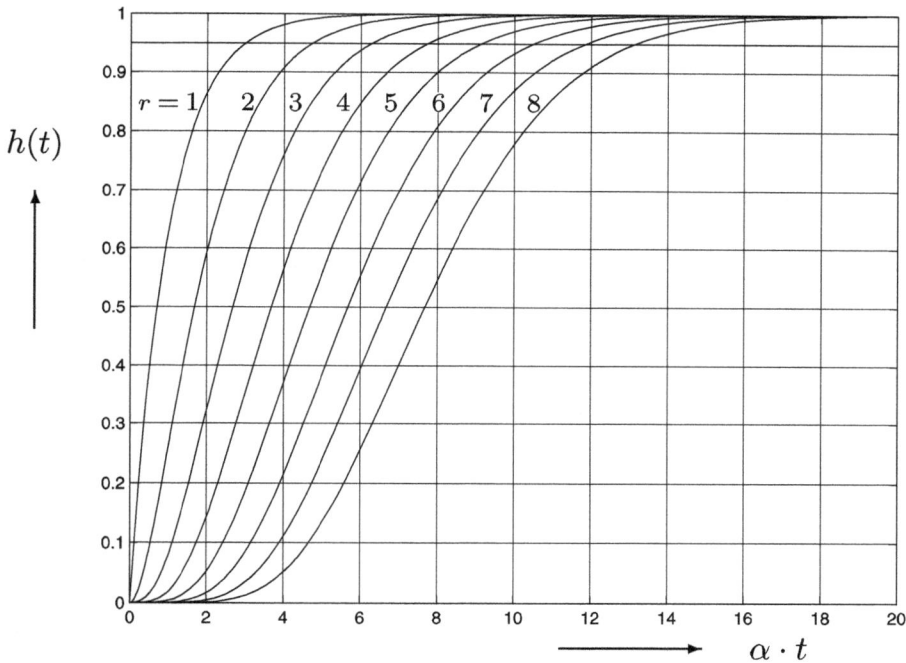

Abbildung 6.5: *Übergangsfunktionen für die Auswahl der Parameter α und r für den Entwurf von Kompensationsreglern*

Berechnung. Die Berechnung der Reglergleichung erfolgt in drei Schritten und soll am Beispiel der Regelstrecke von Gleichung 6.1 untersucht werden.

Beispiel 6.1: Die zu regelnde Regelstrecke ist wiederum gegeben durch das Beispiel von Gleichung 6.1:

$$F_S(s) = \frac{2}{(1 + 1{,}2s) \cdot (1 + 0{,}5s) \cdot (1 + 0{,}1s)} \ . \tag{6.5}$$

Schritt 1 (Berechnung des Exponenten r in Gleichung 6.4): Man ermittelt den Exponenten r als Differenz des Nenner- und Zählergrades der Regelstrecke. Es gilt

$$r = \text{Grad } \{N_S(s)\} - \text{Grad } \{Z_S(s)\} = n - m \ .$$

Für die Regelstrecke 6.5 sind $n = 3$ und $m = 0$. Damit wird $r = n - m = 3$. Durch diese Forderung wird erreicht, dass der berechnete Regler realisierbar bleibt, d. h. es folgt Grad $\{Z_R(s)\} \leq$ Grad $\{N_R(s)\}$.

Schritt 2 (Ermittlung des Koeffizienten α in Gleichung 6.4): Die Forderung für die Auslegung des Kompensationsreglers sei:

„Die Regelgröße $x(t)$ soll spätestens nach einer Ausregelzeit von $T_{Aus} = 3\,\mathrm{s}$ innerhalb des 5 % Fehlerbandes verlaufen."

Aus Abb. 6.5 liest man für den Verlauf der Sprungantwort für das ausgewählte $r = 3$ ab, dass diese Kurve bei $\alpha \cdot T_{Aus} \approx 6{,}3$ das 5 %-Fehlerband erreicht. Damit wird das gesuchte $\alpha = 6{,}3/3\,\mathrm{s}^{-1} = 2{,}1\,\mathrm{s}^{-1}$, bzw. $1/\alpha = 0{,}48\,\mathrm{s}$.

Schritt 3 (Berechnung von $F_R(s)$): Dieser letzte Schritt erfolgt durch das Einsetzen von Zähler- und Nennerpolynom der Strecke sowie des Polynoms $N(s)$ in Gleichung 6.3 und ergibt die gesuchte Übertragungsfunktion des Reglers:

$$
\begin{aligned}
F_R(s) &= \frac{N_S(s)}{Z_S(s) \cdot (N_W(s) - 1)} = \frac{(1 + 1{,}2s)(1 + 0{,}5s)(1 + 0{,}1s)}{2 \cdot ((1 + 0{,}48s)^3 - 1)} \\
&= 0{,}5 \cdot \frac{1 + 1{,}8s + 0{,}77s^2 + 0{,}06s^3}{1{,}44s + 0{,}6912s^2 + 0{,}1106s^3} \ .
\end{aligned}
\tag{6.6}
$$

Das Führungs- und Störverhalten für die Regelung der PT$_3$-Strecke mit diesem Kompensationsregler zeigt Abb. 6.6. Die Regelgröße erreicht nach den geforderten 3 s das 5%-Fehlerband. Das Störverhalten entspricht in etwa dem Störverhalten der Vergleichsauslegung nach der dynamischen Kompensation (Abb. 6.2).   □

Erweiterungen. Dieses Entwurfsverfahren kann sowohl bei stabilen minimalphasigen proportionalen als auch bei integrierenden Regelstrecken angewendet werden. Der Kompensationsregler erfüllt gezielt die gestellten quantitativen Forderungen. Seine Berechnung ist sehr einfach. Der ermittelte Regler ist jedoch relativ aufwendig zu realisieren, er weist eine hohe Ordnung auf. Der resultierende Regler ist kein klassischer P-, PI- oder PID-Regler. Dieser vermeindliche Nachteil ist jedoch unwesentlich bei Verwendung eines digitalen Reglers (siehe Abschnitt 4.6.2). Da der Regler von der genauen Kenntnis der Streckenparameter abhängt, ist er entsprechend empfindlich gegenüber Parameterschwankungen der Regelstrecke, also wenig *robust*.

Es existieren Erweiterungen dieser Entwurfsmethode, die auch ein schwingungsfähiges Einschwingen der Regelgröße auf die Führungsgröße $\widehat{w}$ erlauben [56].

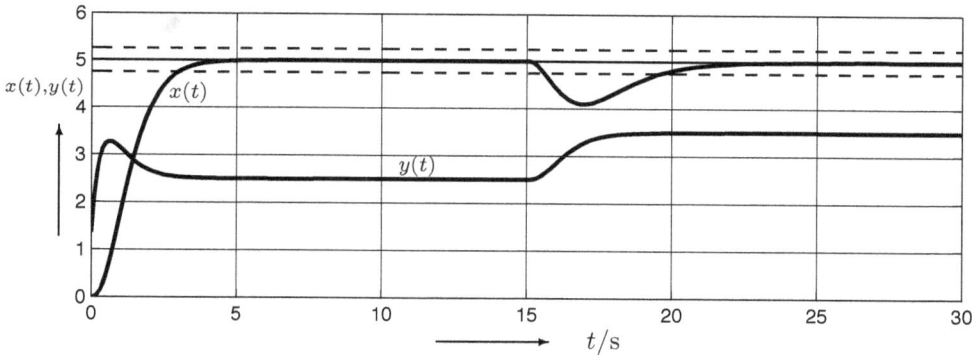

Abbildung 6.6: *Führungs- und Störverhalten des Regelkreises bei Verwendung eines Kompensationsreglers*

6.1.3 Reglereinstellung durch Parameteroptimierung

Klassische Methoden. Bei den klassischen Methoden der Reglerauslegung mittels Parameteroptimierung werden die Zeitverläufe der Regelgröße $x(t)$ bzw. der Regeldifferenz $x_d(t)$ direkt für die Festlegung der Reglerparameter herangezogen. Beide Verläufe sind für eine sprungförmige Führungsgröße $w(t)$ in Abb. 6.7 dargestellt.

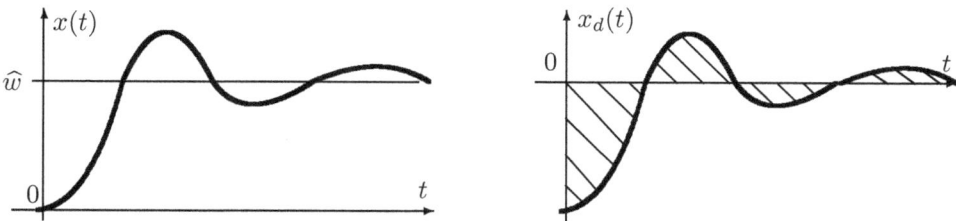

Abbildung 6.7: *Sprungantwort der Regelgröße (linke Abb.) und Verlauf der Regeldifferenz (rechte Abb.)*

Je kleiner die schraffiert gezeichnete „Regelfläche" ist, umso schneller schwingt die Regelgröße auf den Sollwert $\widehat{w}$ ein. Folglich bietet sich die Minimierung dieser schraffierten Fläche als Kriterium für die Festlegung von Reglerparametern an. Da damit jedoch positive und negative Flächen sich z. B. bei einer ungedämpften Dauerschwingung aufheben würden, setzt man besser den *Betrag* der Regeldifferenz als Optimierungskriterium an. Man nennt dieses Kriterium J_a dann auch *IAE-Kriterium (Integral of Absolute Error)*

$$J_a = \int_{\tau=0}^{\infty} |\widehat{w} - x(\tau)| \mathrm{d}\tau = \int_{\tau=0}^{\infty} |x_d(\tau)| \mathrm{d}\tau \qquad \Rightarrow \text{Minimum} .$$

Das Minimum dieses Gütekriteriums über die Parameter K_P, T_N ... des Reglers liefert die gesuchten „optimalen" Werte von K_P, T_N ....

Weitere Kriterien sind die *quadratische Regelfläche J_q ISE-Kriterium (Integral of Squared Error)*

$$J_q = \int\limits_{\tau=0}^{\infty} (\widehat{w} - x(\tau))^2 \mathrm{d}\tau = \int\limits_{\tau=0}^{\infty} x_d(\tau)^2 \mathrm{d}\tau \qquad \Rightarrow \text{Minimum}$$

und zeitgewichtete Kriterien wie z. B. das *ITAE-Kriterium (Integral of Time multiplied by Absolute Error) J_i*, mit

$$J_i = \int\limits_{\tau=0}^{\infty} \tau \cdot |\widehat{w} - x(\tau)| \mathrm{d}\tau = \int\limits_{\tau=0}^{\infty} \tau \cdot |x_d(\tau)| \mathrm{d}\tau \qquad \Rightarrow \text{Minimum} .$$

Für das Kriterium der quadratischen Regelfläche J_q sind in [38], [11] und [15] geschlossene Lösungen für Regeldifferenzen der Form

$$X_d(s) = \frac{c_0 + c_1\,s + \ldots + c_{n-1}\,s^{n-1}}{d_0 + d_1\,s + \ldots + d_n\,s^n}$$

mit $d_n > 0$ angegeben. Die Kriterien $J_{q,n}$ lauten für $n = 1 \ldots 4$

$$J_{q,1} = \frac{c_0^2}{2d_0 d_1}$$

$$J_{q,2} = \frac{c_1^2 d_0 + c_0^2 d_2}{2d_0 d_1 d_2}$$

$$J_{q,3} = \frac{c_2^2 d_0 d_1 + (c_1^2 - 2c_0 c_2)d_0 d_3 + c_0^2 d_2 d_3}{2d_0 d_3 (d_1 d_2 - d_0 d_3)}$$

$$J_{q,4} = \frac{\text{Zähler}}{2d_0 d_4 (-d_0 d_3^2 - d_1^2 d_4 + d_1 d_2 d_3)}$$

$$\text{Zähler} = c_3^2(-d_0^2 d_3 + d_0 d_1 d_2) + (c_2^2 - 2c_1 c_3)d_0 d_1 d_4 + (c_1^2 - 2c_0 c_2)d_0 d_3 d_4 +$$
$$+ c_0^2(-d_1 d_4^2 + d_2 d_3 d_4) . \tag{6.7}$$

Mit zunehmendem Grad von $X_d(s)$ werden die geschlossenen Lösungen immer komplexer. Für die Ermittlung der Reglerparameter sind die Koeffizienten c_0, c_1 ... d_0, d_1 ... als Funktionen der Reglerparameter K_P, T_N ... darzustellen. Durch Differentiation oder nummerische Optimierung wird das Minimum von J_q gesucht und die Parameter bestimmt.

Beispiel 6.2: Als Beispiel für die Anwendung der Reglereinstellung nach der quadratischen Regelfläche wird wieder wie oben die PT_3-Regelstrecke

$$F_S(s) = \frac{2}{(1 + 1{,}2s) \cdot (1 + 0{,}5s) \cdot (1 + 0{,}1s)}$$

untersucht. Für einen PI-Regler, ausgelegt nach dem Verfahren der dynamischen Kompensation (Pol-/Nullstellenkompensation), setzt man die Nachstellzeit des PI-Reglers gleich der größten Zeitkonstanten, d. h. $T_N = T_1 = 1{,}2$ s. Die noch freie Reglerverstärkung soll durch Minimierung des Güteindex der quadratischen Regelfläche berechnet werden. Dazu muss zunächst $X_d(s)$ ermittelt werden.

Mit

$$F_R(s) = \frac{K_P \cdot (1 + 1{,}2s)}{1{,}2s}$$

wird dann $F_0(s)$

$$F_0(s) = \frac{2 \cdot K_P}{1{,}2s \cdot (1 + 0{,}5s) \cdot (1 + 0{,}1s)} \ .$$

Dann resultiert $X_d(s)$ zu

$$X_d(s) = \frac{1}{1 + F_0(s)} \cdot \frac{\widehat{w}}{s} = \frac{0{,}06s^2 + 0{,}72s + 1{,}2}{0{,}06s^3 + 0{,}72s^2 + 1{,}2s + 2K_P} \cdot \widehat{w} \ .$$

Damit lauten die Koeffizienten des Gütemaßes $J_{q,3}$ wie folgt:

$c_0 = 1{,}2 \quad c_1 = 0{,}72 \quad c_2 = 0{,}06 \quad c_3 = 0$
$d_0 = 2K_P \quad d_1 = 1{,}2 \quad d_2 = 0{,}72 \quad d_3 = 0{,}06 \ .$

Die Minimierung von $J_{q,3}$ mit einem Optimierungsprogramm bzw. durch Nullsetzen der 1. Ableitung von $J_{q,3}$ nach K_P ergibt für K_P den Wert

$$K_P = 1{,}9548 \ .$$

Abb. 6.8 zeigt das Führungs- und Störverhalten des Regelkreises für den PI-Regler mit $T_N = 1{,}2$ s und $K_P = 1{,}9548$ für sprungförmige Führungs- und Störgrößen.

Aus den Kurvenverläufen liest man die folgenden Werte ab:

		$K_P = 1{,}95, \ T_N = 1{,}2$ s
Führungsverhalten:	$T_{Aus,W}$	4,42 s
	$\ddot{u}_{max,W}$	41 %
Störverhalten:	$T_{Aus,Z}$	1,76 s
	$\ddot{u}_{max,Z}$	9 %

Das Führungsverhalten weist ein relativ großes Überschwingen von 41 % auf. Dies ist typisch für Reglerauslegungen nach dem quadratischen Gütekriterium. Im Vergleich dazu ist das Störverhalten deutlich besser. □

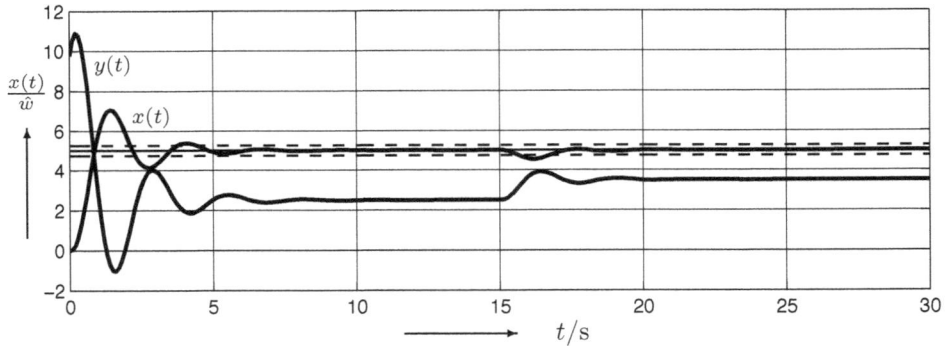

Abbildung 6.8: *Führungs- und Störverhalten der PT$_3$-Regelstrecke mit einem PI-Regler, ausgelegt durch Minimierung der quadratischen Regelfläche; $\widehat{w} = 5$; $\widehat{z} = 1$; $\epsilon = 5\%$*

Moderne rechnergestützte Entwurfsverfahren. Die Verwendung eines Rechners ermöglicht deutlich komplexere Gütekriterien als die oben angegebenen. Außerdem können Maximalwerte für z. B. Stellamplitude oder Überschwingen als Randbedingungen im Rahmen einer nummerischen Optimierung berücksichtigt werden.

Aufgabe 6.1: Die PT$_2$-Strecke $F_S(s) = \dfrac{4}{(1 + 2{,}5s)(1 + 7s)}$ soll mit einem I-Regler geregelt werden. Berechnen Sie K_I für einen Führungssprung durch Minimieren der quadratischen Regelfäche. Lösung: $K_I = 0{,}0415$. □

6.1.4 Das Betragsoptimum

Entwurfskriterium. Bei dem als Reglerauslegung nach dem *Betragsoptimum* bezeichneten Verfahren wird durch geeignete Wahl der Reglerparameter versucht, die Bandbreite des Führungsfrequenzgangs $F_W(\mathrm{j}\omega)$ möglichst groß zu machen. D. h., es soll der Betrag $|F_W(\mathrm{j}\omega)|$ für möglichst große Frequenzen ω gleich 1 werden. Man spricht auch von einer „Betragsanschmiegung" von $F_W(\mathrm{j}\omega)$ an 1. Der Regelkreis kann dann hochfrequenten Führungsgrößen $w(t)$ ohne Betragsabsenkung folgen. In Abschnitt 7.3.2 wird gezeigt, dass eine möglichst große Bandbreite ω_B von $F_W(\mathrm{j}\omega)$ äquivalent zu einer möglichst kleinen Anregelzeit T_{An} ist.

Die Berechnungen der Reglerparameter nach dem Betragsoptimum erfolgen durch Approximierung von $F_W(\mathrm{j}\omega)$ im Frequenzbereich. Für Verzögerungsstrecken der Form

$$F_S(s) = \frac{1}{a_0 + a_1 s + a_2 s^2 + \dots}$$

sowie für spezielle Reihenschaltungen von PT$_1$-Strecken werden die Reglerparameter gemäß [24] nach Tabelle 6.1 (Seite 177) berechnet.

Tabelle 6.1: *Einstellregeln für den Reglerentwurf nach dem Betragsoptimum*

Strecke $F_S(s)$	Regler $F_R(s)$	Einstellregeln
$\dfrac{1}{a_0 + a_1 s + a_2 s^2 + \ldots}$	$\dfrac{r_0 + r_1 s}{2s}$	$r_0 = \dfrac{a_0}{D_1} \cdot (a_1^2 - a_0 a_2)$ $r_1 = \dfrac{a_1}{D_1} \cdot (a_1^2 - a_0 a_2) - a_0$ $D_1 = \begin{vmatrix} a_1 & a_0 \\ a_3 & a_2 \end{vmatrix}$
$\dfrac{1}{a_0 + a_1 s + a_2 s^2 + \ldots}$	$\dfrac{r_0 + r_1 s + r_2 s^2}{2s}$	$r_0 = \dfrac{a_0}{D_2} \cdot \begin{vmatrix} a_1 & a_2 a_0 \\ a_3 & a_2^2 - a_1 a_3 + a_0 a_4 \end{vmatrix}$ $r_1 = \dfrac{a_1}{D_2} \begin{vmatrix} a_1 & a_2 a_0 \\ a_3 & a_2^2 - a_1 a_3 + a_0 a_4 \end{vmatrix} - a_0$ $r_2 = \dfrac{\begin{vmatrix} a_1 & a_0 & 0 \\ a_3 & a_2 & a_0 a_2 \\ a_5 & a_4 & a_2^2 - a_1 a_3 + a_0 a_4 \end{vmatrix}}{D_2} - a_1$ $D_2 = \begin{vmatrix} a_1 & a_0 & 0 \\ a_3 & a_2 & a_1 \\ a_5 & a_4 & a_3 \end{vmatrix}$
$\dfrac{K_S}{\prod\limits_{\nu=1}^{n}(1 + T_\nu s)}$ 1 große Zeitkonstante $T_1 \gg T_\Sigma = \sum\limits_{\nu=2}^{n} T_\nu$	$\dfrac{K_P \cdot (1 + T_N s)}{T_N s}$	$K_P = \dfrac{T_1}{2 K_S T_\Sigma}, \qquad T_N = T_1$
$\dfrac{K_S}{\prod\limits_{\nu=1}^{n}(1 + T_\nu s)}$ 2 große Zeitkonstanten $T_1, T_2 \gg T_\Sigma = \sum\limits_{\nu=3}^{n} T_\nu$	$\dfrac{K_P \cdot (1 + T_N s)}{T_N s}$ $\dfrac{K_P^*(1+T_N s)(1+T_V s)}{T_N s}$	$K_P = \dfrac{T_1^2 + T_2^2}{2 K_S T_1 T_2}$ $T_N = \dfrac{(T_1^2 + T_2^2) \cdot (T_1 + T_2)}{T_1^2 + T_1 T_2 + T_2^2}$ $K_P^* = \dfrac{T_1}{2 K_S T_\Sigma}, T_N = T_1, T_V = T_2$

Beispiel 6.3: Mit den Daten der Regelstrecke

$$F_S(s) = \frac{2}{(1 + 1{,}2s) \cdot (1 + 0{,}5s) \cdot (1 + 0{,}1s)}$$

lauten die für die Auslegung des Reglers nach dem Betragsoptimum gemäß Tabelle 6.1 benötigten Parameter a_i der Regelstrecke nach dem Ausmultiplizieren des Nenners:

$$a_0 = 0{,}5 \qquad a_1 = 0{,}9 \qquad a_2 = 0{,}385 \qquad a_3 = 0{,}03 \ .$$

Für einen PI-Regler der Form $F_R(s) = (r_0 + r_1 s)/(2s)$ ergeben sich dann nach Tabelle 6.1 die Parameter r_0 und r_1 zu:

$$r_0 = 0{,}9314 \qquad r_1 = 1{,}1765 \ .$$

Die Umrechnung der Werte r_0 und r_1 auf Verstärkungsfaktor K_P und Nachstellzeit T_N ergibt:

$$K_P = \frac{r_1}{2} = 0{,}5882 \qquad \text{und} \qquad T_N = \frac{r_1}{r_0} = 1{,}2632 \ .$$

Abb. 6.9 zeigt das Führungs- und Störverhalten für die obige Auslegung (Auslegung a) jeweils als nicht bezeichneten „mittleren" Kurvenverlauf zwischen den Kurven b und c sowie den Verlauf der Stellgröße $y_a(t)$, die zu diesem mittleren Kurvenverlauf gehört.

Die Berechnung der Reglerparameter für Auslegung a führt nicht zu einer Pol-/Nullstellenkompensation der größten Zeitkonstanten. Die Nachstellzeit T_N wird etwas größer als die größte Zeitkonstante $T_1 = 1{,}2$ s.

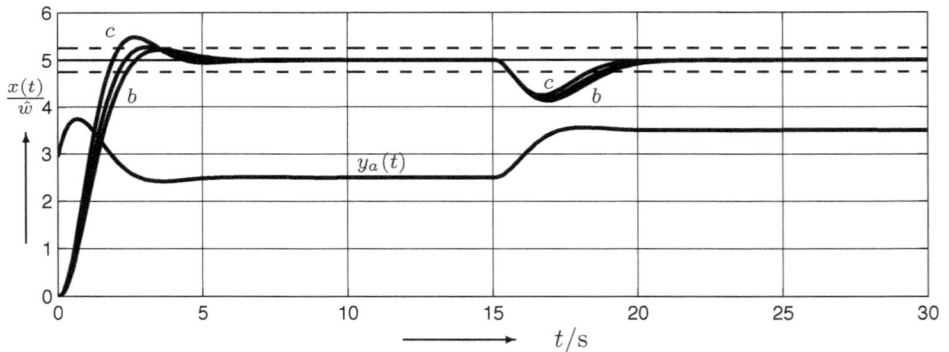

Abbildung 6.9: *Führungs- und Störverhalten des Systems; Kurvenerläuterung siehe Text*

Die anderen Kurven (b und c) stellen das Führungs- und Störverhalten für die folgenden Auslegungen des PI-Reglers dar:

1. unter der Annahme „einer großen Zeitkonstante" (d. h. $T_1 \gg T_2 + T_3$; Kurve *b*), sowie

2. unter der Annahme „zweier großer Zeitkonstanten" (d. h. $T_1, T_2 \gg T_3$; Kurve *c*).

Obwohl diese beiden Annahmen nicht besonders gut erfüllt werden, sind die erzielten Ergebnisse durchaus zufriedenstellend. Die Reglerparameter für die Kurven *b* und *c* sind in der nachfolgenden Aufgabe zu berechnen.

Aufgabe 6.2: Berechnen Sie die Reglerparameter für die Beispielregelstrecke von Gleichung 6.1 unter der Annahme

1. $T_1 \gg T_2 + T_3$
2. $T_1, T_2 \gg T_3$.

Lösung: 1. $K_P = 0{,}5$ und $T_N = 1{,}2\,\text{s}$;
          2. $K_P = 0{,}7042$ und $T_N = 1{,}2546\,\text{s}$. □

6.2 Empirische Einstellregeln

6.2.1 Reglereinstellung nach Ziegler und Nichols

Methode 1. Viele Regelstrecken in der Verfahrenstechnik lassen sich durch Verzögerungsstrecken 1. Ordnung mit einer zusätzlichen Totzeit, also als PT_1T_t-Strecken, darstellen, mit $T_t = T_u$ als Ersatztotzeit und $T_1 = T_g$ als Ersatzzeitkonstante. Diese Ersatzzeitkonstanten werden nach dem *Wendetangentenverfahren* aus der Sprungantwort des *nicht* schwingungsfähigen Systems ermittelt (siehe Seite 54). Für derartige Regelstrecken haben Ziegler und Nichols [58] Einstellregeln angegeben, die in der nachfolgenden Tabelle 6.2 zusammengefasst sind. Diese Regeln erfordern die Kenntnis von Streckenverstärkung K_S, Zeitkonstante T_1 und Totzeit T_t.

Regler	K_P	T_N	T_V
P	$\dfrac{T_1}{K_S \cdot T_t}$	-	-
PI	$0{,}9 \cdot \dfrac{T_1}{K_S \cdot T_t}$	$3{,}3\,T_t$	-
PID	$1{,}2 \cdot \dfrac{T_1}{K_S \cdot T_t}$	$2\,T_t$	$0{,}5\,T_t$

Tabelle 6.2: *Reglereinstellung nach Ziegler und Nichols für bekannte Regelstreckenparameter*

Obwohl diese Regler für PT_1T_t-Strecken entworfen werden, können sie somit auch für nicht schwingungsfähige Verzögerungsstrecken höherer Ordnung verwendet werden, wenn man diese Strecken durch ihre Verzugszeit T_u und ihre Ausgleichszeit T_g beschreibt. Bei Kenntnis der Übertragungsfunktion der Regelstrecke ist auch eine rechnerische Bestimmung der Ersatzzeitkonstanten möglich.

Für die PT$_3$-Regelstrecke von Gleichung 6.1 lauten diese Ersatzzeitkonstanten $T_u = T_t = 0{,}3018$ s und $T_g = T_1 = 2{,}2655$ s. Außerdem war die Streckenverstärkung $K_S = 2$. Nach Tabelle 6.2 ergeben sich bei Verwendung von T_t und T_1 die Parameter eines PI-Reglers zu:

$$K_P = 3{,}3780 \quad \text{und} \quad T_N = 0{,}9959 \text{ s.}$$

Abb. 6.10 zeigt mit dem Index „ZN" das Führungs- und Störverhalten des Regelkreises bei Verwendung eines Reglers nach Ziegler und Nichols (Methode 1).

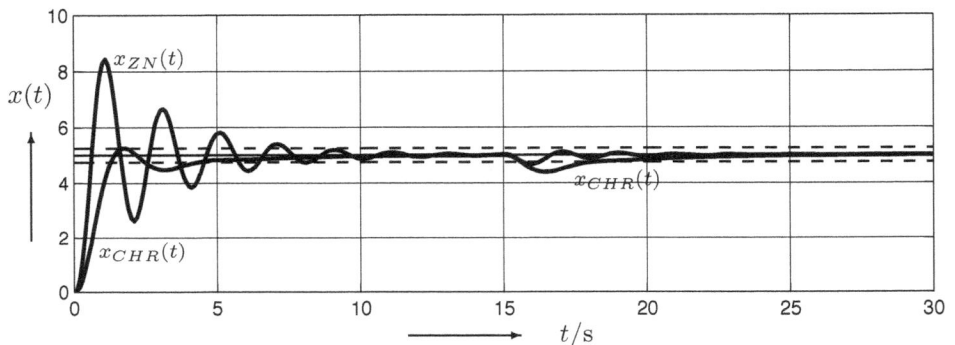

Abbildung 6.10: *Führungs- und Störverhalten des Regelkreises bei Verwendung eines PI-Reglers ausgelegt nach Ziegler/Nichols (Index „ZN") bzw. Chien, Hrones und Reswick (Index „CHR")*

Aufgrund der großen Reglerverstärkung K_P wird ein sehr gutes Störverhalten erreicht. Dies geht jedoch zu Lasten eines schlechten Führungsverhaltens mit 69% Überschwingen.

Methode 2. Wenn die Streckenverstärkung, Zeitkonstante und Totzeit der Regelstrecke nicht bekannt sind, dann empfehlen Ziegler und Nichols folgendes Vorgehen:

1. Man verwende als Regler im Regelkreis einen P-Regler.

2. Die Reglerverstärkung K_P wird solange erhöht, bis der Regelkreis an der Stabilitätsgrenze Dauerschwingungen durchführt. Die eingestellte Verstärkung K_P ist die so genannte kritische Verstärkung $K_{P,Krit}$. Die gemessene Periodendauer der Dauerschwingungen heißt kritische Periodendauer T_{Krit}.

3. Abhängig von den Größen $K_{P,Krit}$ und T_{Krit} werden nach Tabelle 6.3 die Reglerparameter eingestellt.

Regler	K_P	T_N	T_V
P	$0,5\,K_{P,Krit}$	-	-
PI	$0,45\,K_{P,Krit}$	$0,83\,T_{Krit}$	-
PID	$0,6\,K_{P,Krit}$	$0,5\,T_{Krit}$	$0,125\,T_{Krit}$

Tabelle 6.3: *Reglereinstellung nach Ziegler und Nichols für unbekannte Regelstreckenparameter*

Für diese Einstellung ist eine Dämpfung von $D \approx 0,2\ldots0,3$ angenommen. Daher ist ein relativ stark schwingender Verlauf der Regelgröße zu erwarten. Diese Methode 2 ist für schwingungs- als auch nicht schwingungsfähige Regelstrecken sowie auch für integrierende Regelstrecken einsetzbar. Bei der praktischen Ermittlung von $K_{P,Krit}$ an einer *realen* Regelstrecke muss ein Aufschwingen des Regelkreises jedoch sorgfältig vermieden werden.

6.2.2 Reglereinstellung nach Chien, Hrones und Reswick

Einstellregeln. Chien, Hrones und Reswick [9] geben für proportionale Regelstrecken, die durch Streckenverstärkung K_S, Ersatztotzeit T_u und Ersatzzeitkonstante T_g beschrieben werden können, Einstellregeln an, die unterschiedliche Empfehlungen für ein günstiges Führungs- bzw. Störverhalten beinhalten. Außerdem unterscheiden sie zwischen einem aperiodischen und schwingenden Einschwingverhalten. Tabelle 6.4 gibt die Einstellempfehlungen nach Chien, Hrones und Reswick für die Standardregler an.

Tabelle 6.4: *Einstellregeln nach Chien, Hrones und Reswick*

Regler		Aperiodischer Einschwingvorgang kürzester Dauer		Kleinste Schwingungsdauer mit 20 % Überschwingen	
		Führung	Störung	Führung	Störung
P	K_P	$0,3 \cdot \dfrac{T_g}{K_S \cdot T_u}$	$0,3 \cdot \dfrac{T_g}{K_S \cdot T_u}$	$0,7 \cdot \dfrac{T_g}{K_S \cdot T_u}$	$0,7 \cdot \dfrac{T_g}{K_S \cdot T_u}$
PI	K_P	$0,35 \cdot \dfrac{T_g}{K_S \cdot T_u}$	$0,6 \cdot \dfrac{T_g}{K_S \cdot T_u}$	$0,6 \cdot \dfrac{T_g}{K_S \cdot T_u}$	$0,7 \cdot \dfrac{T_g}{K_S \cdot T_u}$
	T_N	$1,2\,T_g$	$4\,T_u$	T_g	$2,3\,T_u$
PID	K_P	$0,6 \cdot \dfrac{T_g}{K_S \cdot T_u}$	$0,95 \cdot \dfrac{T_g}{K_S \cdot T_u}$	$0,95 \cdot \dfrac{T_g}{K_S \cdot T_u}$	$1,2 \cdot \dfrac{T_g}{K_S \cdot T_u}$
	T_N	T_g	$2,4\,T_u$	$1,35\,T_g$	$2\,T_u$
	T_V	$0,5\,T_u$	$0,42\,T_u$	$0,47\,T_u$	$0,42\,T_u$

Anwendung. Für die PT$_3$-Regelstrecke von Gleichung 6.1 mit den Zeitkonstanten $T_u = 0,3018\,\text{s}$, $T_g = 2,2655\,\text{s}$ und der Streckenverstärkung $K_S = 2$ lauten dann mit Tabelle 6.4 die Werte eines PI-Reglers ausgelegt für ein Führungsverhalten mit aperiodischem Verlauf kürzester Dauer

$$K_P = 1{,}3137 \quad \text{und} \quad T_N = 2{,}7186\,\text{s}. \tag{6.8}$$

Abb. 6.10 zeigt mit dem Index „CHR" das Führungs- und Störverhalten des Regelkreises bei Verwendung eines Reglers nach Chien, Hrones und Reswick. Die Regelgröße nähert sich nach einem einmaligen Überschwingen „kriechend" dem Endwert. Obwohl die Auslegung für einen aperiodischen Einschwingvorgang kürzester Dauer erfolgt ist, zeigt das Ergebnis, dass die Regelgröße dennoch überschwingt. Dies liegt daran, dass die Parameter K_S, T_u und T_g die Strecke nur ungenügend beschreiben. Im Vergleich zur Auslegung nach Ziegler und Nichols ist beim Störverhalten die Maximalablage vom Sollwert wieder größer geworden.

6.2.3   Reglereinstellung nach Latzel

Grundlage. Anstelle der Ersatzzeitkonstanten T_u und T_g verwendet Latzel [32] die Zeiten T_{10}, T_{50} und T_{90} nach denen die Sprungantwort $x_a(t)$ einer *nicht schwingungsfähigen* Regelstrecke 10%, 50% bzw. 90% des Endwertes $x_a(\infty)$ erreicht hat. Hieraus wird mittels einer Modellidentifikation dann eine Modellübertragungsfunktion aus n gleichen Verzögerungsgliedern ermittelt. Dazu werden für PI- und PID-Regler nach der Methode der Betragsanpassung die Reglerparameter in Abhängigkeit von der Ordnung n berechnet. Dabei wird der Proportionalbeiwert K_P des Reglers jeweils so gewählt, dass die Phasenreserve einen von der vorgegebenen Überschwingweite und der Ordnung n abhängigen Wert annimmt.

Vorgehensweise. Für vorgegebene Überschwingweiten $\ddot{u}$ werden die Parameter eines PI- bzw. PID-Reglers wie folgt berechnet:

1. Aus der Übergangsfunktion der nicht schwingungsfähigen Regelstrecke ermittelt man zunächst die Zeiten T_{10}, T_{50} und T_{90} nach denen 10%, 50% bzw. 90% des Endwertes erreicht sind (siehe Abb. 6.11).

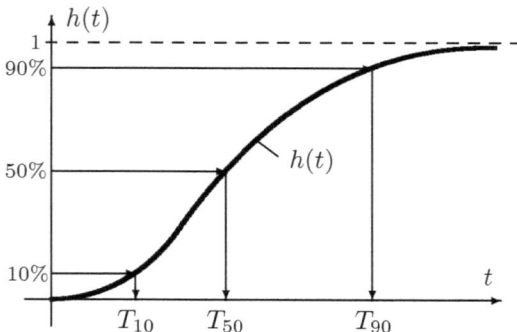

Abbildung 6.11: *Ermittlung der Zeiten T_{10}, T_{50} und T_{90}*

2. Aus dem Verhältnis T_{10}/T_{90} berechnet man dann den Faktor $\mu = T_{10}/T_{90}$. Anhand von Tabelle 6.5 liest man dann für das zu μ am nächsten liegende μ_a die Ordnung n der Modellübertragungsfunktion sowie die Zeitprozentkennwerte α_{10}, α_{50} und α_{90} ab. Zur Verbesserung der Regelergebnisse können bei Bedarf durchaus Zwischenwerte der Ordnung n genommen werden, die man durch lineare Interpolation erhält.

Tabelle 6.5: *Tabelle zur Bestimmung der Ordnungszahl n und der Zeitprozentkennwerte α*

μ_a	n	α_{10}	α_{50}	α_{90}
0,137	2	1,880	0,596	0,257
0,174	2,5	1,245	0,460	0,216
0,207	3	0,907	0,374	0,188
0,261	4	0,573	0,272	0,150
0,304	5	0,411	0,214	0,125
0,340	6	0,317	0,176	0,108
0,370	7	0,257	0,150	0,095
0,396	8	0,215	0,130	0,085
0,418	9	0,184	0,115	0,077
0,438	10	0,161	0,103	0,070

3. Aus den ermittelten Werten von α_i und T_i (mit $i = 10, 50, 90$) errechnet man dann die Verzögerungszeit T_M der Modellstrecke zu:

$$T_M = \frac{1}{3}\left[\alpha_{10}T_{10} + \alpha_{50}T_{50} + \alpha_{90}T_{90}\right] .$$

Mithilfe dieses T_M liest man dann aus Tabelle 6.6 die Zahlenwerte für T_N/T_M und $K_P K_S$ für das gewünschte maximale prozentuale Überschwingen der Regelgröße ab und errechnet daraus dann K_P und T_N für den PI-Regler. Für die Auslegung eines PID-Reglers nach diesem Verfahren wird auf die Literaturstelle [32] verwiesen.

Anwendung. Die Methode nach Latzel soll wieder für die Auslegung eines PI-Reglers für die PT_3-Regelstrecke nach Gleichung 6.1 für ein maximales Überschwingen von 5% beim Führungsverhalten angewendet werden.

Aus der Sprungantwort (oder der Übergangsfunktion) der Regelstrecke (siehe Abb. 6.3) liest man die folgenden Zeiten ab

$$T_{10} = 0,51\,\text{s}, \quad T_{50} = 1,48\,\text{s}, \quad T_{90} = 3,50\,\text{s} .$$

Dann ergibt die Berechnung von μ den Wert

$$\mu = T_{10}/T_{90} = 0,1457 .$$

Tabelle 6.6: *Tabelle zur Berechnung der Parameter eines PI-Reglers für geforderte Überschwingweiten ü*

| n | T_N/T_M | Maximale Überschwingweiten | | |
| | | $ü = 5\%$ | $ü = 10\%$ | $ü = 20\%$ |
		$K_P K_S$	$K_P K_S$	$K_P K_S$
2	1,55	1,280	1,650	2,603
2,5	1,77	0,976	1,202	1,683
3	1,96	0,758	0,884	1,153
4	2,30	0,578	0,656	0,812
5	2,59	0,481	0,540	0,654
6	2,86	0,420	0,468	0,561
7	3,10	0,375	0,417	0,497
8	3,32	0,341	0,379	0,451
9	3,53	0,314	0,349	0,413
10	3,73	0,293	0,325	0,384

In Tabelle 6.5 liegt der Wert $\mu = 0{,}1457$ am nächsten zu dem Wert $\mu_a = 0{,}137$. Daher liest man für $\mu_a = 0{,}137$ die Ordnung $n = 2$ und die Zeitprozentkennwerte

$$\alpha_{10} = 1{,}88 \qquad \alpha_{50} = 0{,}596 \qquad \alpha_{90} = 0{,}257$$

ab und berechnet damit die Zeit T_M zu:

$$T_M = \frac{1}{3}\left[\alpha_{10}T_{10} + \alpha_{50}T_{50} + \alpha_{90}T_{90}\right] = 0{,}9135\,\text{s}\ .$$

Mit diesen Werten für n und T_M erhält man dann aus Tabelle 6.6 die Zahlenwerte:

$$T_N/T_M = 1{,}55 \quad \text{und} \quad K_P K_S = 1{,}280\ .$$

Daraus resultieren dann mit $T_M = 0{,}9135\,\text{s}$ und $K_S = 2$ die Parameter des PI-Reglers zu:

$$T_N = 1{,}42\,\text{s} \quad \text{und} \quad K_P = 0{,}64\ .$$

Abb. 6.12 zeigt das Führungs- und Störverhalten des Regelkreises bei sprungförmiger Anregung.

Die Zeitverläufe von Regel- und Stellgröße ähneln im Wesentlichen dem Verlauf bei Auslegung nach dem Verfahren der dynamischen Kompensation und Anpassung auf 5% Überschwingen von Abb. 6.2 auf Seite 167.

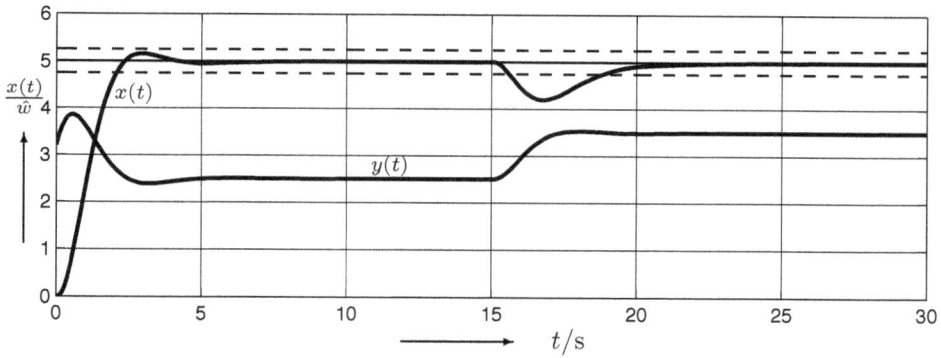

Abbildung 6.12: *Führungs- und Störverhalten des Regelkreises bei Verwendung eines PI-Reglers nach Latzel*

7 Reglersynthese mit dem Bode-Diagramm

Einordnung. In Kapitel 2 werden Regelkreisglieder durch zwei verschiedene Methoden beschrieben. Dies ist zum einen die Beschreibung im *Zeitbereich* durch Differentialgleichungen und ihre Lösungen und zum anderen die Beschreibung im *Frequenzbereich* durch Übertragungsfunktion und Frequenzgang mit seinen grafischen Darstellungsmöglichkeiten *Ortskurve* und *Bode-Diagramm*.

Auf der Basis der *Ortskurvendarstellung* wird in Kapitel 5 die Stabilitätsuntersuchung mithilfe des Nyquist-Verfahrens durchgeführt. Dabei werden die Größen Amplituden- und Phasenrand zur Stabilitätsbeurteilung herangezogen. In diesem Kapitel wird nun gezeigt, wie man die andere grafische Darstellungsart des Frequenzgangs, das *Bode-Diagramm*, zur Reglerauslegung und Stabilitätsbeurteilung verwenden kann.

7.1 Grundlagen von Bode-Diagrammen

Definition. Die grafische Darstellung des Frequenzgangs durch Betrag und Phasenwinkel in Abhängigkeit von der Kreisfrequenz ω nennt man *Bode-Diagramm*. Die Betragsdarstellung heißt *Amplitudengang* und die Phasendarstellung heißt *Phasengang*. Beim Amplitudengang wird die doppellogarithmische Darstellung ($20 \cdot \lg |F|$ und $\lg \omega$) gewählt[1], und beim Phasengang die einfachlogarithmische Darstellung (Winkel φ und $\lg \omega$). Die Skalierung mit $20 \cdot \lg |F|$ nennt man Skalierung in Dezibel (dB), siehe hierzu Abschnitt 2.2.3 (Seite 34).

Es gelten für die Umrechnungen die folgenden Beziehungen:

$$x_{\mathrm{dB}} = 20 \cdot \lg x \qquad \text{und} \qquad x = 10^{x_{\mathrm{dB}}/20} \ .$$

---

[1]Im Unterschied zur deutschen Bezeichnung von Logarithmen mit $\log_{10} = \lg$ und $\log_e = \ln$ ist auf Taschenrechnern die amerikanische Darstellung mit $\log_{10} = \log$ und $\log_e = \ln$ gebräuchlich.

7.1.1 Approximation von Amplituden- und Phasengang

PT$_1$-Glied. Die Abb. 7.1 zeigt den Amplitudengang eines PT$_1$-Gliedes mit dem Frequenzgang $F(\mathrm{j}\omega) = \dfrac{0{,}5}{1 + 0{,}5\mathrm{j}\omega}$. Für niedrige Frequenzen ω beträgt der Betrag von $|F(\mathrm{j}\omega)| \approx 0{,}5$, das entspricht $-6{,}02\,\mathrm{dB}$, und für große Frequenzen nimmt der Betrag mit $20\,\mathrm{dB}$ pro Dekade ab. In der doppellogarithmischen Darstellung kann daher der Amplitudengang $|F(\mathrm{j}\omega)|$ durch zwei Geradenstücke approximiert werden, die sich bei der Eck- oder Knickfrequenz $\omega_E = 1/T_E = 2\,s^{-1}$ (wegen $T_E = 0{,}5\,s$) schneiden (siehe Abb. 7.2). Bei der Eckfrequenz ω_E ist der Amplitudengang um $3\,\mathrm{dB}$ gegenüber dem Maximalwert abgesunken.

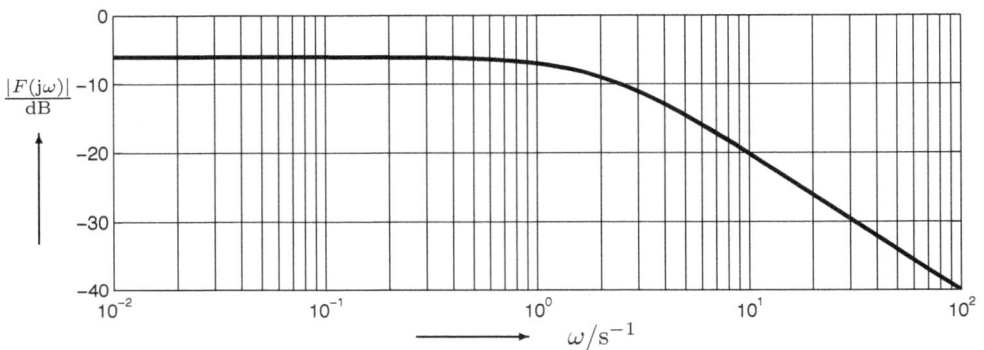

Abbildung 7.1: *Amplitudengang von $F(\mathrm{j}\omega) = 0{,}5/(1 + 0{,}5\mathrm{j}\omega)$*

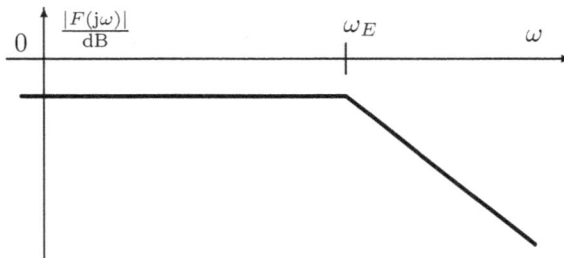

Abbildung 7.2:
*Approximierter
Amplitudengang*

Der Phasengang des PT$_1$-Gliedes wird in Abb. 7.3 aufgetragen. Der Phasenwinkel nimmt mit wachsender Frequenz monoton von $0°$ bis $-90°$ ab. Bei der Eckfrequenz ω_E beträgt der Phasenwinkel gerade $-45°$. Auch der Phasenwinkel kann durch Geradenstücke approximiert werden. Dabei wird der Phasenabfall durch eine Gerade dargestellt, die bei $0{,}1\omega_E$ beginnt und bei $10\omega_E$ endet (siehe Abb. 7.4).

Derartige approximierte Darstellungen sind für viele einfache Regelkreisglieder gebräuchlich.

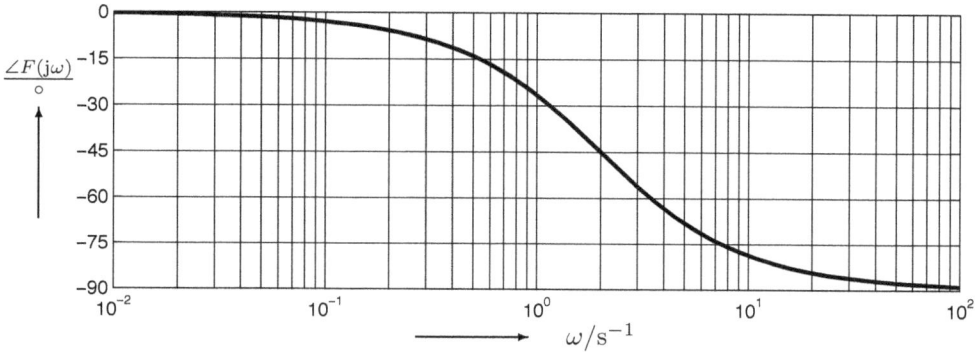

Abbildung 7.3: *Phasengang von* $F(j\omega) = 0{,}5/(1 + 0{,}5j\omega)$

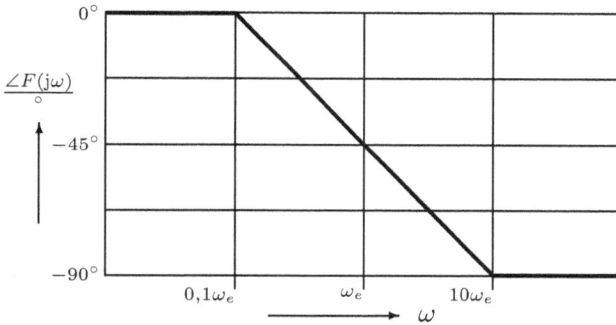

Abbildung 7.4: *Approximierter Phasengang*

7.1.2 Reihenschaltung von Regelkreisgliedern im Bode-Diagramm

Mathematische Grundlagen. Ein wesentlicher Vorteil bei der Darstellung der Ortskurve von Regelkreisgliedern durch Amplituden- und Phasengang liegt darin, dass der Amplituden- und Phasengang der *Reihenschaltung von Regelkreisgliedern* sich durch einfache *Addititon der einzelnen Amplituden- und Phasengänge* ergibt. Dies zeigt die folgende Berechnung. Es gilt

$$F(j\omega) = F_1(j\omega) \cdot F_2(j\omega) \qquad \text{bzw. in Exponentialdarstellung}$$

$$\begin{aligned}
|F(j\omega)| \cdot e^{j\angle F} &= |F_1(j\omega)| \cdot e^{j\angle F_1} \cdot |F_2(j\omega)| \cdot e^{j\angle F_2} \\
&= |F_1(j\omega)| \cdot |F_2(j\omega)| \cdot e^{j\angle F_1 + j\angle F_2} \ .
\end{aligned} \tag{7.1}$$

Der *Phasenwinkel* der Reihenschaltung zweier Regelkreisglieder ist gleich der Summe der Phasenwinkel der einzelnen Regelkreisglieder

$$\angle F(j\omega) = \angle F_1(j\omega) + \angle F_2(j\omega) \ .$$

Der *Betrag* von F ist gleich dem Produkt der Beträge von F_1 und F_2. Die Logarithmierung der Beträge und Skalierung in Dezibel $(20 \lg |F|)$ führt dann schließlich zu dem Ergebnis

$$20 \lg |F(\mathrm{j}\omega)| = 20 \lg |F_1(\mathrm{j}\omega)| + 20 \lg |F_2(\mathrm{j}\omega)| \ .$$

Betrag und Phasenwinkel einer Reihenschaltung lassen sich somit im Bode-Diagramm durch *Addition* der einzelnen Amplituden- und Phasenverläufe ermitteln.

Anwendung. Werden z. B. zwei PT_1-Glieder in Reihe geschaltet, so resultieren Amplituden- und Phasengang der Reihenschaltung durch Addition der Amplitudengänge und Phasenwinkel der einzelnen PT_1-Glieder. Als Beispiel für eine derartige Reihenschaltung werden die zwei folgenden PT_1-Glieder gewählt:

$$F_1(\mathrm{j}\omega) = \frac{0{,}5}{1 + 0{,}1\mathrm{j}\omega} \quad \text{und} \quad F_2(\mathrm{j}\omega) = \frac{8}{1 + 10\mathrm{j}\omega} \ .$$

Der Frequenzgang der Reihenschaltung lautet dann

$$F(\mathrm{j}\omega) = \frac{4}{(1 + 0{,}1\mathrm{j}\omega) \cdot (1 + 10\mathrm{j}\omega)} \ .$$

Abb. 7.5 zeigt die Amplituden- und Phasengänge der drei Frequenzgänge $F_1(\mathrm{j}\omega)$, $F_2(\mathrm{j}\omega)$ und $F(\mathrm{j}\omega)$. Für niedrige Frequenzen $\omega < 0{,}1\mathrm{s}^{-1}$ ergibt die Addition der Amplitudengänge $|F_1| = -6{,}02\,\mathrm{dB}$ plus $|F_2| = 18{,}06\,\mathrm{dB}$ als Ergebnis $|F| = 12{,}04\,\mathrm{dB}$. Bis zur Eckfrequenz $\omega_{E2} = 1/(10\,\mathrm{s}) = 0{,}1\,\mathrm{s}^{-1}$ verläuft der Amplitudengang der Reihenschaltung F nahezu horizontal. Ab der Eckfrequenz ω_{E2} fällt der Amplitudengang mit $20\,\mathrm{dB}$ pro Dekade bis zur Eckfrequenz $\omega_{E1} = 1/(0{,}1\,\mathrm{s}) = 10\,\mathrm{s}^{-1}$. Ab ω_{E1} nimmt die Amplitude dann mit $40\,\mathrm{dB}$ pro Dekade ab.

Der Phasengang von $F(\mathrm{j}\omega)$ ergibt sich aus der Addition der Phasengänge von $F_1(\mathrm{j}\omega)$ und $F_2(\mathrm{j}\omega)$. Der Phasenwinkel nimmt zunächst für kleine Frequenzen monoton bis fast $-90°$ ab, bevor dann für größere Frequenzen das zweite Verzögerungsglied wirksam wird und der Winkel auf $-180°$ absinkt.

In Abb. 7.6 sind der approximierte Amplituden- und Phasenverlauf der Reihenschaltung in einem Diagramm dargestellt. Beim Amplitudenverlauf sind die Eckfrequenzen ω_{E1} und ω_{E2} deutlich erkennbar. Je näher die beiden Eckfrequenzen zusammen liegen, umso weniger deutlich erkennt man sie im Bode-Diagramm. Im Grenzfall $\omega_{E1} = \omega_{E2}$ geht der Abfall der Amplitude der Reihenschaltung dann vom horizontalen Verlauf direkt auf $40\,\mathrm{dB}$ pro Dekade über. Der approximierte Phasengang stellt sich für die vorliegenden Zahlenwerte in dem dargestellten Frequenzbereich als eine abfallende Gerade von $0°$ bis $-180°$ dar.

Anwendung bei der Stabilitätsuntersuchung. Ein wesentlicher Vorteil der Darstellung der Frequenzgänge von Regelkreisgliedern durch Amplituden- und Phasengang liegt darin, dass man die für Stabilitätsuntersuchungen wichtige *Nyquist-Ortskurve im Bode-Diagramm* leicht konstruieren kann. Die Nyquist-Ortskurve ist, wie in Abschnitt

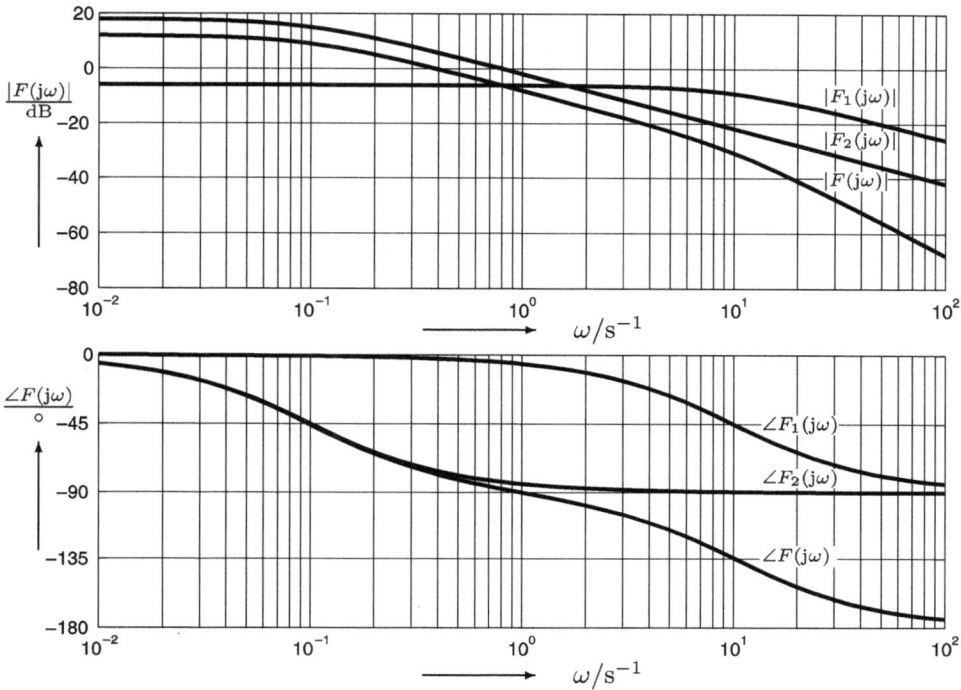

Abbildung 7.5: *Bode-Diagramm der Frequenzgänge $F_1(j\omega)$, $F_2(j\omega)$ und $F(j\omega)$*

5.3 definiert, die Ortskurve der Reihenschaltung von Regler und Regelstrecke. Das Bode-Diagramm dieser Reihenschaltung von Regelkreisgliedern ermittelt man durch Addition der Amplitudengänge und Phasengänge von Regler und Regelstrecke.

Die Bedeutung der näherungsweisen grafischen Konstruktion von Bode-Diagrammen ist durch die moderne Rechentechnik deutlich geringer geworden, da leistungsfähige

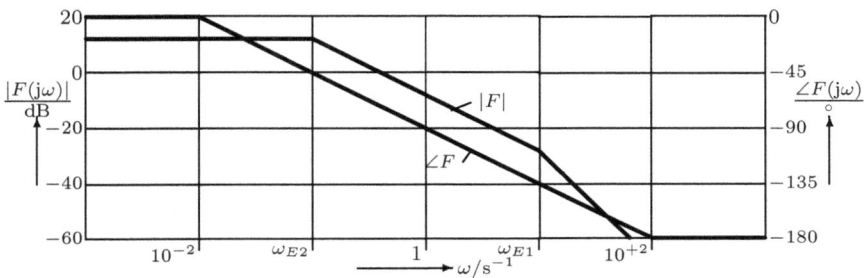

Abbildung 7.6: *Approximierter Amplituden- und Phasengang der Reihenschaltung*

Rechenprogramme und komfortable Grafikausgaben die exakte Berechnung und Darstellung der Amplituden- und Phasengänge wesentlich vereinfacht haben.

7.2 Bode-Diagramme einfacher Regelkreisglieder

Zur Vorbereitung für das Arbeiten mit den Bode-Diagrammen werden in diesem Abschnitt die Bode-Diagramme einfacher Regelkreisglieder untersucht.

7.2.1 Bode-Diagramme von Verzögerungsgliedern

P-Glied. Die Frequenzganggleichung des verzögerungsfreien P-Gliedes lautet

$$F(\mathrm{j}\omega) = K \ .$$

Dann wird

$$|F(\mathrm{j}\omega)| = K \qquad \text{und} \qquad \angle F(\mathrm{j}\omega) = \arctan \frac{\mathrm{Im}(F)}{\mathrm{Re}(F)} = 0 \ .$$

Für z. B. $K = 5$ wird dann der Betrag $|F(\mathrm{j}\omega)| = 20 \cdot \lg 5 = 13{,}98\,\mathrm{dB}$ und der Phasenwinkel ergibt sich zu $\angle F(\mathrm{j}\omega) = \mathrm{Im}(F)/\mathrm{Re}(F) = (0/5)^\circ = 0^\circ$. Abb. 7.7 zeigt das zugehörige Bode-Diagramm. Der Amplitudengang verläuft unabhängig von der Frequenz ω bei $+13{,}98\,\mathrm{dB}$, und der Phasenwinkel ist gleich Null.

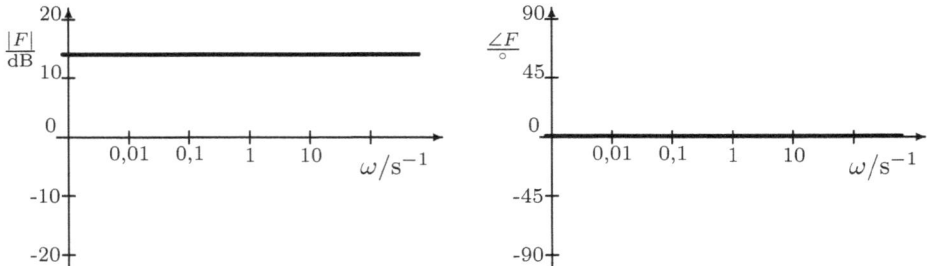

Abbildung 7.7: *Bode-Diagramm eines idealen P-Gliedes*

PT$_1$-Glied. Der Frequenzgang des PT$_1$-Gliedes lautet

$$F(\mathrm{j}\omega) = \frac{K}{1 + T_1 \mathrm{j}\omega} \ .$$

Aufgespalten in Real- und Imaginärteil folgt

$$F(\mathrm{j}\omega) = \frac{K}{1 + \omega^2 T_1^2} - \mathrm{j} \cdot \frac{K\omega T_1}{1 + \omega^2 T_1^2} \ .$$

Die Beträge von Real- und Imaginärteil sind, wie Abb. 3.8 (Seite 50) zeigt, bei der Eckfrequenz $\omega_E = 1/T_1$ gleich groß. Betrag und Phasenwinkel ergeben sich zu:

$$|F(\mathrm{j}\omega)| = \frac{K}{\sqrt{1 + \omega^2 T_1^2}}$$

$$\angle F(\mathrm{j}\omega) = \arctan \frac{\mathrm{Im}\{F(\mathrm{j}\omega)\}}{\mathrm{Re}\{F(\mathrm{j}\omega)\}} = -\arctan \omega T_1 \ . \tag{7.2}$$

Damit wird der Betrag von $F(\mathrm{j}\omega)$ in dB

$$20 \lg |F(\mathrm{j}\omega)| = 20 \lg K - 10 \lg\{1 + (\omega T_1)^2\}$$

mit den Approximationen:

$$20 \lg |F(\mathrm{j}\omega)| \approx \begin{cases} 20 \lg K & \text{für} \quad \omega T_1 \ll 1 \\ 20 \lg K - 20 \lg T_1 - 20 \lg \omega & \text{für} \quad \omega T_1 \gg 1 \end{cases} .$$

Der Amplitudenabfall beträgt für große Frequenzen 20 dB pro Dekade ($-20 \lg \omega$). Die Abb. 7.8 zeigt Amplituden- und Phasengang des PT_1-Gliedes

$$F(\mathrm{j}\omega) = \frac{K}{1 + T_1 \mathrm{j}\omega} = \frac{5}{1 + 10\mathrm{j}\omega} \ .$$

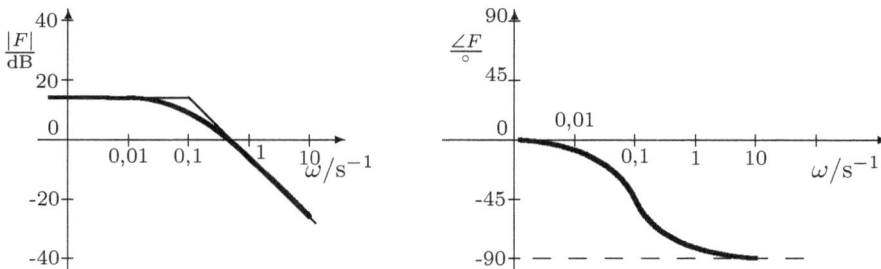

Abbildung 7.8: *Bode-Diagramm eines PT_1-Gliedes (Betragsapproximation durch Geradenstücke)*

Die Eckfrequenz liegt bei $\omega_E = 0{,}1\,\mathrm{s}^{-1}$ und der Amplitudengang beginnt für kleine Frequenzen bei $+13{,}98\,\mathrm{dB}$ und fällt ab der Eckfrequenz mit 20 dB pro Dekade. Bei der Eckfrequenz ω_E gilt

$$20 \cdot \lg |F(\mathrm{j}\omega)|_{\omega_E} = 20 \lg K - 10 \lg\{1 + (\frac{\omega}{\omega_E})^2\} = 20 \lg K - 10 \lg 2$$

$$= 20 \lg K - 3{,}01 \ .$$

Die Amplitude ist (bei genauer Darstellung) an der Stelle der Eckfrequenz um 3,01 dB gegenüber dem Maximalwert abgesunken.

PT$_2$-Glied. Das PT$_2$-Glied kann zum einen aus einer *Reihenschaltung von zwei PT$_1$-Gliedern* aufgebaut sein. Der Frequenzgang hat dann die Form

$$F(\mathrm{j}\omega) = \frac{K_1}{1 + T_1\mathrm{j}\omega} \cdot \frac{K_2}{1 + T_2\mathrm{j}\omega} \; .$$

Amplituden- und Phasengang werden dann durch Addition der einzelnen Amplituden- und Phasengänge ermittelt (siehe Abschnitt 7.1). Das PT$_2$-Glied besitzt dann zwei Eckfrequenzen und der Phasenwinkel verläuft für wachsende Frequenzen von 0° bis −180°, es ist nicht schwingungsfähig.

Zum anderen kann ein *schwingungsfähiges PT$_2$-Glied* wie folgt vorliegen:

$$F(\mathrm{j}\omega) = \frac{K \cdot \omega_0^2}{(\mathrm{j}\omega)^2 + 2D\omega_0 \cdot (\mathrm{j}\omega) + \omega_0^2} = \frac{K}{1 + \frac{2D}{\omega_0}(\mathrm{j}\omega) - (\frac{\omega}{\omega_0})^2} \; .$$

Aufgespalten in Real- und Imaginärteil gilt dann

$$\mathrm{Re}\{F(\mathrm{j}\omega)\} = K \cdot \frac{\omega_0^2 \cdot (\omega_0^2 - \omega^2)}{(\omega_0^2 - \omega^2)^2 + (2D\omega_0\omega)^2}$$

$$\mathrm{Im}\{F(\mathrm{j}\omega)\} = -K \cdot \frac{\omega_0^2 \cdot 2D\omega_0\omega}{(\omega_0^2 - \omega^2)^2 + (2D\omega_0\omega)^2} \; .$$

Damit folgen Betrag und Phasenwinkel zu

$$|F(\mathrm{j}\omega)| = K \cdot \frac{\omega_0^2}{\sqrt{(\omega_0^2 - \omega^2)^2 + (2D\omega_0\omega)^2}}$$

$$\angle F(\mathrm{j}\omega) = \begin{cases} -\arctan \dfrac{2D\omega_0\omega}{\omega_0^2 - \omega^2} & \text{für } \omega < \omega_0 \\[2ex] -\arctan \dfrac{2D\omega_0\omega}{\omega_0^2 - \omega^2} - \pi & \text{für } \omega > \omega_0 \end{cases} \qquad (7.3)$$

Die Verläufe von Amplituden- und Phasengang für verschiedene Dämpfungsgrade $D = 0{,}01 \ldots 2$ und $K = 1$ zeigt Abb. 7.9.

Der *Amplitudengang* beginnt für kleine Frequenzen ω bei 0 dB. Abhängig von der Dämpfung D steigt oder fällt der Amplitudengang mit wachsender Frequenz. Für *kleine Dämpfungen D* ist im Bereich der Kreisfrequenz ω_0 eine große Überhöhung im Amplitudengang abzulesen. Die Amplitude des Ausgangssignals wächst für $D = 0$ und Anregung mit einem Sinussignal der Frequenz $\omega \to \omega_0$ sogar gegen unendlich. Je kleiner die Dämpfung D umso größer die Überhöhung von $|F(\mathrm{j}\omega)|$. Oberhalb der Resonanzfrequenz ω_M (siehe Aufgabe 7.2) geht der Amplitudengang dann auf einen Abfall von 40 dB pro Dekade über. Für *große Dämpfungen D* sinkt der Amplitudengang monoton bis auf den Abfall von 40 dB pro Dekade.

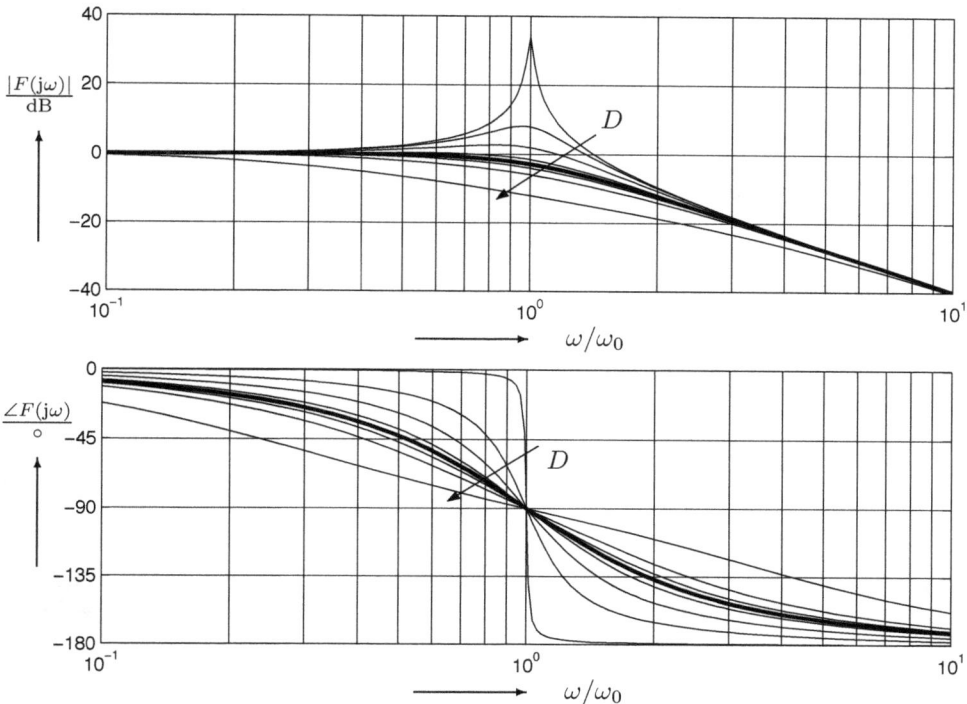

Abbildung 7.9: *Amplituden- und Phasengang des PT_2-Gliedes für die Dämpfungen D = 0,01; 0,2; 0,4; 0,6; 0,7 („**fett**“); 0,8; 1 und 2*

Der *Phasenwinkel* geht von $0°$ über $-90°$ bei der Frequenz ω_0 für große Frequenzen gegen $-180°$. Der Phasenwinkel fällt im Bereich der Resonanzfrequenz umso steiler ab, je kleiner die Dämpfung D ist. Für $D = 0$ schlägt der Phasenwinkel bei ω_0 sprungförmig von $0°$ nach $-180°$ um.

Die Kurven für $D = 1$ und $D = 2$ gehören nicht zu einem schwingungsfähigen Verzögerungsglied 2. Ordnung und dienen nur der Verdeutlichung des Übergangs vom schwingungsfähigen zum nicht schwingungsfähigen Verhalten.

Aufgabe 7.1: Das PT_2-Glied $F(\text{j}\omega) = \dfrac{2}{1 + 0{,}4(\text{j}\omega) + (\text{j}\omega)^2}$ wird mit dem Sinussignal $x_e(t) = 2 \cdot \sin(0{,}9t)$ angeregt. Ermitteln Sie anhand des Bode-Diagramms von Abb. 7.9 den Signalverlauf von $x_a(t)$ im eingeschwungenen Zustand.

Lösung: $x_a(t) = 9{,}82 \cdot \sin(0{,}9t - 1{,}08)$ □

Aufgabe 7.2: Gegeben ist der Frequenzgang eines PT_2-Gliedes zu

$$F(j\omega) = \frac{\omega_0^2}{(j\omega)^2 + 2D\omega_0 \cdot j\omega + \omega_0^2} \; .$$

1. Wie groß ist $|F(j\omega)|$ bei der Frequenz ω_0 ?

2. Bei welcher Frequenz ω_D (Durchtrittsfrequenz) schneidet der Amplitudengang die 0-dB-Linie?

3. Bei welcher Frequenz ω_M (Resonanzfrequenz) tritt das Maximum des Amplitudengangs auf und wie groß ist es?

Lösung:

1. $|F(j\omega)| = 1/(2D)$

2. $\omega_D = \omega_0 \cdot \sqrt{2 - 4D^2}$

3. $\omega_M = \omega_0 \cdot \sqrt{1 - 2D^2};$ $\qquad\qquad |F(j\omega)|_{\omega=\omega_M} = 1/(2D\sqrt{1 - D^2})$ $\qquad$ □

Aufgabe 7.3: Gegeben sind drei Verzögerungsglieder 1. Ordnung mit den Verstärkungsfaktoren $K_1 = 1$; $K_2 = 2$ und $K_3 = 4$ sowie den Zeitkonstanten $T_1 = 3\,\text{s}$; $T_2 = 5\,\text{s}$ und $T_3 = 6\,\text{s}$.

1. Wie lauten die Eckfrequenzen der drei Regelkreisglieder?

2. Wie groß ist der Betrag des Amplitudengangs in dB für niedrige Frequenzen bei einer Reihenschaltung der drei Regelkreisglieder?

3. Konstruieren Sie mithilfe der Approximation des Amplitudengangs durch Geradenstücke den Amplitudengang der Reihenschaltung der drei Übertragungsglieder.

4. Konstruieren Sie den Phasengang der Reihenschaltung der drei Übertragungsglieder.

Lösung:

1. $\omega_{E1} = 0{,}3333\,\text{s}^{-1}$; $\omega_{E2} = 0{,}2\,\text{s}^{-1}$; $\omega_{E3} = 0{,}1666\,\text{s}^{-1}$;

2. $|F(j\omega)|_{\omega \ll 1} = 18{,}06\,\text{dB}$

3. und 4. Wertetabelle mit Kontrollwerten:

ω/s^{-1}	0,001	0,01	0,1	0,2	0,3	0,6	1,0	10
$\frac{\lvert F(j\omega)\rvert}{\text{dB}}$	18,06	18,03	15,38	9,84	4,09	-9,66	-21,77	-81,03
$\frac{\angle F(j\omega)}{\circ}$	-0,8	-8,0	-74,2	-126,2	-159,2	-207,0	-230,8	-266,0

□

7.2.2 Bode-Diagramme von integrierenden Regelkreisgliedern

I-Glied. Die Frequenzganggleichung des verzögerungsfreien I-Gliedes lautet

$$F(\mathrm{j}\omega) = \frac{K_I}{\mathrm{j}\omega} = -\mathrm{j} \cdot \frac{K_I}{\omega} \ .$$

Betrag und Phasenwinkel ergeben sich dann zu:

$$|F(\mathrm{j}\omega)| = \frac{K_I}{\omega} \quad \text{und} \quad \angle F(\mathrm{j}\omega) = \arctan \frac{\mathrm{Im}(F)}{\mathrm{Re}(F)} = -\arctan \frac{K_I/\omega}{0} = -90°.$$

Der Phasenwinkel beträgt konstant $-90°$. Der Amplitudengang in dB lautet:

$$20\lg|F(\mathrm{j}\omega)| = 20 \cdot \lg K_I - 20 \cdot \lg \omega \ .$$

Die Amplitude $|F(\mathrm{j}\omega)|$ nimmt mit wachsender Frequenz mit 20 dB pro Dekade ab.

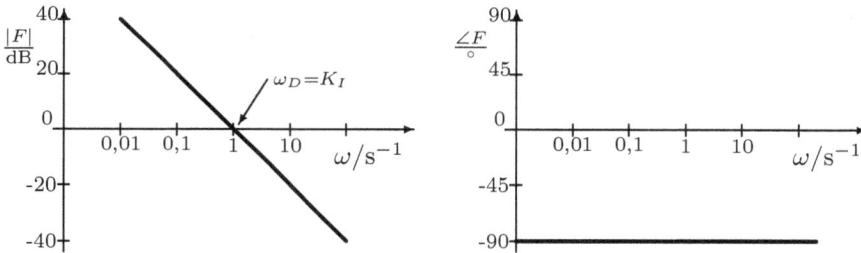

Abbildung 7.10: *Bode-Diagramm des verzögerungsfreien I-Gliedes*

Die Darstellung von Amplituden- und Phasengang für ein I-Glied mit $K_I = 1\,\mathrm{s}^{-1}$ zeigt Abb. 7.10. An der Stelle der Durchtrittsfrequenz ω_D durch die 0 dB-Linie kann man den Integrierbeiwert K_I ablesen.

IT$_1$-Glied. Der Frequenzgang des „verzögerten" I-Gliedes mit der Eckfrequenz $\omega_E = 1/T_1$ lautet

$$F(\mathrm{j}\omega) = \frac{K_I}{\mathrm{j}\omega \cdot (1 + \mathrm{j}\omega T_1)} \ .$$

Die Aufspaltung in Real- und Imaginärteil ergibt

$$F(\mathrm{j}\omega) = -\frac{K_I T_1}{1 + (\omega T_1)^2} - \frac{\mathrm{j} K_I}{\omega \cdot (1 + (\omega T_1)^2)} \ .$$

Betrag und Phasenwinkel des IT_1-Gliedes lauten dann:

$$|F(\mathrm{j}\omega)| = \frac{K_I}{\sqrt{\omega^2 + (\omega^2 T_1)^2}}$$

$$\angle F(\mathrm{j}\omega) = \arctan\frac{\mathrm{Im}(F)}{\mathrm{Re}(F)} = -90° - \arctan 1/(\omega T_1) \, . \tag{7.4}$$

Damit wird der Betrag von $F(\mathrm{j}\omega)$ in dB

$$20\lg|F(\mathrm{j}\omega)| = 20\lg K_I - 10\lg\{\omega^2 + (\omega^2 T_1)^2\} \tag{7.5}$$

mit den Approximationen:

$$20\lg|F(\mathrm{j}\omega)| \approx \begin{cases} 20\lg K_I - 20\lg\omega & \text{für} \quad \omega T_1 \ll 1 \\ 20\lg K_I - 20\lg T_1 - 40\lg\omega & \text{für} \quad \omega T_1 \gg 1 \end{cases} .$$

Abb. 7.11 zeigt als Beispiel den Amplituden- und Phasengang für ein IT_1-Glied mit den Werten $K_I = 1\,\mathrm{s}^{-1}$ und $T_1 = 1\,\mathrm{s}$.

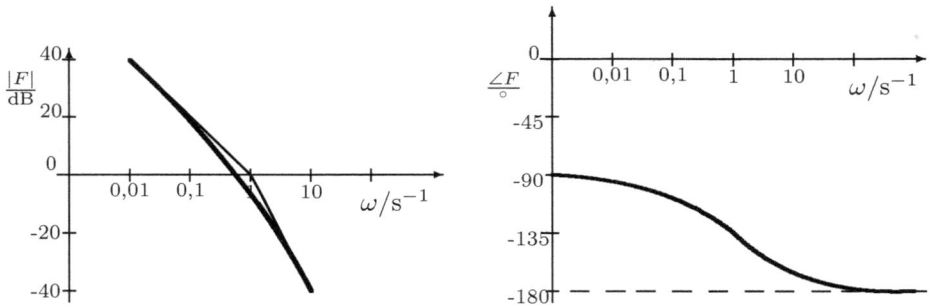

Abbildung 7.11: *Amplituden- und Phasengang für ein IT_1-Glied (Betragsapproximation durch Geradenstücke)*

Für Frequenzen kleiner als die Eckfrequenz ω_{E1} fällt der Amplitudengang mit 20 dB pro Dekade, da der ω^2-Term in Gleichung 7.5 überwiegt, für Frequenzen größer als die Eckfrequenz überwiegt der ω^4-Term und der Amplitudenabfall beträgt 40 dB pro Dekade. Der Knick des Amplitudengangs bei der Eckfrequenz $\omega_{E1} = 1/T_1 = 1\,\mathrm{s}^{-1}$ ist deutlich erkennbar.

Andere I-Glieder. Für integrierende Regelkreisglieder mit Verzögerungen höherer Ordnung kann durch Addition eines reinen I-Gliedes und z. B. eines PT_2-Gliedes auf einfache Art und Weise der entsprechende Amplituden- und Phasengang eines IT_2-Gliedes konstruiert werden.

Für die Reihenschaltung zweier I-Glieder, also ein II- oder I^2-Glied, ergibt sich damit ein Amplitudenabfall von 40 dB pro Dekade und ein Phasenwinkel von konstant $-180°$.

7.2.3 Bode-Diagramme anderer Strecken

Totzeitstrecke, T_t-Glied. Der Frequenzgang eines Totzeitgliedes lautet

$$F(j\omega) = K \cdot e^{-j\omega T_t} = K \cdot (\cos\omega T_t - j\sin\omega T_t) \ .$$

Der Betrag des Totzeitgliedes ist gleich K. Der Phasenwinkel fällt proportional zur Kreisfrequenz ω.

$$\angle F(j\omega) = \arctan\frac{\mathrm{Im}(F)}{\mathrm{Re}(F)} = -\omega T_t \ .$$

Abb. 7.12 zeigt das Bode-Diagramm für eine Totzeit von $T_t = 1\,\mathrm{s}$ und $K = 3{,}16$.

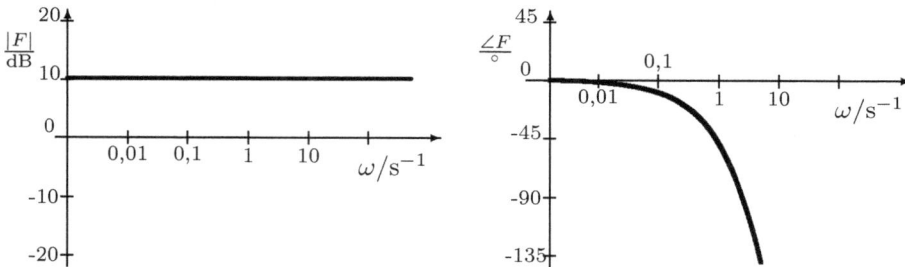

Abbildung 7.12: *Bode-Diagramm eines Totzeitgliedes*

Der Amplitudengang verläuft bei $10\,\mathrm{dB} \,\hat{=}\, 3{,}16$ und der Phasenwinkel geht mit steigendem ω sehr schnell gegen $-\infty$. Im gezeichneten logarithmischen Maßstab nimmt der Phasenwinkel φ für die Totzeit $T_t = 1\,\mathrm{s}$ die folgenden Werte an:

ω/s^{-1}	0,01	0,1	1	10	100
$\angle F(j\omega)/°$	$-0{,}57$	$-5{,}7$	-57	-573	-5730

Allpassglied. Als Beispiel für ein Allpassglied 1. Ordnung wird in Abschnitt 3.3.3 (Seite 74) ein Regelkreisglied mit dem folgenden Frequenzgang untersucht:

$$F(j\omega) = K \cdot \frac{1 - j\omega T_1}{1 + j\omega T_1} = K\frac{1 - (\omega T_1)^2}{1 + (\omega T_1)^2} - jK\frac{2\omega T_1}{1 + (\omega T_1)^2} \ .$$

Beim Allpass bleibt der Betrag des Frequenzgangs unabhängig von der Frequenz ω gleich K. Der Phasenwinkel berechnet sich zu

$$\angle F(j\omega) = -2\arctan(\omega T_1) \ .$$

Mit wachsendem ω fällt der Phasenwinkel von $0°$ bis $-180°$. Abb. 7.13 zeigt das Bode-Diagramm des obigen Allpasses mit $K = 3{,}16$ und $T_1 = 1\,\mathrm{s}$.

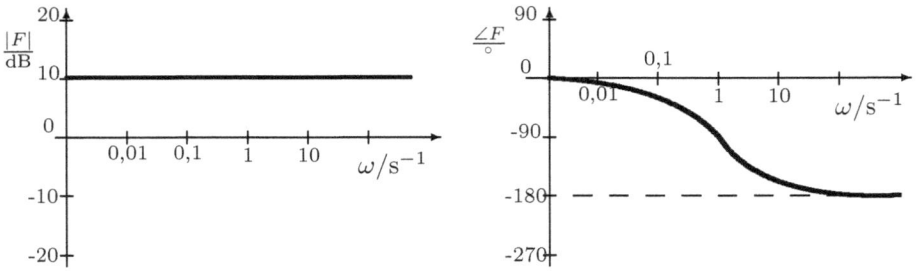

Abbildung 7.13: *Bode-Diagramm eines Allpasses*

Ein Allpass ist ein Regelkreisglied mit nichtminimalem Phasenwinkel. Obwohl die Ordnung des Nennerpolynoms nur gleich Eins ist, d. h. $(j\omega)^1$, wird der Phasenwinkel dennoch kleiner als $-90°$. Für große Frequenzen strebt der Phasenwinkel gegen $-180°$.

Aufgabe 7.4: Gegeben ist die Reihenschaltung eines Verzögerungsgliedes 1. Ordnung mit einem Totzeitglied mit den Zahlenwerten $K_1 = 8$; $T_1 = 2\,\mathrm{s}$ und $T_t = 6\,\mathrm{s}$. Berechnen und zeichnen Sie den Amplituden- und Phasengang dieser Reihenschaltung.

Lösung: Kontrollwerte des Amplituden- und Phasengangs:

ω/s^{-1}	0,001	0,01	0,1	1	10
$|F(j\omega)|/\mathrm{dB}$	18,1	18,1	17,9	11,1	$-8,0$
$\angle F(j\omega)/°$	$-0,46$	$-4,6$	$-45,7$	$-407,2$	$-3524,9$

□

7.2.4   Bode-Diagramme einfacher Regler

P-Regler. Amplituden- und Phasengang eines P-Reglers sind identisch mit dem schon angegebenen Amplituden- und Phasengang eines P-Gliedes, wie es auf Seite 192 untersucht wird.

PI-Regler. Der Frequenzgang eines PI-Reglers lautet

$$F(j\omega) = \frac{K_P \cdot (1 + T_N j\omega)}{T_N j\omega} = K_P - j \cdot \frac{K_P}{\omega T_N} \ .$$

Betrag und Phasenwinkel ergeben sich damit zu

$$|F(j\omega)| = K_P \sqrt{1 + \left(\frac{1}{T_N \omega}\right)^2} \qquad \text{und}$$

$$\angle F(j\omega) = \arctan \frac{\mathrm{Im}(F)}{\mathrm{Re}(F)} = -\arctan 1/(T_N \omega) \ . \tag{7.6}$$

Damit wird der Betrag von $F(\mathrm{j}\omega)$ in dB

$$20\lg|F(\mathrm{j}\omega)| = 20\lg K_P + 10\lg\{1 + 1/(\omega T_N)^2\}$$

mit den Approximationen für den Betrag

$$20\lg|F(\mathrm{j}\omega)| \approx \begin{cases} 20\lg K_P - 20\lg T_N - 20\lg\omega & \text{für} \quad \omega T_N \ll 1 \\ 20\lg K_P & \text{für} \quad \omega T_N \gg 1 \end{cases} .$$

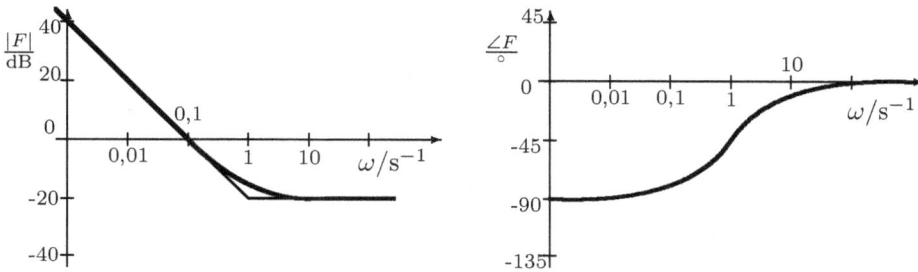

Abbildung 7.14: *Amplituden- und Phasengang eines PI-Reglers (Betragsapproximation durch Geradenstücke)*

Abb. 7.14 zeigt den Amplituden- und Phasengang für einen PI-Regler mit den Werten $K_P = 0{,}1$ und $T_N = 1\,\mathrm{s}$. Die Eckfrequenz des PI-Reglers liegt bei $\omega_{E1} = 1/T_N$. Für Frequenzen kleiner ω_{E1} fällt der Amplitudengang mit 20 dB pro Dekade. Für Frequenzen größer als die Eckfrequenz verläuft der Amplitudengang konstant bei K_P. Der Phasenwinkel beginnt für niedrige Frequenzen bei $-90°$ und geht für große Frequenzen gegen $0°$. Bei der Eckfrequenz ω_{E1} beträgt der Phasenwinkel $-45°$.

PD- und PDT$_D$-Regler. Als erstes soll der *ideale PD-Regler* untersucht werden. Seine Frequenzganggleichung lautet

$$F(\mathrm{j}\omega) = K_P \cdot \{1 + \mathrm{j}\omega T_V\} .$$

Betrag und Phasenwinkel lassen sich direkt aus dieser Gleichung berechnen zu:

$$|F(\mathrm{j}\omega)| = K_P \cdot \sqrt{1 + (\omega T_V)^2} \qquad \text{bzw.}$$

$$\angle F(\mathrm{j}\omega) = \arctan\frac{\mathrm{Im}(F)}{\mathrm{Re}(F)} = \arctan\omega T_V . \tag{7.7}$$

Damit wird der Betrag von $F(\mathrm{j}\omega)$ in dB

$$20\lg|F(\mathrm{j}\omega)| = 20\lg K_P + 10\lg\{1 + (\omega T_V)^2\}$$

mit den Approximationen für den Betrag

$$20 \lg |F(\mathrm{j}\omega)| \approx \begin{cases} 20 \lg K_P & \text{für} \quad \omega T_V \ll 1 \\ 20 \lg K_P + 20 \lg T_V + 20 \lg \omega & \text{für} \quad \omega T_V \gg 1 \end{cases}.$$

Für kleine Frequenzen verläuft der Amplitudengang konstant bei $20 \lg K_P$. Für Frequenzen größer als die Eckfrequenz $\omega_{E1} = 1/T_V$ steigt der Amplitudengang mit $20\,\mathrm{dB}$ pro Dekade. Der Phasenwinkel ist positiv. Er beginnt bei $0°$, ist bei der Eckfrequenz $+45°$ und geht für große Frequenzen gegen $+90°$. Abb. 7.15 zeigt Amplituden- und Phasengang für einen PD-Regler mit den Werten $K_P = 0{,}1$ und $T_V = 10\,\mathrm{s}$.

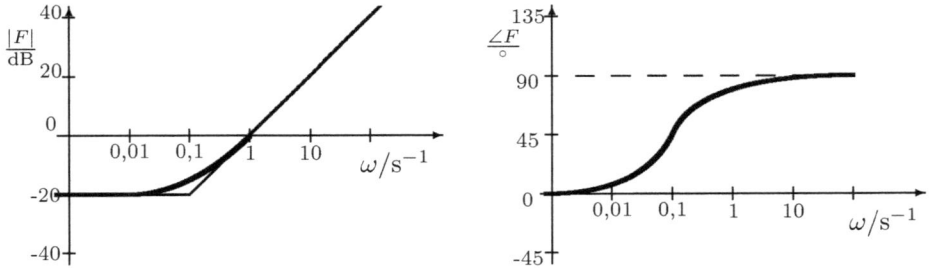

Abbildung 7.15: *Amplituden- und Phasengang eines idealen PD-Reglers (Betragsapproximation durch Geradenstücke)*

Der *reale PD-Regler* unterscheidet sich vom idealen PD-Regler durch einen Verzögerungsterm im Nenner der Übertragungsfunktion. Der Frequenzgang des realen PD-Reglers lautet

$$F(\mathrm{j}\omega) = K_P \cdot \frac{1 + \mathrm{j}\omega T_V}{1 + \mathrm{j}\omega T_D}.$$

Die Vorhaltzeit T_V ist im Allgemeinen deutlich größer (ca. > Faktor 10) als die Verzögerungszeit T_D. Betrag und Phasenwinkel folgen aus dieser Frequenzganggleichung zu

$$|F(\mathrm{j}\omega)| = K_P \cdot \frac{\sqrt{1 + (\omega T_V)^2}}{\sqrt{1 + (\omega T_D)^2}} \quad \text{und}$$

$$\angle F(\mathrm{j}\omega) = \arctan \frac{(T_V - T_D)\omega}{1 + T_V T_D \omega^2}. \tag{7.8}$$

Damit wird der Betrag von $F(\mathrm{j}\omega)$ in dB

$$20 \lg |F(\mathrm{j}\omega)| = 20 \lg K_P + 10 \lg\{1 + (\omega T_V)^2\} - 10 \lg\{1 + (\omega T_D)^2\}$$

mit den Approximationen für den Betrag

$$20 \lg |F(\mathrm{j}\omega)| \approx \begin{cases} 20 \lg K_P & \text{für} \quad \omega \ll 1/T_V \\ 20 \lg K_P + 20 \lg T_V + 20 \lg \omega & \text{für} \quad 1/T_V < \omega < 1/T_D \\ 20 \lg K_P + 20 \lg T_V - 20 \lg T_D & \text{für} \quad \omega \gg 1/T_D \end{cases}.$$

Der reale PD-Regler besitzt Eckfrequenzen bei $\omega_{E1} = 1/T_V$ und $\omega_{E2} = 1/T_D$. Für Frequenzen kleiner als ω_{E1} wird der Amplitudengang approximiert durch eine horizontale Gerade, zwischen ω_{E1} und ω_{E2} steigt er mit 20 dB pro Dekade, und ab ω_{E2} verläuft er wieder horizontal. Der Phasenwinkel beginnt für niedrige Frequenzen bei 0°, nimmt dann positive Winkel an und fällt für sehr große Frequenzen wieder nach 0° ab. Der Maximalwert des Phasenwinkels hängt davon ab, wie eng die beiden Eckfrequenzen beieinander liegen. Abb. 7.16 zeigt den Amplituden- und Phasengang für einen realen PD-Regler mit $K_P = 0{,}1$; $T_V = 10\,\mathrm{s}$ und $T_D = 0{,}1\,\mathrm{s}$.

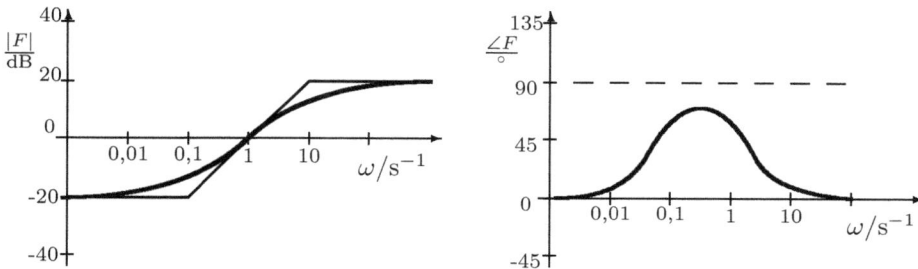

Abbildung 7.16: *Amplituden- und Phasengang eines realen PD-Reglers (Betragsapproximation durch Geradenstücke)*

Der PD-Regler bewirkt eine Phasenanhebung bzw. Phasenvoreilung (Lead-Verhalten) im Regelkreis. Dies zeigt der Phasengang sehr deutlich. Der Phasenwinkel ist positiv, die Phasennacheilung durch integrierende und verzögernde Anteile im Regelkreis wird durch einen PD-Anteil des Reglers reduziert. Der PD-Anteil wirkt dadurch im Regelkreis stabilisierend.

PID- und PIDT$_D$-Regler. Wiederum werden der ideale und reale PID-Regler in Produktform gemeinsam untersucht. Die Frequenzgangleichung des *idealen PID-Reglers* lautet:

$$F(\mathrm{j}\omega) = K_P^* \cdot \frac{(1 + \mathrm{j}\omega T_N)(1 + \mathrm{j}\omega T_V)}{\mathrm{j}\omega T_N} \tag{7.9}$$

Die Eckfrequenzen des Reglers lauten $\omega_{E1} = 1/T_N$ und $\omega_{E2} = 1/T_V$.

Betrag und Phasenwinkel des idealen PID-Reglers ergeben sich zu

$$|F(\mathrm{j}\omega)| = K_P^* \cdot \frac{\sqrt{1 + \omega^2 T_N^2} \cdot \sqrt{1 + \omega^2 T_V^2}}{\omega T_N} \quad \text{und}$$

$$\angle F(\mathrm{j}\omega) = +\arctan \frac{\omega^2 T_N T_V - 1}{\omega(T_N + T_V)}. \tag{7.10}$$

Damit wird der Betrag von $F(\mathrm{j}\omega)$ in dB

$$20\lg|F(\mathrm{j}\omega)| = 20\lg K_P^* + 10\lg\{(1+(\omega^2 T_N^2)\} + 10\lg\{(1+(\omega^2 T_V^2)\} - 20\lg\omega T_N$$

mit den Approximationen für den Betrag

$$20\lg|F(\mathrm{j}\omega)| \approx \begin{cases} 20\lg K_P^* - 20\lg T_N - 20\lg\omega & \text{für} \quad \omega \ll 1/T_N \\ 20\lg K_P^* & \text{für} \quad \frac{1}{T_N} < \omega < \frac{1}{T_V} \\ 20\lg K_P^* + 20\lg T_V + 20\lg\omega & \text{für} \quad \omega \gg 1/T_V \ . \end{cases}$$

Der Phasenwinkel des PID-Reglers verläuft von $-90°$ über den Winkel $0°$ bei einer mittleren Frequenz und für große Frequenzen geht er gegen $+90°$. Dies entspricht im Wesentlichen der Addition der Phasenwinkel eines PI- und PD-Reglers. Abb. 7.17 zeigt Amplituden- und Phasengang für einen PID-Regler mit den Parametern $K_P = 0{,}1$; $T_N = 10\,\mathrm{s}$ und $T_V = 0{,}1\,\mathrm{s}$.

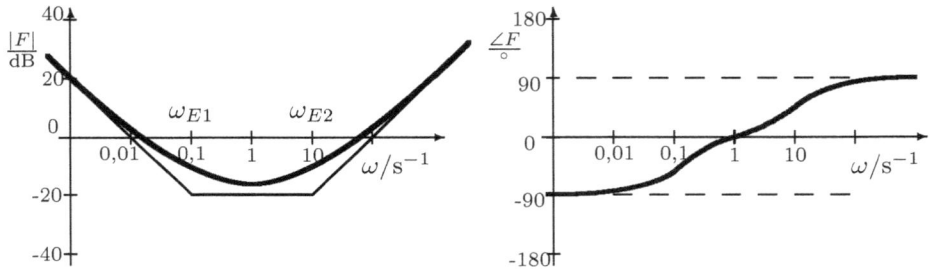

Abbildung 7.17: *Amplituden- und Phasengang eines idealen PID-Reglers*

Der *reale PID-Regler*, d. h. der PIDT_D-Regler, unterscheidet sich vom idealen PID-Regler durch die zusätzliche Verzögerung im Nenner. Seine Frequenzganggleichung lautet

$$F(\mathrm{j}\omega) = K_P^* \cdot \frac{(1+\mathrm{j}\omega T_N)(1+\mathrm{j}\omega T_V)}{\mathrm{j}\omega T_N(1+\mathrm{j}\omega T_D)} \tag{7.11}$$

Infolge der Verzögerung des D-Anteils wird der Amplitudengang für Frequenzen $\omega \gg \omega_{E3} = 1/T_D$ begrenzt auf $|F(\mathrm{j}\omega)| = K_P^* \cdot T_V/T_D$ und der Phasenwinkel geht für diese Frequenzen wieder gegen $0°$.

Abb. 7.18 zeigt den Amplituden- und Phasengang für einen realen PID-Regler mit den Werten $K_P^* = 0{,}1$; $T_N = 10\,\mathrm{s}$, $T_V = 0{,}1\,\mathrm{s}$ und $T_D = 0{,}01\,\mathrm{s}$.

Der Amplitudengang (gezeichnet ab $\omega = 10^{-3}\mathrm{s}^{-1}$) beginnt für kleine ω bei $+\infty\,\mathrm{dB}$ und fällt mit $20\,\mathrm{dB}$ pro Dekade. Ab der ersten Eckfrequenz $\omega_{E1} = 1/T_N$ ist der Betrag $|F(\mathrm{j}\omega)|$ dann näherungsweise konstant und steigt ab der zweiten Eckfrequenz $\omega_{E2} = 1/T_V$ wieder mit $20\,\mathrm{dB}$ pro Dekade. Ab der dritten Eckfrequenz $\omega_{E3} = 1/T_D$ nähert sich der Amplitudengang dann dem Endwert (hier $\approx 0\,\mathrm{dB}$). Der Phasenwinkel beginnt

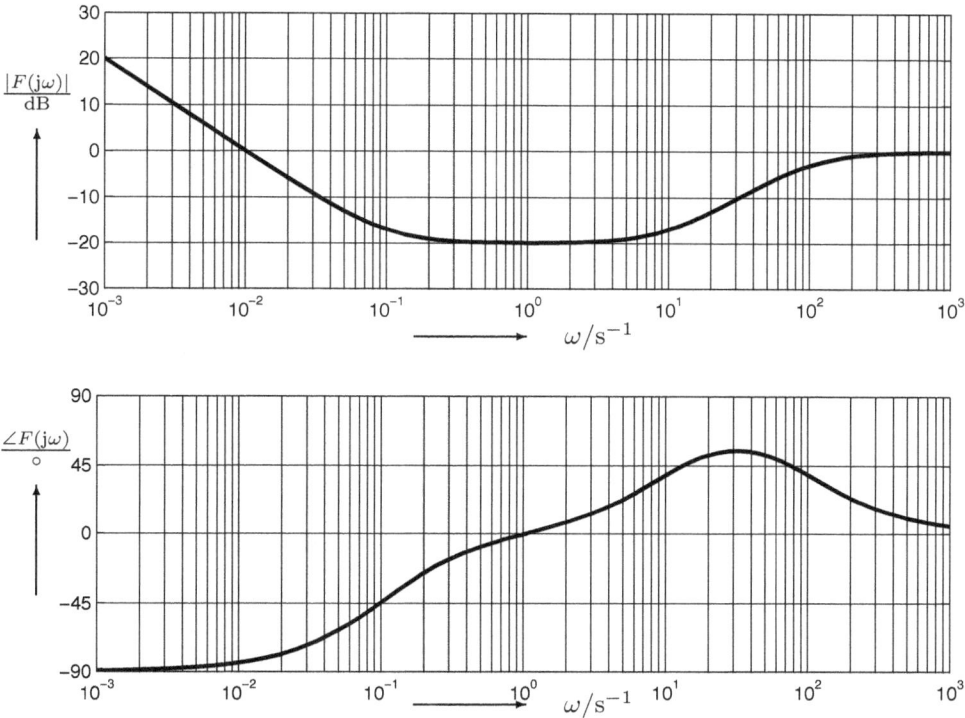

Abbildung 7.18: *Bode-Diagramm eines realen PID-Reglers*

bei $-90°$, steigt dann bis auf fast $+60°$ bevor er für große Frequenzen wieder auf $0°$ absinkt.

Aufgabe 7.5: Gegeben ist ein realer PID-Regler mit den Zahlenwerten $K_P^* = 6$; $T_N = 8\,\mathrm{s}$; $T_V = 0{,}15\,\mathrm{s}$ und $T_D = 0{,}0075\,\mathrm{s}$.

1. Wie lauten die Eckfrequenzen ω_{E1}, ω_{E2} und ω_{E3} ?

2. Wie groß ist die Betragskennlinie für $\omega \to \infty$?

3. Berechnen und zeichnen Sie den Amplituden- und Phasengang des realen PID-Reglers.

Lösung:

1. $\omega_{E1} = 1/T_N = 0{,}125\,\mathrm{s}^{-1} \qquad \omega_{E2} = 1/T_V = 6{,}6667\,\mathrm{s}^{-1}$
    $\omega_{E3} = 1/T_D = 133{,}3\,\mathrm{s}^{-1}$

2. $|F(\mathrm{j}\omega)|_{\omega \to \infty} = K_P^* \cdot \dfrac{T_V}{T_D} = 120 \,\hat{=}\, 41{,}58\,\mathrm{dB}$

3. Kontrollwerte des Amplituden- und Phasengangs:

ω/s^{-1}	0,01	0,1	1	10	100	1000
$|F(\mathrm{j}\omega)|/\mathrm{dB}$	37,5	19,7	15,7	20,7	37,2	41,5
$\angle F(\mathrm{j}\omega)/^\circ$	-85,3	-50,5	+1,0	51,3	49,2	7,2

$\square$

7.3   Entwurfsanforderungen im Bode-Diagramm

Entwurfsanforderungen im Zeitbereich und Frequenzbereich. In Abschnitt 4.2 sind die grundlegenden Anforderungen an einen Regelkreis zusammengestellt. Sie betreffen die Stabilität, das Führungs- und Störverhalten sowie die Parameterempfindlichkeit von Regelkreisen. Diese Forderungen, außer der Stabilitätsforderung, sind im *Zeitbereich* formuliert als Forderungen an den Verlauf der Regelgröße $x(t)$ und sie betreffen z. B. die Anregelzeit T_{An}, die Ausregelzeit T_{Aus} und das prozentuale Überschwingen der Regelgröße nach einem Sprung der Führungsgröße bzw. der Störgröße. Die Stabilitätsanforderungen werden in Kapitel 5 formuliert als Forderungen an die Lage der Pole der charakteristischen Gleichung bzw. als Forderungen an den Verlauf der Nyquist-Ortskurve. Die oben aufgeführten Entwurfsanforderungen für einen Regelkreis sollen nun, soweit es möglich ist, als Anforderungen im *Frequenzbereich* (Bode-Diagramm) übertragen werden.

7.3.1   Stabilität, Amplituden- und Phasenrand

Stabilitätsanalyse anhand des Phasenrandes. Sind wie in Abschnitt 5.3.1 (Seite 153) gezeigt, die Voraussetzungen für die Anwendung des Nyquist-Kriteriums in der vereinfachten Form erfüllt, dann reduziert sich die Stabilitätsforderung auf die alleinige Anforderung an den Phasenrand:

> *Der geschlossene Regelkreis ist stabil sofern der Phasenrand positiv ist.*

Diese Stabilitätsforderung kann mithilfe des Bode-Diagramms sehr leicht überprüft werden. Abb. 7.19 zeigt das Bode-Diagramm und zum Vergleich die Nyquist-Ortskurve mit den signifikanten Entwurfsparametern für eine PT_2-Strecke mit I-Regler, die zu einem

$$F_0(\mathrm{j}\omega) = \frac{K_S \cdot K_I}{\mathrm{j}\omega(1 + T_a\mathrm{j}\omega + T_b^2(\mathrm{j}\omega)^2)} \quad \text{führt.}$$

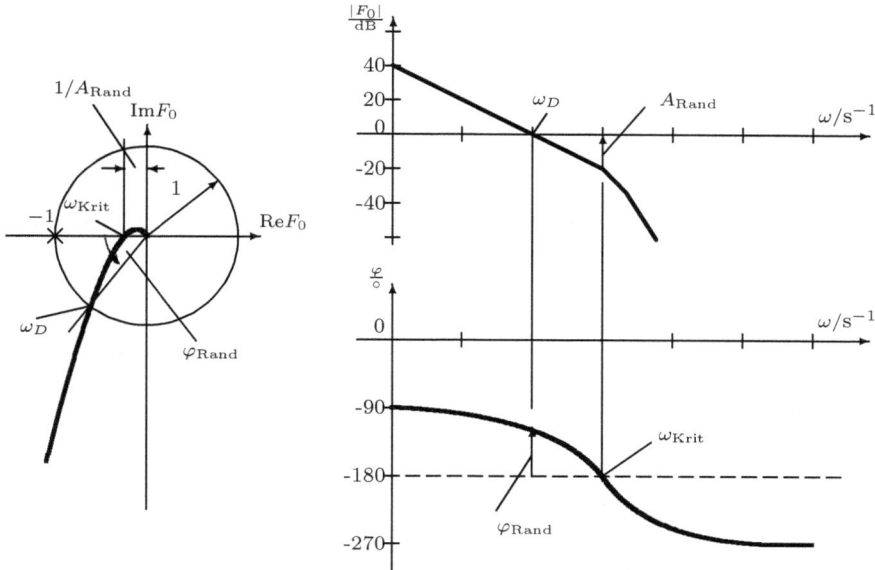

Abbildung 7.19: *Nyquist-Ortskurve und Bode-Diagramm für den Frequenzgang*

$$F_0(\mathrm{j}\omega) = \frac{K_S \cdot K_I}{\mathrm{j}\omega(1 + T_a\mathrm{j}\omega + T_b^2(\mathrm{j}\omega)^2)}$$

An der Stelle der Durchtrittsfrequenz ω_D durch die 0 dB-Linie im Amplitudengang $|F_0(\mathrm{j}\omega)|$ kann man im Phasengang den Phasenrand φ_{Rand} ablesen. Der Phasenrand wird dabei von der -180°-Linie zum Phasenverlauf *positiv* gezählt. Im gewählten Beispiel beträgt der Phasenrand ca. 55°, somit ist der geschlossene Regelkreis stabil. Den Amplitudenrand A_{Rand} liest man an der Stelle der kritischen Frequenz ω_{Krit} im Amplitudengang ab. Dabei wird der Amplitudenrand vom Amplitudenverlauf zur 0 dB-Linie gezählt. Er kann positiv oder negativ (in dB) sein. Im gewählten Beispiel beträgt der Amplitudenrand ca. +20 dB.

Stabilitätsanalyse anhand des Amplitudengangs. Bode hat in [7] gezeigt, dass für Phasenminimumsysteme ein analytischer Zusammenhang zwischen dem Amplituden- und Phasengang eines Systems besteht. Unter einem *Phasenminimumsystem* versteht man dabei ein System, das keine Totzeit und keine Pole und Nullstellen in der rechten s-Halbebene aufweist und dessen Verstärkungsfaktor positiv ist. Für derartige Systeme reicht im Prinzip die Beschreibung durch den Amplituden- *oder* Phasengang aus, da man den fehlenden Verlauf aus dem anderen herleiten kann. Folglich kann man auch allein aus dem Amplitudengang des aufgeschnittenen Systems auf die Stabilität des geschlossenen Kreises schließen. Die daraus abgeleitete Stabilitätsaussage lautet:

Der Phasenrand ist positiv, d. h. der geschlossene Regelkreis ist genau dann stabil, wenn

1. *der aufgeschnittene Regelkreis ein Phasenminimumsystem mit Tief-passeigenschaft darstellt,*

2. *beim Durchgang des Amplitudengangs durch die 0 dB-Linie die Stei-gung des Amplitudengangs negativ und betragsmäßig kleiner als 40 dB pro Dekade ist,*

3. *in der Umgebung des Nulldurchgangs die Änderung der Steigung des Amplitudengangs gering ist.*

Das in Abb. 7.19 betrachtete System ist ein Phasenminimumsystem. In der Umgebung des Nulldurchgangs der Amplitudenkennlinie durch die 0 dB-Linie beträgt der Amplitudenabfall ca. $-20\,$dB/Dekade, folglich ist der geschlossene Regelkreis stabil.

7.3.2   Führungsverhalten

Anforderungen. Ein „gutes" Führungsverhalten liegt laut Abschnitt 4.2.2 dann vor, wenn die Regelgröße die vorgeschriebene stationäre Genauigkeit aufweist sowie Über-schwingweite, An- und Ausregelzeit innerhalb vorgegebener Schranken liegen.

Stationäre Genauigkeit. Die *stationäre Genauigkeit* wird durch den integrierenden Anteil des Reglers oder (falls vorhanden) der Regelstrecke erreicht. Im Bode-Diagramm ist ein einfach integrierender Anteil im Regelkreis an dem Amplitudenabfall von $F_0(j\omega)$ von 20 dB/Dekade bei niedrigen Frequenzen erkennbar.

Auslegung auf vorgeschriebenen Phasenrand. In Abschnitt 5.3.2 (Seite 158) wird als Auslegungskriterium für ein gutes Führungsverhalten ein Phasenrand von 50 ...60° genannt. Die Einstellung eines derartigen Phasenrandes ist mithilfe des Bode-Diagramms besonders einfach, wie in Abb. 7.20 gezeigt wird.

Dargestellt sind der Amplituden- und Phasengang für eine PT$_2$-Strecke mit einem I-Regler mit $F_0(j\omega) = \dfrac{K_S \cdot K_I}{j\omega(1 + T_a j\omega + T_b^2(j\omega)^2)}$. Die Reglerverstärkung hat dabei den mit K_I bezeichneten Wert. Will man nun einen Phasenrand von ca. 60° für ein gutes Führungsverhalten erzielen, so muss der Amplitudengang derart abgesenkt werden, dass der Durchgang durch die 0 dB-Linie an der Stelle auftritt, an der man den Phasenwinkel von 60° abliest. Die Absenkung beträgt also $-|F_{01}|_{\mathrm{dB}}$ (hier ca. $-9\,$dB). Damit wird

$$K_{I,60°}|_{\mathrm{dB}} = K_I|_{\mathrm{dB}} - |F_{01}|_{\mathrm{dB}}$$

oder im absoluten Maßstab

$$K_{I,60°} = K_I \cdot 10^{-|F_{01}|_{\mathrm{dB}}/20} \ .$$

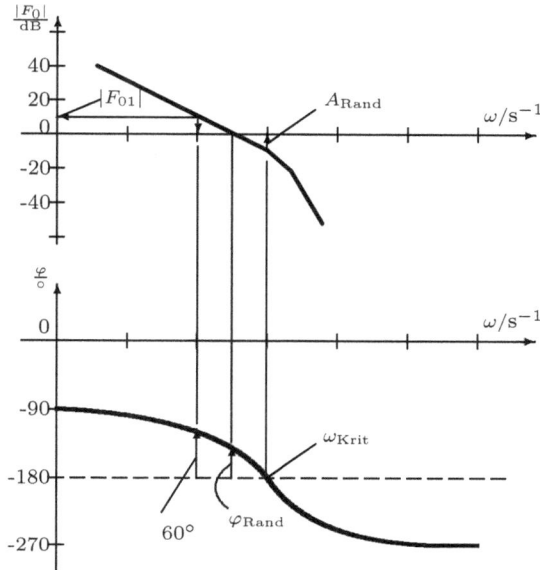

Abbildung 7.20: *Bode-Diagramm des Systems* $F_0(\mathrm{j}\omega) = \dfrac{K_S \cdot K_I}{\mathrm{j}\omega(1 + T_a\mathrm{j}\omega + T_b^2(\mathrm{j}\omega)^2)}$

Überschwingweite. Will man den Regelkreis auf eine vorgeschriebene maximale Überschwingweite $\ddot{u}_{Max}$ auslegen, so muss man zunächst einen Zusammenhang zwischen der Überschwingweite und dem Phasenrand herstellen.

Wenn das Führungsverhalten $F_W(s)$ des geschlossenen Regelkreises durch ein PT$_2$-Verhalten beschrieben werden kann, dann gilt nach Gleichung 3.47 zwischen der Überschwingweite $\ddot{u}$ und dem Dämpfungsgrad D die folgende Beziehung:

$$\ddot{u} = \exp \frac{-\pi \cdot D}{\sqrt{1 - D^2}} \qquad \text{bzw.} \qquad D = \frac{|\ln \ddot{u}|}{\sqrt{\pi^2 + (\ln \ddot{u})^2}} \ . \tag{7.12}$$

Betrachtet man nun ein PT$_2$-Führungsverhalten, wie für diese Formeln angenommen, dann lautet die Übertragungsfunktion $F_0(s)$ des aufgeschnittenen Regelkreises

$$F_0(s) = \frac{K_I K_S}{s \cdot (1 + T_1 s)} = \frac{K}{s \cdot (1 + T_1 s)}$$

bzw. der Frequenzgang ist

$$F_0(\mathrm{j}\omega) = \frac{K}{\mathrm{j}\omega \cdot (1 + T_1 \mathrm{j}\omega)} = \frac{K}{-T_1 \omega^2 + \mathrm{j}\omega} \ .$$

Die Führungsübertragungsfunktion weist wie gewünscht ein PT$_2$-Verhalten auf:

$$F_W(s) = \frac{K}{K + s + T_1 s^2} = \frac{1}{1 + \frac{s}{K} + \frac{T_1}{K} s^2} = \frac{1}{1 + T_a s + T_b^2 s^2} \ .$$

Für die Dämpfung von $F_W(s)$ gilt

$$D = \frac{T_a}{2T_b} = \frac{1}{2\sqrt{K \cdot T_1}} \; . \tag{7.13}$$

Der Phasenrand von $F_0(\mathrm{j}\omega)$ errechnet sich zu

$$\tan \varphi_{Rand} = \frac{\mathrm{Im}F_0(\mathrm{j}\omega)}{\mathrm{Re}F_0(\mathrm{j}\omega)} = \frac{1}{\omega_D T_1} \; , \tag{7.14}$$

mit ω_D als Durchtrittsfrequenz durch den Einheitskreis. Aus der Betragsforderung $|F_0(\mathrm{j}\omega)|_{\omega_D} = 1$ folgt die Beziehung:

$$K^2 = \omega_D^2 + T_1^2 \omega_D^4 \; . \tag{7.15}$$

Ersetzt man nun in Gleichung 7.15 den Wert für ω_D durch den Wert aus Gleichung 7.14 dann erhält man nach kurzer Umrechnung unter Verwendung von Gleichung 7.13 den Zusammenhang:

$$D = \frac{\sin \varphi_{Rand}}{2\sqrt{\cos \varphi_{Rand}}} \left(\approx \frac{\varphi_{Rand}}{100°} \quad \text{für } \varphi < 60° \right) \tag{7.16}$$

der in Abb. 7.21 dargestellt ist.

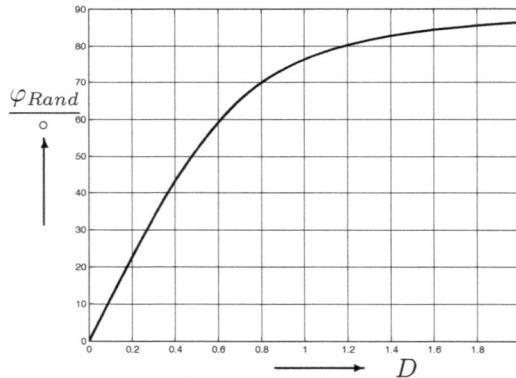

Abbildung 7.21: *Zusammenhang zwischen Phasenrand φ_{Rand} und Dämpfungsgrad D*

Damit kann nun nach Umrechnung des gewünschten Überschwingens $\ddot{u}$ auf einen Dämpfungsgrad D mithilfe von Abb. 7.21 der einzustellende Phasenrand ermittelt werden. Diese für ein PT_2-Verhalten abgeleitete Vorgehensweise kann näherungsweise auch für ein proportionales Führungsverhalten höherer Ordnung verwendet werden.

Anregelzeit. Zwischen der Anregelzeit eines Systems und der Bandbreite[2] ω_B des Führungsfrequenzgangs besteht ein einfach herzuleitender Zusammenhang. Ausgehend vom Führungsfrequenzgang mit PT$_2$-Verhalten

$$F_W(\mathrm{j}\omega) = \frac{1}{1 + \frac{2D}{\omega_0}\mathrm{j}\omega + \left(\frac{\mathrm{j}\omega}{\omega_0}\right)^2} = \frac{1}{1 - \left(\frac{\omega}{\omega_0}\right)^2 + \frac{2D}{\omega_0}\mathrm{j}\omega} \ ,$$

folgt für $D = 1/\sqrt{2}$ bei der Frequenz $\omega = \omega_0$

$$F_W(\mathrm{j}\omega) = \frac{1}{\mathrm{j}\sqrt{2}} \qquad \text{bzw.} \qquad |F_W(\mathrm{j}\omega)|_{\omega_0} = \frac{1}{\sqrt{2}} \ .$$

Rechnet man diesen Betrag in Dezibel um, so resultiert,

$$20\lg|F_W(\omega_0)| = 20 \cdot (-\frac{1}{2}) \cdot \lg 2 = -3{,}01\,\mathrm{dB} \ .$$

Die Betragskennlinie des Führungsfrequenzgangs ist für $D = 1/\sqrt{2}$ bei $\omega = \omega_0$ um -3 dB abgesunken. Damit ist die Bandbreite des Führungsfrequenzgangs

$$\omega_{B,F_W} = \omega_0 \ .$$

Aus Abb. 3.15 (Seite 63) liest man aus der Übergangsfunktion eines PT$_2$-Gliedes für den Dämpfungsgrad $D = 0{,}7$ an der Stelle, an der die Sprungantwort den Wert Eins schneidet, ab

$$\omega_0 \cdot t = \omega_0 \cdot T_{An} \approx 3{,}2 \approx \pi \ .$$

Daraus folgt dann die Anregelzeit zu

$$T_{An} \approx \frac{\pi}{\omega_0} \ . \tag{7.17}$$

Zwischen den Frequenzgängen des offenen und geschlossenen Regelkreises besteht die Beziehung

$$F_W(\mathrm{j}\omega) = \frac{F_0(\mathrm{j}\omega)}{1 + F_0(\mathrm{j}\omega)} \qquad \text{bzw.} \qquad |F_W(\mathrm{j}\omega)| = \frac{|F_0(\mathrm{j}\omega)|}{|1 + F_0(\mathrm{j}\omega)|} \ .$$

Der Betrag des Frequenzgangs des geschlossenen Regelkreises wird nun wie folgt approximiert:

$$|F_W(\mathrm{j}\omega)| \approx \begin{cases} 1 & \text{für } |F_0(\mathrm{j}\omega)| \gg 1 \\ |F_0(\mathrm{j}\omega)| & \text{für } |F_0(\mathrm{j}\omega)| \ll 1 \ . \end{cases}$$

In der Umgebung von $|F_0(\mathrm{j}\omega)| = 1$ findet ein allmählicher Übergang des Kurvenverlaufs statt. Abb. 7.22 verdeutlicht diese Approximation.

---

[2]Mit Bandbreite bezeichnet man die Frequenz bei welcher der Amplitudengang eines Systems um 3 dB von seinem Maximalwert abgesunken ist.

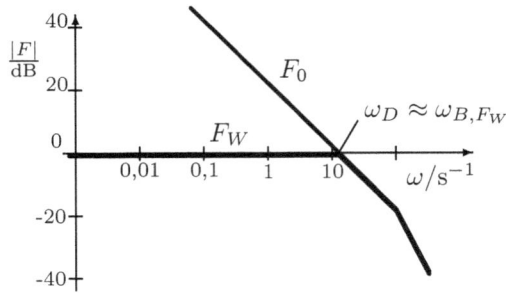

Abbildung 7.22: *Approximation des Amplitudengangs von $F_W(j\omega)$*

Aus dem Verlauf der Amplitudengänge von F_W und F_0 in Abb. 7.22 erkennt man, dass die Bandbreite ω_{B,F_W} des Führungsfrequenzgangs $F_W(j\omega)$ näherungsweise gleich der Durchtrittsfrequenz ω_D von $F_0(j\omega)$ ist. Somit kann man aus dem Amplitudengang von $F_0(j\omega)$ die Anregelzeit (für ein $D \approx 0{,}7$) ablesen zu:

$$T_{An} \approx \frac{\pi}{\omega_D} \; .$$

Wird die Bandbreitenforderung an den Regelkreis zu groß, d. h. verlangt man eine zu kleine Anregelzeit der Regelgröße, so wird im Allgemeinen die *Stellamplitude u(t)* zu groß. Dies hat Schneider [31] mit einfachen Betrachtungen im Frequenzbereich gezeigt.

7.3.3 Störverhalten

Auslegung mittels Phasenrand. Für die Festlegung der Anforderungen an das Störverhalten im Frequenzbereich spielt die Betrachtung des Eingriffsorts der Störung eine wichtige Rolle. Bei den bisherigen Betrachtungen des Standardregelkreises liegt der Eingriffsort der Störung vor der Regelstrecke (Störgröße $z_1(t)$) in Abb. 7.23). Die Einwirkung der Störgrößen zwischen den Teilstrecken (Störung $z_2(t)$) oder nach der Regelstrecke (Störung $z_3(t)$) ist ebenso möglich.

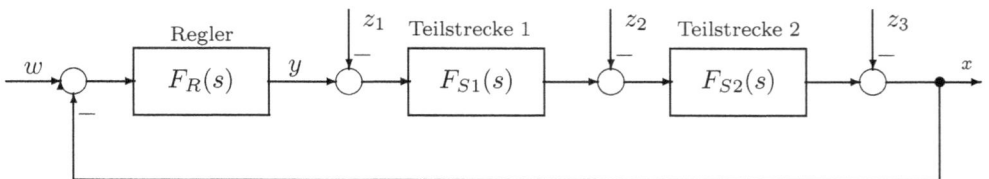

Abbildung 7.23: *Regelkreis mit mehreren Störgrößen*

Für die Einwirkung der Störgröße vor der Regelstrecke ($z_1(t)$) wird in Abschnitt 5.3.2 (Seite 158) für ein gutes Störverhalten ein Phasenrand von größer 30° gefordert.

Wirkt die Störgröße nach der Regelstrecke ($z_3(t)$), so lautet die Störübertragungsfunktion wie folgt:

$$F_Z(s) = -\frac{1}{1 + F_0(s)} = \frac{F_0(s)}{1 + F_0(s)} - 1 = F_W(s) - 1 . \tag{7.18}$$

Das dynamische Verhalten bei Einwirkung der Störgröße $z_3(t)$ weist eine gewisse Analogie zum Führungsverhalten auf. Bei einem guten Führungsverhalten wird auch die Störgröße $z_3(t)$ gut ausgeregelt. Somit gilt für z_3 als Forderung für ein gutes Störverhalten ein Phasenrand von ca. 60°.

Dann bietet sich für die Einwirkung einer Störgröße $z_2(t)$ *zwischen* zwei Teilstrecken ein Phasenrand in der Größe von ca. 45° für ein gutes Störverhalten an. Die Einstellung der Reglerverstärkung, so dass ein vorgeschriebener Phasenrand erreicht wird, erfolgt nach dem Schema von Abschnitt 7.3.2, s. Seite 209.

7.4 Reglerentwurf mit dem Bode-Diagramm

7.4.1 Nicht schwingungsfähige Proportionalstrecken

Entwurfsziel. Die im vorangehenden Abschnitt präsentierten Verfahren und Kriterien sollen nun auf den Entwurf eines Reglers angewendet werden. Hierzu wird als erstes Beispiel dieselbe PT_3-Regelstrecke verwendet, die auch in Kapitel 8 für den Vergleich von verschiedenen Entwürfen herangezogen wird:

$$F_S(s) = \frac{2}{(1 + 1{,}2s) \cdot (1 + 0{,}5s) \cdot (1 + 0{,}1s)} . \tag{7.19}$$

Diese Regelstrecke soll mit einem PI-Regler ausgelegt nach dem Verfahren der dynamischen Kompensation derart geregelt werden, dass die Regelgröße bei einem Sprung der Führungsgröße maximal 5% überschwingt.

Anwendung. Die Verwendung des PI-Reglers $F_R(s) = K_P \dfrac{1 + 1{,}2s}{1{,}2s}$ führt mit $K_P = 1$ zu dem folgenden Frequenzgang des aufgeschnittenen Regelkreises.

$$F_0(\mathrm{j}\omega) = \frac{2}{1{,}2\mathrm{j}\omega \cdot (1 + 0{,}5\mathrm{j}\omega) \cdot (1 + 0{,}1\mathrm{j}\omega)} . \tag{7.20}$$

Das zu Gleichung 7.20 gehörige Bode-Diagramm zeigt Abb. 7.24.

Amplituden- und Phasenrand lassen sich aus Abb. 7.24 ablesen[3] zu $A_{Rand} = 17{,}15\,\mathrm{dB}$ bei der Frequenz $\omega_{Krit} = 4{,}47\,\mathrm{s}^{-1}$ und $\varphi_{Rand} = 47{,}9°$ bei der Frequenz $\omega_D = 1{,}36\,\mathrm{s}^{-1}$. Der Phasenrand ist größer Null, somit ist der Regelkreis mit der Verstärkung $K_P = 1$ stabil.

---

[3]bei genauerer Auflösung

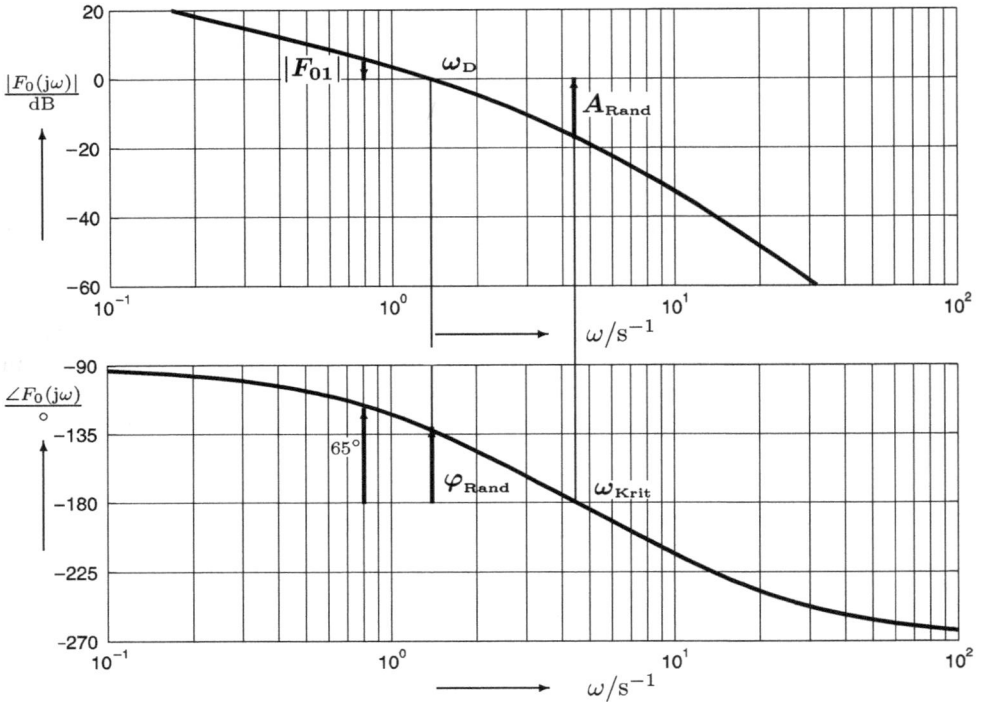

Abbildung 7.24: *Amplituden- und Phasengang der Übertragungsfunktion des aufge-schnittenen Kreises* $F_0(\mathrm{j}\omega) = \dfrac{2}{1{,}2\mathrm{j}\omega \cdot (1 + 0{,}5\mathrm{j}\omega) \cdot (1 + 0{,}1\mathrm{j}\omega)}$

Die Forderung von maximal 5 % Überschwingen bei einem Führungssprung rechnet man mit Gleichung 7.12 um zur Forderung einer Mindestdämpfung von $D = 0{,}69$. Dies entspricht gemäß Gleichung 7.16 dann einem Phasenrand von mindestens $\varphi_{rand} = 65°$. Diesen Phasenrand von 65° liest man in Abb. 7.24 ab bei der Frequenz $\omega_1 \approx 0{,}8\,\mathrm{s}^{-1}$. Im Amplitudengang liefert dann der Wert von $|F_{01}| = -5{,}7\,\mathrm{dB}$, den Wert, um den man die Reglerverstärkung absenken muss. Somit wird

$$K_P|_{\mathrm{dB}} = 1|_{\mathrm{dB}} - 5{,}7\,\mathrm{dB} = 0\,\mathrm{dB} - 5{,}7\,\mathrm{dB} = -5{,}7\,\mathrm{dB}\,,$$

bzw. bei Rechnung in Absolutwerten:

$$K_P = 1 \cdot 10^{\frac{-5{,}7\,\mathrm{dB}}{20\,\mathrm{dB}}} = 0{,}52\,.$$

Das mit dieser Auslegung erzielte Führungs- und Störverhalten zeigt Abb. 7.25.

Die Regelgröße schwingt beim Führungsverhalten, wie gefordert, um maximal 5 % über. Das Störverhalten zeigt jedoch eine deutliches Überschwingen. Eine Abschätzung der Anregelzeit mit der Formel $T_{An} = \pi/\omega_D$ ergibt den Zahlenwert $T_{An} = 2{,}31\,\mathrm{s}$. Dieser Wert wird durch den Zeitverlauf in Abb. 7.25 bestätigt.

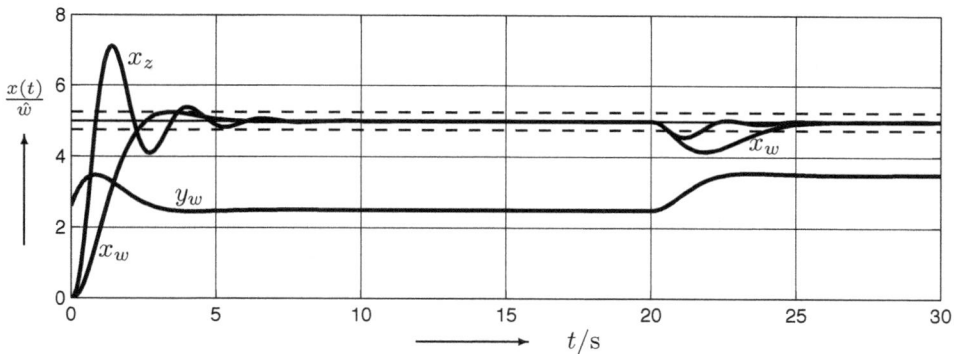

Abbildung 7.25: *Zeitverläufe Regelgröße $x_w(t)$ und Stellgröße $y_w(t)$ für $K_P = 0,52$; sowie Zeitverlauf $x_z(t)$ für $K_P = 2$ (5%-Fehlerband gestrichelt eingezeichnet)*

Störverhalten. Das Störverhalten des Regelkreises für die ermittelte Verstärkung von $K_P = 0,52$ ist nicht besonders gut, wie Abb. 7.25 zeigt. Eine Reglerauslegung auf ein gutes Störverhalten würde, entsprechend den Empfehlungen von Seite 212, einen Phasenrand von ca. 30° erfordern. Die Auslegung auf einen Phasenrand von 30° entspricht der oben gezeigten Vorgehensweise und führt zu einem $K_P = 2$. Dieser Verlauf ist in Abb. 7.25 mit x_z bezeichnet (siehe Aufgabe 7.6).

Aufgabe 7.6: Die obige PT$_3$-Regelstrecke soll auf ein gutes Störverhalten ausgelegt werden.

1. Wie groß ist die Reglerverstärkung zu wählen, wenn ein Phasenrand von $\varphi_{Rand} = 30°$ gefordert ist?

2. Wie groß ist dann die Durchtrittsfrequenz ω_D?

3. Wie groß ist die Reglerverstärkung zu wählen, wenn ein Phasenrand von $\varphi_{Rand} = 45°$ gefordert ist?

4. Wie groß ist dann die Durchtrittsfrequenz ω_D?

Lösung:

1. Für $\varphi_{Rand} = 30°$ ist $K_P = 2$.

2. Durchtrittsfrequenz $\omega_D = 2,19\,\mathrm{s}^{-1}$.

3. Für $\varphi_{Rand} = 45°$ ist $K_P = 1,12$.

4. Durchtrittsfrequenz $\omega_D = 1,48\,\mathrm{s}^{-1}$. □

7.4.2   Schwingungsfähige Proportionalstrecken

Anforderungen. Es soll eine schwingungsfähige PT_2-Strecke mit der Übertragungsfunktion

$$F_S(s) = \frac{1}{1 + 2s + 25s^2}$$

untersucht werden. Die ungeregelte Strecke ist schwach gedämpft ($D = 0{,}2$) und relativ langsam (Kreisfrequenz $\omega_0 = 0{,}2\,\mathrm{s}^{-1}$). Aus Abb. 7.27 liest man für die Sprungantwort dieser Regelstrecke (Verlauf $x_S(t)$) eine Anregelzeit $T_{An} \approx 9\,\mathrm{s}$ ab.

Das Ziel des Reglerentwurfs ist die Erhöhung der Dämpfung der geregelten Strecke (d. h. des Regelkreises). Außerdem soll bei einem Sprung der Führungsgröße die Regeldifferenz zu Null werden.

PID-Regler. Die Suche nach einer geeigneten Reglerstruktur führt bald zu einem PID-Regler. Der I-Anteil ist erforderlich zur Vermeidung der bleibenden Regeldifferenz, und der D-Anteil wird benötigt zur Vergrößerung des Phasenrandes des Regelkreises. Also ist im oberen Frequenzbereich eine Phasenanhebung durch den D-Anteil des Reglers erforderlich. Im unteren Frequenzbereich dagegen wird der I-Anteil des Reglers wirksam.

Legt man den PID-Regler nach dem Verfahren der dynamischen Kompensation aus, so kann man beim Führungsverhalten die Oszillationen der Regelstrecke kompensieren. Dazu muss der Zähler des Reglers gleich dem Nenner der Strecke gewählt werden. Abb. 7.26 zeigt die Amplituden- und Phasenverläufe der Strecke und des geregelten Systems für folgenden $PIDT_D$-Regler:

$$F_R(s) = K_P^* \frac{1 + 2s + 25s^2}{s(1 + 0{,}5s)}$$

für $K_P^* = 2/3$ und $T_D = 0{,}5\,\mathrm{s}$.

Die Amplitudenabsenkung des Reglers ($|F_R(\mathrm{j}\omega)|$) wirkt genau der Amplitudenüberhöhung der Regelstrecke ($|F_S(\mathrm{j}\omega)|$) entgegen und kompensiert diese. Dadurch ist der Amplitudenverlauf des aufgeschnittenen Regelkreises ($|F_0(\mathrm{j}\omega)|$) ohne eine Überhöhung und er fällt dann im Bereich der Resonanzfrequenz der Strecke um $-20\,\mathrm{dB/Dekade}$. Den Phasenrand liest man ab zu $\varphi_{Rand} = 72°$.

Das Führungs- und Störverhalten des Regelkreises für einen Führungssprung von $\widehat{w} = 5$ und einem Störsprung $\widehat{z} = 1$ nach 50 s zeigt Abb. 7.27.

Dieses gute Führungs- und akzeptable Störverhalten wird erkauft mit einer sehr großen Stellamplitude zum Zeitnullpunkt. Die Verwendung eines Sinusquadrat-Vorfilters (siehe Kapitel 9.1.1) kann hier Abhilfe schaffen. Außerdem kann durch eine Reduzierung der Reglerverstärkung K_P eine Reduzierung der Stellamplitude erreicht werden. Dies geht dann allerdings zu Lasten des Störverhaltens.

Außerdem ist eine derartige Pol-/Nullstellenkompensation wenig robust, da sie von der genauen Kenntnis der Regelstreckenparameter abhängt.

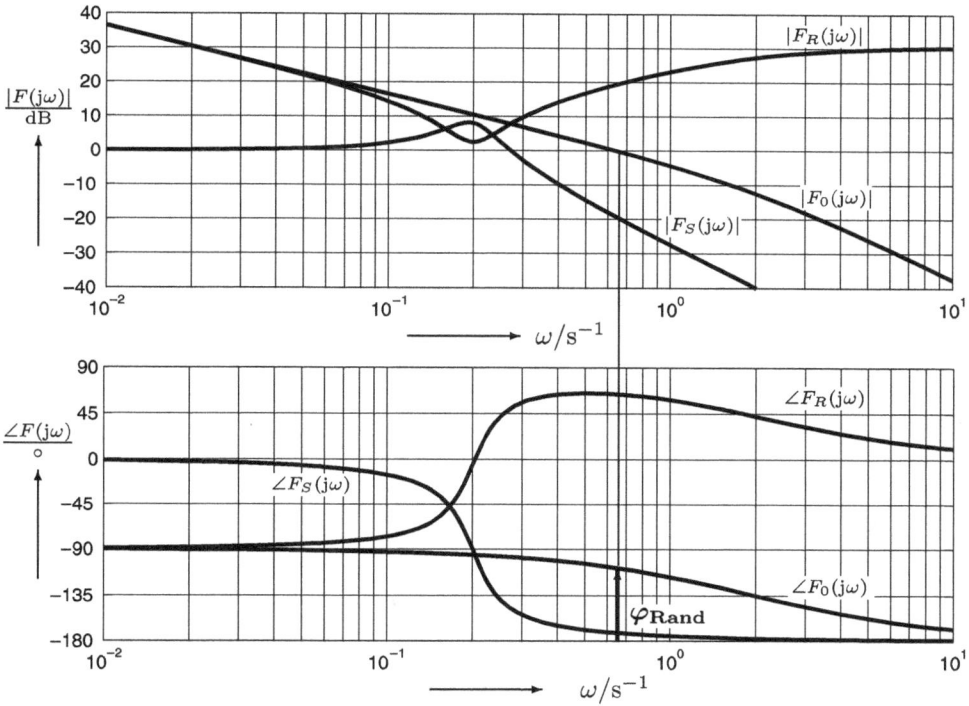

Abbildung 7.26: *Amplituden- und Phasengang von Regler, Strecke und aufgeschnittenem Regelkreis*

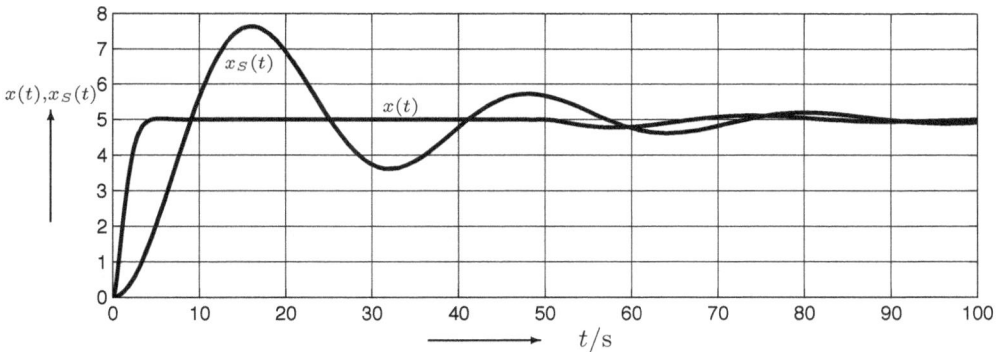

Abbildung 7.27: *Sprungantworten der Regelstrecke $x_S(t)$ und der Regelgröße $x(t)$ für $K_P = 1$ bei Verwendung eines PID-Reglers*

7.4.3   Integrierende Regelstrecken (Das symmetrische Optimum)

Einführung. Bei der Synthese von Reglern für integrierende Strecken mit Verzögerung kann man die Einstellregeln nach dem so genannten „symmetrischen Optimum" sehr gut einsetzen. Dieses Verfahren wurde von Kessler [25], [26] für Verzögerungsstrecken entwickelt. Man kann es jedoch, wie z. B. in der Antriebstechnik [40], auch für integrierende Regelstrecken mit Verzögerung verwenden. Diese Möglichkeit soll hier betrachtet werden.

Es werde eine integrierende Regelstrecke mit Verzögerung 1. Ordnung betrachtet. Liegen Verzögerungen höherer Ordnung vor, so kann man die Zeitkonstanten zu einer Summenzeitkonstanten $T_1 = \sum_i T_i$ zusammenfassen. Die Regelstrecke wird somit durch die folgende Übertragungsfunktion beschrieben

$$F_S(s) = \frac{K_{IS}}{s \cdot (1 + T_1 s)} \; .$$

Diese Regelstrecke soll mit einen PI-Regler geregelt werden:

$$F_R(s) = K_P \frac{1 + T_N s}{T_N s} \; .$$

In Beispiel 5.5 auf Seite 148 wird gezeigt, dass für ein stabiles Regelkreisverhalten die Nachstellzeit $T_N > T_1$ werden muss.

Reglerauslegung. In Abb. 7.28 wird für die Regelung einer IT_1-Strecke mit einem PI-Regler der Amplituden- und Phasengang des aufgeschnittenen Regelkreises dargestellt.

Der *Amplitudengang* fällt bis zur Eckfrequenz $\omega_{E1} = 1/T_N$ mit $-40\,\text{dB}$ pro Dekade, verläuft dann flacher mit einem Abfall von $-20\,\text{dB}$ pro Dekade bis zur Eckfrequenz $\omega_{E2} = 1/T_1$, und fällt dann wieder mit $-40\,\text{dB}$ pro Dekade. Beim Durchgang durch die 0-dB-Linie beträgt der Abfall ungefähr $-20\,\text{dB}$.

Der *Phasenwinkel* beginnt für niedrige Frequenzen bei $-180°$, steigt dann je nach Abstand der Eckfrequenzen auf Werte bis nahe $-90°$ an und fällt dann wieder auf $-180°$ ab. An der Stelle des Nulldurchgangs der Amplitudenkennlinie kann man (wie mit dem Pfeil eingezeichnet) den positiven Phasenrand ablesen. Bei der Wahl von $T_N > T_1$ ist der Phasenrand immer positiv, d. h. der Kreis ist, wie schon zuvor abgeleitet, immer stabil. Der maximale Phasenrand liegt dann vor, wenn der Nulldurchgang des Amplitudenverlaufs genau in der Mitte der Eckfrequenzen von Regler und Strecke erfolgt, also „symmetrisch" zu diesen beiden Frequenzen liegt.

Aufgrund der logarithmischen Skalierung der ω-Achse gilt bei maximalem Phasenrand für die Durchtrittsfrequenz ω_D (durch die 0-dB-Linie) die Beziehung

$$\lg \omega_D = \frac{1}{2} \cdot \{\lg \omega_S + \lg \omega_R\} \qquad \text{bzw.}$$

$$\omega_D = \sqrt{\omega_S \cdot \omega_R} = \frac{1}{\sqrt{T_1 \cdot T_N}} \; . \tag{7.21}$$

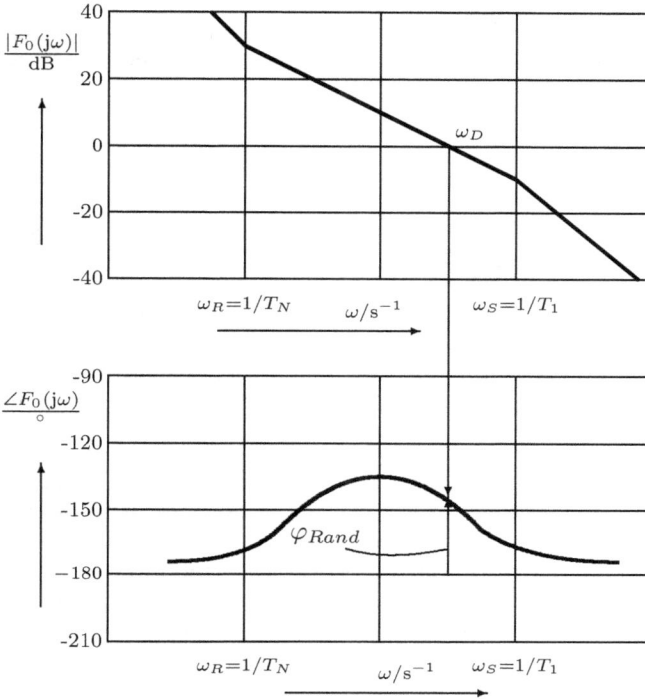

Abbildung 7.28: *Bode-Diagramm des aufgeschnittenen Kreises*

Der Amplitudengang wird in der Umgebung von ω_D im Wesentlichen durch den I-Anteil der Strecke bestimmt wie die nachfolgende Rechnung zeigt. Es gilt:

$$|F_0(\mathrm{j}\omega)| = \left| \frac{K_P K_S(1 + \mathrm{j}\omega T_N)}{-\omega^2 T_N(1 + \mathrm{j}\omega T_1)} \right| = \frac{|K_P K_S| \cdot |1 + \mathrm{j}\omega T_N|}{|\omega^2| T_N \cdot |1 + \mathrm{j}\omega T_1|} \ .$$

Wegen der Frequenzbeziehung $1/T_N < \omega_D < 1/T_1$ folgt dann bei $\omega = \omega_D$

$$|F_0(\mathrm{j}\omega)|_{\omega = \omega_D} \approx \frac{K_P K_S}{\omega_D} = 1 \ .$$

Aufgelöst nach K_P folgt nach dem Einsetzen von Gleichung 7.21 für K_P die Beziehung

$$K_P = \frac{1}{K_S \cdot \sqrt{T_N \cdot T_1}} \ . \tag{7.22}$$

Sofern der maximale Phasenrand für den Regelkreis gewünscht ist, besteht zwischen der Reglerverstärkung K_P und der Nachstellzeit T_N der Zusammenhang von Gleichung 7.22. Liegt T_N fest, so liefert Gleichung 7.22 die dann zu wählende Verstärkung K_P. Für z. B. $T_N = 4T_1$ ergibt $K_P = 1/(2K_S T_1)$ den maximalen Phasenrand. Der Entwurf eines PI-Reglers nach dem *symmetrischen Optimum* wird auf die Auswahl der „richtigen" Nachstellzeit des Reglers reduziert. Diese Nachstellzeit wird zweckmäßigerweise so gewählt, dass die an den Kreis gestellten Entwurfsanforderungen erfüllt werden.

Führungsverhalten. Soll der geregelte Kreis ein zufriedenstellendes Führungsverhalten aufweisen, z. B. ausgedrückt durch eine vorgegebene Anregelzeit, so kann man wie folgt vorgehen. Für verschiedene Werte T_N wird die Durchtrittsfrequenz ω_D mithilfe von Gleichung 7.21 bestimmt und die Anregelzeit über die Beziehung

$$T_{An} \approx \pi / \omega_D$$

abgeschätzt. Ist das Entwurfsziel erreicht, d. h. ein T_N gefunden, wird mit Gleichung 7.22 die dazugehörige Reglerverstärkung K_P berechnet.

Bei dieser Vorgehensweise wird zunächst versucht, die gewünschte Anregelzeit einzuhalten. Den Phasenrand liest man anschließend aus der Kurve des Phasenverlaufs ab. Dieser Phasenrand ist zwar für das gewählte T_N maximal, ob er jedoch im Bereich von ca. $50° \ldots 65°$ liegt, ist offen. Phasenrand und Nachstellzeit können also nicht unabhängig voneinander eingestellt werden.

Wird eine *zu kleine Anregelzeit* gefordert, dann ist die Phasenreserve oft so gering, dass das Einschwingverhalten unbefriedigend wird. Der PI-Regler ist dann zur Erfüllung der Entwurfsbedingungen nicht geeignet. Umgekehrt kann auch eine *relativ große Anregelzeit* zulässig sein, die bei Auslegung nach dem symmetrischen Optimum zu einer sehr großen Phasenreserve ($> 65°$) führt. Es kann in diesem Fall sinnvoller sein, die Auswahl der Reglerparameter nicht nach dem symmetrischen Optimum vorzunehmen, sondern K_P und T_N unabhängig voneinander einzustellen.

Störverhalten. Soll mit der Methode des symmetrischen Optimums der Regler so eingestellt werden, dass ein günstiges Störverhalten vorliegt, so hängt die Einstellung wesentlich vom Eingriffsort der Störung ab (siehe Abb. 7.23). Bei Einwirkung der Störgröße am Ausgang der Regelstrecke gibt es eine Analogie zwischen dem Führungs- und Störverhalten. Man kann die Überlegungen für das Führungsverhalten übernehmen.

Greift die Störgröße vor der Regelstrecke ein (Standardregelkreis), dann sind im Allgemeinen die Anforderungen für ein gutes Führungs- und Störverhalten zueinander kontrovers. Ein Phasenrand von $30°$ wird in diesen Fällen meist als ausreichend erachtet. Eine zusätzliche Betrachtung des Zeitverhaltens der Regelgröße nach Einwirkung einer Störgröße und/oder Führungsgröße zur Festlegung der Reglerparameter ist jedoch in der Regel sinnvoll.

Beispiel 7.1: Das oben dargestellte Entwurfsschema wird in diesem Beispiel auf die folgende integrierende Regelstrecke angewendet:

$$F_S(s) = \frac{K_S}{s \cdot (1 + T_1 s)} = \frac{0{,}1}{s \cdot (1 + 2s)} \ .$$

Es soll ein PI-Regler zur Regelung verwendet werden. Zwei unterschiedliche Entwürfe werden untersucht und die Ergebnisse in Abb. 7.29 dargestellt.

Ziel von *Auslegung 1* ist die Erzielung eines Phasenrandes von ca. $65°$ für ein *gutes Führungsverhalten*. Beim Entwurf wird nun die Nachstellzeit solange verändert und

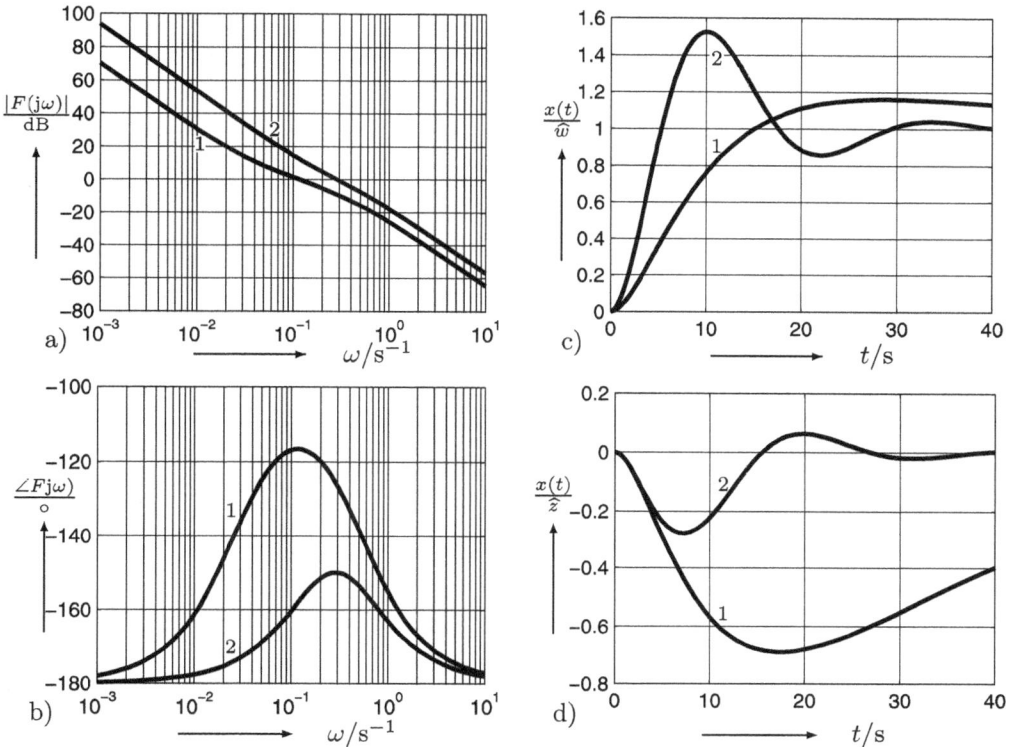

Abbildung 7.29: *Amplitudengang (Abb. a) und Phasengang (Abb. b) sowie Verlauf der Regelgröße nach einem Sprung der Führungs- (Abb. c) bzw. Störgröße (Abb. d)*

gleichzeitig mit Gleichung 7.22 der Verstärkungsfaktor berechnet, bis der geforderte Phasenrand erreicht ist. Ein Phasenrand von ca. 65° wird erzielt bei einer Nachstellzeit von $T_N = 36\,\text{s}$ und einer Reglerverstärkung von $K_P = 1{,}18$. Die in Abb. 7.29 mit „1" gekennzeichneten Kurven zeigen Amplituden- und Phasengang sowie das Führungs- und Störverhalten des Systems. Aufgrund der geringen Bandbreite ($\omega_B \approx 0{,}2\,\text{s}^{-1}$) liegt die Anregelzeit bei ca. 15 s. Der Einschwingvorgang der Regelgröße auf den Sollwert verläuft sehr langsam, aber mit dem erwarteten geringen Überschwingen. Das Störverhalten nach einem Störsprung zeigt jedoch eine große lang andauernde Regelabweichung.

In *Auslegung 2* zur Erzielung eines *guten Störverhaltens* wird ein Phasenrand von nur 30° angestrebt. Dieser Phasenrand wird erreicht bei einer Nachstellzeit von $T_N = 6\,\text{s}$ und einer zugehörigen Reglerverstärkung von $K_P = 2{,}89$ (Kurven „2"). Die Bandbreite des Systems ist größer, die Anregelzeit wird folglich deutlich kleiner. Die Regelgröße schwingt nach einem Führungssprung aufgrund der geringeren Phasenreserve mehr. Das Störverhalten ist jedoch entscheidend verbessert. Die Maximalablage ist kleiner und die Störung ist wesentlich schneller ausgeregelt.

Einstellregeln für das Symmetrische Optimum. In der Tabelle 7.1 werden nach Kessler [25], [26] die Einstellregeln für das symmetrische Optimum für proportionale und integrierende Regelstrecken angegeben.

Tabelle 7.1: *Einstellregeln nach dem Symmetrischen Optimum*

Typ	Regelstrecke	Typ	Regler	Parameter K_P	T_N
PT$_n$	$F_S(s) = \frac{K_S}{(1+T_1 s)\prod\limits_i (1+T_i s)}$ mit $T_1 > 4T_\Sigma$ für $T_\Sigma = \sum\limits_2^n T_i$	PI	$F_R(s) = \frac{K_P(1+T_N s)}{T_N s}$	$\frac{T_1}{2K_S T_\Sigma}$	$4T_\Sigma$
IT$_n$	$F_S(s) = \frac{K_{Is}}{s\prod\limits_i (1+T_i s)}$ mit $T_\Sigma = \sum T_i$	PI	$F_R(s) = \frac{K_P(1+T_N s)}{T_N s}$	$\frac{1}{2K_{Is} T_\Sigma}$	$4T_\Sigma$
PT$_n$	$F_S(s) = \frac{K_S}{(1+T_1 s)(1+T_2 s)\prod\limits_i (1+T_i s)}$ mit $T_\Sigma = \sum\limits_3^n T_i$; $T_1, T_2 \gg T_\Sigma$	PID	$F_R(s) = \frac{K_P(1+T_N s)^2}{T_N s}$	$\frac{T_1 T_2}{16 K_S T_\Sigma}$	$8T_\Sigma$
IT$_n$	$F_S(s) = \frac{K_{IS}}{s(1+T_1 s)\prod\limits_i (1+T_i s)}$ mit $T_\Sigma = \sum\limits_2^n T_i$; $T_1 \gg T_\Sigma$	PID	$F_R(s) = \frac{K_P(1+T_N s)^2}{T_N s}$	$\frac{T_1}{16 K_{IS} T_\Sigma}$	$8T_\Sigma$

Die nach diesen Einstellregeln ausgelegten Regelkreise zeigen oft ein starkes Überschwingen aufgrund der Nullstelle des Reglers.

Anwendung. Die Einstellregeln nach Tabelle 7.1 sollen auf die PT$_3$-Regelstrecke nach Gleichung 7.19 angewendet werden:

$$F_S(s) = \frac{2}{(1+0{,}1s)\cdot(1+0{,}5s)\cdot(1+1{,}2s)}$$

Unter der Annahme *einer* großen Zeitkonstanten $T_1 = 1{,}2\,$s berechnet man die Reglerparameter unter Verwendung von $T_\Sigma = \sum\limits_{i=2,3} T_i = 0{,}6\,$s zu:

$$K_P = \frac{T_1}{2K_S T_\Sigma} = 0{,}5 \qquad \text{und} \qquad T_N = 4T_\Sigma = 2{,}4\,\text{s}\,.$$

Das mit diesen Werten sich ergebende Führungs- und Störverhalten für die Sprungeingänge $\widehat{w} = 5$ und $\widehat{z} = 1$ zeigt Abb. 7.30. Da die Voraussetzungen $T_\Sigma > 4T_1$ nicht erfüllt sind, zeigt sich kein gutes Führungsverhalten für die Auslegung nach dem symmetrischen Optimum. Ein gutes Störverhalten kann infolge der geringen Reglerverstärkung ebenso nicht erwartet werden.

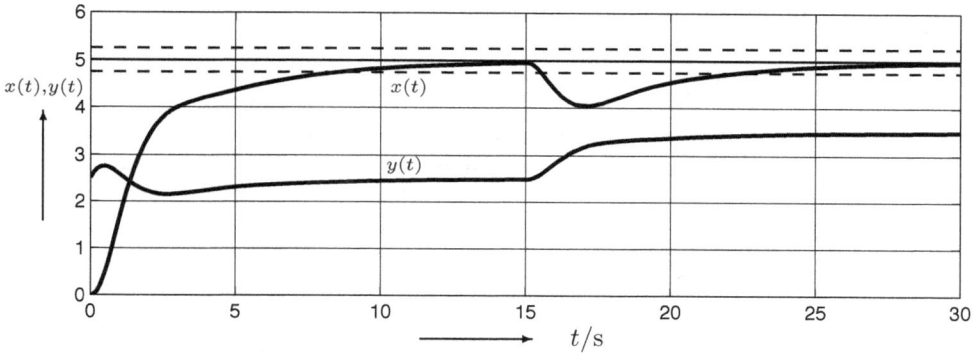

Abbildung 7.30: *Zeitverläufe $x(t)$ und $y(t)$ für $K_P = 0,5$ und $T_N = 2,4\,s$*

Aus den Kurvenverläufen ergeben sich fürs Führungsverhalten die Werte $T_{Aus,W} = 8,5\mathrm{s}$ und $\ddot{u}_{max,W} = 0\%$ und fürs Störverhalten $T_{Aus,Z} = 7,27$ s und $\ddot{u}_{max,Z} = 19\%$.

7.4.4 Phasenkorrigierende Netzwerke

Definition. Unter einem phasenkorrigierenden Netzwerk versteht man ein Übertragungsglied, mit dem eine Korrektur des Phasenwinkels des Systems vorgenommen werden kann. Man unterscheidet zwischen phasenanhebenden und -absenkenden Korrekturgliedern und solchen, die sowohl die Phase in einem Frequenzbereich absenken und im anderen wieder anheben. Häufig wird die aus dem Englischen stammende Bezeichnung Lead- (für anhebend) und Lag- (für absenkend) bzw. Lag-Lead-Netzwerk gebraucht.

Ein *Lag-Netzwerk* wird beschrieben durch die Übertragungsfunktion

$$F_{Lag}(s) = K \cdot \frac{1 + T_1 s}{1 + \alpha T_1 s} \qquad \text{mit } \alpha > 1$$

im Unterschied zum *Lead-Netzwerk* dessen Übertragungsfunktion lautet

$$F_{Lead}(s) = \frac{K}{\alpha} \cdot \frac{1 + T_2 s}{1 + \frac{T_2}{\alpha} \cdot s} \qquad \text{mit } \alpha > 1 \;.$$

Die Kombination beider Netzwerke ergibt das *Lag-Lead-Netzwerk*, welches durch Gleichung 7.23 mit $\alpha > 1$ und auch $T_1 > T_2$.beschrieben wird:

$$F_{LL}(s) = K \cdot \frac{(1 + T_1 s) \cdot (1 + T_2 s)}{(1 + \alpha T_1 s) \cdot (1 + \frac{T_2}{\alpha} s)} \;. \qquad (7.23)$$

Abb. 7.31 zeigt den Amplituden- und Phasenverlauf für ein Lag-Lead-Netzwerk mit $T_1 = 10\,\mathrm{s}$, $T_2 = 1\,\mathrm{s}$, $K = 1$ und verschiedenen α-Werten. Im unteren Frequenzbereich

ist die phasenabsenkende Wirkung des Lag-Gliedes zu erkennen. Phasenwinkel und
Amplitude nehmen negative Werte an. Ab der Mitte der Eckfrequenzen $\omega_{E1} = 1/T_1$
und $\omega_{E2} = 1/T_2$ (geometrisches Mittel $\omega_M = 1/\sqrt{T_1 T_2}$) steigt der Amplitudenverlauf
wieder. Gleichzeitig geht der Phasenwinkel in den positiven Bereich. Hier beginnt die
phasenvoreilende Wirkung des Lead-Gliedes. Je größer der Wert α, umso größer werden
Phasenvor- bzw. -nacheilung sowie die maximale Amplitudenabsenkung des Lag-Lead-
Gliedes.

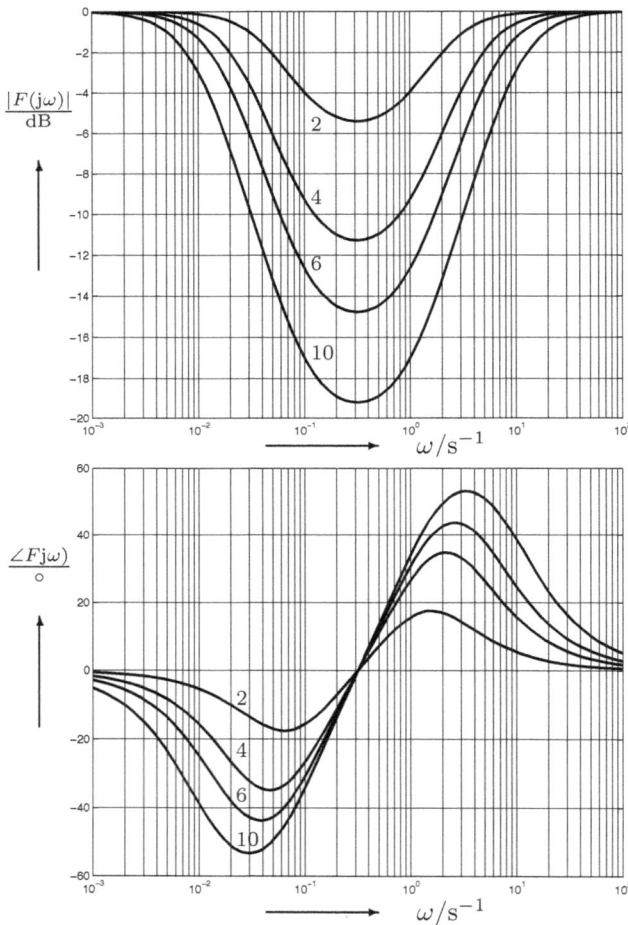

Abbildung 7.31: *Amplituden- und Phasenverlauf eines Lag-Lead-Gliedes mit $K = 1$,
$T_2 = 1\,s$, $T_1 = 10\,s$ und den Werten $\alpha = 2$, 4, 6 und 10*

Die Werte für α, T_1 und T_2 sind beim Reglerentwurf so auszuwählen, dass die pha-
senverschiebende Wirkung im gewünschten Frequenzbereich stattfindet. Setzt man die
Zeitkonstante T_2 des Lead-Anteils gleich der größten Zeitkonstanten der Regelstrecke,

so erreicht man in diesem Frequenzbereich eine phasenanhebende Wirkung. Die Stabilitätsreserve wird vergrößert. Durch den Lag-Anteil im unteren Frequenzbereich hebt man gleichzeitig die Verstärkung des offenen Kreises wieder an und verringert so eventuell auftretende bleibende Regeldifferenzen. Mit Rechnersimulationen findet man relativ schnell die geeigneten Werte für die Reglerparameter.

Anwendung. Die Anwendung eines Lag-Lead-Gliedes wird bei der Regelung eines Verzögerungsgliedes 2. Ordnung mit der folgenden Übertragungsfunktion gezeigt:

$$F_S(s) = \frac{K_S}{(1 + T_{S1}s) \cdot (1 + T_{S2}s)} = \frac{30}{(1 + s) \cdot (1 + 0{,}1s)} \ .$$

Nach den obigen Entwurfsrichtlinien wird die Zeitkonstante des Lead-Anteils T_2 gleich der größten Streckenzeitkonstanten $T_{S1} = 1\,\mathrm{s}$ gesetzt. Nach einigen Rechnersimulationen ergibt die weitere Einstellung des Lag-Lead-Gliedes mit den Zahlenwerten $T_1 = 10\,\mathrm{s}$, $K = 1$ und $\alpha = 6$ das in Abb. 7.32 gezeigte Ergebnis.

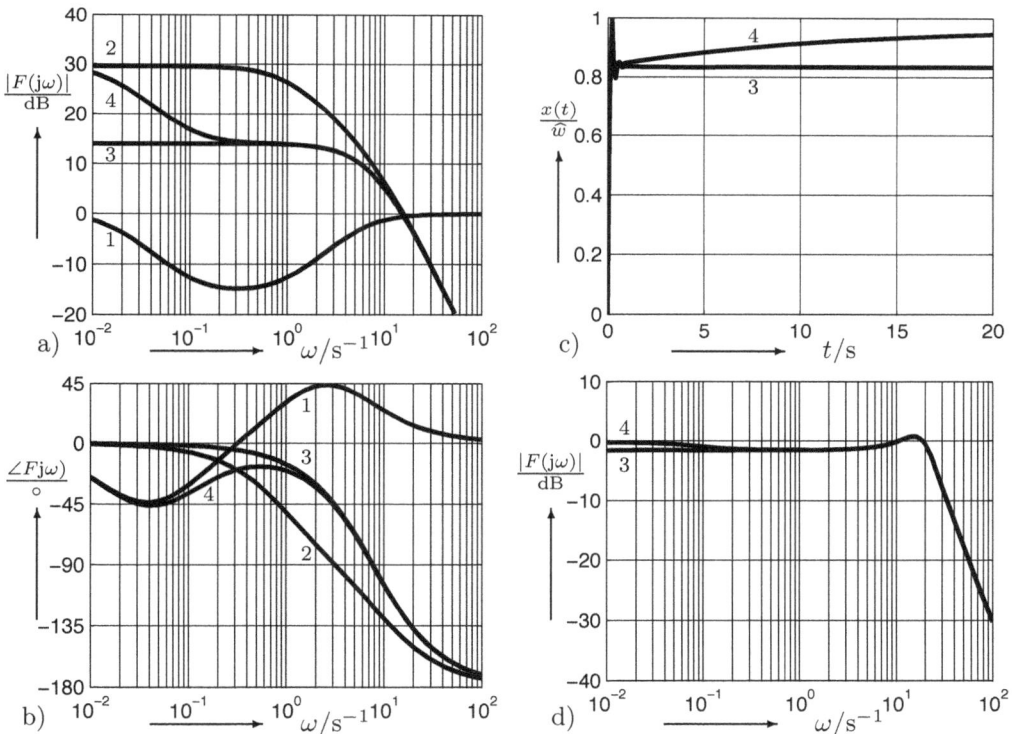

Abbildung 7.32: *Amplitudengang (Abb. a) und Phasengang (Abb. b) des Beispiels sowie Führungsübergangsfunktion (Abb. c) und der Amplitudengang des Führungsfrequenzgangs (Abb. d); Weitere Kennzeichnungen: 1 - Lag-Lead-Glied; 2 - Regelstrecke; 3 - Strecke mit Lead-Glied als Regler; 4 - Strecke mit Lag-Lead-Glied als Regler*

Die mit „1" gekennzeichneten Kurven zeigen den von Abb. 7.31 bekannten Amplituden- und Phasenverlauf des Lag-Lead-Gliedes. Die Regelstrecke ist mit „2" gekennzeichnet. Zur Verdeutlichung der Entwurfsergebnisse sind die Kurven bei Verwendung eines Lead-Reglers (Kurve 3) und eines Lag-Lead-Reglers (Kurve 4) in Abb. 7.32 aufgetragen. Durch das Lead-Glied und das Lag-Lead-Glied wird die Phasenreserve des Systems um ca. 20° verbessert (Abb. b). Die Amplitudenabsenkung des Lead-Gliedes führt jedoch zu einer deutlichen bleibenden Regelabweichung. Durch eine Verstärkungsanhebung kann diese Abweichung zwar verringert werden, doch nur zulasten einer erneuten Verringerung der Phasenreserve. Hier zeigt sich nun der Vorteil bei Einsatz des Lag-Lead-Gliedes. Im unteren Frequenzbereich wird durch den Lag-Anteil die Amplitude wieder angehoben, so dass die bleibende Regeldifferenz (Abb. c, Kurve 4) kleiner wird. Abb. d zeigt den Amplitudenverlauf der Führungsfrequenzgänge. Auch hier ist im unteren Frequenzbereich die Verbesserung durch das Lag-Lead-Glied erkennbar.

Die in diesem Beispiel aufgezeigten Möglichkeiten der gezielten Verbesserung des Phasenverlaufs des aufgeschnittenen Regelkreises sollen zur Demonstration des Entwurfsverfahrens dienen. Es ist ein Probierverfahren dessen Anwendung einige Übung verlangt.

8 Reglersynthese mit der Wurzelortskurve

Die charakteristische Gleichung $1 + F_0(s) = 0$ stellt, wie in Kapitel 5 dargestellt, die Grundlage für die Untersuchung der Stabilität von Regelkreisen dar. Bei der Regelkreisanalyse im *Frequenzbereich* (Nyquist-Ortskurve, Bode-Diagramm) wird die Ortskurve von $F_0(j\omega)$ hinsichtlich ihres Amplituden- und Phasenverlaufs speziell in der Umgebung des kritischen Punktes -1 untersucht. Anhand dieser Verläufe wird die Stabilität beurteilt, und es werden Empfehlungen für die Auslegung der Regler gewonnen. Beim *Wurzelortskurvenverfahren* wird nun direkt die Lage der Nullstellen (Pole) der charakteristischen Gleichung in der s-Ebene untersucht.

8.1 Definition der Wurzelortskurve (WOK)

Definition. Die allgemeine Stabilitätsdefinition von Abschnitt 5.1.2 (Seite 142) basiert auf der Untersuchung der Wurzeln (Pole) der charakteristischen Gleichung $1+F_0(s) = 0$. Sofern die Wurzeln negativen Realteil aufweisen, ist der geschlossene Kreis stabil. Stellt man diese Wurzeln in der s-Ebene in Abhängigkeit von *einem* Reglerparameter dar, so kann man diesen Reglerparameter so auswählen, dass der Kreis stabil ist. Diese grafische Darstellung des Wurzelortes in der s-Ebene nennt man *Wurzelortskurve*. Im Prinzip kann man die Wurzelortskurve in Abhängigkeit von jedem Reglerparameter K_P, T_N, T_V ... grafisch darstellen. Üblich ist die Darstellung der Wurzelorte des Regelkreises allein in Abhängigkeit von der Reglerverstärkung K_P. Nur diese grafische Darstellung wird als Wurzelortskurve bezeichnet.

Erläuterung. Für den Standardregelkreis nach Abb. 4.2 auf Seite 90 lautet die charakteristische Gleichung

$$1 + F_0(s) = 1 + F_R(s) \cdot F_S(s) = 0 , \tag{8.1}$$

mit $F_R(s)$ und $F_S(s)$ als Übertragungsfunktionen von Regler und Strecke. Ersetzt man die Übertragungsfunktionen durch ihre Zähler- und Nennerpolynome $Z(s)$ und $N(s)$, und zieht die Reglerverstärkung $K \mathrel{\widehat{=}} K_P$ aus dem Zählerpolynom des Reglers heraus, so geht Gleichung 8.1 über in

$$1 + K \cdot F_0(s) = 1 + K \cdot \frac{Z_0(s)}{N_0(s)} = 0 \qquad \text{bzw.}$$
$$N_0(s) + K \cdot Z_0(s) = 0 , \tag{8.2}$$

mit $Z_0(s) = Z_R(s) \cdot Z_S(s)$ und $N_0(s) = N_R(s) \cdot N_S(s)$. Zur Ermittlung der Wurzelortskurve müssen alle Strecken- und Reglerparameter bis auf die Reglerverstärkung K
gegeben bzw. ausgewählt sein. Ihr Verlauf kann dann entweder mittels der in Abschnitt
8.2 beschriebenen Wurzelortskurven-Regeln von Hand skizziert oder unter Zuhilfenahme
eines Rechners mit einem Nullstellenbestimmungsprogramm berechnet werden (siehe
Abschnitt 14.1). Im zweiten Fall werden die Nullstellen der Gleichung 8.2 für einen
vorzugebenden Wertebereich von K berechnet und in der s-Ebene grafisch dargestellt.

Dieses Vorgehen soll in Beispiel 8.1 an einer einfachen Regelstrecke demonstriert werden.

Beispiel 8.1: Gegeben ist die PT_2-Strecke mit der Übertragungsfunktion

$$F_S(s) = \frac{0{,}5}{(1 + 0{,}5\ s) \cdot (1 + 0{,}25\ s)} \ .$$

Diese Regelstrecke soll mit einem einfachen P-Regler $F_R(s) = K$ geregelt werden. Die
charakteristische Gleichung für dieses Regelsystem lautet

$$N_0(s) + K \cdot Z_0(s) = (1 + 0{,}5s) \cdot (1 + 0{,}25s) + 0{,}5 \cdot K$$
$$= 0{,}125s^2 + 0{,}75s + (1 + 0{,}5K) = 0 \ .$$

In Tabelle 8.1 sind die Wurzeln $s_{1,2}$ dieser Gleichung für einige Werte der Reglerverstärkung K aufgelistet.

K	s_1	s_2
0	$-4{,}00$	$-2{,}00$
0,1	$-3{,}775$	$-2{,}225$
0,25	-3	
1	$-3\pm 1{,}73\mathrm{j}$	
2	$-3\pm 2{,}65\mathrm{j}$	
4	$-3\pm 3{,}87\mathrm{j}$	
10	$-3\pm 6{,}25\mathrm{j}$	

*Tabelle 8.1: Wurzeln
der charakteristischen
Gleichung*

Da eine quadratische Gleichung vorliegt, müssen abhängig von der Verstärkung K,
immer zwei Wurzeln auftreten. Für kleine Verstärkungen sind die Wurzeln reell. Bei
$K = 0{,}25$ liegt eine Doppelwurzel vor. Für Verstärkungen $K > 0{,}25$ sind die Wurzeln
konjugiert komplex. Die grafische Darstellung dieser Wurzeln zeigt Abb. 8.1

Die Wurzelortskurve besitzt zwei Äste. Ast 1 beginnt für $K = 0$ bei -2 und verläuft
dann mit wachsender Verstärkung entlang der negativ reellen Achse bis -3. Dort liegt
eine Doppelwurzel für $K = 0{,}25$ vor. Bei -3 verzweigt der Ast dann mit wachsender
Verstärkung nach oben bzw. unten. Der zweite Ast beginnt für $K = 0$ bei -4. Er verläuft
dann mit wachsendem K bis -3 und verzweigt dann nach unten bzw. oben. Die Wurzelortskurve ist symmetrisch zur reellen Achse. Für $K \to \infty$ geht die Wurzelortskurve
ebenfalls ins Unendliche.

Einzelne Werte der Reglerverstärkung K sind in Abb. 8.1 eingetragen. Die gesamte Wurzelortskurve verläuft für alle positiven Verstärkungen K in der offenen linken s-Halbebene. Die Wurzeln weisen somit immer einen negativen Realteil auf, der geschlossene Regelkreis ist für alle positiven Verstärkungswerte K stabil. Mit zunehmender Verstärkung K nimmt jedoch der Wert der Dämpfung $D = \delta / \sqrt{\omega_e^2 + \delta^2}$ ab. $\qquad \square$

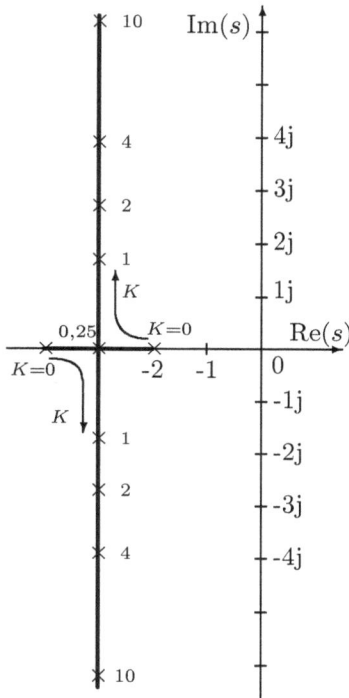

Abbildung 8.1:
Wurzelortskurve

8.2 Regeln zum Zeichnen der Wurzelortskurve

Aus der Definition der Wurzelortskurve durch die charakteristische Gleichung lassen sich Regeln ableiten, mit denen sich die Wurzelortskurve auch ohne Rechnerunterstützung von Hand skizzieren läßt. Man gewinnt so auf einfache Weise einen Überblick, mit welchem Stabilitätsverhalten eines Regelkreises zu rechnen ist.

Die charakteristische Gleichung

$$1 + K \cdot F_0(s) = 1 + K \cdot Q \cdot \frac{\displaystyle\prod_{i=1}^{m}(s - s_{0i})}{\displaystyle\prod_{j=1}^{n}(s - s_j)} = 0$$

läßt sich aufspalten in die

Betragsgleichung $\quad K \cdot Q \cdot \dfrac{\prod\limits_{i=1}^{m} |s-s_{0i}|}{\prod\limits_{j=1}^{n} |s-s_j|} = 1 \quad$ und die

Argumentengleichung $\quad \sum\limits_{i=1}^{m} \angle(s - s_{0i}) - \sum\limits_{j=1}^{n} \angle(s - s_j) = (2k+1)\,\pi$

mit ganzzahligem k. Ausgehend von diesen beiden Gleichungen lassen sich folgende Regeln zum Zeichnen der Wurzelortskurve ableiten [15]. Dabei wird von einer *Gegenkopplung* im Regelkreis ausgegangen also von $K > 0$ und $Q > 0$.

1. Beginn und Ende der Äste der Wurzelortskurve

   Die n Äste der Wurzelortskurve beginnen für $K = 0$ in den Polen s_j des offenen Kreises. Für $K \to \infty$ enden sie in den Nullstellen s_{0i} des offenen Kreises. Insgesamt $n - m$ Äste der Wurzelortskurve streben ins Unendliche.

2. Symmetrie

   Die Wurzelortskurve ist immer symmetrisch zur reellen Achse.

3. Wurzelorte auf der reellen Achse

   Jeder Ort auf der reellen Achse, auf dessen rechter Seite die Summe von Polen und Nullstellen des offenen Kreises ungerade ist, ist ein Wurzelort.

4. Asymptoten-Schnittpunkt

   Die ins Unendliche laufenden Wurzelortskurvenäste nähern sich den sogenannten Asymptoten an. Alle Asymptoten schneiden sich in einem Punkt der reellen Achse, dem Wurzelschwerpunkt s_W:

   $$s_W = \frac{\sum\limits_{j=1}^{n} s_j - \sum\limits_{i=1}^{m} s_{0i}}{n - m}$$

5. Asymptoten-Winkel

   Die Anstiegswinkel der Asymptoten an die Wurzelortskurvenäste gegen die positiv reelle Achse sind

   $$\varphi_k = (2k+1)\frac{\pi}{n-m} \quad \text{für } k = 0,1,...,n-m-1 \ .$$

Alle ins Unendliche laufenden Wurzelortskurvenäste verteilen sich also gleichmäßig auf den insgesamt zur Verfügung stehenden Raum von 360°. Laufen zwei Äste ins Unendliche, so liegt zwischen ihnen ein Winkel von 180°. Bei drei Ästen beträgt der Winkel jeweils 120°, bei vier Ästen 90° usw..

6. Verzweigungspunkte

Besitzt der offene Regelkreis nur reelle Pole und Nullstellen, so lassen sich Verzweigungspunkte s_V der Wurzelortskurve auf der reellen Achse aus der Formel

$$\sum_{i=1}^{m} \frac{1}{s_V - s_{0i}} - \sum_{j=1}^{n} \frac{1}{s_V - s_j} = 0$$

berechnen. Dabei entfällt der erste Summenterm, falls der offene Regelkreis keine Nullstellen besitzt. Die Lösungen der Gleichung sind nur dann tatsächlich ein Verzweigungspunkt, wenn dort auch die reelle Achse Wurzelort ist.

7. K-Parametrierung der Wurzelortskurve

Die zu einem Wurzelort s_K gehörige Verstärkung K erhält man zu

$$K = \frac{1}{Q} \frac{\prod_{j=1}^{n} |s_K - s_j|}{\prod_{i=1}^{m} |s_K - s_{0i}|} \quad \text{bzw.} \quad K = \frac{1}{Q} \prod_{j=1}^{n} |s_K - s_j|$$

falls keine Nullstellen s_{0i} auftreten. Dabei sind $|s_K - s_j|$ die Abstände vom betrachteten Wurzelortskurvenpunkt zu den Polen des offenen Kreises und $|s_K - s_{0i}|$ die Abstände zu den Nullstellen. Diese Beziehung läßt sich auch direkt aus der Betragsgleichung ablesen.

Zum Zeichnen der Wurzelortskurve existieren noch weitere hier nicht genannte Regeln.

Im folgenden wird das Skizzieren einer Wurzelortskurve mittels dieser Regeln an einem Beispiel durchgeführt.

Beispiel 8.2: Gegeben ist ein Regelkreis bestehend aus einer PT$_3$-Strecke und einem gemäß der dynamischen Kompensation eingestellten PI-Regler mit

$$F_0(s) = K \cdot \frac{0{,}5 \, (1 + s)}{s(1 + s)(1 + \frac{1}{3} s)(1 + \frac{1}{8} s)}$$

als Übertragungsfunktion des offenen Regelkreises. Mit Hilfe der Wurzelortskurve soll ein sinnvoller Einstellwert für die Reglerverstärkung K bestimmt werden.

Vor der Anwendung der Regeln empfielt es sich, $F_0(s)$ in der Pol-/Nullstellendarstellung

$$F_0(s) = K \cdot \frac{12 \, (s + 1)}{s(s + 1)(s + 3)(s + 8)} \quad \text{mit} \quad Q = 12$$

anzugeben.

1. Man beginnt mit dem Eintragen der Pole und Nullstellen des offenen Kreises in der s-Ebene (Abb. 8.2). Nach Regel 1 besitzt die Wurzelortskurve $n = 4$ Äste, die für $K = 0$ in den Polen beginnen. Für $K \to \infty$ endet ein Ast in der Nullstelle $s_{01} = -1$, während die verbleibenden $n - m = 3$ Äste ins Unendliche streben.

   Wegen der Pol-/Nullstellenkompensation im Punkt -1 beginnt und endet ein Ast der Wurzelortskurve in diesem Punkt. Der entsprechende Pol befindet sich also für alle Reglerverstärkungen K an diesem Punkt und verschiebt sich nicht wie die anderen Pole. In der Führungsübertragungsfunktion ist die Dynamik dieses Poles wegen der Pol-/Nullstellenkompensation nicht sichtbar. In der Störübertragungsfunktion jedoch treten andere Nullstellen auf, so dass sein dynamisches Verhalten sichtbar ist. Die Form der übrigen Wurzelortskurvenäste wird von dem Pol-/Nullstellenpaar aber nicht beeinflußt.

2. Die Symmetrieaussage der Regel 2 ist zunächst noch nicht relevant.

3. Durch die Anwendung der Regel 3 läßt sich klären, in welchen Bereichen die reelle Achse Wurzelort ist.

Bereich der reellen Achse	Anzahl von Polen und Nullstellen rechts davon (Summe)	Aussage von Regel 3
$0 \ldots \infty$	$0 + 0 = 0$	kein Wurzelort
$-1 \ldots 0$	$1 + 0 = 1$	Wurzelort
$-3 \ldots -1$	$2 + 1 = 3$	Wurzelort
$-8 \ldots -3$	$3 + 1 = 4$	kein Wurzelort
$-\infty \ldots -8$	$4 + 1 = 5$	Wurzelort

   Auf der reellen Achse ist also in den Bereichen von $-\infty \ldots -8$ und von $-3 \ldots 0$ Wurzelort.

4. Der Wurzelschwerpunkt ergibt sich nach Regel 4 für das Beispiel zu

$$s_W = \frac{0 - 1 - 3 - 8 - (-1)}{4 - 1} = -\frac{11}{3} \approx -3{,}67 \ .$$

   Er stellt den Schnittpunkt der drei Asymptoten an die ins Unendliche strebenden Wurzelortskurvenäste dar und ist selbst kein Wurzelort.

5. Die Asymptoten-Winkel ergeben sich entsprechend der Regel 5 zu

$$\varphi_k = (2k + 1)\frac{\pi}{4 - 1} \quad \text{für } k = 0,\, 1,\, 2$$

$$\varphi_0 = \frac{\pi}{3} \mathrel{\widehat{=}} 60° \qquad \varphi_1 = \pi \mathrel{\widehat{=}} 180° \qquad \varphi_2 = \frac{5\,\pi}{3} \mathrel{\widehat{=}} -\frac{\pi}{3} \mathrel{\widehat{=}} -60° \ .$$

   In der Abbildung 8.2 sind die Asymptoten gestrichelt eingetragen. Die Asymptote mit dem Winkel $\varphi_1 = 180°$ läuft vom Wurzelschwerpunkt aus nach links in Richtung der negativ reellen Achse.

6. Der Ansatz zur Berechnung des Verzeigungspunktes s_V lautet nach der Regel 6:

$$\frac{1}{s_V + 1} - \frac{1}{s_V} - \frac{1}{s_V + 1} - \frac{1}{s_V + 3} - \frac{1}{s_V + 8} = 0$$

Die Terme der Pol-/Nullstellenkompensation bei -1 heben sich in der Gleichung gegenseitig auf. Durch Hauptnennerbildung erhält man

$$\frac{s_V^2 + 11s_V + 24 + s_V^2 + 8s_V + s_V^2 + 3s_V}{s_V(s_V + 3)(s_V + 8)} = 0 \; .$$

Der Verweigungspunkt erfüllt also die Gleichung

$$3s_V^2 + 22s_V + 24 = 0 \; ,$$

die formal die beiden Lösungen

$$s_{V12} = \frac{-22 \pm \sqrt{22^2 - 12 \cdot 24}}{6} = \left\{ \begin{array}{l} -\frac{4}{3} \\ -6 \end{array} \right.$$

besitzt. Von diesen zwei Lösungen der Gleichung ist aber nur $s_{V1} = -\frac{4}{3}$ ein Verweigungspunkt der Wurzelortskurve. Der Punkt $s_{V2} = -6$ ist kein Verweigungspunkt, da hier die reelle Achse kein Wurzelort ist.

Skizzieren der Wurzelortskurve. Nun können die vier Äste der Wurzelortskurve skizziert werden. Wie schon erwähnt, verweilt ein Ast immer im Punkt -1 der Pol-/Nullstellenkompensation. Der Pol bei -8 verschiebt sich für wachsende Verstärkungen K auf der negativ reellen Achse nach links. Die Pole bei -3 und 0 laufen zunächst aufeinander zu und liegen bei der Verstärkung K_1 als Doppelpol im Verzweigungspunkt $s_{V1} = -\frac{4}{3}$. Für Verstärkungen $K > K_1$ liegt ein konjugiert komplexes Polpaar vor, das sich für weiter wachsende Verstärkungen den Asymptoten annähert und schließlich instabil wird. Die Richtung wachsender Reglerverstärkung K ist durch die Pfeile an den Wurzelortskurven-Ästen gekennzeichnet.

Interpretation. Für Verstärkungen $0 < K < K_1$ tritt wegen des Poles in der Nähe des Ursprungs der s-Ebene ein langsames aperiodisches Einschwingverhalten auf. Das schnellste aperiodische Einschwingverhalten erhält man für $K = K_1$ (Doppelpol). Für weiter wachsende Reglerverstärkungen tritt ein immer schwächer gedämpftes Schwingungsverhalten auf, das für Verstärkungen $K > K_{Krit}$ schließlich auf instabile anklingende Schwingungen führt.

Für ein Einschwingverhalten ohne Überschwingen wählt man die Reglerverstärkung zu $K = K_1$. Den Wert K_1 erhält man folgendermaßen aus der Regel 7 zur K-Parametrierung der Wurzelortskurve:

$$K_1 = \frac{1}{Q} \cdot |s_{V1} - s_1| \cdot |s_{V1} - s_2| \cdot |s_{V1} - s_3|$$

$$= \frac{1}{12} \cdot \left| -\frac{4}{3} - 0 \right| \cdot \left| -\frac{4}{3} - (-3) \right| \cdot \left| -\frac{4}{3} - (-8) \right| = \frac{100}{81} \approx 1{,}23$$

Ebenso können auch Verstärkungen zu anderen oder komplex liegenden Punkten der Wurzelortskurve aus den Abständen vom betrachteten Punkt zu den Polen bzw. Nullstellen des offenen Kreises bestimmt werden. Falls dabei die Abstände mit dem Lineal in der Wurzelortskurve abgemessen werden, müssen die Ergebnisse umgerechnet in Achseinheiten (und nicht in Zentimetern!) in die Formel der Regel 7 eingesetzt werden.

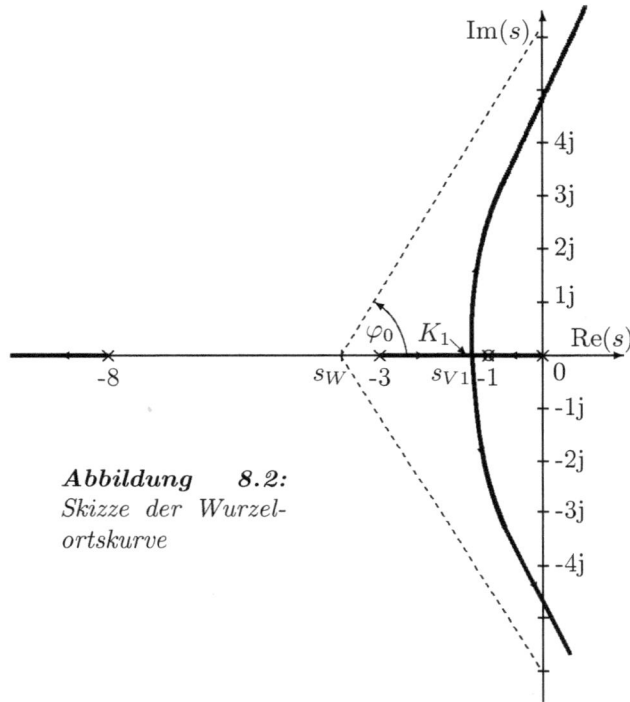

Abbildung 8.2:
Skizze der Wurzelortskurve

Zusätzliche Pole und Nullstellen. Der Verlauf der Wurzelortskurven ändert sich entscheidend bei Hinzufügung zusätzlicher Pole und/oder Nullstellen von $F_0(s)$. Dieses Hinzufügen von Polen und Nullstellen entspricht der Auswahl verschiedener Regler für die gegebene Regelstrecke.

Nachfolgend wird im Beispiel 8.1 zum einen ein Pol bei $s_1 = 0$ ergänzt, dies bedeutet die Verwendung eines integrierenden Reglers $F_R(s) = K/s$, und zum anderen wird eine Nullstelle bei $s_{01} = -1/T_V$ ergänzt, dies entspricht dem Einsatz eines idealen PD-Reglers $F_R(s) = K \cdot (1 + T_V s)$. Die sich dann ergebenden Wurzelortskurven für die Regelstrecke von Beispiel 8.1 zeigt Abb. 8.3.

Die linke Abb. 8.3 zeigt die Wurzelortskurve bei Verwendung eines *I-Reglers*, d. h. es gilt:

$$F_0(s) = K \cdot \frac{0{,}5}{s \cdot (1 + 0{,}5s)(1 + 0{,}25s)} \cdot$$

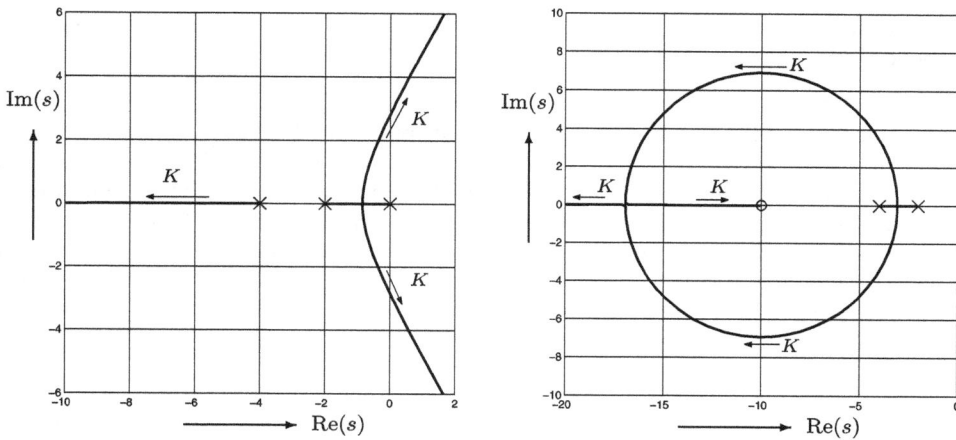

Abbildung 8.3: *Wurzelortskurven der PT_2-Strecke mit I-Regler (linke Abb.) und idealem PD-Regler (rechte Abb.)*

Die Kurve besitzt nun drei Äste. Sie beginnen für $K = 0$ in den drei Polen ($s_1 = 0$, $s_2 = -2$ und $s_3 = -4$) von $F_0(s)$ und enden in den Nullstellen, die im Unendlichen liegen. Die Pole sind mit einem „$\times$" gekennzeichnet. Mit wachsender Verstärkung K wandern die Pole des geschlossenen Kreises entlang der drei Äste der Ortskurve. Für die kritische Verstärkung $K_{Krit} = 12$ liegen die zwei Pole auf den beiden rechten Ästen genau auf der imaginären Achse. Somit ist der geschlossene Kreis für $K < K_{Krit}$ stabil und für $K > K_{Krit}$ instabil. Der dritte Pol (auf dem linken Ast) bleibt dagegen stabil. Durch den Pol im Ursprung (I-Regler) verschwindet die bleibende Regeldifferenz, dafür kann der Regelkreis mit wachsender Verstärkung nun instabil werden. Die Reglerverstärkung muss nun nach den im nächsten Abschnitt vorgestellten Kriterien so ausgewählt werden, dass die Entwurfsziele erfüllt werden.

Die rechte Abb. 8.3 zeigt die Wurzelortskurve bei Verwendung eines *idealen PD-Reglers*, d. h. es gilt:

$$F_0(s) = K \cdot \frac{0{,}5 \cdot (1 + 0{,}1s)}{(1 + 0{,}5s)(1 + 0{,}25s)} \ .$$

Die Wurzelortskurve besitzt nur zwei Äste, die in den Polen ($s_1 = -2$ und $s_2 = -4$) von $F_0(s)$ beginnen. Durch den PD-Regler (mit $T_V = 0{,}1$) erhält $F_0(s)$ eine Nullstelle bei $s_{01} = -1/T_V = -10$, die zweite Nullstelle liegt im Unendlichen. Die Ortskurve beginnt für $K = 0$ in den beiden Polen (gekennzeichnet mit einem „$\times$") und verzweigt dann in Äste entlang eines Kreises mit der Nullstelle $s_{01} = -10$ als Mittelpunkt. Mit zunehmender Verstärkung vereinigen sich die beiden Äste dann wieder bei $s = -16{,}93$. Der eine Ast verzweigt dann zur Nullstelle bei $s_{01} = -10$ (gekennzeichnet mit einem „o") und der andere Ast zur Nullstelle im Unendlichen. Die gesamte Wurzelortskurve verläuft in der linken s-Halbebene. Der geschlossene Regelkreis ist für beliebige Reglerverstärkungen stabil. Aufgrund des fehlenden Pols im Ursprung tritt jedoch eine bleibende Regeldifferenz auf.

Der Reglerentwurf mit dem Verfahren der Wurzelortskurve wird in mehreren Schritten durchgeführt. Zunächst wird ein Regler ausgewählt und hierfür die Wurzelortskurve berechnet. Dann wird die noch freie Reglerverstärkung K so bestimmt, dass die Pole des geschlossenen Kreises im gewünschten Bereich in der s-Ebene liegen. Die Berechnung und Eingrenzung dieses „Zielbereichs" in der s-Ebene ist das Thema des nächsten Abschnitts. Verläuft die Wurzelortskurve nicht durch diesen Zielbereich, dann muss solange ein anderer Regler mit zusätzlichen Polen und/oder Nullstellen gewählt werden, bis die Wurzelortskurve durch diesen Zielbereich verläuft. Erst dann kann die endgültige Reglerverstärkung K festgelegt werden.

Aufgabe 8.1: Berechnen Sie für die PT_2-Strecke von Beispiel 8.1 mit dem idealen PD-Regler die Reglerverstärkungen an den Verzweigungspunkten der Wurzelortskurve. (Lösungshinweis: Die Berechnung der K_i kann mit verschiedenen Methoden erfolgen. Vergleichen Sie die Ergebnisse.)

Lösung: $K_1 = 0{,}3590$ und $K_2 = 69{,}64$. ☐

Aufgabe 8.2: Es soll eine schwingungsfähige Regelstrecke mit den Parametern $K_S = 1$, $D = 0{,}5$ und $\omega_0 = 1\,\mathrm{s}^{-1}$ mit einem idealen PD-Regler mit der Vorhaltzeit $T_V = 1\,\mathrm{s}$ geregelt werden.

1. Wieviele Äste besitzt die Wurzelortskurve?

2. Berechnen und zeichnen Sie die Wurzelortskurve für dieses System.

3. Wie groß ist die Verstärkung K an der Verzweigungsstelle der WOK.

4. Wie groß sind die Dämpfung D und die Kreisfrequenz ω_0 des geschlossenen Regelkreises für die Reglerverstärkung $K = 2$?

Lösung:

1. Die Wurzelortskurve hat 2 Äste.

2. Wurzelortskurve siehe nebenstehendes Diagramm.

3. $K_1 = 3$.

4. $D = 0{,}866$ und $\omega_0 = 1{,}73\,\mathrm{s}^{-1}$.

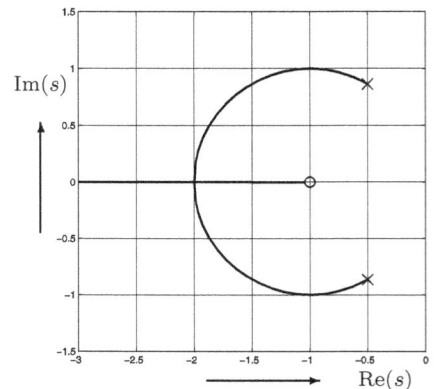

☐

Aufgabe 8.3: Die Regelstrecke von Aufgabe 8.2 soll mit einem realen PD-Regler mit der Vorhaltzeit $T_V = 0{,}1\,s$ und der Zeitkonstanten $T_D = 0{,}01\,s$ geregelt werden.

1. Wieviele Äste besitzt die Wurzelortskurve?

2. Berechnen und zeichnen Sie die Wurzelortskurve für dieses System.

3. Wie groß sind die Verstärkungen K an den Verzweigungsstellen der Ortskurve?

4. Wo liegen die Pole des geschlossenen Regelkreises für eine Verstärkung von $K = 2$ für den idealen und realen PD-Regler?

Lösung:

1. Die Wurzelortskurve hat 3 Äste.

2. Wurzelortskurve siehe nebenstehendes Diagramm.

3. $K_1 = 300{,}2$; $K_2 = 312{,}3$.

4. $s_{1,2} = -0{,}6 \pm j1{,}6248$ (idealer PD-Regler)

   $s_{1,2} = -0{,}5910 \pm j1{,}6298$; $s_3 = -99{,}8179$ (realer PD-Regler)

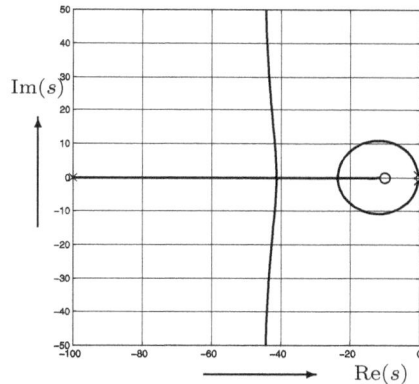

□

8.3   Entwurfsanforderungen in der s-Ebene

Wie beim Reglerentwurf mit dem Bode-Diagramm sollen die in Abschnitt 4.2 genannten Anforderungen an den Regelkreis so formuliert werden, dass sie beim Entwurf mit der Wurzelortskurve angewendet werden können.

8.3.1   Stabilität

Definition. Die Umsetzung der Stabilitätsforderung des Regelkreises in eine Forderung in der s-Ebene erübrigt sich, da die Stabilitätsforderungen von Gleichung 5.10 bzw. 5.15 bereits eine Forderung in der s-Ebene darstellen. Der geschlossene Kreis ist stabil, wenn alle Pole der charakteristischen Gleichung negativen Realteil aufweisen. Nur der Wertebereich der Verstärkungen der Äste der Wurzelortskurve in der linken s-Halbebene führt zu einem stabilen System.

8.3.2   Führungsverhalten

Die Anforderungen an ein gutes Führungsverhalten der Regelgröße $x(t)$ nach einem Sprung der Führungsgröße werden in Teilforderungen bezüglich stationärer Genauigkeit, Überschwingweite sowie An- und Ausregelzeit formuliert.

Stationäre Genauigkeit. Für eine sprungförmige Eingangsgröße w ist die *bleibende Regeldifferenz* der Regelgröße Null, sofern die Übertragungsfunktion $F_0(s)$ des aufgeschnittenen Regelkreises einen integrierenden Anteil aufweist. Damit muss $F_0(s)$ einen Pol im Ursprung aufweisen, in dem ein Ast der Wurzelortskurve mit $K = 0$ beginnt.

Dominierendes Polpaar. Für die Betrachtung der *weiteren Teilforderungen* des Führungsverhaltens führt man den Begriff des dominierenden Polpaares ein. Das Führungsverhalten des geschlossenen Kreises wird im Wesentlichen durch das dem Ursprung am nächsten liegende Polpaar (das *dominierende Polpaar*) bestimmt. Die weiter vom Ursprung entfernt liegenden Pole in der s-Ebene sind von geringer Bedeutung für das Einschwingverhalten der Regelgröße.

In Aufgabe 8.3 wurde in Frage 4 nach den Polen des geschlossenen Kreises mit idealem und realem PD-Regler bei einer bestimmten Reglerverstärkung gefragt. Das Polpaar $s_{1,2} = -0{,}5910 \pm \mathrm{j}1{,}6298$ liegt wesentlich näher am Ursprung als der Pol $s_3 = -99{,}8179$. Dieser dritte Pol ist durch die sehr kleine Zeitkonstante T_D des PD-Reglers bedingt. Dieser Pol spielt für das Einschwingen der Regelgröße praktisch keine Rolle, da er einen wesentlich schnelleren Bewegungsanteil (Eigenmode) darstellt als die beiden anderen Pole $s_{1,2}$. Die beiden Pole $s_{1,2}$ sind die dominierenden Pole des geschlossenen Regelkreises. Ihre Lage ist für das Einschwingen der Regelgröße $x(t)$ entscheidend.

Für die Lage dieses dominierenden Polpaares in der linken Halbebene werden nachfolgend Gebiete in der s-Ebene beschrieben. Durch diese Beschränkung auf *ein* dominierendes Polpaar wird für die Führungsübertragungsfunktion des Kreises ein Verzögerungsglied 2. Ordnung unterstellt.

Überschwingweite $\ddot{u}$ und Dämpfungsgrad D. Betrachtet man als erstes die *Überschwingweite* der Regelgröße $x(t)$, so besteht zwischen der prozentualen Überschwingweite $\ddot{u}$ und der *Dämpfung* D eines Verzögerungsgliedes 2. Ordnung nach Gleichung

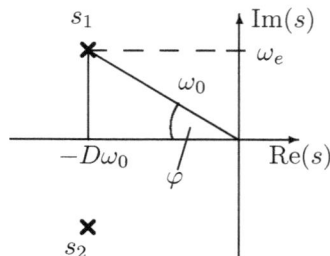

Abbildung 8.4: *Wurzeln des dominierenden Polpaares $s_{1,2} = -\delta \pm \mathrm{j}\omega_e$ mit $\delta = D\omega_0$*

3.47 die Beziehung

$$\ddot{u} = \exp\frac{-\pi \cdot D}{\sqrt{1 - D^2}} \qquad \text{bzw.} \qquad D = \frac{|\ln\ddot{u}|}{\sqrt{\pi^2 + (\ln\ddot{u})^2}} \ .$$

Somit kann die Forderung nach einer bestimmten Überschwingweite in eine geforderte Dämpfung umgesetzt werden. Abb. 8.4 zeigt nun die grafische Darstellung des dominierenden Polpaares in der s-Ebene Die Pole $s_{1,2} = \sigma_e \pm j\omega_e$ sind konjugiert komplex.

Mit den Definitionen von Gleichung 3.35 und 3.37 gilt für

$$\omega_0 = \sqrt{\omega_e^2 + \sigma_e^2} \qquad \text{und} \qquad \sigma_e = -\delta = -D \cdot \omega_0 \ . \tag{8.3}$$

Daraus folgt nach einfacher Umrechnung, dass die Dämpfung D gleich dem Kosinus des Winkels zwischen dem Pol s_1 und der negativ reellen Achse ist:

$$\cos\varphi = D \qquad \text{bzw.} \qquad \varphi = \arccos D \ . \tag{8.4}$$

Fordert man für das dominierende Polpaar eine Dämpfung $D > D_{Min}$, so muss die Reglerverstärkung K (als Parameter der Wurzelortskurve) so gewählt werden, dass das dominierende Polpaar innerhalb des durch $\pm\varphi_{Min}$ beschriebenen Sektors liegt. Dabei ist φ_{Min} der zu D_{Min} gehörende Winkel φ gemäß Gleichung 8.4.

In Abb. 8.5 sind die Sektoren für verschiedene Dämpfungen D dargestellt. Der Sektor für $D = 0$ ist die offene linke s-Halbebene, und der Sektor für $D \geq 1$ wird durch die negativ reelle Achse gebildet. Für die häufig angestrebte Dämpfung von $D = 0,7071$ umfasst der Sektor den Bereich von $-45°$ bis $+45°$. Soll der geschlossene Regelkreis eine Dämpfung von $D > 0,7$ aufweisen, so muss die Reglerverstärkung auf der Wurzelortskurve so gewählt werden, dass das dominierende Polpaar innerhalb des $\pm45°$ Sektors um die negativ reelle Achse liegt.

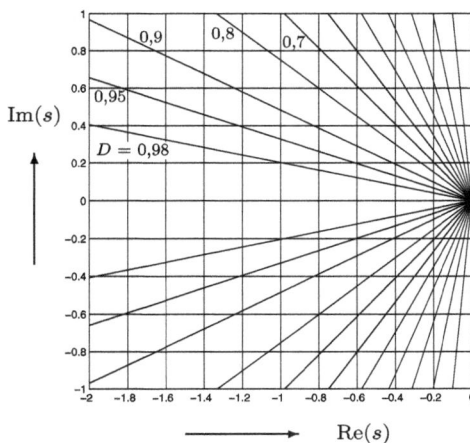

Abbildung 8.5: *Sektoren in der s-Ebene für die Dämpfungen D = 0,1; 0,2 ... 0,8; 0,9; 0,95; 0,98*

Anregelzeit T_{An}. Auch die Entwurfsforderungen an die *Anregelzeit* der Regelgröße $x(t)$ nach einem Führungssprung können als Anforderung an die Lage der dominieren-den Pole in der s-Ebene formuliert werden. Die Anregelzeit von $x(t)$ ist die Zeitdauer bis zum erstmaligen Erreichen des Sollwertes $\hat{w}$. Diese Zeit hängt von der Dämpfung des Kreises ab. Für die Dämpfung $D = 1/\sqrt{2}$ wird nach Gleichung 7.17 die Anregelzeit für eine Führungsübertragungsfunktion 2. Ordnung angenähert durch die Beziehung

$$T_{An} = \frac{\pi}{\omega_0}$$

mit ω_0 als Kreisfrequenz des ungedämpften Systems.

Aus Abb. 8.4 erkennt man, dass die dominierenden Pole mit gleicher Kreisfrequenz ω_0, d. h. mit gleicher Anregelzeit, auf einem Halbkreis mit dem Radius $r_i = \omega_0$ in der linken s-Halbebene liegen. Je kleiner der Radius r_i, d. h. je näher die Pole am Ursprung liegen, umso größer ist die Anregelzeit. Um ein System schnell zu machen, müssen die Pole des geschlossenen Regelkreises möglichst weit links vom Ursprung liegen.

Abbildung 8.6 zeigt die Linien konstanter Anregelzeit für ein System mit der Dämpfung $D = 0,7$ als Halbkreise in der linken s-Halbebene. Ist eine andere Dämpfung als 0,7 gefordert, so ändern sich auch entsprechend die Anregelzeiten.

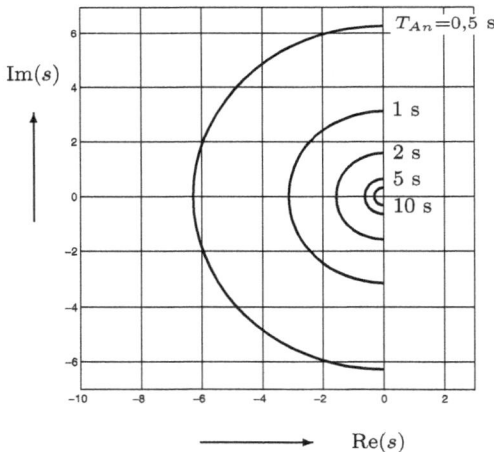

Abbildung 8.6: *Halbkreise kon-stanter Anregelzeit für $T_{An} = 0,5\,s$; 1 s; 2 s; 5 s; 10 s und $D = 0,7$*

Aus Abb. 3.15 entnimmt man als Zeit bis zum erstmaligen Erreichen des Sollwertes z. B. für $D = 0,4$ den Wert $\omega_0 \cdot t \approx 2,15$. Dann berechnet man die entsprechenden Grenzwerte konstanter Anregelzeit *näherungsweise* als Halbkreise mit den Radien $r = \omega_0 = 2,15/T_{An}$. Soll die Regelgröße $x(t)$ eine vorgegebene Anregelzeit einhalten bzw. unterschreiten, so muss das dominierende Polpaar außerhalb des mit dem obigen Schema berechneten Halbkreises in der linken s-Halbebene liegen. Auch diese Darstellung ist nur gültig, sofern das dominierende Polpaar das Einschwingverhalten ausreichend genau beschreibt.

Dämpfung D und Anregelzeit T_{An}. Die Linien konstanter Dämpfung und konstanter Anregelzeit beschreiben in der linken s-Halbebene ein nach links offenes Gebiet. Man kann dieses Gebiet durch einen Halbkreis mit dem Radius r_a abschließen. Eine mögliche Wahl von r_a ist die Festlegung des Abstands zu den nicht berücksichtigten Polen $s_{3,4}, \ldots$ zu z. B. $r_a = 0{,}5 \cdot \omega_{0_{3,4}}$. Ebenso kann man bei einer geforderten Anregelzeit $T_{An,Max}$ eine untere Grenze von z. B. $T_{An,Min} = 0{,}2 \cdot T_{An,Max}$ vorgeben, um eine zu schnelle Systemreaktion und damit zu große Stellamplituden zu vermeiden. Die Kurvenzüge für $T_{An,Min}$, $T_{An,Max}$ sowie $D = const.$ legen dann ein Zielgebiet für das dominierende Polpaar in der komplexen Ebene fest. Abb. 8.7 zeigt Beispiele für Zielgebiete der dominierenden Pole.

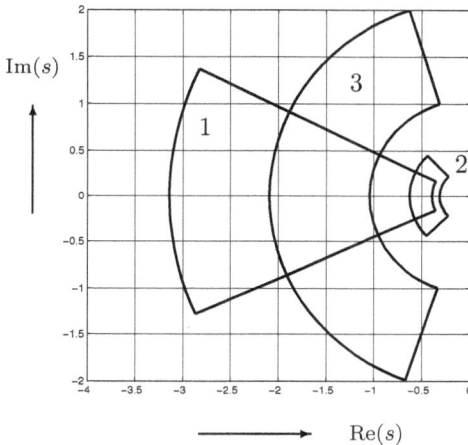

Abbildung 8.7: *Gebiete vorgeschriebener Mindestdämpfung und Grenzen der Anregelzeiten;*
1: $D \geq 0{,}9$ und $1\ s \leq T_{An} \leq 8\ s$;
2: $D \geq 0{,}7$ und $5\ s \leq T_{An} \leq 10\ s$;
3: $D \geq 0{,}3$ und $1{,}5\ s \leq T_{An} \leq 3\ s$

Die Wurzelortskurve muss durch Auswahl geeigneter Pole und Nullstellen des Reglers, d. h. durch Wahl eines PI-, PD-, PID- … Reglers, so geformt werden, dass sie durch das geforderte Zielgebiet verläuft. Dann werden durch die Auswahl der noch freien Reglerverstärkung K die Pole des geschlossenen Kreises festgelegt. Nur das dominierende Polpaar liegt in dem Zielgebiet, die weiteren Pole sollen möglichst weit links liegen.

Ausregelzeit T_{Aus}. In ähnlicher Art und Weise werden Gebiete in der s-Ebene für konstante *Ausregelzeiten T_{Aus}* spezifiziert. Die Ausregelzeit ist die Zeit bis zum letztmaligen Eintritt der Regelgröße $x(t)$ in das Fehlerband ϵ um den stationären Sollwert (siehe Abb. 4.3). Das gedämpfte Einschwingen der Regelgröße wird gemäß Gleichung 3.42 beschrieben zu

$$ x(t) = \widehat{w} \cdot \left(1 - \mathrm{e}^{-\delta t} \cdot \sqrt{1 + \frac{\delta^2}{\omega_e^2}} \cdot \sin(\omega_e t + \varphi) \right) \ . $$

Dieser Zeitverlauf stellt eine abklingende Sinusschwingung dar. Die einhüllende e-Funktion dieser Schwingung wird durch die Abklingkonstante δ (mit $\delta > 0$) beschrieben. Es wird nun untersucht, wann diese *Einhüllende* in das spezifizierte Fehlerband ϵ eintritt. Dieser Eintrittszeitpunkt stellt eine konservative (d. h. obere Grenze der) Approximation der Ausregelzeit T_{Aus} dar. Es gilt

$$e^{-\delta T_{Aus}} = \epsilon \qquad \Rightarrow \qquad \delta = -\frac{\ln \epsilon}{T_{Aus}} \,.$$

Die Größe δ ist nun jedoch identisch mit dem Betrag des Realteils σ_e des dominierenden Polpaares. Somit muss zur Erzielung einer Höchstausregelzeit von $T_{Aus,Max}$ das dominierende Polpaar links der durch die Gleichung 8.5

$$\sigma_e = -\delta = +\frac{\ln \epsilon}{T_{Aus,Max}} \tag{8.5}$$

definierten Senkrechten in der linken s-Halbebene liegen. Für die verschiedenen Fehlerbänder (Breite 2ϵ) gelten die σ_e-Grenzwerte:

$$\begin{aligned}
\sigma_{e,1\%} &= -4{,}61/T_{Aus} \,, \\
\sigma_{e,2\%} &= -3{,}91/T_{Aus} \,, \\
\sigma_{e,5\%} &= -3{,}00/T_{Aus} \,, \\
\sigma_{e,10\%} &= -2{,}30/T_{Aus} \,.
\end{aligned} \tag{8.6}$$

In Abb. 8.8 sind Linien des 5 % Fehlerbandes für die Ausregelzeiten $T_{Aus} = 1{,}8$; 4; 7 und 10 s dargestellt. Je kleiner die Ausregelzeit, d. h. je schneller $x(t)$ einschwingen soll, umso weiter nach links wandert die Grenzlinie.

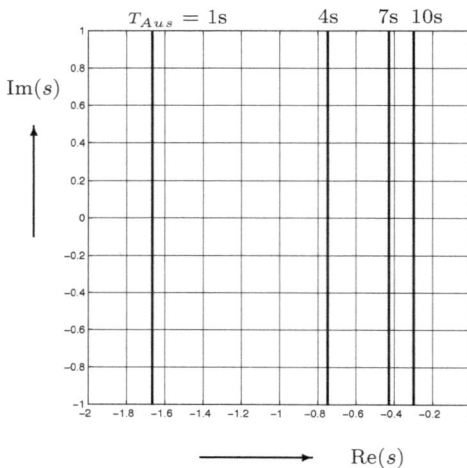

Abbildung 8.8: *Linien konstanter Ausregelzeit für ein 5 % Fehlerband*

Werden gleichzeitig Forderungen an die maximalen An- und Ausregelzeiten sowie die Dämpfung gestellt, so muss das Zielgebiet entsprechend den Anforderungen berechnet werden. Dabei wird jeweils die schärfere Bedingung berücksichtigt. Für die Darstellung der Zielgebiete sind kleine Rechenprogramme erforderlich, die zusätzlich zum Wurzelortskurvenprogramm aufzurufen sind.

Anwendung. Ein Beispiel verdeutlicht die Anwendung der oben eingeführten Entwurfshilfslinien bei der Wurzelortskurve.

Beispiel 8.3: Die PT$_2$-Strecke von Beispiel 8.1 wird mit einem I-Regler geregelt. Die Übertragungsfunktion $F_0(s)$ lautet dann

$$F_0(s) = K \cdot \frac{0,5}{s \cdot (1 + 0,5s) \cdot (1 + 0,25s)} \ .$$

Die Reglerverstärkung K soll so bestimmt werden, dass die dominierenden Pole des geschlossenen Kreises eine Dämpfung von $D = 0,7$ aufweisen.

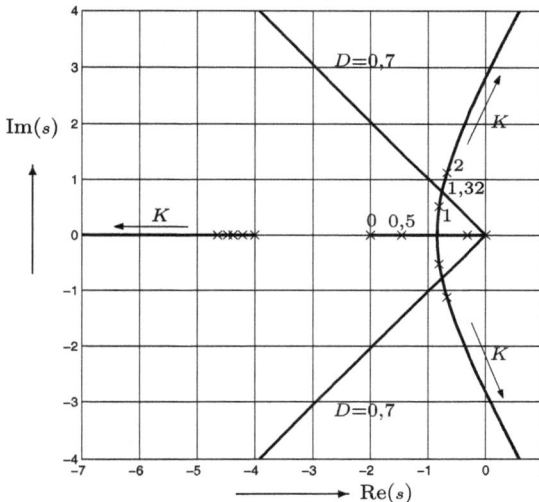

Abbildung 8.9: *Wurzelortskurve von $F_0(s)$ mit dem Sektor für D = 0,7 und eingetragenen Verstärkungsfaktoren K*

Zur Erfüllung dieser Forderung wird zunächst die Wurzelortskurve von F_0 berechnet und gezeichnet. Der zu der Dämpfung $D = 0,7$ gehörende $\pm 45°$-Sektor wird eingetragen. Die Wurzelortskurve von Abb. 8.9 besitzt drei Äste. Die Pole auf dem linken Ast liegen so weit vom Ursprung entfernt, dass die Pole auf den rechten Ästen als die dominierenden Pole angesehen werden können. Auf einem Ast sind die Verstärkungsfaktoren des Reglers mit eingetragen. Für $K = 1,32$ liegen die dominierenden Pole genau auf der Linie, die den Dämpfungsbereich von $D > 0,7$ einschließt. Somit schwingt für diese Reglerverstärkung die Regelgröße $x(t)$ nach einem Sprung der Führungsgröße w mit der Dämpfung $D = 0,7$ auf den Endwert $\widehat{w}$ ein. Für Verstärkungen kleiner als diese Grenzverstärkung wird die Dämpfung des Einschwingverhaltens größer als 0,7 und für Verstärkungen größer als diese Grenzverstärkung wird sie kleiner als 0,7. $\quad\Box$

8.3.3 Störverhalten

Anforderungen. Hinsichtlich des Reglerentwurfs für ein gutes Störverhalten spielt, wie bei der Darstellung der Kriterien für den Entwurf im Frequenzbereich, der Angriffspunkt der Störung eine wesentliche Rolle. Greift die Störung z direkt an der Regelgröße x ein (siehe Abb. 7.23), so ähneln wegen $F_Z(s) = F_W(s) - 1$ Stör- und Führungsübertragungsfunktion einander (siehe Gleichung 7.18). Damit können gegebenenfalls die Auslegungskriterien für das Führungsverhalten übernommen werden. Greift die Störgröße im Inneren der Regelstrecke ein, bzw. als Versorgungsstörgröße vor der Regelstrecke, so kann eine geringere Dämpfung als beim Führungsverhalten als Auslegungsziel definiert werden. Entsprechend einem Phasenrand von 30° für das Störverhalten kann man z. B. eine Dämpfung von $D \approx 0,3$ fordern.

8.4 Reglerentwurf mit der Wurzelortskurve

8.4.1 Einfluss der Pole und Nullstellen des Reglers

Einleitung. Der Reglerentwurf mit dem Wurzelortskurvenverfahren wird entscheidend beeinflusst durch die Wahl der richtigen Reglerübertragungsfunktion. Da die Wurzelortskurve nur einen Hinweis auf die günstige Einstellung der *Reglerverstärkung K* liefert, kommt der Auswahl der Pole und Nullstellen des Reglers eine wesentliche Bedeutung zu. Daher ist es erforderlich, zu wissen wie die Wurzelortskurve durch die Pole und Nullstellen des Reglers *verformt* wird. Durch diese Verformung soll erreicht werden, dass die Kurve durch das gewünschte Zielgebiet verläuft (siehe Abschnitt 8.3).

PT$_2$-Strecke mit PI-Regler. Die Beeinflussung des Verlaufs der Wurzelortskurve durch die Lage der Pole und Nullstellen eines PI-Reglers wird als erstes für die folgende nicht schwingungsfähige PT$_2$-Strecke gezeigt:

$$F_S(s) = \frac{K_S}{(1 + T_1 s) \cdot (1 + T_2 s)} = \frac{1}{(1 + s) \cdot (1 + 0,5 s)} \ .$$

Der PI-Regler soll die bleibende Regelabweichung zu Null machen. Abb. 8.10 zeigt den Wurzelortskurvenverlauf für verschiedene Nachstellzeiten T_N des Reglers. Es werden hierbei nacheinander die Nachstellzeiten $T_N = 5\,\text{s}$, $1,01\,\text{s}$, $0,99\,\text{s}$, $0,5\,\text{s}$ und $0,1\,\text{s}$ gewählt. Die beiden Werte $T_N = 0,99\,\text{s}$ und $1,01\,\text{s}$ sollen den Fall einer *ungenauen Pol-/Nullstellenkompensation* beschreiben.

Die Wurzelortskurve der Strecke mit P-Regler (Abb. a) verläuft von den Polen bei -1 und -2 zum Verzweigungspunkt bei $-1,5$ und geht dann zu den Nullstellen im Unendlichen. Durch den PI-Regler mit der Nachstellzeit $T_N = 5\,\text{s}$ (Abb. b) wird ein dritter Ast vom Ursprung bis zur Nullstelle $1/T_N = -0,2\,\text{s}^{-1}$ hinzugefügt. Der dominierende Pol des Regelkreises ist der Pol auf diesem Ast. Der Kreis ist dadurch sehr langsam.

Legt man die Nullstelle des Reglers sehr nahe rechts vom Pol bei -1 (Abb. c), so führt man im *offenen* Regelkreis praktisch eine Pol-/Nullstellenkompensation durch. Der Pol auf dem Ast (der im Ursprung beginnt) wandert nun aber schon für „kleine" Verstärkungen K praktisch in die Nullstelle rechts von -1. Daraus folgt, dass schon für „kleine" Verstärkungen K (und erst recht für große Verstärkungen) auch im *geschlossenen* Kreis eine Pol-/Nullstellenkompensation wirksam wird.

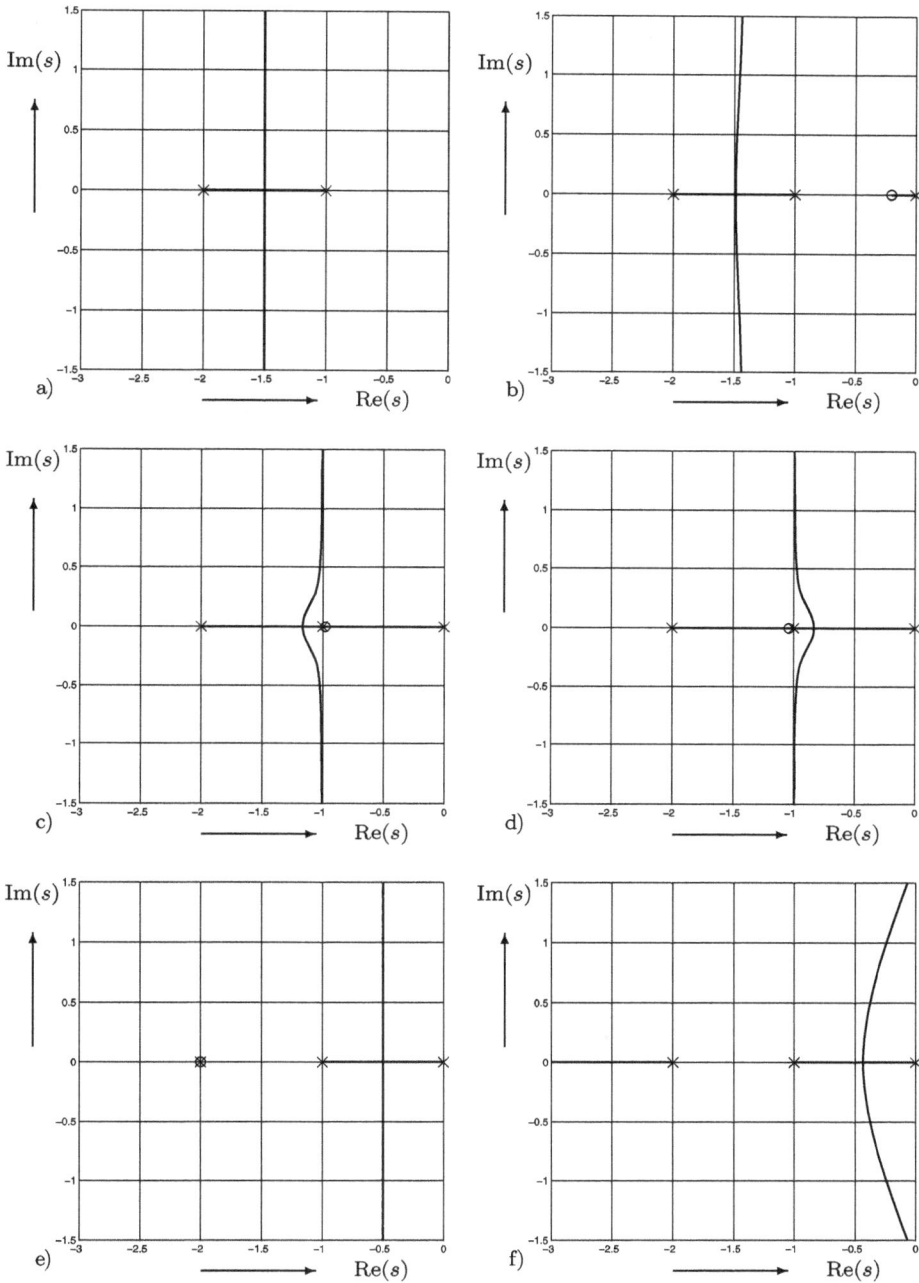

Abbildung 8.10: *Wurzelortskurven für eine PT_2-Strecke mit P-Regler (Abb. a) und mit PI-Regler für die Nachstellzeiten $T_N = 5\,s$ (Abb. b); 1,01 s (c); 0,99 s (d); 0,5 s (e) 0,1 s(f)*

Die anderen beiden Äste starten in den Polen der Strecke, laufen zum Verzeigungspunkt links von −1 und streben dann ins Unendliche. Auf diesen beiden Ästen liegen die anderen beiden Pole (das *dominierende Polpaar*) des geschlossenen Kreises. Über die Wahl der Verstärkung kann man nahezu beliebige Dämpfungsgrade D des geschlossenen Kreises mit kleiner An- und Ausregelzeit einstellen.

Liegt die Nullstelle direkt links neben dem Pol bei −1 (Abb. d), so verzweigen zwei Äste rechts bei ca. −0,833. Der eine Ast der WOK verläuft von −2 bis in diese Nullstelle. Auf diesem Ast findet wieder wie in Abb. c die Pol-/Nullstellenkompensation statt. Die anderen beiden Äste starten in den beiden Polen, treffen sich im Verzweigungspunkt und streben dann gegen Unendlich. Auf diesen beiden Ästen liegt wieder das dominierende Polpaar. Diese Einstellung entspricht im Wesentlichen dem Fall von Abb. c.

Wird mit der Nullstelle der Pol bei −2 kompensiert (Abb. e), so verschiebt sich die Wurzelortskurve zum Ursprung. Die Anregelzeit wird wieder größer. Schließlich in Abb. f liegt die Nullstelle weit links vom Pol bei −2 (der Regler wird dadurch nahezu ein I-Regler). Der geschlossene Kreis wird durch die Pole auf den Ästen am Ursprung dominiert. Der Verstärkung sind jedoch Grenzen gesetzt, da der Kreis nun schnell instabil werden kann.

PT$_2$-Strecke mit realem PD-Regler. Dieselbe Regelstrecke wie zuvor wird nun mit einem realen PD-Regler geregelt. Die Verzögerungszeit T_D dieses PD-Reglers wird dabei zu $0{,}1T_V$ gesetzt.

Abb. 8.11a zeigt den Wurzelortskurvenverlauf für $T_V = 10\,\mathrm{s}$, d. h. für die Nullstelle bei −0,1. Wegen $T_D = 0{,}1 \cdot T_V$ entsteht bei −1 eine doppelte Polstelle. Die Wurzelortskurve besitzt drei Äste. Der Pol auf dem Ast zum Ursprung ist der *dominierende Pol* des geschlossenen Kreises.

Mit der Wahl $T_V \approx T_1 = 1\,s$ (Abb. b) wird durch den Pol die Nullstelle bei −1 kompensiert. Die Ortskurve wandert weit nach links und führt somit zu kleinen Anregelzeiten. Allerdings tritt wegen des fehlenden Pols im Ursprung eine bleibende Regeldifferenz auf.

Setzt man $T_V = 0{,}51\,s$ (Abb. c), so entsteht eine Nullstelle rechts vom Pol bei −2. Mit steigender Verstärkung wirkt sich der Pol auf dem Ast von −1 nach −2 immer weniger aus. Eine bleibende Regeldifferenz tritt jedoch wegen des fehlenden Pols im Ursprung nach wie vor auf.

Für $T_V = 0{,}1\,s$ (Abb. d) wandert die Nullstelle weit nach links von den Streckenpolen. Das Führungsverhalten kann sehr schnell gemacht werden, jedoch zu Lasten großer Stellamplituden. Im Unterschied zum vorher eingesetzten PI-Regler kann das System nun zwar schneller gemacht werden, es bleibt jedoch eine bleibende Regeldifferenz erhalten, da ein I-Term fehlt.

Zusätzlich zu den Polen des geschlossenen Kreises, die auf der Wurzelortskurve liegen, wird die Übertragungsfunktion durch ihre Nullstellen beschrieben. Die Nullstellen des geschlossenen Kreises sind für das Führungsverhalten identisch mit den Nullstellen des aufgeschnittenen Kreises. Je näher eine Nullstelle bei einem Pol liegt, umso geringer ist

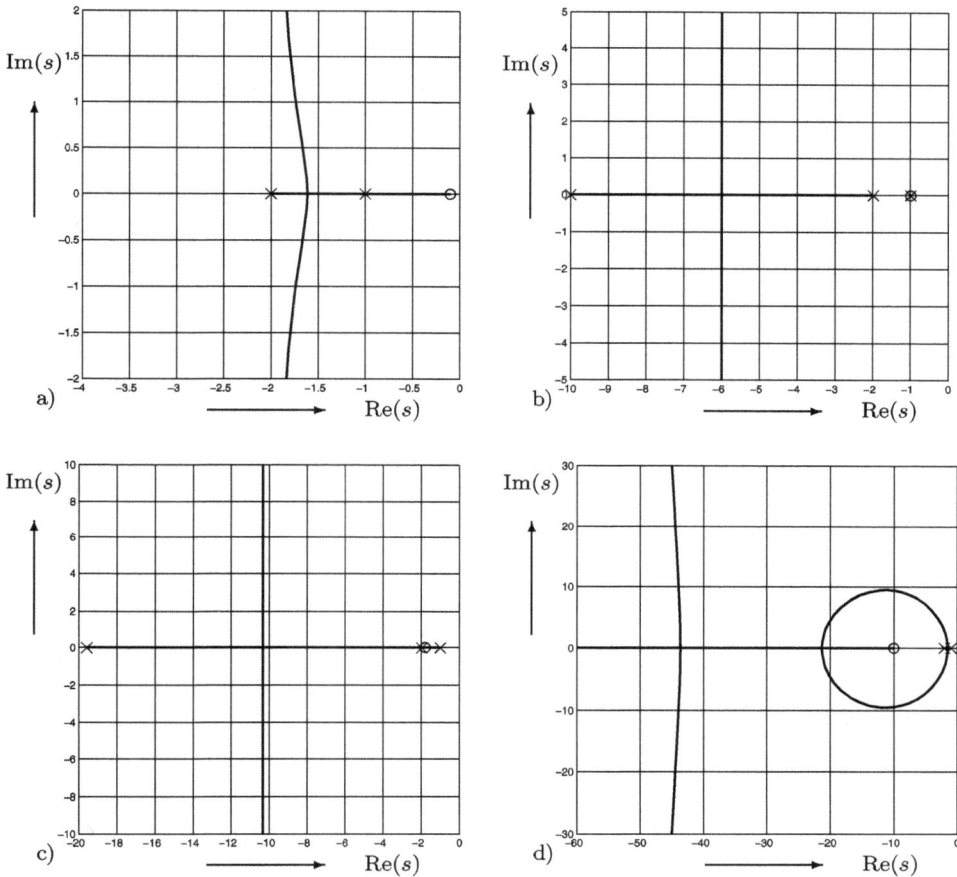

Abbildung 8.11: *Wurzelortskurven für eine PT_2-Strecke mit realem PD-Regler ($T_D = 0{,}1\,T_V$) für die Vorhaltzeiten $T_V = 10\,s$ (Abb. a); $1\,s$ (b); $0{,}51\,s$ (c) und $0{,}1\,s$ (d)*

die Wirkung dieses Pols beim Einschwingverhalten. Da jedoch das Führungsverhalten des geschlossenen Kreises häufig durch ein reines Verzögerungsverhalten (gegebenenfalls höherer Ordnung) beschrieben wird, reicht in diesen Fällen die alleinige Betrachtung der Pole des geschlossenen Kreises aus.

Schwingungsfähige PT_2-Strecke mit PI-Regler. Es wird nun die Wirkung von zusätzlichen Polen *und* Nullstellen des Reglers auf den Verlauf der Wurzelortskurve für eine schwingungsfähige Verzögerungsstrecke 2. Ordnung untersucht. Die Strecke sei schwach gedämpft mit $D = 0{,}3$, ihre Kreisfrequenz laute $\omega_0 = 1\,\mathrm{s}^{-1}$ und die Verstärkung K_S sei 1. Damit wird die Übertragungsfunktion

$$F_S(s) = K_S \cdot \frac{\omega_0^2}{s^2 + 2D\omega_0 s + \omega_0^2} = \frac{1}{s^2 + 0{,}6s + 1}\ .$$

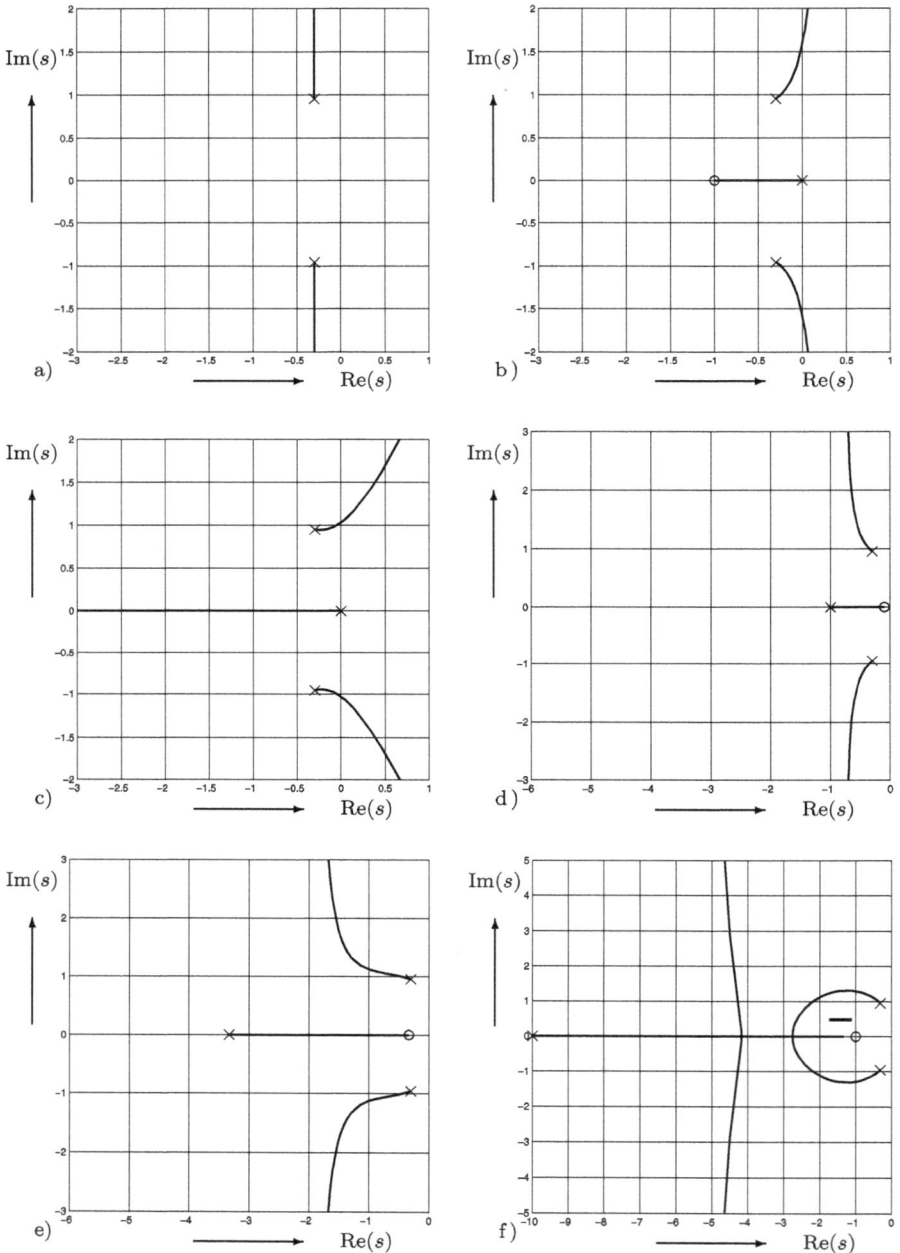

Abbildung 8.12: *Wurzelortskurven für eine schwingungsfähige PT_2-Strecke mit P-Regler (Abb. a) sowie PI-Regler für die Nachstellzeiten $T_N = 1\,s$ (Abb. b); $0{,}1\,s$ (Abb. c) und mit realem PD-Regler für die Vorhaltzeiten $T_V = 10\,s$ (Abb. d); $3\,s$ (Abb. e) und $1\,s$ (Abb. f)*

Die Pole der Regelstrecke liegen damit bei $s_{1,2} = -0{,}3 \pm \text{j}0{,}95$. Diese Strecke wird mit einem PI-Regler mit unterschiedlichen Nachstellzeiten T_N geregelt. Die Abbildungen 8.12b und c zeigen die zugehörigen Wurzelortskurven.

In Abb. 8.12a ist zunächst die Wurzelortskurve der Strecke mit P-Regler dargestellt. Die Äste laufen von den Polen ins Unendliche. Der geschlossene Regelkreis kann nicht instabil werden. Die Einfügung des PI-Reglers führt zu einem 3. Ast der Wurzelortskurve auf der reellen Achse, der vom Ursprung zur jeweiligen Nullstelle bei $-1/T_N$ führt. Die anderen beiden Äste tendieren mit abnehmender Nachstellzeit T_N immer schneller in die rechte s-Halbebene. Für $T_N = 1\,\text{s}$ (Abb. b) liegt die Nullstelle bei -1 und für $T_N = 0{,}1\,\text{s}$ bei -10 (Abb. c). Somit kann mit dem PI-Regler die bleibende Regeldifferenz zwar beseitigt werden, die Stabilität nimmt jedoch mit abnehmender Nachstellzeit und wachsender Verstärkung K ab.

Schwingungsfähige PT_2-Strecke mit realem PD-Regler. Anstelle des PI-Reglers wird nun ein realer PD-Regler zur Regelung der PT_2-Strecke eingesetzt. Dabei wird die Zeitkonstante des Reglers zu $T_D = 0{,}1 \cdot T_V$ gesetzt. Abb. 8.12 zeigt die Wurzelortskurven des Systems.

Für große Vorhaltzeiten (Abb. d und e) verlaufen 2 Äste der Wurzelortskurve von den Streckenpolen nach links oben bzw. unten in der linken s-Halbebene. Der dritte Ast verläuft auf der negativ reellen Achse vom Reglerpol in die Reglernullstelle. Eine wesentliche Erhöhung der Dämpfung wird erst für kleine Vorhaltzeiten (Abb. f) erzielt. Dann krümmen sich die in den Streckenpolen beginnenden Äste zur reellen Achse. Durch eine geeignete Auswahl der Verstärkung kann damit eine deutliche Stabilitätsverbesserung erreicht werden. Wegen des fehlenden I-Anteils des Reglers tritt jedoch beim PD-Regler immer eine bleibende Regeldifferenz auf.

Schwingungsfähige PT_2-Strecke und realer PID-Regler. Als weitere Stabilisierungsmethode der schwingungsfähigen PT_2-Strecke wird nun die Verwendung eines Reglers mit 2 Nullstellen und 2 Polen, also eines realen PID-Reglers, untersucht. Die Reglergleichung wird in der folgenden Form geschrieben:

$$F_R(s) = K \cdot \frac{s^2 + 2D_1\omega_{01}s + \omega_{01}^2}{\omega_{01}^2 s \cdot (1 + T_D s)} \ .$$

Durch diese Form des Reglers mit reellen bzw. komplexen Nullstellen ist auch eine Kompensation der komplexen Streckenpole möglich. Es wird $\omega_{01} = \omega_0$ gesetzt, so dass Streckenpole und Reglernullstellen gleichen Abstand vom Ursprung aufweisen. Ein Pol des Reglers liegt im Ursprung, der andere wird willkürlich nach $s_1 = -1/T_D = -10\,\text{s}^{-1}$ gelegt. Untersucht werden verschiedene Vorgaben des Parameters D_1 der Reglernullstelle. Die hiermit erzielten Verläufe der Wurzelortskurve zeigt Abb. 8.13.

Die Wurzelortskurven bestehen aus vier Ästen, von denen zwei (Ast 1 und 2) in den Streckenpolen beginnen. Die anderen beiden Äste (Ast 3 und 4) fangen in den Polen des Reglers im Ursprung bzw. bei -10 an.

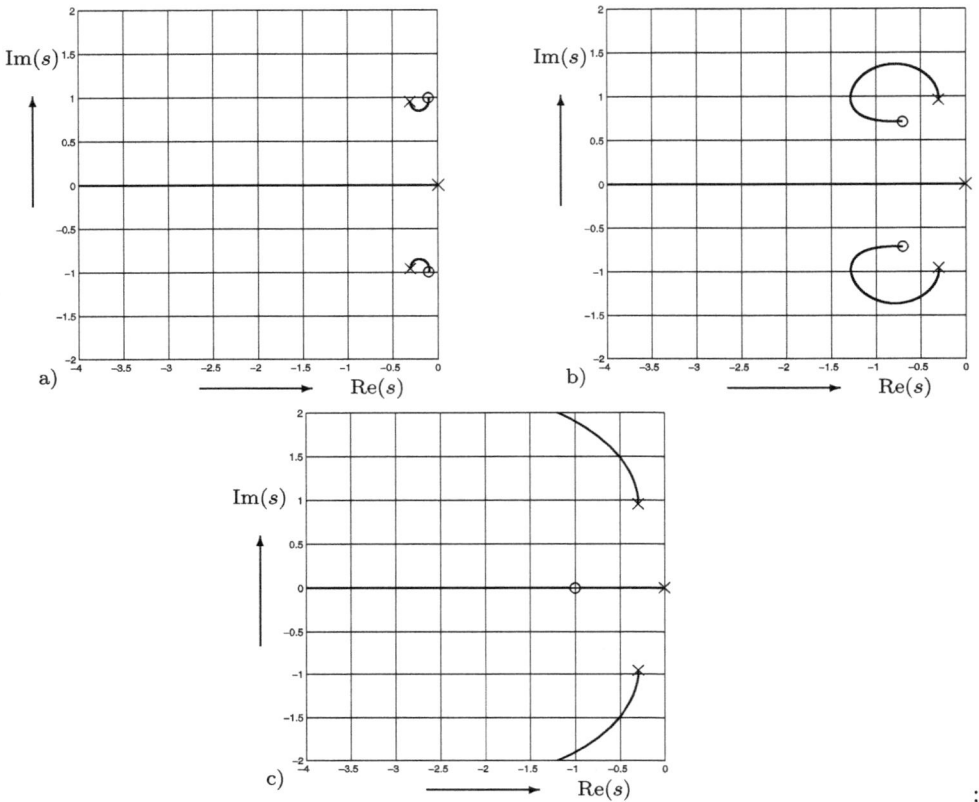

Abbildung 8.13: *Wurzelortskurven für eine schwingungsfähige PT_2-Strecke mit einem Regler in der Form $F_R(s) = K \cdot \frac{s^2 + 2D_1\omega_{01}s + \omega_{01}^2}{\omega_{01}^2 s \cdot (1 + T_D s)}$ für $\omega_{01} = \omega_0$ und $D_1 = 0{,}1$ (Abb. a), $D_1 = 0{,}7$ (Abb. b) und $D_1 = 1$ (Abb. c)*

Der Dämpfungsgrad der Strecke beträgt $D = 0{,}3$. Setzt man den Dämpfungsgrad des Reglers auf $D_1 = 0{,}1$ (Abb. a) so liegen Pol und Nullstelle des geschlossenen Kreises nahe beieinander, so dass die Wirkung der Polstelle deutlich reduziert wird (Pol-/Nullstellenkompensation).

Für $D_1 = 0{,}7$ (Abb. b) verlaufen Ast 1 und 2 in einer großen Schleife zur Nullstelle. Das Schwingungsverhalten wird nicht wesentlich verbessert. Ast 3 und 4 laufen (außerhalb des Bereichs von Abb. b) aufeinander zu und verzweigen links von -3. Für $D_1 = 1$ (Abb. c) entsteht eine doppelte Nullstelle bei -1, auf die Ast 3 und 4 zulaufen. Die Äste 1 und 2 streben jedoch zu den Nullstellen im Unendlichen. Eine Erhöhung der Dämpfung des geschlossenen Kreises wird nicht gewährleistet, die Frequenz der Schwingung nimmt zu.

Nicht gezeigt ist die erwünschte, „exakte" Kompensation der Streckenpole durch die Reglernullstellen. Da dann der komplexe Streckenpol und die komplexe Reglernullstelle an derselben Stelle liegen, wird die Wirkung des Streckenpols, nahezu unabhängig von der Reglerverstärkung, kompensiert. Dadurch resultiert eine Führungsübertragungsfunktion, die durch ein PT_2-Verhalten beschrieben wird. Diese optimale Einstellung ist schwierig zu erreichen und wenig robust.

Diese Untersuchungen zeigen, dass der Auswahl der Struktur des Reglers, d. h. der Wahl der Reglerpole und Nullstellen eine entscheidende Bedeutung zukommt. Erst nach dieser Festlegung, die im Allgemeinen mehrere Probierversuche umfasst, kann die Reglerverstärkung als Parameter der Wurzelortskurve gemäß den Entwurfsanforderungen eingestellt werden.

8.4.2 Regelung einer PT_3-Strecke

Anwendung. Es soll nun die PT_3-Regelstrecke von Gleichung 7.19

$$F_S(s) = \frac{2}{(1+0{,}1s)(1+0{,}5s)(1+1{,}2s)}$$

mit einem PI-Regler so geregelt werden, dass die Regelgröße für eine Anregelzeit im Bereich $1{,}5\,s < T_{An} < 3\,s$ bei einem Führungssprung maximal $5\,\%$ überschwingt.

Eine schnelle Reaktion des Regelkreises wird erzielt, wenn man mit der Nachstellzeit des PI-Reglers die größte Zeitkonstante der Strecke $T_1 = 1{,}2\,s$ kompensiert (Pol-/Nullstellenkompensation). Für die in Abb. 8.14 gezeigte Wurzelortskurve ist die Nachstellzeit gewählt zu $T_N = 1{,}201\,s$. Eingezeichnet ist weiterhin das *Zielgebiet* für die Lage der Wurzeln des geschlossenen Kreises, als „partieller" Kreisring. Die Geradenstücke des Kreisrings gehören zu dem Dämpfungsgrad $D = 0{,}69$ ($\hat{=}\ \ddot{u} = 5\,\%$) und die Kreisbögen gehören zu den Anregelzeiten $T_{An} = 1{,}5\,s$ und $T_{An} = 3\,s$ entsprechend der Beziehung $T_{An} = \pi/\omega_0$.

Die Wurzelortskurve weist vier Äste auf, von denen drei in Abb. 8.14 gezeigt sind. Ast 1 beginnt im Ursprung und endet in der Nullstelle bei $-1/1{,}201$. Die Äste 2 und 3 beginnen in den Streckenpolen bei $-1/1{,}2$ und $-1/0{,}5$. Sie laufen aufeinander zu und verzweigen dann ins Unendliche. Ast 4 ist nicht gezeigt. Er beginnt bei -10 und verläuft entlang der negativ reellen Achse ins negative Unendliche.

Der Pol des geschlossenen Kreises auf Ast 1 ist *kein dominierender Pol*. Es sei K_x eine Verstärkung auf Ast 2 und 3 der Wurzelortskurve, für die die Kurve im gewünschten Zielgebiet verläuft. Der offene Kreis besitzt Pol und Nullstelle bei $-1/1{,}2$(Pol-/Nullstellenkompensation). Der geschlossene Kreis besitzt eine Nullstelle bei $-1/1{,}201$ und für $K = K_x$ einen Pol s_x sehr nahe bei $-1/1{,}201$. Im geschlossenen Kreis heben sich die Wirkungen dieses Pols s_x und der Nullstelle bei $-1/1{,}201$ auf. Es tritt also auch im geschlossenen Kreis für die Verstärkung K_x eine Pol-/Nullstellenkompensation auf. Daher bilden die Pole auf Ast 2 und 3 das *dominierende Polpaar*. Auf der Wurzelortskurve sind die Verstärkungen $K_1 = 0{,}33$ und $K_2 = 0{,}52$ eingetragen, die auf den Grenzen des Zielgebiets liegen.

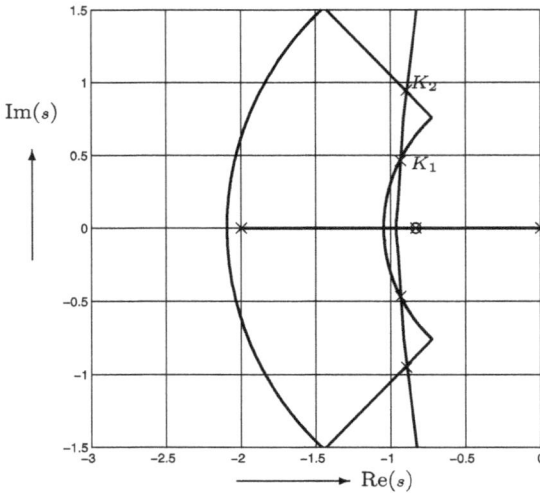

Abbildung 8.14: *Wurzelortskurve und Zielgebiet der Verzögerungsstrecke mit PI-Regler*

Berechnet und zeichnet man die Übergangsfunktionen für diese Verstärkungen so ergibt sich der Verlauf von Abbildung 8.15. Während die Übergangsfunktion für die Verstärkung K_2 die Anregelzeit von 3 s erwartungsgemäß unterschreitet, erfüllt die Antwort für die Verstärkung für K_1 die Anforderung nicht. Die Regelgröße nähert sich aperiodisch dem Sollwert $\widehat{w}$. Die Verstärkung K_1 ergibt eine Dämpfung der Regelgröße von ca. 0,9. Das Zielgebiet für die Anregelzeit (der Kreisring) gilt jedoch nur *näherungsweise* für eine Dämpfung von $D = 0,7$. Der exakte Verlauf der Grenze für eine konstante Anregelzeit entspricht eher einem parabelförmigen Verlauf. Da jedoch häufig nur eine Dämpfung von ungefähr 0,7 gefordert ist, reicht in den meisten Fällen der Kreissektor als Grenze.

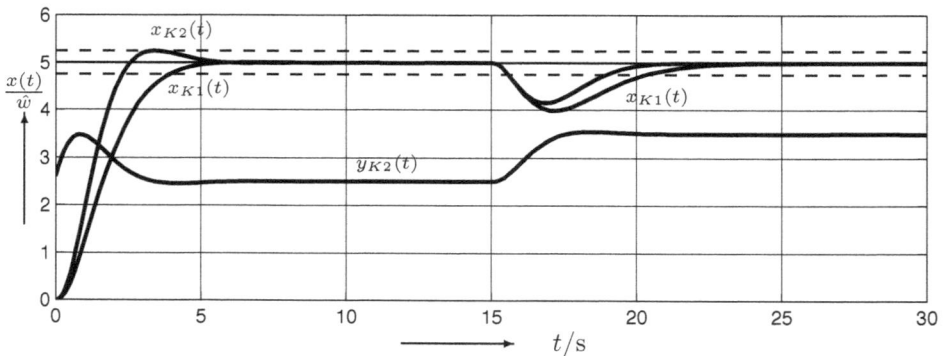

Abbildung 8.15: *Sprungantworten des geschlossenen Kreises für einen PI-Regler mit der Nachstellzeit $T_N = 1,2$ s für die Verstärkungen K_1 und K_2*

8.4.3 Regelung einer instabilen Regelstrecke

Regelstrecke. In Abschnitt 3.4.2 wurde als Streckengleichung für die Auslenkung (Winkel φ) eines balancierten Stabes aus der Vertikalen eine Übertragungsfunktion der folgenden Form

$$F_S(s) = \frac{\Phi(s)}{F_x(s)} = \frac{b}{s^2 - a_0}$$

mit $\Phi(s)$ als Laplace-transformiertem Auslenkungswinkel φ und $F_x(s)$ als Laplace-transformierter Stellkraft F_x abgeleitet. Mit den Zahlenwerten eines Labormodells für ein derartiges System ergibt sich die folgende Streckenübertragungsfunktion

$$F_S(s) = \frac{0{,}2}{s^2 - 12} \ .$$

Die Pole der Regelstrecke liegen bei $+\sqrt{12}$ und $-\sqrt{12}$, also auf der reellen Achse in der rechten und linken s-Halbebene. Der Pol in der rechten Halbebene führt zur Instabilität des ungeregelten Stabes.

Durch einen geeigneten Regler soll der Stab nun derart stabilisiert werden, dass er nach einer Auslenkung aus der Vertikalen durch eine Störung z wieder in die Vertikale zurückkehrt. Die Störung wirke direkt auf die Stabauslenkung, d. h. auf die Regelgröße $\varphi(t)$. Dann ähnelt die Auslegung für das Störverhalten, wie in Gleichung 7.18 gezeigt, der Auslegung für das Führungsverhalten. Gefordert ist eine Dämpfung von $D \geq 0{,}7$.

Wurzelortskurve. Zunächst wird die Wurzelortskurve des Systems „Stab mit P-Regler" berechnet und gezeichnet (Abb. 8.16.a). Die 2 Äste der Wurzelortskurve beginnen in den Polen der Regelstrecke bei $\pm\sqrt{12}$. Sie laufen dann gegen den Ursprung, wo sie nach Unendlich verzweigen. Mit der P-Rückführung ist das System ab einer bestimmten kritischen Verstärkung, hier $K_{Krit} = 60$, grenzstabil. Pole und Nullstellen des Reglers müssen nun so ausgewählt werden, dass die Wurzelortskurve in den negativen Bereich der s-Ebene „gezogen" wird.

Betrachtet man in Abb. 8.10 die Teilbilder b und c, so erkennt man, dass die Einfügung eines Reglerpols und einer Nullstelle die Wurzelortskurve zur Nullstelle hin verformt. Die Polstelle des Reglers muss dabei links von der Nullstelle und dem zu verformenden Ortskurvenast liegen. Beim balancierten Stab muss zur Stabilisierung die Wurzelortskurve nach links in die s-Halbebene „verbogen" werden. Wählt man daher eine Nullstelle bei $s_{01} = -5$ und einen Pol noch weiter links bei $s_1 = -15$, so führt ein derartiger Regler zum gewünschten Ergebnis. (Die Wahl $s_{01} = s_{P1} = -\sqrt{12}$ ist ebenso möglich.)

Ein Regler mit einer derartigen Pol-/Nullstellenkonfiguration ist der folgende reale PD-Regler

$$F_R(s) = K \cdot \frac{5 + s}{15 + s} = K' \cdot \frac{1 + T_V s}{1 + T_D\, s} \ .$$

Die Reglernullstelle links von den Polen der Strecke „zieht" die Wurzelortskurve in die linke s-Halbebene (siehe Abb. 8.16b) Der Verzweigungspunkt der beiden Äste 1

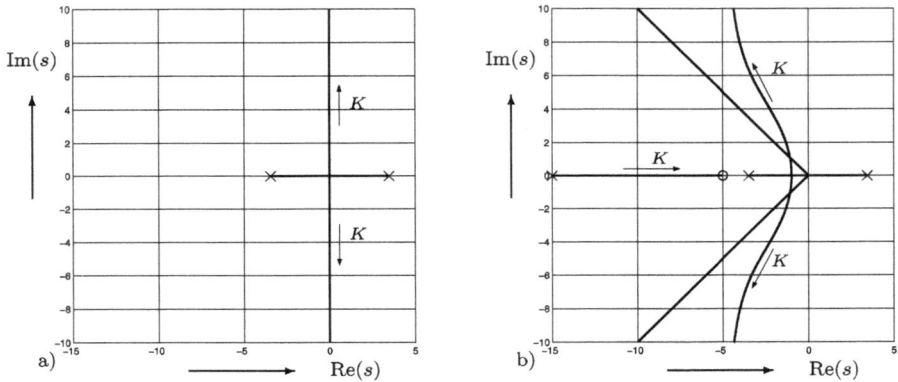

Abbildung 8.16: *Wurzelortskurve des balancierten Stabes mit P-Regler (Abb. a) sowie mit PD-Regler (Abb. b)*

und 2 wandert ebenfalls nach links. Damit ist der geregelte Stab ab einer kritischen Verstärkung (hier $K_1 \approx 180$) stabil. Bei $K_2 \approx 210$ schneidet die Wurzelortskurve die Zielgebietsgrenze mit $D^* = 0{,}7$. Zur Erreichung einer gewünschten Dämpfung $D > 0{,}7$ darf also die Reglerverstärkung K im Bereich $180 \le K \le 210$ liegen. Der dritte Ast der Wurzelortskurve läuft vom Reglerpol bei -15 in die Reglernullstelle bei -5. Der Pol des geschlossenen Kreises auf Ast 3 liegt so weit von den Polen auf Ast 1 und 2 entfernt in der linken Halbebene, dass die beiden Pole auf Ast 1 und 2 als das *dominierende Polpaar* des geschlossenen Kreises angesehen werden können.

Impulsantwort. Abschließend wird die Stabbewegung nach einer impulsförmigen Störung untersucht. Die Untersuchung des Führungsverhaltens mit konstantem Sollwert eines derartigen instabilen Stabes macht regelungstechnisch wenig Sinn, da man dann fordern würde, den Stab mit einem vorgegebenen Winkel zu verfahren. Daher beschränkt man sich auf die Untersuchung des Störverhaltens und untersucht eine impulsförmige Störung, da auch die Ausregelung einer konstante Störung problematisch ist.

Die Reglerverstärkung wird nun zu $K = 195$ gewählt. Damit ist ein Ausregeln der Störgröße mit einer Dämpfung D von ungefähr 0,8 bis 0,9 zu erwarten. Betrachtet man in Abb. 8.17 die Auslenkung φ des Stabes nach dieser impulsförmigen Störung, so erkennt man, dass der Stab nach Einwirken der Störung langsam bis auf ca. $+7°$ aus der Vertikalen auswandert, bevor die Regelung ihn wieder in die Vertikale zurückbringt. Das Dämpfungsverhalten entspricht in etwa der erwarteten Dämpfung von 0,8 bis 0,9.

Aufgabe 8.4: Es soll die Reglerauslegung einer instabilen PT_3-Strecke mit einem idealen PID-Regler untersucht werden. Nachfolgend ist die Wurzelortskurve dieser Anordnung mit $K_P = 1$ dargestellt.

   1. Wieviele Äste hat die Wurzelortskurve?

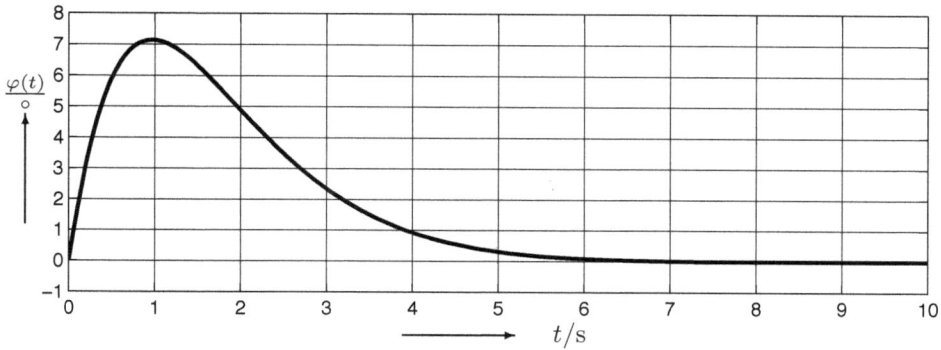

Abbildung 8.17: *Antwort der Regelgröße $x(t) = \varphi(t)$ nach Einwirkung einer impulsförmigen Störung $1{,}5 \cdot \delta_z(0)$*

2. Ermitteln Sie die kritische Verstärkung $K_{P,Krit}$ und die kritische Frequenz ω_{krit}.

3. Geben Sie den Stabilitätsbereich für K_P an.

4. Welche Dämpfung ist für das dominante Polpaar maximal erreichbar?

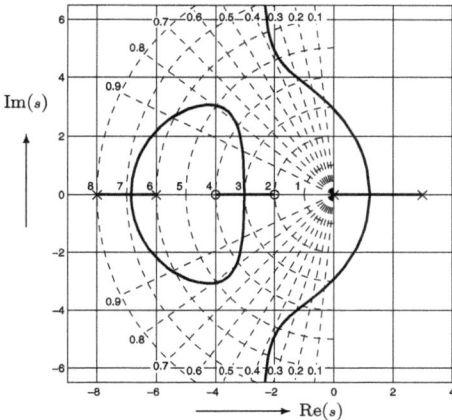

Lösung:

1. Die Wurzelortskurve hat vier Äste.

2. $K_{P,Krit} = 39{,}5$ und $\omega_{Krit} = 2{,}91\,\mathrm{s}^{-1}$

3. Stabilitätsbereich $K_P > K_{P,Krit}$.

4. $D_{Max} \approx 0{,}38$ □

9 Varianten der Regelungsstruktur

Bisher wurde zur Lösung der Regelungsaufgabe stets der einschleifige Standardregelkreis von Abb. 4.2 betrachtet. Im nächsten Abschnitt 9.1 wird beschrieben, wie durch strukturelle Erweiterungen des Standardregelkreises sein Führungsverhalten wesentlich verbessert werden kann. Auch wenn zusätzliche Messgrößen oder Stellgrößen existieren, können diese bei Anwendung geeigneter Regelungsstrukturen die Regelgüte verbessern.

9.1 Strukturen zur Verbesserung des Führungsverhaltens

Bei der Betrachtung des Führungsverhaltens soll die Regelgröße $x(t)$ einer möglicherweise veränderlichen Führungsgröße $w(t)$ möglichst rasch und genau folgen. Es wird zunächst weiterhin von einer nicht vorhersehbaren Führungsgröße $w(t)$ mit einem eventuell sprungförmigen Verlauf ausgegangen. Beim bisher verwendeten Standardregelkreis mußte der Regler als Kompromiß zwischen gutem Führungs- und Störverhalten ausgelegt werden. Die im folgenden beschriebenen Strukturen führen schließlich auf eine vollständige Trennung zwischen Führungs- und Störverhalten, so dass beide optimal eingestellt werden können. Alle in diesem Kapitel betrachteten Strukturen beeinflussen nur das Führungsverhalten und haben keinerlei Einfluß auf das Störverhalten.

9.1.1 Verwendung eines Vorfilters

Im Gegensatz zur Störgröße $z(t)$ ist die Führungsgröße $w(t)$ bekannt und kann daher durch ein sogenanntes Vorfilter modifiziert werden, bevor sie auf den Regelkreis aufgeschaltet wird.

Statisches Vorfilter. Bei Reglern ohne I-Anteil tritt im Führungsverhalten im Standardregelkreis mit einer proportionalen Strecke eine bleibende Regeldifferenz auf. Beispielsweise nimmt in einem Standardregelkreis mit einem P-Regler mit der Verstärkung K_P und einer PT$_n$-Strecke mit der stationären Verstärkung K_S für eine konstante Führungsgröße $\widehat{w}$ die Regelgröße nur den Endwert

$$x(\infty) = \frac{K_P K_S}{1 + K_P K_S} \cdot \widehat{w} < \widehat{w} \quad \text{an.}$$

Multipliziert man jedoch, wie in Abb. 9.1 gezeigt, die Führungsgröße w mit dem Faktor

$$K_{Fil} = \frac{1 + K_P K_S}{K_P K_S} \, ,$$

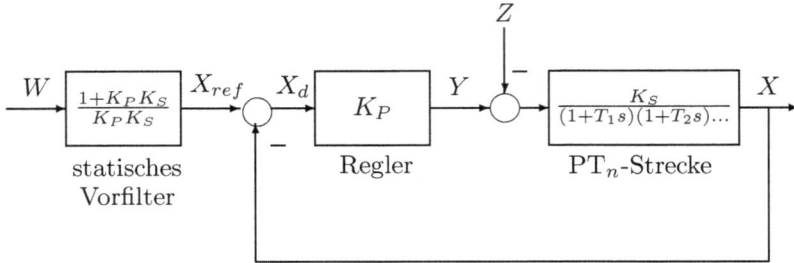

Abbildung 9.1: *Regelkreis mit statischem Vorfilter*

so erhält man durch dieses *statische Vorfilter* ein stationär genaues Führungsverhalten.

Die Regeldifferenz ergibt sich in diesem Fall als Differenz aus der *Referenzgröße* x_{ref} und der Regelgröße zu $x_d = x_{ref} - x$. Ein stationär genaues Störverhalten liegt allerdings nicht vor. Zur vollständigen Ausregelung einer unbekannten konstanten Störgröße ist weiterhin ein Regler mit I-Anteil erforderlich.

Dynamisches Vorfilter. Die Untersuchungen in Kapitel 4 zeigen, dass man bei Verwendung einer großen Reglerverstärkung K_P meist zu einem guten Störverhalten mit einer nur geringen Maximalablage vom Sollwert $\widehat{w}$ kommt. Infolge des großen K_P schwingt bei Einwirkung eines sprungförmigen Führungssignals $w(t) = \widehat{w}\,\sigma(t)$ die Regelgröße $x(t)$ im Standardregelkreis jedoch stark über. Dieses Überschwingen kann deutlich verringert oder sogar ganz vermieden werden, wenn man den Sollwert nicht sprungförmig sondern geglättet aufschaltet. Diese geglättete Sollwertaufschaltung wird durch ein *dynamisches Vorfilter* erreicht.

Formen dynamischer Vorfilter. Als Vorfilter kann man lineare verzögernde Übertragungsglieder wie z. B. ein PT_1-*Glied* verwenden. Gebräuchlicher ist jedoch die Verwendung eines Vorfilters, welches das Führungssignal entlang einer *Rampe* oder entlang der ersten Halbwelle eines *sinusquadratförmigen Signals* zum Endwert $\widehat{w}$ führt. Abb. 9.2 zeigt diese drei Varianten[1].

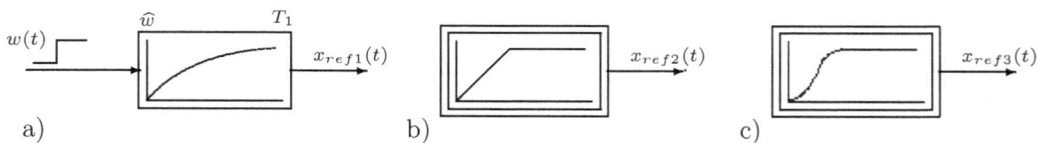

Abbildung 9.2: *a): PT_1-Vorfilter; b): Rampen-Vorfilter; c): Sinusquadrat-Vorfilter*

---

[1]Die doppelte Umrahmung der Blöcke soll andeuten, dass kein lineares Übertragungsverhalten vorliegt.

Die Zeitverläufe der Sollwerte für diese drei Vorfilter lauten dann:

$$x_{ref1}(t) = \widehat{w} \cdot \left(1 - e^{-t/T_1}\right)$$

$$x_{ref2}(t) = \begin{cases} \frac{\widehat{w}}{T_{end}} \cdot t & \text{für } t < T_{end} \\ \widehat{w} & \text{für } t \geq T_{end} \end{cases}$$

$$x_{ref3}(t) = \begin{cases} \widehat{w} \cdot \sin^2\left(\frac{\pi}{2T_{end}}t\right) & \text{für } t < T_{end} \\ \widehat{w} & \text{für } t \geq T_{end} \end{cases}$$

Die Zeiten T_1 bzw. T_{end} sind frei wählbar. Dadurch kann man z. B. diese Zeiten so einstellen, dass die Ausregelzeit beim Führungsverhalten minimal wird. Der Rampeneingang wird speziell in der Antriebstechnik beim so genannten *Sanftanlauf* von Antrieben eingesetzt. Der Vorteil des Sinusquadrat-Eingangs liegt darin, dass das Signal „schleichend" beginnt und endet, d. h. seine erste Ableitung ist bei $t = 0$ und bei $t = T_{end}$ jeweils Null.

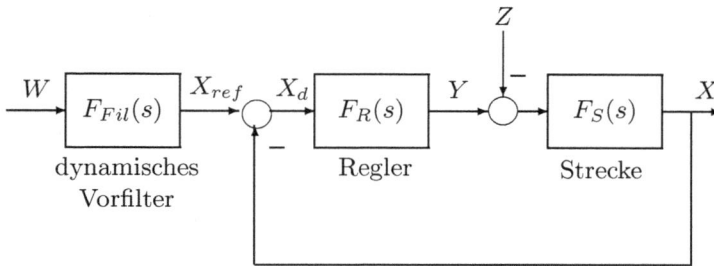

Abbildung 9.3: *Regelkreis mit linearem dynamischem Vorfilter*

Für ein lineares Vorfilter mit der Übertragungsfunktion $F_{Fil}(s)$ ergibt sich in der Struktur von Abb. 9.3 die Führungsübertragungsfunktion zu

$$F_W(s) = F_{Fil}(s) \cdot \frac{F_R(s)F_S(s)}{1 + F_R(s)F_S(s)} \ .$$

Das Vorfilter bietet einen Freiheitsgrad zur Modifikation des Führungsverhaltens. Das Führungsverhalten hängt jedoch weiterhin zusätzlich auch vom Regler $F_R(s)$ ab.

Anwendung. Für eine PT$_2$-Strecke mit der Übertragungsfunktion

$$F_S(s) = \frac{1}{(s + 1)(s + 2)} \tag{9.1}$$

wurde ein PI-Regler gemäß dynamischer Kompensation ausgelegt. Seine Reglerverstärkung ist mit dem Wert $K_P = 16$ so groß gewählt, dass sich im Störverhalten nur eine geringe Maximalablage ergibt im Führungsverhalten ohne Vorfilter jedoch ein relativ großes Überschwingen (siehe Abb. 9.4).

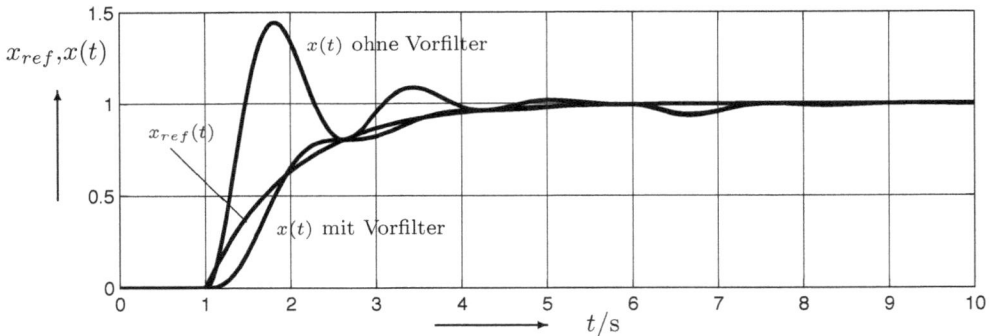

Abbildung 9.4: *Führungs- und Störverhalten des Regelkreises mit und ohne Vorfilter*

Durch die Verwendung eines PT$_1$-Vorfilters mit $F_{Fil}(s) = 1/(s+1)$ läßt sich dieses Überschwingen im Führungsverhalten vermeiden. Allerdings ist durch die Glättung der sprungförmigen Führungsgröße zu $x_{ref}(t)$ der Führungsübergang von $x(t)$ mit Vorfilter auch langsamer geworden.

Resümee. Diese Vorgehensweise ist ziemlich *robust* bezüglich Parameterschwankungen der Regelstrecke. Infolge der relativ großen Reglerverstärkung für ein gutes Störverhalten besteht jedoch die Gefahr, dass nicht modellierte Eigenmoden der Strecke angeregt werden und das System stark schwingt. Mit den üblicherweise eingesetzten digitalen Reglern ist die Realisierung des sinusquadrat-förmigen Sollwertes unproblematisch.

Ein Nachteil ist die Verlangsamung des Führungsverhaltens durch das Tiefpaßverhalten des Vorfilters. Ebenso wie der Standardregelkreis weist auch der Regelkreis mit Vorfilter einen „Konstruktionsfehler" auf:

Eine Stellgröße $y(t)$ wird erst erzeugt, wenn schon eine Regeldifferenz $x_d \neq 0$ aufgetreten ist.

Abhilfe bringt die Erzeugung eines Stellsignalanteils direkt aus der Führungsgröße am Regler vorbei. Eine solche Maßnahme wird Vorsteuerung genannt und im nächsten Abschnitt beschrieben.

9.1.2   Verwendung einer Vorsteuerung

Die Abb. 9.5 zeigt die Struktur eines Regelkreises mit Vorsteuerung. Außer dem Stellsignalanteil Y_R des Reglers erzeugt nun auch die Vorsteuerung direkt aus der Führungsgröße W einen Stellsignalanteil Y_V. Das gesamte Stellsignal $Y = Y_R + Y_V$ setzt sich aus der Summe dieser beiden Anteile zusammen. Bei der Verwendung einer Vorsteuerung liegt das Ziel in der Beschleunigung des Führungsverhaltens. Infolge der Vorsteuerung, muss man also nicht warten bis der Regler auf den schon vorher bekannten Endwert „hochregelt".

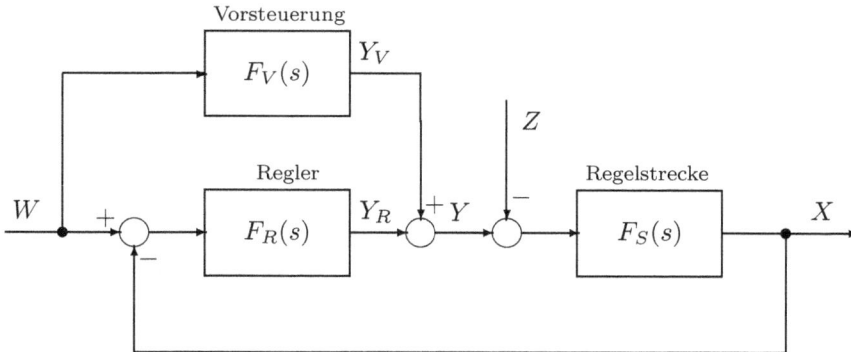

Abbildung 9.5: *Struktur eines Regelkreises mit Vorsteuerung*

Der Entwurf der Vorsteuerung $F_V(s)$ erfolgt häufig unter Vernachlässigung des Reglers $F_R(s)$ und Annahme einer Steuerkette. Das Führungsverhalten der Steuerkette entspricht dann dem Produkt der Übertragungsfunktionen von Vorsteuerung und Strecke und lautet

$$F_W(s) = F_V(s) \cdot F_S(s) \ .$$

Zur Berechnung der Vorsteuerung wird ein Wunsch-Führungsverhalten F_{WSoll} vorgegeben.

Bei Vorgabe der idealen Führungsübertragungsfunktion $F_W^*(s) = 1 \ \forall s$ erhält man mit

$$F_V^*(s) = \frac{F_W^*(s)}{F_S(s)} = \frac{1}{F_S(s)}$$

in der Regel eine ideale Vorsteuerung $F_V^*(s)$ mit Nullstellenüberschuss, die eine Invertierung der Streckenübertragungsfunktion darstellt. Wegen des Nullstellenüberschusses ist die ideale Vorsteuerung nicht kausal und damit physikalisch nicht realisierbar. Dieses Kausalitätsproblem kann für bestimmte glatt verlaufende Führungssignale $w(t)$ überwunden werden. Dies ist im Abschnitt 9.1.5 *Bahnplanung* beschrieben.

Hier soll jedoch weiterhin von beliebigen möglicherweise auch unstetigen Führungssignalen $w(t)$ ausgegangen werden. Dann sind bei der Vorgabe des Wunsch-Führungsverhaltens F_{WSoll} folgende Einschränkungen zu beachten:

1. Der Differenzgrad des Wunsch-Führungsverhaltens muß dem Differenzgrad der Strecke entsprechen also

$$\text{DiffGrad}\,\{F_{WSoll}(s)\} = \text{DiffGrad}\,\{F_S(s)\} \ .$$

Diese Forderung sichert eine kausale Vorsteuerung ohne Nullstellenüberschuß.

2. Selbstverständlich wünscht man sich ein stationär genaues Führungsverhalten, so dass

$$F_{W\,Soll}(s = 0) = 1$$

gelten muss.

3. Schließlich muss $F_{W\,Soll}(s)$ alle nicht-minimalphasigen also in der rechten s-Halbebene liegenden Nullstellen der Strecke enthalten. Dies verhindert eine instabile Vorsteuerung $F_V(s)$.

Die Dynamik des Wunsch-Führungsverhaltens kann man entweder an die Höhe des zur Verfügung stehenden Stellsignales anpassen oder wie beim Kompensationsregler in Abschnitt 6.1.2 eine Ausregelzeit vorgeben.

Nach der Festlegung des Wunsch-Führungsverhaltens ergibt sich mit

$$F_V(s) = \frac{F_{W\,Soll}(s)}{F_S(s)}$$

eine kausale und damit realisierbare Vorsteuerung.

Statische Vorsteuerung. Verzichtet man auf die dynamische Inversion der Strecke, so kann man mit

$$F_V(s) = \frac{1}{F_S(s = 0)} = \frac{1}{K_S}$$

für proportionale Strecken eine einfache statische Vorsteuerung realisieren.

Anwendung einer dynamischen Vorsteuerung. Wieder wird die Beispielstrecke aus Gleichung 9.1 mit PT_2-Verhalten betrachtet. Als Wunsch-Führungsverhalten mit dem Differenzgrad zwei der Strecke wählt man

$$F_{W\,Soll}(s) = \frac{1}{(1 + 0{,}2s)^2} \ ,$$

wodurch sich die Vorsteuerung zu

$$F_V(s) = \frac{F_{W\,Soll}(s)}{F_S(s)} = \frac{(s + 1)(s + 2)}{(1 + 0{,}2s)^2}$$

ergibt. In Abb. 9.6 ist das Zeitverhalten der Steuerkette ohne Regler dargestellt.

Wie zur erwarten, ergibt sich der vorgegebene aperiodische Führungsübergang. Wegen des fehlenden Reglers tritt nach dem Einwirken der Störung zum Zeitpunkt 6s in der rechten Bildhälfte eine sehr große bleibende Regeldifferenz auf.

Nimmt man den PI-Regler wie in der Struktur von Abb. 9.5 gezeigt hinzu, so verbessert sich das Störverhalten. Leider „zerstört" der Regler jedoch das ausgezeichnete

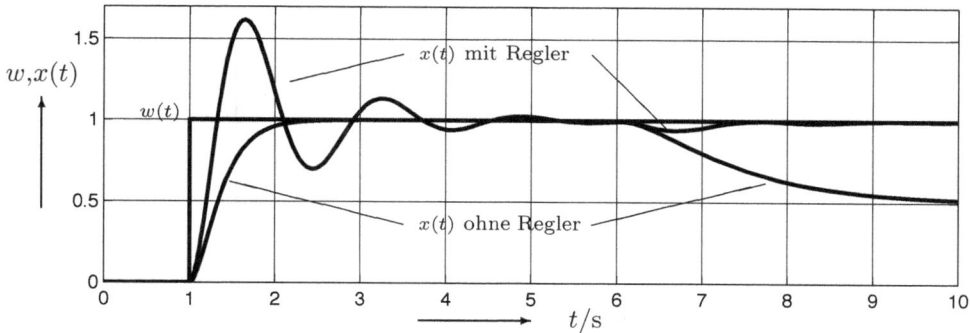

Abbildung 9.6: *Führungs- und Störverhalten der Vorsteuerung mit und ohne Regler*

Führungsverhalten der Steuerkette (Abb. 9.6). Durch den getrennten Entwurf arbeiten Regler und Vorsteuerung im Führungsverhalten gegeneinander.

Insgesamt erhält man als Führungsübertragungsfunktion

$$F_W(s) = \frac{[F_V(s) + F_R(s)] \cdot F_S(s)}{1 + F_R(s)F_S(s)} \ .$$

Ein Entwurf der Vorsteuerung entsprechend dieser nach $F_V(s)$ aufgelösten Formel gemäß

$$F_V(s) = \frac{F_W(s)}{F_S(s)} \cdot [1 + F_R(s)F_S(s)] - F_R(s)$$

vermeidet das Gegeneinanderarbeiten von Regler und Vorsteuerung, ist aber unüblich.

Bei der im nächsten Abschnitt beschriebenen Struktur mit zwei Freiheitsgraden wird der Regler $F_R(s)$ so hinzugenommen, dass er das Führungsverhalten der Steuerkette nicht verändert.

9.1.3 Struktur mit zwei Freiheitsgraden

Kombiniert man die beiden Konzepte eines linearen Vorfilters und einer Vorsteuerung, so gelangt man zu der in Abb. 9.7 dargestellten Struktur mit zwei Freiheitsgraden [28]. Sie enthält zwar mehr Blöcke ist aber wesentlich systematischer zu entwerfen als die Strukturen nur mit Vorfilter oder Vorsteuerung.

Wie in Abschnitt 9.1.2 beginnt man die Auslegung der Struktur mit zwei Freiheitsgraden mit dem Entwurf der Steuerkette $F_V(s) \cdot F_S(s)$:

1. Das gewünschte Führungsverhalten F_{WSoll} wird unter Beachtung der Einschränkungen vorgegeben (siehe Abschnitt 9.1.2).

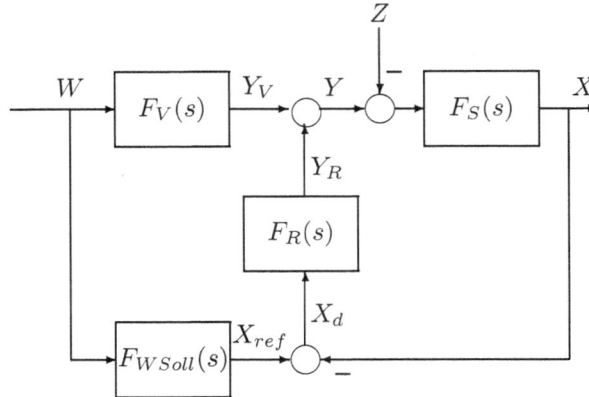

Abbildung 9.7: *Struktur mit zwei Freiheitsgraden nach [28]*

2. Die realisierbare Vorsteuerung ergibt sich aus der Beziehung

$$F_V(s) = \frac{F_{WSoll}(s)}{F_S(s)} \ .$$

Der Regler $F_R(s)$ wird nun so hinzugenommen, dass er im Führungsverhalten nicht tätig wird. Die Regeldifferenz $X_d(s)$ der Struktur in Abb. 9.7 berechnet man zu

$$\begin{aligned}
X_d(s) &= X_{ref}(s) - X(s) \\
&= F_{WSoll}(s) \cdot W(s) - \frac{[F_V(s) + F_{WSoll}(s)F_R(s)]F_S(s)}{1 + F_R(s)F_S(s)} \cdot W(s) \\
&= \frac{F_{WSoll}(s) - F_V(s)F_S(s)}{1 + F_R(s)F_S(s)} = 0 \quad \forall s \ .
\end{aligned}$$

Wegen der Entwurfsbeziehung $F_{WSoll}(s) = F_V(s)F_S(s)$ der Steuerkette ergibt sich die Regeldifferenz zu Null. Das bedeutet, dass die Führungsgröße $w(t)$ unabhängig von ihrem konkreten Verlauf nie eine Regeldifferenz x_d anregt! Die Führungsübertragungsfunktion der Struktur mit zwei Freiheitsgraden lautet daher wie vorgegeben

$$F_W(s) = F_{WSoll}(s)$$

und ihre Störübertragungsfunktion wie beim Standardregelkreis

$$F_Z(s) = -\frac{F_S(s)}{1 + F_R(s)F_S(s)} \ .$$

Der Regler $F_R(s)$ ist am Führungsverhalten unbeteiligt und kann daher ausschließlich für gutes Störverhalten ausgelegt werden. Führungs- und Störverhalten sind in der Struktur mit zwei Freiheitsgraden also vollständig getrennt.

In Abb. 9.8 ist für das Beispiel das Zeitverhalten der Struktur dargestellt. Die Führungs-reaktion im linken Bildteil entspricht exakt dem gewünschten Verhalten der Steuerkette. Die Vorgabe einer hohen Dynamik im Wunsch-Führungsverhalten $F_{WSoll}(s)$ führt auch zu großen Stellsignalen y. Durch die Anpassung der Dynamik des Wunsch-Führungs-verhaltens kann das Stellsignal innerhalb der Stellsignalgrenzen vollständig ausgenutzt werden. Der (Stör-)Regler $F_R(s)$ wird erst beim Auftreten einer Störung z aktiv (rechte Bildhälfte).

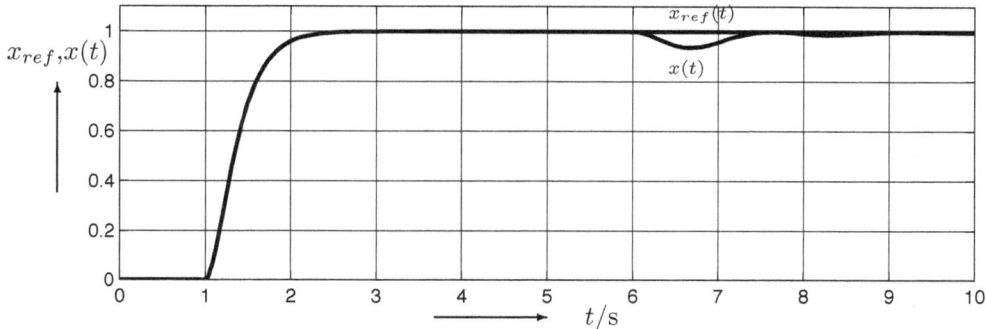

Abbildung 9.8: *Zeitverhalten der Struktur mit zwei Freiheitsgraden*

Reale Randbedingungen. In realen Fällen beschreibt das Modell nie exakt die reale Regelstrecke. Darüber hinaus können Abweichungen der Anfangswerte zwischen Modell und Strecke auftreten. In diesen Fällen werden von der Führungsgröße aus in geringem Maße doch Regeldifferenzen angeregt. Die Vorsteuerung arbeitet jedoch im Rahmen des Modellwissens korrekt und entlastet so den Regler $F_R(s)$. Bei Auswahl eines schnellen Wunsch-Führungsverhaltens ist mit einer Verschlechterung der Robustheit gegenüber Modellfehlern zu rechnen.

Eine Berücksichtigung der bei realen Strecken stets vorhandenen Stellsignal-Begren-zungen ist in der Struktur mit zwei Freiheitsgraden nicht ohne weiteres möglich. Abb. 9.9 zeigt eine Möglichkeit, diese Begrenzung bei proportionalen Strecken zu berücksich-tigen. Bei integrierenden oder instabilen Regelstrecken ist diese Variante jedoch nicht anwendbar. Für integrierende Strecken ist die im nächsten Abschnitt 9.1.4 beschriebene Struktur mit Referenz-Regelkreis geeignet, um die Stellsignalbegrenzung zu berücksich-tigen.

9.1.4   Struktur mit Referenzregelkreis

Für die Trennung zwischen Führungs- und Störverhalten ist die Beziehung zwischen dem Vorsteuerstellsignal und der Referenzregelgröße $X_{ref}(s) = F_{SM}(s) \cdot Y_V(s)$ entscheidend (Abb. 9.9). Diese Beziehung läßt sich auch mit der in Abb. 9.10 dargestellten Struktur mit *Referenzregelkreis* erreichen.

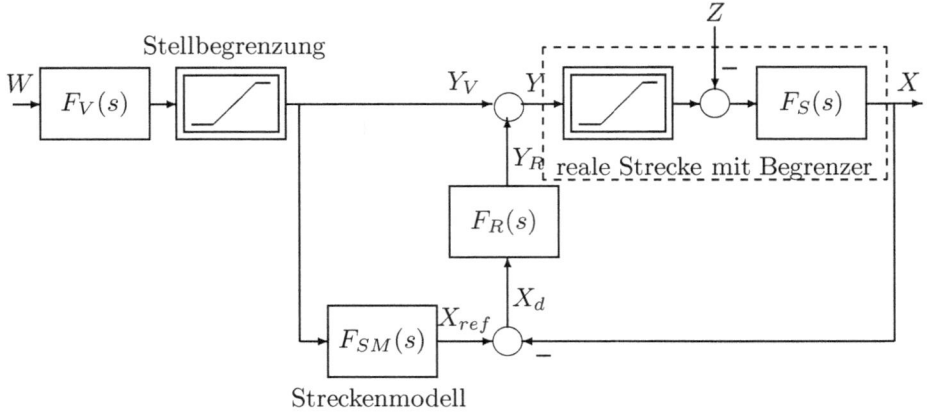

Abbildung 9.9: *Struktur mit zwei Freiheitsgraden bei Stellsignalbegrenzung*

Im Referenzregelkreis regelt ein Führungsregler $F_{RW}(s)$ das Modell $F_{SM}(s)$ der Strecke unter Berücksichtigung der als bekannt angenommenen Stellbegrenzung. Damit liefert dieser rein simulative Referenzregelkreis sowohl eine die Stellbegrenzung einhaltende Vorsteuerstellgröße $y_V(t)$ als auch die zugehörige Referenzregelgröße $x_{ref}(t)$ für die Regelung der realen Strecke $F_S(s)$. Wieder ist der Regler $F_R(s)$ nur beim Auftreten von Störungen $z(t) \neq 0$ oder Modellfehlern $F_{SM}(s) \neq F_S(s)$ tätig. Ansonsten *steuert* der Referenzregelkreis die echte Regelstrecke.

Mit dem Führungsregler $F_{RW}(s)$ wird über den Referenzregelkreis das gewünschte Führungsverhalten eingestellt. Von den in Abschnitt 9.1.2 genannten Einschränkun-

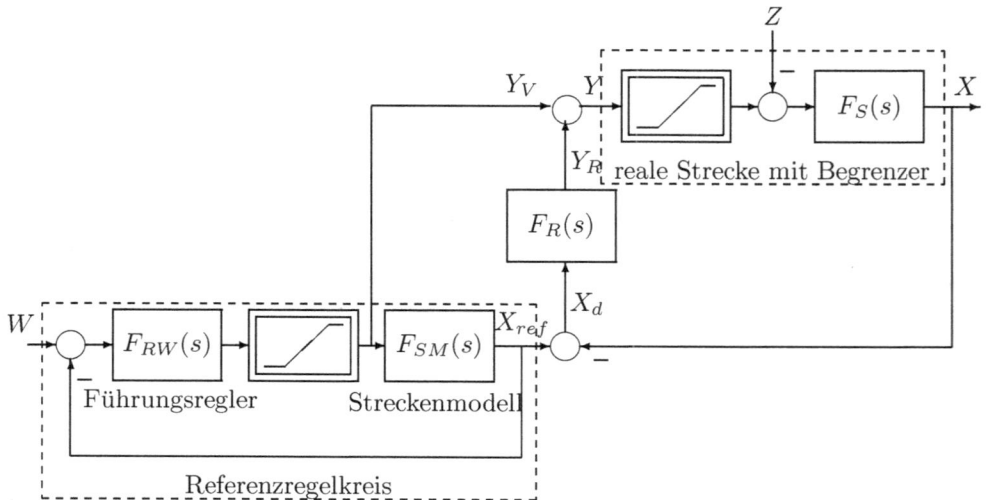

Abbildung 9.10: *Struktur mit Referenzregelkreis*

gen an das Wunsch-Führungsverhalten erfüllt der Referenz-Regelkreis automatisch die Differenzgrad-Forderung und übernimmt alle Streckennullstellen in das Wunsch-Führungsverhalten.

Die Forderung nach einem stationär genauen Führungsverhalten kann durch einen I-Anteil im Führungsregler $F_{RW}(s)$ erfüllt werden. Da im Referenzregelkreis keine Störungen auftreten, kann man jedoch auch ohne Regler-I-Anteil stationäre Genauigkeit $w(\infty) = x_{ref}(\infty)$ erzielen. Im Falle einer proportionalen Strecke ist der Referenz-Regelkreis dazu um ein statisches Vorfilter zu ergänzen (Abschnitt 9.1.1). Für eine integrierende Strecke ergibt sich die stationäre Genauigkeit auch ohne dieses Vorfilter.

Abschließend ist festzustellen, dass sowohl die Struktur mit zwei Freiheitsgraden als auch die mit Referenzregelkreis zu einer Trennung zwischen Führungs- und Störverhalten führen. Die Berücksichtigung von Stellbegrenzungen insbesondere bei integrierenden Strecken ist aber nur in der Struktur mit Referenzregelkreis möglich.

Beide Strukturen arbeiten in Bezug auf die Referenzregelgröße x_{ref} fehlerfrei d.h. es gilt $x_{ref}(t) \equiv x(t)\ \forall t$. Zwischen der Führungsgröße $w(t)$ und der Regelgröße $x(t)$ treten jedoch im Führungsübergang immer Abweichungen auf. Dies ist selbst bei einem für die Strecke realisierbaren stetigen Verlauf von $w(t)$ der Fall. Mit der im nächsten Abschnitt beschriebenen *Bahnplanung* ist ein fehlerfreies Folgen in Bezug auf die Führungsgröße gemäß $w(t) \equiv x(t)\ \forall t$ möglich. Voraussetzung dafür ist allerdings ein im Voraus geplanter glatter Verlauf der Führungsgröße $w(t)$.

9.1.5 Struktur mit Bahnplanung

Bei bestimmten Regelungsaufgaben ist der Verlauf der Führungsgröße $w(t)$ im Vorhinein bekannt. Beispielsweise soll eine Fräsmaschine aus einem Metallblock eine vorgegebene Kontur herausfräsen. Die Kontur ist dabei im Voraus bekannt. Abweichungen von der Kontur wie zum Beispiel Schleppfehler sind nicht tolerierbar.

Ideale Vorsteuerung. Im folgenden wird beispielhaft von einer PT$_2$-Strecke mit der Übertragungsfunktion

$$F_S(s) = \frac{X(s)}{Y(s)} = \frac{b_0}{s^2 + a_1 s + a_0}$$

ausgegangen. Die zugehörige ideale Vorsteuerung nach Abschnitt 9.1.2 invertiert die Streckenübertragungsfunktion und lautet daher

$$F_V^*(s) = \frac{Y_V(s)}{W(s)} = \frac{1}{F_S(s)} = \frac{1}{b_0}(s^2 + a_1 s + a_0) \tag{9.2}$$

mit dem Vorsteuer-Stellsignal Y_V. Sie ist wegen ihres Nullstellenüberschusses nicht kausal und damit zunächst nicht realisierbar. Im Zeitbereich lautet die Differenzialgleichung dieser idealen Vorsteuerung

$$y_V(t) = \frac{1}{b_0}\left[\ddot{w}(t) + a_1\dot{w}(t) + a_0 w(t)\right]\ . \tag{9.3}$$

Kennt man nun die darin auftretenden Ableitungen $\dot{w}(t)$ und $\ddot{w}(t)$ der Führungsgröße $w(t)$ und sind diese endlich, so läßt sich damit das Kausalitätsproblem der idealen Vorsteuerung überwinden. Das Vorsteuer-Stellsignal $y_V(t)$ führt zu einem idealen fehlerfreien Folgen gemäß $w(t) \equiv x(t) \; \forall t$.

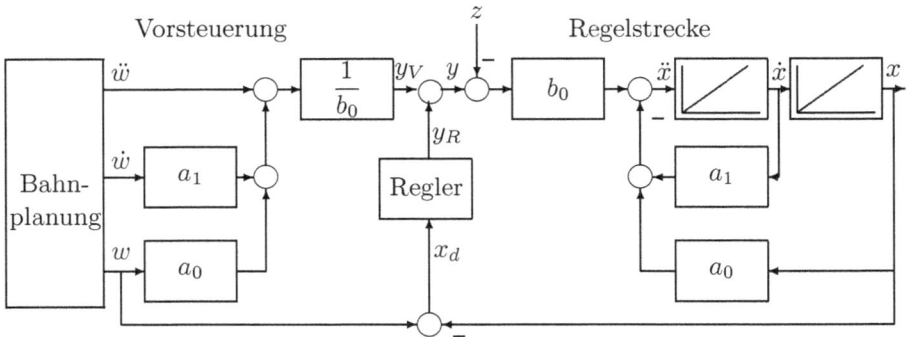

Abbildung 9.11: *Struktur der Vorsteuerung mit Bahnplanung*

Die Abb. 9.11 zeigt die Struktur der Vorsteuerung mit Bahnplannung für die PT_2-Beispielstrecke [35]. Dabei liefert die Bahnplanung die benötigten endlichen Zeitverläufe der Führungsgröße und ihrer Ableitungen. Wieder sind Führungs- und Störverhalten vollständig voneinander getrennt. Der Regler wird nun direkt mit der Differenz $x_d(t) = w(t) - x(t)$ zwischen Führungs- und Regelgröße beaufschlagt und ist nur beim Auftreten von Störungen z tätig..

Bahnplanung. Die gewünschte Bahn $w(t)$ soll vom Startzeitpunkt $t = 0$ bis zum Endzeitpunkt t_e geplant werden. Für eine Strecke ohne Nullstellen der Ordnung n ist dazu die Kenntnis der Führungsgröße und ihrer Ableitungen bis zur n-ten Ableitung $w^{(n)}(t)$ im Zeitbereich $0 \leq t \leq t_e$ erforderlich. Damit alle diese Funktionen $w(t)$, $\dot{w}(t)$, ... $w^{(n)}(t)$ endliche Werte aufweisen, muss die Führungsgröße $w(t)$ in diesem Zeitbereich mindestens $(n-1)$-mal stetig differenzierbar sein. Das bedeutet, dass die Funktionen $w(t)$, $\dot{w}(t)$, ... $w^{(n-1)}(t)$ stetig verlaufen müssen.

Für einen Führungsübergang von Null bis zum Sollwert $\widehat{w}$ kann $w(t)$ beispielsweise abschnittsweise als Polynomfunktion in der Form

$$
w(t) = \begin{cases} 0 & \text{für } t < 0 \\ a_\delta t^\delta + a_{\delta-1} t^{\delta-1} + \ldots + a_2 t^2 + a_1 t + a_0 & \text{für } 0 \leq t < t_e \\ \widehat{w} & \text{für } t \geq t_e \end{cases}
$$

vorgegeben werden. Eine solche Bahn ist für eine Positionierung oder den Sanftanlauf eines Antriebs anwendbar. Die Polynomkoeffizienten sind nun so zu bestimmen, dass die Führungsgröße $w(t)$ und ihre $n-1$ Ableitungen an den Übergangsstellen $t = 0$ und

$t = t_e$ stetig verlaufen:

$$
\begin{aligned}
w(0) &= 0 & w(t_e) &= \widehat{w} \\
\dot{w}(0) &= 0 & \dot{w}(t_e) &= 0 \\
\ddot{w}(0) &= 0 & \ddot{w}(t_e) &= 0 \\
&\vdots & &\vdots \\
w^{(n)}(0) &= 0 & w^{(n)}(t_e) &= 0
\end{aligned}
$$

Um diese $2n$ Gleichungen erfüllen zu können, benötigt man ein Polynom mit $2n$ Koeffizienten bzw. mit der Ordnung $\delta = 2n - 1$.

Auch Splinefunktionen, die sich aus stückweise stetig aneinander anschließenden Polynomen zusammensetzen, oder andere entsprechend glatte Funktionen sind für die Bahnplanung anwendbar. Nach der Festlegung der Funktion $w(t)$ werden ihre Ableitungen $w(t)$, $\dot{w}(t)$, ... $w^{(n)}(t)$ vor dem Einschalten der Regelung (offline) analytisch berechnet. Anschließend ermittelt man wie in Gleichung 9.3 das Vorsteuer-Stellsignal $y_V(t)$.

Anwendung 1. Für die Strecke $F_S(s) = \frac{1}{(s+1)(s+2)}$ soll eine Bahnplanung durchgeführt werden, bei der das Führungssignal abschnittsweise als Polynom dritter Ordnung vorgegeben wird:

$$
w(t) = \begin{cases}
0 & \text{für } t < 0 \\
a_3 t^3 + a_2 t^2 + a_1 t + a_0 & \text{für } 0 \leq t < t_e \\
\widehat{w} & \text{für } t \geq t_e
\end{cases}
$$

Zum Endzeitpunkt $t_e = 2$ soll der Endpunkt $w(t_e) = 3 = \widehat{w}$ des Polynoms erreicht werden. Aus der Streckenordnung $n = 2$ folgt, dass außer $w(t)$ auch seine erste Ableitung $\dot{w}(t)$ an den Übergangsstellen $t = 0$ und $t = t_e$ stetig sein muss.

$$
\begin{aligned}
w(0) &= a_0 = 0 & \dot{w}(0) &= a_1 = 0 \\
w(2) &= 8a_3 + 4a_2 + 2a_1 + a_0 = 3 & \dot{w}(2) &= 12a_3 + 4a_2 + a_1 = 0
\end{aligned}
$$

Mit diesen Vorgaben erhält man die Polynom-Koeffizienten zu

$$
a_0 = a_1 = 0 \qquad a_2 = \frac{9}{4} \qquad a_3 = -\frac{3}{4} \;.
$$

Die Führungsgröße und ihre benötigten ersten beiden Ableitungen lauten daher

$$
w(t) = -\frac{3}{4}t^3 + \frac{9}{4}t^2 \tag{9.4}
$$

$$
\dot{w}(t) = -\frac{9}{4}t^2 + \frac{9}{2}t \tag{9.5}
$$

$$
\ddot{w}(t) = -\frac{9}{2}t + \frac{9}{2} \;. \tag{9.6}
$$

Damit ist die Bahnplanung abgeschlossen.

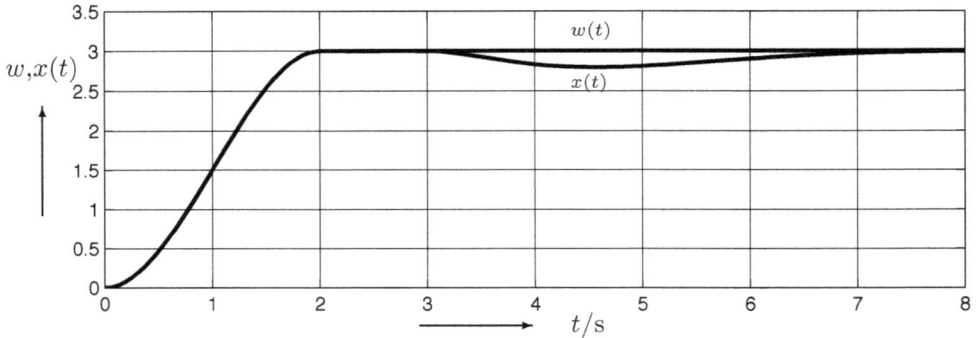

Abbildung 9.12: *Bahnplanung mit polynomialem Führungssignal*

Die ideale Vorsteuerung ergibt sich aus der inversen Streckenübertragungsfunktion gemäß

$$F_V(s) = \frac{Y_V(s)}{W(s)} = \frac{1}{F_S(s)} = s^2 + 3s + 2 \; . \tag{9.7}$$

Im Zeitbereich berechnet sich das Vorsteuer-Stellsignal also aus der Führungsgröße und ihren Ableitungen (Gleichungen 9.4-9.6) zu

$$y_V(t) = \ddot{w}(t) + 3\dot{w}(t) + 2w(t) = -\frac{3}{2}t^3 - \frac{9}{4}t^2 + 9t + \frac{9}{2} \; .$$

Abb. 9.12 zeigt die simulierten Zeitverläufe einer Struktur mit Bahnplanung wie in Abb. 9.11.

Im linken Bildteil folgt die Regelgröße $x(t)$ fehlerfrei der polynomial verlaufenden Führungsgröße $w(t)$. Zum Zeitpunkt $t = 3$ tritt ein Störsprung $z(t) = \sigma(t - 3)$ auf. Dieser wird durch den PI-Störregler $F_R(s) = 2\frac{1+s}{s}$ vollständig ausgeregelt.

Anwendung 2. Für die gleiche Strecke wird nun eine sinusformige Bahn $w(t) = \sin(3t)$ geplant. Die beiden ersten Ableitungen dieses Führungssignals lauten:

$$\dot{w}(t) = 3\cos(3t)$$
$$\ddot{w}(t) = -9\sin(3t)$$

Damit erhält man als Vorsteuer-Stellsignal gemäß Gleichung 9.7

$$y_V(t) = \ddot{w}(t) + 3\dot{w}(t) + 2w(t) = -7\sin(3t) + 9\cos(3t) \; .$$

Die Abb. 9.13 zeigt für die sinusförmige Bahn die simulierten Zeitverläufe. Wegen des nicht verschwindenden Anfangswertes $\dot{w}(0) = 3 \neq 0$ gibt es in der linken Bildhälfte

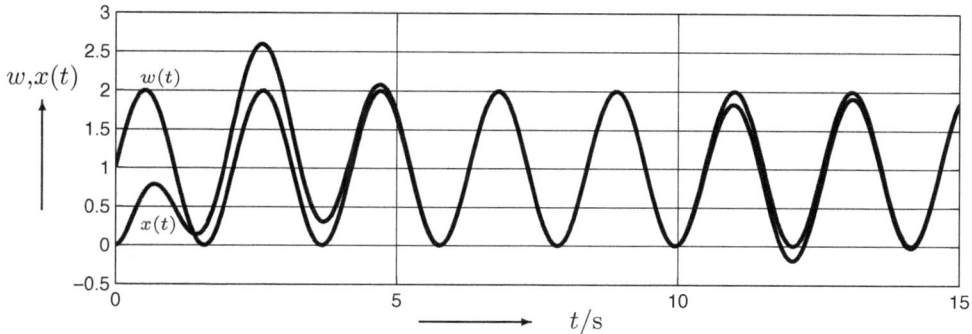

Abbildung 9.13: *Bahnplanung mit sinusförmigem Führungssignal*

zunächst doch Abweichungen zwischen $w(t)$ und $x(t)$. Diese werden jedoch durch den PI-Regler in kurzer Zeit beseitigt. Die rechte Bildhälfte zeigt wieder die Reaktion auf die sprungförmige Störung.

Für Strecken mit Nullstellen treten in der Differenzialgleichung 9.3 auch Ableitungen des Vorsteuer-Stellsignals $y_V(t)$ auf. Die dadurch aufwändigere Bestimmung von $y_V(t)$ wird in [35] betrachtet.

Resumee. Die Entscheidung zwischen den Strukturen der Bahnplanung einerseits und der Struktur mit zwei Freiheitsgraden bzw. der Struktur mit Referenzregelkreis andererseits erfolgt ausschließlich anwendungsabhängig. Bei einem vollständig im Voraus planbaren Führungsgrößenverlauf setzt man die Struktur mit Bahnplanung an. Kennt man den Signalverlauf der Führungsgröße jedoch nicht, so kommt eine der beiden anderen Strukturen zum Einsatz.

9.2 Vermeidung des Reglerüberlaufs

Beschreibung. In vielen Regelkreisen kann das vom Regler berechnete Stellsignal $y(t)$ infolge einer Begrenzung des Stellgliedes (siehe Abb. 9.14) einen Maximalwert $\pm y_{Max}$ nicht überschreiten. Falls der Regler nun einen integrierenden Anteil enthält, wird die Regeldifferenz $x_d(t)$ immer weiter aufintegriert, ohne dass das Stellsignal wegen der Begrenzung steigt. Wird nun nach einiger Zeit die Regeldifferenz negativ, so dauert es sehr lange, bis der Integrator von seinem inzwischen erreichten hohen Signalwert herunter integriert. Die Folge dieses Effekts sind länger andauernde und größere Regeldifferenzen.

Eine wirkungsvolle Maßnahme diesen so genannten „Reglerüberlauf" in seiner Wirkung zu reduzieren, besteht in der Rückführung und Subtraktion dieses *Stellfehlers* ΔU vom Eingang des integralen Anteils des Reglers, gegebenenfalls kombiniert mit einem „Ein-

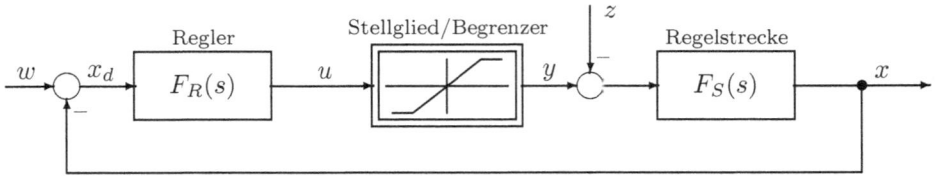

Abbildung 9.14: *Regelkreis mit Stellglied mit Begrenzung*

frieren" des Integrators nach Beginn des Überlaufens. Abb. 9.15 zeigt die Struktur eines PID-Reglers mit Korrektur des Reglerüberlaufs (Wind-Up-Korrektur).

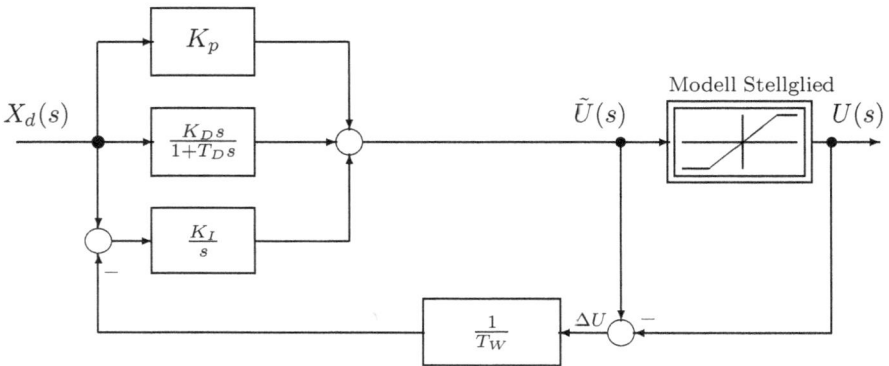

Abbildung 9.15: *PID-Regler mit Windup-Korrektur*

Die Größe $\tilde{U}(s)$ ist der berechnete Signalwert des Reglers und $U(s)$ ist das vom im Regler nachgebildeten „Modell des Stellglieds mit Begrenzung" ausgegebene Signal. Die Differenz dieser beiden Signale wird mit der Integrierzeit T_W multipliziert und vor dem Integratoreingang subtrahiert. Auf diese Weise wird im Falle der Stellbegrenzung das Aufintegrieren des I-Anteils angehalten. Die Integrierzeit T_W ist geeignet einzustellen. Die Wirkung einer derartigen Wind-Up-Korrektur zeigt die nachfolgende Anwendung.

Anwendung. Die PT_3-Regelstrecke von Gleichung 6.1 soll mit einem realen PID-Regler nach der Methode der dynamischen Kompensation auf minimale Ausregelzeit bei einem Sollwertsprung $\hat{w} = 5$ ausgelegt werden. Mit den Reglerparametern

$$K_P = 3{,}25 \qquad T_N = 1{,}6\,\text{s} \qquad T_V = 0{,}275\,\text{s} \qquad \text{und} \quad T_D = 0{,}1\,\text{s}$$

werden die beiden größten Zeitkonstanten (1,2 s und 0,5 s) der Regelstrecke kompensiert. Die Verstärkung $K_P = 3{,}25$ lässt die Regelgröße nach dem Störsprung ($\hat{z} = 1$) nicht aus dem 5%-Fehlerband herausschwingen (siehe Abb. 9.16).

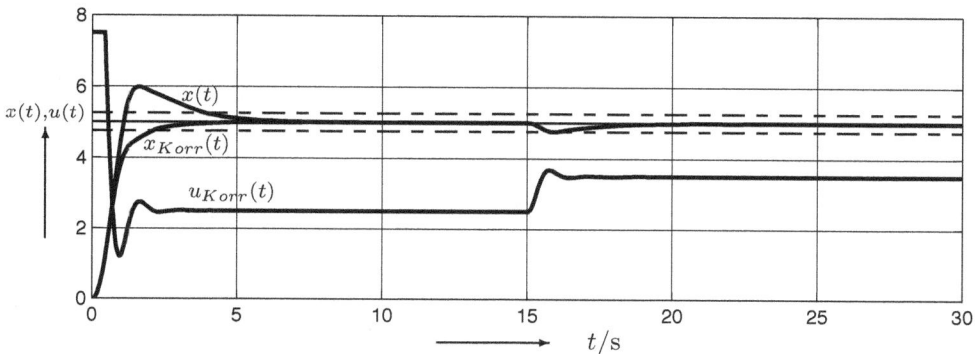

Abbildung 9.16: *Führungs- und Störverhalten des Regelkreises bei Verwendung eines PID-Reglers ohne und mit Wind-Up-Korrektur (Index „Korr" für Korrektur)*

Bei einer Begrenzung des Stellsignals auf den Wert $\pm 7{,}5$ lassen sich ohne und mit Wind-Up-Korrektur ($T_W = 1\,\text{s}$) aus Abb. 9.16 die in der folgenden Tabelle angegebenen Werte ermitteln.

		Ohne Korrektur	Mit Korrektur
Führungsverhalten:	$T_{Aus,W}$	$3{,}9\,\text{s}$	$2{,}1\,\text{s}$
	$\ddot{u}_{max,W}$	20%	0%
Störverhalten:	$T_{Aus,Z}$	$0\,\text{s}$	$0\,\text{s}$
	$\ddot{u}_{max,Z}$	5%	5%

Eine derartige oder ähnliche Wind-Up-Korrektur ist in den meisten industriellen Reglern standardmäßig realisiert, weil in allen Anwendungen in der Praxis die Stellsignale des Stellgliedes begrenzt sind. Wenn die Stellsignale die Begrenzung nicht erreichen, arbeitet der Regler mit Wind-Up-Korrektur wie ein normaler PI- oder PID-Regler ohne Korrekturmaßnahme.

9.3 Smith-Regler und Prädiktor zur Regelung von Totzeitstrecken

1. Smith-Regler. Die Regelung von Regelstrecken mit einer Totzeit T_t führt häufig zu Problemen, da es infolge der Totzeit schnell zu einer Destabilisierung des Regelkreises kommt. Für die Regelung derartiger Strecken wird von Smith [51] eine modifizierte Reglerstruktur vorgeschlagen, die in Abb. 9.17 dargestellt ist.

Es wird im Regler die Struktur der Strecke mit und ohne Totzeit nachgebildet und die Differenz beider Anteile rückgeführt. Damit „sieht" der Regler nur die Strecke ohne

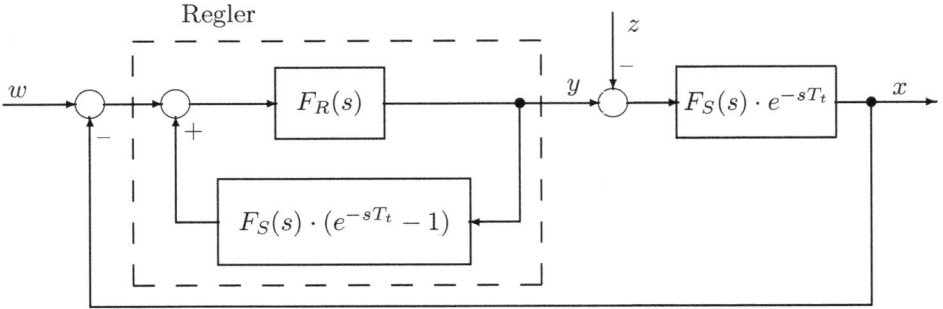

Abbildung 9.17: *Reglerstruktur des Smith-Reglers für die Regelung von Strecken mit Totzeit*

Totzeit und ist hierfür auszulegen. Die Problematik bei dieser Reglerstruktur liegt in der genauen Kenntnis der Parameter der Regelstrecke.

Das nachfolgende Beispiel zeigt die Wirkung der Struktur des Smith-Reglers im Vergleich zum normalen Regler.

Anwendung. Die PT_3-Regelstrecke von Gleichung 6.1 wird mit einer zusätzlichen Totzeit von $T_t = 0{,}5\,\text{s}$ versehen. Der Regler von Seite 167 ausgelegt für ein Führungsverhalten mit minimaler Ausregelzeit (5%-Fehlerband) hat die Koeffizienten $K_P = 0{,}52$ und $T_N = 1{,}2\,\text{s}$. Die Anwendung dieses Reglers *ohne* und *mit* der von Smith vorgeschlagenen Korrektur (Index „Smith") zeigt die Abb. 9.18.

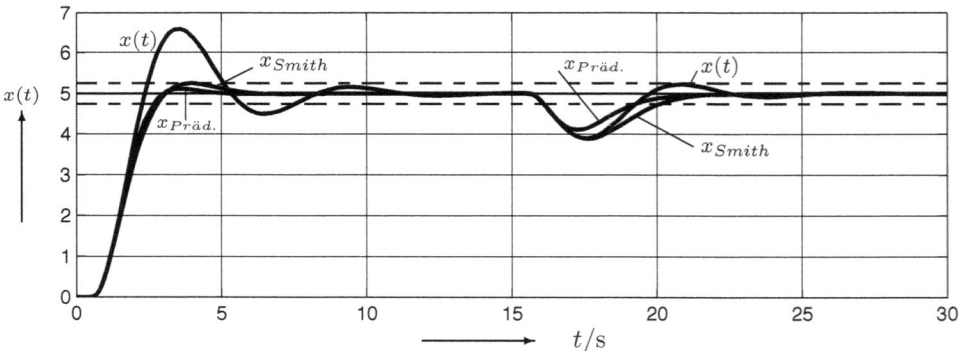

Abbildung 9.18: *Führungs- und Störverhalten des Regelkreises bei Verwendung eines PI-Reglers ohne Korrektur (x(t)), mit Smith-Korrektur (Index „Smith") und mit Prädiktor (Index „Präd.")*

Der normale Regler führt aufgrund der Totzeit der Regelstrecke zu einem stark schwingenden Verlauf der Regelgröße. Im Unterschied dazu ist das Führungsverhalten des

		PI-Regler	Smith-Regler	Prädiktor
Führungsverhalten:	$T_{Aus,W}$	7,6 s	2,8 s	2,7 s
	$ü_{max,W}$	32%	5%	2%
Störverhalten:	$T_{Aus,Z}$	4,3 s	5,1 s	4,3 s
	$ü_{max,Z}$	22%	24%	18%

Reglers mit Smith-Korrektur deutlich besser. Die erzielten Zahlenwerte der Einschwingverläufe zeigt die obige Tabelle.

Da die Koeffizienten der Regelstrecke direkt als Reglerparameter verwendet werden, können Probleme bezüglich der Robustheit des Entwurfs auftreten. Die Realisierung des Reglers inklusive der Totzeit ist jedoch bei Verwendung digitaler Regelalgorithmen problemlos.

2. Prädiktor. Bei dieser Reglerstruktur wird anstelle der Einheitsrückführung ein Prädiktor in der Rückführung verwendet. Mit diesem Prädiktor wird versucht, der Totzeit durch eine Extrapolation des Messsignals entgegenzuwirken. Die resultierende Kreisstruktur zeigt Abb. 9.19.

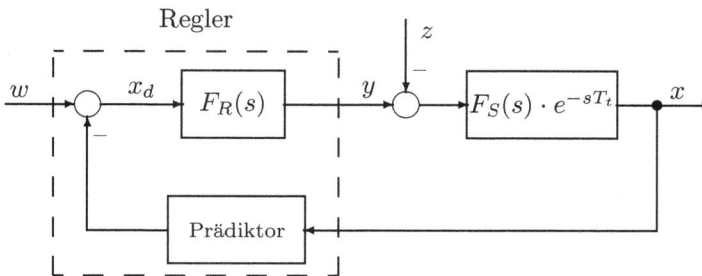

Abbildung 9.19: *Regelkreis mit Prädiktor*

Ein Prädiktor versucht auf der Basis einer Taylor-Reihenentwicklung aus dem Messsignal zum Zeitpunkt t den Messwert zum Zeitpunkt $t+T_t$ durch die folgende Extrapolation zu approximieren:

$$x(t + T_t) \approx x(t) + T_t \cdot \dot{x}(t) \ .$$

Die Übertragungsfunktion des *idealen Prädiktors* lautet

$$F(s) = \frac{X_a(s)}{X_e(s)} = (1 + T_t s) \ .$$

Bei verrauschten Messsignalen kann eine verzögerte Ableitung des Messsignals sinnvoll sein, wodurch sich für den *verzögerten Prädiktor* als Übertragungsfunktion ergibt:

$$F(s) = \frac{X_a(s)}{X_e(s)} = 1 + \frac{T_t s}{1 + T_1 s}$$

Bei Verwendung des idealen Prädiktors ergibt sich für die Regelstrecke von Gleichung 6.1 der in Abb. 9.18 mit dem Index „Präd." bezeichnete Verlauf. Die Tabelle auf Seite 275 zeigt die erzielten Zahlenwerte der Einschwingverläufe. Der Einsatz des idealen Prädiktors zeigt im Vergleich zum Smith-Regler deutlich bessere Ausregelzeiten. Dabei ist allerdings zu berücksichtigen, dass bei verrauschten Messsignalen ein verzögerter Prädiktor zu verwenden ist, der zu einer Verschlechterung der Ergebnisse führt.

9.4   Verwendung zusätzlicher Rückführsignale

Grundlagen. Bei den bisher untersuchten Regelkreisen wird die Regelgröße $x(t)$ als alleinige Messgröße für die Bildung des Stellsignals verwendet. Der Regler bildet aus Regelgröße und Sollwert das Stellsignal $y(t)$. Modifikationen der Regelungsstruktur dienen dabei wie gezeigt zur Verbesserung des Führungs- und/oder Störverhaltens. Die folgenden Regelungsstrukturen verwenden zur Bildung des Stellsignals nun mehrere Messgrößen.

9.4.1   Kaskadenregelung

Struktur der Kaskadenregelung. Häufig besteht eine Regelstrecke aus verschiedenen Teilstrecken, die zudem noch ein unterschiedliches dynamisches Verhalten aufweisen. Beispiele hierfür sind die Temperaturregelung in einem chemischen Reaktionsgefäß oder die Drehzahlregelung bei einem Gleichstrommotor. Bei der Temperaturregelung erfolgt über einen *schnellen* Regelkreis die Regelung der Temperatur des Heizdampfes (z. B. in einem Wärmetauscher). In dem nachfolgenden *langsamen* Kreis wird dann über den Heizdampf die Temperatur im Reaktionsgefäß geregelt. Ähnlich verläuft bei der Drehzahlregelung eines Gleichstrommotors die schnelle Einstellung des Stellmoments über den Ankerstrom, während die Regelung der Drehzahl wesentlich langsamer erfolgt.

Da die Dynamik der Teilstrecken der Regelstrecke unterschiedlich ist, liegt es nahe, die unterschiedlich schnellen Anteile der Strecke mit verschiedenen Reglern zu regeln. Dies führt zu einer Regelstruktur, die mit Kaskadenregelung bezeichnet wird und in Abb. 9.20 dargestellt ist.

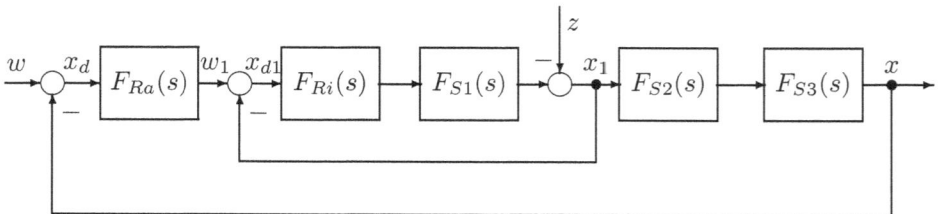

Abbildung 9.20: *Grundstruktur der Kaskadenregelung*

Das Blockschaltbild zeigt eine Struktur von überlagerten Regelschleifen. Der innere Regler $F_{Ri}(s)$ verarbeitet das Messsignal x_1 von Teilstrecke $F_{S1}(s)$ und lässt die Teilstrecken $F_{S2}(s)$ und $F_{S3}(s)$ unberücksichtigt. Diese *innere Schleife* stellt den schnelleren Anteil der Regelung dar. Ist der Regler für die innere Schleife berechnet, dann stellt die Führungsübertragungsfunktion $F_{Wi}(s)$ der inneren Schleife eine neue Teilstrecke für die Auslegung des äußeren Reglers dar. Er ist dann an der Strecke

$$F_{Sa}(s) = F_{Wi}(s) \cdot F_{S2}(s) \cdot F_{S3}(s) = \frac{F_{Ri}(s)F_{S1}(s)}{1 + F_{Ri}(s)F_{S1}(s)} \cdot F_{S2}(s) \cdot F_{S3}(s)$$

zu entwerfen. Die Führungsübertragungsfunktion des inneren Kreises weist im Allgemeinen kleine Zeitkonstanten aus. Die *äußere Regelschleife* besteht dann aus dem Regler $F_{Ra}(s)$ und den Teilstrecken $F_{Wi}(s)$, $F_{S2}(s)$ und $F_{S3}(s)$. Die äußere Schleife ist die langsamere Regelschleife.

Der Entwurf ebenso wie die Inbetriebnahme der Kaskadenregelung erfolgt von innen nach außen. Zuerst ist der innere Regler $F_{Ri}(s)$ an der Teilstrecke $F_{S1}(s)$ zu entwerfen. Anschließend entwirft man den äußeren Regler $F_{Ra}(s)$ an der Strecke $F_{Sa}(s)$. Wegen seiner hohen Dynamik kann der innere Kreis dabei auch vereinfacht berücksichtigt werden. Im Extremfall nimmt man $F_{Wi}(s) \approx 1$ an und entwirft den äußeren Regler nur noch an $F_{Sa}(s) = F_{S2}(s) \cdot F_{S3}(s)$. Ein Vorteil der Kaskadenstruktur ist dann, dass der Reglerentwurf für jeden Streckenteil getrennt erfolgen kann.

Wichtige Voraussetzung für die Anwendung einer derartigen Kaskadenregelung ist, dass sowohl die Regelgröße $x(t)$ als auch die „Hilfsregelgröße" $x_1(t)$ gemessen werden können.

Besonders vorteilhaft ist eine derartige Kaskadenstruktur, wenn die Störgrößen, wie in Abb. 9.20 gezeigt, im inneren Regelkreis angreifen. Der innere Regler sorgt dann für eine schnelle Ausregelung der Störgröße. Somit kann sich die Störgröße erst gar nicht stark auf die eigentliche Regelgröße $x(t)$ auswirken, und die Auslenkungen von $x(t)$ infolge der Störung $z(t)$ werden deutlich verringert.

Eine Kombination der Kaskadenregelung und des Reglers mit zwei Freiheitsgraden wird als so genannte „neue Kaskadenstruktur" in [17] untersucht.

Anwendung. Die Kaskadenregelung für die Regelstrecke von Beispiel 9.2 soll die Struktur von Abb. 9.21 aufweisen. Es sollen zwei Störgrößen auftreten, die eine ($z_1(t) = \sigma(t_1)$) zum Zeitpunkt $t_1 = 10\,\text{s}$ vor Teilstrecke $F_{S1}(s)$ und die zweite ($z_2(t) = \sigma(t_2)$) zum Zeitpunkt $t_2 = 20\,\text{s}$ nach Teilstrecke $F_{S2}(s)$.

Die Auslegung der Regler geschieht in zwei Schritten. Zuerst wird der innere Regler $F_{Ri}(s)$ für die Teilstrecken eins und zwei mit einem P-Regler so geregelt, dass der Dämpfungsgrad D_i der inneren Regelschleife $D_i = 0{,}83$ ($\widehat{=}\,1\%$-Überschwingen) beträgt. Dies wird erreicht für $K_{Pi} = 0{,}8125$. Danach wird die äußere Regelschleife mit einem PI-Regler nach der Methode der dynamischen Kompensation so ausgelegt, dass beim Führungsverhalten die Ausregelzeit bei 5%-Überschwingen minimal wird. Dies wird erreicht für einen PI-Regler mit den Parametern $K_{Pa} = 4{,}15$ und $T_N = 1{,}2\,\text{s}$. Abb. 9.22 zeigt das mit diesen Einstellungen erzielten Führungs- und Störverhalten.

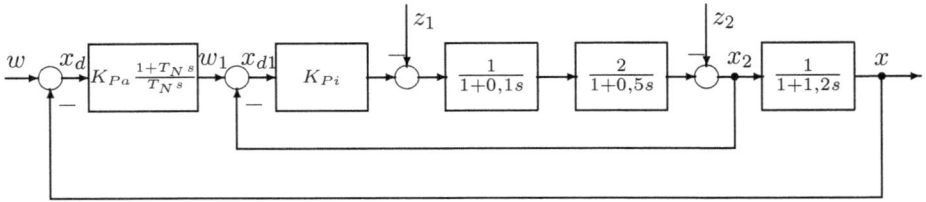

Abbildung 9.21: *Struktur der untersuchten Kaskadenregelung*

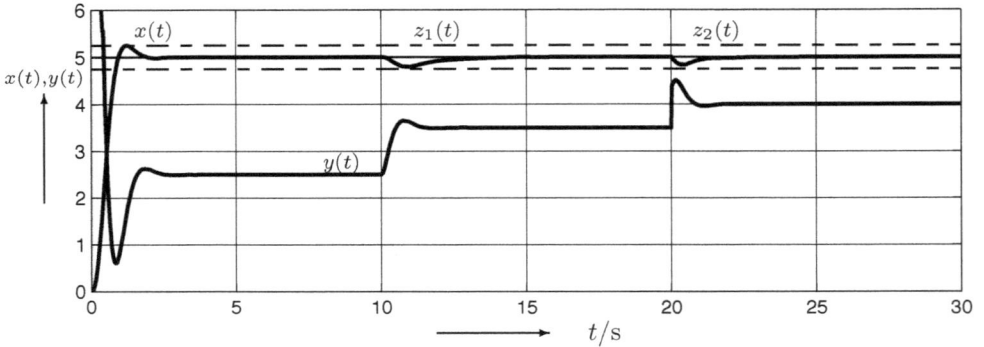

Abbildung 9.22: *Führungs- und Störverhalten des Regelkreises bei Verwendung einer Kaskadenregelung*

Die Regelgröße erreicht nach einer Ausregelzeit von $0{,}86\,$s das 5%-Fehlerband. Dies geht allerdings zu Lasten einer Stellamplitude von 17 zum Startzeitpunkt. Die Störgrößen werden infolge der inneren Regelschleife schnell und wirkungsvoll ausgeregelt.

Man legt häufig die innere Regelschleife für ein gutes Störverhalten und die äußere Regelschleife für ein gutes Führungsverhalten aus. Doch das ist nicht zwingend wie der folgende Abschnitt zeigt.

Drehzahlregelung eines Gleichstrommotors. Bei der Drehzahlregelung einer Gleichstrommaschine nach dem Prinzip der Kaskadenregelung legt man normalerweise den inneren Kreis für optimales Führungsverhalten und den äußeren Kreis für optimales Störverhalten aus. Das Blockschaltbild der Regelstrecke Gleichstrommotor wird auf Seite 18 hergeleitet. Die innere Schleife der Kaskadenregelung ist die Stromregelung des Antriebs, die äußere Schleife ist die Drehzahlregelung.

Stellglied ist ein netzgeführter Gleichrichter, der durch ein PT_1-Glied mit kleiner Zeitkonstante approximiert werden kann. Die Regelung eines Gleichstrommotors wird ausführlich in Abschnitt 13.1 untersucht.

9.4.2 Störgrößenaufschaltung

Bei manchen technischen Prozessen besteht die Möglichkeit, die Störgröße $z(t)$, die auf die Regelstrecke einwirkt, direkt zu messen.

- Wird z. B. bei der Temperaturregelung einer Flüssigkeit permanent über einen Mischer Fremdflüssigkeit beliebiger Temperatur zugeführt, so stellt die Wärmemenge dieser Fremdflüssigkeit eine Störgröße $z(t)$ dar. Misst man Temperatur und Menge der Fremdflüssigkeit, so kann man diese Information sofort verwerten und muss nicht erst abwarten, bis die Störgröße ihre Wirkung nach der Beimischung entfaltet.

- Bei der Spannungsregelung eines Synchrongenerators stellt der Laststrom eine Störgröße dar, die zur Spannungsstabilisierung eingesetzt werden kann.

Bei diesen Beispielen macht man sich die direkte Messung und geeignete Aufschaltung der gemessenen Störgröße zunutze. Die Struktur eines Regelkreises mit Störgrößenaufschaltung zeigt Abb. 9.23. Dabei wird die gemessene Störgröße $z(t)$ über ein Kompensationsglied $F_{ZA}(s)$ geführt und dem Ausgang des Reglers überlagert.

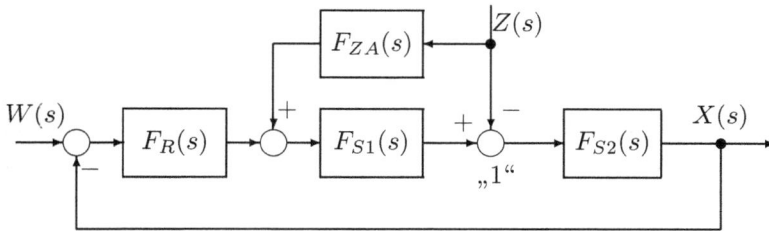

Abbildung 9.23: *Störgrößenaufschaltung*

Die Wirkung der Störgröße kann man kompensieren, wenn am Ort des Einwirkens der Störung $z(t)$, d. h. an der Summationsstelle „1", das Störsignal $z(t)$ *und* die Wirkung der Kompensation sich gegenseitig aufheben. Diese Forderung führt bei der Rückführung des Kompensationssignals auf den Reglerausgang zu der Gleichung

$$-Z(s) + Z(s) \cdot F_{ZA} \cdot F_{S1} = 0 \qquad \text{bzw} \qquad F_{ZA}(s) = \frac{1}{F_{S1}(s)} \ .$$

Wenn das Kompensationsglied F_{ZA} das inverse Übertragungsverhalten der 1. Teilstrecke F_{S1} aufweist, dann heben sich am Summationspunkt die Wirkungen auf. Sind die Teilstrecken Verzögerungsstrecken, dann müsste F_{ZA} ideales PD-Verhalten also rein proportional differenzierendes Verhalten aufweisen. Da dies nicht realisierbar ist, begnügt man sich gegebenenfalls mit einem reinen P-Glied (starre) oder einem verzögerten PDT$_D$-Verhalten (nachgebende Störgrößenaufschaltung).

Anwendung. Das folgende Beispiel zeigt die Wirkung der Störgrößenaufschaltung an der PT_3-Strecke von Gleichung 6.1. Es wirke die Störgröße $z_2(t)$ von Abb. 9.21 nach der zweiten Teilstrecke. Es soll eine nachgebende Störgrößenaufschaltung gewählt werden, welche die Wirkung der langsameren Teilstrecke $F_{S2}(s)$ kompensiert. Dies führt zu der Struktur von Abb. 9.24.

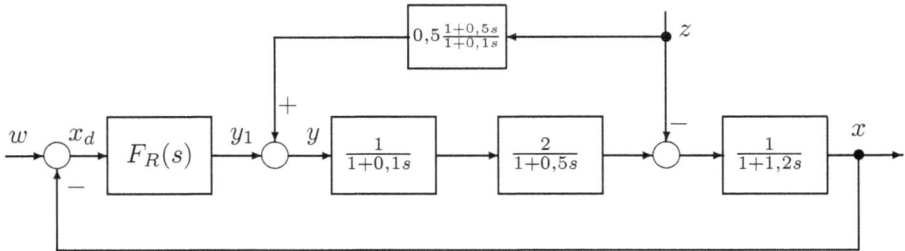

Abbildung 9.24: *PT_3-Strecke mit Störgrößenaufschaltung*

Als Regler wird ein PI-Regler für ein Führungsverhalten mit minimaler Ausregelzeit gewählt zu $K_P = 0{,}52$ und $T_N = 1{,}2\,\text{s}$ (siehe Abschnitt 6.1.1 Seite 167). Das resultierende Führungs- und Störverhalten zeigt Abb. 9.25.

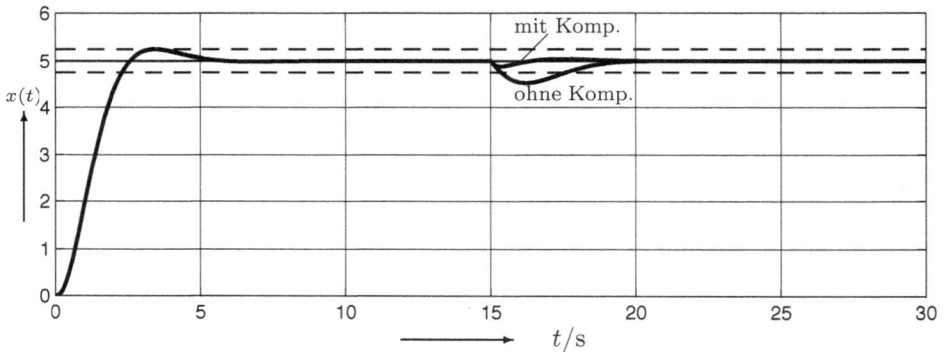

Abbildung 9.25: *Führungs- und Störverhalten des Regelkreises bei Verwendung einer Störgrößenaufschaltung*

Die maximale Abweichung der Regelgröße vom Sollwert wird ca. um den Faktor vier reduziert. Die Regelgröße verlässt das Fehlerband nicht mehr.

9.4.3   Hilfsregelgrößenaufschaltung

Struktur. Bei einer Hilfsregelgrößenaufschaltung wird wie bei der Kaskadenregelung, die einen Sonderfall der Hilfsregelgrößenaufschaltung darstellt, zusätzlich zur Regelgröße $x(t)$ eine weitere Hilfsregelgröße $x_1(t)$ über einen getrennten Hilfsregler zurückgeführt. Das auf die Regelstrecke wirkende Stellsignal wird dabei aus den Anteilen eines Hauptreglers und eines Hilfsreglers gebildet. Die Verwendung eines Hilfsreglers dient der Verbesserung von Dämpfung und Störverhalten des Regelkreises. Die Hilfsregelgrößenaufschaltung wird von Oppelt in [39] ausführlich behandelt. Abb. 9.26 zeigt die Struktur der Hilfsregelgrößenaufschaltung.

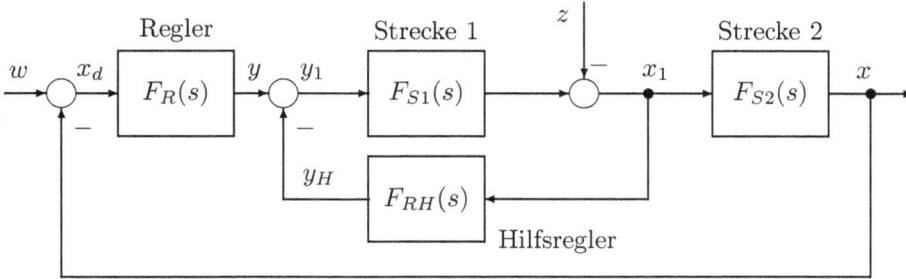

Abbildung 9.26: *Regelkreis mit Hilfsregelgrößenaufschaltung*

Im Unterschied zur Kaskadenregelung von Abschnitt 9.4.1 befindet sich der Regler F_{RH} des unterlagerten Hilfsregelkreises im Rückwärtszweig der unterlagerten Regelschleife.

Erläuterung. Die Wirkung der Hilfsregelgrößenaufschaltung lässt sich am Beispiel von zwei PT$_1$-Strecken gut erläutern. Es sei

$$F_{S1}(s) = \frac{K_1}{1 + T_1 s} \qquad \text{und} \qquad F_{S2}(s) = \frac{K_2}{1 + T_2 s} .$$

Als Hilfsregler wird ein P-Regler verwendet, $F_{RH}(s) = K_{PH}$, während der andere Regler ein PI-Regler sein soll, $F_R(s) = \dfrac{K_P \cdot (1 + T_N s)}{T_N s}$. Mit dem Hilfsregler $F_{RH}(s)$ ergibt sich als Übertragungsfunktion von y nach x_1

$$F_{W1}(s) = \frac{X_1(s)}{Y(s)} = \frac{K_1}{1 + K_1 K_{PH}} \cdot \frac{1}{1 + \frac{T_1}{1 + K_1 K_{PH}} \cdot s} = \frac{K_H}{1 + T_H s} .$$

Durch Verwendung des Hilfsreglers wird der „Durchgriff" (Verstärkung) schlechter als ohne Regler, da $K_H < K_1$ wird, dafür reagiert wegen $T_H < T_1$ der innere Kreis jedoch schneller. Deutlich verbessert ist auch das Störverhalten, wie die Berechnung der Störübertragungsfunktion zeigt:

$$F_{Z1}(s) = \frac{X_1(s)}{Z(s)} = \frac{-1}{1 + K_1 K_{PH}} \cdot \frac{1 + T_1 s}{1 + \frac{T_1}{1 + K_1 K_{PH}} \cdot s} .$$

Für eine sprungförmige Störung $z(t) = \hat{z} \cdot \sigma(t)$ wird (bis zum Eingreifen von F_R) ohne Hilfsregler $x_1(0) = -\hat{z}$. Mit Hilfsregler ist im ersten Augenblick zwar auch $x_1(0) = -\hat{z}$, für $t \to \infty$ geht die Wirkung der Störung jedoch schneller zurück. Es gilt

$$\lim_{t \to \infty} x_1(t) = \hat{z} \cdot \lim_{s=0} F_{Z1}(s) = \frac{-\hat{z}}{1 + K_1 K_{PH}} \ .$$

Je größer K_{PH}, umso mehr wird die Wirkung der Störung durch den Hilfsregler reduziert.

Als Führungsübertragungsfunktion des gesamten Regelkreises resultiert bei Verwendung von $T_N = T_2$ dann

$$F_W(s) = \frac{X(s)}{W(s)} = \frac{1}{1 + \frac{T_2}{K}s + \frac{T_2 T_H}{K}s^2}$$

mit $K = K_P K_H K_2$. Damit resultieren für den geschlossenen Kreis die Kreisfrequenz ω_0 und die Dämpfung D zu

$$\omega_0^2 = \frac{K_P K_1 K_2}{T_1 T_2} \quad \text{und} \quad D^2 = \frac{T_2}{4 T_1} \cdot \frac{(1 + K_1 K_{PH})^2}{K_P K_1 K_2} \ .$$

Die Kreisfrequenz ω_0 wird durch die Verwendung des Hilfsreglers nicht beeinflusst, die Dämpfung D nimmt jedoch zu.

Anwendung. Die Anwendung der Hilfsregelgrößenaufschaltung auf die Regelstrecke von Gleichung 6.1 zeigt Abb. 9.27.

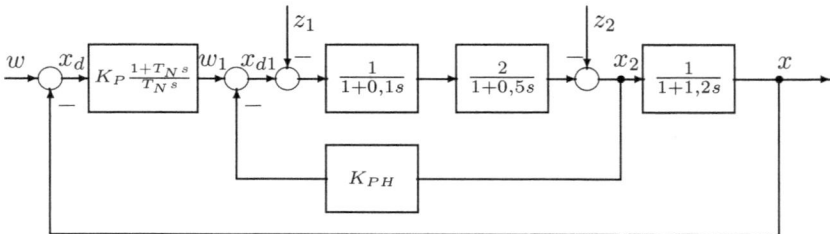

Abbildung 9.27: *Regelung der PT_3-Strecke mit Hilfsregelgrößenaufschaltung*

Mit den von der Kaskadenregelung übernommenen Werten für die Reglereinstellungen $K_{PH} = K_{Pi} = 0{,}8125$, $K_P = K_{Pa} \cdot K_{PH} = 3{,}3719$ und $T_N = 1{,}2\,$s ergibt sich das identische Führungs- und Störverhalten wie in Abb. 9.22 für die Kaskadenregelung gezeigt. Auf die Regelstrecke wirkt dasselbe Stellsignal, nur der Signalausgang des äußeren Reglers ist geringer.

Da nach [39] die Kaskadenanordnung alle Vorteile einer Hilfsregelgrößenaufschaltung bietet und zudem noch leichter durchschaubar ist, wird in der Regel die Kaskaden regelung bevorzugt.

9.4.4 Hilfsstellgrößenaufschaltung

Struktur. Verzögerungen der Regelstrecke können auch zum Teil dadurch reduziert werden, dass man mit einer zweiten Stellgröße, der Hilfsstellgröße, eingreift. Die Verwendung einer Hilfsstellgröße setzt voraus, dass zusätzlich zum „normalen" Stellglied ein weiteres Stellglied zur Beeinflussung des Regelprozesses vorhanden ist. Derartige Hilfsstellgrößen können vorteilhaft verwendet werden, wenn die Regelstrecke Anteile unterschiedlicher Dynamik aufweist.

Ein typisches Beispiel hierfür ist die Zielverfolgung eines Objektes durch eine Teleskopeinrichtung. Im Strahlengang des Teleskops sorgen z. B. verstellbare Spiegel (Hilfsstellgröße) für die schnelle Feinausrichtung des Strahlenverlaufs auf den lichtempfindlichen Sensor des Teleskops. Das Teleskoprohr dagegen wird über eine zweite Nachführeinrichtung (Stellmotor) der „mittleren" Bewegung des Zielobjektes nachgeführt. Über den Stellmotor (Hauptstellgröße) wird quasi der Arbeitsbereich des Regelkreises festgelegt. Mit der Hilfsstellgröße wird die *Feinregelung* und mit der Hauptstellgröße die *Grobregelung* vorgenommen. Die Dynamik dieses Grob-Regelkreises muss so groß sein, dass das Zielobjekt nicht aus dem Sichtbereich der Feinregelung verschwindet. Die Hilfsstellgröße dient sowohl zur Ausregelung hochfrequenter Störsignale als auch zur Ausregelung kurzzeitiger schneller Bewegungsänderungen des Zielobjekts. Die Struktur einer derartigen Hilfsstellgrößenaufschaltung zeigt Abb. 9.28.

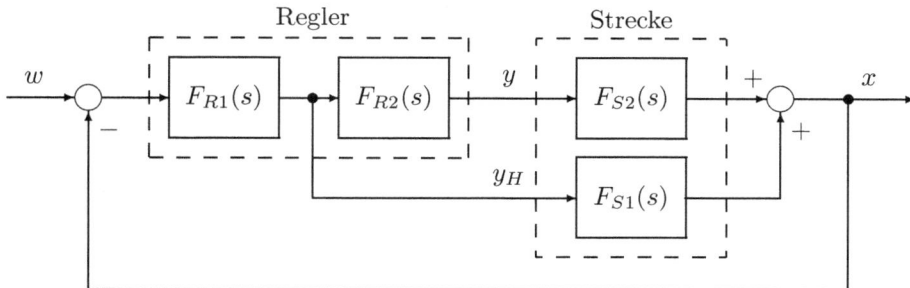

Abbildung 9.28: *Regelkreisstruktur mit Hilfsstellgrößenaufschaltung*

Die Hilfsstellgröße y_H wirkt auf den hochdynamischen Anteil F_{S1} der Regelstrecke. Dabei wird das Stellsignal aus dem Regleranteil F_{R1} gebildet. Die Dynamik dieses Teilkreises wird oft so ausgelegt, dass die Wirkung der Hilfsstellgröße im eingeschwungenen Zustand verschwindet. Sie ist dann nur während des Einschwingvorgangs wirksam. Im Beharrungszustand wirkt dann allein die Stellgröße y.

Derartige Hilfsstellgrößen werden z. B. auch bei Druckregelanlagen verwendet, wenn über die Drehzahl einer Pumpe im Beharrungszustand der stationäre Druck geregelt wird, während für die schnelle Ausregelung von Störungen ein Stellventil in der Zuführungsleitung eingreift. Dieses Stellventil steht im Beharrungszustand in einer nominalen Position (z. B. Mittenlage) und wandert nur während des Einschwingvorgangs aus seiner Mittenlage heraus [39].

Aufgabe 9.1: Für das nachfolgend gezeigte System soll eine Kaskadenregelung ausgelegt werden.

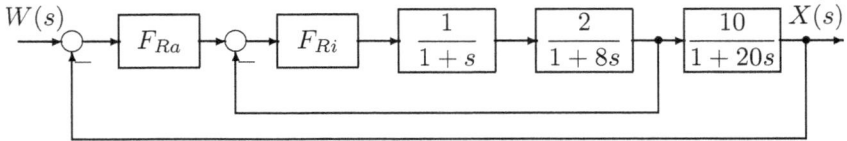

1. Berechnen Sie für den inneren Regelkreis die Parameter eines Kompensationsreglers so, dass die Regelgröße nach 10 s im 10%-Fehlerband verbleibt.

2. Wie nennt man einen derartigen Regler?

3. Wie lautet die Führungsübertragungsfunktion $F_{Wi}(s)$ des inneren Regelkreises?

4. Wie lautet die Übertragungsfunktion $F_{Sa}(s)$ der Regelstrecke des äußeren Regelkreises?

5. Berechnen Sie nun für den äußeren Regelkreis einen PI-Regler nach dem Betragsoptimum (Annahme einer großen Zeitkonstante).

6. Wie lautet die Führungsübertragungsfunktion $F_{Wa}(s)$ des Gesamtkreises?

7. Wie groß ist das Stellsignal im eingeschwungenen Zustand für einen Sprungeingang $w(t) = 2\sigma(t)$?

8. Berechnen Sie $x_d(\infty)$ für einen Rampeneingang $w(t) = 0{,}2t$.

Lösung:

1. $F_{Ri}(s) = \dfrac{1 + 9s + 8s^2}{10s \cdot (1 + 1{,}25s)} = 0{,}1 \cdot \dfrac{(1+s)(1+8s)}{s \cdot (1 + 1{,}25s)}.$

2. PIDT$_D$-Regler.

3. $F_{Wi}(s) = \dfrac{1}{(1 + 2{,}5s)^2}.$

4. $F_{Sa}(s) = \dfrac{10}{(1 + 2{,}5s)^2(1 + 20s)}.$

5. $F_{Ra}(s) = \dfrac{0{,}2 \cdot (1 + 20s)}{20s}.$

6. $F_{Wa}(s) = \dfrac{1}{1 + 10s(1 + 2{,}5s)^2}.$

7. $y(\infty) = 0{,}1.$

8. $x_d(\infty) = 2.$

9.4.5 Verhältnisregelung

Struktur der Verhältnisregelung. Ist das Verhältnis von verschiedenen Stoffen wie z. B. bei Brennersteuerungen (Regelung des Gas-/Luftgemisches) in der Analysentechnik (Mischung von verschiedenen Reaktionspartnern) oder in der Verfahrenstechnik (Herstellung spezieller Mischungen) zu regeln, dann kann man vorteilhaft einen *Verhältnisregler* einsetzen. Der Regler besitzt zwei Istwerteingänge, und das Verhältnis der beiden Eingangsgrößen ist zu regeln. Die Gesamtstoffmenge wird hierbei zunächst nicht geregelt.

Will man das Mischungsverhältnis von zwei Stoffmengen *und* die Gesamtstoffmenge/Zeit regeln, dann werden zwei Regler eingesetzt. Der eine Regler, der Führungsregler, regelt die Gesamtstoffmenge/Zeit und nachgeschaltet regelt der Verhältnisregler als Folgeregler das Mischungsverhältnis der beiden Stoffmengen. Der Verhältnisregler ist dabei der untergeordnete Regler. Da zwei Regler eingesetzt sind, liegen zwei Führungsgrößen und zwei Stellgrößen vor. Die Abbildung 9.29 zeigt die Struktur einer derartigen Regelung.

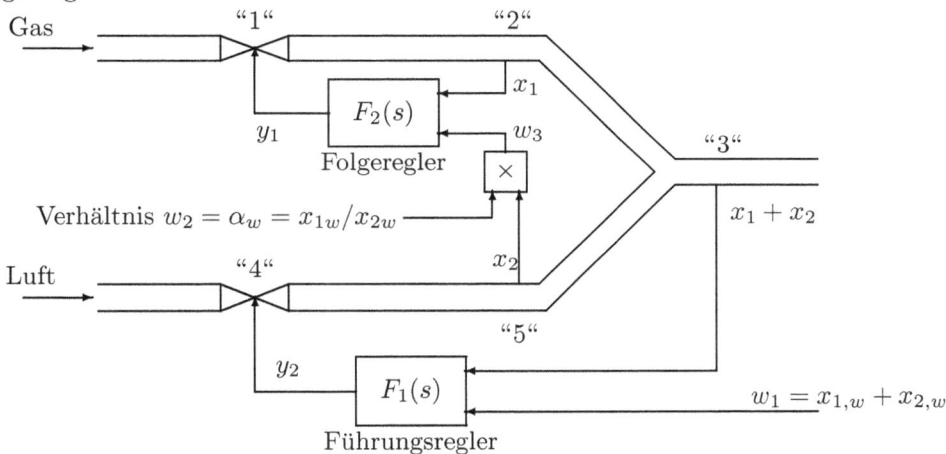

Abbildung 9.29: *Verhältnisregelung eines Gas-/Luftgemisches*

Die Größe $w_1(t)$ ist der Sollwert der Gesamtmenge der Stoffe $x_1(t)+x_2(t)$, und die Größe $w_2(t)$ ist der Sollwert für das Mischungsverhältnis $\alpha = x_1(t)/x_2(t)$. Aus dem Sollwert $w_2(t)$ wird dann durch die Produktbildung der eigentliche Sollwert $w_3(t) = x_{1,w}(t)$ für den Folgeregler gebildet.

Anwendung. Die Verhältnisregelung soll an einem Beispiel eines Gas/Luftgemisches demonstriert werden. Bei diesem Beispiel werden vier Teilregelstrecken, abgeleitet aus Abb. 9.29, wie folgt angenommen: Von Punkt "1" bis Punkt "2" liege Teilstrecke F_{S1} vor, von "2" nach "3" Teilstrecke F_{S2}, von "4" nach "5" Teilstrecke F_{S3} und von "5" nach "3" schließlich Teilstrecke F_{S4}.

Die einzelnen Teilregelstrecken enthalten zunächst eine Totzeit, die bedingt ist durch die Transportzeit $t = l/v$ des jeweiligen Mediums Luft oder Gas. Diese Totzeit sei einheitlich zu 100 ms angenommen. Des weiteren wird ein PT_1-Verhalten für den Aufbau der Strömungen und die Durchmischung angenommen. Die Zeitkonstanten sind willkürlich unterschiedlich gewählt. Die Modellierung der Ventilkennlinien durch einen Begrenzer[2] ist erforderlich, da die Ventile nur positive Durchflussmengen zulassen. Negative Stellsignale werden damit, so wie in der Realität, ausgeschlossen. Die Steigung der Kennlinien sei näherungsweise als linear angenommen.

Damit ergibt sich dann die Struktur des Regelkreises mit den beiden Reglern der Verhältnisregelung wie in Abb. 9.30 gezeigt. Die Übertragungsbeiwerte der Teilstrecken sind immer 1, da eine verlustfreie Leitung der Stoffe angenommen ist.

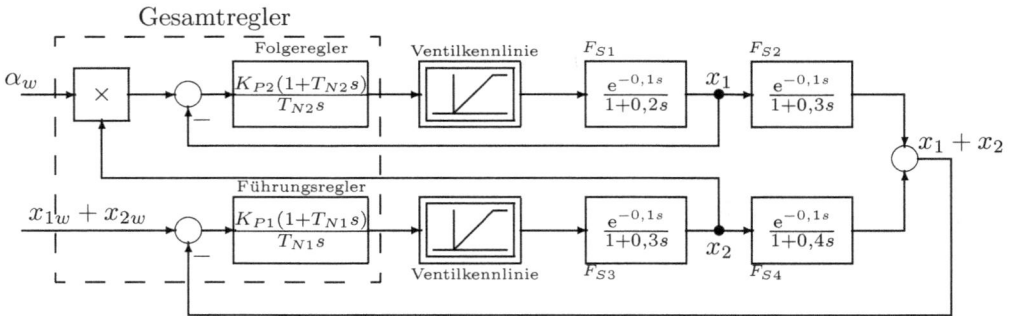

Abbildung 9.30: *Regelkreisstruktur der Verhältnisregelung* $\alpha = x_1/x_2$

Da nur Verzögerungsstrecken vorliegen, reichen als Regler für beide Regelkreise PI-Regler aus, um beim Führungs- und (nicht untersuchten) Störverhalten bleibende Regeldifferenzen für konstante Sollwerte zu vermeiden.

Es soll zunächst für eine Gesamtmenge von $x_1 + x_2 = 3$ Einheiten das Verhältnis $\alpha = x_1/x_2 = 0,5$ eingehalten werden. Nach 5 s soll bei unveränderter Gesamtmenge das Verhältnis auf $\alpha = 0,4$ geändert werden. Mit den durch Probieren gefundenen Regelparametern $K_{P1} = 0,3$, $T_{N1} = 0,5$ s, $K_{P2} = 1$ und $T_{N2} = 0,2$ s resultiert das in Abb. 9.31 gezeigte Einschwingverhalten. Nach ca. 2 s wird jeweils das gewünschte Verhältnis erreicht. Die Ausregelung der Gesamtmenge zu Beginn des Regelvorgangs dauert ca. 3 s.

Mit größer werdender Totzeit der Teilregelstrecken muss die jeweilige Reglerverstärkung aus Stabilitätsgründen immer weiter zurückgenommen werden.

---

[2]Siehe hierzu Abschnitt 11.1

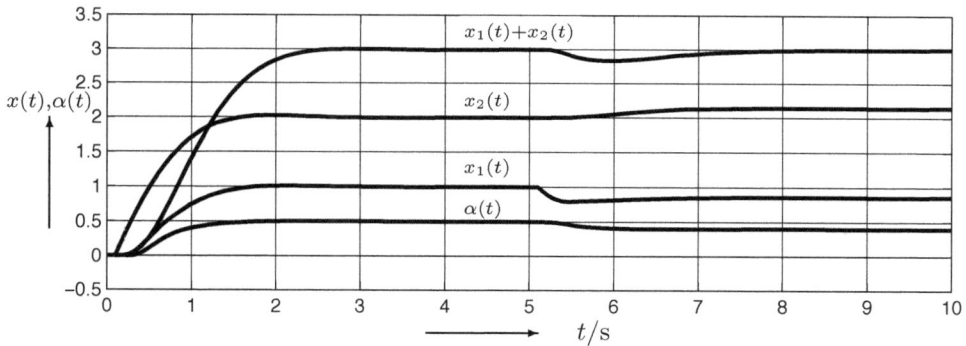

Abbildung 9.31: *Zeitverlauf der Regelgrößen für die Mischungsverhältnisse* $\alpha = 0{,}5$ *und* $\alpha = 0{,}4$

Aufgabe 9.2: Erstellen Sie unter Verwendung von MATLAB/Simulink den Verhältnis-regelkreis nach Abb. 9.30 mit doppelt so großen Totzeiten.

1. Legen Sie den Führungs- und Folgeregler für die neuen Streckendaten aus.

2. Simulieren Sie das Führungs- und Störverhalten des Regelkreises.

10 Zweigrößenregelung

Unterschied Verhältnisregelung — Zweigrößenregelung. Bei der Verhältnisregelung von Abschnitt 9.4.5 reicht eine Reglerstruktur ähnlich einer Kaskadenstruktur mit einem überlagerten Regler, dem Führungsregler, und einem unterlagerten Regler, dem Folgeregler, zur Erfüllung der Anforderungen aus. Es werden zwei Regelgrößen von zwei unabhängigen Reglern geregelt. Fasst man beide Regler zu einem Gesamtregler zusammen, so liegt das Prinzip einer Zweigrößenregelung vor. Der Gesamtregler mit seinen zwei Eingangsgrößen generiert zwei Stellgrößen. Diese Reglerstruktur ist jedoch ein *Spezialfall*.

Bei dem nun untersuchten *Allgemeinfall* der Zweigrößenregelung weist die Regelstrecke zwei Eingangsgrößen(Stellgrößen) $y_{1,2}$ auf, die auf jede der beiden Ausgangsgrößen $x_{1,2}$ wirken. Die Ausgänge sind also mit jeder der beiden Stellgrößen am Eingang dynamisch verkoppelt. In der Literatur wird diese Fragestellung z. B. in [39], [6], [49] und [15] behandelt.

10.1 Zweigrößenregelstrecken

Beispiele von Zweigrößenregelstrecken. Es werden drei verschiedene Beispiele von Regelstrecken vorgestellt, welche die Verkopplung der Ein-/Ausgangsgrößen anschaulich zeigen.

1. Längsbewegung eines Flugzeugs:

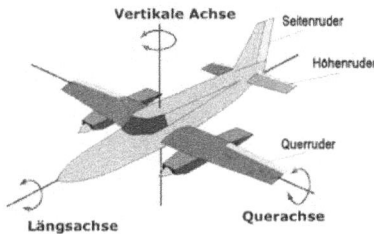

Abbildung 10.1: *Flugzeug mit Achsenkreuz aus [57]*

Erhöht man den Schub der Turbinen (Stellgröße 1) so steigt die Geschwindigkeit (Ausgang 1) des Flugzeugs, aber gleichzeitig nimmt auch die Flughöhe (Ausgang 2) zu, da infolge der höheren Anströmgeschwindigkeit der Tragflächen der Auftrieb zunimmt. Neigt man die Stellflächen des Höhenruders (Stellgröße 2) nach oben, so nimmt die Flughöhe (Ausgang 2) zu, aber gleichzeitig sinkt die Fluggeschwindigkeit (Ausgang 1) da ein Teil der Schubkraft nun für den Anstieg verbraucht wird. Somit wirken beide Stellgrößen auf beide Regelgrößen des Flugzeugs.

2. Mischung von zwei Flüssigkeiten:

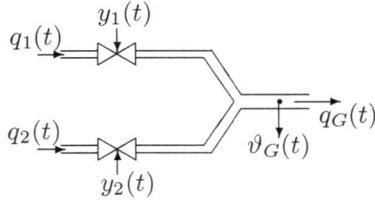

Abbildung 10.2: *Mischung von zwei Flüssigkeiten unterschiedlicher Temperatur*

Die Flüssigkeiten 1 und 2 (Menge/Zeit $q_{1,2}(t)$ als Eingangsgrößen) mit den jeweiligen Temperaturen $\vartheta_{1,2}$ werden gemischt zur Gesamtmenge $q_G(t)$ mit der resultierenden Temperatur $\vartheta_G(t)$ (den Ausgangsgrößen). Weist z. B Flüssigkeit 1 die höhere Temperatur auf, dann nehmen bei Erhöhung von $q_1(t)$ sowohl die Gesamtmenge $q_G(t)$ als auch die Gesamttemperatur $\vartheta_G(t)$ zu. Dagegen nimmt bei Erhöhung von $q_2(t)$ zwar die Gesamtmenge $q_G(t)$ zu aber die Gesamttemperatur $\vartheta_G(t)$ nimmt ab. Wieder wirken beide Stellgrößen auf beide Regelgrößen der Strecke.

3. Turbogenerator:

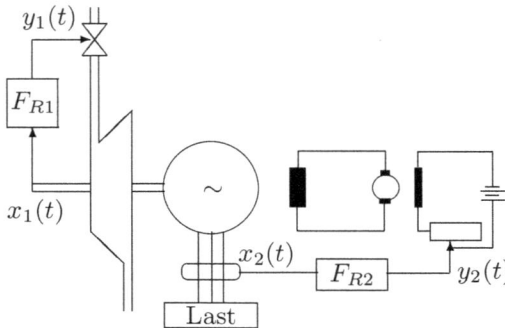

Abbildung 10.3: *Prinzipbild eines Turbogenerators*

Regelgrößen der Anlage sind Frequenz und Spannung des Generators. Infolge der Erhöhung des Dampfflusses (Stellgröße $y_1(t)$) steigen die Drehzahl des Turbogenerators (und damit die Frequenz $x_1(t)$) sowie die Spannung (Ausgang $x_2(t)$). Mit der Vergrößerung der Spannung der Erregermaschine (Stellsignal $y_2(t)$) steigt auch die abgegebene Spannung $x_2(t)$ des Generators aber durch die dadurch vergrößerte Wirkleistung sinkt die Drehzahl (Frequenz) $x_1(t)$. Es wirken beide Stellgrößen auf beide Regelgrößen.

Mathematische Beschreibung. Jede der beiden Eingangsgrößen des Systems wirkt auf jede der beiden Ausgangsgrößen. Somit kann man das dynamische Verhalten einer derartigen Zweigrößenregelstrecke durch die beiden nachfolgenden Gleichungen[1] beschreiben:

$$X_1(s) = F_{S11}(s) \cdot Y_1(s) + F_{S12}(s) \cdot Y_2(s) \tag{10.1}$$
$$X_2(s) = F_{S21}(s) \cdot Y_1(s) + F_{S22}(s) \cdot Y_2(s) \, , \tag{10.2}$$

---

[1]Diese Verkopplungsform der Regelstrecken nennt man auch P-kanonische Form

Darin sind $Y_{1,2}(s)$ die Laplace-transformierten Stellgrößen, $X_{1,2}(s)$ die Laplace-transformierten Regelgrößen und F_{Sij} die Übertragungsfunktionen vom Eingang j zum Ausgang i. Das Blockschaltbild einer derartigen Regelstrecke zeigt Abb. 10.4.

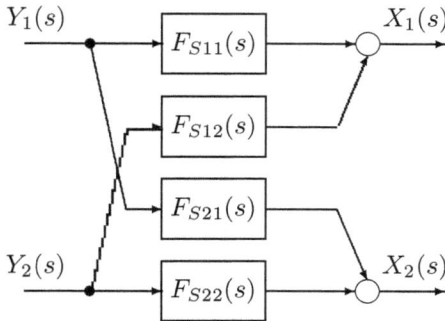

Abbildung 10.4: *Blockschaltbild einer Zweigrößenregelstrecke*

Die „Hauptstrecken" sind die Streckenanteile $F_{S11}(s)$ und $F_{S22}(s)$, und die Verkopplungen zwischen dem Eingang i und dem Ausgang j werden durch die Übertragungsfunktionen $F_{S12}(s)$ bzw. $F_{S21}(s)$ beschrieben.

Wirkungssinn der Verkopplung. Bei der Verkopplung des Systems durch die Übertragungsfunktionen $F_{S12}(s)$ bzw. $F_{S21}(s)$ unterscheidet man die beiden folgenden Fälle:

1. Die Übertragungsfunktionen F_{S12} und F_{S21} sind zunächst so beschaffen, dass sie das Vorzeichen des Signals nicht umkehren. Man spricht dann von *positiver Kopplung*. Bei einer positiven Kopplung neigt der Kreis tendenziell zur Instabilität, er ist schlechter zu regeln. [39]

2. Kehrt dagegen eine der beiden Übertragungsfunktionen F_{S12} und F_{S21} das Vorzeichen des Signals um, so spricht man von *negativer Kopplung*, die leichter durch Entkopplung beherrschbar ist.

Die meisten Zweigrößenregelstrecken wie auch die drei oben aufgeführten Beispiele besitzen eine negative Kopplung. Dies zeigen schon die verbalen Beschreibungen der Wirkungszusammenhänge.

Regelung einer Beispielregelstrecke. Nachfolgend soll nun an einer Beispielstrecke, die von Schwarz [49] eingeführt wurde, die Wirkung der Verkopplung auf die Regelung untersucht werden. Die betrachtete Zweigrößenregelstrecke weist eine negative Kopplung auf. Das Blockschaltbild 10.5 zeigt die Übertragungsfunktionen der Regelstrecke mit zwei „Hauptreglern".

Zunächst sollen die Regler F_{R1} und F_{R2} für diese Regelstrecke ohne die Verkopplung entworfen werden, d. h. es werden die Übertragungsfunktionen F_{S12} und F_{S21} zu Null gesetzt. Der Regler F_{R1} ist dann für die Regelung der *Hauptstrecke 1*, d. h. F_{S11} zu entwerfen und entsprechend F_{R2} für die *Hauptstrecke 2*, d. h. F_{S22}.

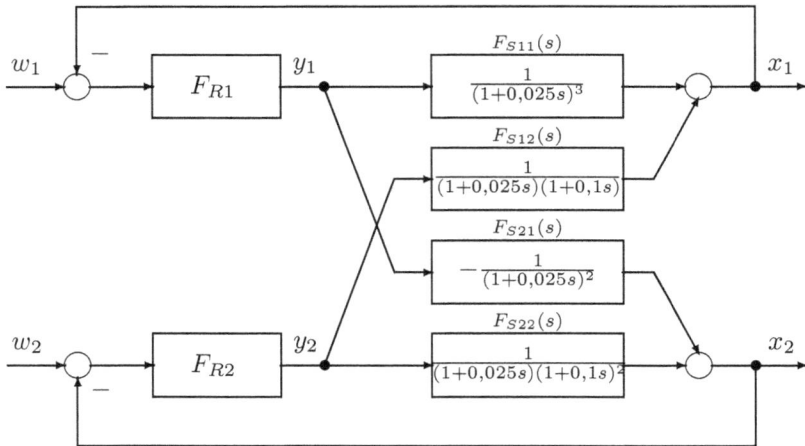

Abbildung 10.5: *Zweigrößensystem mit Reglern*

Zur Erzielung eines guten Führungsverhaltens sollen jeweils PI-Regler verwendet werden. Legt man die Reglerparameter nach dem Betragsoptimum nach Kapitel 6 aus, so ergeben sich die folgenden Übertragungsfunktionen der Regler:

$$F_{R1} = \frac{0{,}6250 \cdot (1 + 0{,}04167s)}{0{,}04167s} \qquad \text{und} \qquad F_{R2} = \frac{0{,}7825 \cdot (1 + 0{,}1373s)}{0{,}1373s} \ . \quad (10.3)$$

Mit diesen Reglern ergibt sich das in Abb. 10.6 gezeigte Führungsverhalten nach Sollwertsprüngen $w_1(t) = 1$ und $w_2(t-1) = 1$. Beide Regelgrößen schwingen nach einem Führungssprung um ca 6% über und sind nach ca 0,3 bzw. 0,7 s ausgeregelt.

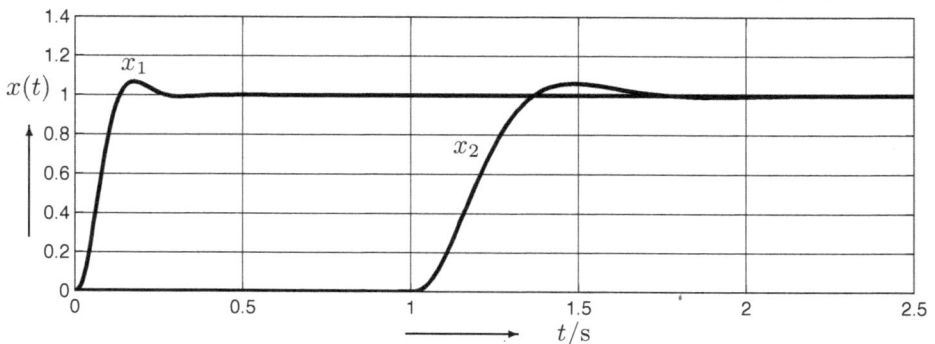

Abbildung 10.6: *Sprungantwort des nicht verkoppelten Systems*

Wendet man dieselben Regler nun jedoch auf das verkoppelte System an, so verschlechtert sich das Einschwingverhalten deutlich, wie Abb. 10.7 zeigt. Die Regelgrößen sind

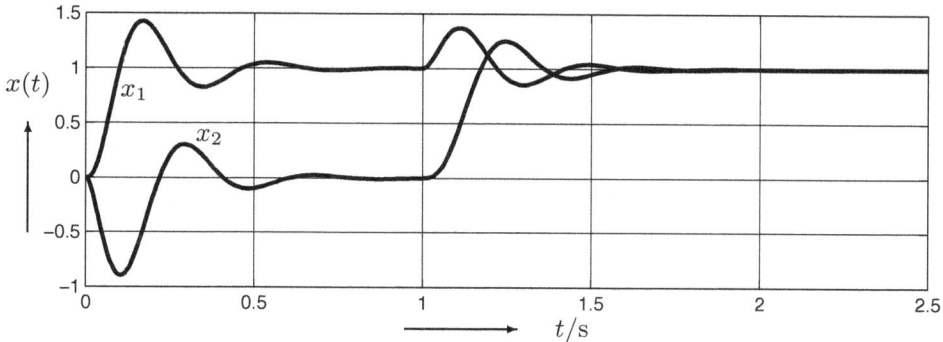

Abbildung 10.7: *Sprungantwort des verkoppelten Systems*

nun stark verkoppelt , und die Ausregelzeit beträgt nun für beide Regelgrößen ca. 0,7 s. Zur Verbesserung des Regelverhaltens von verkoppelten Systemen beliebiger Ordnung schlagen Boksenboom und Hood [6] eine Entkopplung des Systems durch eine geeignete Reglerstruktur vor, die nachfolgend behandelt wird.

10.2 Systementkopplung

10.2.1 Vollständige Entkopplung

Methode und Reglergleichungen. Die Idee der Lösung von Boksenboom und Hood besteht darin, die Verkopplung der Regelstrecke durch eine entsprechende Struktur des Reglers aufzuheben. Das Regelverhalten des geregelten verkoppelten Systems nach der Entkopplung soll dann dem Regelverhalten der beiden unverkoppelten Teilsysteme von Abb. 10.6 bei Einsatz der Regler F_{R1} bzw. F_{R2} entsprechen. Für ein Zweigrößensystem ergibt sich danach die in Abb. 10.8 gezeigte Reglerstruktur. Die nun zu entwerfenden Regler F_{Rij} bilden die Verkopplungsstruktur der Strecke nach.

Für das Zweigrößensystem lauten die vier Regler F_{Rij} dann (siehe [49], [15]) :

$$F_{R11}(s) = F_K(s) \cdot F_{R1}(s) \tag{10.4}$$

$$F_{R21}(s) = -\frac{F_{S21}(s)}{F_{S22}(s)} \cdot F_{R11}(s) \tag{10.5}$$

$$F_{R12}(s) = -\frac{F_{S12}(s)}{F_{S11}(s)} \cdot F_{R22}(s) \tag{10.6}$$

$$F_{R22}(s) = F_K(s) \cdot F_{R2}(s) , \qquad \text{mit} \tag{10.7}$$

$$F_K(s) = \frac{1}{1 - \frac{F_{S12}(s)F_{S21}(s)}{F_{S11}(s)F_{S22}(s)}} . \tag{10.8}$$

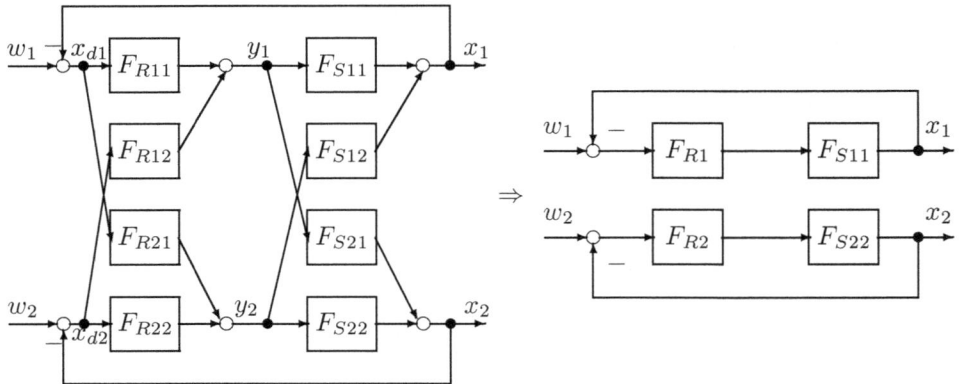

Abbildung 10.8: *Reglerstruktur der Entkopplung und entkoppelte Regelschleifen*

Entkopplung der Beispielstrecke. Die Reglergleichungen 10.4 bis 10.7 sollen auf das Beispiel von Schwarz angewendet werden. Hierzu wird zunächst die Übertragungsfunktion $F_K(s)$ berechnet. Mit

$$F_{S11} = \frac{1}{(1+0{,}025s)^3} \qquad F_{S12} = \frac{1}{(1+0{,}025s)(1+0{,}1s)}$$

$$F_{S21} = -\frac{1}{(1+0{,}025s)^2} \qquad F_{S22} = \frac{1}{(1+0{,}025s)(1+0{,}1s)^2}$$

resultiert

$$F_K(s) = \frac{1}{1+(1+0{,}1s)(1+0{,}025s)} \ .$$

Die gesuchten Regler ergeben sich dann zu:

$$F_{R11}(s) = \frac{1}{1+(1+0{,}1s)(1+0{,}025s)} \cdot \frac{0{,}6250 \cdot (1+0{,}04167s)}{0{,}04167s}$$

$$F_{R21}(s) = \frac{(1+0{,}1s)^2}{(1+0{,}025s)} \cdot F_{R11}$$

$$F_{R12}(s) = -\frac{(1+0{,}025s)^2}{(1+0{,}1s)} \cdot F_{R22}$$

$$F_{R22}(s) = \frac{1}{1+(1+0{,}1s)(1+0{,}025s)} \cdot \frac{0{,}7825 \cdot (1+0{,}1373s)}{0{,}1373s} \ .$$

Die vier Regler F_{Rij} sind realisierbar, der jeweilige Zählergrad ist kleiner als der jeweilige Nennergrad. Entkoppelt man mit diesen exakten Reglergleichungen die Zweigrößenregelstrecke, dann sind die Sprungantworten dieses Systems identisch zu den in Abb. 10.6 gezeigten. Das Regelverhalten entspricht wie gefordert dem der zwei getrennten „Hauptregelkreise".

Modellreduktion. Da die exakten Regler von relativ hoher Ordnung sind, kann man versuchen, sie durch Regler niedrigerer Ordnung zu approximieren. Dies wird in [15], [49] gezeigt. Hierzu lassen sich z. B. Approximationen der Amplituden- und Phasengänge im Bode-Diagramm verwenden. Ebenso kann man durch Modellanpassungen mithilfe der Methoden der Parameteridentifizierung [53] die Sprungantworten der exakten Regler durch Reglermodelle niedrigerer Ordnung annähern. Auch die Methoden der Modellreduktion, wie sie z. B. in Programmsystemen wie MATLAB [36] enthalten sind, können eingesetzt werden, um die Modellordnungen der vier Regler F_{Rij} zu reduzieren. Auf diese aufwendigen Methoden der Modellreduktion soll jedoch nicht näher eingegangen werden.

Stattdessen sollen nachfolgende zwei einfache Ansätze der Vereinfachung der Regler vorgestellt werden.

10.2.2 Angenäherte Entkopplung durch Vereinfachung der Übertragungsfunktion $F_K(s)$

Methode. Die Übertragungsfunktion $F_K(s)$ für das betrachtete Beispiel weist ein PT_2-Verhalten auf. Die Pole liegen bei $s_{1,2} = -70 \pm \mathrm{j}55{,}67$. Da die Pole sehr weit links in der s-Ebene liegen, kann man in erster Näherung dieses schnelle Systemverhalten vernachlässigen. Man ersetzt also $F_K(s)$ durch seinen stationären Wert:

$$F_K(s) := F_K(0) = \frac{1}{1 - \frac{F_{S12}(0)F_{S21}(0)}{F_{S11}(0)F_{S22}(0)}} = V_K \ . \tag{10.9}$$

Somit gelten dann allgemein die folgenden Beziehungen für die Ermittlung der Entkopplungsregler:

$$F_{R11}(s) = F_K(0) \cdot F_{R1}(s) \tag{10.10}$$

$$F_{R21}(s) = -\frac{F_{S21}(s)}{F_{S22}(s)} \cdot F_{R11}(s) \tag{10.11}$$

$$F_{R12}(s) = -\frac{F_{S12}(s)}{F_{S11}(s)} \cdot F_{R22}(s) \tag{10.12}$$

$$F_{R22}(s) = F_K(0) \cdot F_{R2}(s) \ . \tag{10.13}$$

Mit den Zahlenwerten des Beispiels resultiert für $V_K = 0{,}5$. Damit ergeben sich die vier Regler wie folgt:

$$F_{R11}(s) = 0{,}5 \cdot \frac{0{,}6250 \cdot (1 + 0{,}04167s)}{0{,}04167s}$$

$$F_{R21}(s) = \frac{(1 + 0{,}1s)^2}{(1 + 0{,}025s)} \cdot F_{R11}$$

$$F_{R12}(s) = -\frac{(1 + 0{,}025s)^2}{(1 + 0{,}1s)} \cdot F_{R22}$$

$$F_{R22}(s) = 0{,}5 \cdot \frac{0{,}7825 \cdot (1 + 0{,}1373s)}{0{,}1373s} \ .$$

Bei dem gewählten Zahlenbeispiel taucht nun jedoch das Problem auf, dass die Regler $F_{R21}(s)$ und $F_{R12}(s)$ nicht mehr realisierbar sind, da die Zählerordnung größer als die Nennerordnung ist. Als erste Näherung kann man den jeweiligen Zählerterm $(1 + Ts)^2$ approximieren durch den Term $(1 + 2Ts)$, d. h. man vernachlässigt den Term 2. Ordnung im Zähler. Die Reglergleichungen lauten dann:

$$F_{R11}(s) = 0{,}5 \cdot \frac{0{,}6250 \cdot (1 + 0{,}04167s)}{0{,}04167s}$$

$$F_{R21}(s) = \frac{(1 + 0{,}2s)}{(1 + 0{,}025s)} \cdot F_{R11}$$

$$F_{R12}(s) = -\frac{(1 + 0{,}05s)}{(1 + 0{,}1s)} \cdot F_{R22}$$

$$F_{R22}(s) = 0{,}5 \cdot \frac{0{,}7825 \cdot (1 + 0{,}1373s)}{0{,}1373s} \; .$$

Mit diesen Reglern ergibt sich das in Abb. 10.9 gezeigte Einschwingverhalten. Die Regelgrößen nähern sich asymptotisch dem geforderten Endwert.

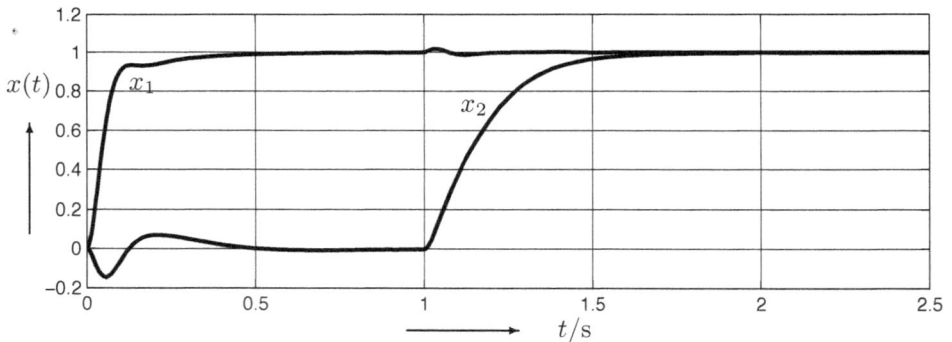

Abbildung 10.9: *Sprungantwort des Systems bei vereinfachter Entkopplung*

10.2.3   Stationäre Entkopplung

Methode. Wesentlich einfacher als bei der obigen Verwendung des stationären Wertes von $F_K(s)$ werden die Regler, wenn bei der Berechnung der Kopplungsregler $F_{R21}(s)$ und $F_{R12}(s)$ ebenfalls die stationären Werte der *Streckenanteile* eingesetzt werden. Die

Reglergleichungen lauten dann:

$$F_{R11}(s) = F_K(0) \cdot F_{R1}(s) \tag{10.14}$$

$$F_{R21}(s) = -\frac{F_{S21}(0)}{F_{S22}(0)} \cdot F_{R11}(s) \tag{10.15}$$

$$F_{R12}(s) = -\frac{F_{S12}(0)}{F_{S11}(0)} \cdot F_{R22}(s) \tag{10.16}$$

$$F_{R22}(s) = F_K(0) \cdot F_{R2}(s) \, , \tag{10.17}$$

mit $F_K(0) = \dfrac{1}{1 - \frac{F_{S12}(0)F_{S21}(0)}{F_{S11}(0)F_{S22}(0)}}$.

Für das betrachtete Zahlenbeispiel ergeben sich dann die Übertragungsfunktionen der Regler zu:

$$F_{R11}(s) = 0{,}5 \cdot \frac{0{,}6250 \cdot (1 + 0{,}04167s)}{0{,}04167s}$$

$$F_{R21}(s) = F_{R11}$$

$$F_{R12}(s) = -F_{R22}$$

$$F_{R22}(s) = 0{,}5 \cdot \frac{0{,}7825 \cdot (1 + 0{,}1373s)}{0{,}1373s} \ .$$

Die Sprungantworten für diese Zahlenwerte der stationären Entkopplung zeigt Abb. 10.10. Die Entkopplung der Regelgrößen hat sich im Vergleich zu Abb. 10.9 wieder etwas verschlechtert.. Diese stationäre Entkopplung ist eine besonders einfache Variante bei der Regelung von Zweigrößensystemen.

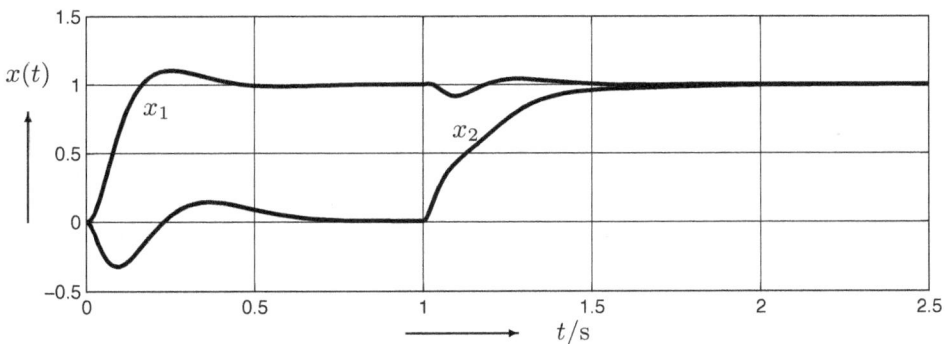

Abbildung 10.10: *Sprungantwort des Systems bei vereinfachter Entkopplung*

10.3   Spezialform von Zweigrößenregelstrecken

Streckengleichungen. Die Struktur der Zweigrößenregelstrecken kann so beschaffen sein, dass die Verkopplung sich nur auf die Ausgänge der Strecke beschränkt. Eine derartige Verkopplung[2] zeigt Abb. 10.11.

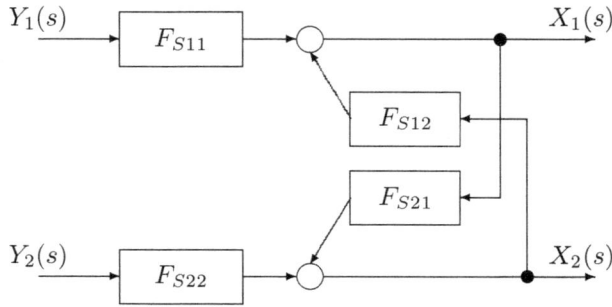

Abbildung 10.11: *Sonderform der Verkopplung*

Die Gleichungen dieser Zweigrößenregelstrecke lauten:

$$X_1(s) = F_{S11}(s) \cdot Y_1(s) + F_{S12}(s) \cdot X_2(s) \tag{10.18}$$
$$X_2(s) = F_{S22}(s) \cdot Y_2(s) + F_{S21}(s) \cdot X_1(s) \tag{10.19}$$

Durch Ersetzen von Gleichung 10.19 in Gleichung 10.18 und umgekehrt und Auflösen nach $X_1(s)$ bzw. $X_2(s)$ können derartige Strecken auf die vorher untersuchte Form umgeformt werden zu:

$$X_1(s) = \frac{F_{S11}(s)}{1 - F_{S12}(s)F_{S21}(s)} \cdot Y_1(s) + \frac{F_{S12}(s) \cdot F_{S22}(s)}{1 - F_{S12}(s)F_{S21}(s)} \cdot Y_2(s) \tag{10.20}$$

$$X_2(s) = \frac{F_{S11}(s)F_{S21}(s)}{1 - F_{S12}(s)F_{S21}(s)} \cdot Y_1(s) + \frac{F_{S22}(s)}{1 - F_{S12}(s)F_{S21}(s)} \cdot Y_2(s) \,. \tag{10.21}$$

Entkopplung. Die Entkopplung dieser Regelstrecken ist besonders einfach, da die Verkopplung bei den Ausgangsgrößen erfolgt. Diese Ausgangsgrößen stehen aber als Messgrößen zur Verfügung. Folglich muss nur durch eine geeignete Rückführung dieser Ausgangsgrößen die Entkopplung am Eingang realisiert werden. Die Umformung des Systems auf die Form der Gleichungen 10.20 und 10.21 wird dabei *nicht* benötigt. Dies zeigt Abb. 10.12.

Der Ausgang $X_1(s)$ wird erzeugt durch positive Einkopplung des Terms $F_{S12} \cdot X_2(s)$ (siehe Gleichung 10.18). Folglich muss zur Entkopplung dieser Term $F_{S12} \cdot X_2(s)$ am Eingang $Y_1(s)$ subtrahiert werden. Da der Eingang $Y_1(s)$ aber innerhalb der Strecke als

---

[2]Diese Form der Verkopplung wird auch als V-kanonische Form bezeichnet

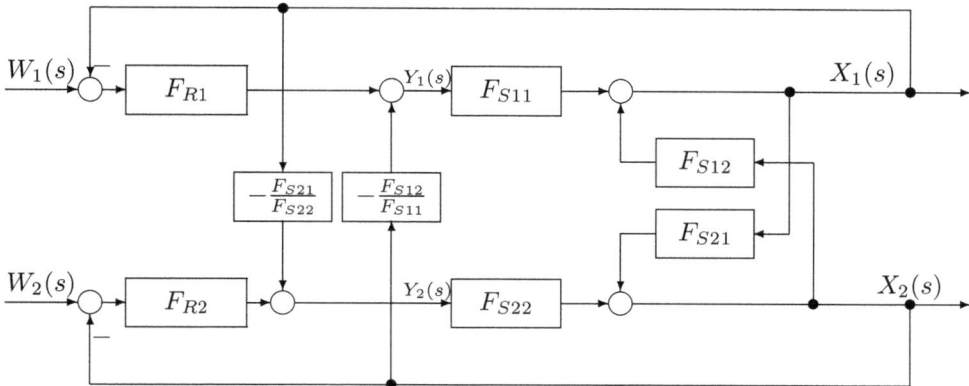

Abbildung 10.12: *Zweigrößenstruktur mit Entkopplung*

erstes über F_{S11} geführt wird, muss das Entkopplungsglied F_{S12}/F_{S11} lauten. Damit wird dann wie gewünscht der Term

$$\frac{F_{S12}}{F_{S11}} \cdot F_{S11} \cdot X_2(s) = F_{S12} \cdot X_2(s)$$

subtrahiert und somit die Entkopplung des Ausgangs 1 vom Ausgang 2 ermöglicht. In gleicher Weise wird das Entkopplungsglied F_{S21}/F_{S22} vor den Eingang $Y_2(s)$ geschaltet.

Teil II

Nichtlineare Regelung

11 Regelkreise mit nichtlinearen Übertragungsgliedern

Einführung. Die bisherigen Untersuchungen beschränken sich auf lineare Regelkreise, d. h. auf Regelkreise, die durch lineare Differentialgleichungen beschrieben werden können. Sowohl Regler als auch Stellglied und Regelstrecke sind linear. Falls eine nichtlineare Regelstrecke vorliegt, kann sie mithilfe der in Abschnitt 3.5 gezeigten Methode linearisiert werden. Dabei geht man davon aus, dass der Regelkreis „an einem Arbeitspunkt" betrieben wird. Dieser Arbeitspunkt wird durch geeignete Maßnahmen eingestellt. Abweichungen von diesem Arbeitspunkt werden dann wiederum durch lineare Differentialgleichungen beschrieben.

Diese Vorgehensweise ist gerechtfertigt, solange die Abweichungen von dem Arbeitspunkt so klein sind, dass die Beschreibung durch die linearen Differentialgleichungen gültig ist. Wird z. B. ein Ventil mit einer nichtlinearen Kennlinie nur in einem relativ kleinen Arbeitsbereich betrieben, so kann die Ventilkennlinie in diesem Arbeitsbereich durch eine lineare Gleichung (eine Gerade) beschrieben werden. Sobald das Ventil jedoch voll geöffnet oder geschlossen wird – also an den Anschlag kommt – reicht die Beschreibung der Ventilkennlinie durch eine Gerade nicht mehr aus. Mit den Methoden, die dann anzuwenden sind, beschäftigt sich dieses Kapitel.

11.1 Nichtlineare Übertragungsglieder

Einfache nichtlineare Regelkreisglieder. Nichtlineare Übertragungsglieder im Regelkreis können sowohl der Regler als auch das Stellglied oder die Regelstrecke sein. Nimmt man einen elektronischen Verstärker, z. B. den zuvor in Abschnitt 4.6.1 behandelten Operationsverstärker, so kann dieser Verstärker unerwünschte nichtlineare Effekte aufweisen. Das Ausgangssignal kann eine bestimmte Maximalspannung (Sättigungsgrenze) von z. B. $\pm 10\,\text{V}$ nicht über- bzw. unterschreiten. Ein derartiges Verhalten wird durch eine Kennlinie, in diesem Fall die so genannte *Begrenzer*-Kennlinie (Abb. 11.1a), beschrieben.

Bleibt das Eingangssignal $x_e(t)$ unter dem zulässigen Maximalwert des Begrenzers, dann ist das Ausgangssignal $x_a(t)$ gleich dem mit dem Verstärkungsfaktor K verstärkten Eingangssignal. Bei Überschreiten von $x_{e,Max}$ wird das Ausgangssignal auf den Maximalwert begrenzt. Der Begrenzer kann symmetrisch sein, dann sind die positiven und negativen Begrenzungswerte gleich groß, oder er kann unsymmetrisch sein bei Vorliegen ungleicher Begrenzungswerte. Dies schließt auch den einseitigen Begrenzer ein, dessen Ober- bzw. Untergrenze bei Null liegt. In dieser Funktion lässt ein Begrenzer

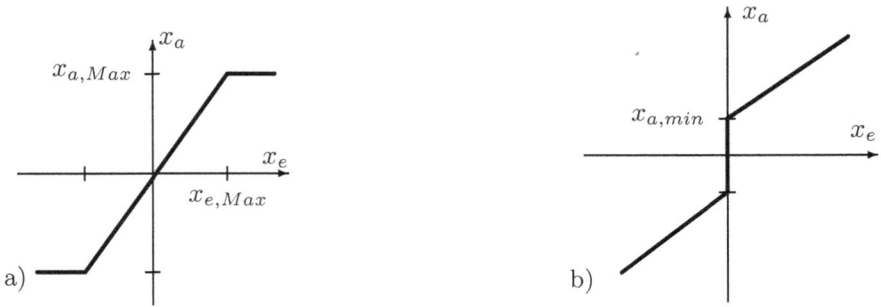

Abbildung 11.1: *Begrenzerkennlinie (Abb. a) und Vorlast (Abb. b)*

nur positive oder negative Signale durch, die gegebenenfalls dann zusätzlich nach oben oder unten begrenzt werden. Beispiele für ein derartiges Verhalten sind Dioden oder Gleichrichterschaltungen.

Weiterhin kann infolge ungenauer Verstärkerabstimmung beim Nulldurchgang des Eingangssignals das Ausgangssignal in der Nähe von Null von einem kleinen negativen Wert auf einen kleinen positiven Wert springen. Dieses Verhalten bezeichnet man als *Vorlast*. Abb. 11.1b zeigt die zugehörige Kennlinie.

Ein dritter unerwünschter Effekt eines Verstärkers ist die *Ansprechempfindlichkeit* oder *tote Zone*, bei der ein bestimmter Eingangssignalpegel erforderlich ist, bevor am Ausgang ein Signal erscheint (siehe Abb. 11.2a).

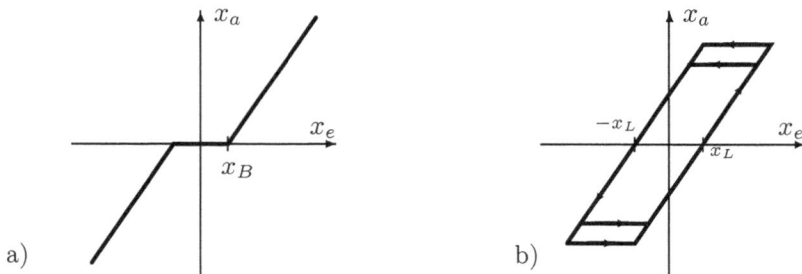

Abbildung 11.2: *Tote Zone, Ansprechempfindlichkeit (Abb. a), Lose (Abb. b)*

Dieselben oder andere nichtlineare Effekte können auch beim Stellglied im Regelkreis auftreten. Z. B. wird die Kennlinie eines Stellventils nach oben und unten durch den Anschlag begrenzt. Dieses Verhalten wird durch die oben dargestellte Begrenzerfunktion beschrieben. Ein Stellgetriebe kann eine *Getriebelose* aufweisen. Bei einer Drehrichtungsumkehr in einem Getriebe löst sich das antreibende Zahnrad von der einen Zahnflanke des abtreibenden Zahnrads und dreht einen kleinen Winkel, bevor es die andere Zahnflanke des abtreibenden Zahnrads berührt. Dieses „Spiel" bezeichnet man als *Lose*, und die zugehörige Kennlinie ist in Abb. 11.2b dargestellt.

Als Beispiel für ein nichtlineares Verhalten einer Regelstrecke kann die *Magnetisierungs-kennlinie* eines Gleich- oder Drehstrommotors dienen. Die Induktion B hängt nichtlinear von der magnetischen Feldstärke H ab. Bei wachsender Feldstärke H nimmt ab einem bestimmten Wert die Induktion nur noch wenig zu. Das Verhalten kann näherungsweise durch eine Begrenzerkennlinie oder genauer durch die Magnetisierungskennlinie von Abb. 11.3 beschrieben werden. Diese Kennlinie besteht dann nicht aus Geradenstücken, sondern aus Kurven. Weitere Beispiele für Kennlinien von nichtlinearen Übertragungsgliedern werden in Abschnitt 11.3 betrachtet.

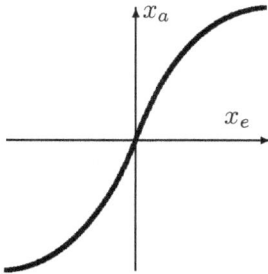

Abbildung 11.3: *Magnetisierungs-kennlinie*

Darstellung im Blockschaltbild. Im Blockschaltbild von Regelkreisen werden *lineare* Übertragungsglieder durch Blöcke dargestellt, die entweder durch ihre Übertragungsfunktion $F(s)$ oder durch die symbolische Darstellung der Sprungantwort gekennzeichnet sind. *Nichtlineare* Übertragungsglieder dagegen werden durch ihre Kennlinie des Ein-/Ausgangsverhaltens beschrieben. Zur Unterscheidung von den Blöcken linearer Übertragungsglieder werden für die nichtlinearen Baugruppen ebenfalls Blöcke verwendet, in die jedoch die Kennlinie eingezeichnet ist. Diese Blöcke beschreiben das stationäre nichtlineare Übertragungsverhalten. Zur Hervorhebung der Tatsache, dass ein nichtlineares Übertragungsverhalten vorliegt, werden diese Blöcke doppelt umrahmt. Abb. 11.4 zeigt einen Regelkreis mit einer PT$_3$-Strecke, einem PI-Regler und einem Stellglied mit Begrenzung.

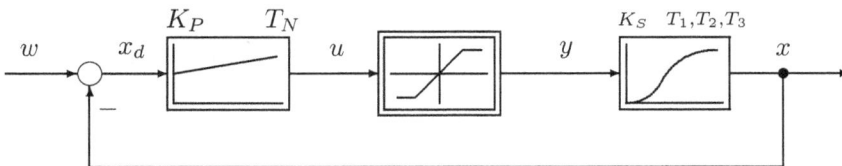

Abbildung 11.4: *Nichtlinearer Regelkreis mit einem Begrenzer*

11.2   Die harmonische Balance
als Analysemethode

Stabilität im Kleinen. Die Untersuchung des dynamischen Verhaltens und der Stabilität von Regelkreisen wurde bisher an einem Arbeitspunkt x_B des Regelsystems durchgeführt (Abb. 11.5). Über das Stellsignal y_B wird der Arbeitspunkt eingestellt. Dann wird geprüft, ob die Abweichungen der Regelgröße vom Arbeitspunkt so klein sind, dass

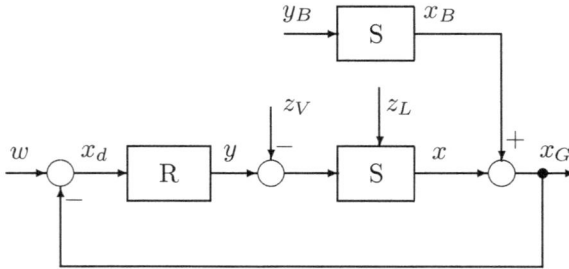

Abbildung 11.5: *Linearisierter Regelkreis mit Einstellung des Arbeitspunktes x_B*

zur Beschreibung der Abweichungen lineare Differentialgleichungen ausreichen. Die entworfenen Regler stabilisieren dann das System. Diese Stabilität bezeichnet man auch als „Stabilität im Kleinen", d. h. in der Umgebung des Arbeitspunktes.

Stabilität im Großen. Sind die Abweichungen der Regelgröße vom Arbeitspunkt nicht mehr klein genug, so muss die Nichtlinearität explizit berücksichtigt werden. Das Vorgehen wird an einer PT_3-Strecke mit einem P-Regler mit Begrenzung erläutert. Die Struktur dieses Kreises zeigt Abb. 11.6. Die Steigung des Begrenzers entspricht der Verstärkung K_P des P-Reglers, die Begrenzung liege bei $\pm y_{Max}$.

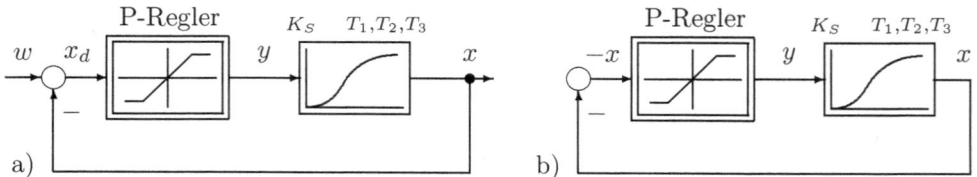

Abbildung 11.6: *Regelkreis mit P-Regler und PT_3-Strecke (Abb. a), Ersatzkreis bei der Analyse von Dauerschwingungen (Abb. b)*

Als erstes wird ein P-Regler *ohne Begrenzung* betrachtet. Die Verstärkung K_P des P-Reglers sei klein, der Kreis ist stabil und Schwingungen im Kreis klingen ab. Nun wird die Verstärkung solange erhöht, bis der Kreis Dauerschwingungen an der Stabilitätsgrenze durchführt. Die kritische Verstärkung $K_{P,Krit}$ sowie die Frequenz ω_{Krit} der Dauerschwingung können mit dem Hurwitz-Kriterium ermittelt werden. Wird die Verstärkung über die kritische Verstärkung hinaus erhöht, so wird der Kreis instabil, die Amplituden der Schwingung klingen auf gegen unendlich.

Nun erhalte der P-Regler eine *Begrenzung* $|y| \leq y_{Max}$. Bei einer Reglerverstärkung von $K_P < K_{P,Krit}$ trete z. B. eine von außen angeregte Schwingung von $x(t)$ und damit auch von $y(t)$ der Amplitude $|y| < y_{Max}$ auf. Die Begrenzung wird in diesem Fall nicht aktiv und das Regelkreisverhalten entspricht dem ohne Begrenzung. Nun wird die Reglerverstärkung über die kritische Verstärkung hinaus erhöht, d. h. es wird $K_P > K_{P,Krit}$. Im Regelkreis vorhandene bzw. von außen angeregte Schwingungen klingen nun auf. Durch die Wirkung der Begrenzung wird das Stellsignal y am Streckeneingang jedoch auf $|y|_{Max}$ begrenzt. Die mit diesem Stellsignal beaufschlagte Regelstrecke antwortet mit der Regelgröße $x(t)$, die wiederum zurückgeführt und begrenzt wird. Im eingeschwungenen Zustand stellt sich eine Dauerschwingung mit der Amplitude $\hat{x}_0$ und der Frequenz ω_0 ein. Infolge der Begrenzung klingen die Amplituden der Dauerschwingung nicht ins Unendliche auf, sie bleiben endlich. Der Regelkreis ist „stabil im Großen".

Dauerschwingungen. Bei den meisten praktischen Anwendungen sind diese Dauerschwingungen unerwünscht. Tritt z. B. eine Stellgliedbegrenzung im Regelkreis auf, so wird im Allgemeinen die Reglerverstärkung *nicht* solange erhöht bis diese Dauerschwingungen auftreten. Es wird vielmehr der Regler ohne Berücksichtigung der Begrenzung ausgelegt. Die Begrenzung des Stellsignals und damit die Verlangsamung der Einschwingvorgänge wird als unvermeidbar akzeptiert.

Bei anderen Anwendungen dagegen wird das Auftreten von Dauerschwingungen bei der Regelung ausgenutzt. Vergrößert man z. B. die Steigung des linearen Teils der Begrenzerkennlinie auf Unendlich, so wird aus dem Begrenzer ein *Zweipunktschalter* (Verstärkungsfaktor Unendlich). Ein derartiger einfacher Zweipunktschalter als Regler wird z. B. bei der Temperaturregelung eingesetzt und in Kapitel 10 näher untersucht. Die Temperatur schwingt dann um einen Mittelwert, der z. B. der Solltemperatur entspricht.

Die Bestimmung von Amplitude $\hat{x}_0$ und Frequenz ω_0 der aufgrund der nichtlinearen Übertragungsglieder auftretenden Dauerschwingungen wird mittels der so genannten *harmonischen Balance* durchgeführt. Bei diesen Untersuchungen wird davon ausgegangen, dass nur *ein* nichtlineares Übertragungsglied im Regelkreis vorhanden ist. Gegebenenfalls müssen, falls möglich, mehrere eventuell vorhandene Nichtlinearitäten zu einer Nichtlinearität zusammengefasst werden. Die linearen Regelkreisglieder werden ebenfalls zu einem linearen Regelkreisglied zusammengefasst.

Definition der Beschreibungsfunktion. Führt die Regelgröße $x(t)$ eine sinusförmige Dauerschwingung durch, dann ist das Eingangssignal in das nichtlineare Übertragungsglied ein Sinussignal, das Ausgangssignal jedoch wird durch die Nichtlinearität verzerrt. Dieses verzerrte Signal kann nach Fourier [8] in eine Summe sinusförmiger Signale zerlegt werden, die sich aus der Grundschwingung mit der Frequenz ω und den höheren Harmonischen mit den Frequenzen 2ω, 3ω ... zusammensetzt. Damit das verzerrte Signal am Eingang der Strecke wieder zu einem nur aus der Grundschwingung bestehenden Ausgangssignal führt, müssen die höheren Harmonischen durch die Regelstrecke „weggedämpft" werden. Die Regelstrecke muss somit *Tiefpasseigenschaft* aufweisen.

Die regelungstechnische Beschreibung des Übertragungsverhaltens des nichtlinearen Übertragungsgliedes geschieht durch die *Beschreibungsfunktion*. Für ein sinusförmiges Eingangssignal

$$x_e(t) = \widehat{x}_e \cdot \sin \omega t$$

resultiert bei einer Nichtlinearität wieder ein periodisches Ausgangssignal $x_a(t)$, welches durch eine Fourier-Zerlegung in der folgenden Form dargestellt werden kann:

$$x_a(t) = \frac{a_0}{2} + \sum_{k=1}^{\infty} \{a_k \cos k\omega t + b_k \sin k\omega t\} \ .$$

Darin sind die Fourier-Koeffizienten a_k und b_k bestimmt zu

$$a_k = \frac{2}{T} \int_0^T x_a(t) \cdot \cos k\omega t \ \mathrm{d}t \qquad k = 0, 1, 2, \dots$$

$$b_k = \frac{2}{T} \int_0^T x_a(t) \cdot \sin k\omega t \ \mathrm{d}t \qquad k = 1, 2, \dots, \tag{11.1}$$

mit T als Periodendauer und ω als Kreisfrequenz der Dauerschwingung. Die Grundwelle des Ausgangssignals $x_a(t)$ ohne Gleichanteil lautet nun

$$x_{a1}(t) = a_1 \cos \omega t + b_1 \sin \omega t \ .$$

Wie bei der Definition des Frequenzgangs werden die Ein- und Ausgangsschwingungen nun in der Gaußschen Zahlenebene durch ihre komplexen Zeiger

$$\sin \omega t \ \widehat{=} \ \mathrm{e}^{\mathrm{j}\omega t}$$
$$\cos \omega t \ \widehat{=} \ \mathrm{e}^{\mathrm{j}(\omega t + \pi/2)} = \mathrm{j} \cdot \mathrm{e}^{\mathrm{j}\omega t} \tag{11.2}$$

dargestellt. Dann resultiert für die komplexen Ein- und Ausgangsschwingungen

$$x_e^*(t) = \widehat{x}_e \cdot \mathrm{e}^{\mathrm{j}\omega t}$$
$$x_{a1}^*(t) = b_1 \cdot \mathrm{e}^{\mathrm{j}\omega t} + \mathrm{j}a_1 \cdot \mathrm{e}^{\mathrm{j}\omega t} \ . \tag{11.3}$$

Dies führt zu der folgenden Definition:

Das Verhältnis der komplexen Ausgangsschwingung $x_{a1}^*(t)$ zur komplexen Eingangsschwingung $x_e^*(t)$ bezeichnet man als Beschreibungsfunktion $N(\widehat{x}_e)$

$$\boxed{N(\widehat{x}_e) = \frac{x_{a1}^*(t)}{x_e^*(t)} = \frac{b_1 \cdot \mathrm{e}^{\mathrm{j}\omega t} + \mathrm{j}a_1 \cdot \mathrm{e}^{\mathrm{j}\omega t}}{\widehat{x}_e \cdot \mathrm{e}^{\mathrm{j}\omega t}} = \frac{b_1 + \mathrm{j}a_1}{\widehat{x}_e}} \ .$$

Die Koeffizienten der Grundwelle sind bestimmt zu

$$a_1 = \frac{2}{T} \int_0^T x_a(t) \cdot \cos \omega t \; \mathrm{d}t \qquad \text{und}$$

$$b_1 = \frac{2}{T} \int_0^T x_a(t) \cdot \sin \omega t \; \mathrm{d}t \; . \tag{11.4}$$

Einfacher ist meist die Berechnung dieser Koeffizienten bei Verwendung des Winkels $\alpha = \omega \cdot t$ als Laufvariable. Es gilt dann

$$a_1 = \frac{1}{\pi} \int_0^{2\pi} x_a(\alpha) \cdot \cos \alpha \; \mathrm{d}\alpha \qquad \text{und}$$

$$b_1 = \frac{1}{\pi} \int_0^{2\pi} x_a(\alpha) \cdot \sin \alpha \; \mathrm{d}\alpha \; . \tag{11.5}$$

Die Beschreibungsfunktion ist im Allgemeinen eine reelle Größe, die von der Amplitude $\hat{x}_e$ der Eingangsschwingung abhängt. Nur bei mehrdeutigen Kennlinien ist die Beschreibungsfunktion eine komplexe Größe. Ist die Kennlinie des Übertragungsgliedes eine *eindeutige ungerade Funktion*, d.h. wenn gilt $x_a(x_e) = -x_a(-x_e)$, dann sind die Fourier-Koeffizienten $a_k = 0$, und $N(\hat{x}_e)$ ist eine rein reelle Funktion. In diesem Fall gilt für die Berechnung von b_1

$$b_1 = \frac{2}{\pi} \int_0^{\pi} x_a(\alpha) \cdot \sin \alpha \; \mathrm{d}\alpha \; . \tag{11.6}$$

Für nichtlineare Elemente mit *geraden* Kennlinienfunktionen $(x_a(x_e) = x_a(-x_e))$ und Offset-freien Eingangssignalen mit $x_\infty = 0$ kann keine Beschreibungsfunktion bestimmt werden, da neben dem Gleichanteil nur Kosinusschwingungen mit geraden Vielfachen der Grundfrequenz auftreten können, a_1 ist also Null.

Berechnung der Beschreibungsfunktion. Als Beispiel für die Berechnung einer Beschreibungsfunktion wird der *Begrenzer* herangezogen, dessen Übertragungsverhalten in Abb. 11.7 dargestellt ist. Abbildung a zeigt den Zeitverlauf des Eingangssignals $x_e(\alpha)$, Abb. b die Kennlinie des Begrenzers und Abb. c den Verlauf des exakten Ausgangssignals $x_a(\alpha)$. Das Ausgangssignal wird durch die Kennlinie des Begrenzers auf die Maximalamplitude x_M begrenzt. Da die Kennlinie des Begrenzers eine ungerade Funktion ist, wird der Fourier-Koeffizient a_1 der Grundwelle Null, und es muss zur

b)

c)

a)

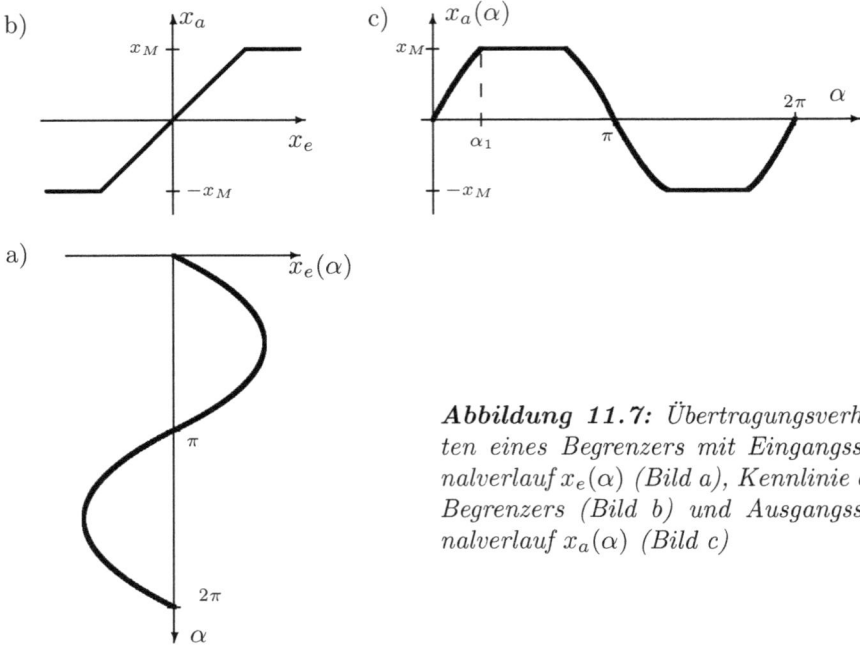

Abbildung 11.7: *Übertragungsverhalten eines Begrenzers mit Eingangssignalverlauf $x_e(\alpha)$ (Bild a), Kennlinie des Begrenzers (Bild b) und Ausgangssignalverlauf $x_a(\alpha)$ (Bild c)*

Bestimmung der Beschreibungsfunktion $N(\widehat{x}_e)$ nur der Fourier-Koeffizient b_1 mithilfe von Gleichung 11.6 berechnet werden. Da in diesem Fall das Produkt $x_a(\alpha) \cdot \sin \alpha$ symmetrisch zu $\alpha = \pi/2$ ist, gilt auch

$$b_1 = \frac{4}{\pi} \int\limits_0^{\pi/2} x_a(\alpha) \cdot \sin \alpha \; \mathrm{d}\alpha \; . \tag{11.7}$$

Für den Verlauf von $x(\alpha)$ gilt

$$x_a(\alpha) = \begin{cases} \widehat{x}_e \cdot \sin \alpha & \text{für } 0 \le \alpha \le \alpha_1 \\ x_M & \text{für } \alpha_1 \le \alpha \le \pi/2 \end{cases}$$

Dabei wird α_1 aus der Beziehung $x_M = \widehat{x}_e \cdot \sin \alpha_1$ berechnet. Man erhält nun

$$b_1 = \frac{4}{\pi} \left\{ \int\limits_0^{\alpha_1} \widehat{x}_e \; \sin^2 \alpha \; \mathrm{d}\alpha + \int\limits_{\alpha_1}^{\pi/2} x_M \sin \alpha \; \mathrm{d}\alpha \right\}$$

$$= \frac{4}{\pi} \left\{ \widehat{x}_e \left[\frac{1}{2} \; \alpha - \frac{1}{4} \cdot 2 \; \sin \alpha \; \cos \alpha \right]_0^{\alpha_1} - x_M \; \cos \alpha \Big|_{\alpha_1}^{\pi/2} \right\}$$

$$= \frac{4}{\pi} \left\{ \widehat{x}_e \left[\frac{1}{2} \; \alpha_1 - \frac{1}{2} \cdot \sin \alpha_1 \cos \alpha_1 \right] + x_M \; \cos \alpha_1 \right\}$$

$$= \frac{4\widehat{x}_e}{\pi} \left\{ \frac{1}{2}\, \alpha_1 - \frac{1}{2} \cdot \sin\alpha_1 \cos\alpha_1 + \frac{x_M}{\widehat{x}_e}\, \cos\alpha_1 \right\}$$

$$= \frac{4\widehat{x}_e}{\pi} \left\{ \frac{1}{2}\, \alpha_1 - \frac{1}{2} \cdot \sin\alpha_1 \cos\alpha_1 + \sin\alpha_1 \cos\alpha_1 \right\}$$

$$= \frac{2\widehat{x}_e}{\pi} \left\{ \alpha_1 + \sin\alpha_1 \cos\alpha_1 \right\} .$$

Damit lautet die Beschreibungsfunktion für den *symmetrischen Begrenzer*

$$N(\widehat{x}_e) = \frac{b_1}{\widehat{x}_e} = \frac{2}{\pi} \left\{ \alpha_1 + \sin\alpha_1 \cos\alpha_1 \right\} \qquad \text{für } \widehat{x}_e > x_M$$

und mit $\sin\alpha_1 = x_M/\widehat{x}_e$. In der folgenden Tabelle ist $N(\widehat{x}_e)$ für einige Zahlenwerte von $\widehat{x}_e/x_M$ berechnet:

$\widehat{x}_e/x_M$	1	1,5	2	3	4	5	10	∞
$N(\widehat{x}_e)$	1	0,7809	0,6090	0,4164	0,3150	0,2529	0,1271	0

Abb. 11.8a zeigt den *Betrag der Beschreibungsfunktion* in Abhängigkeit von $x_M/\widehat{x}_e$, und in Abb. 11.8b ist die *Ortskurve der Beschreibungsfunktion* in der komplexen Ebene aufgetragen. Da beim Begrenzer $N(\widehat{x}_e)$ eine reelle Funktion von $\widehat{x}_e$ ist, verläuft die Beschreibungsfunktion in der komplexen Ebene nur auf der reellen Achse.

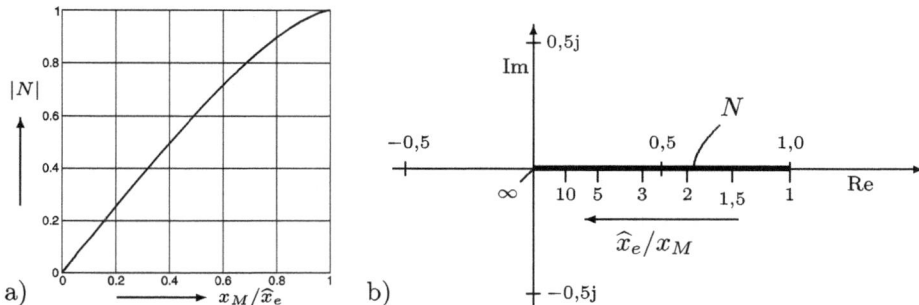

Abbildung 11.8: *Grafische Darstellungen der Beschreibungsfunktion: a) $|N(\widehat{x}_e)|$ des Begrenzers in Abhängigkeit von $x_M/\widehat{x}_e$; b) Darstellung von $N(\widehat{x}_e)$ in der komplexen Ebene*

Bevor in Abschnitt 11.4 die Anwendung der Beschreibungsfunktion bei der Stabilitätsanalyse von Regelkreisen untersucht wird, sollen in Abschnitt 11.3 die Beschreibungsfunktionen von weiteren nichtlinearen Regelkreisgliedern berechnet werden.

11.3   Berechnung von Beschreibungsfunktionen

11.3.1   Vorlast

Berechnung. Bei einer Vorlast wird das Ausgangssignal $x_a(t)$ um den Wert x_V der Vorlast für ein positives Eingangssignal $x_e(t)$ nach oben, und für ein negatives Eingangssignal nach unten verschoben. Die Steigung der beiden Kennlinienäste sei $1:1$. Abb. 11.9 zeigt die Kennlinie der Vorlast (Abb. a) und den Verlauf des Ausgangssignals x_a mit α als Variable.

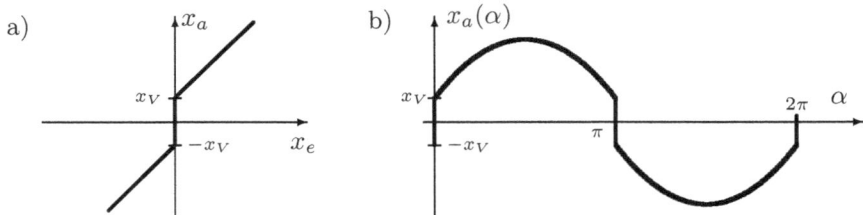

Abbildung 11.9: *Kennlinie (Abb. a) und Verlauf des Ausgangssignals $x_a(\alpha)$ (Abb. b) bei einer Vorlast*

Da die Kennlinie eine ungerade Funktion darstellt, braucht nur der Fourier-Koeffizient b_1 unter Verwendung von Gleichung 11.6 berechnet zu werden. Es gilt

$$
\begin{aligned}
b_1 &= \frac{2}{\pi} \cdot \int_0^\pi x_a(\alpha) \cdot \sin\alpha \, \mathrm{d}\alpha = \frac{2}{\pi} \cdot \int_0^\pi [x_V + \widehat{x}_e \sin\alpha] \sin\alpha \, \mathrm{d}\alpha \\
&= \frac{2}{\pi} \cdot \left\{ x_V \int_0^\pi \sin\alpha \, \mathrm{d}\alpha + \widehat{x}_e \int_0^\pi \sin^2\alpha \, \mathrm{d}\alpha \right\} \\
&= \frac{2}{\pi} \cdot \left\{ x_V(-\cos\alpha)\Big|_0^\pi + \widehat{x}_e \left[\frac{1}{2}\alpha - \frac{1}{4}\sin 2\alpha\right]_0^\pi \right\} \\
&= \frac{2}{\pi} \cdot \left\{ 2\,x_V + \widehat{x}_e\,\frac{\pi}{2} \right\} = \widehat{x}_e \cdot \left\{ 1 + \frac{4 x_V}{\pi \widehat{x}_e} \right\} \ .
\end{aligned}
$$

Damit lautet die Beschreibungsfunktion für das Übertragungsglied mit Vorlast

$$
N(\widehat{x}_e) = 1 + \frac{x_V}{\widehat{x}_e} \cdot \frac{4}{\pi} \qquad \text{für} \quad \widehat{x}_e > 0 \ .
$$

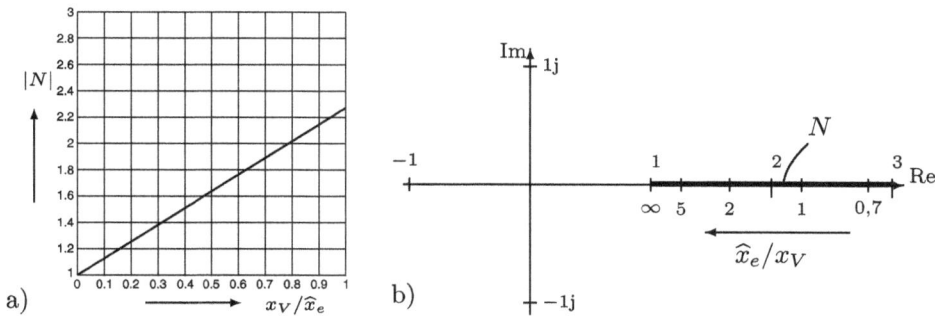

Abbildung 11.10: *Darstellungen der Beschreibungsfunktion: a) $|N(\widehat{x}_e)|$ der Vorlast in Abhängigkeit von $x_V/\widehat{x}_e$; b) Darstellung von $N(\widehat{x}_e)$ in der komplexen Ebene*

Grafische Darstellung. Abb. 11.10a zeigt den *Betrag* der Beschreibungsfunktion in Abhängigkeit von $x_V/\widehat{x}_e$, und in Abb. 11.10b ist die *Ortskurve der Beschreibungsfunktion* in der komplexen Ebene aufgetragen. Die Beschreibungsfunktion kommt für $\widehat{x}_e/x_V = 0$ aus dem Unendlichen und verläuft entlang der reellen Achse. Für $\widehat{x}_e/x_V \to \infty$ endet die Beschreibungsfunktion bei $+1$.

Aufgabe 11.1: Berechnen Sie die Beschreibungsfunktion für ein Übertragungsglied mit einer *toten Zone* $x_{e,Min} = x_T$ (siehe Abb. 11.2). Die Steigung des linearen Teils der Kennlinie sei 1.

Lösung: $N(\widehat{x}_e) = 1 - \frac{2}{\pi} \cdot \{\alpha_1 + \sin\alpha_1 \ \cos\alpha_1\}$ mit $\sin\alpha_1 = x_T/\widehat{x}_e$ $\square$

11.3.2   Idealer Zweipunktregler

Berechnung. Ein idealer Zweipunktregler ist ein Schalter, der für positive Eingangssignale ein konstantes positives Signal ausgibt und für negative Eingangssignale ein konstantes negatives Signal. Abb. 11.11 zeigt Kennlinie und Signalverlauf.

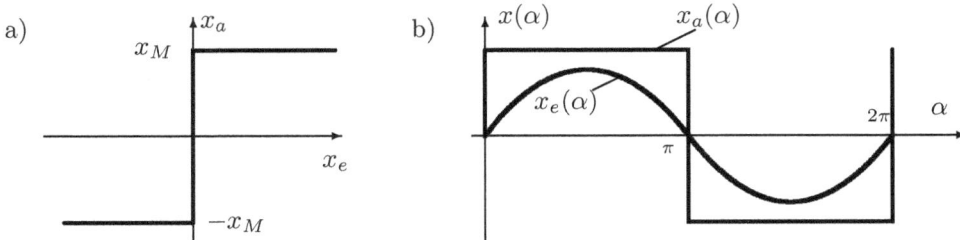

Abbildung 11.11: *Kennlinie (Abb. a) und Verlauf des Ausgangssignals $x_a(\alpha)$ (Abb. b) für einen Zweipunktregler*

Aufgrund der Symmetrie der Kennlinie führt die Anwendung von Gleichung 11.6 für die Berechnung von b_1 zu

$$b_1 = \frac{2}{\pi} \int\limits_0^\pi x_M \, \sin \alpha \, \mathrm{d}\alpha = \frac{2}{\pi} \, x_M \, \left.(-\cos \alpha)\right|_0^\pi = \frac{4}{\pi} \, x_M \; .$$

Damit lautet die Beschreibungsfunktion für den Zweipunktregler

$$N(\widehat{x}_e) = \frac{4}{\pi} \cdot \frac{x_M}{\widehat{x}_e} \qquad \text{für } \widehat{x}_e > 0 \; .$$

Grafische Darstellung. Die Darstellung des *Betrags* der Beschreibungsfunktion in Abhängigkeit von $x_M/\widehat{x}_e$ sowie den Verlauf ihrer *Ortskurve* in der komplexen Ebene zeigt Abb. 11.12. Die Ortskurve der Beschreibungsfunktion kommt in der komplexen Ebene für $\widehat{x}_e/x_M = 0$ aus dem Unendlichen und verläuft entlang der reellen Achse. Für $\widehat{x}_e/x_M \to \infty$ endet die Beschreibungsfunktion im Ursprung.

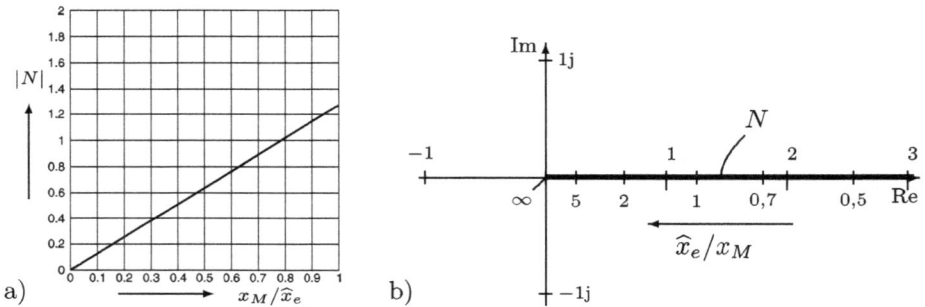

Abbildung 11.12: *Darstellungen der Beschreibungsfunktion: a) Darstellung $|N(\widehat{x}_e)|$ des Zweipunktreglers in Abhängigkeit von $x_M/\widehat{x}_e$; b) Darstellung von $N(\widehat{x}_e)$ in der komplexen Ebene*

Aufgrund der Symmetrie der Kennlinie ist diese Beschreibungsfunktion, wie alle bisher untersuchten Beschreibungsfunktionen, eine rein reelle Funktion. Dies bedeutet, dass es zu keiner Phasenverschiebung zwischen dem Eingangssignal und der Grundwelle des Ausgangssignals kommt.

11.3.3   Zweipunktregler mit Hysterese

Berechnung. Beim zuvor untersuchten Zweipunktregler findet die Umschaltung vom Maximalwert der Ausgangsgröße auf den Minimalwert – bzw. umgekehrt – beim Null-durchgang der Eingangsgröße statt. Diese Umschaltung kann jedoch auch verzögert auftreten, so dass es zu einer Phasenverschiebung α_1 zwischen dem Eingangssignal des

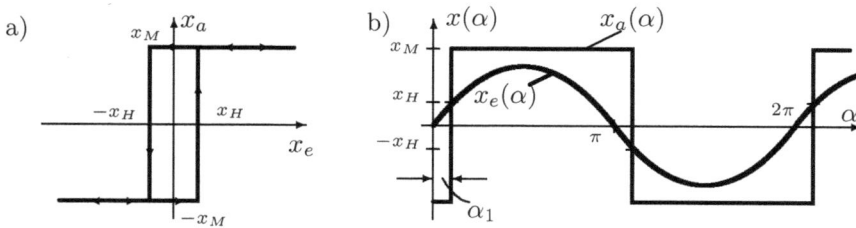

Abbildung 11.13: *Kennlinie (Abb. a) und Verlauf des Ausgangssignals $x_a(\alpha)$ (Abb. b) bei einem Zweipunktregler mit Hysterese*

nichtlinearen Gliedes und dem Ausgangssignal kommt. Diese Verzögerung der Umschaltung wird als Hysterese bezeichnet. Die Kennlinie für ein derartiges Verhalten zeigt Abb. 11.13.

Im Unterschied zum vorher untersuchten Zweipunktschalter hängt der Umschaltzeitpunkt nun vom vorherigen Wert der Ausgangsgröße ab. Ein derartiges Verhalten eines Reglers wird absichtlich erzeugt, um ein permanentes Umschalten beim Nulldurchgang und damit eine vorzeitige Abnutzung zu vermeiden. Die Kennlinie ist eine zweiwertige Funktion. Für einen Wert des Eingangssignals x_e kann die Ausgangsgröße zwei verschiedene Werte, je nach dem vorherigen Wert von x_a, annehmen. Die Phasenverschiebung bewirkt einen komplexen Anteil bei der Beschreibungsfunktion.

Zur Berechnung der Fourier-Koeffizienten b_1 und a_1 werden die Gleichungen 11.5 herangezogen. Damit wird

$$b_1 = \frac{1}{\pi} \cdot \int_0^{2\pi} x_a(\alpha) \cdot \sin\alpha \, d\alpha$$

$$= \frac{1}{\pi} \cdot \left\{ \int_0^{\alpha_1} (-x_M) \sin\alpha \, d\alpha + \int_{\alpha_1}^{\pi+\alpha_1} x_M \sin\alpha \, d\alpha + \int_{\pi+\alpha_1}^{2\pi} (-x_M) \sin\alpha \, d\alpha \right\}$$

$$= \frac{1}{\pi} \cdot \left\{ -x_M(-\cos\alpha) \Big|_0^{\alpha_1} + x_M(-\cos\alpha) \Big|_{\alpha_1}^{\pi+\alpha_1} + (-x_M)(-\cos\alpha) \Big|_{\pi+\alpha_1}^{2\pi} \right\}$$

$$= \frac{x_M}{\pi} \cdot 4\cos\alpha_1$$

und ebenso resultiert

$$a_1 = \frac{1}{\pi} \cdot \int_0^{2\pi} x_a(\alpha) \cdot \cos\alpha \, d\alpha$$

$$= \frac{1}{\pi} \cdot \left\{ \int_0^{\alpha_1} (-x_M) \cos\alpha \, d\alpha + \int_{\alpha_1}^{\pi+\alpha_1} x_M \cos\alpha \, d\alpha + \int_{\pi+\alpha_1}^{2\pi} (-x_M) \cos\alpha \, d\alpha \right\}$$

$$= \frac{1}{\pi} \cdot \left\{ (-x_M) \sin\alpha \Big|_0^{\alpha_1} + x_M \sin\alpha \Big|_{\alpha_1}^{\pi+\alpha_1} - x_M \sin\alpha \Big|_{\pi+\alpha_1}^{2\pi} \right\}$$

$$= -\frac{x_M}{\pi} \cdot 4 \sin\alpha_1 \ .$$

Die Beschreibungsfunktion des Zweipunktreglers mit Hysterese ergibt sich damit zu

$$N(\widehat{x}_e) = \frac{4}{\pi} \cdot \frac{x_M}{\widehat{x}_e} \left\{ \cos\alpha_1 - \mathrm{j} \sin\alpha_1 \right\} \qquad \text{für} \quad \widehat{x}_e > x_H$$

mit $x_H = \widehat{x}_e \cdot \sin\alpha_1$.

Grafische Darstellung. Die grafische Darstellung der Beschreibungsfunktion in der komplexen Ebene für $x_H = 1$ und $x_M = 3$ mit $\widehat{x}_e$ als Parameter zeigt Abb. 11.14. Die Ortskurve der Beschreibungsfunktion ist ein Halbkreis im 4. Quadranten. Gegenüber der Eingangsschwingung weist die Ausgangsschwingung je nach Amplitude der Eingangsschwingung eine Phasennacheilung von 0° bis 90° auf. Je größer die Amplitude von x_e, umso geringer wird die Phasennacheilung der Ausgangsschwingung x_a. Diese Phasennacheilung ist auf die Hysterese zurückzuführen. Das Eingangssignal muss erst den Schwellenwert x_H der Hysterese überwinden, bevor das Ausgangssignal sein Vorzeichen umkehrt.

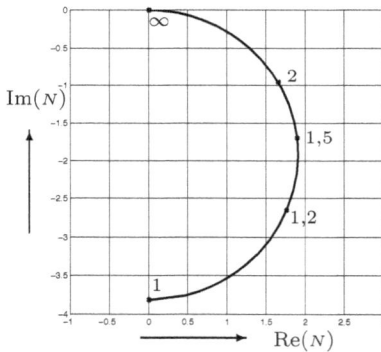

Abbildung 11.14: *Beschreibungsfunktion des Zweipunktreglers mit Hysterese in der komplexen Ebene mit $\widehat{x}_e$ als Laufparameter für $x_H = 1$ und $x_M = 3$*

Aufgabe 11.2: Berechnen Sie die Beschreibungsfunktion für einen Begrenzer mit der Verstärkung $K \neq 1$. Es gilt also:

$$x_a(\alpha) = \begin{cases} -K \cdot x_{eM} & \text{für} \ \ x_e(\alpha) < -x_{eM} \\ K \cdot x_e(\alpha) & \text{für} \ \ -x_{eM} \leq x_e(\alpha) \leq x_{eM} \\ K \cdot x_{eM} & \text{für} \ \ x_e(\alpha) > x_{eM} \end{cases}$$

Lösung: $N(\widehat{x}_e) = \frac{K}{\pi} \cdot \{2\,\alpha_1 + \sin 2\alpha_1\}$ \qquad für \quad $\widehat{x}_e > x_{eM}$ \quad und \quad $x_{eM} = \widehat{x}_e \cdot \sin\alpha_1$.

$\square$

Aufgabe 11.3: Es soll die Reihenschaltung von zwei nichtlinearen Übertragungsgliedern untersucht werden. Einer toten Zone mit der Halbbreite x_B (siehe Abb. 11.2a) und der Steigung 1 : 1 wird ein Zweipunktschalter mit den Ausgangswerten $\pm x_M$ nachgeschaltet, wobei für $x_e(t) = 0$ der Ausgang $x_a(t)$ den alten Wert behält.

1. Konstruieren Sie den Ausgangssignalverlauf $x_a(\alpha)$ dieser Reihenschaltung für einen sinusförmigen Eingang $x_e(\alpha)$.

2. Welches nichtlineare Übertragungsglied weist das gleiche Übertragungsverhalten wie die Reihenschaltung auf?

Lösung: Zweipunktschalter mit Hysterese □

11.3.4 Dreipunktregler

Berechnung. Das häufige Umschalten zwischen Maximal- und Minimalwert des Ausgangssignals beim Zweipunktregler wird beim Dreipunktregler vermieden. Ein derartiger Dreipunktregler, oder auch Dreipunktschalter genannt, liefert in der Umgebung des Nulldurchgangs der Eingangsgröße das Ausgangssignal Null. Abb. 11.15 zeigt die Kennlinie und den Signalverlauf für einen derartigen Dreipunktregler.

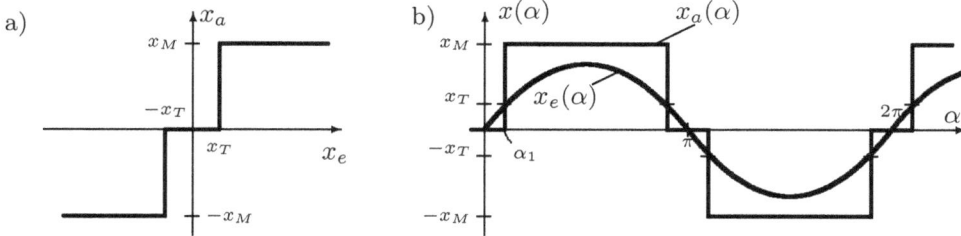

Abbildung 11.15: *Kennlinie (Abb. a) und Verlauf von Ein- und Ausgangssignal (Abb. b) bei einem Dreipunktregler ohne Hysterese*

Da die Kennlinie eine ungerade Funktion von x_e und zusätzlich $x_a(\alpha)$ symmetrisch zu $\pi/2$ ist, kann zur Berechnung der Fourier-Koeffizienten Gleichung 11.7 herangezogen werden. Damit berechnet man b_1 zu:

$$b_1 = \frac{4}{\pi} \cdot \int_0^{\pi/2} x_a(\alpha) \, \sin\alpha \, d\alpha$$

$$= \frac{4}{\pi} \cdot \left\{ \int_0^{\alpha_1} 0 \cdot \sin\alpha \, d\alpha + \int_{\alpha_1}^{\pi/2} x_M \, \sin\alpha \, d\alpha \right\}$$

$$= \frac{4}{\pi} \, x_M \, (-\cos\alpha) \Big|_{\alpha_1}^{\pi/2} = \frac{4}{\pi} \, x_M \, \cos\alpha_1 \, .$$

Somit lautet die Beschreibungsfunktion

$$N(\widehat{x}_e) = \frac{4}{\pi} \cdot \frac{x_M}{\widehat{x}_e} \cdot \cos\alpha_1 = \frac{4}{\pi} \cdot \frac{x_M}{\widehat{x}_e} \cdot \sqrt{1 - \left(\frac{x_T}{\widehat{x}_e}\right)^2} \; , \qquad \text{für } \widehat{x}_e > x_T$$

und mit $x_T = \widehat{x}_e \cdot \sin\alpha_1$.

Grafische Darstellung. Der Dreipunktregler weist zwei veränderliche Parameter auf. Für die Darstellung des *Betrags der Beschreibungsfunktion* in Abb. 11.16a ist als Bezugsgröße jeweils x_M, der Maximalwert des Schalters gewählt. Hält man zunächst den Scharparameter x_T/x_M konstant, so erkennt man aus Abb. 11.16a, dass die Beschreibungsfunktion mit zunehmenden Werten $\widehat{x}_e/x_M$ von Null auf einen Maximalwert anwächst, die Richtung umkehrt und wieder gegen Null abfällt. Für $x_T/x_M = 0{,}25$ liegt der Maximalwert von N bei ca 2,6. Mit zunehmender toter Zone (x_T) wird der Maximalwert der Beschreibungsfunktion kleiner.

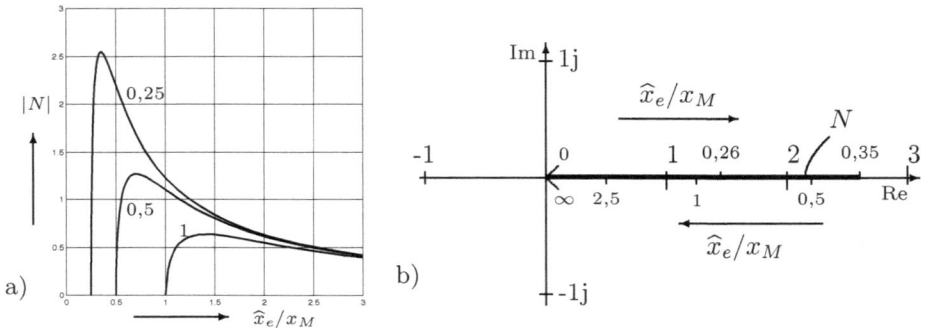

Abbildung 11.16: *Darstellungen der Beschreibungsfunktion: a) $|N(\widehat{x}_e)|$ des Dreipunktreglers in Abhängigkeit von $\widehat{x}_e/x_M$ mit x_T/x_M als Scharparameter, b) Darstellung in der komplexen Ebene für $x_T/x_M = 0{,}25$*

Bei der Darstellung der *Ortskurve der Beschreibungsfunktion* in der komplexen Ebene muss man sich zunächst auf einen Parameterwert x_T/x_M festlegen, bevor man die Beschreibungsfunktion zeichnen kann. In Abb. 11.16b ist $x_T/x_M = 0{,}25$ gewählt und die Beschreibungsfunktion in Abhängigkeit von $\widehat{x}_e/x_M$ dargestellt. Sie beginnt im Ursprung und wächst in Richtung der positiven reellen Achse gegen den Maximalwert von ca. 2,6 (siehe auch Abb. a) für $\widehat{x}_e/x_M \approx 0{,}35$. Dort wechselt sie die Richtung und strebt mit wachsendem $\widehat{x}_e/x_M$ wieder in den Ursprung. Die Beschreibungsfunktion bleibt für alle Parameterwerte reell, es liegt keine Phasenverschiebung des Ausgangssignals gegenüber der Eingangsschwingung vor.

11.3.5 Magnetisierungskennlinie

Berechnung. Im Unterschied zu den bisher betrachteten Kennlinien nichtlinearer Übertragungsglieder, ist die Magnetisierungskennlinie nicht aus Geradenstücken zusammengesetzt. Die Kennlinie ist in Form einer Tabelle oder als Kurve vorgegeben. Das

Ausgangssignal bleibt stetig und enthält keine Sprungstellen. Vernachlässigt man die Hystereseeigenschaft der Magnetisierungskennlinie, dann ergibt sich der in Abb. 11.17 gezeigte Verlauf von Kennlinie und Ein-/Ausgangssignalen.

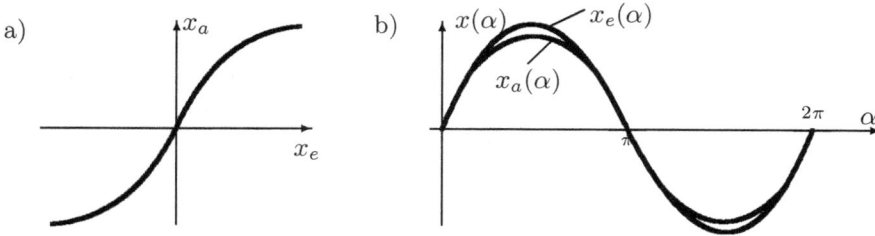

a)

b)

Abbildung 11.17: *Magnetisierungskennlinie (Abb. a) und Verlauf des Eingangs- und Ausgangssignals (Abb. b)*

Aufgrund des Sättigungseffekts der Magnetisierungskennlinie wird das Ausgangssignal verformt und die Amplitude reduziert. Das Ausgangssignal hat keinen sinusförmigen Verlauf mehr. Da die Kennlinie eine ungerade Funktion von x_e ist, kann Gleichung 11.6 zur Berechnung des Fourier-Koeffizienten b_1 der Grundschwingung des Ausgangssignals verwendet werden. Drei mögliche Vorgehensweisen sollen angedeutet werden.

1. Kennlinie als Tabelle: Wenn die Kennlinie als Tabelle gegeben ist, dann müssen die zur Berechnung des Koeffizienten b_1 notwendigen Integrale nummerisch ermittelt werden.

2. Reihenentwicklung: Man kann ebenso eine Approximation der Kurve durch eine Potenzreihe vornehmen und dann die Potenzreihe in die Integrationsformel einsetzen und auswerten.

3. Geradenapproximation: Da die Berechnung der Grundschwingung des Ausgangssignals ohnehin nur eine näherungsweise Beschreibung darstellt, reicht in den meisten Fällen die Approximation der Magnetisierungskennlinie durch Geradenstücke aus. Hierzu bietet sich z. B. die Verwendung des Begrenzers von Aufgabe 11.2 an. Ebenso kann man die Magnetisierungskennlinie durch zwei oder mehrere Geradenstücke unterschiedlicher Steigung approximieren (siehe Aufgabe 11.4).

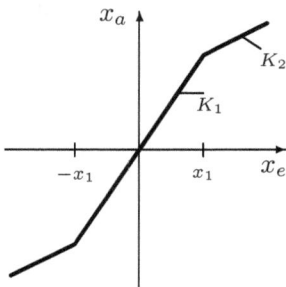

Aufgabe 11.4: Berechnen Sie die Beschreibungsfunktion für folgende Kennlinie bestehend aus zwei Geradenstücken mit den Steigungen K_1 und K_2.
Lösung:
$$N(\widehat{x}_e) = 2\frac{K_1 - K_2}{\pi}\left\{\alpha_1 + \sin\alpha_1\cos\alpha_1\right\} + K_2$$

für $|\widehat{x}_e| > |x_1|$;

dabei gilt $\sin\alpha_1 = x_1/\widehat{x}_e$. □

11.4 Stabilitätsuntersuchung mit dem Zweiortskurvenverfahren

Herleitung der Ortskurvenbedingung. Die Beschreibungsfunktion reduziert das Übertragungsverhalten eines nichtlinearen Übertragungsgliedes auf die Beschreibung des Ein-/Ausgangsverhaltens der Grundwelle einer auftretenden Dauerschwingung. Das so beschriebene Übertragungsverhalten bleibt nichtlinear, da die für eine Eingangsschwingung berechneten Amplituden- und Phasenänderungen der Ausgangsschwingung amplitudenabhängig sind. Dennoch ermöglicht diese quasi „Teillinearisierung" — es entfallen ja in der Beschreibung die Oberwellen — die Anwendung der Stabilitätsanalyse mit dem Nyquist-Kriterium.

Betrachtet man den Regelkreis nach Abb. 11.18, so wird zunächst angenommen, dass die Führungsgröße $w(t)$ und die Störgröße $z(t)$ Null sein sollen. Dann werden die linearen Übertragungsfunktionen von Regler und Strecke zu einer Übertragungsfunktion $F(s)$ zusammengefasst. Es wird nun angenommen, dass der Regelkreis Dauerschwingungen an der Stabilitätsgrenze durchführe. Mit dem Eingangssignal in die Nichtlinearität

$$x_e(t) = \widehat{x}_e \cdot \sin \omega t \,, \tag{11.8}$$

wird die Grundschwingung des Ausgangssignals der Nichtlinearität

$$x_{a1}(t) = \widehat{x}_e \cdot |N(\widehat{x}_e)| \cdot \sin(\omega t + \varphi(\widehat{x}_e)) \,.$$

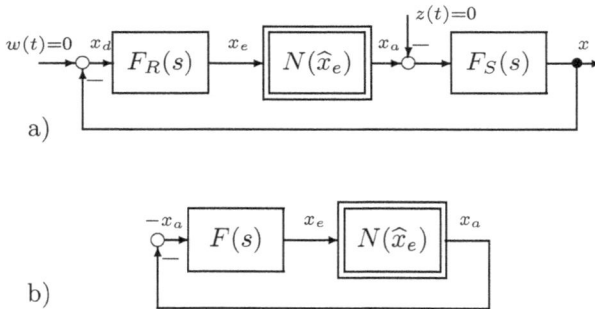

a)

b)

***Abbildung 11.18:** Regelkreis mit einer Nichtlinearität (Abb. a), Ersatzregelkreis für die Untersuchung des Regelkreises an der Stabilitätsgrenze (Abb. b)*

Diese Grundschwingung des Ausgangssignals der Nichtlinearität durchläuft die linearen Übertragungsglieder $F(s)$ und ergibt als Ausgangsschwingung von $F(s)$ das Signal

$$x_e(t) = -\widehat{x}_e \cdot |N(\widehat{x}_e)| \cdot |F(\mathrm{j}\omega)| \cdot \sin(\omega t + \varphi(\widehat{x}_e) + \varphi_F(\omega)) \,, \tag{11.9}$$

mit $\varphi_F(\omega)$ als Phasenverschiebung infolge $F(\mathrm{j}\omega)$. Da jedoch vorausgesetzt ist, dass der Kreis Dauerschwingungen an der Stabilitätsgrenze durchführt, müssen die Signale $x_e(t)$ nach Gleichung 11.8 und 11.9 gleich sein. D. h. es gelten die Amplituden- und Phasenbedingungen

$$|N(\widehat{x}_e)| \cdot |F(\mathrm{j}\omega)| = 1 \qquad \text{und} \tag{11.10}$$

$$\varphi(\widehat{x}_e) + \varphi_F(\omega) = \pi \cdot (2n+1) \qquad \text{für } n = 0, 1, \ldots \tag{11.11}$$

Das Minusvorzeichen von Gleichung 11.9 zusammen mit der Phasenverschiebung von 180° aus Gleichung 11.11 (für $n = 0$) ergibt eine Gesamtphasenverschiebung von 360°, d. h. es liegt eine Dauerschwingung vor.

Da sowohl $N(\widehat{x}_e)$ als auch $F(j\omega)$ komplexe Größen darstellen gilt in der Exponentialdarstellung für das Produkt

$$N(\widehat{x}_e) \cdot F(j\omega) = |N(\widehat{x}_e)|\, e^{j\varphi(\widehat{x}_e)} \cdot |F(j\omega)|\, e^{j\varphi_F(\omega)}$$
$$= |N(\widehat{x}_e)||F(j\omega)| \cdot e^{j(\varphi(\widehat{x}_e)+\varphi_F(\omega))}.$$

Nach dem Einsetzen der Amplituden- und Phasenbedingung von Gleichung 11.10 und 11.11 resultiert dann die Bedingung:

$$N(\widehat{x}_e) \cdot F(j\omega) = -1 \qquad \text{bzw} \qquad F(j\omega) = -1/N(\widehat{x}_e) \ . \tag{11.12}$$

Diese Gleichung 11.12 ähnelt der Stabilitätsbeziehung nach dem Nyquist-Kriterium $F_0(j\omega) = -1$. Beim Nyquist-Kriterium wird der Verlauf der Nyquist-Ortskurve $F_0(j\omega)$ in Bezug auf den kritischen Punkt -1 untersucht, hier wird der Ortskurvenverlauf von $F(j\omega)$ in Bezug auf die negativ inverse Beschreibungsfunktion untersucht.

Wenn die Ortskurve des Frequenzgangs $F(j\omega)$ und die Ortskurve der negativ inversen Beschreibungsfunktion $-1/N(\widehat{x}_e)$ sich schneiden, dann können im Regelkreis Dauerschwingungen auftreten, falls der Eingang in die Nichtlinearität sich um die Unstetigkeitsstelle herum bewegt[1]. Die Frequenz $\omega = \omega_0$ der Ortskurve $F(j\omega)$ im Schnittpunkt bestimmt die Frequenz der auftretenden Dauerschwingung, und der Parameterwert $\widehat{x}_e = \widehat{x}_{e0}$ der Ortskurve der negativ inversen Beschreibungsfunktion bestimmt die Amplitude der Dauerschwingung.

Stabilitätsuntersuchung. Für die Untersuchung der Stabilität dieser Dauerschwingungen wird auf Ergebnisse der Stabilitätsuntersuchung mittels der Nyquist-Ortskurven zurückgegriffen. Die Ortskurve $F(j\omega)$ in der Ortskurvenebene ist die Abbildung der positiven $j\omega$-Achse der komplexen Ebene (siehe Abb. 5.4 und 5.5). Die folgende Abb. 11.19 zeigt die Ortskurve von $F(j\omega)$ und zusätzlich die Ortskurven $F(+\sigma_1 + j\omega)$ und $F(-\sigma_1 + j\omega)$ (mit $\sigma_1 > 0$) und je eine beliebige Ortskurve einer negativ inversen Beschreibungsfunktion.

Zunächst wird Abb. 11.19a für eine *fiktive Beschreibungsfunktion* N_1 (mit nach links wachsendem $\widehat{x}_e$) betrachtet. Die Ortskurven von $F(j\omega)$ und $-1/N_1(\widehat{x}_e)$ schneiden sich in dem mit „×" gekennzeichneten Punkt P. Auf der Ortskurve von $F(j\omega)$ liest man die Frequenz ω_0 und auf der Ortskurve von $-1/N_1$ liest man die Amplitude $\widehat{x}_{e0}$ der Dauerschwingung ab. Wächst nun die Amplitude der Dauerschwingung aufgrund einer Störung z. B. auf einen Wert $\widehat{x}_{e1} > \widehat{x}_{e0}$ an, so liegt der neue Schnittpunkt P_1 auf der Ortskurve $F(-\sigma_1 + j\omega)$, d. h. im Bereich abklingender Schwingungen $(-\sigma_1)$. Somit klingt

---

[1]Diese Zusatzbedingung wird bei der nachfolgenden Anwendung auf Seite 326 erläutert.

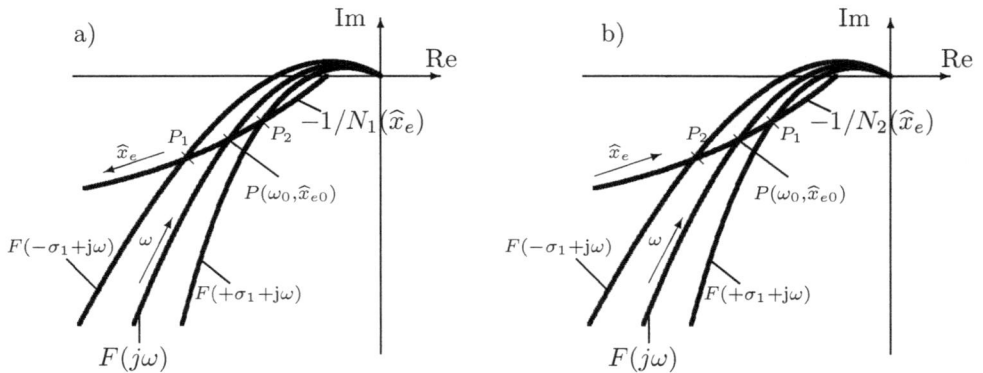

Abbildung 11.19: *Ortskurve des Frequenzgangs $F(\mathrm{j}\omega)$ und der negativ inversen Beschreibungsfunktion $N_1(\widehat{x}_e)$ für stabile (Abb. a) und instabile Dauerschwingungen für $N_2(\widehat{x}_e)$ (Abb. b)*

die Amplitude der Dauerschwingungen wieder auf den Wert $\widehat{x}_{e0}$ ab. Führt dagegen eine Störung zu einem Abklingen der Amplitude der Dauerschwingung, so liegt der neue Schnittpunkt P_2 im Bereich aufklingender Schwingungen $(+\sigma_1)$ von $F(\mathrm{j}\omega)$ und die Amplitude wächst wieder auf den Wert $\widehat{x}_{e0}$ an. Somit liegen im Schnittpunkt P *stabile Dauerschwingungen* des Regelkreises mit der Amplitude $\widehat{x}_{e0}$ und der Frequenz ω_0 vor.

In Abb. 11.19b für eine *andere fiktive Beschreibungsfunktion* N_2 (Umkehrung des Verlaufs von $\widehat{x}_e$) liegt der Schnittpunkt P_1 für ein Anwachsen der Amplitude der Dauerschwingung im Bereich aufklingender Schwingungen von $F(+\sigma+\mathrm{j}\omega)$, d. h. die Amplitude der Schwingung wächst weiter gegen unendlich. Dagegen klingt die Amplitude vom Punkt P_2 gegen Null ab. Im Schnittpunkt P liegen somit *instabile Dauerschwingungen* vor, die je nach Störung gegen unendlich anwachsen oder auf Null abklingen.

Wenn die Ortskurve von $F(\mathrm{j}\omega)$ *keinen Schnittpunkt* mit der negativ inversen Ortskurve von $N(\widehat{x}_e)$ aufweist, dann wird die Stabilität des Kreises entsprechend dem Nyquist-Stabilitätskriterium in der vereinfachten Form beurteilt. Liegt die Ortskurve der negativ inversen Beschreibungsfunktion beim Durchlaufen der Ortskurve $F(\mathrm{j}\omega)$ in Richtung wachsender ω links von $F(\mathrm{j}\omega)$, dann ist der geschlossene Kreis stabil. Liegt die Ortskurve von $-1/N$ dagegen rechts von $F(\mathrm{j}\omega)$, so ist der geschlossene Kreis instabil. Abb. 11.20 zeigt diese beiden Stabilitätsfälle. Beim stabilen Kreis lässt sich aus dem Schnittpunkt des Einheitskreises mit den Ortskurven von $F(\mathrm{j}\omega)$ und $-1/N(\widehat{x}_e)$ auch der Phasenrand φ_{Rand} ablesen.

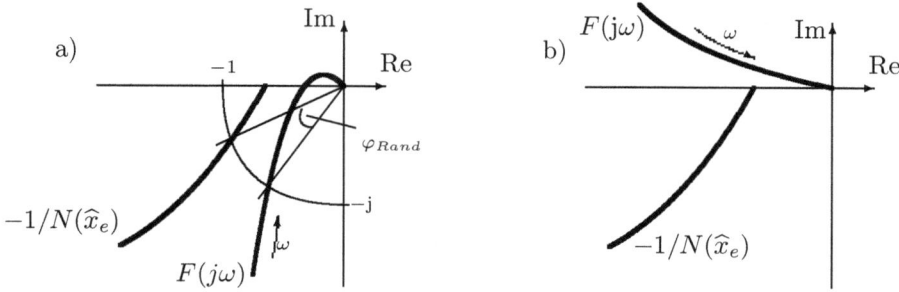

Abbildung 11.20: *Ortskurve des Frequenzgangs* $F(j\omega)$ *und der negativ inversen Beschreibungsfunktion* $-1/N(\widehat{x}_e)$ *für ein stabiles (Abb. a) und instabiles System ohne Auftreten von Dauerschwingungen (Abb. b)*

Anwendung. Die Stabilitätsanalyse mit dem Zweiortskurvenverfahren soll auf einen Regelkreis bestehend aus einer Verzögerungsstrecke 3. Ordnung, einem PI-Regler und einem Stellglied mit Vorlast angewendet werden. Abb. 11.21 zeigt das untersuchte System. Die Zahlenwerte der Regelstrecke sind aus Gleichung 6.1 übernommen mit $K_S = 2$, $T_1 = 1,2\,\text{s}$, $T_2 = 0,5\,\text{s}$ und $T_3 = 0,1\,\text{s}$. Der PI-Regler sei auf $K_P = 2$ und $T_N = 1,2\,\text{s}$ eingestellt. Der Wert der Vorlast sei $x_V = 0,2$ und die Steigung des linearen Teils der Kennlinie sei $1:1$. Der Sollwert der Regelgröße ist Null, aber es wirke kurzzeitig eine Störung $z(t) = 0,2$ für $0 < t \leq 0,5\,\text{s}$. Diese Störung führt zur Anregung von Dauerschwingungen im Regelkreis.

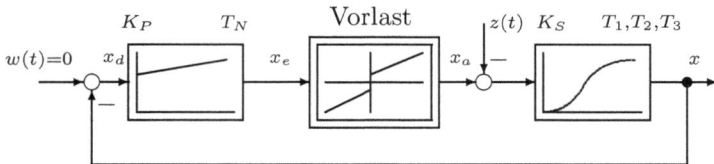

Abbildung 11.21: *Regelkreis mit einer Vorlast als Nichtlinearität*

Für diesen Regelkreis lauten dann der Frequenzgang von $F(j\omega) = F_R(j\omega) \cdot F_S(j\omega)$

$$F(j\omega) = \frac{4}{1,2j\omega \cdot (1 + 0,5j\omega) \cdot (1 + 0,1j\omega)} \qquad (11.13)$$

und die Beschreibungsfunktion für die Vorlast

$$N(\widehat{x}_e) = 1 + \frac{x_V}{\widehat{x}_e} \cdot \frac{4}{\pi} \qquad \text{sowie} \qquad \frac{-1}{N(\widehat{x}_e)} = \frac{-1}{1 + \dfrac{x_V}{\widehat{x}_e} \cdot \dfrac{4}{\pi}} \cdot$$

Die Darstellung der Ortskurve des Frequenzgangs $F(\mathrm{j}\omega)$ und der Ortskurve der negativ inversen Beschreibungsfunktion $-1/N(\widehat{x}_e)$ in einem Diagramm zeigt die Abb. 11.22.

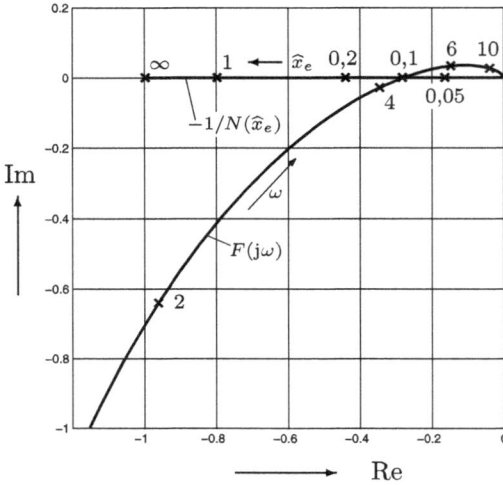

Abbildung 11.22: *Ortskurven von $F(\mathrm{j}\omega)$ und der negativ inversen Beschreibungsfunktion der Vorlast*

Die Ortskurve von $F(\mathrm{j}\omega)$ verläuft in Richtung wachsender Frequenzen ω in der negativ reellen Halbebene von $-\mathrm{j}\infty$ in den Ursprung. Aufgrund der Kompensation von Pol und Nullstelle bei $s = -1,2$ liegt eine Übertragungsfunktion eines IT_2-Gliedes vor. Die Ortskurve der negativ inversen Beschreibungsfunktion muss aus der Beschreibungsfunktion der Vorlast berechnet werden. Diese Ortskurve der negativ inversen Beschreibungsfunktion beginnt im Ursprung und strebt für wachsende Werte von $\widehat{x}_e$ gegen -1. Die beiden Ortskurven von F und $-1/N$ schneiden sich auf der negativ reellen Achse. Die Frequenz auf der Ortskurve von $F(\mathrm{j}\omega)$ wird durch Nullsetzen des Imaginärteils von $F(\mathrm{j}\omega)$ berechnet bzw. abgelesen. Es resultiert

$$F(\mathrm{j}\omega) = \frac{4/1,2}{\mathrm{j}(\omega - 0,5 \cdot 0,1\,\omega^3) - \omega^2(0,5 + 0,1)}\ ,$$

und damit wird der Imaginärteil von $F(\mathrm{j}\omega)$ gleich Null für die Bedingung

$$\omega - 0,5 \cdot 0,1\,\omega^3 = 0\ .$$

Die Frequenz der Ortskurve von $F(\mathrm{j}\omega)$ im Schnittpunkt mit der Ortskurve der negativ inversen Beschreibungsfunktion ist damit

$$\omega_1 = 4,4721\,\mathrm{s}^{-1}\ .$$

Für diese Frequenz wird der Wert der Ortskurve ermittelt zu $F(\mathrm{j}\omega_1) = -0,2778$. Dieser Zahlenwert wird in die Gleichung der negativ inversen Beschreibungsfunktion eingesetzt und diese für $x_V = 0,2$ nach $\widehat{x}_e$ aufgelöst zu

$$\widehat{x}_{e1} = \frac{4 \cdot x_V}{\pi \cdot \left\{ \dfrac{-1}{-1/N(\widehat{x}_{e1})} - 1 \right\}} = \frac{4 \cdot x_V}{\pi \cdot \{(1/0,2778) - 1\}} = 0,0980\ .$$

Damit sind Frequenz und Amplitude der auftretenden Dauerschwingung der Eingangsgröße $x_e(t)$ in die Vorlast berechnet zu

$$\omega_1 = 4{,}4721\,\mathrm{s}^{-1} \quad \text{und} \quad \widehat{x}_{e1} = 0{,}0980\;.$$

Die Dauerschwingung ist stabil, da in Richtung wachsender ω-Werte links von $F(\mathrm{j}\omega)$ zunehmende Amplitudenwerte $\widehat{x}_e$ der negativ inversen Beschreibungsfunktion liegen (siehe Abb. 11.19).

Überprüfung des Zeitverlaufs. Zur Überprüfung der mit dem Zweiortskurvenverfahren berechneten Amplitude und Frequenz der Dauerschwingung wird das Zeitverhalten des Regelsystems mit Vorlast berechnet und in Abb. 11.23 dargestellt.

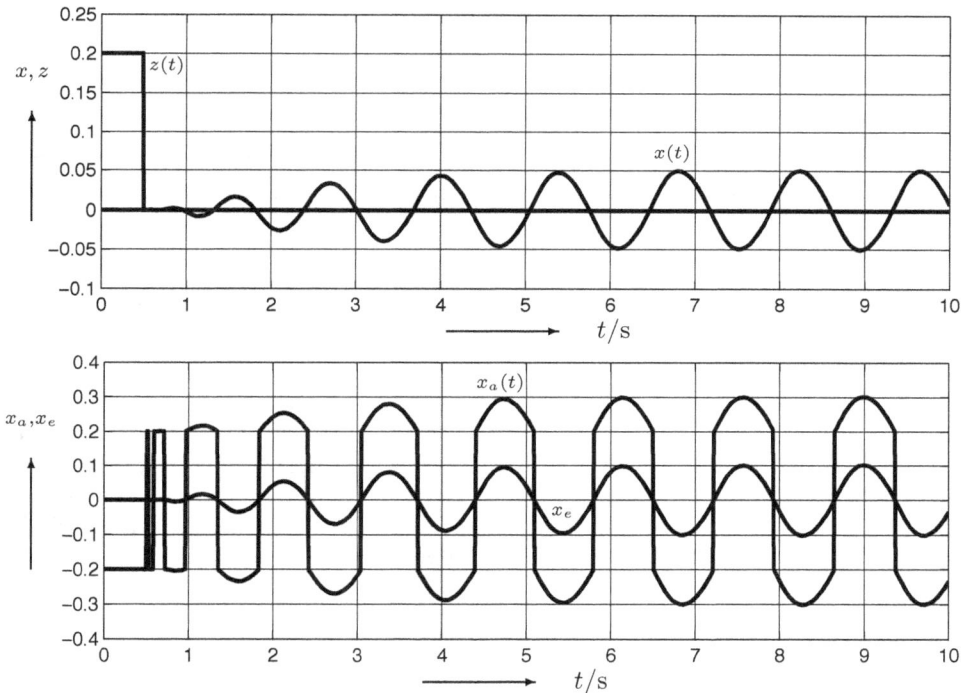

Abbildung 11.23: *Zeitverhalten des Systems mit Vorlast und $w(t) = 0$*

In der Abb. 11.23 erkennt man im Zeitbereich $0 < t \leq 0{,}5\,\mathrm{s}$ die Anregung der Schwingungen im Regelkreis durch den kurzen Impuls der Störgröße $z(t)$. Nach dieser Anregung bauen sich infolge des nichtlinearen Übertragungsverhaltens der Vorlast die Schwingungen im Regelkreis auf. Die Regelgröße $x(t)$ und die Eingangsgröße $x_e(t)$ in die Vorlast (untere Abb.) führen nahezu sinusförmige Schwingungen durch. Infolge der Vorlast $x_V = 0{,}2$ schwingt die Ausgangsgröße $x_a(t)$ der Vorlast mit einem nichtsinusförmigen Verlauf. Aufgrund des Tiefpassverhaltens der Regelstrecke werden die hochfrequenten Signalanteile des Signals $x_a(t)$ jedoch so stark gedämpft, dass der Eingang $x_e(t)$ in die Vorlast praktisch wieder sinusförmig verläuft. Diese Tiefpasseigenschaft der Regelstrecke ist eine Voraussetzung für die Anwendung des Zweiortskurvenverfahrens. Amplitude und Frequenz der Dauerschwingung von $\hat{x}_e(t)$ können aus Abb. 11.23 abgelesen werden zu $\omega_1 \approx 2\pi/T = 6{,}28/1{,}4\,\text{s} = 4{,}48\,\text{s}^{-1}$ und $\hat{x}_{e1}(t) \approx 0{,}1$. Die Berechnungen mit dem Zweiortskurvenverfahren werden damit bestätigt.

Da die Untersuchung eines Regelsystems für einen Sollwert $w(t) = 0$ nicht den Normalfall darstellt, soll abschließend der Einfluss der Vorlast bei einem Sollwert ungleich Null untersucht werden. Dargestellt sind in Abb. 11.24 die Zeitverläufe der Regelgröße $x(t)$ und der Ausgangsgröße $x_a(t)$ der Vorlast für einen Sollwert $w(t) = 1$ bei Auftreten einer Störung $z(t) = 0{,}2$ im Intervall $0 < t \le 0{,}5\,\text{s}$.

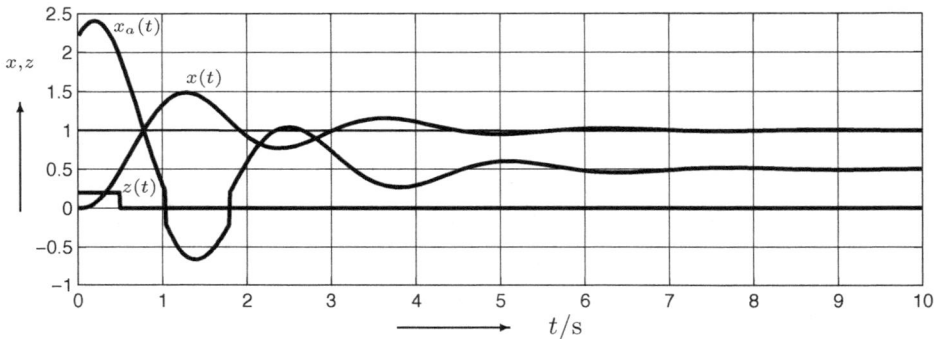

Abbildung 11.24: *Zeitverhalten des Systems mit Vorlast und $w(t) = 1$*

Die Analyse des Zeitverlaufs der Regelgröße $x(t)$ zeigt, dass infolge des PI-Reglers die Regelgröße $x(t)$ den Sollwert $\hat{w} = 1$ erreicht. Da die Verstärkung des Reglers mit $K_P = 2$ relativ groß ist, schwingt die Regelgröße um ca. 50 % über. Die Wirkung der Vorlast ist am Signalverlauf von $x_a(t)$ deutlich erkennbar. Eine Dauerschwingung um den Sollwert $\hat{w}$ tritt nicht auf, da die Eingangsgröße $x_e(t)$ der Nichtlinearität *nicht um die Unstetigkeitsstelle der Nichtlinearität herum schwingt*. Der Zeitverlauf des Einschwingvorgangs von $x(t)$ auf den Sollwert $\hat{w}$ wird also durch die Nichtlinearität nicht entscheidend beeinflusst.

Aufgabe 11.5: Eine schwingungsfähige PT$_2$-Strecke mit den Parametern $K_S = 2$, $\omega_0 = 0{,}2\,\text{s}^{-1}$ und $D = 0{,}5$ wird mit einem I-Regler geregelt. Das nichtlineare Stellglied, ein Begrenzer mit der Steigung 1 : 1 des linearen Teils, begrenzt das Stellsignal auf einen Maximalwert von $x_M = 0{,}5$. Der Sollwert der Regelgröße sei $\hat{w} = 0$. Es wirke kurzzeitig eine hinreichend große Störgröße $z(t)$ im Regelkreis, welche eine Dauerschwingung anregt.

1. Wie groß muss K_I mindestens sein, damit im Regelkreis Dauerschwingungen auftreten können?

2. Berechnen Sie für $K_I = 0{,}2$ Amplitude $\widehat{x}_{e1}$ und Frequenz ω_1 der Dauerschwingung.

3. Ist die Dauerschwingung stabil?

Lösung:

1. $K_I \geq 0{,}1$

2. $\widehat{x}_{e1} = 1{,}2379$ und $\omega_1 = 0{,}2\,\mathrm{s}^{-1}$

3. Stabil □

11.5 Nichtlineare Regler

Analyse mit dem Zweiortskurvenverfahren. Der im vorhergehenden Abschnitt untersuchte Regelkreis nach Abb. 11.18 soll nun dahingehend modifiziert werden, dass der analoge Regler $F_R(s)$ durch einen Dreipunktregler ersetzt wird. Weiterhin liege ein ideales Stellglied ($F_{St}(s) = 1$) vor. Abb. 11.25 zeigt die Struktur des sich ergebenden Regelkreises. Die Stabilität dieses Kreises kann ebenso wie im Abschnitt vorher, mit dem Zweiortskurvenverfahren untersucht werden. Nun jedoch können auch für Sollwerte $\widehat{w} \neq 0$ Dauerschwingungen auftreten, da der Eingang in den Regler sich um die Unstetigkeitsstelle bewegt. Die Berechnung der auftretenden Dauerschwingungen und die Untersuchung des Einschwingverhaltens soll für die Regelung einer integrierenden Regelstrecke mit einem Dreipunktschalter als Regler durchgeführt werden.

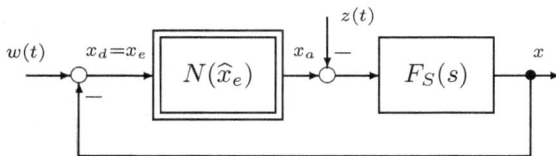

Abbildung 11.25: Regelkreis mit einer Nichtlinearität als Regler

Die Übertragungsfunktion der Regelstrecke laute

$$F_S(s) = \frac{K_S}{s \cdot (1 + T_1 s) \cdot (1 + T_2 s)} = \frac{2}{s \cdot (1 + 2s) \cdot (1 + 0{,}5s)} \, ,$$

und als Regler wird ein Dreipunktregler ohne Hysterese verwendet. Maximalwert und tote Zone des Dreipunktreglers sind gewählt zu $x_M = 2$ und $x_T = 0{,}5$. Die Darstellung der Ortskurven von Regelstrecke und negativ inverser Beschreibungsfunktion zeigt Abb. 11.26.

Die Ortskurve der negativ inversen Beschreibungsfunktion kommt für $\widehat{x}_e/x_T = 0{,}5$ aus dem negativ Unendlichen und wandert entlang der reellen Achse bis zu ihrem Maximalwert bei $\widehat{x}_e = 0{,}7071$. Für steigende Werte von $\widehat{x}_e$ geht der Ast der negativ inversen

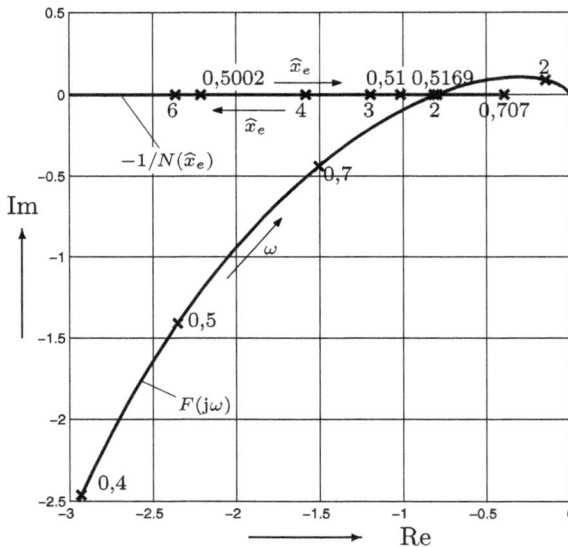

Abbildung 11.26: Ortskurven von $F(\mathrm{j}\omega)$ und der negativ inversen Beschreibungsfunktion des Regelsystems

Beschreibungsfunktion dann wieder gegen minus Unendlich. Die Ortskurve der Regelstrecke schneidet die Ortskurve der negativ inversen Beschreibungsfunktion auf der reellen Achse bei $-0{,}8$. Die Frequenz der Ortskurve von $F(\mathrm{j}\omega)$ beträgt an dieser Stelle $\omega_1 = 1\,\mathrm{s}^{-1}$. Für die Amplitudenwerte $\widehat{x}_e$ auf der negativ inversen Beschreibungsfunktion berechnet man die Werte $\widehat{x}_e = 0{,}5169$ und $1{,}97$. Da die Beschreibungsfunktion zwei Äste besitzt, können Dauerschwingungen mit zwei verschiedenen Amplituden auftreten. Überprüft man die Stabilität dieser beiden Dauerschwingungen, so zeigt sich, dass die Dauerschwingung mit der Amplitude $\widehat{x}_e = 0{,}5169$ eine instabile Dauerschwingung darstellt und für die Amplitude $\widehat{x}_e = 1{,}97$ eine stabile Dauerschwingung vorliegt.

Schwingungsverhalten. Die folgende Abb. 11.27 zeigt den Zeitverlauf des Einschwingverhaltens für eine sprungförmige Führungsgröße $w(t) = \widehat{w} \cdot \sigma(t)$. Der Sprung der Führungsgröße regt den Regelkreis an und führt zu einer Dauerschwingung mit der Amplitude von $\widehat{x}_e = \widehat{x}_d \approx 2$. Dieser Zahlenwert der Amplitude entspricht dem Ergebnis aus der Stabilitätsanalyse mit dem Zweiortskurvenverfahren, bei dem die stabile Dauerschwingung für $\widehat{x}_e = 1{,}97$ erreicht wird. Die Frequenz der Dauerschwingung liegt, wie zuvor ermittelt, bei ca. $\omega_1 \approx 1\,\mathrm{s}^{-1}$. Die sprungförmige Stellgröße $y(t) = x_a(t)$ weist die Zahlenwerte -2, 0 und $+2$ auf, die durch den Dreipunktregler bedingt sind. Die Umschaltung von 0 auf $+$ oder -2 erfolgt jeweils bei der Regeldifferenz $x_d(t) = \pm 0{,}5$. Bei dieser Regelkreisstruktur ist somit die Analyse der Dauerschwingungen mit dem Zweiortskurvenverfahren auch für Sollwerte $\widehat{w} \neq 0$ möglich bzw. erforderlich. Da die Amplitude der Dauerschwingung jedoch ca. das Doppelte des Sollwertes $\widehat{w}$ beträgt, kann ein derartiges Regelverhalten nicht akzeptiert werden. Die Zahlenwerte von x_M und x_T dienen allein zur Demonstration der Anwendung des Zweiortskurvenverfahrens. Für ein zufriedenstellendes Regelverhalten muss die Amplitude x_M deutlich verringert werden.

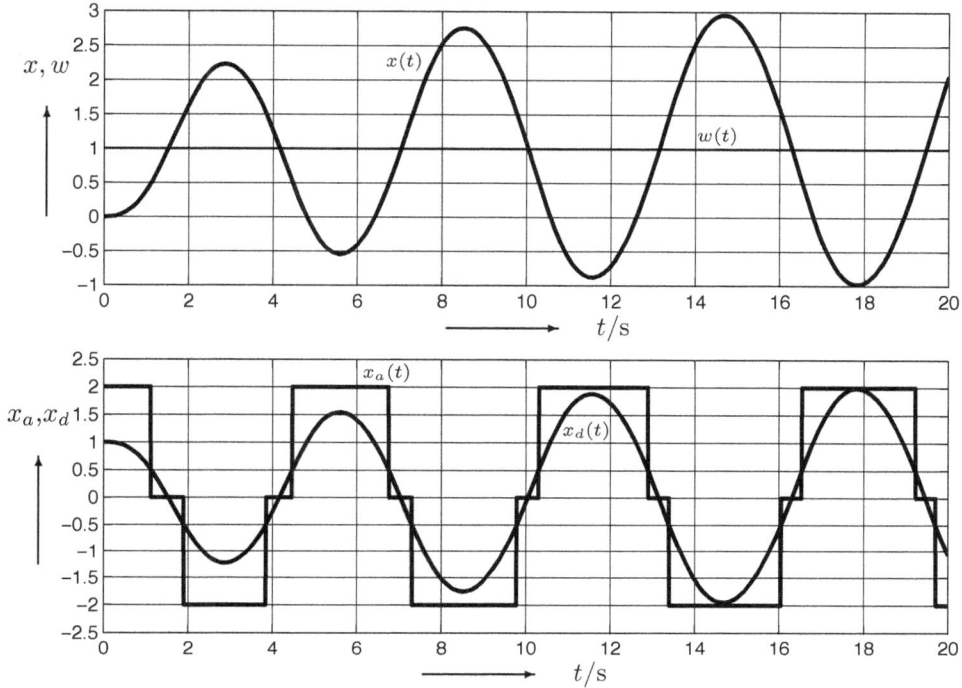

Abbildung 11.27: *Einschwingverhalten des Regelkreises mit IT$_2$-Strecke und einem Dreipunktregler*

Aufgabe 11.6: Eine integrierende Regelstrecke mit Verzögerung wird beschrieben durch die Übertragungsfunktion

$$F_S(s) = \frac{K_S}{s \cdot (1 + T_1 s) \cdot (1 + T_2 s)} = \frac{1}{s \cdot (1 + 0{,}25 s) \cdot (1 + s)} \; .$$

Zur Regelung der Strecke soll ein Zweipunktschalter mit dem Schaltpegel $x_M = 2$ verwendet werden.

1. Berechnen Sie die Periodendauer T_P und die Amplitude $\widehat{x}_e = \widehat{x}_d$ der sich einstellenden Dauerschwingung für $w(t) = \sigma(t)$.

2. Ist die Dauerschwingung stabil?

3. Wie hoch darf der Schaltpegel x_M des Zweipunktschalters höchstens werden, wenn die Regeldifferenz kleiner als 0,1 bleiben soll?

Lösung: 1.) $T_P = 3{,}14\,\text{s}$ und $\widehat{x}_d = 0{,}51$ 2.) Stabil   3.) $x_M \leq 0{,}3927$ $\square$

Aufgabe 11.7: Die Regelstrecke mit der Übertragungsfunktion

$$F_S(s) = \frac{21}{1 + 10s + 27s^2 + 18s^3}$$

soll mit einem Dreipunktregler mit den Daten $x_T = 0{,}191$ und $x_M = 0{,}3$ geregelt werden.

1. Ermitteln Sie Amplitude $\hat{x}_e$ und Frequenzen ω_1 der Dauerschwingungen.

2. Sind die Dauerschwingungen unter 1. stabil?

3. Wie ändern sich Amplitude und Frequenz der Dauerschwingungen, wenn eine zusätzliche Totzeit in den Kreis eingefügt wird?

4. Ab welcher Grenze von $x_M = x_{M,min}$ treten keine selbsterregten Dauerschwingungen mehr auf?

5. Ist der Kreis stabil für $x_m < x_{M,min}$?

Lösung:

1. Frequenz $\omega_1 = 0{,}75\,\mathrm{s}^{-1}$ und Amplituden $\hat{x}_{e,1} = 0{,}21$ sowie $\hat{x}_{e,2} = 0{,}53$.

2. Die Dauerschwingung mit ω_1 und $\hat{x}_{e,1}$ ist instabil und die Dauerschwingung mit ω_1 und $\hat{x}_{e,2}$ ist stabil.

3. Bei einer zusätzlichen Totzeit nehmen Periodendauer und Amplitude zu.

4. Für $x_M < x_{M,min} = 0{,}2$ treten keine selbsterregten Dauerschwingungen mehr auf.

5. Der Kreis ist für $x_m < 0{,}2$ stabil.   □

12 Entwurf nichtlinearer Regler

Einführung. Nichtlineare Übertragungsglieder im Regelkreis führen, wie in Kapitel 11 gezeigt, häufig zu unerwünschten Dauerschwingungen im Regelkreis. Dies stört insbesondere bei nichtlinearen Eigenschaften von Stellgliedern und Regelstreckenanteilen. Zwar sind die Dauerschwingungen infolge nichtlinearer Regler (Zwei- und Dreipunktregler) im Grunde ebenso unerwünscht, jedoch bei vielen einfachen z. B. Temperatur- und Füllstandsregelungen stören geringe dauernde Schwankungen der Regelgröße nicht. Der Vorteil der Verwendung dieser Regler liegt auf der Kostenseite, denn die schaltenden Zwei- und Dreipunktregler sind preisgünstiger und einfacher als analoge oder digitale Regler. Zudem beziehen sie ihre Stellenergie oft aus dem zu regelnden Prozess und benötigen daher keine zusätzliche Hilfsenergie. Außerdem kann der Sensor der Regelgröße oft die Funktion des Reglers quasi mit übernehmen, wie es z. B. bei einem Bimetall-Temperatursensor (siehe unten) der Fall ist.

12.1 Realisierung nichtlinearer Regler

Die am häufigsten verwendeten nichtlinearen Regler sind Zwei- und Dreipunktregler mit und ohne Umschaltverzögerung (Hysterese). Einige Beispiele dieser schaltenden Regler werden nachfolgend beschrieben.

Zweipunktregler ohne Hysterese (Bimetall). Ein Bimetall-Temperaturregler besteht aus einem Metallstreifen von zwei verschweißten Blechen mit unterschiedlichem Wärmeausdehnungskoeffizienten. Der über diese Bleche geleitete elektrische Strom führt zur Erwärmung und Verbiegung der Streifen. Nach einer einstellbaren Weglänge bei der Verbiegung wird ein elektrischer Kontakt berührt und der Strom ein- bzw. ausgeschaltet. Die Grundstruktur eines derartigen Reglers zeigt Abb. 12.1.

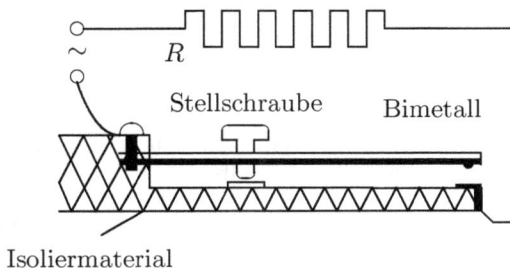

Abbildung 12.1: Bimetallregler

Der Schaltkontakt am Isoliermaterial ist elektrisch leitend und führt bei Berührung des Bimetalls den Strom über das Bimetall. Bei Erwärmung des Bimetalls infolge des Stromflusses verbiegt es sich vom Schaltkontakt weg und unterbricht den Stromfluss. Bei Abkühlung verbiegt es sich wieder zum Schaltkontakt zurück und schaltet den Strom wieder ein. Bei Verwendung eines zu schaltenden Lüfters ist auch eine Umkehrung der Verbiegungsrichtungen möglich (Einschalten bei Erwärmung und Ausschalten bei Abkühlung). Mit der Stellschraube wird die Vorspannung des Bimetalls und damit der Sollwert eingestellt. Da die Berührung des Bimetalls mit dem Schaltkontakt langsam erfolgt, kommt es infolge des Lichtbogens beim Schalten rasch zu Funktionsstörungen. Eine Verbesserung des Schaltvorgangs wird durch einen kleinen Anzugsmagneten erreicht (siehe Abb. 12.2).

Zweipunktregler mit Hysterese (Bimetall). Klebt man auf das Bimetall ein Stück Weicheisen und auf das Isoliermaterial gegenüber einen Magneten mit Nord- und Südpol (Abb. 12.2), so wird der Vorgang der Berührung beschleunigt. Sobald das Bimetall einen gewissen Abstand zum Magneten unterschreitet, zieht der Magnet das Eisenstück und damit das Bimetall an. Der Schaltvorgang wird dadurch wesentlich verkürzt und die beim Schalten auftretenden Lichtbögen reduziert.

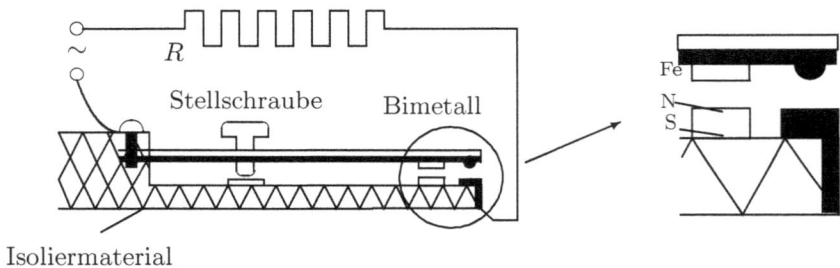

Abbildung 12.2: *Bimetall mit Anzugsmagnet*

Infolge der Magnetwirkung löst sich die Bimetallfeder jedoch nicht bei derselben Verbiegung wie beim Berührungsvorgang. Die Bimetallfeder wird vom Magneten zurückgehalten und löst sich erst bei einer größeren Federkraft wieder vom Magneten. Dadurch wird in der Wirkung ein Zweipunktregler mit Hysterese erzeugt.

Stabregler. Auf dem gleichen Prinzip der unterschiedlichen Längenausdehnung von Werkstoffen mit kleinem und großem Wärmeausdehnungskoeffizienten beruht der Stabregler. Er besteht außen aus einem Werkstoff mit großem Ausdehnungskoeffizienten und innen aus einem Stab mit sehr geringem Ausdehnungskoeffizienten.

Infolge der Erwärmung des Ausdehnungsrohrs in der aufzuheizenden Flüssigkeit dehnt sich das Rohr aus und zieht den Stab mit geringem Ausdehnungskoeffizienten mit. Dadurch löst sich die Feder von der Einstellschraube, und die Stromführung einer Heizwicklung wird unterbrochen. Bei Abkühlung zieht sich das Ausdehnungsrohr wieder

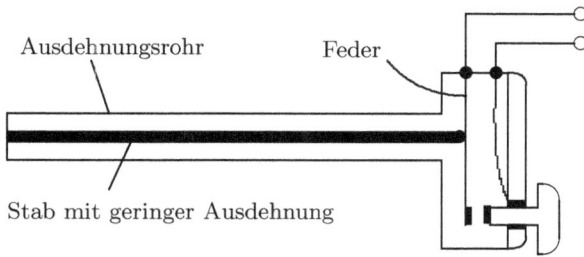

Abbildung 12.3: *Stabregler*

zusammen. Der Kontakt wird wieder geschlossen. Fügt man der Feder noch ein Eisenstück und auf der Gegenseite einen kleinen Magneten zu, wird – wie beim Bimetall – aus dem Zweipunktregler ohne Hysterese ein Zweipunktregler mit Hysterese.

Schwimmerschalter. Bei der Füllstandsregelung von Flüssigkeitsbehältern wird wegen seines einfachen Aufbaus oft ein Schwimmerschalter mit nachgeschalteter Schützschaltung eingesetzt. Abbildung 12.4 zeigt das Prinzip von Schwimmerschalter und Schützschaltung.

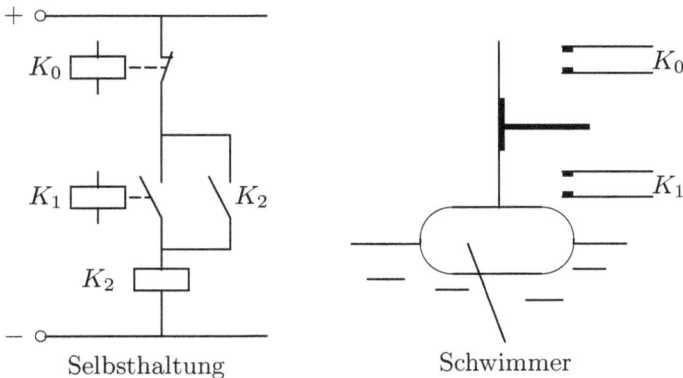

Abbildung 12.4: *Schwimmerschalter mit Selbsthaltung*

Der Hebel am Schwimmer schließt in der unteren Stellung das Schütz K_1 (Schließer). Der Hilfsstromkreis der Selbsthaltung wird geschlossen und im (nicht gezeichneten) Laststromkreis durch K_2 z. B. ein Zulaufventil geöffnet oder eine Förderpumpe eingeschaltet. Das Schütz K_2 hält den Stromkreis geschlossen, auch wenn der Schwimmer infolge des Zulaufs wieder ansteigt und der Kontakt K_1 geöffnet wird. Erst wenn der Schwimmer den Kontakt K_0 betätigt (Öffner), wird der Hilfsstromkreis wieder geöffnet und der Laststromkreis unterbrochen. Diese einfache mit Hilfsenergie arbeitende Schaltung entspricht einem Zweipunktschalter mit Hysterese. Die Schwankungsbreite des Füssigkeitsspiegels ist über die Position der Schwimmerkontakte einzustellen.

Faltenbalgregler. Das Prinzip des Schwimmerschalters kann ebenso bei einer Druckmessung über einen Faltenbalg mit zwei Grenzkontakten und nachfolgender Selbsthaltung angewendet werden.

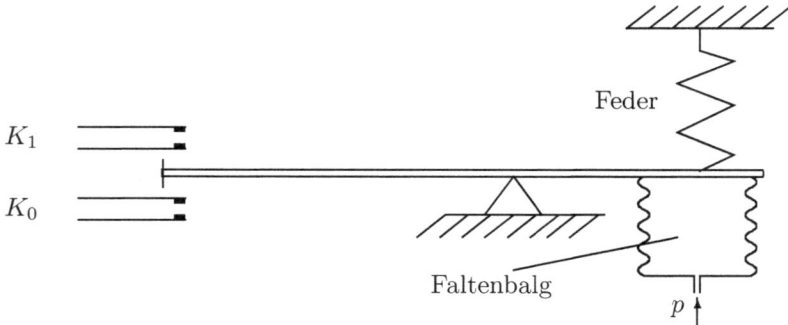

Abbildung 12.5: *Druckmessung mit Grenzkontakten K_0 und K_1*

Der Druck p im Faltenbalg wird über die Fläche in eine Kraft F umgesetzt, die gegen die Feder arbeitet und zu einer Auslenkung der Wippe führt. Die zwei Grenzkontakte K_0 und K_1 schalten über eine nachfolgende Selbsthaltung Ventile im Druckregelkreis.

Bei einfachen Positionsregelungen werden nach dem gleichen Prinzip elektrische Schleifkontakte eingesetzt. Die Selbsthaltung kann elektronisch ebenso über eine Transistorschaltung mittels Flip-Flops realisiert werden.

Dreipunktschalter. Der Einsatz eines Schleifkontakts mit einer nichtleitenden Zone in der Mitte ergibt in einfacher Weise einen Dreipunktschalter. Je nach Position des Schleifkontakts steht an den Anschlussklemmen eine positive, negative oder keine Spannung als Signal zur Verfügung (siehe Abb. 12.6).

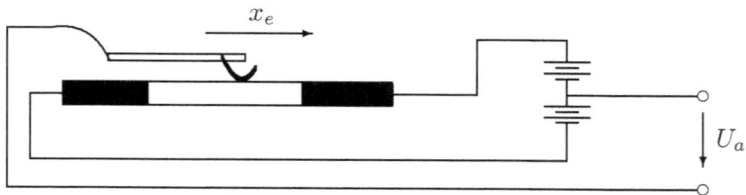

Abbildung 12.6: *Schleifkontakt als Dreipunktschalter*

Anstelle dieses Schleifkontakts kann ebenso ein Bimetall eingesetzt werden, an dessen Ende ein Schleifbügel über drei Kontakte geführt wird. Dabei können über die Schleifkontakte direkt die Heizwiderstände hinzugeschaltet werden, wie Abb. 12.7 zeigt. Der dargestellte Dreipunktregler weist als Ruhekontakt nicht den mittleren Kontakt 2, sondern den oberen Kontakt 3 auf. Die Nullpunktposition des Reglers ist somit verschoben. Bei der dargestellten Temperaturregelung über Heizwiderstände wird über Kontakt 1

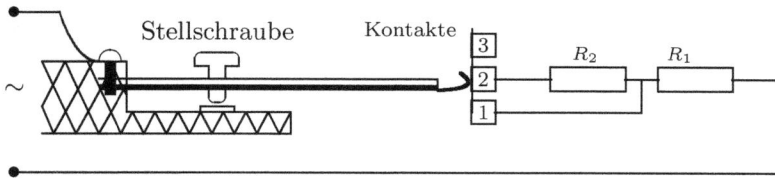

Abbildung 12.7: *Bimetall als Dreipunktregler mit Heizwiderständen R_1 und R_2*

die maximale Heizleistung zugeschaltet, über Kontakt 2 z. B. eine mittlere Heizleistung (Grundlast) und keine Heizleistung über Kontakt 3.

Klebt man zusätzlich Weicheisenteile auf das Bimetall und fügt auf beiden Seiten Anzugsmagnete hinzu, so wird aus dem Bimetall als Dreipunktregler ohne Hysterese ein Dreipunktregler mit Hysterese.

12.2 Regelung von Verzögerungsstrecken

Approximation von PT_n-Strecken. Die im vorangehenden Abschnitt vorgestellten Zwei- und Dreipunktregler werden in der Regel bei einfachen Temperatur-, Druck- und Füllstandsregelungen eingesetzt. Temperatur- und Druckregelstrecken sind im Allgemeinen proportionale Regelstrecken mit Verzögerungen höherer Ordnung. In Abschnitt 3.1.3 wird gezeigt, dass Reihenschaltungen von PT_1-Strecken durch so genannte Ersatzzeitkonstanten näherungsweise beschrieben werden. Dieselbe Approximation gilt auch für nicht schwingungsfähige Verzögerungsstrecken höherer Ordnung. Die Sprungantwort einer derartigen PT_n-Strecke zeigt Abb. 12.8.

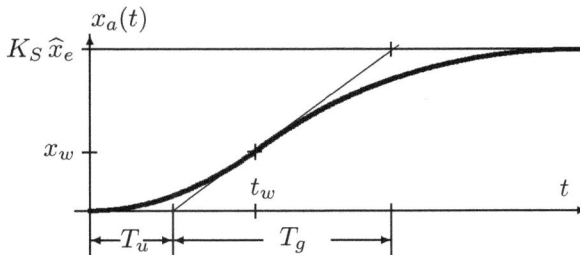

Abbildung 12.8: *Sprungantwort einer Verzögerungsstrecke höherer Ordnung*

Nach Anlegen der Wendetangente im Wendepunkt (x_W, t_W) werden aus den Achsenabschnitten die Verzugs- und Ausgleichszeit ermittelt. Die Verzugszeit T_u der Regelstrecke entspricht näherungsweise einer Totzeit und die Ausgleichszeit T_g entspricht der Zeitkonstanten eines Verzögerungsgliedes 1. Ordnung. Somit kann man mit guter Näherung verzögerte Regelstrecken höherer Ordnung durch die Reihenschaltung von Totzeit- und PT_1-Glied darstellen.

Die approximierte Übertragungsfunktion derartiger Verzögerungsstrecken lautet damit

$$F_S(s) = \frac{K_S}{1 + T_g s} \cdot e^{-sT_u} = \frac{K_S}{1 + T_1 s} \cdot e^{-sT_t} \ . \tag{12.1}$$

12.2.1 Idealer Zweipunktregler

Regelkreis mit Zweipunktregler. Eine typische Anwendung für einen Regelkreis mit Zweipunktregler stellt die Temperaturregelung einer Flüssigkeit mit einer Heizspirale und einem Stabregler dar. Abb. 12.9 zeigt das Blockschaltbild dieses Regelkreises.

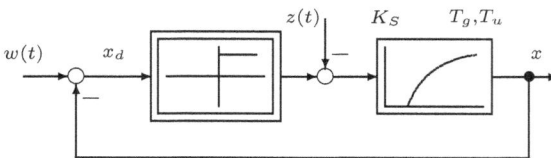

Abbildung 12.9: $PT_1 T_T$-*Regelstrecke mit Zweipunktregler*

Die in diesem Regelkreis auftretenden Dauerschwingungen können mit dem in Kapitel 11 entwickelten Verfahren der harmonischen Analyse berechnet werden. Ebenso erlaubt das Zweiortskurvenverfahren eine Aussage über die Stabilität des Kreises. Diese Verfahren ermöglichen eine nummerische Berechnung der auftretenden Amplituden und Frequenzen der Dauerschwingung. Ist jedoch die analytische Untersuchung der Einflussgrößen der Amplitude und Frequenz der Dauerschwingungen für den Entwurf des Regelkreises von Interesse, dann empfiehlt sich die direkte Betrachtung des Zeitverhaltens der auftretenden Dauerschwingungen.

Zu diesem Zweck wird in allgemeiner Form das Führungs- und Störverhalten des Regelkreises mit einem Zweipunktregler und einer $PT_1 T_T$-Regelstrecke (nach Gleichung 12.1) mit $T_u = 0{,}5\,\text{min}$, $T_g = 2\,\text{min}$ sowie dem Verstärkungsfaktor $K_S = 2$ untersucht. Der Zweipunktregler weist die obere Schaltstufe $+y_M = 0{,}4$ und die untere Schaltstufe 0 auf. Er ist also nicht symmetrisch zur Nulllinie. Damit wird der maximale Endwert der Regelgröße $x_\infty = y_M \cdot K_S$. Auf diesen maximalen Endwert der Regelgröße sind $x(t)$ und $w(t)$ in Abb. 12.10 normiert.

Der obere Kurvenverlauf gilt für einen Sollwertsprung bei $t = 0$ von $\widehat{w} = 0{,}75\,x_\infty$ und der untere für $\widehat{w} = 0{,}25\,x_\infty$. Zum Zeitpunkt $t = t_1 = 10\,\text{min}$ wird bei beiden Signalverläufen zusätzlich eine Störgröße $\widehat{z} = 0{,}1x_\infty$ aufgeschaltet.

Die Regelgröße $x(t)$ startet bei Null und strebt nach Ablauf der Totzeit T_u mit einer Exponentialfunktion gegen den Endwert x_∞. Sobald $x(t) > \widehat{w}$ schaltet der Zweipunktregler das Stellsignal aus. Infolge der Totzeit T_u steigt die Regelgröße dennoch weiter an. Erst nach Ablauf der Totzeit fällt $x(t)$ gegen Null ab. Bei Unterschreiten von $\widehat{w}$ schaltet der Regler die Stellgröße wieder zu, was sich jedoch erst nach Ablauf der Totzeit auf die Regelgröße auswirkt. Die Regelgröße schwingt somit um den Sollwert $\widehat{w}$ herum.

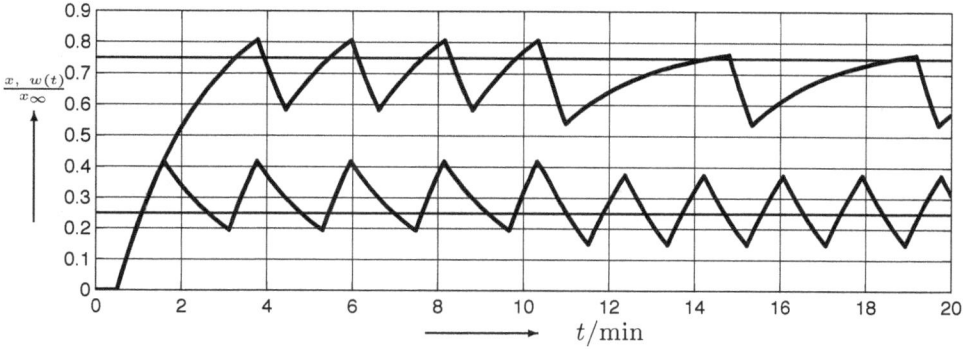

Abbildung 12.10: *Führungs- und Störverhalten des Regelkreises*

Die zum Zeitpunkt t_1 aufgeschaltete Störgröße $\hat{z}$ führt zu einem Absinken des Mittelwertes der Schwingung der Regelgröße $x(t)$. Dieses Absinken führt beim oberen Kurvenverlauf zu einer großen mittleren Regeldifferenz, beim unteren Kurvenverlauf wird die Regeldifferenz jedoch infolge der Störung verkleinert.

Untersuchung des Führungsverhaltens. Eine vergrößerte Darstellung der Regelschwingung $x(t)$ um den Sollwert $\hat{w}$ zeigt Abb. 12.11. In Abb. a ist der Zweipunktschalter mit $x(t)$ als Eingangsgröße und der Stellgröße $y(t)$ als Ausgangsgröße gezeichnet. Da $x_d = \hat{w} - x(t)$ die wahre Eingangsgröße darstellt, erscheint der Sprung des Zweipunkt-

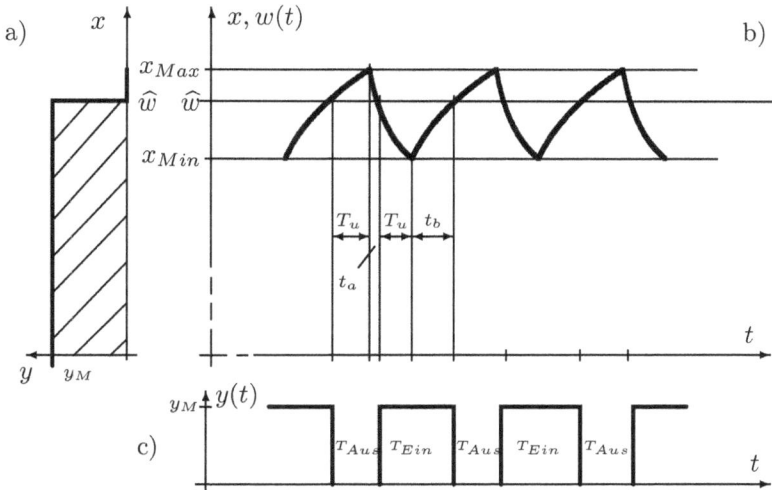

Abbildung 12.11: *Zweipunktschalter (Abb. a), Verlauf der Regelgröße $x(t)$ (Abb. b) und Verlauf der Stellgröße (Abb. c)*

schalters bei der geänderten Darstellung bei $x = \widehat{w}$. Abb. b zeigt die Schwingung der Regelgröße $x(t)$ und Abb. c die Ausgangsgröße $y(t)$ des Zweipunktschalters.

Die kennzeichnenden Größen der Dauerschwingung werden durch die Analyse der auf- und abklingenden Teilverläufe der e-Funktionen bestimmt. Für diese Teilverläufe gelten allgemein die Gleichungen

$$x_{Auf}(t) = x_{Auf}(0) + (x_\infty - x_{Auf}(0)) \cdot (1 - e^{-t/T_g}) \tag{12.2}$$

$$x_{Ab}(t) = x_{Ab}(0) \cdot e^{-t/T_g} \tag{12.3}$$

mit $x_\infty = K_S \cdot y_M$.

Durch Einsetzen der jeweiligen Anfangs- und Endwerte in die Gleichungen 12.2 und 12.3 werden nun abschnittsweise die vier durch T_u, t_a, T_u und t_b gekennzeichneten Zeitverläufe in Abb. 12.11b berechnet. Es gelten für die vier Zeitabschnitte in der angegebenen Reihenfolge die Gleichungen

$$x_{Max} = \widehat{w} + (K_S \cdot y_M - \widehat{w}) \cdot (1 - e^{-T_u/T_g}) \tag{12.4}$$

$$\widehat{w} = x_{Max} \cdot e^{-t_a/T_g} \tag{12.5}$$

$$x_{Min} = \widehat{w} \cdot e^{-T_u/T_g} \tag{12.6}$$

$$\widehat{w} = x_{Min} + (K_S \cdot y_M - x_{Min}) \cdot (1 - e^{-t_b/T_g}) \; . \tag{12.7}$$

Extremwerte, Mittelwert und Regeldifferenz. Ohne weitere Rechnung sind über die Gleichung 12.4 der *Maximalwert* x_{Max}

$$x_{Max} = \widehat{w} + (K_S \cdot y_M - \widehat{w}) \cdot (1 - e^{-T_u/T_g}) \tag{12.8}$$

und über Gleichung 12.6 der *Minimalwert* x_{Min}

$$x_{Min} = \widehat{w} \cdot e^{-T_u/T_g} \tag{12.9}$$

der Schwingung der Regelgröße $x(t)$ bestimmt.

Die Differenz der Gleichungen 12.4 und 12.6 ergibt die *Schwankungsbreite* der Schwingung zu:

$$\Delta x = x_{Max} - x_{Min} = K_S \cdot y_M \cdot (1 - e^{-T_u/T_g}) \; .$$

Der *Mittelwert der Schwingung* resultiert zu

$$\bar{x} = \frac{x_{Max} + x_{Min}}{2} = \frac{K_S \cdot y_M}{2} \cdot (1 - e^{-T_u/T_g}) + \widehat{w} \cdot e^{-T_u/T_g} \; .$$

Damit folgt dann die *mittlere Regeldifferenz* als

$$\bar{x}_d = \widehat{w} - \bar{x} = \left(\widehat{w} - \frac{K_S \cdot y_M}{2} \right) \cdot (1 - e^{-T_u/T_g}) \; . \tag{12.10}$$

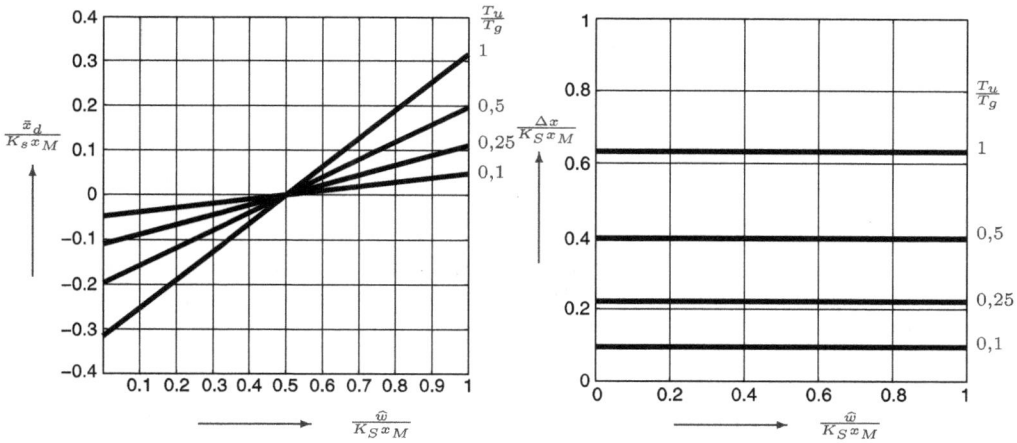

Abbildung 12.12: *Normierte Regeldifferenz (linke Abb.) und normierte Schwankungsbreite (rechte Abb.) als Funktion des normierten Sollwertes mit $T_u/T_g = 0{,}1$; $0{,}25$; $0{,}5$ und 1 als Parameter (Hinweis: $x_M \mathrel{\widehat{=}} y_M$)*

Die mittlere Regeldifferenz wird Null, sofern als Sollwert $\widehat{w}$ genau die Hälfte des Maximalwertes $x_\infty = K_S \cdot y_M$ gefordert wird. Die grafische Darstellung der Regeldifferenz und der Schwankungsbreite zeigt Abb. 12.12.

Die Regeldifferenz ist gleich Null für $\widehat{w} = (K_S \cdot y_M)/2$. Für größere Sollwerte wird sie positiv und für kleinere negativ. Außerdem nimmt sie mit wachsendem Verhältnis T_u/T_g zu. Die Schwankungsbreite ist unabhängig vom Sollwert, sie hängt allein vom Verhältnis T_u/T_g ab.

Periodendauer, Frequenz und Ein-/Ausschaltverhältnis. Die Berechnung dieser Größen erfordert zuerst die Ermittlung der Zeiten t_a und t_b aus den Gleichungen 12.5 und 12.7. Es gilt

$$t_a = -T_g \cdot \ln\left(\frac{\widehat{w}}{x_{Max}}\right)$$
$$t_b = -T_g \cdot \ln\left(\frac{K_S\,y_M - \widehat{w}}{K_S\,y_M - x_{Min}}\right) \ .$$

Dann erhält man durch Einsetzen die *Periodendauer* zu

$$T_P = 2\,T_u + t_a + t_b = 2\,T_u - T_g \cdot \left\{ \ln \frac{\widehat{w}}{x_{Max}} + \ln \frac{K_S\,y_M - \widehat{w}}{K_S\,y_M - x_{Min}} \right\} \ , \quad (12.11)$$

sowie die *Schaltfrequenz*

$$f_P = 1/T_P \ .$$

Das *Ein-/Ausschaltverhältnis* ergibt sich zu

$$\frac{T_{Ein}}{T_{Aus}} = \frac{T_u + t_b}{T_u + t_a} = \frac{T_u - T_g \cdot \ln\left(\dfrac{K_S\, y_M - \widehat{w}}{K_S\, y_M - x_{Min}}\right)}{T_u - T_g \cdot \ln\left(\dfrac{\widehat{w}}{x_{Max}}\right)} \;. \tag{12.12}$$

Für eine grafische Darstellung der Ergebnisse ist eine Normierung von $\widehat{w}$ über $K_S\, y_M$ zweckmäßig. Hierzu müssen dann in den obigen Gleichungen x_{Min} und x_{Max} durch die Gleichungen 12.9 und 12.8 ersetzt werden, bevor durch $K_S y_M$ dividiert wird.

Wie Abb. 12.13 zeigt, nimmt die Frequenz der Dauerschwingung mit wachsendem T_u/T_g ab. Das Frequenzmaximum liegt jeweils bei $\widehat{w} = (K_S \cdot y_M)/2$. Das Ein-/Ausschaltverhältnis wächst monoton mit zunehmendem Sollwert.

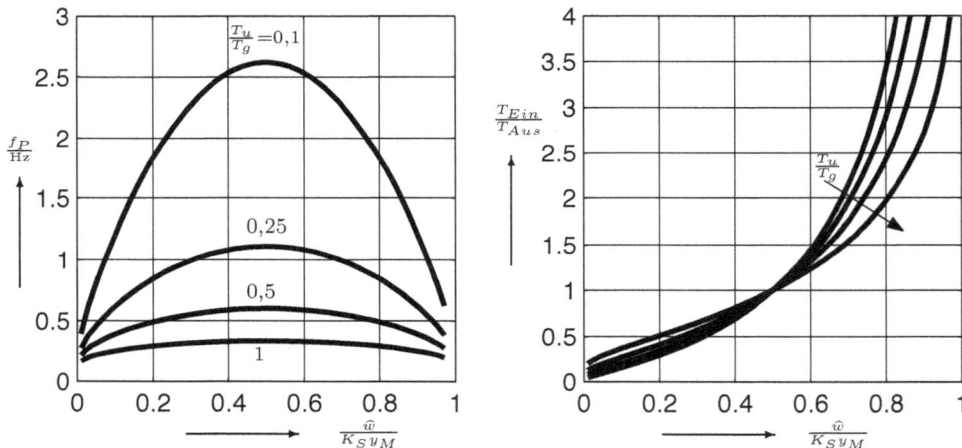

Abbildung 12.13: *Frequenz (linke Abb.) und Ein-/Ausschaltverhältnis (rechte Abb.) der Dauerschwingung als Funktion des normierten Sollwertes mit $T_u/T_g = 0,1$; 0,25; 0,5 und 1 als Parameter ; (f_p in [Hz] für T_u, T_g in [s])*

Untersuchung des Störverhaltens. Infolge der Störgröße $\widehat{z}$ wird in Abb. 12.10 der Mittelwert der Schwingung der Regelgröße $x(t)$ nach unten verschoben. In den Gleichungen 12.2 und 12.3 muss daher der Wert $K_S \widehat{z} \cdot (1 - e^{-T_u/T_g})$ subtrahiert werden.

Extremwerte, Mittelwert und Regeldifferenz. Die Schwankungsbreite der Schwingung bleibt unverändert. Von den anderen Größen wie Maximalwert, Minimalwert, Mittelwert und der mittleren Regeldifferenz dagegen wird der Wert $\widehat{z} \cdot K_S \cdot (1 - e^{-T_u/T_g})$ subtrahiert.

Periodendauer, Frequenz und Ein-/Ausschaltverhältnis. Diese Größen werden bei Auftreten einer Störgröße $\widehat{z}$ modifiziert zu

$$T_P = 2T_u - T_g \cdot \left\{ \ln \frac{\widehat{w} + K_S \widehat{z}}{x_{Max} + K_S \widehat{z}} + \ln \frac{K_S[y_M - \widehat{z}] - \widehat{w}}{K_S[y_M - \widehat{z}] - x_{Min}} \right\}$$

$$f_P = 1/T_P$$

$$\frac{T_{Ein}}{T_{Aus}} = \frac{T_u - T_g \cdot \ln \left(\dfrac{K_S[y_M - \widehat{z}] - \widehat{w}}{K_S[y_M - \widehat{z}] - x_{Min}} \right)}{T_u - T_g \cdot \ln \left(\dfrac{\widehat{w} + K_S \widehat{z}}{x_{Max} + K_S \widehat{z}} \right)} .$$

Auf eine grafische Darstellung wird aufgrund der vielen Einflussgrößen verzichtet.

12.2.2 Zweipunktregler mit Hysterese für eine PT_n-Strecke

Kennlinie. Die obige $PT_1 T_T$-Strecke soll nun mit einem Zweipunktregler mit Hysterese geregelt werden. Bei einem Zweipunktregler mit Hysterese erfolgt die Umschaltung des Ausgangs bei den Werten $x_e = \pm x_H$. Weiter ist angenommen, dass der Regler nur eine Ein-/Ausschaltung vornimmt und nicht eine Umschaltung zwischen einem positiven und einem negativen Wert. Abb. 12.14 zeigt die Kennlinie des verwendeten Zweipunktschalters mit Hysterese.

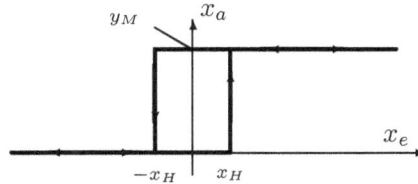

Abbildung 12.14: *Zweipunktschalter mit Hysterese*

Zeitverläufe des Führungsverhaltens. Die Verwendung dieses Zweipunktschalters führt zu der in Abb. 12.15 dargestellten Dauerschwingung der Regelgröße bei Vorgabe eines Sollwertes $\widehat{w}$.

Für die Berechnung der Kenngrößen der Dauerschwingung wird wiederum von den Gleichungen 12.2 und 12.3 ausgegangen, die unverändert gültig sind. Für die Berechnung der Zeitverläufe der in Abb. 12.15 durch T_u, t_a, T_u und t_b gekennzeichneten Zeitabschnitte, werden die jeweiligen Anfangs- und Endwerte in die Gleichungen 12.2 und 12.3 eingesetzt. Dann resultieren die folgenden vier Ausgangsgleichungen, die wieder als Basis für die Ermittlung der regelungstechnischen Kennwerte dienen:

$$x_{Max} = (\widehat{w} + x_H) + (K_S \cdot y_M - [\widehat{w} + x_H]) \cdot (1 - e^{-T_u/T_g}) \tag{12.13}$$

$$\widehat{w} - x_H = x_{Max} \cdot e^{-t_a/T_g} \tag{12.14}$$

$$x_{Min} = (\widehat{w} - x_H) \cdot e^{-T_u/T_g} \tag{12.15}$$

$$\widehat{w} + x_H = x_{Min} + (K_S \cdot y_M - x_{Min}) \cdot (1 - e^{-t_b/T_g}) . \tag{12.16}$$

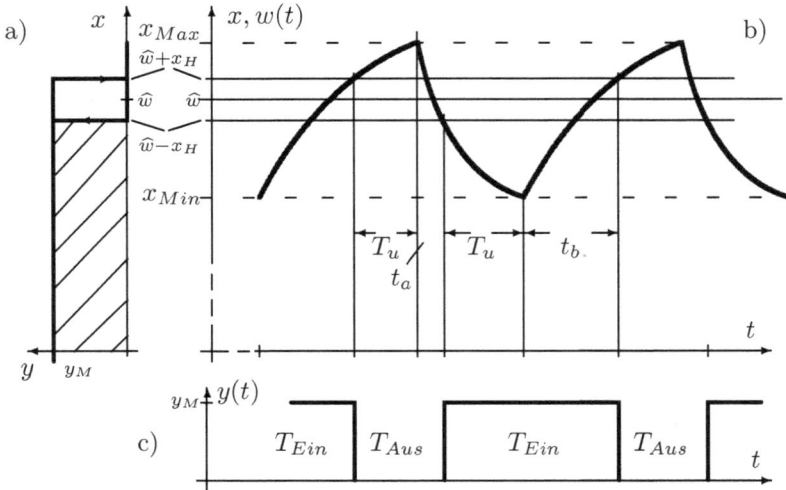

Abbildung 12.15: *Zweipunktschalter mit Hysterese (Abb. a), Verlauf der Regelgröße (Abb. b) und Verlauf der Stellgröße (Abb. c)*

Schwankungsbreite und Regeldifferenz. Mit den Gleichungen 12.13 bis 12.16 erhält man für die *Schwankungsbreite*

$$\Delta x = x_{Max} - x_{Min} = K_S \cdot y_M \cdot (1 - e^{-T_u/T_g}) + 2\,x_H \cdot e^{-T_u/T_g} \qquad (12.17)$$

und für die *mittlere Regeldifferenz*

$$\bar{x}_d = \widehat{w} - \bar{x} = (\widehat{w} - \frac{K_S \cdot y_M}{2}) \cdot (1 - e^{-T_u/T_g}) \ . \qquad (12.18)$$

Erwartungsgemäß nimmt infolge der Hysterese die Schwankungsbreite der Dauerschwingung zu. Die mittlere Regeldifferenz bleibt jedoch unbeeinflusst von der Hysterese. Zahlenwerte für die mittlere Regeldifferenz $\bar{x}_d$ können somit aus Abb. 12.12 für verschiedene Verhältnisse T_u/T_g abgelesen werden.

Periodendauer, Frequenz und Ein-/Ausschaltverhältnis. Für die Ermittlung dieser Größen werden zunächst die Zeiten t_a und t_b berechnet zu

$$t_a = -T_g \cdot \ln\left(\frac{\widehat{w} - x_H}{x_{Max}}\right)$$

$$t_b = -T_g \cdot \ln\left(\frac{K_S\,y_M - (\widehat{w} + x_H)}{K_S\,y_M - x_{Min}}\right) \ .$$

Dann erhält man durch Einsetzen die *Periodendauer* zu

$$T_P = 2\,T_u + t_a + t_b = 2\,T_u - T_g \cdot \left\{\ln\frac{\widehat{w} - x_H}{x_{Max}} + \ln\frac{K_S\,y_M - (\widehat{w} + x_H)}{K_S\,y_M - x_{Min}}\right\} \ ,$$

sowie die Schaltfrequenz

$$f_P = 1/T_P \ .$$

Das *Ein-/Ausschaltverhältnis* ergibt sich zu

$$\frac{T_{Ein}}{T_{Aus}} = \frac{T_u + t_b}{T_u + t_a} = \frac{T_u - T_g \cdot \ln\left(\dfrac{K_S\, y_M - (\widehat{w} + x_H)}{K_S\, y_M - x_{Min}}\right)}{T_u - T_g \cdot \ln\left(\dfrac{\widehat{w} - x_H}{x_{Max}}\right)} \ .$$

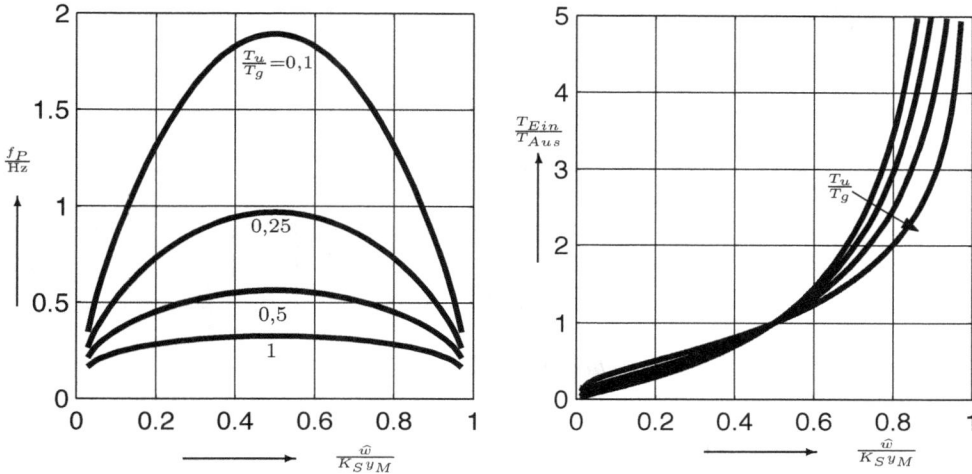

Abbildung 12.16: *Frequenz der Dauerschwingung (linke Abb.) und Ein-/Ausschaltverhältnis (rechte Abb.) als Funktion des normierten Sollwertes mit T_u/T_g = 0,1; 0,25; 0,5 und 1 als Parameter für einen Hysteresewert von $x_H = 0{,}02 \cdot K_S\, y_M$; ($f_p$ in [Hz] für T_u, T_g in [s])*

Für die grafische Darstellung der Frequenz der Dauerschwingung der Regelgröße und das Ein-/Ausschaltverhältnis ist eine Hysterese von 2% von x_∞, d. h. $x_H = 0{,}02 \cdot x_\infty = 0{,}02 \cdot K_S y_M$ angenommen. Abb. 12.16 zeigt die ermittelten Diagramme. Infolge der größeren Schwankungsbreite der Dauerschwingung steigt die Periodendauer an, und damit nimmt die Frequenz ab. Bei $T_u/T_g = 0{,}1$ sinkt infolge der Hysterese die maximale Schaltfrequenz um ca. 30% von 2,7 Hz auf 1,9 Hz (für T_u, T_g in [s]). Dieses Absinken der Schaltfrequenz führt zu einer Erhöhung der Lebensdauer des Schalters/Reglers. Der Einfluss der Hysterese auf das Ein-/Ausschaltverhältnis ist praktisch vernachlässigbar, wie der Vergleich mit Abb. 12.13 zeigt.

12.2.3 Zweipunktregler mit Hysterese für eine PT$_1$-Strecke ohne Totzeit

Führungsverhalten. Wesentlich übersichtlicher werden die Verhältnisse bei einer Verzögerungsstrecke ohne Totzeit. Als Beispiel für ein derartiges Regelsystem wird eine

PT$_1$-Regelstrecke durch einen Zweipunktregler mit Hysterese geregelt. Das Führungs-verhalten dieses Systems wird in Abb. 12.17 dargestellt.

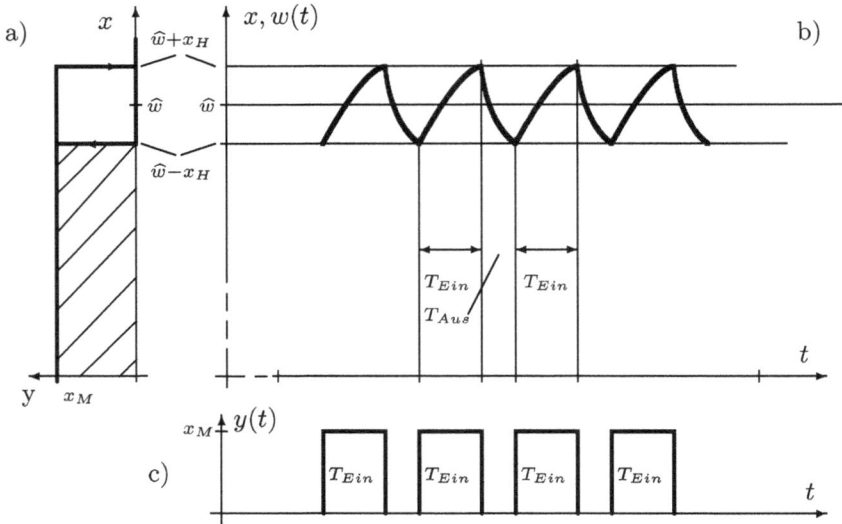

Abbildung 12.17: *Zweipunktschalter mit Hysterese (Abb. a), Verlauf der Regelgröße (Abb. b) und Verlauf der Stellgröße (Abb. c) (Hinweis: $x_M \,\widehat{=}\, y_M$)*

Kenngrößen der Dauerschwingung. Die Berechnung von Schwankungsbreite der Regelgröße, Regeldifferenz und Frequenz wird bei diesem Zeitverlauf sehr einfach. Bei einer um den Nullpunkt des Schalters symmetrischen Hysterese resultiert die *Schwankungsbreite der Dauerschwingung* zu $\Delta x = 2x_H$. Die *mittlere Regeldifferenz* $\bar{x}_d$ ist Null. Unter Verwendung der Gleichungen 12.2 und 12.3 resultiert für den Zeitverlauf der aufklingenden e-Funktion

$$\widehat{w} + x_H = (\widehat{w} - x_H) + (K_S y_M - [\widehat{w} - x_H]) \cdot (1 - \mathrm{e}^{-T_{Ein}/T_1}) \,.$$

Für die abklingende e-Funktion wird angesetzt

$$\widehat{w} - x_H = (\widehat{w} + x_H) \cdot \mathrm{e}^{-T_{Aus}/T_1} \,.$$

Dann ergeben sich *Ein- und Ausschaltdauer* zu

$$T_{Aus} = -T_1 \cdot \ln \frac{\widehat{w} - x_H}{\widehat{w} + x_H} = T_1 \cdot \ln \frac{\widehat{w} + x_H}{\widehat{w} - x_H}$$

$$T_{Ein} = -T_1 \cdot \ln \frac{K_S y_M - (\widehat{w} + x_H)}{K_S y_M - (\widehat{w} - x_H)} = T_1 \cdot \ln \frac{K_S y_M - (\widehat{w} - x_H)}{K_S y_M - (\widehat{w} + x_H)} \,,$$

und *Periodendauer* und *Frequenz* der Dauerschwingung sind bestimmt zu:

$$T_P = T_{Ein} + T_{Aus} = T_1 \cdot \left\{ \ln \frac{\widehat{w} + x_H}{\widehat{w} - x_H} + \ln \frac{K_S \, y_M - (\widehat{w} - x_H)}{K_S \, y_M - (\widehat{w} + x_H)} \right\}$$

$$f_P = 1/T_P \, .$$

Bei der Strecke ohne Totzeit wird über die Hysterese des Reglers direkt die Schwankungsbreite der Regelgröße $x(t)$ eingestellt. Je kleiner die Hysterese, umso kleiner wird auch die Schwankungsbreite von $x(t)$. Mit abnehmender Schwankungsbreite steigt aber die Frequenz der Schwingung und damit auch die Schalthäufigkeit des Schalters, was sich wiederum negativ auf seine Lebensdauer auswirkt. Somit ist ein Kompromiss zwischen Schwankungsbreite und Schalthäufigkeit zu schließen. Diese Problematik tritt grundsätzlich bei allen schaltenden Reglern auf.

12.2.4 Zweipunktregler mit Hysterese und Rückführung

Regler mit Rückführung. Eine Verbesserung des Regelverhaltens einer mit einem schaltenden Regler geregelten Verzögerungsstrecke kann durch Verwendung von Reglern mit Rückführung erzielt werden. Die Struktur des Reglers wird durch diese Rückführung gemäß Abb. 12.18 verändert und die Schalthäufigkeit erhöht. Die am häufigsten verwendeten Rückführungen sind verzögerte und nachgebend verzögerte Rückführungen. Dabei wird unter einer verzögerten Rückführung ein PT_1-Verhalten von $F_r(s)$ verstanden und unter einer nachgebend verzögerten Rückführung ein DT_2-Verhalten. Beide Rückführungen können konstruktiv sehr einfach bei schaltenden Reglern realisiert werden.

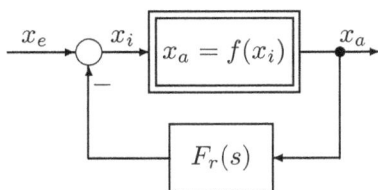

Abbildung 12.18: *Schaltender Regler mit Rückführung*

Als erstes wird nachfolgend die Regelung einer Verzögerungsstrecke höherer Ordnung (beschrieben durch die Verzugs- und Ersatzzeitkonstanten T_u und T_g) durch einen Zweipunktregler mit Hysterese und verzögerter Rückführung untersucht.

Zweipunktregler mit Hysterese und verzögerter Rückführung. Bei der Temperaturregelung einer Verzögerungsstrecke höherer Ordnung wird der Zweipunktregler mit Hysterese, wie zuvor gezeigt, durch ein Bimetall realisiert. Bei Berührung des Schaltkontakts wird der Heizkreis geschlossen und der Heizwiderstand R an die Stromquelle gelegt. Führt man nun parallel zum Heizwiderstand R über einen Vorwiderstand R_V einen zweiten Heizwiderstand R_1 zum Bimetall und heizt direkt das Bimetall auf, so

kann damit die große Verzögerung bei der Aufheizung der Regelstrecke (Heizofen, Wasserbehälter ...) reduziert werden. Dadurch steigt zwar die Schalthäufigkeit des Reglers,
aber die Schwankungsbreite der Regelgröße nimmt ab. Abb. 12.19 zeigt die Struktur
dieses Reglers und die einfache Realisierung beim Bimetall.

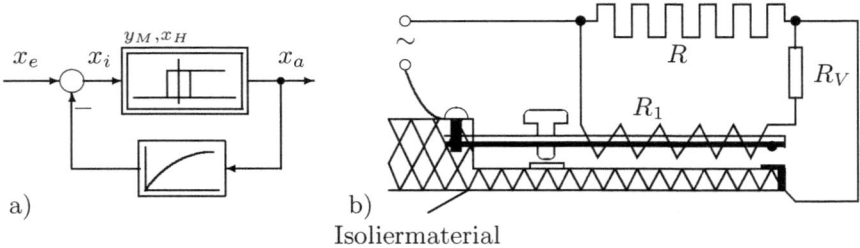

Abbildung 12.19: *Struktur (Abb. a) und Realisierung (Abb. b) eines Zweipunktreglers
mit Hysterese und interner verzögerter Rückführung*

Mit einem derartigen Regler mit Rückführung ergibt sich bei Regelung einer Verzögerungsstrecke höherer Ordnung (beschrieben als PT_1T_T-Glied) dann der Regelkreis von
Abb. 12.20. Man erkennt, dass die interne Rückführung des Reglers im Gesamtkreis zu
einer Parallelschaltung von zwei Verzögerungen erster Ordnung – aber mit unterschiedlichen Zeitkonstanten – führt.

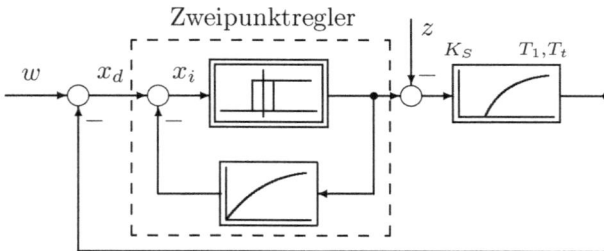

Abbildung 12.20: *Regelung einer Verzögerungsstrecke höherer Ordnung
mit einem Zweipunktregler
mit verzögerter Rückführung ($T_1 = T_u$, $T_t = T_g$)*

Es soll nun die Regelung dieser Verzögerungsstrecke höherer Ordnung, beschrieben
durch ein PT_1T_T-Glied mit $K_S = 2$, $T_1 = 2\,\text{min}$ und $T_T = 0{,}5\,\text{min}$ untersucht werden. Als Regler wird ein Zweipunktschalter mit Hysterese mit den Werten $y_M = 0{,}5$
und $x_H = 0{,}05$ mit der verzögerten Rückführung und den Zahlenwerten $K_r = 0{,}4$ und
$T_r = 0{,}1\,\text{min}$ eingesetzt. Abb. 12.21 zeigt den Zeitverlauf des Führungs- und Störverhaltens für einen Sollwert der Führungsgröße von $\widehat{w} = 0{,}75x_\infty = 0{,}75 \cdot K_Sy_M$ zum
Zeitpunkt Null und einer Störgröße $\widehat{z} = 0{,}1x_\infty$ zum Zeitpunkt $t = 8\,\text{min}$. Die mit $x_o(t)$
bezeichnete Kurve stellt den Verlauf der Regelgröße $x(t)$ *ohne* verzögerte Rückführung
des Reglers dar, und die Kurve $x_m(t)$ bezeichnet den Verlauf *mit* verzögerter Rückführung des Reglers.

Die Untersuchung des *Führungsverhaltens* zeigt, dass ohne verzögerte Rückführung die
Schwankungsbreite Δx und die mittlere Regeldifferenz $\bar{x}_d$ der Dauerschwingung der Regelgröße mithilfe der Gleichungen 12.17 und 12.18 berechnet werden zu $\Delta x = 0{,}2991x_\infty$

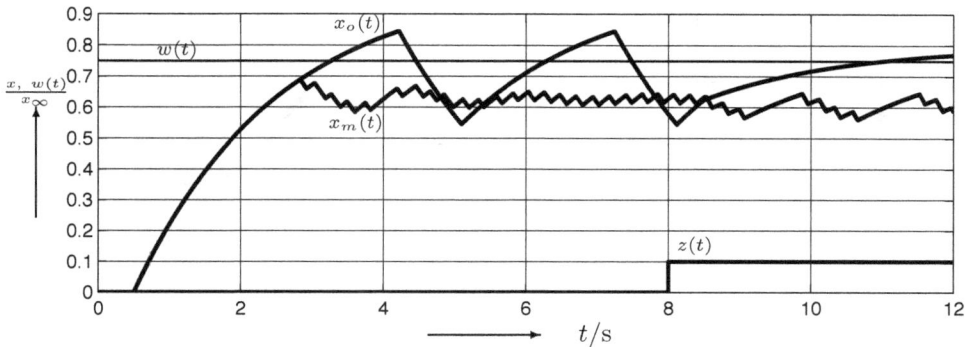

Abbildung 12.21: *Führungs- und Störverhalten des Regelkreises*

und $\bar{x}_d = 0{,}0553x_\infty$. Durch die Verwendung der verzögerten Rückführung geht die Schwankungsbreite auf ca. $0{,}03x_\infty$ zurück und die mittlere Regeldifferenz steigt auf $0{,}12x_\infty$. Die Frequenz der Dauerschwingung steigt ebenfalls ca. um den Faktor 10 ... 15. Durch eine Sollwertanpassung, d. h. Vorgabe eines größeren Sollwertes als wirklich gefordert, kann die Regeldifferenz praktisch zum Verschwinden gebracht werden. Fordert man z. B. einen Sollwert von $\widehat{w} = 0{,}63x_\infty$, stellt aber über die Sollwerteinstellung einen Sollwert von $\widehat{w} = 0{,}75x_\infty$ ein, so schwingt, wie Abb. 12.21 zeigt, die Regelgröße mit einer sehr kleinen Amplitude um den Wert 0,63.

Auch für das *Störverhalten* wird durch die verzögerte Rückführung eine Verbesserung des Regelverhaltens erzielt. Die Amplitude der Dauerschwingung nach Einwirkung einer Störung von $\widehat{z} = 0{,}1x_\infty$ wird deutlich reduziert.

Für eine echte Verzögerungsstrecke höherer Ordnung wird das Regelverhalten noch günstiger, da infolge des Wegfalls der Totzeit der Regelvorgang insgesamt glatter wird. Die Einstellung der Rückführung muss empirisch gefunden werden. Die durch die Rückführung eingeführte zusätzliche Regeldifferenz sollte möglichst klein gehalten werden.

Zweipunktregler mit Hysterese und nachgebend verzögerter Rückführung.
Die durch die verzögerte Rückführung bewirkte zusätzliche Regeldifferenz wird durch Einsatz einer nachgebend verzögerten Rückführung vermieden. Eine nachgebend verzögerte Rückführung wird auf einfache Art und Weise durch Parallelschaltung und anschließende Differenzenbildung von zwei Verzögerungsgliedern gleicher Verstärkung aber mit unterschiedlichen Zeitkonstanten erzeugt (siehe Abb. 12.22).

Die nachfolgende Berechnung zeigt, dass diese nachgebend verzögerte Rückführung ein DT_2-Verhalten aufweist.

$$F(s) = \frac{K}{1 + T_2 s} - \frac{K}{1 + T_1 s} = \frac{K \cdot (T_1 - T_2) \cdot s}{(1 + T_1 s) \cdot (1 + T_2 s)}$$

$$= \frac{K_D \cdot s}{(1 + T_1 s) \cdot (1 + T_2 s)} \ .$$

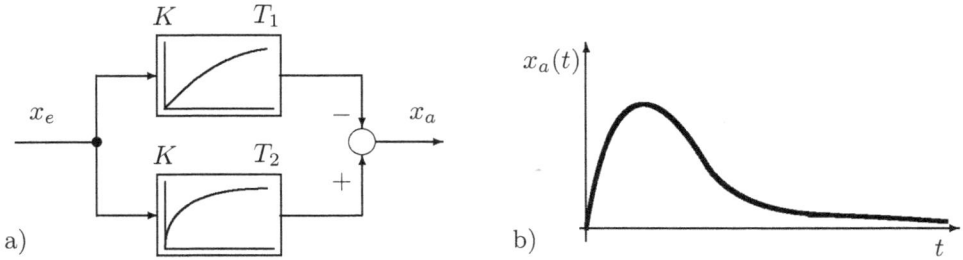

Abbildung 12.22: *Parallelschaltung zweier PT_1-Glieder (Abb. a) und die Sprungantwort $x_a(t)$ für ein sprungförmiges Eingangssignal $x_e(t)$ (Abb. b) mit $T_1 > T_2$*

Auf einen Sprungeingang reagiert der Ausgang sofort, er geht jedoch asymptotisch wieder nach Null zurück. Wird bei einem Zweipunktschalter eine derartige Rückführung verwendet, dann wird durch die „schnelle" Reaktion der Rückführung der Totzeit der Regelstrecke entgegengewirkt.

Es wird nun das dynamische Verhalten des Zweipunktreglers mit Hysterese und nachgebend verzögerter Rückführung näher untersucht. Die zu diesem Zweck berechnete Sprungantwort $y(t)$ und der normierte Mittelwert $\bar{y}(t) = (1/T) \cdot \int_0^T y(\tau)\,\mathrm{d}\tau$ sind in Abb. 12.23 aufgetragen, wobei aus Gründen der Übersichtlichkeit der Verlauf $0{,}2y(t)$ und nicht $y(t)$ dargestellt ist. Die Sprungantwort des Reglers mit Rückführung entspricht näherungsweise der Sprungantwort eines PID-Reglers, dessen maximaler Ausgangswert begrenzt ist.

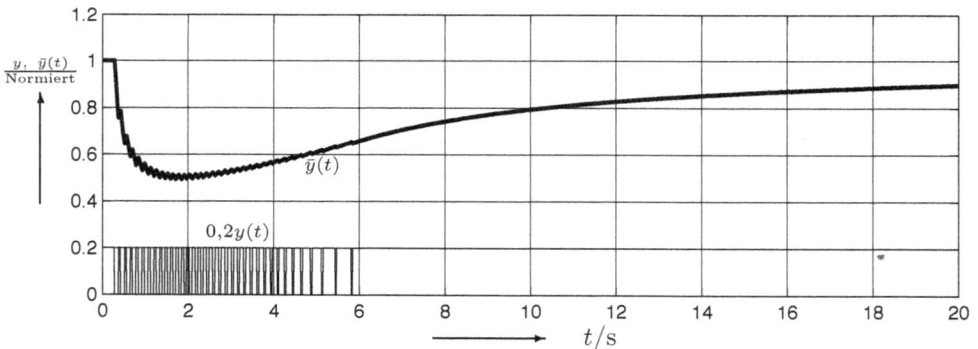

Abbildung 12.23: *Sprungantwort $y(t)$ und Mittelwert $\bar{y}(t)$ des Zweipunktreglers mit nachgebend verzögerter Rückführung*

Eine ältere Realisierung einer derartigen nachgebend verzögerten Rückführung erfolgte z. B. auf einfache Art und Weise durch eine Gegenschaltung von zwei Thermoelementen Th_1 und Th_2 mit unterschiedlichen Zeitkonstanten (siehe Abb. 12.24). Das Relais (mit

Magnet) in diesem Thermokreis bildet den Zweipunktschalter mit Hysterese. Dieses Relais schaltet den zweiten Kreis mit Heizwiderständen und das Hauptschütz für den Starkstromkreis.

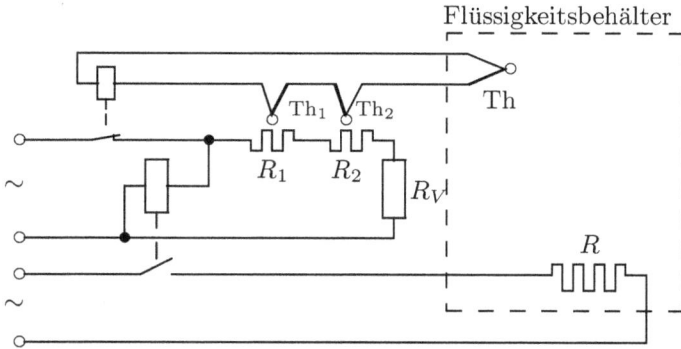

Abbildung 12.24: *Temperaturregelung einer Flüssigkeit durch einen Zweipunktschalter mit Hysterese und nachgebend verzögerter Rückführung*

Das Prinzip des Reglers ist ähnlich dem Bimetallschalter mit nachgebender Rückführung von Abb. 12.19, bei dem auch eine zusätzliche Heizwicklung über einen Vorwiderstand R_V die Rückführung realisiert.

Zur Untersuchung der Regeleigenschaften eines derartig rückgeführten Zweipunktreglers wird das Führungs- und Störverhalten bei der Regelung einer PT_1T_T-Strecke betrachtet (Abb. 12.25).

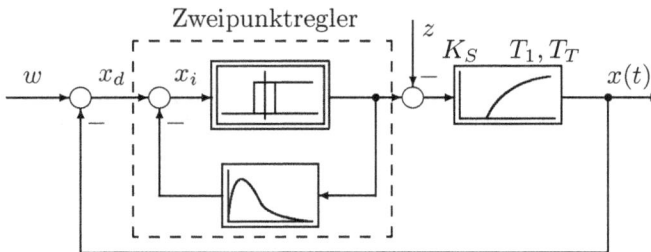

Abbildung 12.25: *Regelung einer Verzögerungsstrecke höherer Ordnung mit einem Zweipunktregler mit nachgebend verzögerter Rückführung*

Die für die Untersuchung zugrunde gelegte Strecke ist die zuvor schon betrachtete PT_1T_T-Strecke mit den Parameterwerten $K_S = 2$, $T_1 = 2\,\text{min}$ und $T_T = 0{,}5\,\text{min}$. Der Zweipunktregler besitzt als Stellamplitude $y_M = 0{,}5$ und als Hysterese den Wert $x_H = 0{,}05$. Die nachgebend verzögerte Rückführung ist aus zwei PT_1-Gliedern mit $T_1 = 0{,}4\,\text{min}$, $T_2 = 0{,}1\,\text{min}$ und $K = 3$ realisiert.

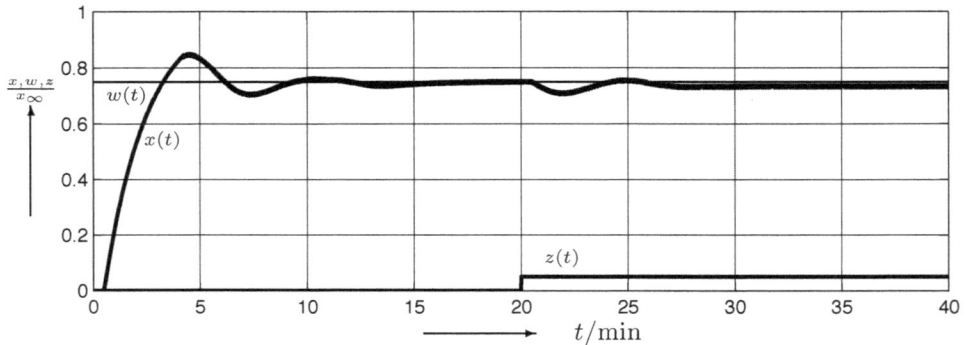

Abbildung 12.26: *Führungs- und Störverhalten des Regelkreises mit PT_1T_T-Strecke und Zweipunktregler mit nachgebend verzögerter Rückführung*

Das *Führungsverhalten* der Regelgröße $x(t)$ zeigt nach einem Sprung des Sollwertes von $\widehat{w} = 0{,}75x_\infty$ ein schwingendes Regelverhalten (Abb. 12.26). Infolge der näherungsweisen PID-Wirkung des Zweipunktreglers ist die Regelgröße nach ca. 20 min nahezu auf den Sollwert eingeschwungen. Dieses gute Regelverhalten wird durch eine hohe Schaltfrequenz des Zweipunktreglers erkauft. Als Auslegungsempfehlung wird von Samal [45] angegeben, dass für den näherungsweisen PID-Regler als Nachstellzeit $T_N \approx T_1$ und als Vorhaltzeit $T_V \approx T_2$ anzusetzen sind, mit T_1 und T_2 als Zeitkonstanten der PT_1-Glieder der nachgebend verzögerten Rückführung nach Abb. 12.22.

Das *Störverhalten* des Regelkreises bei einem Störsprung von $\widehat{z} = 0{,}05x_\infty$ weist eine geringe bleibende Regelabweichung auf. Dies ist darauf zurückzuführen, dass der rückgeführte Zweipunktregler den integrierenden Anteil nur ungenügend nachbildet. Das dennoch akzeptable Regelverhalten wird auch hier mit einer hohen Schaltfrequenz des Zweipunktreglers erkauft. Für größere Störgrößen können positive *und* negative bleibende konstante Regelabweichungen auftreten. Dies ist insbesondere dann der Fall, wenn bei dauernd ein- oder ausgeschaltetem Regler die Regeldifferenz innerhalb der Hysterese von $\pm x_H$ bleibt. Bei sehr großen Störamplituden werden die bleibenden Regeldifferenzen auch größer als x_H, da infolge des Angriffspunktes der Störung vor der Regelstrecke das Stellglied mit $y_M = 0{,}4$ nicht mehr genügend Stellenergie bereitstellen kann, um die Störung zu kompensieren.

12.2.5   Dreipunktregler mit Hysterese

Kennlinien von Dreipunktreglern. Zur Regelung von Verzögerungsstrecken höherer Ordnung werden zunächst die verschiedenen Realisierungen von Dreipunktreglern betrachtet. Hierzu werden in Abb. 12.27 drei unterschiedliche Varianten eines Dreipunktreglers dargestellt.

Der *symmetrische Dreipunktregler* von Abb. 12.27a kann bei Stelleinrichtungen mit positiven und negativen Stellsignalen verwendet werden. Dies sind z. B. Verstärker mit po-

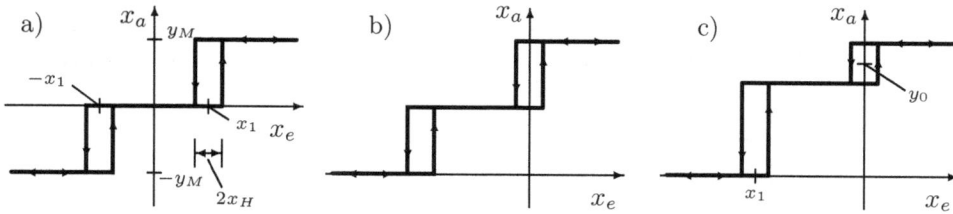

Abbildung 12.27: *Kennlinie eines symmetrischen Dreipunktreglers (Abb. a), eines unsymmetrischen Dreipunktreglers (Abb. b) und eines unsymmetrischen Dreipunktreglers mit Arbeitspunktanpassung (Abb. c)*

sitiven und negativen Ausgangsspannungen oder Stellmotoren mit positiven und negativen Drehrichtungen. Bei Temperatur- oder Füllstandsregelungen, bei denen z. B. Heizwiderstände oder Stellventile eingesetzt werden, kann ein derartiger symmetrischer Dreipunktregler jedoch nicht verwendet werden, da Heizwiderstände oder Stellventile keine negativen Stellsignale ermöglichen. Dann kann man z. B. *unsymmetrische Dreipunktregler* mit „unterer Ruhelage" verwenden (Abb. 12.27b oder c). Diese Stelleinrichtungen kann man für $x_e \ll 0$ in Stellung AUS bringen; dann ist der Heizwiderstand abgeschaltet oder das Stellventil ist zu. In der oberen Endlage ist der Heizwiderstand dann voll eingeschaltet bzw. das Ventil voll geöffnet. Die Zwischenlage kann sich nun z. B. in der Mitte zwischen der oberen und unteren Endlage befinden (Abb. 12.27b), dann geben die Stellelemente in dieser Position die Hälfte des maximalen Stellsignals ab. Bei manchen Anwendungen ist es jedoch sinnvoll, die obere Endlage und die „Mittenlage" symmetrisch zum Arbeitspunkt $\widehat{w} = K_S \cdot y_0$ (Abb. 12.27c) mit K_S als Streckenverstärkung anzuordnen. Dadurch können die Schwankungen der Regelgröße um den Sollwert klein gehalten werden.

Regelverhalten. Setzt man einen unsymmetrischen Dreipunktregler mit Hysterese zur Regelung einer PT_1T_T-Regelstrecke ein, so resultiert der Regelkreis nach Abb. 12.28. Die Kennlinie des Dreipunktreglers, die Dauerschwingung der Regelgröße $x(t)$ und das Zeitverhalten der Stellgröße $y(t)$ sind in Abb. 12.29 wiedergegeben.

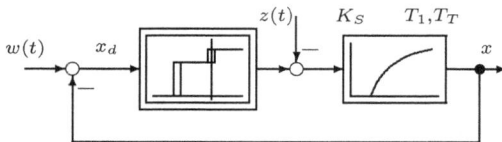

Abbildung 12.28: $PT_1 T_T$-*Regelstrecke mit unsymmetrischem Dreipunktregler*

Die Kennlinie des Dreipunktreglers (Abb. 12.29a) zeigt, dass das Stellsignal y symmetrisch zum Sollwert $\widehat{w}$ gewählt ist. Zum Betriebspunkt $x_0 = \widehat{w}$ gehört das Stellsignal y_0. Für kleine Änderungen der Regelgröße $x(t)$ um den Sollwert $\widehat{w}$ schaltet der Dreipunktregler zwischen $y_0 + dy$ und $y_0 - dy$ hin und her (Abb. 12.29c). Erst für große Abweichungen von x vom Sollwert ($x(t) \gg \widehat{w}$) schaltet der Regler die Stellgröße auf Null. Der Regler arbeitet im Nennbetriebsbereich praktisch als Zweipunktregler (Abb. 12.29c).

Aufgrund der geringen Schwankungsbreite der Stellgröße um $\pm dy$ ist die Schwankungsbreite Δx der Regelgröße auch relativ gering im Vergleich zum Zweipunktregler.

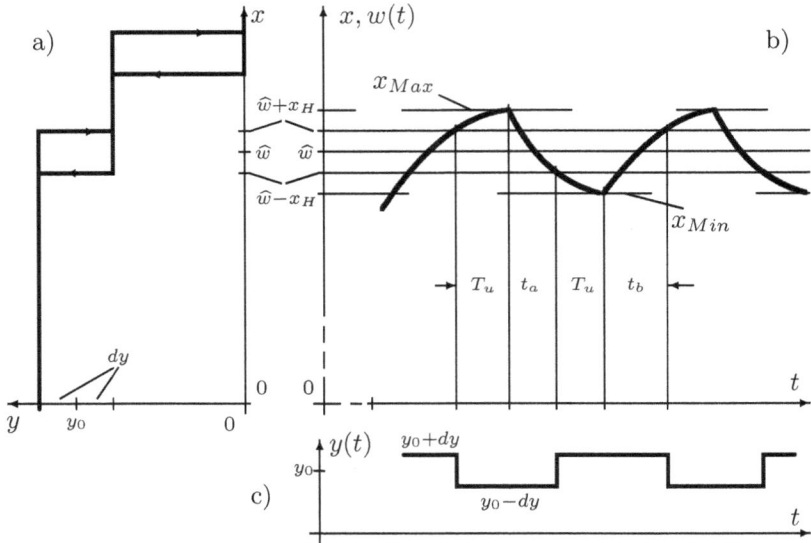

Abbildung 12.29: *Unsymmetrischer Dreipunktregler mit Hysterese (Abb. a), Dauerschwingung der Regelgröße (Abb. b) und Zeitverlauf der Stellgröße (Abb. c)*

Für die Auslegung des Dreipunktreglers für das gewünschte Führungsverhalten müssen Arbeitspunkt y_0 und Stellgrößenschwankung dy geeignet gewählt werden. Wird das dy zu klein gewählt, dann kann die Stellgröße beim Auftreten von Störgrößen $z(t)$ nicht mehr genügend Stellamplitude zur Verfügung stellen. Daher muss gewährleistet sein, dass das Eingangssignal $y_0 + dy - \hat{z}$ in die Regelstrecke ausreicht, um die Regelgröße $x(t)$ zum Sollwert $\hat{w}$ zu führen, d. h. es muss gelten $(y_0 + dy - \hat{z}) \cdot K_S > \hat{w}$. Die Berechnung der charakteristischen Kennwerte der Dauerschwingung wird in Anlehnung an die Gleichungen 12.13 bis 12.16 durchgeführt. Es gelten hier die abgewandelten Gleichungen

$$x_{Max} = (\hat{w} + x_H) + (K_S \,[y_0 + dy] - [\hat{w} + x_H]) \cdot (1 - e^{-T_u/T_g})$$

$$\hat{w} - x_H = x_{Max} + (K_S \,[y_0 - dy] - x_{Max}) \cdot (1 - e^{-t_a/T_g})$$

$$x_{Min} = (\hat{w} - x_H) + (K_S \,[y_0 - dy] - [\hat{w} - x_H]) \cdot (1 - e^{-T_u/T_g})$$

$$\hat{w} + x_H = x_{Min} + (K_S \,[y_0 + dy] - x_{Min}) \cdot (1 - e^{-t_b/T_g}) \, ,$$

aus denen die gesuchten Parameter abzuleiten sind.

12.3 Regelung von integrierenden Regelstrecken

Regelstrecke. Die Betrachtung der Regelung von integrierenden Regelstrecken, wie z. B. Füllstandsregelstrecken, mit schaltenden Reglern ist aufgrund der relativ einfachen Sprungantwort der Regelstrecke weniger schwierig als bei Verzögerungsstrecken höherer Ordnung. Im Folgenden werden Regelkreise untersucht, in denen reine integrierende Regelstrecken ohne Verzögerung, beschrieben durch die Sprungantwort von Abb. 12.30 eingesetzt sind.

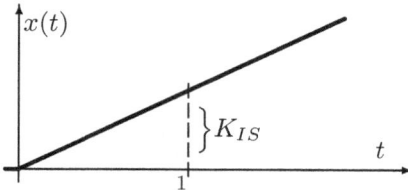

Abbildung 12.30: *Sprungantwort der Regelstrecke auf einen Einheitssprung*

12.3.1 Zweipunktregler mit Hysterese

Regelkreis und Zeitverhalten. Bei Verwendung des Zweipunktreglers von Abb. 12.14 hat der untersuchte Regelkreis die Struktur von Abb. 12.31. Die Hysterese des Zweipunktreglers ist symmetrisch zum Nullpunkt, die untere Ruhelage des Zweipunktreglers liegt bei Null, da z. B. ein eingesetztes Stellventil in den Endlagen nur ZU oder AUF sein kann. Als integrierende Regelstrecke wird im Folgenden eine Füllstandsregelstrecke angenommen.

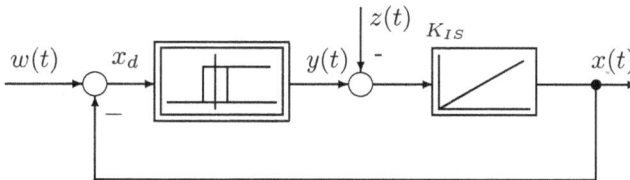

Abbildung 12.31: *Regelkreis mit Zweipunktregler*

Für diese Füllstandsregelstrecke mit Zulauf $q_{Zu}(t)$, (füllstandsunabhängigem) Ablauf $q_{Ab}(t)$ und Querschnittsfläche A gilt als Gleichung der Regelstrecke

$$h(t) = \frac{1}{A} \cdot \int_0^t (q_{Zu}(\tau) - q_{Ab}(\tau)) \, \mathrm{d}\tau \; .$$

Der über ein Stellventil gesteuerte Zulauf ist die Stellgröße $y(t) = q_{Zu}(t)$, und der Ablauf stellt die Störgröße dieses Regelkreises dar, $z(t) = q_{Ab}(t)$. Das Ziel der Regelung ist es, unabhängig vom Abfluss immer einen möglichst gleichen Füllstand, ausgedrückt durch die Höhe $\widehat{w} = h_{Soll}$, zu gewährleisten. Regelgröße $x(t)$ ist also die Füllstandshöhe $h(t)$.

Der Zweipunktregler besitze die Hysteresebreite $x_H = 0{,}05$ und die Stellamplitude $y_M = 0{,}4$. Der Integrierbeiwert der Regelstrecke ist zu $K_{IS} = 2/\text{min}$ angenommen. Der Füllstandssollwert beträgt für die gezeigte Simulation 0,7 Einheiten. Die Abflussmenge q_{Ab} beträgt im Zeitintervall $0 \leq t < 1\,\text{min}$ zunächst null Einheiten, im Zeitintervall $1 \leq t < 2\,\text{min}$ dann 0,25 Einheiten und im Zeitintervall $2 \leq t \leq 4\,\text{min}$ dann 0,75 Einheiten. Für dieses Regelsystem ergeben sich die in Abb. 12.32 gezeigten Dauerschwingungen.

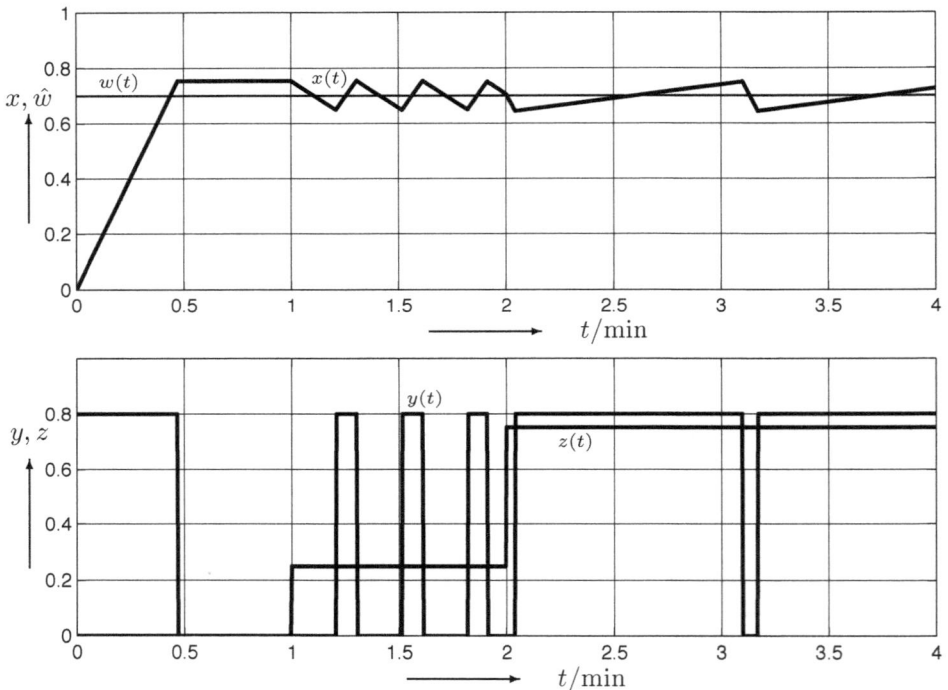

Abbildung 12.32: *Zeitverhalten des Systems mit Zweipunktregler*

Die Füllstandshöhe pendelt innerhalb der Hysteresebreite des Zweipunktreglers hin und her. Die maximale Ablage vom Sollwert ist durch die Hysteresebreite mit $x_H = 0{,}05$ Einheiten vorgegeben. Über die Einschaltdauer des Zuflussventils wird bei unterschiedlichem Abfluss $q_{Ab}(t) = z(t)$ die Füllstandshöhe gehalten.

12.3.2 Dreipunktregler mit Hysterese

Regelkreis, Kennlinie des Dreipunktschalters. Nun wird anstelle eines Zweipunktreglers ein Dreipunktregler mit Hysterese bei der integrierenden Regelstrecke eingesetzt. Die Realisierung des Dreipunktreglers mit Hysterese könnte beim Beispiel einer Füllstandsregelung über vier Füllstandskontakte mit nachfolgender Selbsthalteschaltung ähnlich Abb. 12.4 erfolgen.

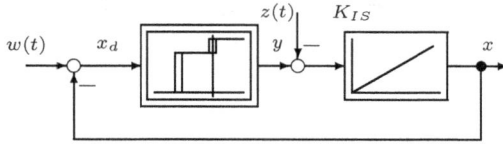

Abbildung 12.33: *Integrierende Regelstrecke mit Dreipunktregler*

Der verwendete Dreipunktregler mit Arbeitspunktanpassung (siehe Abb. 12.27c) soll für den Arbeitsbereich $0,6 \leq z(t) \leq 0,8$ Einheiten gelten. D. h. es wird davon ausgegangen, dass ein mittlerer Abfluss zwischen 0,6 und 0,8 Einheiten vorliegt. Der Dreipunktregler verstetigt in gewisser Weise den Zulauf in den Füllstandsbehälter, da der Zufluss in der Nähe des Arbeitspunktes nun nicht mehr zwischen Null und maximalem Zufluss hin und her schwankt, sondern zwischen den Stellamplituden $0,6 \leq y(t) \leq 0,8$ Einheiten. Die Daten des verwendeten Dreipunktreglers sind in Abb. 12.34 eingetragen.

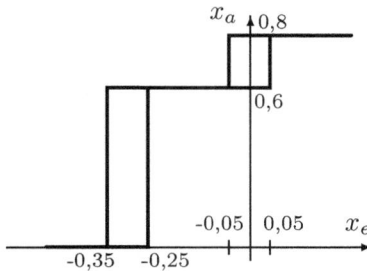

Abbildung 12.34: *Kennlinie des verwendeten Dreipunktreglers*

Zeitverhalten. Der Integrierbeiwert der integrierenden Regelstrecke beträgt $K_{IS} = 2/\text{min}$. Mit diesem System erhält man für verschiedene Abflussmengen $z(t) = q_{Ab}(t)$ die in Abb. 12.35 dargestellten Zeitverläufe. Der Füllstandssollwert beträgt für die gezeigte Simulation 0,7 Einheiten. Die Abflussmenge q_{Ab} beträgt im Zeitintervall $0 \leq t < 4\,\text{min}$ null Einheiten, im Zeitintervall $4 \leq t < 10\,\text{min}$ dann 0,65 Einheiten im Zeitintervall $12 \leq t \leq 14\,\text{min}$ dann 0,75 Einheiten.

Da im Zeitinterval $t < 4\,\text{min}$ keine Flüssigkeit abfließt, ist der Betriebsmodus weit vom eingestellten Arbeitspunkt $0,6 \leq z(t) = q_{Ab}(t) \leq 0,8$ Einheiten entfernt. Folglich tritt in diesem Zeitbereich eine große Regeldifferenz von -0,35 Einheiten auf, wie Abb. 12.35 zeigt. Der Zufluss wird gemäß Abb. 12.34 erst für einen Wert von $x_e < -0,35$ Einheiten zu null und die Regelgröße verharrt beim Wert $+1,05$ Einheiten.

Für die nachfolgenden Zeitabschnitte $t > 4\,\text{min}$ liegt die Störgröße Abfluss q_{Ab} in der Nähe des Arbeitspunktes des Dreipunktreglers. Die Regelgröße schwankt dann um $\pm 0,05$ Einheiten um den Sollwert. Das Regelverhalten ist nun besser als bei Verwendung eines Zweipunktreglers, da infolge der Arbeitspunktanpassung die Schwankungen

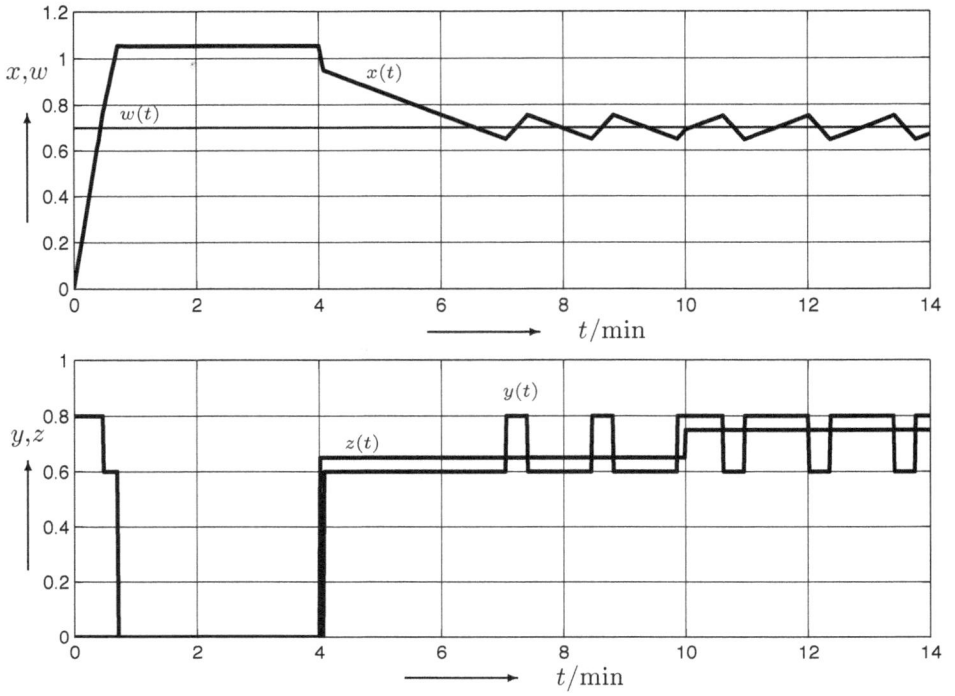

Abbildung 12.35: *Zeitverhalten des Systems mit Dreipunktregler*

der Regelgröße nun langsamer verlaufen. Die maximale Abweichung vom Sollwert wird jedoch allein von der Breite der Hysterese am Arbeitspunkt (hier $\pm 0{,}05$) bestimmt.

13 Anwendungsbeispiele linearer und nichtlinearer Regelungen

In diesem Kapitel werden zwei Anwendungsbeispiele für die Regelung von technischen Regelstrecken untersucht. Die Betonung bei dieser Untersuchung liegt auf der Anwendung der in diesem Buch behandelten Entwurfsverfahren von Reglern. Auch die betrachteten Regelstrecken sind in den vorangehenden Kapiteln schon vorgestellt worden, so dass ihre Beschreibung als bekannt vorausgesetzt werden kann.

13.1 Drehzahlregelung einer Gleichstrommaschine mit einer Kaskadenregelung

Unter der Kaskadenregelung einer Regelstrecke wird eine Regelkreisstruktur mit mehreren überlagerten Regelschleifen verstanden. Das in Abschnitt 9.4.1 behandelte Verfahren wird in der Antriebstechnik auch als *Stromleitverfahren* bezeichnet.

13.1.1 Struktur der Regelstrecke Gleichstromantrieb

Struktur der Regelung. Den technischen Aufbau eines Gleichstromantriebs mit einer Kaskadenregelung zeigt Abb. 13.1. In einer unterlagerten Regelschleife wird der Ankerstrom I_A gemessen und über den Stromregler zurückgeführt. In der überlagerten Regelschleife wird mit einem Tachogenerator die Drehzahl gemessen und über den Drehzahlregler zurückgeführt. Das Stellsignal des Stromreglers bestimmt den Zeitpunkt der Zündimpulse für die nachfolgende Drehstrombrückenschaltung. Diese Drehstrombrückenschaltung ist eine Stromrichterschaltung, die eine Gleichspannung als Ankerspannung U_A für die Steuerung des Antriebs zur Verfügung stellt. Über den Zeitpunkt der Zündimpulse kann durch eine *Phasenanschnittsteuerung* eine positive oder negative Ankerspannung variabler Amplitude erzeugt werden. Das Erregerfeld des Gleichstromantriebs wird durch eine getrennte Gleichrichterschaltung erzeugt. Der Antrieb ist auf der Abtriebsseite mit einem Lastmoment $m_w(t)$ belastet, welches im Allgemeinen von einem Arbeitsgerät herrührt. Dieses Arbeitsgerät kann z. B. ein Bohrer, eine Fräseinrichtung, ein Aufzug ... sein. Das Arbeitsgerät erhöht, häufig über ein Getriebe, ebenfalls das Trägheitsmoment der Antriebseinheit.

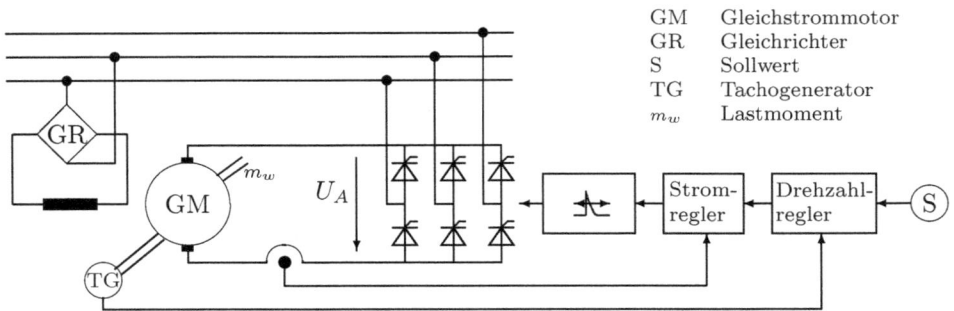

GM	Gleichstrommotor
GR	Gleichrichter
S	Sollwert
TG	Tachogenerator
m_w	Lastmoment

Abbildung 13.1: *Kaskadenregelung eines Gleichstrommotors mit unterlagerter Strom-regelung und überlagerter Drehzahlregelung*

Struktur und Daten der Regelstrecke. Das Blockschaltbild dieser Regelstrecke Gleichstromantrieb wird in Abschnitt 2.3.1 (Seite 38) als Beispiel für die Entwicklung von Blockschaltbildern angegeben.

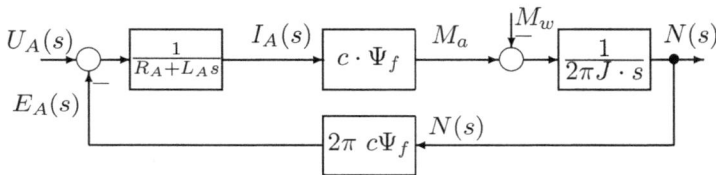

Abbildung 13.2: *Blockschaltbild der Gleichstrommaschine*

Für einen Beispielantrieb werden aus den Datenblättern die folgenden Maschinendaten entnommen:

Motorleistung	$P = 11$ kW	Wirkungsgrad	$\eta = 86\ \%$
Massenträgheitsmoment	$J_M = 0{,}192$ kgm^2	Erregerleistung	$P_e = 175$ W
Masse	$M = 150$ kg	Ankerspannung	$U_A = 440$ V
Nennstrom	$I_{AN} = 29$ A	Nenndrehzahl	$n_N = 1500\ \frac{\text{U}}{\text{min}}$
Nennmoment	$M_{aN} = 71{,}5$ Nm	Leerlaufdrehzahl	$n_0 = 1704{,}5\ \frac{\text{U}}{\text{min}}$
Ankerkreiswiderstand	$R_A = 1{,}82\ \Omega$	Bauform	B 3
-induktivität	$L_A = 15$ mH	Schutzart	IP 23

Bauform B 3 bedeutet Aufstellung auf Unterbau, 2 Lagerschilde, Stator mit Füßen und einem freien Wellenende. Schutzart IP 23 bedeutet Schutz gegen mittelgroße Fremd-körper und Sprühwasser. Aus den Maschinendaten kann der Faktor $c\ \Psi_f = 2{,}4651$ Vs berechnet werden. Als Daten für Sensoren, Stellglied und Belastung werden angesetzt:

Zeitkonstante Stromwandler	$T_{gi} = 3$ ms	Totzeit Stromrichter	$T_t = 1{,}67$ ms
Zeitkonstante Drehzahlwandler	$T_{gn} = 3$ ms	Lastträgheitsmoment	$J_L = 1$ kgm^2

Für diesen Antrieb werden Strom- und Drehzahlregler ausgelegt.

13.1.2 Auslegung des Stromregelkreises

Struktur des Stromregelkreises. In der Antriebstechnik wird für die Auslegung des Stromregelkreises oft vereinfachend angenommen, dass die Rückwirkung der induzierten Ankerspannung $E_A(s)$ infolge der langsamen Änderung der Drehzahl sehr träge erfolgt. Mit dieser Annahme kann dann die induzierte Ankerspannung vernachlässigt werden, so dass der folgende vereinfachte Stromregelkreis für die *Reglerauslegung* angenommen wird.

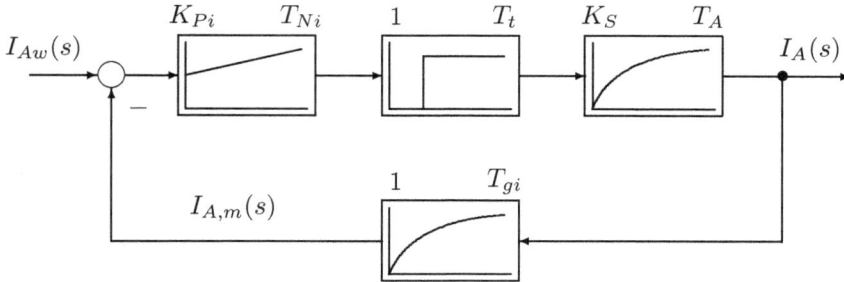

Abbildung 13.3: *Stromregelkreis des Gleichstromantriebs unter Vernachlässigung der induzierten Ankerspannung*

Im Vorwärtszweig des Stromregelkreises liegen von links nach rechts die Blöcke von Stromregler, Stromrichter und Stromregelstrecke beschrieben durch die folgenden Übertragungsfunktionen

$$F_{Ri}(s) = \frac{K_{Pi} \cdot (1 + T_{Ni}s)}{T_{Ni}s}$$

$$F_{St}(s) = \mathrm{e}^{-sT_t}$$

$$F_S(s) = \frac{1}{R_A + L_A s} = \frac{1/R_A}{1 + (L_A/R_A)s} = \frac{K_S}{1 + T_A s} \; .$$

Der Stromregler ist in den meisten Fällen ein PI-Regler, und der Stromrichter wird bei einer sechspulsigen Brückenschaltung durch ein Totzeitglied mit der Totzeit $T_t = 1{,}67\,\mathrm{ms}$ beschrieben. Im Rückwärtszweig des Stromregelkreises befindet sich der Stromwandler mit der Übertragungsfunktion

$$F_m(s) = \frac{1}{1 + T_{gi}s} \; .$$

Da die Bedeutung des Stromregelkreises als unterlagerter Regelkreis deutlich geringer als die Bedeutung des Drehzahlregelkreises ist, wird für die Auslegung des Stromreglers der Regelkreis nach Abb. 13.3 weiter vereinfacht. Man fasst das Totzeitglied des Stromrichters und das Verzögerungsglied des Stromwandlers zu einem Verzögerungsglied mit der Zeitkonstanten $T_1 = T_t + T_{gi}$ zusammen und platziert dieses Übertragungsglied (zur

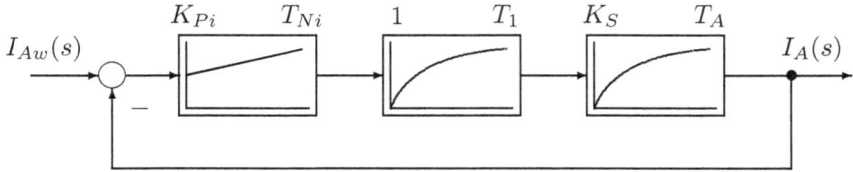

Abbildung 13.4: *Modifizierte Struktur des Stromregelkreises für die Reglerauslegung*

Vereinfachung der Auslegung) in den Vorwärtszweig. Dies führt zu dem Blockschaltbild nach Abb. 13.4. Die Regelstrecke besteht nun aus einer Reihenschaltung von zwei Verzögerungsgliedern 1. Ordnung.

Auslegung des Stromreglers. Bei Verwendung eines PI-Reglers kann man nach dem *Verfahren der dynamischen Kompensation* mit der Auswahl der Nachstellzeit T_{Ni} die größte Zeitkonstante im Regelkreis, hier T_A, kompensieren. Es wird dann mit $T_{Ni} = T_A$

$$
\begin{aligned}
F_{0i}(s) &= F_{Ri}(s) \cdot F_S(s) = \frac{K_{Pi}(1 + T_{Ni}s)}{T_{Ni}s} \cdot \frac{K_S}{(1 + T_1 s) \cdot (1 + T_A s)} \\
&= \frac{K_{Pi}K_S}{T_A\, s \cdot (1 + T_1 s)} \; .
\end{aligned}
$$

Die Übertragungsfunktion des geschlossenen Stromregelkreises ergibt sich mit dieser Nachstellzeit des PI-Reglers zu

$$
F_{Wi}(s) = \frac{K_{Pi}K_S}{K_{Pi}K_S + T_A s + T_A T_1 s^2} = \frac{1}{1 + \frac{T_A}{K_{Pi}K_S}s + \frac{T_A T_1}{K_{Pi}K_S}s^2} \; . \tag{13.1}
$$

Die noch freie Reglerverstärkung K_{Pi} wird nun so berechnet, dass die Dämpfung D des geschlossenen Stromregelkreises $1/\sqrt{2}$ wird. Aus Gleichung 13.1 folgt

$$
T_a = \frac{T_A}{K_{Pi}K_S} \qquad \text{und} \qquad T_b^2 = \frac{T_A T_1}{K_{Pi}K_S} \; . \tag{13.2}
$$

Einsetzen von T_a und T_b in $D = T_a/(2T_b) = 1/\sqrt{2}$ ergibt nach kurzer Rechnung

$$
K_{Pi} = \frac{T_A}{2K_S T_1} \; .
$$

Die Parameter des PI-Stromreglers lauten damit

$$
\boxed{K_{Pi} = \frac{T_A}{2K_S T_1} = 1{,}6060 \; 1/\Omega \qquad \text{und} \qquad T_{Ni} = T_A = 8{,}24 \; \text{ms} \; .} \tag{13.3}
$$

Die Auslegung dieses Stromreglers mit den zwei Vereinfachungen während der Auslegung soll nun am „echten" Gleichstrommotor untersucht werden.

Untersuchung des Führungsverhaltens. Der echte Gleichstrommotor mit Stromregelkreis werde unter Verwendung von Abb. 13.2 durch das Blockschaltbild in Abb. 13.5 beschrieben.

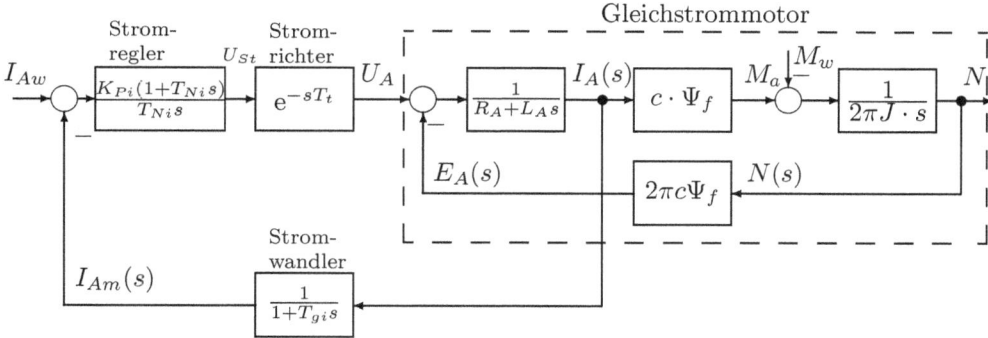

Abbildung 13.5: *Gleichstrommotor mit Stromregelkreis*

Die bei der Reglerauslegung vorgenommenen Vereinfachungen treten naturgemäß in der echten Regelstrecke nicht auf. Um die Güte der Stromregelung zu testen, wird ein Sollwertsprung von $i_{Aw}(t) = I_{AN} \, \sigma(t)$ zum Zeitpunkt $t = 0$ angelegt. Die Reaktion des Gleichstrommotors auf diesen Sollwertsprung zeigt Abb. 13.6.

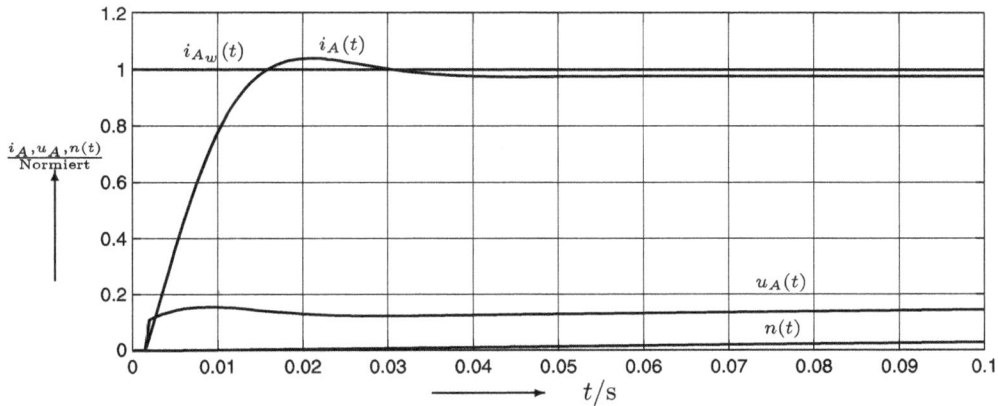

Abbildung 13.6: *Reaktion des Gleichstrommotors nach einem Sprung $i_{Aw}(t) = I_{AN} \cdot \sigma(t)$; Normierungswerte von Strom und Spannung: I_{AN}, U_{AN} und Drehzahl: n_0*

Nach der Totzeit des Stellgliedes steigt der Ankerstrom steil bis auf ca. 104 % des Nennstroms an und endet nach ca. 40 ms bei $0{,}977 \, I_{AN} = 28{,}33 \, \text{A}$. Der Sollwert I_{AN} wird nicht erreicht, aufgrund der Vereinfachungen bei der Reglerauslegung bleibt bei der Stromregelung eine bleibende Regelabweichung von 2,3 % übrig. Die Ankerspannung $u_A(t)$ wird über den Stromregler nach einem kurzen Überschwinger zu Beginn linear erhöht. Ebenso steigt die Drehzahl $n(t)$ linear an und würde gegen Unendlich anwachsen, da die Drehzahlregelschleife nicht geschlossen ist.

Aufgrund der Vernachlässigung der induzierten Ankerspannung bei der Auslegung des Stromreglers wird anstelle der richtigen DT_2-Regelstrecke eine PT_2-Strecke für die Stromregelung angenommen. Der verwendete PI-Regler kann dann jedoch eine bleibende Regeldifferenz beim Ankerstrom nicht verhindern. Im Allgemeinen wird diese Abweichung bei der unterlagerten Stromregelung jedoch zugunsten des einfachen PI-Reglers toleriert.

Nach Abb. 9.20 wird der geschlossene innere Regelkreis ein Teil der Regelstrecke des äußeren Drehzahlregelkreises. Zu diesem Zweck wird als Vereinfachung von Gleichung 13.1 der geschlossene Stromregelkreis durch ein Verzögerungsglied erster Ordnung beschrieben als

$$F_{Wi} = \frac{1}{1 + \frac{T_A}{K_{Pi} K_S} s} = \frac{1}{1 + 2T_1 s} \; .$$

Soll die bleibende Regeldifferenz des Stromregelkreises explizit erfasst werden, dann kann anstelle dieser Gleichung auch die folgende Gleichung angesetzt werden

$$F_{Wi} = \frac{K_{Si}}{1 + 2T_1 s} \; ,$$

wobei dann für $K_{Si} = 0{,}977$ (2,3% Regeldifferenz) anzusetzen ist.

13.1.3   Auslegung des Drehzahlregelkreises

Struktur des Drehzahlregelkreises. In Anlehnung an Abb. 13.5 ergibt sich als vereinfachte Struktur des Drehzahlregelkreises das folgende Blockschaltbild:

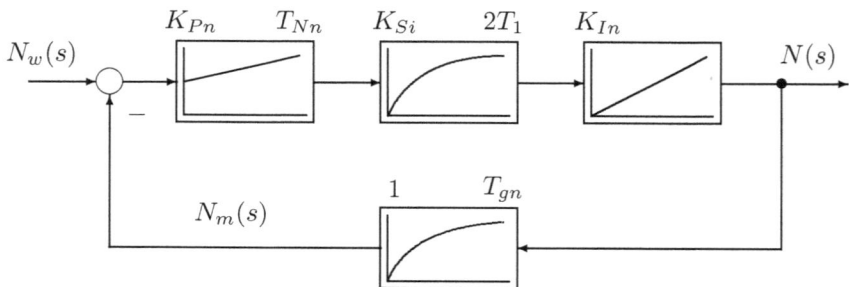

Abbildung 13.7: *Vereinfachter Drehzahlregelkreis für die Auslegung des Drehzahlreglers*

Im Vorwärtszweig des Drehzahlregelkreises liegen von links nach rechts die Blöcke von Drehzahlregler, geschlossenem Stromregelkreis und Integrator für die Bildung der Drehzahl, die durch die folgenden Übertragungsfunktionen beschrieben werden

$$F_{Rn}(s) = \frac{K_{Pn} \cdot (1 + T_{Nn}s)}{T_{Nn}s}$$

$$F_{Wi}(s) = \frac{K_{Si}}{1 + 2T_1 s}$$

$$F_S(s) = \frac{1}{2\pi J \cdot s} = \frac{K_{In}}{s} \ .$$

Auch bei der Drehzahlregelung wird als Regler in den meisten Fällen ein PI-Regler eingesetzt. Die Zeitkonstante T_{gn} der Drehzahlmessung des Verzögerungsgliedes im Rückwärtszweig wird dann der Zeitkonstanten $2T_1$ des geschlossenen Stromregelkreises zugeschlagen, so dass $2T_1$ durch $T_{Si} = 2T_1 + T_{gn}$ ersetzt wird. Damit resultiert die modifizierte Struktur des Drehzahlregelkreises von Abb. 13.8 für die Auslegung des Drehzahlreglers.

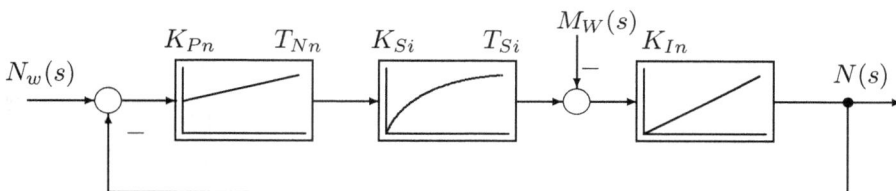

Abbildung 13.8: *Modifizierte Struktur des Drehzahlregelkreises für die Reglerauslegung*

Die modifizierte Regelstrecke des Drehzahlregelkreises besteht somit aus der Reihenschaltung einer Verzögerungsstrecke 1. Ordnung und eines Integrators, d. h. aus einer IT$_1$-Strecke.

Auslegung des Drehzahlreglers. Der PI-Regler für eine derartige Regelstrecke wird auf Seite 218 nach der *Methode des symmetrischen Optimums* ausgelegt. Nach Gleichung 7.22 besteht zwischen der Verstärkung und der Nachstellzeit des PI-Reglers der Zusammenhang

$$K_{Pn} = \frac{1}{K_{Si}K_{In} \cdot \sqrt{T_{Nn}T_{Si}}} \ . \tag{13.4}$$

Sofern T_{Nn} bekannt ist, liegt über Gleichung 13.4 dann auch K_{Pn} fest. Über Simulationen des Störverhaltens findet man nach Pfaff und Meier [40] eine geeignete Nachstellzeit zu $T_{Nn} = 4T_{Si}$. Die Parameter des PI-Drehzahlreglers lauten damit (für $K_{Si} = 1$)

$$\boxed{\begin{aligned} T_{Nn} &= 4\,T_{Si} = 49{,}36 \text{ ms} \\ K_{Pn} &= \frac{1}{K_{In} \cdot \sqrt{T_{Nn} \cdot T_{Si}}} = 303{,}47 \text{ As} \ . \end{aligned}}$$

Die Realisierung dieses Drehzahlreglers führt zu einem großen Überschwingen der Drehzahl beim Einschwingvorgang. Im Zuge dieses Überschwingens tritt eine große Stromüberhöhung auf, so dass im Allgemeinen die zulässigen Stromgrenzen für die Ankerwicklung überschritten werden.

Zur Vermeidung dieser Stromüberhöhung werden bei Gleichstromantrieben zwei Schranken eingebaut. *Zum einen* kann der Sollwert der Drehzahl nur über einen Hochlaufgeber vorgegeben werden (siehe Abschnitt 9.1.1 über Vorfilter). Dies ist meist ein *Rampengenerator*, dessen Steilheit auf die zulässige Stromgrenze abgestimmt ist. *Zum anderen* wird zusätzlich das Ausgangssignal des Drehzahlreglers durch einen Begrenzer für den Stromsollwert geschickt. Dadurch wird der Stromsollwert auf einen Maximalwert begrenzt, den der Stromistwert meist aufgrund der bleibenden Regeldifferenz des Stromregelkreises ohnehin nicht erreicht. Beim Anlaufvorgang der Maschine wird die Drehzahl damit entweder durch den Hochlaufgeber oder den Strombegrenzer begrenzt.

Die Regelkreisstruktur der Kaskadenregelung eines Gleichstromantriebs von Abb. 13.9 beinhaltet nur die Strombegrenzung durch einen analogen/digitalen Stromwertbegrenzer.

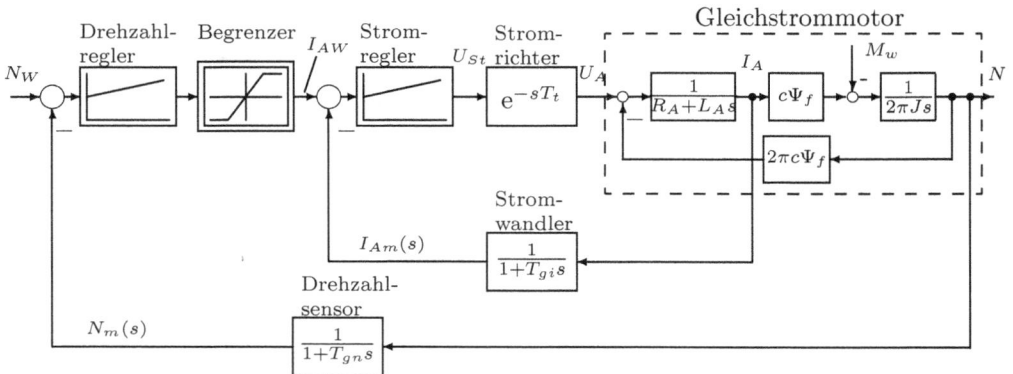

Abbildung 13.9: *Aufbau der Kaskadenregelung eines Gleichstromantriebs*

Führungsverhalten. Zur Überprüfung des entworfenen Strom- und Drehzahlreglers wird ein Sollwertsprung der Drehzahl auf die Drehzahlregelschleife geschaltet und der Einschwingvorgang in Abb. 13.10 dargestellt.

Nach dem Aufbau des Erregerfeldes wird zum Zeitpunkt $t = 0$ die Gleichstrommaschine mit dem Lastmoment $M_w = 0,1\,M_{aN}$ bei einem Sollwertsprung von $n_w(t) = n_N \cdot \sigma(t)$ $= 0,88\,n_0 \cdot \sigma(t)$ hochgefahren. Das Trägheitsmoment J des Antriebs ist die Summe der Trägheitsmomente von Motor und Last. In der Anlaufphase wird der Ankerstrom durch die Begrenzung des Ankerstromsollwerts auf knapp zweifachen Nennstrom begrenzt. Die Ankerspannung $u_A(t)$ fährt in dieser Phase nahezu linear hoch. Sobald die Solldrehzahl überschritten ist, wird vom Drehzahlregler die Ankerspannung auf 88% der Nennspannung heruntergefahren. Die Last zieht den Antrieb auf Nenndrehzahl herunter, die nach ca. 1,9 s erreicht wird. Der Ankerstrom bleibt infolge der Ventilwirkung der Stromrichterventile null bzw. knapp positiv. Sobald der Antrieb die Nenndrehzahl

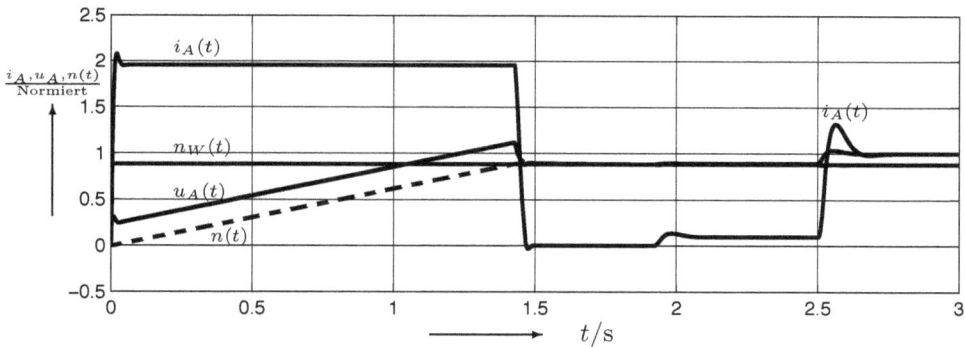

Abbildung 13.10: *Einschwingverhalten eines Gleichstrommotors nach einem Sprung des Drehzahlsollwerts auf n_N; Lastmoment: für $0 \leq t < 2{,}5\,s$ beträgt $M_w = 0{,}1\,M_{aN}$; für $t \geq 2{,}5\,s$ beträgt $M_w = M_{aN}$; Normierungswerte von Strom und Spannung: I_{AN}, U_{AN} und Drehzahl: n_0*

erreicht hat, fährt der Stromregler den Ankerstrom auf den erforderlichen Laststrom, um einen weiteren Drehzahlabfall infolge des Lastmoments zu verhindern. Da nur 10% des Nennmoments als Lastmoment anliegen, wird auch nur 10% des Ankernennstroms benötigt.

Störverhalten. Bei $t = 2{,}5\,\mathrm{s}$ wird das Lastmoment auf Nennmoment erhöht. Der Ankerstromregler fährt den Ankerstrom mit ca. 40% Überschwingen auf Nennstrom hoch. Gleichzeitig wächst die Ankerspannung auf Nennspannung an. Der Einbruch der Drehzahl ist infolge des großen Trägheitsmoments und der schnellen Stromregelung praktisch nicht feststellbar.

Die abschließende Bewertung der Drehzahlregelung der Gleichstrommaschine zeigt, dass die Vernachlässigungen beim Entwurf des Strom- und Drehzahlreglers zu keinen wesentlichen Beeinträchtigungen des Regelverhaltens führen. Dies ist beim Stromregler darauf zurückzuführen, dass die Güte des Führungsverhaltens durch die Strombegrenzung dominiert wird. Auch die Güte des Drehzahlreglers ist ausreichend. Dies ist teilweise auf das große Trägheitsmoment der Last zurückzuführen.

Die Verwendung von PI-Reglern für Strom und Drehzahl ist bei der Regelung von Gleichstromantrieben ein in der Antriebstechnik durchaus übliches Verfahren. Es werden dann natürlich auch, anders als bei den obigen Modellrechnungen, Stromrichterschaltungen als Stellglied eingesetzt. Das Zeitverhalten dieser Stromrichter wird durch das hier verwendete Totzeitglied jedoch gut angenähert.

13.2   Stabilisierung eines instabilen Pendels

Systemstruktur. Das *instabile Pendel* wird in Abschnitt 3.4.2 eingeführt. Abb. 3.35 auf Seite 80 zeigt in einer freigeschnittenen Darstellung das Pendel mit dem motorgetriebenen Wagen. Durch Verfahren des Wagens in der Ebene wird das Pendel stabilisiert. Die Beschreibung dieser Anordnung führt zu einem nichtlinearen Differentialgleichungssystem, dessen Linearisierung ebenfalls in Abschnitt 3.4.2 vorgestellt wird. Die Regelgröße für diese Anordnung ist der Winkel φ, und Stellgröße ist die Stellkraft F_x bzw. das Stellmoment M_m des verwendeten Motors.

Die *Regelung* dieser instabilen Regelstrecke wird in Abschnitt 8.4.3 unter der vereinfachenden Annahme durchgeführt, dass ein idealer Stellmotor verwendet wird, der verzögerungsfrei die vom Regler kommandierte Stellkraft F_x realisiert. Ein PD-Regler reicht bei diesen Voraussetzungen zur Stabilisierung der Strecke aus. Dabei wird als alleinige Messgröße in diesem System der Winkel $\varphi(t)$ verwendet. In diesem Abschnitt wird nun der ideale Motor durch einen realen Gleichstrommotor ersetzt und bei der Reglerauslegung berücksichtigt. Außerdem wird zwischen Motor und Antriebsrädern des Wagens ein Getriebe vorgesehen [21].

13.2.1   Dynamikgleichungen von Stellmotor und Getriebe

Stellmotor und Getriebe. In Beispiel 2.3 werden die Grundgleichungen für die Beschreibung des dynamischen Verhaltens eines Gleichstrommotors angegeben zu:

$$
\begin{aligned}
u_A &= R_A i_A + L_A \frac{\mathrm{d}i_A}{\mathrm{d}t} + e_A && \text{Maschengleichung} \\
e_A &= 2\pi n \cdot c\Psi_f && \text{Induktionsgesetz} \\
m_a &= i_A \cdot c\Psi_f && \text{Momentengleichung} \\
m_a - m_w &= 2\pi J \cdot \frac{\mathrm{d}n}{\mathrm{d}t} && \text{Impulssatz (Bewegungsgleichung).}
\end{aligned}
$$

Überträgt dieser Motor über ein Getriebe das Antriebsmoment auf die Räder des Wagens, so gehen die Übertragungseigenschaften des (als verlustlos angenommenen) Getriebes, das Trägheitsmoment $J_{Räder}$ der Antriebsräder (Radius r_{Rad}) sowie für den Wagen mit der Masse M sein Ersatzträgheitsmoment $J_{Wagen} = M \cdot r_{Rad}^2$ mit in die dynamischen Gleichungen des Antriebs ein. Für ein Getriebe ist das Übersetzungsverhältnis $\ddot{u}$ definiert zu: $\ddot{u} = \omega_1/\omega_2 = r_2/r_1$ mit ω_1, r_1 und ω_2, r_2 als antriebs- bzw. abtriebsseitige Parameter des Getriebes. Das Gesamtträgheitsmoment J für den Motor wird dann verändert zu:

$$
J = J_{Mot} + \frac{1}{\ddot{u}^2} \cdot \left(J_{Räder} + M \cdot r_{Rad}^2 \right) = J_{Mot} + \frac{r_1^2}{r_2^2} \cdot \left(J_{Räder} + M \cdot r_{Rad}^2 \right) \ . \quad (13.5)
$$

Bei einem verlustlosen Getriebe ist die primärseitig zugeführte Leistung gleich der sekundärseitig wirksamen Leistung, d. h. es gilt

$$
m_1 \cdot \omega_1 = m_2 \cdot \omega_2 \ , \quad (13.6)
$$

mit m_1, m_2 als primär- und sekundärseitige Momente. Die Vorschubkraft F_x der Räder hängt zusätzlich noch vom Radius r_{Rad} der Räder ab, der verschieden vom Radius r_2

auf der Radseite des Getriebes sein kann. Damit gilt dann für die Vorschubkraft F_x allgemein

$$F_x = m_2 \cdot \frac{1}{r_{Rad}} \ ,$$

bzw. nach Einarbeitung des Übersetzungsverhältnisses und der Gleichung 13.6

$$F_x = m_a \cdot \frac{1}{r_{Rad}} \cdot \frac{r_2}{r_1} = m_a \cdot \frac{r_2}{r_{Rad} \cdot r_1} \ ,$$

mit m_a als Antriebsmoment des Motors.

Vernachlässigt man nun noch die Rollreibung der Räder auf der Bewegungsebene, so entfällt in den Grundgleichungen des Motors auch das Widerstandsmoment m_w.

Damit kann dann aus den Grundgleichungen des Gleichstrommotors das Übertragungsverhalten des Motors berechnet werden. Eingangsgröße des Stellgliedes Motor ist die Ankerspannung U_A, und Ausgangsgröße ist das Stellmoment m_a bzw. die Stell- oder Vorschubkraft F_x.

Aufgabe 13.1: Ermitteln Sie aus den obigen Grundgleichungen des Gleichstrommotors die Übertragungsfunktion des Stellgliedes Motor mit der Ankerspannung $U_A(s)$ als Eingangsgröße und dem Antriebsmoment $M_a(s)$ als Ausgangsgröße unter Vernachlässigung des Widerstandsmoments $(M_w(s) = 0)$.

Lösung: $F(s) = \dfrac{M_a(s)}{U_A(s)} = \dfrac{\dfrac{J}{c\Psi_f} \cdot s}{1 + \dfrac{J\,R_A}{(c\Psi_f)^2} \cdot s + \dfrac{J\,L_A}{(c\Psi_f)^2} \cdot s^2}$.   □

In der Lösung von Aufgabe 13.1 kann im Allgemeinen die Ankerkreisinduktivität L_A vernachlässigt werden, da die hierdurch bestimmte Ankerkreiszeitkonstante $T_A = L_A/R_A$ klein gegenüber anderen mechanischen Zeitkonstanten im Gesamtsystem Motor mit Wagen und Stab ist.

Damit lautet die Übertragungsfunktion des Stellgliedes Motor

$$F_{St}(s) = \frac{F_x(s)}{U_A(s)} = \frac{r_2}{r_{Rad} \cdot r_1} \cdot \frac{\dfrac{J}{c\Psi_f} \cdot s}{1 + \dfrac{J\,R_A}{(c\Psi_f)^2} \cdot s} = \frac{b_{1St} \cdot s}{1 + T_{1St} \cdot s}$$

mit dem Ersatzträgheitsmoment J wie in Gleichung 13.5 berechnet. Das Stellglied Gleichstrommotor wird also in diesem Regelsystem durch ein DT_1-Verhalten beschrieben.

Regelkreis. Der Regelkreis für die Stabregelung hat damit die in Abb. 13.11 gezeigte Struktur. Die Übertragungsfunktion $F_\varphi(s)$ der Regelstrecke ist von Gleichung 3.89 übernommen. Es ist zusätzlich als Störgröße eine Störkraft $F_z(s)$ (z. B. Fahrwiderstand) eingeführt. Andere Störgrößen wie Getriebe- oder Rollreibungsverluste sind vernachlässigt. Dieses Modell ist aufgrund der Linearisierungen bei der Aufstellung der Übertragungsfunktion der Regelstrecke nur gültig für kleine Auslenkungen φ des Stabes. Außerdem dürfen bei der Vorschubbewegung die Räder nicht durchdrehen, also die am Radumfang auf die Ebene übertragene Kraft muss kleiner als die Haftreibungskraft sein.

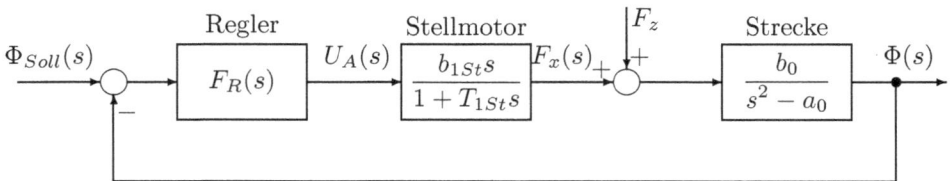

Abbildung 13.11: *Regelkreis des instabilen Pendels*

In diesem Modell der Stabregelung wird die Vorschubbewegung des Wagens insofern außer Acht gelassen, als keine Messung der Vorschubbewegung $x_w(t)$ oder der Geschwindigkeit $\dot{x}_w(t)$ zur Regelung verwendet wird. Es wird nur der Ablagewinkel $\varphi(t)$ gemessen und zur Stabilisierung verwendet. Nach Einwirkung einer Störung wird (bei richtiger Reglerauslegung) der Ablagewinkel ausgeregelt und nach Abschluss des Regelvorgangs steht der Wagen an einer anderen Stelle als vor Beginn des Einwirkens der Störung.

13.2.2   Analyse des Regelkreises

Regelkreis. Bevor eine Auslegung des Regelkreises erfolgen kann, muss zunächst das Übertragungsverhalten dieses Kreises mit der instabilen Regelstrecke und dem differenzierend wirkenden Stellglied näher untersucht werden. Die Übertragungsfunktion $F_0(s)$ des aufgeschnittenen Regelkreises von Abb. 13.11 lautet

$$F_0(s) = F_R(s) \cdot F_{St}(s) \cdot F_S(s) = F_R(s) \cdot \frac{b_S \cdot s}{(s^2 - a_0) \cdot (1 + T_1 s)} \,,$$

mit $b_S = b_0 \cdot b_{1St}$ und $T_1 = T_{1St}$. Für diesen Regelkreis soll die Wirksamkeit verschiedener Regler untersucht werden.

Proportionaler Regler. Als erstes wird ein proportionaler oder P-Regler zur Stabilisierung des Kreises eingesetzt. Mit $F_R(s) = K_P$ resultiert dann die folgende charakteristische Gleichung $1 + F_0(s) = 0$ des Regelkreises:

$$-a_0 + (b_S K_P - a_0 T_1) \cdot s + s^2 + T_1 s^3 = 0 \,.$$

Diese charakteristische Gleichung soll mit dem Hurwitz-Kriterium (Abschnitt 5.2) überprüft werden. Das Pendel ist mit einem P-Regler nicht zu stabilisieren, da die Koeffizienten der charakteristischen Gleichung unterschiedliche Vorzeichen aufweisen.

PDT$_D$-Regler. Als nächstes soll der schon in Abschnitt 8.4.3 für diese Regelstrecke erfolgreich verwendete PDT$_D$-Regler geprüft werden. Mit

$$F_R(s) = K_P' \cdot \frac{s + b_R}{s + a_R'}$$

ergibt sich dann die folgende charakteristische Gleichung

$$T_1 s^4 + s^3(1 + a_R' T_1) + s^2(a_R' - a_0 T_1 + b_S K_P') +$$

$$+ s\left(b_S b_R K_P' - a_0(1 + a_R' T_1)\right) - a_0 a_R' = 0 . \qquad (13.7)$$

Die 1. Hurwitz-Bedingung für die Vermeidung monotoner Instabilität verlangt, dass alle Koeffizienten der charakteristischen Gleichung vorhanden sind und gleiches Vorzeichen aufweisen. Die Anwendung dieser Bedingung auf die einzelnen Terme ergibt:

s^0-Term: $\quad -a_0 a_R' > 0 \quad \Rightarrow \quad a_R' < 0 \quad$ bzw. mit $\quad a_R = -a_R' \quad \Rightarrow \quad \boxed{a_R > 0}$

s^3-Term: $\quad 1 + a_R' T_1 = 1 - a_R T_1 > 0 \quad \Rightarrow \quad \boxed{a_R < 1/T_1}$

s^2-Term: $\quad a_R' - a_0 T_1 + b_S K_P' = -a_R - a_0 T_1 + b_S K_P' > 0 \quad \Rightarrow \quad \boxed{K_P' > \frac{a_R + a_0 T_1}{b_S} > 0}$

s^1-Term: $\quad b_S b_R K_P' - a_0(1 + a_R' T_1) = b_S b_R K_P' - a_0(1 - a_R T_1) > 0$

$$\Rightarrow \quad \boxed{b_R > \frac{a_0(1 - a_R T_1)}{b_S K_P'} > 0}$$

Hieraus ergibt sich der folgende PDT$_D$-Regler

$$F_R(s) = K_P' \frac{s + b_R}{s - a_R}$$

mit positiven Koeffizienten K_P', a_R und b_R. Die Anwendung der weiteren Hurwitz-Bedingungen zur Überprüfung der oszillatorischen Instabilität führt zu sehr komplexen Bedingungen für die Reglerparameter. Einfachere Bedingungen für den „stabilen" Wertebereich der Reglerparameter erhält man bei der Anwendung der Stabilitätsbedingungen in der Form von Routh [44], die von D'Azzo und Houpis [4] ausführlich beschrieben sind. Diese Bedingungen führen für die charakteristische Gleichung in der Form

$$a_4 s^4 + a_3 s^3 + a_2 s^2 + a_1 s + a_0 = 0$$

zu den zusätzlichen Forderungen

$$R_1 = a_2 - \frac{a_4 a_1}{a_3} > 0 \qquad (13.8)$$

$$R_2 = a_1 - \frac{a_3 a_0}{R_1} > 0 . \qquad (13.9)$$

Die Anwendung dieser Stabilitätsforderungen auf die aus Gleichung 13.7 abgeleitete charakteristische Gleichung

$$T_1 s^4 + s^3 (1 - a_R T_1) + s^2 (-a_R - a_0 T_1 + b_S K'_P)+$$

$$+s \left(b_S b_R K'_P - a_0 (1 - a_R T_1) \right) + a_S a_R = 0 \qquad (13.10)$$

führt nach längerer Rechnung zu den zusätzlichen Stabilitätsforderungen

$$a_R + b_R < 1/T_1 \qquad (13.11)$$

$$K'_P > K'_{P,Min} = \frac{(1 - T_1 a_R) \cdot \left(\dfrac{a_R b_R}{T_1} + a_0 (\dfrac{1}{T_1} - a_R - b_R) \right)}{b_S b_R \cdot \left(\dfrac{1}{T_1} - a_R - b_R \right)} > 0 \ . \quad (13.12)$$

Für Verstärkungsfaktoren K'_P, die größer als der durch Gleichung 13.12 definierte Minimalwert $K'_{P,Min}$ sind, ist der geschlossene Regelkreis stabil, sofern die Forderung nach Gleichung 13.11 ebenfalls erfüllt ist.

Die Stabilitätsforderung nach Gleichung 13.11 kann in einem *Stabilitätsdiagramm* (Abb. 13.12) veranschaulicht werden. Bei Erfüllung der Bedingung $K_P' > K'_{P,Min}$ ist für alle

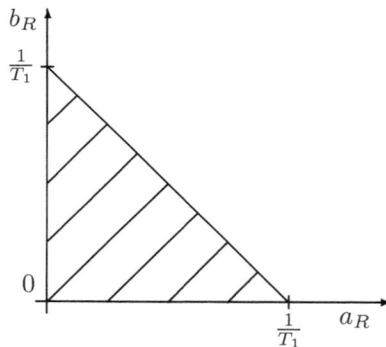

Abbildung 13.12: *Stabilitätsgebiet*

Wertepaare von a_R und b_R, die innerhalb des schraffierten Gebietes liegen, der geschlossene Regelkreis des instabilen Pendels stabil. Ein derartiges Stabilitätsdiagramm ist für die Auswahl von Wertepaaren der Reglerparameter sehr hilfreich, da man hiermit, anders als bei der Wurzelortskurve, *zwei* Reglerparameter in ihrem zulässigen Wertebereich einschränken kann. Bei der Wurzelortskurve wird nur der zulässige Wertebereich *eines* Reglerparameters, der Reglerverstärkung K_P, eingeschränkt. Derartige Stabilitätsgebiete können auch für *drei und mehr* Parameter berechnet werden, eine anschauliche grafische Darstellung der Stabilitätsgebiete ist dann meist jedoch kaum noch möglich.

13.2.3 Auslegung des Regelkreises

Reglereinstellung. Für ein Labormodell eines derartigen instabilen Pendels und eines geeigneten Antriebsmotors mit den Daten $M = 7\,\mathrm{kg}$, $m = 0{,}3\,\mathrm{kg}$, $l = 1\,\mathrm{m}$, $c\Psi_f = 0{,}07\,\mathrm{Vs}$, $J_{Mot} = 0{,}4\,\mathrm{kgcm^2}$, $J_{Räder} = 4\,\mathrm{kgcm^2}$, $ü = 5$, $R_A = 1\,\Omega$, $r_{Rad} = 5\,\mathrm{cm}$ ergeben sich die folgenden gerundeten Parameterwerte der Regelstrecke:

$$a_S = 7{,}59\,\mathrm{s^{-2}} \qquad b_S = 0{,}11\,\mathrm{(Vs)^{-1}} \qquad T_1 = 0{,}154\,\mathrm{s} \,.$$

Mit diesen Zahlenwerten lautet die Bedingung 13.11 dann

$$a_R + b_R < 6{,}49\,\mathrm{s^{-1}} \,.$$

Für die Zahlenwerte $a_R = 0{,}5\,\mathrm{s^{-1}}$ und $b_R = 2\,\mathrm{s^{-1}}$ resultiert dann die minimale Verstärkung aus Gleichung 13.12 zu

$$K_{P,Min} = 38{,}67 \,.$$

Die Einstellung der Reglerverstärkung K_P soll mithilfe der Wurzelortskurve vorgenommen werden. Abb. 13.13 zeigt den Verlauf der Wurzelortskurve mit eingezeichneten

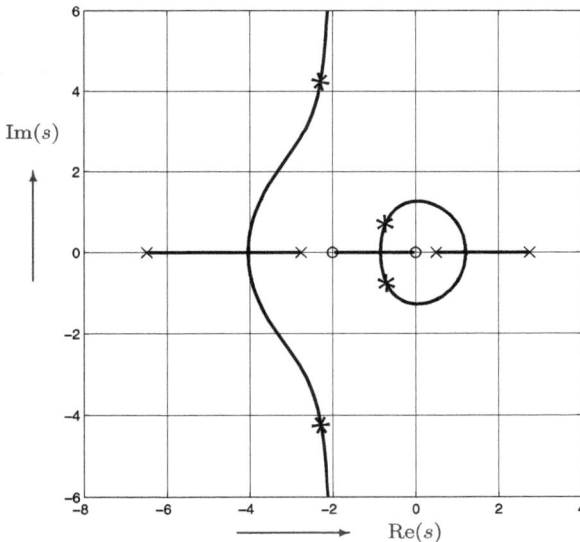

Abbildung 13.13: *Wurzelortskurve des balancierten Stabes mit PD-Regler*

Polen („×") und Nullstellen („o"). Die Wurzelortskurve weist vier Äste auf, die von den Polen zu den Nullstellen verlaufen. Für $K_P = K_{P,Min}$ schneiden die rechten beiden Äste, die in je einem Pol der Strecke und des Reglers beginnen, die imaginäre Achse (d. h. die Stabilitätsgrenze) bei ca. $\pm 1{,}4j$ und streben dann gegen die Nullstellen auf der reellen Achse. Diese Nullstellen sind die Nullstelle der Strecke im Ursprung und die eingeführte Nullstelle des Reglers bei -2. Die beiden anderen Äste verlaufen zunächst bis zum Verzweigungspunkt auf der reellen Achse und verzweigen dann ins Unendliche. Der Regelkreis ist für Verstärkungen $K_P > K_{P,Min}$, wie schon zuvor berechnet, stabil. Auf den beiden rechten Ästen ist mit einem Stern („*") die Verstärkung $K_P \approx 1,5\, K_{P,Min}$ gekennzeichnet. Die Pole des geschlossenen Kreises weisen für diese Verstärkung eine Dämpfung von $D \approx 0,7$ auf. Da die Pole auf den beiden anderen Ästen wesentlich weiter vom Ursprung entfernt liegen, stellen die Pole nahe am Ursprung das dominierende Polpaar dar.

Störverhalten. Abschließend wird die Reaktion des geschlossenen Regelkreises auf eine impulsförmige Störgröße $F_z(t)$ untersucht und in Abb. 13.14 dargestellt. Als Regelparameter sind die obigen Werte für a_R und b_R sowie $K_P = 1,5 K_{P,Min}$ verwendet. Der Stab wandert nach Einwirkung der Störung um ca. $+1,3°$ aus, bis die Wirkung der Regelung durch Verfahren des Wagens einsetzt. Durch die Gegenbewegung des Wagens wird der Stab auf ca. $-0,7°$ ausgelenkt und dann mit einem Überschwinger in die vertikale Lage zurückgeregelt.

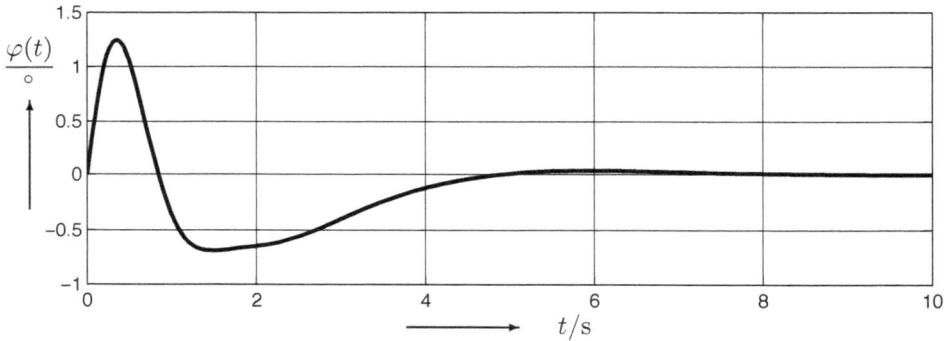

Abbildung 13.14: *Auswanderung des Stabes aus der Senkrechten nach einer impulsförmigen Störung*

Teil III

Rechnergestützter Reglerentwurf

14   Nummerische Grundlagen

Einleitung. Die Analyse und Synthese von Regelungssystemen erfolgt heute fast ausschließlich unter Zuhilfenahme von Personal Computern (PC's). Dabei werden zunächst *dynamische Modelle* von Regelstrecke, Regler, Stellglied ... erarbeitet. Im Zuge dieser Modellbildung werden die Parameter der Regelstrecke durch analytische Berechnung, Untersuchung der Sprungantwort, der Ortskurve oder auch mit Methoden der Parameteridentifizierung ermittelt. Speziell bei der Parameteridentifizierung von Regelstrecken sind dabei Rechenprogramme für die *Lösung linearer Gleichungssyteme* hoher Ordnung erforderlich, auf die aber nicht näher eingegangen wird.

Nach der Erarbeitung des Modells der Regelstrecke wird es bezüglich seiner Pole und Nullstellen untersucht, und es werden Ortskurven- und Bode-Diagramm-Darstellungen berechnet. Dabei sind Rechenprogramme für die *Berechnung der Pole und Nullstellen von Polynomen* erforderlich. Die gleichen Programme werden eingesetzt bei der Stabilitätsanalyse des geschlossenen Regelkreises zur Berechnung der Wurzeln der charakteristischen Gleichung. Ebenso werden sie bei der Berechnung der Wurzelortskurven benötigt. Ein Abschnitt befasst sich daher mit der Bestimmung der *Nullstellen von Polynomen*.

Nach dem Entwurf des Reglers wird das Führungs- und Störverhalten des geschlossenen Regelkreises untersucht, d. h. es wird das Zeitverhalten des Regelkreises für verschiedene Eingangssignale berechnet. Diesen Vorgang bezeichnet man als *Simulation des Regelsystems*. Enthält der Regelkreis nur lineare Regelkreisglieder, dann kann man die Simulation vorteilhaft durch eine Transformation des Systems in den Zustandsraum und anschließende Berechnung der zeitdiskreten Lösung durchführen. Die dafür verwendeten Methoden werden im Abschnitt über die *Simulation linearer Regelkreise* vorgestellt. Bei Vorhandensein von nichtlinearen Regelkreisgliedern versagt dieses Verfahren. Dann transformiert man die nichtlinearen Systemgleichungen in eine Vektordifferentialgleichung 1. Ordnung und löst diese mit nummerischen Integrationsverfahren. Dieser *Simulation nichtlinearer Regelkreise* ist ebenso ein Abschnitt gewidmet.

Für die Durchführung der oben genannten Berechnungen stehen heute eine Anzahl leistungsfähiger Programme zur Verfügung. Hierzu zählen z. B. die Programmsysteme ACSL, MATLAB, MATRIXx, PROSIM, Simulink ... die in Industrie und Hochschule zahlreiche Anwender haben. In diesem Buch wird auf die Programmsysteme ACSL [2] und MATLAB [36] zurückgegriffen. Daher lehnen sich die nachfolgenden Abschnitte an die in diesen Programmen gemachten Ansätze an.

14.1   Nullstellenberechnung von Polynomen

Definitionen. Die Pole und Nullstellen von Übertragungsfunktionen spielen bei der Analyse und Synthese von Regelsystemen eine wichtige Rolle. Diese Pole und Nullstellen sind die Wurzeln (Nullstellen[1]) von Zähler- und Nennerpolynom der jeweiligen Übertragungsfunktion. Die Bestimmung der Wurzeln eines derartigen Polynoms mit konstanten Koeffizienten a_i in der allgemeinen Form

$$P_n(s) = a_n\,s^n + \ldots + a_1\,s + a_0 \tag{14.1}$$

soll hier betrachtet werden. Für eine beliebige Nullstelle s_1 ist der Rest der Division von $P_n(s)$ durch $(s - s_1)$ gleich $P_n(s_1)$:

$$P_n(s) = (s - s_1) \cdot P_{n-1}(s) + P_n(s_1)\;.$$

Ist nun $P_n(s)$ ohne Rest durch $(s - s_1)^k$, nicht aber durch $(s - s_1)^{k+1}$ teilbar, so nennt man s_1 eine k-fache Wurzel der Gleichung $P_n(s) = 0$ bzw. des Polynoms $P_n(s)$. Die Größe k heißt die *Vielfachheit der Wurzel* s_1 [8]. Die Wurzeln des Polynoms sind also die Wurzeln der algebraischen Gleichung

$$a_n\,s^n + \ldots + a_1\,s + a_0 = 0\;.$$

Sind alle Wurzeln bekannt (und reell), so kann man das Polynom $P_n(s)$ (für ein $a_n = 1$) in der folgenden Produktdarstellung angeben

$$P_n(s) = (s - s_1)^{k_1} \cdot (s - s_2)^{k_2} \cdot \ldots \cdot (s - s_n)^{k_n}$$

mit k_i als Vielfachheit der jeweiligen Wurzel. Für komplexe Wurzeln gilt eine ähnliche Produktdarstellung.

Die Bestimmung der Wurzeln von Polynomen wird in der nummerischen Mathematik häufig auf die Berechnung von Eigenwerten spezieller Matrizen zurückgeführt. Da das Verständnis dieser Methoden umfassende mathematische Vorkenntnisse voraussetzt, wird der Leser auf die entsprechende Literatur wie z. B. Stoer [52] verwiesen. Einfachere Lösungsansätze für die Bestimmung der Wurzeln basieren auf der direkten Auswertung des Polynoms $P_n(s)$ bzw. dessen Ableitung $\mathrm{d}P_n(s)/\mathrm{d}s = P_n'(s)$. Wichtig ist bei diesen Berechnungen, dass das verwendete Rechenverfahren sicher gegen die richtigen Lösungen konvergiert, unabhängig vom Startwert und davon, ob die Wurzeln reell, komplex, einfach oder mehrfach sind.

Laguerre's Methode

Verfahren. Eines der Verfahren, welches bei allen Arten der Wurzeln (reell, komplex, einfach und mehrfach) konvergiert, ist die Methode von Laguerre [41]. Die Lösungsgleichungen dieses Verfahrens gehen aus von der Produkt- und Summendarstellung des betrachteten Polynoms

$$P_n(s) = (s - s_1) \cdot (s - s_2) \cdot \ldots \cdot (s - s_n) = s^n + a_{n-1}s^{n-1} + \ldots + a_1 s + a_0\;.$$

---

[1]Man bezeichnet die Wurzeln einer Gleichung in der Mathematik auch als Nullstellen. In der Regelungstechnik bezeichnet man mit Nullstellen die Wurzeln des Zählerpolynoms und mit Polen die Wurzeln des Nennerpolynoms einer Übertragungsfunktion.

Man berechnet aus der Summendarstellung des Polynoms $P_n(s)$ für die i-te Schätzung $\hat{s}_{1,i}$ der Wurzel s_1 die Zahlenwerte

$$P_n(s)|_{s=\hat{s}_{1,i}} = \hat{s}_{1,i}^n + \ldots + a_1 \hat{s}_{1,i} + a_0 \tag{14.2}$$

$$P_n'(s)|_{s=\hat{s}_{1,i}} = n\hat{s}_{1,i}^{n-1} + \ldots + 2a_2 \hat{s}_{1,i} + a_1 \tag{14.3}$$

$$P_n''(s)|_{s=\hat{s}_{1,i}} = n(n-1)\hat{s}_{1,i}^{n-2} + \ldots + 2a_2 . \tag{14.4}$$

Für die Produktdarstellung des Polynoms $P_n(s)$ gelten aber die Beziehungen

$$\ln|P_n(s)| = \ln|s-s_1| + \ln|s-s_2| + \cdots + \ln|s-s_n| \tag{14.5}$$

$$\frac{d\ln|P_n(s)|}{ds} = +\frac{1}{s-s_1} + \frac{1}{s-s_2} + \cdots + \frac{1}{s-s_n} = \frac{P_n'}{P_n} \equiv G \tag{14.6}$$

$$-\frac{d^2\ln|P_n(s)|}{ds^2} = \frac{1}{(s-s_1)^2} + \frac{1}{(s-s_2)^2} + \cdots + \frac{1}{(s-s_n)^2} = \tag{14.7}$$

$$= \left(\frac{P_n'}{P_n}\right)^2 - \frac{P_n''}{P_n} \equiv H , \tag{14.8}$$

in welche man für P_n, P_n' und P_n'' die Zahlenwerte von Gleichung 14.2 bis 14.4 zur Berechnung von G und H einsetzt.

Ausgehend von diesen Ansatzgleichungen, werden folgende *Annahmen* getroffen: Die gesuchte Wurzel s_1 liege um den Abstand a vom vorangehenden i-ten Schätzwert $\hat{s}_{1,i}$ entfernt. *Alle anderen Wurzeln* liegen um den Abstand b von $\hat{s}_{1,i}$ entfernt. Es gilt also

$$a = \hat{s}_{1,i} - s_1 \quad \text{und} \quad b = \hat{s}_{1,i} - s_j \quad \text{für} \quad j = 2, 3, \ldots n .$$

Die Gleichungen 14.6 und 14.8 können unter Verwendung dieser Ansatzgleichungen dann geschrieben werden als

$$\frac{1}{a} + \frac{n-1}{b} = G \quad \text{und}$$

$$\frac{1}{a^2} + \frac{n-1}{b^2} = H .$$

Aus diesen zwei Gleichungen wird dann der Abstand a bestimmt zu

$$a = \frac{n}{G \pm \sqrt{(n-1)\cdot(nH-G^2)}} , \tag{14.9}$$

wobei das Vorzeichen so gewählt wird, dass der Nenner betragsmäßig maximal wird. Mit dieser Lösung 14.9 für a lautet dann der nächste Schätzwert für $\hat{s}_{1,i+1}$

$$\hat{s}_{1,i+1} = \hat{s}_{1,i} - a .$$

Iterativ wird dann die Schätzung für s_1 verbessert, bis a hinreichend klein ist.

Ist der Schätzwert $\hat{s}_1$ für die Wurzel s_1 hinreichend genau, so wird die Iteration abgebrochen. Dann wird die Ordnung des Polynoms um 1 reduziert, indem $P_n(s)$ durch $s - \hat{s}_1$ dividiert wird. Nun wird erneut die Laguerre Methode angewendet um die nächste Wurzel zu berechnen. Durch diese Polynomdivision wird der Rechenaufwand für die Wurzelbestimmung wesentlich reduziert. Sind hinreichend genaue Schätzwerte für alle n Wurzeln des Polynoms berechnet, kann eventuell eine Nachiteration („Polishing") mit einem anderen Wurzelberechnungsverfahren, wie z. B. der Methode von Bairstow [41] erfolgen, um die Genauigkeit der berechneten Wurzeln weiter zu erhöhen.

14.2   Simulation linearer Systeme

Bei der Simulation linearer Systeme besteht die Aufgabe in der Ermittlung der Systemantwort für gegebene Eingangssignale wie Sprungfunktion, Rampenfunktion, Sinusfunktion oder für beliebige Eingangssignale. Die Berechnung der Antwort des linearen Übertragungssystems auf ein derartiges Eingangssignal erfolgt in zwei Schritten, die in den folgenden Abschnitten erläutert werden.

14.2.1   Darstellung linearer Systeme im Zustandsraum

Zustandsgleichungen für ein System 2. Ordnung. Für die Simulation des Übertragungsverhaltens linearer kontinuierlicher Systeme wenden die heutigen Rechenprogramme vorzugsweise die Darstellung des Systems durch seine Zustandsgleichungen an, da sich hierauf effiziente Algorithmen aufbauen lassen. Daher wird zunächst die Umformung von linearen Differentialgleichungen in Zustandsdifferentialgleichungen behandelt [48].

Die Vorgehensweise wird als erstes an einer Differentialgleichung 2. Ordnung gezeigt. Führt man bei der Differentialgleichung

$$a_2\,\ddot{x}_a \; + \; a_1\,\dot{x}_a \; + \; a_0\,x_a = b_0\,x_e \tag{14.10}$$

die Substitutionen

$$x_1 = x_a \qquad\qquad \text{und} \tag{14.11}$$
$$\dot{x}_1 = \dot{x}_a = x_2 \tag{14.12}$$

ein, dann kann Gleichung 14.10 umgeformt werden zu

$$\ddot{x}_a = \dot{x}_2 = \frac{1}{a_2}\cdot(-a_1\,\dot{x}_a - a_0\,x_a + b_0\,x_e) \tag{14.13}$$

$$= \frac{1}{a_2}\cdot(-a_1\,x_2 - a_0\,x_1 + b_0\,x_e)\;. \tag{14.14}$$

Die Gleichungen 14.12 und 14.14 werden nun als Vektordifferentialgleichung 1. Ordnung geschrieben zu

$$\begin{bmatrix} x_1 \\ x_2 \end{bmatrix}^{\bullet} = \begin{bmatrix} 0 & 1 \\ -\dfrac{a_0}{a_2} & -\dfrac{a_1}{a_2} \end{bmatrix} \cdot \begin{bmatrix} x_1 \\ x_2 \end{bmatrix} + \begin{bmatrix} 0 \\ \dfrac{b_0}{a_2} \end{bmatrix} \cdot x_e \ .$$

Die Ausgangsgröße $x_a(t)$ folgt dann aus Gleichung 14.11 zu

$$x_a = \begin{bmatrix} 1 & 0 \end{bmatrix} \cdot \begin{bmatrix} x_1 \\ x_2 \end{bmatrix} \ .$$

Infolge der Substitutionen wird die *Differentialgleichung 2. Ordnung* in *zwei Differentialgleichungen 1. Ordnung* umgeformt. Die Größen x_1 und x_2 bilden den so genannten Zustandsvektor $\boldsymbol{x}(t)$ zu

$$\boldsymbol{x}(t) = \begin{bmatrix} x_1(t) \\ x_2(t) \end{bmatrix} \ .$$

Weiterhin werden die folgenden Abkürzungen

$$\boldsymbol{A} = \begin{bmatrix} 0 & 1 \\ -\dfrac{a_0}{a_2} & -\dfrac{a_1}{a_2} \end{bmatrix} \ , \qquad \boldsymbol{b} = \begin{bmatrix} 0 \\ \dfrac{b_0}{a_2} \end{bmatrix} \ , \qquad \boldsymbol{c}^T = \begin{bmatrix} 1 & 0 \end{bmatrix}$$

als Zustandsmatrix $\boldsymbol{A}$, Eingangsvektor $\boldsymbol{b}$ und als Ausgangsvektor $\boldsymbol{c}^T$ bezeichnet. Darin ist $\boldsymbol{c}^T$ der transponierte Vektor von $\boldsymbol{c}$. Mit diesen Abkürzungen kann dann die Differentialgleichung 2. Ordnung als Vektordifferentialgleichung 1. Ordnung in der allgemeinen Form

$$\dot{\boldsymbol{x}} = \boldsymbol{A} \cdot \boldsymbol{x} + \boldsymbol{b} \cdot x_e$$
$$x_a = \boldsymbol{c}^T \cdot \boldsymbol{x}$$

geschrieben werden.

Eine derartige Umformung einer Differentialgleichung n-ter Ordnung in n Differentialgleichungen 1. Ordnung bzw. in eine Vektordifferentialgleichung 1. Ordnung mit einem n-dimensionalen Zustandsvektor $\boldsymbol{x}$ ist immer möglich.

Das Simulationsdiagramm dieser Vektordifferentialgleichung zeigt Abb. 14.1. Darin entspricht der Block mit dem Integralzeichen einer Integration, und die anderen Blöcke stellen die Multiplikation mit einer konstanten Verstärkung dar.

Zustandsgleichungen für ein sprungfähiges System 2. Ordnung. Mit dem Simulationsdiagramm von Abb. 14.1 können auf einfache Art und Weise die *Zustandsgleichungen für allgemeine Differentialgleichungen n-ter Ordnung* mit Ableitungen der Ausgangsgröße $x_a(t)$ als auch der Eingangsgröße $x_e(t)$ hergeleitet werden. Das Vorgehen

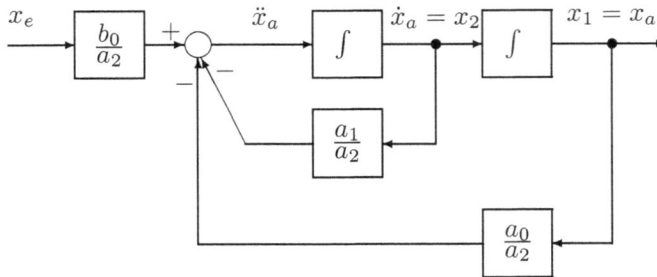

Abbildung 14.1: *Simulationsdiagramm der Vektordifferentialgleichung*

soll wieder für eine Differentialgleichung 2. Ordnung entwickelt werden. Die Differentialgleichung laute

$$a_2\,\ddot{x}_a + a_1\,\dot{x}_a + a_0\,x_a = b_0\,x_e + b_1\,\dot{x}_e + b_2\,\ddot{x}_e\;. \tag{14.15}$$

Anstelle dieser Differentialgleichung wird zunächst die reduzierte Differentialgleichung

$$a_2\,\ddot{x}_1 + a_1\,\dot{x}_1 + a_0\,x_1 = x_e \tag{14.16}$$

analysiert. Für diese reduzierte Differentialgleichung gilt analog zu Abb. 14.1 das Simulationsdiagramm von Abb. 14.2.

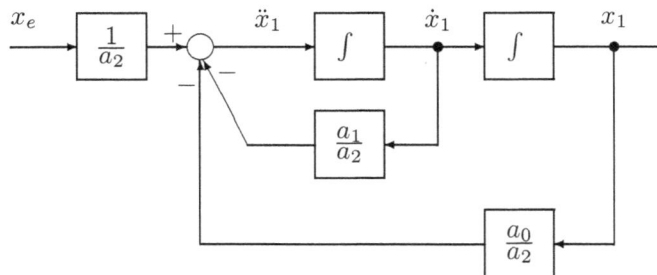

Abbildung 14.2: *Simulationsdiagramm der reduzierten Differentialgleichung*

Für das reduzierte System ist die Eingangsgröße allein x_e. Die zugehörige Ausgangsgröße resultiert dabei als $x_1(t)$. Die rechte Seite der Differentialgleichung 14.15, d. h. die Anregung der Differentialgleichung lautet vollständig jedoch

$$b_0\,x_e + b_1\,\dot{x}_e + b_2\,\ddot{x}_e\;.$$

Daher muss die Ausgangsgröße x_a dieser Differentialgleichung sich dann als lineare Überlagerung ergeben zu

$$b_0\,x_1 + b_1\,\dot{x}_1 + b_2\,\ddot{x}_1\;.$$

Dieser Aufbau des Ausgangssignals x_a ergibt dann eine Erweiterung des Simulationsdiagramms 14.2 und ist in Abb. 14.3 dargestellt [23].

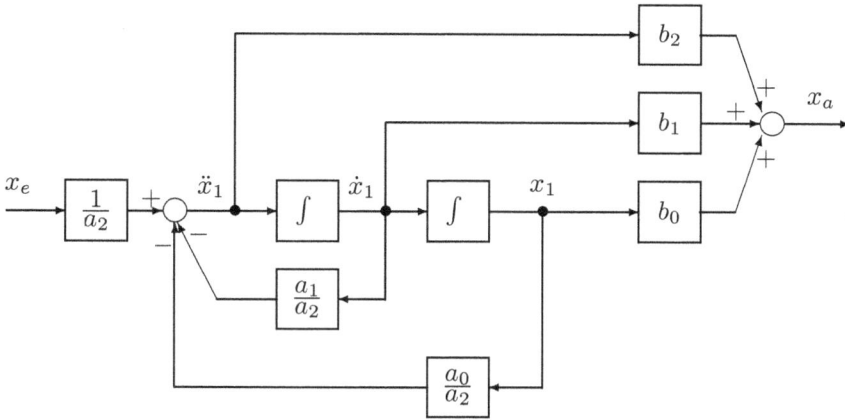

Abbildung 14.3: *Simulationsdiagramm der vollständigen Differentialgleichung 2. Ordnung*

Aus diesem Simulationsdiagramm 14.3 kann dann die Zustandsdarstellung der Differentialgleichung 2. Ordnung abgeleitet werden. Es gilt:

$$\dot{x}_1 = x_2 \tag{14.17}$$

$$\ddot{x}_1 = \dot{x}_2 = \frac{x_e}{a_2} - \frac{a_1}{a_2}\,x_2 - \frac{a_0}{a_2}\,x_1 \tag{14.18}$$

$$x_a = b_0\,x_1 + b_1\,x_2 + b_2\,\dot{x}_2 \tag{14.19}$$

Die Gleichungen 14.17 und 14.18 lauten als Vektorgleichung

$$\begin{bmatrix} x_1 \\ x_2 \end{bmatrix}^{\bullet} = \begin{bmatrix} 0 & 1 \\ -\frac{a_0}{a_2} & -\frac{a_1}{a_2} \end{bmatrix} \cdot \begin{bmatrix} x_1 \\ x_2 \end{bmatrix} + \begin{bmatrix} 0 \\ \frac{1}{a_2} \end{bmatrix} \cdot x_e$$

mit der Zustandsmatrix $\boldsymbol{A}$ und dem Eingangsvektor $\boldsymbol{b}$ wie folgt

$$\boldsymbol{A} = \begin{bmatrix} 0 & 1 \\ -\frac{a_0}{a_2} & -\frac{a_1}{a_2} \end{bmatrix} \qquad \boldsymbol{b} = \begin{bmatrix} 0 \\ \frac{1}{a_2} \end{bmatrix}. \tag{14.20}$$

Das Einsetzen von Gleichung 14.18 in 14.19 ergibt dann

$$x_a = b_0\,x_1 + b_1\,x_2 + b_2\,\dot{x}_2 \tag{14.21}$$

$$= b_0\,x_1 + b_1\,x_2 + b_2 \cdot \left\{ \frac{x_e}{a_2} - \frac{a_1}{a_2}\,x_2 - \frac{a_0}{a_2}\,x_1 \right\} \tag{14.22}$$

$$= \left(b_0 - b_2\frac{a_0}{a_2} \right) \cdot x_1 + \left(b_1 - b_2\frac{a_1}{a_2} \right) \cdot x_2 + \frac{b_2}{a_2}\,x_e \tag{14.23}$$

$$= \left[\, b_0 - b_2\frac{a_0}{a_2} \quad b_1 - b_2\frac{a_1}{a_2} \,\right] \cdot \begin{bmatrix} x_1 \\ x_2 \end{bmatrix} + \left(\frac{b_2}{a_2} \right) \cdot x_e\,. \tag{14.24}$$

Damit lauten die mit Ausgangsvektor $\boldsymbol{c}^T$ und Durchgangsfaktor d bezeichneten Größen

$$\boldsymbol{c}^T = \left[\, b_0 - b_2 \tfrac{a_0}{a_2} \;\; b_1 - b_2 \tfrac{a_1}{a_2} \,\right] \qquad d = \left(\frac{b_2}{a_2}\right) . \tag{14.25}$$

Dieser Durchgangsfaktor d ist nur bei einem sprungfähigen System, d. h. bei einer Differentialgleichung mit gleicher Ordnung der höchsten Ableitung von x_a und x_e von Null verschieden.

Zustandsmodell für ein sprungfähiges System n-ter Ordnung. Aus den Gleichungen 14.20 und 14.25 können die Zustandsgleichungen für eine Differentialgleichung n-ter Ordnung

$$a_n \overset{n}{x_a} + a_{n-1} \overset{n-1}{x_a} + \ldots + a_1 \dot{x}_a + a_0 x_a = b_0 x_e + b_1 \dot{x}_e + \ldots + b_{n-1} \overset{n-1}{x_e} + b_n \overset{n}{x_e} \,,$$

abgeleitet werden zu

$$\dot{\boldsymbol{x}} = \boldsymbol{A} \cdot \boldsymbol{x} + \boldsymbol{b} \cdot x_e \tag{14.26}$$

$$x_a = \boldsymbol{c}^T \cdot \boldsymbol{x} + d \cdot x_e \,, \tag{14.27}$$

mit

$$\boldsymbol{A} = \begin{pmatrix} 0 & 1 & 0 & \cdots & 0 \\ 0 & 0 & 1 & \cdots & 0 \\ \vdots & \vdots & \vdots & & \vdots \\ 0 & 0 & 0 & \cdots & 1 \\ -\tfrac{a_0}{a_n} & -\tfrac{a_1}{a_n} & -\tfrac{a_2}{a_n} & \cdots & -\tfrac{a_{n-1}}{a_n} \end{pmatrix} \qquad \boldsymbol{b} = \begin{pmatrix} 0 \\ 0 \\ \vdots \\ 0 \\ \tfrac{1}{a_n} \end{pmatrix} \tag{14.28}$$

$$\boldsymbol{c}^T = \left(\, b_0 - b_n \tfrac{a_0}{a_n} \;\; b_1 - b_n \tfrac{a_1}{a_n} \;\; b_2 - b_n \tfrac{a_2}{a_n} \;\; \cdots \;\; b_{n-1} - b_n \tfrac{a_{n-1}}{a_n} \,\right) \tag{14.29}$$

$$d = \left(\frac{b_n}{a_n}\right) . \tag{14.30}$$

Bei einem nicht sprungfähigen System (d. h. $b_n = 0$) vereinfachen sich bei unveränderter Zustandsmatrix $\boldsymbol{A}$ und unverändertem Eingangsvektor $\boldsymbol{b}$ der Ausgangsvektor $\boldsymbol{c}^T$ und der Durchgangsfaktor d zu:

$$\boldsymbol{c}^T = \left(\, b_0 \;\; b_1 \;\; b_2 \;\; \cdots \;\; b_{n-1} \,\right) \qquad \text{und} \qquad d = 0 \,. \tag{14.31}$$

Mit dieser Vorgehensweise ist es somit möglich, jede Differentialgleichung n-ter Ordnung durch ein Zustandsmodell in Form der Gleichungen 14.26 und 14.27 darzustellen. Diese Zustandsgleichungen eignen sich hervorragend für die Ermittlung der Lösung der zugrunde liegenden Differentialgleichung n-ter Ordnung.

Mit anderen Substitutionen lassen sich andere Zustandsgleichungen mit anderen nummerischen Eigenschaften herleiten. Für ausführliche Untersuchungen zu diesem Thema wird auf die Spezialliteratur wie z. B. [10] verwiesen.

14.2.2 Simulation des zeitdiskreten Systems

Analytische Lösung der Vektordifferentialgleichung. Die Lösung des Vektordifferentialgleichungssystems

$$\dot{\boldsymbol{x}} = \boldsymbol{A} \cdot \boldsymbol{x} + \boldsymbol{b} \cdot x_e \tag{14.32}$$

$$x_a = \boldsymbol{c}^T \cdot \boldsymbol{x} + d \cdot x_e \ , \tag{14.33}$$

basiert auf der Lösung der folgenden skalaren Differentialgleichung 1. Ordnung

$$\dot{x} = a \cdot x + b \cdot x_e \ . \tag{14.34}$$

Man multipliziert diese Gleichung mit e^{-at} und erhält

$$\mathrm{e}^{-at}\dot{x} = a\mathrm{e}^{-at} \cdot x + \mathrm{e}^{-at}b \cdot x_e$$

sowie nach der Umformung

$$\mathrm{e}^{-at}\dot{x} - a\mathrm{e}^{-at} \cdot x = \mathrm{e}^{-at}b \cdot x_e \ .$$

Die Anwendung der Produktregel der Differentialrechnung $\frac{\mathrm{d}(x \cdot y)}{\mathrm{d}t} = x\dot{y} + \dot{x}y$ liefert dann

$$\frac{\mathrm{d}(\mathrm{e}^{-at}x)}{\mathrm{d}t} = \mathrm{e}^{-at}\dot{x} - a\mathrm{e}^{-at} \cdot x = \mathrm{e}^{-at}b \cdot x_e \ .$$

Integriert man diese Gleichung von t_0 bis t so erhält man:

$$\mathrm{e}^{-at} \cdot x(t) - \mathrm{e}^{-at_0} \cdot x(t_0) = \int_{t_0}^{t} \mathrm{e}^{-a\tau}b \cdot x_e(\tau)\mathrm{d}\tau \ ,$$

bzw. nach Multiplikation mit e^{at}:

$$x(t) = \mathrm{e}^{a(t-t_0)} \cdot x(t_0) + \int_{t_0}^{t} \mathrm{e}^{a(t-\tau)}b \cdot x_e(\tau)\mathrm{d}\tau$$

$$x(t) = \mathrm{e}^{a(t-t_0)} \cdot x(t_0) + \mathrm{e}^{at} \cdot \int_{t_0}^{t} \mathrm{e}^{-a\tau}b \cdot x_e(\tau)\mathrm{d}\tau \ . \tag{14.35}$$

Ist das Eingangssignal $x_e(t)$ nun konstant, z. B. $x_e(t) = x_e(t_0)$, dann kann das Integral geschlossen gelöst werden. Die Lösung von Gleichung 14.35 lautet dann

$$x(t) = \mathrm{e}^{a(t-t_0)} \cdot x(t_0) + \mathrm{e}^{at} \cdot \frac{-1}{a} \cdot \mathrm{e}^{-a\tau}\Big|_{t_0}^{t} \cdot b \ x_e(t_0)$$

$$= \mathrm{e}^{a(t-t_0)} \cdot x(t_0) + \mathrm{e}^{at} \cdot \frac{-1}{a} \left(\mathrm{e}^{-at} - \mathrm{e}^{-at_0}\right) \cdot b \ x_e(t_0)$$

$$= \mathrm{e}^{a(t-t_0)} \cdot x(t_0) - \frac{1}{a} \cdot \left(1 - \mathrm{e}^{a(t-t_0)}\right) \cdot b \ x_e(t_0)$$

$$x(t) = \mathrm{e}^{a(t-t_0)} \cdot x(t_0) + \frac{1}{a} \cdot \left(\mathrm{e}^{a(t-t_0)} - 1\right) \cdot b \ x_e(t_0) \ . \tag{14.36}$$

Diese Lösung der skalaren Differentialgleichung 14.34 kann für die Lösung der Vektordifferentialgleichung 14.32 übernommen werden [10], indem der Skalar a durch die Matrix $\boldsymbol{A}$ und der Skalar b durch den Spaltenvektor $\boldsymbol{b}$ ersetzt wird. Die Division durch a in Gleichung 14.36 geht dabei über in die Matrixinversion $\boldsymbol{A}^{-1}$, und die Eins wird durch die Einheitsmatrix $\boldsymbol{I}$ ersetzt. Somit lautet die Lösung der Vektordifferentialgleichung 14.32

$$\boldsymbol{x}(t) = \mathrm{e}^{\boldsymbol{A}(t-t_0)} \cdot \boldsymbol{x}(t_0) + \boldsymbol{A}^{-1} \cdot \left(\mathrm{e}^{\boldsymbol{A}(t-t_0)} - \boldsymbol{I} \right) \cdot \boldsymbol{b} \cdot x_e(t_0) \ . \qquad (14.37)$$

Die Matrixexponentialfunktion $\mathrm{e}^{\boldsymbol{A}(t-t_0)}$ wird in Analogie zur Potenzreihenentwicklung der normalen Exponentialfunktion

$$\mathrm{e}^{a(t-t_0)} = 1 + \frac{a(t-t_0)}{1!} + \frac{\{a(t-t_0)\}^2}{2!} + \frac{\{a(t-t_0)\}^3}{3!} + \cdots$$

definiert zu

$$\mathrm{e}^{\boldsymbol{A}(t-t_0)} = \boldsymbol{I} + \frac{\boldsymbol{A}(t-t_0)}{1!} + \frac{\{\boldsymbol{A}(t-t_0)\}^2}{2!} + \frac{\{\boldsymbol{A}(t-t_0)\}^3}{3!} + \cdots \ . \qquad (14.38)$$

Diese Reihenentwicklung konvergiert unabhängig von den Zahlenwerten der Matrix $\boldsymbol{A}$ [30]. Die Konvergenzgeschwindigkeit steigt dabei mit abnehmendem $(t-t_0)$. Die Ausgangsgröße des Systems wird unverändert aus Gleichung 14.33 gebildet zu

$$x_a = \boldsymbol{c}^T \cdot \boldsymbol{x} + d \cdot x_e \ . \qquad (14.39)$$

Nummerische Lösung der Vektordifferentialgleichung. Die analytische Lösung 14.37 der Vektordifferentialgleichung ist gültig für konstante Eingangssignale $x_e(t) = x_e(t_0) \cdot \sigma(t)$. Bei der Simulation linearer Systeme treten jedoch beliebige Eingangssignale $x_e(t)$ auf. Nimmt man nun, wie in Abb. 14.4 gezeigt, diese Eingangssignale als stückweise konstant an, dann kann mit einer kleinen Modifikation die Lösung 14.37 auch für beliebige Eingangssignale verwendet werden.

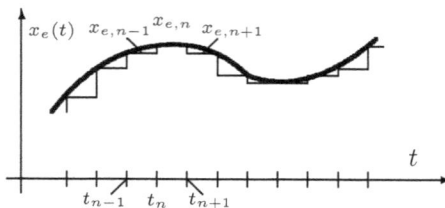

Abbildung 14.4: Stückweise konstantes Eingangssignal $x_e(t)$

Betrachtet man nur das Zeitintervall $t_n < t < t_{n+1}$, dann geht für dieses Zeitinterval die Lösung 14.37

$$\boldsymbol{x}(t) = \mathrm{e}^{\boldsymbol{A}(t-t_0)} \cdot \boldsymbol{x}(t_0) + \boldsymbol{A}^{-1} \cdot \left(\mathrm{e}^{\boldsymbol{A}(t-t_0)} - \boldsymbol{I} \right) \cdot \boldsymbol{b} \cdot x_e(t_0)$$

aufgrund der Konstanz von x_e über in

$$\boldsymbol{x}(t_{n+1}) = \mathrm{e}^{\boldsymbol{A}(t_{n+1} - t_n)} \cdot \boldsymbol{x}(t_n) + \boldsymbol{A}^{-1} \left(\mathrm{e}^{\boldsymbol{A}(t_{n+1} - t_n)} - \boldsymbol{I} \right) \boldsymbol{b} \cdot x_e(t_n) \ .$$

(14.40)

Die Simulation eines linearen Systems erfolgt damit durch die rekursive Berechnung der Vektorgleichung

$$\boldsymbol{x}(t_{n+1}) = \boldsymbol{\Phi} \cdot \boldsymbol{x}(t_n) + \boldsymbol{\Gamma} \cdot x_e(t_n)$$

(14.41)

für $n = 0, 1, \dots$ mit

$$\boldsymbol{\Phi} = \mathrm{e}^{\boldsymbol{A}\Delta t} = \boldsymbol{I} + \frac{\boldsymbol{A}\Delta t}{1!} + \frac{\{\boldsymbol{A}\Delta t\}^2}{2!} + \frac{\{\boldsymbol{A}\Delta t\}^3}{3!} + \cdots$$

(14.42)

$$\boldsymbol{\Gamma} = \boldsymbol{A}^{-1} \cdot (\boldsymbol{\Phi} - \boldsymbol{I}) \cdot \boldsymbol{b} \qquad \text{und}$$

(14.43)

$$\Delta t = t_{n+1} - t_n = t_n - t_{n-1} = \cdots \ .$$

(14.44)

Die Ausgangsgröße $x_a(t_n)$ wird aus Gleichung 14.39 berechnet zu

$$x_a(t_n) = \boldsymbol{c}^T \cdot \boldsymbol{x}(t_n) + d \cdot x_e(t_n) \ .$$

(14.45)

Je kleiner Δt, umso schneller konvergiert die Reihenentwicklung von Gleichung 14.42, und umso exakter wird die Lösung von $x_a(t)$ für beliebige Eingangssignale $x_e(t)$. Das Zeitintervall Δt sollte ca. 5- bis 10-mal kleiner als die Periodendauer der Schwingung mit der größten Frequenz ω sein. Auf die unterschiedlichen Verfahren zur Ermittlung der Matrizen $\boldsymbol{\Phi}$ und $\boldsymbol{\Gamma}$ wird nicht näher eingegangen [30], da an dieser Stelle nur das Prinzip der nummerischen Lösung von Differentialgleichungen dargestellt werden soll.

Die *Ermittlung der nummerischen Lösung von Differentialgleichungen* mit beliebigen Eingangssignalen $x_e(t)$ bzw. der Systemantwort von Übertragungsfunktionen $F(s)$ mit beliebigen Anregungen und den Anfangsbedingungen $x_a(t_0) = \dot{x}_a(t_0) = \dots = 0$ erfolgt somit in den folgenden Schritten:

1. Aufstellung der Systemmatrizen und -vektoren $\boldsymbol{A}$, $\boldsymbol{b}$, $\boldsymbol{c}^T$ und gegebenenfalls auch von d.

2. Berechnung der Matrizen $\boldsymbol{\Phi}$ und $\boldsymbol{\Gamma}$.

3. Lösung der Rekursionsgleichungen 14.41 und 14.45 .

4. Grafische Darstellung der Lösung.

Die Vorgehensweise soll an einem Beispiel demonstriert werden.

Beispiel 14.1: Für die Differentialgleichung

$$\ddot{x}_a(t) + 4\dot{x}_a(t) + 3x_a(t) = 4x_e(t) + 2\dot{x}_e(t)$$

soll für das Eingangssignal

$$x_e(t) = 1 - e^{-0,8t} \cdot \cos(2t)$$

das Ausgangssignal $x_a(t)$ berechnet werden. Das System sei zu Beginn in der Ruhelage.

Schritt 1 - Ermittlung der Systemmatrizen und -vektoren. Die Zustandsmatrizen und -vektoren werden nach der in Abschnitt 14.2.1 dargestellten Methode berechnet zu:

$$\boldsymbol{A} = \begin{pmatrix} 0 & 1 \\ -3 & -4 \end{pmatrix} \qquad \boldsymbol{b} = \begin{pmatrix} 0 \\ 1 \end{pmatrix} \qquad \boldsymbol{c}^T = (4 \quad 2) \qquad \text{mit} \qquad \boldsymbol{x} = \begin{pmatrix} x_1 \\ x_2 \end{pmatrix}$$

sowie $d = 0$.

Schritt 2 - Berechnung der Matrizen $\boldsymbol{\Phi}$ *und* $\boldsymbol{\Gamma}$. Für ein Zeitintervall von $\Delta t = 0,1\,\text{s}$ lauten die Einzelterme der Reihenentwicklung von $\boldsymbol{\Phi}$:

$$\frac{\boldsymbol{A}\Delta t}{1!} = \begin{pmatrix} 0 & 0,1 \\ -0,3 & -0,4 \end{pmatrix}$$

$$\frac{(\boldsymbol{A}\Delta t)^2}{2!} = \begin{pmatrix} -0,015 & -0,02 \\ 0,06 & 0,065 \end{pmatrix}$$

$$\frac{(\boldsymbol{A}\Delta t)^3}{3!} = \begin{pmatrix} 0,002 & 0,0022 \\ -0,0065 & -0,0067 \end{pmatrix}$$

$$\frac{(\boldsymbol{A}\Delta t)^4}{4!} = \begin{pmatrix} -0,1625 & -0,1667 \\ 0,5 & 0,5042 \end{pmatrix} \cdot 10^{-3}$$

$$\frac{(\boldsymbol{A}\Delta t)^5}{5!} = \begin{pmatrix} 0,1 & 0,1008 \\ -0,3025 & -0,3033 \end{pmatrix} \cdot 10^{-4}$$

Bereits nach vier Schritten ändern sich bei der Reihenentwicklung zur Berechnung von $\boldsymbol{\Phi}$ die Einzelelemente nur noch ab der 5. Stelle nach dem Komma. Auf vier Stellen genau lautet somit die Matrix $\boldsymbol{\Phi}$:

$$\boldsymbol{\Phi} = \begin{pmatrix} 0,6588 & -0,2460 \\ 0,0820 & 0,9868 \end{pmatrix} \cdot$$

Nach kurzer Rechnung ergibt sich dann die Matrix $\boldsymbol{\Gamma}$ zu

$$\boldsymbol{\Gamma} = \begin{pmatrix} 0,0044 \\ 0,0820 \end{pmatrix} \cdot$$

Schritt 3 - Lösung der Rekursionsgleichungen. Bei Verwendung des Simulationsprogramms MATLAB erfolgt die Berechnung des Ausgangssignals mittels Eingabe des folgenden Programms:

```
t = 0:0.1:10;                    % Zeitintervall: t₀ = 0; Δt = 0,1 und t_E = 10
xe = 1 - exp(-0.8*t).*cos(2*t);  % Berechnung des Eingangssignals xₑ(t)
num = [0 2 4];                   % Vorgabe des Zählers der Übertragungsfunktion
den = [1 4 3];                   % Vorgabe des Nenners der Übertragungsfunktion
xa = lsim(num,den,xe,t);         % Berechnung von xₐ(t) durch Aufstellen von
                                 % A, b, cᵀ und Lösung der Rekursionsgleichungen
plot(t,xa,'-g',t,xe,'-r'),       % Erstellung des Diagramms von xₑ(t) und xₐ(t)
grid;                            % Erstellung eines Gitternetzes
return;                          % Programmende
```

Schritt 4 - Erstellung des Liniendiagramms von $x_e(t)$ und $x_a(t)$. Abb. 14.5 zeigt das mit MATLAB berechnete Liniendiagramm für die angegebenen Ein- und Ausgangssignale.

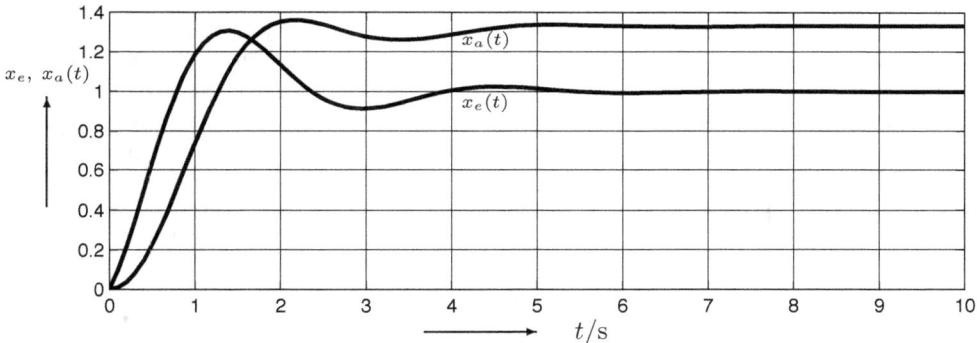

Abbildung 14.5: *Eingangssignal und Systemantwort* □

Aufgabe 14.1: Gegeben ist die folgende Differentialgleichung zweiter Ordnung:

$$\ddot{x}_a(t) + 3\dot{x}_a(t) + 2x_a(t) = 3x_e(t) + 2\dot{x}_e(t) \ .$$

Berechnen Sie zunächst die Matrizen $\boldsymbol{A}$, $\boldsymbol{b}$ und $\boldsymbol{c}^T$ und dann die Matrizen $\boldsymbol{\Phi}$ und $\boldsymbol{\Gamma}$ für das Zeitintervall $\Delta t = 0{,}1\,\text{s}$.

Lösung: $\boldsymbol{\Phi} = \begin{pmatrix} 0{,}9909 & 0{,}0861 \\ -0{,}1722 & 0{,}7326 \end{pmatrix}$ $\qquad \boldsymbol{\Gamma} = \begin{pmatrix} 0{,}0045 \\ 0{,}0861 \end{pmatrix}$ □

14.3   Simulation nichtlinearer Systeme

Einführung. Im Unterschied zu den linearen Systemen können bei den nichtlinearen Systemen z. B. Begrenzer, Schalter sowie Produkte, Quotienten oder auch nichtlineare Funktionen von Systemvariablen bzw. Funktionen der Zeit t auftreten. Die Berechnung der Systemantwort $x_a(t)$ auf ein Eingangssignal $x_e(t)$ erfordert dann einen Lösungsansatz, der auf der Verwendung von nummerischen *Integrationsalgorithmen* beruht. Dabei wird zunächst das nichtlineare Übertragungssystem als Vektordifferentialgleichung 1. Ordnung formuliert. Auf der linken Seite der Differentialgleichung stehen die abgeleiteten Größen und auf der rechten Seite die zu integrierenden Größen. Diese Vektordifferentialgleichung 1. Ordnung wird dann mit einem nummerischen Integrationsalgorithmus (z. B. Runge-Kutta-Verfahren) integriert und liefert den Zeitverlauf der Systemvariablen.

14.3.1   Formulierung der Vektordifferentialgleichung 1. Ordnung eines nichtlinearen Systems

Lineare und nichtlineare Übertragungsglieder. Betrachtet man z. B. die komplette Kaskadenregelung eines Gleichstrommotors von Abb. 13.9, so enthält ein derartiger Regelkreis neben den linearen Übertragungselementen wie PT_1-, I- und PI-Gliedern auch nichtlineare Elemente wie z. B. einen Begrenzer sowie das Produkt von Strom I_A und Fluss Ψ_f zur Bildung des Antriebsmoments M_a. Der Erregerfluss Ψ_f wird wiederum durch die Erregerfeldspannung — die nicht dargestellt ist — aufgebaut. Dabei hängen Erregerspannung U_f bzw. -strom I_f und Fluss Ψ_f über eine nichtlineare Magnetisierungskennlinie $\Psi_f = f(I_f)$ zusammen.

Die Beschreibung der *linearen Übertragungsglieder* durch eine Vektordifferentialgleichung 1. Ordnung entspricht im Wesentlichen der Zustandsraumdarstellung von Abschnitt 14.2.1. So wird z. B. das PT_1-Glied

$$F(s) = \frac{X_1(s)}{X_2(s)} = \frac{K}{1 + Ts}$$

beschrieben durch die Differentialgleichung

$$\dot{x}_1(t) = -\frac{1}{T} \cdot x_1(t) + \frac{K}{T} \cdot x_2(t) \, ,$$

ein I-Glied

$$F(s) = \frac{X_3(s)}{X_4(s)} = \frac{K_I}{s}$$

beschrieben durch die Differentialgleichung

$$\dot{x}_3(t) = K_I \cdot x_4(t)$$

und der PI-Regler

$$F(s) = \frac{X_5(s)}{X_6(s)} = K_P + \frac{K_I}{s}$$

beschrieben durch die Gleichungen

$$\dot{x}_h(t) = K_I \cdot x_6(t)$$
$$x_5(t) = K_P \cdot x_6 + x_h(t) \ .$$

Hierbei steht dann $x_5(t)$ wieder auf der rechten Seite einer nachfolgenden Integration, oder es taucht direkt als Ausgangsgröße auf.

Nichtlineare Übertragungsglieder wie z. B. Multiplikationen werden direkt als Multiplikation formuliert:

$$x_7(t) = x_8(t) \cdot x_9(t) \ .$$

Auch nichtlineare Funktionen wie z. B. eine Magnetisierungskennlinie werden direkt als Funktion geschrieben

$$x_{10} = f(x_{11}) \ .$$

Treten Unstetigkeitsstellen wie z. B. eine Begrenzerkennlinie, eine Hysterese, eine tote Zone, Zweipunktschalter oder dergleichen auf, dann werden diese Unstetigkeiten vorteilhafterweise in einer Art „Unterprogramm" formuliert. Bei Erreichen der Unstetigkeitsstelle ändert der Integrationsalgorithmus dann, wie später beschrieben, seine Arbeitsweise.

Vektordifferentialgleichung. Nach Formulierung der Gleichungen bzw. Differentialgleichungen der einzelnen Übertragungsglieder konfiguriert das Simulationsprogramm dann das Gesamtsystem in eine Vektordifferentialgleichung 1. Ordnung in der folgenden allgemeinen Schreibweise:

$$\begin{pmatrix} x_1(t) \\ x_2(t) \\ \vdots \\ x_n(t) \end{pmatrix}^{\bullet} = \begin{pmatrix} f_1(\boldsymbol{x}(t), t) \\ f_2(\boldsymbol{x}(t), t) \\ \vdots \\ f_n(\boldsymbol{x}(t), t) \end{pmatrix} \quad \text{bzw.} \quad \dot{\boldsymbol{x}}(t) = \boldsymbol{f}(\boldsymbol{x}(t), t) \ , \quad (14.46)$$

mit $f_i(\cdot, t)$ bzw. $\boldsymbol{f}(\cdot, t)$ als nichtlineare Funktionen bzw. Vektorfunktion. Den Vektor $\boldsymbol{x}(t)$ nennt man, wie in Abschnitt 14.2.1, Zustandsvektor und die einzelnen Elemente $x_1(t)$, $x_2(t)$ ... Zustandsgrößen. Zusätzlich zu dieser Vektordifferentialgleichung sind zur Behandlung der Unstetigkeiten einzelner Zustandsgrößen „Unterprogramme" zur Abarbeitung der Unstetigkeitsstellen vorhanden. Außerdem werden gegebenenfalls Ausgangsgrößen durch Überlagerung einzelner Zustandsgrößen gebildet.

Die Simulation des nichtlinearen Systems geschieht nun durch Integration der nichtlinearen Vektordifferentialgleichung 14.46 mit Integrationsverfahren, die im nachfolgenden Abschnitt beschrieben werden.

14.3.2   Integration von Differentialgleichungen

Prinzip der Integration. Die Simulation eines nichtlinearen Systems erfordert die Ermittlung des Zeitverlaufs der Variablen $x_1(t)$, $x_2(t)$, ... im Bereich $t_0 \leq t \leq t_E$ aus der Vektordifferentialgleichung

$$\dot{\boldsymbol{x}}(t) = \boldsymbol{f}(\boldsymbol{x}(t), t)$$

für die gegebene Anfangsbedingung $\boldsymbol{x}(t_0) = \boldsymbol{x}_0$. Die Lösung lautet

$$\boldsymbol{x}(t) = \boldsymbol{x}_0 + \int_{t_0}^{t} \boldsymbol{f}(\boldsymbol{x}(\tau), \tau) \mathrm{d}\tau \ .$$

Da $\boldsymbol{f}(\boldsymbol{x}(t), t)$ im Allgemeinen nicht exakt integriert werden kann, sind Näherungslösungen zur nummerischen Berechnung des Integrals

$$\boldsymbol{L} = \int_{t_0}^{t} \boldsymbol{f}(\boldsymbol{x}(\tau), \tau) \mathrm{d}\tau$$

erforderlich. Die nummerischen Integrationsverfahren unterscheiden sich in der Methode der Ermittlung dieses Integrals. Die Berechnung des Integrals über den gesamten Zeitbereich wird zurückgeführt auf eine Lösung in einem kleinen Zeitintervall, die dann rekursiv auf das gesamte Zeitintervall ausgedehnt wird.

Rechteckregel. Die Integration einer Funktion wird auf die Berechnung der Fläche unter der Funktion zurückgeführt. Die einfachste Möglichkeit dieser Flächenberechnung zeigt Abb. 14.6. Die angewendete Regel ist die so genannte Rechteckregel und das daraus

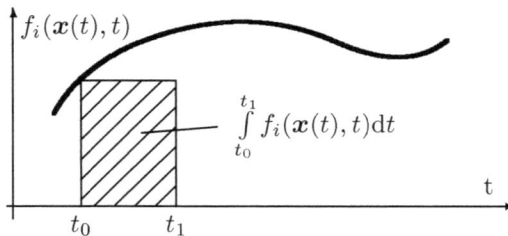

Abbildung 14.6: *Integration einer Funktion*

abgeleitete Integrationsverfahren das *Euler-Cauchy-Polygonzugverfahren*:

$$\boldsymbol{x}(t_0) = \boldsymbol{x}_0$$

$$\boldsymbol{x}(t_n) = \boldsymbol{x}(t_{n-1}) + \int_{t_{n-1}}^{t_n} \boldsymbol{f}(\boldsymbol{x}(t), t) \mathrm{d}t \approx \boldsymbol{x}(t_{n-1}) + h \cdot \boldsymbol{f}(\boldsymbol{x}(t_{n-1}), t_{n-1})$$

mit $h = t_n - t_{n-1} = t_{n-1} - t_{n-2} = \ldots$ als Schrittweite der Integration.

Rekursiv wird, beginnend bei $t = t_0$, die Fläche unter jedem Kurvenzug $f_i(\boldsymbol{x}(t), t)$ durch Auswertung der Funktion $f_i(\boldsymbol{x}(t), t)$ an der Stelle $\{\boldsymbol{x}(t_{n-1}), t_{n-1}\}$ und nachfolgende Multiplikation mit h ermittelt. Die Lösung für $\boldsymbol{x}(t_n)$ wird solange berechnet, bis $t_n = t_E$ erreicht ist. Die nummerische Integration der nichtlinearen Vektordifferentialgleichung 14.46 wird also auf eine rekursive Auswertung der rechten Seite der Differentialgleichung und nachfolgende Multiplikation mit der Schrittweite h zurückgeführt. Für jeden Integrationsschritt wird die rechte Seite der Differentialgleichung nur einmal ausgewertet.

Dieses Euler-Cauchy-Polygonzugverfahren ist auch bei kleiner Schrittweite h ein relativ ungenaues nummerisches Integrationsverfahren, da es nur auf der Funktionsauswertung am jeweiligen Startpunkt $\{\boldsymbol{x}(t_n), t_n\}$ beruht.

Runge-Kutta-Verfahren. Ein genaueres Abbild der Funktion $f_i(\boldsymbol{x}(t_n), t_n)$ in der Umgebung des jeweiligen Startpunktes $\{\boldsymbol{x}(t_n), t_n\}$ erhält man durch eine Taylor-Reihenentwicklung der Funktion f_i an dem jeweiligen Startpunkt. Ersetzt man die dabei auftretenden Ableitungen von x_i durch die rechten Seiten $f_i(\boldsymbol{x}(t_n), t_n)$, so führt diese Vorgehensweise zu einem wesentlich genaueren Integrationsalgorithmus. Als Beispiel hierfür soll das *klassische Runge-Kutta-Verfahren 4. Ordnung* [18] betrachtet werden, welches durch das folgende Integrationsschema beschrieben wird:

$$\boldsymbol{x}(t_n) = \boldsymbol{x}(t_{n-1}) + \frac{h}{6} \cdot (\boldsymbol{k}_1 + 2\,\boldsymbol{k}_2 + 2\,\boldsymbol{k}_3 + \boldsymbol{k}_4) \qquad \text{mit}$$

$$\boldsymbol{k}_1 = \boldsymbol{f}(\boldsymbol{x}(t_{n-1}), t_{n-1}))$$

$$\boldsymbol{k}_2 = \boldsymbol{f}(\boldsymbol{x}(t_{n-1}) + \frac{h}{2} \cdot \boldsymbol{k}_1, t_{n-1} + \frac{h}{2})$$

$$\boldsymbol{k}_3 = \boldsymbol{f}(\boldsymbol{x}(t_{n-1}) + \frac{h}{2} \cdot \boldsymbol{k}_2, t_{n-1} + \frac{h}{2})$$

$$\boldsymbol{k}_4 = \boldsymbol{f}(\boldsymbol{x}(t_{n-1}) + h \cdot \boldsymbol{k}_3, t_{n-1} + h) \,.$$

Am Startwert $\{\boldsymbol{x}(t_{n-1}), t_{n-1}\}$ wird zunächst $\boldsymbol{k}_1$ berechnet. Dann folgt an der Stelle $\{\boldsymbol{x}(t_{n-1}) + \frac{h}{2} \cdot \boldsymbol{k}_1, t_{n-1} + \frac{h}{2}\}$ die Berechnung von $\boldsymbol{k}_2$ usw. Insgesamt wird die rechte Seite der Differentialgleichung bei jedem Integrationsschritt viermal an dicht beieinander liegenden Stellen ausgewertet. Dieses Integrationsverfahren heißt dennoch *Einschrittverfahren*, da bei jedem Integrationsschritt von einem Startwert $\{\boldsymbol{x}(t_{n-1}), t_{n-1}\}$ ausgegangen wird. Das Integrationsverfahren heißt weiterhin Integrationsverfahren *4. Ordnung*, da die Taylor-Reihenentwicklung für die exakte Lösung und die Näherungslösung an der Stelle $t_{n-1} + h$ bis zur 4. Potenz von h übereinstimmen.

Weitere Verfahren. Neben diesen Einschrittverfahren gibt es Mehrschrittverfahren, die von mehreren Startwerten zur Berechnung des nächsten Rekursionsschritts ausgehen. Die Berechnung von $\boldsymbol{x}(t_n)$ kann, wie beim Runge-Kutta-Verfahren, explizit erfolgen, aber es existieren auch Verfahren, bei denen die Berechnung implizit, d.h. im Rahmen einer Iteration erfolgt. Weiterhin wird zwischen Integrationsverfahren mit fester Schrittweite (wie beim obigen Runge-Kutta-Verfahren) und solchen mit variabler Schrittweite unterschieden. Für Systeme, deren Kennfrequenzen um mehrere Zehnerpotenzen auseinanderliegen (so genannte „steife" Differentialgleichungssysteme), existieren spezielle Algorithmen.

Die Integrationsverfahren führen bei kontinuierlichen und differenzierbaren Zustandsgrößen $x_i(t)$ im Allgemeinen zu akzeptablen Ergebnissen. Probleme verursachen die
oben beschriebenen Unstetigkeitsstellen wie Begrenzungen, Schalter und dergleichen,
welche zu diskontinuierlichen Änderungen der Zustandsgrößen führen. In Programmen
wie z. B. ACSL werden derartige Unstetigkeiten vorteilhaft durch eine Art „Unterprogramm" abgefangen. An einer Unstetigkeitsstelle verringert das Programm die Schrittweite h solange, bis die betreffende Zustandsgröße innerhalb einer Fehlertoleranz sich
an der Unstetigkeitsstelle befindet. Nach der Aktion an der Unstetigkeitsstelle — beim
Zweipunktschalter z. B. Sprung des Ausgangssignals — startet die Integrationsroutine
dann von neuem. Etwaige gespeicherte Ableitungen von Funktionen werden gestrichen,
da sie infolge der Unstetigkeit wertlos geworden sind.

Das nachfolgende Beispiel der Regelung eines instabilen Stabes dient zur Verdeutlichung
der obigen Ausführungen.

Beispiel 14.2: In Abschnitt 13.2 wird als Anwendungsbeispiel der Entwurf eines Reglers
für das in Abschnitt 3.4.2 als Beispiel für eine instabile Regelstrecke eingeführte instabile Pendel untersucht. Es wird dabei gezeigt, dass der für die linearisierte Regelstrecke
entworfene Regler zu einer stabilen Lösung führt. Um einen kleinen Einblick in die Simulation nichtlinearer Systeme zu gewinnen, soll dieser Regler nun an der nichtlinearen
Strecke erprobt werden, deren Gleichungen in Abschnitt 3.4.2 entwickelt werden.

1. Modellierung des Regelsystems mit ACSL. Der in Tabelle 14.1 dargestellte Pro-
grammausschnitt zeigt die Programmierung der nichtlinearen Gleichungen der Regelstrecke sowie des linearen Reglers und Stellglieds in der Programmiersprache ACSL.
Die programmierten nichtlinearen Gleichungen der Regelstrecke entsprechen dabei im
Wesentlichen den Gleichungen 3.76 bis 3.81.

Das Abbild der Regelstrecke zeigen die Zeilen 1 bis 14. Die Endungen „d" bzw. „dd"
der Variablen entsprechen dabei der 1. bzw. 2. Ableitung dieser Variablen und die
Endungen „ic" kennzeichnen Anfangsbedingungen. Der Vergleich mit den Gleichungen
3.76 bis 3.79 zeigt die Übereinstimmung dieser Gleichungen mit den Zeilen 3, 6, 9 und
12. Die Zeilen 4 und 5 bzw. 10 und 11 stellen die Integration der jeweiligen Variablen
dar. Die Zeilen 7 und 8 bzw. 13 und 14 repräsentieren die zweifache Ableitung von
Gleichung 3.80 bzw. 3.81. Da diese beiden Gleichungen *implizite* Gleichungen sind,
muss der Funktionsaufruf IMPL angewendet werden. Die Zeilen 1 und 2 modellieren
die Störgröße und die nachfolgende Summationsstelle.

Der lineare Regler wird in den Zeilen 15 und 16 erfasst. Für die Beschreibung des
Stellmotors reicht Zeile 17 aus. Weist der Stellmotor eine Begrenzung FXMAX auf, so
kann diese Begrenzung durch die Zeilen 18 und 19, sowie eine Art Subroutine (Zeilen
20 bis 22) beschrieben werden. In dieser Subroutine „DISCRETE FXMOT" wird die
logische Variable LMAX bei Überschreiten der Grenze FXMAX negiert. In Zeile 19
wird dann für LMAX = .TRUE. der Wert fx = FXMAX und sonst fx = fxcal gesetzt.

2. Simulation eines Störimpulses. Wiederum wirke ein kurzer Störimpuls auf den Stab
ein. Dann resultiert der in Abb. 14.7 gezeigte Zeitverlauf der Stabauslenkung des geregelten Systems bei Verwendung der Zahlenwerte für Regler, Stellglied und Strecke von
Abschnitt 13.2.2 und 13.2.3.

Tabelle 14.1: *ACSL-Programm der Stabregelung*

DERIVATIVE SECT1

──────────────────── Stabdynamik ────────────────────

fz	=	KZ * PULSE(TZ, PER, WID)	$ Zeile 1
fsum	=	fx - fz	$ Zeile 2
xwdd	=	(fsum - h)/MW	$ Zeile 3
xwd	=	INTEG(xwdd,xwdic)	$ Zeile 4
xw	=	INTEG(xwd,xwic)	$ Zeile 5
h	=	MS*xsdd	$ Zeile 6
xsdd	=	IMPL(fx/MW, errbd1, 10, ef1, ...	$ Zeile 7
		xwdd + L*(phidd*cos(phi) - (phid**2)*sin(phi)), errbd2)	$ Zeile 8
phidd	=	(v*L*sin(phi) + h*L*cos(phi))/JS	$ Zeile 9
phid	=	INTEG(phidd,phidic)	$ Zeile 10
phi	=	INTEG(phid,phiic)	$ Zeile 11
v	=	MS*(ysdd + G)	$ Zeile 12
ysdd	=	IMPL(0.0 , errbd1, 10, ef2, ...	$ Zeile 13
		-L*(phidd*sin(phi) + (phid**2)*cos(phi)), errbd2)	$ Zeile 14

──────────────────── Stabregler ────────────────────

xd	=	PHIW - phi	$ Zeile 15
ua	=	(KP*BR/AR) * LEDLAG(1/BR, 1/AR, xd, uaic)	$ Zeile 16

──────────────────── Stellmotor ────────────────────

fxcal	=	(B1ST/T1) * (ua - REALPL(T1, ua, fxic))	$ Zeile 17
SCHEDULE FXMOT .xz. FXMAX - fx			$ Zeile 18
fx	=	RSW(LMAX, FXMAX, fxcal)	$ Zeile 19
END $ " of DERIVATIVE SECT1 "			

DISCRETE FXMOT			$ Zeile 20
LMAX	=	.NOT. LMAX	$ Zeile 21
END $ " of DISCRETE "			$ Zeile 22

Im Vergleich zu Abb. 13.14 ist kein wesentlicher Unterschied in den Zeitverläufen festzustellen. Nur der Nulldurchgang ist etwas verschieden. Da nur kleine Stabauslenkungen vorliegen, stimmen die Ergebnisse für das lineare System (Abb. 13.14) gut mit den Ergebnissen des nichtlinearen Systems überein. Dies trifft für große Stabauslenkungen φ jedoch nicht mehr zu. Zusätzlich mit dargestellt ist die Stellkraft $F_x(t)$.

3. Begrenzung der Stellkraft $F_x(t)$. Abschließend wird zur Demonstration der Möglichkeiten der nichtlinearen Systemsimulation die oben beschriebene Stellkraftbegrenzung auf einen Wert von FXMAX = 3 N vorgenommen. Nach Einwirkung der impulsförmigen Störung kann das Stellglied keine ausreichende Stellkraft mehr aufbringen (Abb. 14.8). Der Winkel φ wächst stetig an und erreicht schon nach 1,5 s einen Wert von ca. 9°, wobei die Geschwindigkeit immer mehr zunimmt. Wenig später würde er auf den Boden auftreffen.

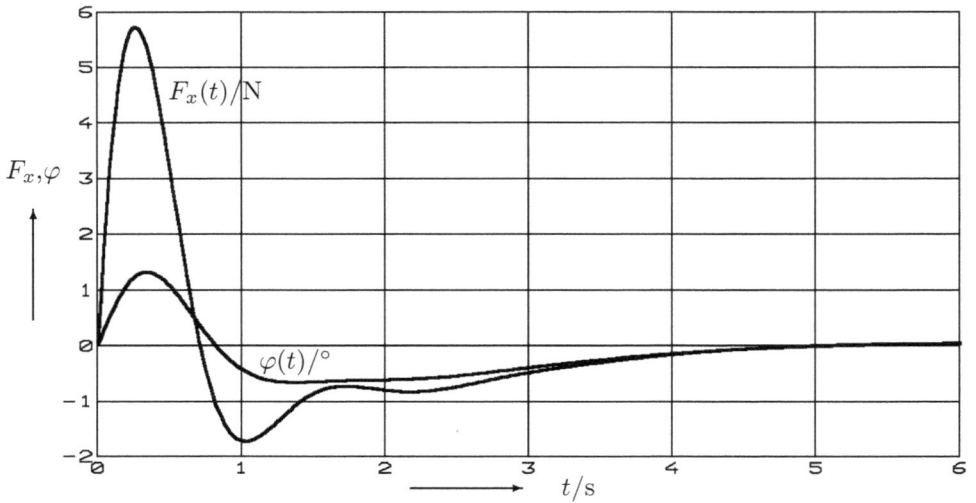

Abbildung 14.7: *Auswanderung des Stabes aus der Senkrechten nach einer impulsförmigen Störung* **ohne** *Stellkraftbegrenzung*

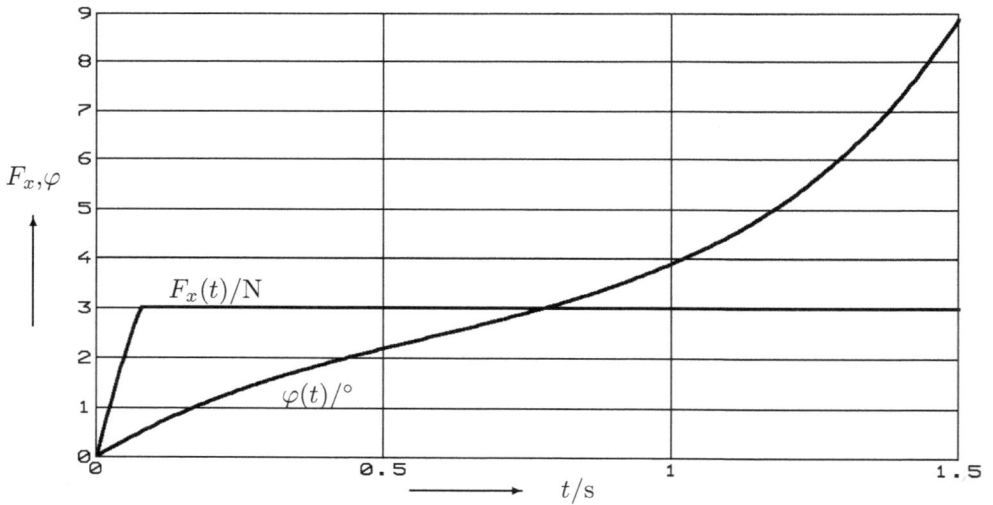

Abbildung 14.8: *Auswanderung des Stabes aus der Senkrechten nach einer impulsförmigen Störung* **mit** *Stellkraftbegrenzung*

15 Spezielle Reglerentwurfs- verfahren und -werkzeuge

Einleitung. In diesem Kapitel sollen Entwurfsverfahren dargestellt werden, die die Verwendung spezieller Software-Entwurfswerkzeuge erfordern. Es wird hierbei in erster Linie von MATLAB und Simulink Gebrauch gemacht, da diese Software sich in den letzten Jahren als ein gewisser Standard in Industrie und Hochschule etabliert hat.

15.1 SISO Design Tool von MATLAB

Beschreibung. Das SISO Design Tool[1] ermöglicht die *simultane* Verwendung einiger in diesem Buch vorgestellter Entwurfs-Hilfsmittel wie z. B. Sprungantwort, Bode-Diagramm, Wurzelortskurve und Vorfilter auf eine äußerst flexible Art und Weise.

Die Regelkreisstruktur wird durch die in Abb. 15.1 gezeigte Struktur vorgegeben. Dabei werden mit „F" das Vorfilter, „C" der Regler, „G" die Regelstrecke und „H" der Sensor durch die jeweilige Übertragungsfunktion bezeichnet. Wahlweise kann auch der Regler in den Rückführzweig verlegt werden.

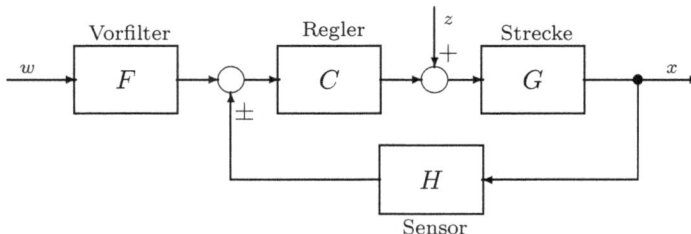

Abbildung 15.1: *Struktur des im SISO Design Tool vorgegebenen Regelkreises*

SISO Design Tool. Für diese Regelkreisstruktur werden dann gleichzeitig das Bode-Diagramm und die Wurzelortskurve dargestellt (siehe Abb. 15.2). Diese Abb. zeigt die Verläufe für die PT_3-Strecke mit PI-Regler von Abschnitt 6.1.1. Das Besondere bei der Programmierung liegt darin, dass mit der Maustaste die variablen Reglerparameter „interaktiv" verändert werden können. Man „ergreift" mit der Maus einen der variablen Parameter, z. B. die Reglerverstärkung oder eine Nullstelle des Reglers

---

[1]SISO steht für Single Input Single Output, also für Eingrößensystem.

in der Wurzelortskurve und verschiebt sie auf den neuen Wert. Dann wird sofort das Bode-Diagramm neu gerechnet und dargestellt. Im Bode-Diagramm werden zusätzlich Amplituden- und Phasenrand berechnet und angezeigt.

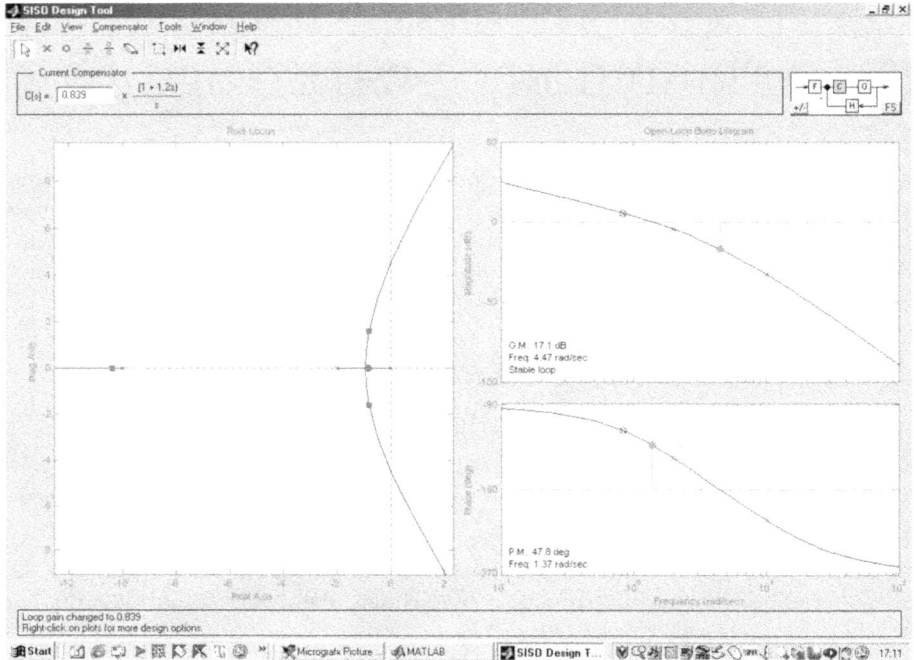

Abbildung 15.2: *Wurzelortskurve und Bode-Diagramm für das Regelsystem*

Die interaktive Einfügung zusätzlicher reeller und komplexer Reglerpole oder Reglernullstellen ist ebenso möglich.

LTI Viewer. Wesentlich erhöht wird der Komfort beim Reglerentwurf dadurch, dass man parallel zu den Berechnungen der Wurzelortskurve und des Bode-Diagramms mittels Aufruf des LTI Viewers[2] weitere gewünschte Berechnungen simultan durchführen kann. Optional können die unterschiedlichsten Sprungantworten für das Führungs- und Störverhalten des Regelkreises dargestellt werden. Die Darstellung weiterer Bode-, Nichols- oder Nyquist-Diagramme ist ebenso möglich.

Diese Berechnungen für den LTI Viewer laufen ebenfalls simultan zu den oben geschilderten Veränderungen der Reglerparameter mit der Maus. Das heißt, wenn man z. B. in der Wurzelortskurve die Reglerverstärkung verändert, dann werden sofort auch die im LTI Viewer dargestellten Verläufe angepasst. In Abb. 15.3 sind die Sprungantworten des Führungs- und Störverhaltens für eine gewählte Reglerverstärkung gezeigt.

---

[2]LTI steht für Linear Time Invariant System, lineares zeitinvariantes System.

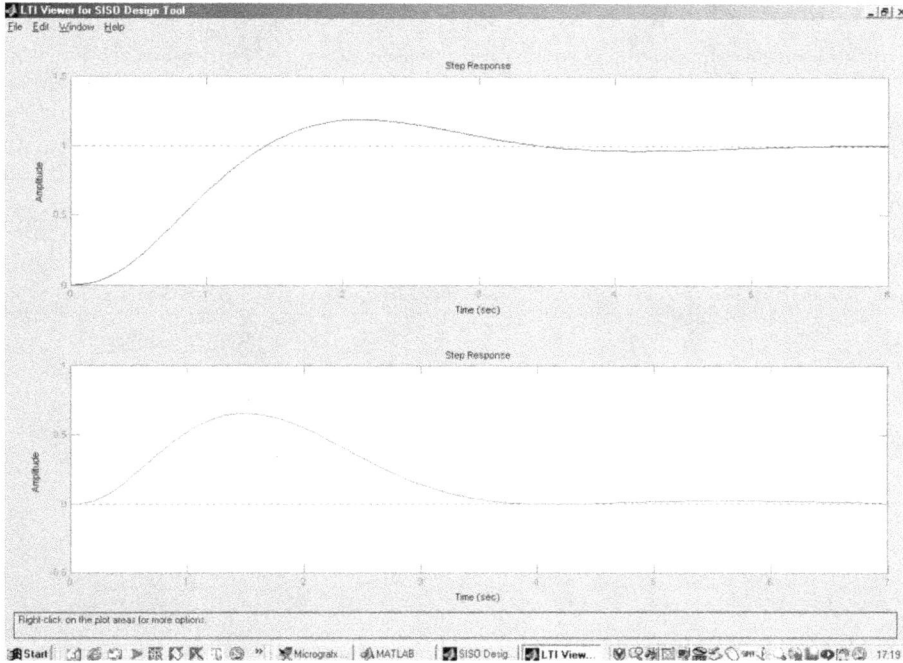

Abbildung 15.3: *Sprungantworten für das Regelsystem*

Dieses SISO Design Tool zusammen mit dem LTI Viewer erlaubt somit die *simultane* Verwendung vieler in diesem Buch vorgestellter Entwurfshilfsmittel für den Entwurf von Reglern für Eingrößensysteme.

15.2　Regelsystem-Prototypenentwurf, Produktion und Test

15.2.1　Entwicklungsprozess

V-Zyklus. Der Entwurf eines Regelsystems beginnt typischerweise mit der Formulierung der Systemanforderungen und der Konzipierung der dazu erforderlichen Hardware-Architektur, d. h. welche Sensoren und Aktuatoren werden verwendet, wie werden die Funktionen auf verschiedene Subsysteme aufgeteilt und mittels welcher Interface-Elektronik verbunden.

In diesem Stadium werden Simulationen der Regelstrecke, des Reglers sowie des geschlossenen Regelkreises auf einem PC durchgeführt, die nicht in Echtzeit[3] erfolgen. Diese Simulationen erfordern geeignete Modelle des geregelten Systems und der Störeinflüsse. Eine genaue Modellierung der Regelstrecke ist jedoch zu Beginn des Entwurfs selten verfügbar. Ebenso sind die Regler noch nicht in der Lage mit Modellungenauigkeiten wie z. B. etwaigen Nichtlinearitäten oder höheren mechanischen Resonanzfrequenzen zu Rande zu kommen. Um die Entwicklungszeit möglichst gering zu halten, ist es erforderlich so früh wie möglich das Regelsystem an der *echten* Regelstrecke in der *echten* physikalischen Umgebung auszutesten. Dies erlauben die heute zur Verfügung stehenden Werkzeuge des Rapid Control Prototyping (RCP) und der Hardware-in-the-Loop Simulation (HIL), deren Zusammenwirken das Diagramm 15.4 zeigt [20].

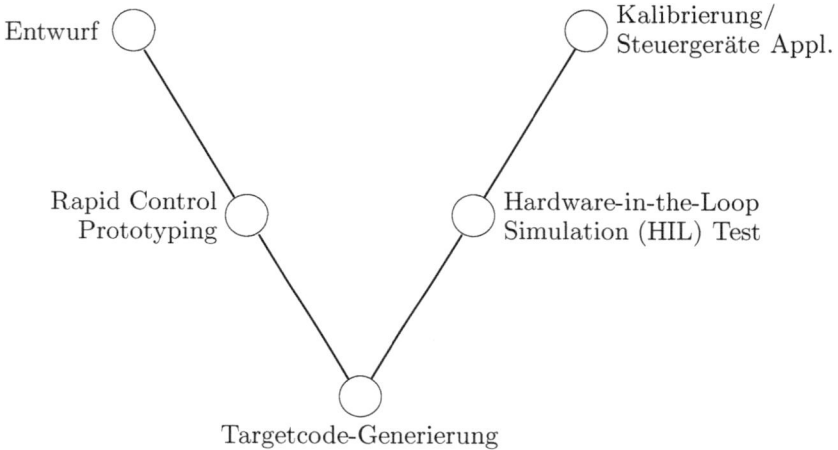

Abbildung 15.4: *Der V-Zyklus beim Entwicklungsprozess*

Das Ziel des RCP ist der frühzeitige Test des Regelsystems bevor über die Produktion der Steuergeräte und die Systemarchitektur Entscheidungen gefällt werden. Die für das RCP erforderlichen Werkzeuge müssen in Echtzeit arbeiten und sind aufgrund der erforderlichen Flexibilität beim Testen hinsichtlich Rechenleistung, Speicher und Genauigkeit dem echten System überlegen. Zusätzlich muss eine einfach zu bedienende Software-Instrumentierung zur Verfügung stehen. Die Codierung (Quellcode-Erstellung) der Regel- und Steueralgorithmen im Rahmen des RCP erfolgt automatisch und nicht manuell. Nach diesem Test des Systemkonzepts werden die Entscheidungen über die endgültige Systemarchitektur getroffen. Es ist dann bekannt, dass das Regelungssystem gebaut werden kann und die Entwurfsanforderungen erfüllt werden und welche Ressourcen erforderlich sind, wie z. B. die Mikroprozessor-Leistung für die notwendige Abtastzeit.

---

[3]Die Stellsignalberechnung z. B. eines PI-Reglers in Echtzeit erfordert, dass die Eingangssignalwandlung (A/D-Wandlung), Stellsignalberechnung und Ausgangssignalwandlung (D/A-Wandlung) für ein Zeitintervall von z. B. 1 ms nicht mehr als 1 ms in Anspruch nimmt.

Die entscheidende Verkürzung des Entwurfsprozesses erfolgt durch die automatische Codierung des Quellcodes für die Regelung und Steuerung auf der Basis von Blockdiagrammen und Zustandscharts als Eingangsgrößen.

Nach der Fabrikation der Systemhardware und des endgültigen Quellcodes wird das System zusammengebaut, kalibriert und getestet. Dabei kann es erforderlich sein, dass in einem Zwischenschritt vor dem endgültigen Zusammenbau einzelne Hardware-Komponenten in der Regelschleife getestet werden müssen. Im Rahmen einer Hardware-in-the-Loop-Simulation (HIL) wird dabei die gefertigte Hardware-Einheit (z. B. eine Steuer- und Wandler-Elektronikkarte) mit simulierten Prozessdaten angesteuert und in der simulierten Regelschleife getestet. Die HIL ist quasi die Umkehrung des RCP, während beim RCP die echte Regelstrecke mit einem simulierten Regler geregelt wird, wird bei der HIL der echte Regler mit Daten der simulierten Strecke getestet.

15.2.2 Rapid Control Prototyping (RCP)

MATLAB Real-Time Interface und Real-Time Workshop. Die Entwurfswerkzeuge Real-Time Interface (RTI) und Real-Time Workshop (RTW) des Programmpakets MATLAB/Simulink der Fa. Mathworks ermöglichen die automatische Generierung eines Quellcodes aus Blockschaltbildern. Ein typisches Blockschaltbild mit den Schnittstellenkomponenten für einen einfachen PI-Regler zeigt Abb. 15.5.

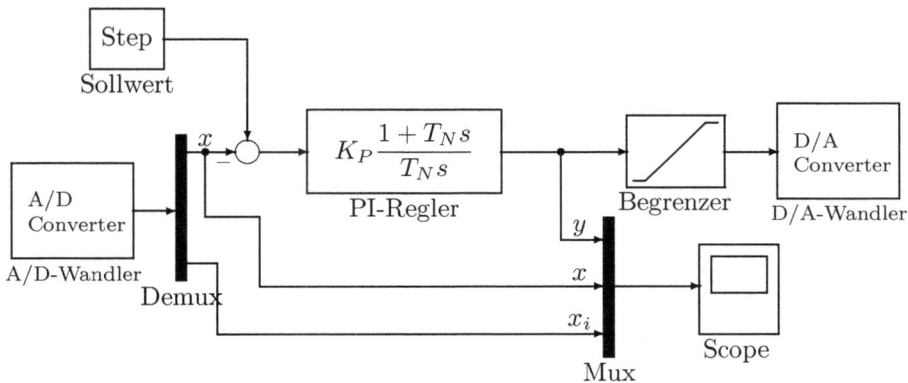

Abbildung 15.5: *Blockschaltbild eines PI-Reglers mit Wandler, Scope und Begrenzer*

In den Wandlerblock können die Signaladressen, Signalanfangs- und -endwerte, Ein-/ Ausgangsspannungen in Volt, Skalierungen ... für die eingesetzten Wandler eingegeben werden. Die Reglerparameter K_P und T_N werden im Root-Directory von MATLAB spezifiziert. Mit dem RTW wird dann mittels *Mausklick* der lauffähige C-Code (Quellcode) für die Struktur von Abb. 15.5 erzeugt, Bibliotheken werden gelinkt, und das lauffähige Programm wird erzeugt. Über ein Software-Bedienpanel wird dann der PC über die Wandlerkarte elektrisch mit dem realen Prozess (Regelstrecke) verbunden, und der Regelprozess gestartet und gestoppt.

Die Reglerparameter werden angepasst, die Reglerstruktur wird modifiziert, z. B. durch Einbau eines Sollwert-Generators oder eines Reglers mit zwei Freiheitsgraden, der neue C-Code wird erzeugt, und die Änderungen werden an der realen Strecke erprobt. Die Entwicklungs- und Erprobungszeit für die Regelung wird somit entscheidend verkürzt.

Der dSPACE Prototyper. Um komplexe Regelungsanwendungen schnell und flexibel entwickeln und optimieren zu können, bietet sich die Hardware-/Software-Entwicklungsumgebung der Firma dSPACE an [13]. Mit der leistungsstarken RCP-Hardware können Design-Fehler im Modell sofort gefunden und Korrekturen unmittelbar durchgeführt werden, ohne dass erst ein spezieller Prototyp gebaut werden muss. In Verbindung mit den Entwicklungswerkzeugen der Firma The Mathworks wird von der Firma dSPACE eine erweiterte Entwicklungsumgebung bereit gestellt, die völlig neuartiges Prototyping mit vielen Freiheiten beim Testen ermöglicht.

Beim so genannten „Fullpass"-Prototyping ersetzt die RCP-Hardware den kompletten Regler. Alle Sensoren und Stellglieder sind mit der RCP-Hardware, dem dSPACE-Prototyper, verbunden und steuern die Strecke vollständig. Daher muss die gesamte Interfaceelektronik mitsamt den A/D-D/A-Wandlern, CAN-Bus-Anschlüssen, Puls-Modulatoren, Incremental Encodern ... angeschlossen sein.

Beim so genannten "Bypass"-Prototyping ist das RCP-System nur mit einigen Sensoren und Stellgliedern verbunden, die Regelung wird vom dafür vorgesehenen H/W-Regler ausgeführt. Nur spezielle neue S/W-Funktionen werden mit dem RCP-System getestet, das z. B. über ein Dual-Port-RAM mit dem Prozess verbunden ist. Der H/W-Regler führt die Standard-Regelaufgaben durch, während das RCP-System die neuen Regel- und Steuerfunktionen ausführt und testet. Eine typische Bypass-Struktur zeigt Abb. 15.6.

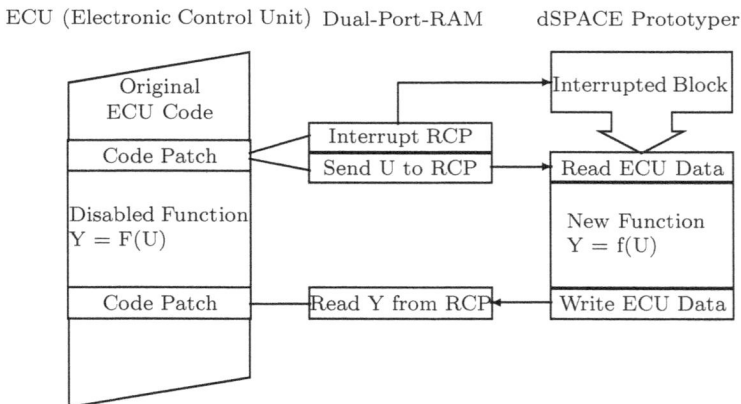

Abbildung 15.6: Struktur RCP-Bypass Mode

Ein typisches dSPACE-Bedienpanel für die online Bedienung einer RCP-Anwendung zeigt Abb. 15.7. Mit der Maus werden die Buttons (Knöpfe) und Slider (Schieber) zum

Ein-/Ausschalten bzw. zum Verstellen der Reglerparameter bedient. Das Bedienpanel kann beliebig konfiguriert und an die Belange des Anwenders angepasst werden.

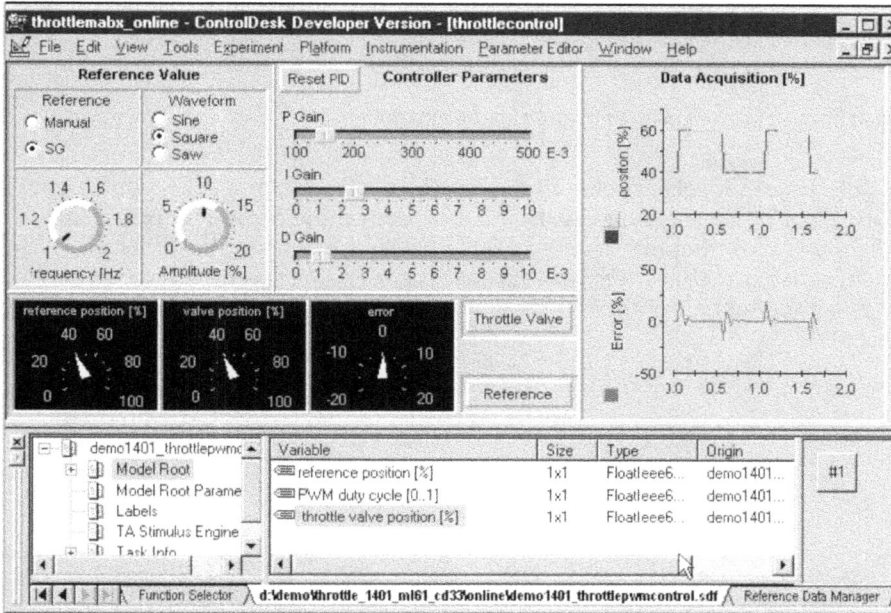

Abbildung 15.7: *dSPACE-Bedienpanel für eine Regelungsanwendung*

15.2.3 Hardware-in-the-Loop-Simulation (HIL)

Anwendung. Die häufigste Anwendung der HIL-Simulation stellt der Test eines Reglers, der nahezu produktionsreif ist, in einer simulierten Umgebung dar. „Für den Regler sieht es so aus", als wäre er in die reale Umgebung eingebettet, in der er später eingesetzt wird. Alle Signale, die in den Regler gehen, werden von einem Simulator erzeugt, der wiederum von dem simulierten Prozess (Regelstrecke) angesteuert wird. Die Eingangssignale in den simulierten Prozess sind die Ausgänge des Reglers. Derartige Aufgaben können mit einem HIL-Simulator gelöst werden.

Ein HIL-Simulator enthält die folgenden Komponenten:

1. das mathematische Modell der Regelstrecke mit Störeinflüssen;

2. den Echtzeitrechner, auf dem das Modell der Strecke simuliert wird;

3. das Interface, um die Signale, die in die ECU gehen, zu erzeugen;

4. das Interface, um die Signale, die aus der ECU kommen, zu lesen;

5. eine Signalanpassung und Lastsimulation;

6. eine Fehlersimulation, um z. B. Kabelbrüche oder Kurzschlüsse zu simulieren;

7. ein grafisches, virtuelles Instrument User Interface;

8. ein automatisches Test-Dokumentationssystem.

Die Vorteile dieser Vorgehensweise sind: die Tests werden im Labor oder sogar am Schreibtisch des Entwicklers ohne die Benutzung der echten Strecke durchgeführt, eine beliebig häufige Wiederholung der Tests ist möglich, Fehler in der Regler-H/W-S/W können systematisch verfolgt werden ohne mögliche Störeinflüsse oder „Dreckeffekte" wie bei der Verwendung der echten Strecke; die Tests verlaufen gefahrlos bei *kritischen* Regelstrecken.

A Die Laplace-Transformation

A.1 Definition der Laplace-Transformation

Für die Untersuchung von linearen dynamischen Systemen hat sich die Verwendung der Laplace-Transformation als zweckmäßig erwiesen. Dabei werden nur Zeitfunktionen $f(t)$ betrachtet, die für $t < 0$ verschwinden. Für derartige, so genannte kausale Zeitfunktionen $f(t)$, wird die *Laplace-Transformierte* $F(s)$ durch das folgende Laplace-Integral definiert:

$$\mathcal{L}\{f(t)\} = F(s) = \int\limits_{0}^{\infty} f(t)\ \mathrm{e}^{-st}\mathrm{d}t, \tag{A.1}$$

mit $s = \sigma + \mathrm{j}\omega$ als komplexe Variable.

Das Laplace-Integral konvergiert für alle Zeitfunktionen, die nicht stärker ansteigen als eine Exponentialfunktion [54]. Damit werden praktisch alle in der Regelungstechnik vorkommenden Zeitfunktionen erfasst. Die Dimension der Laplace-Transformierten $F(s)$ ergibt sich nach Gleichung A.1 aus dem Produkt der Dimension von $f(t)$ multipliziert mit der Dimension der Zeit t, da der Exponentialterm dimensionslos ist. Für einen Strom $i(t)$ als Zeitfunktion $f(t)$ ist die Dimension von $F(s)$ somit As sowie für eine Kraft $F_x(t)$ in Newton entsprechend Ns. Da der Exponent des Exponentialterms dimensionslos ist, weist die Laplace-Variable s die Dimension s^{-1} ($\widehat{=} \sec^{-1}$) auf.

Gleichung A.1 wird auch als eine *Abbildung* der Originalfunktion $f(t)$ vom Zeitbereich in den Bildbereich mit $F(s)$ als Bildfunktion bezeichnet.

Beispiel A.1:

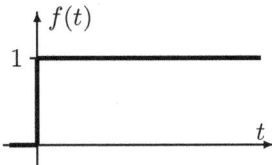

Es soll die Laplace-Transformierte $F(s)$ für die Sprungfunktion $f(t) = \sigma(t)$ berechnet werden. Für die Sprungfunktion gilt:

$$\sigma(t) = \begin{cases} 1 \ \text{für } t \geq 0 \\ 0 \ \text{für } t < 0 \,. \end{cases}$$

Mit $f(t) = 1$ wird dann $F(s) = \int\limits_{0}^{\infty} 1 \cdot \mathrm{e}^{-st}\mathrm{d}t = \left[\dfrac{1}{-s} \cdot \mathrm{e}^{-st} \right]_{t=0}^{\infty} = \dfrac{1}{s}\,.$ $\qquad\square$

Beispiel A.2:

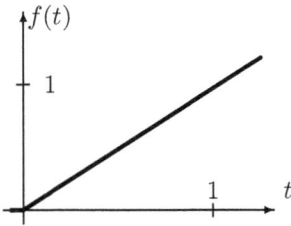

Es soll die Laplace-Transformierte $F(s)$ für die Rampenfunktion bestimmt werden. Für die Rampenfunktion gilt:

$$f(t) = \begin{cases} t & \text{für } t \geq 0 \\ 0 & \text{für } t < 0 \, . \end{cases}$$

Mit $f(t) = t$ wird dann $F(s) = \int\limits_0^\infty t \cdot e^{-st} dt = \left[\frac{e^{-st}}{s^2} \cdot (-st - 1) \right]_{t=0}^\infty = \frac{1}{s^2} \, .$ □

Beispiel A.3:

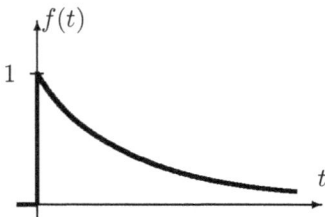

Es soll die Laplace-Transformierte $F(s)$ für die Exponentialfunktion $f(t) = e^{-at}$ bestimmt werden. Für die Exponentialfunktion gilt:

$$f(t) = \begin{cases} e^{-at} & \text{für } t \geq 0 \\ 0 & \text{für } t < 0 \, . \end{cases}$$

Mit $f(t) = e^{-at}$ wird

$$F(s) = \int\limits_0^\infty e^{-at} \cdot e^{-st} dt = \int\limits_0^\infty e^{-(s+a)t} dt = \left[\frac{e^{-(s+a)t}}{-(s+a)} \right]_{t=0}^\infty = \frac{1}{s+a} \, .$$ □

Aufgabe A.1:

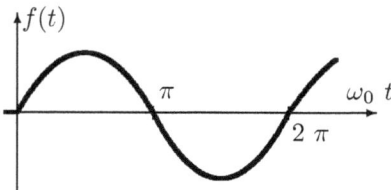

Bestimmen Sie die Laplace-Transformierte $F(s)$ für die Sinusfunktion $f(t) = \sin \omega_0 t$. Für die Sinusfunktion gilt:

$$f(t) = \begin{cases} \sin \omega_0 t & \text{für } t \geq 0 \\ 0 & \text{für } t < 0 \, . \end{cases}$$

Lösung: Mit $f(t) = \sin \omega_0 t = \dfrac{e^{j\omega_0 t} - e^{-j\omega_0 t}}{2j}$ wird $F(s) = \dfrac{\omega_0}{s^2 + \omega_0^2} \, .$ □

Eine Zusammenstellung häufig verwendeter Transformationsbeziehungen zeigt Tabelle A.1 am Ende dieses Anhangs auf den Seiten 414 und 415.

A.2 Rechenregeln der Laplace-Transformation

A.2.1 Überlagerungssätze

Aus der Gültigkeit der beiden anschließenden Überlagerungssätze folgt, dass die Laplace-Transformation eine lineare Transformation ist.

Satz A.1

Ist a_1 eine beliebige Konstante so gilt

$$\mathcal{L}\{a_1\,f(t)\} = a_1\,\mathcal{L}\{f(t)\} = a_1\,F(s)\ .$$

Satz A.2

Für eine Linearkombination von Zeitfunktionen gilt:

$$\mathcal{L}\{f_1(t) + f_2(t)\} = \mathcal{L}\{f_1(t)\} + \mathcal{L}\{f_2(t)\} = F_1(s) + F_2(s)\ .$$

Beispiel A.4:

Es sei die Zeitfunktion $f(t) = \mathrm{e}^{-at}$. Dann lautet die Laplace-Transformierte von $\mathcal{L}\{a_1 \cdot \mathrm{e}^{-at}\}$

$$\mathcal{L}\{a_1 \cdot \mathrm{e}^{-at}\} = a_1 \cdot \mathcal{L}\{\mathrm{e}^{-at}\} = \frac{a_1}{s+a}\ . \qquad \Box$$

Beispiel A.5:

Gegeben sind die Zeitfunktionen $f_1(t) = \mathrm{e}^{-at}$ und $f_2(t) = \mathrm{e}^{-bt}$. Dann lautet die Laplace-Transformierte von $\mathcal{L}\{\mathrm{e}^{-at} + \mathrm{e}^{-bt}\}$

$$\mathcal{L}\{\mathrm{e}^{-at}+\mathrm{e}^{-bt}\} = \mathcal{L}\{\mathrm{e}^{-at}\}+\mathcal{L}\{\mathrm{e}^{-bt}\} = \frac{1}{s+a}+\frac{1}{s+b} = \frac{2s + (a+b)}{(s+a)\cdot(s+b)}\ . \ \Box$$

A.2.2 Ähnlichkeitssatz

Satz A.3

Ist $a_1 > 0$ eine beliebige Konstante so gilt:

$$\mathcal{L}\{f(a_1t)\} = \frac{1}{a_1} \cdot F(s/a_1)\ .$$

Beispiel A.6:

Gegeben sei die Zeitfunktion $f(t) = \sin\omega_0 t$. Dann lautet die Laplace-Transformierte von $\mathcal{L}\{\sin(\omega_0 2t)\}$

$$\mathcal{L}\{\sin(\omega_0 2t)\} = \frac{1}{2} \cdot \frac{\omega_0}{(s/2)^2 + \omega_0^2} = \frac{2\,\omega_0}{s^2 + 4\,\omega_0^2}\ . \qquad \Box$$

A.2.3   Verschiebungssatz

Der Verschiebungssatz spezifiziert die Laplace-Transformierte einer nach rechts verschobenen Zeitfunktion.

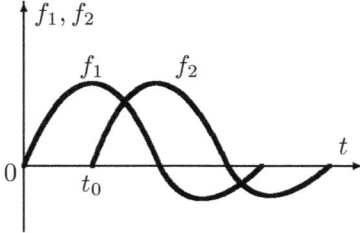

Ist $f_2(t)$ die um das Zeitintervall t_0 nach rechts verschobene Zeitfunktion $f_1(t - t_0)$ mit der Spezifikation:

$$f_2(t) = \begin{cases} f_1(t - t_0) & \text{für} \quad t \geq t_0 \\ 0 & \text{für} \quad t < t_0 \end{cases}$$

so gilt der folgende Satz:

Satz A.4

$$\mathcal{L}\{f_2(t)\} = \mathrm{e}^{-st_0} \cdot \mathcal{L}\{f_1(t)\} \ .$$

Beispiel A.7:

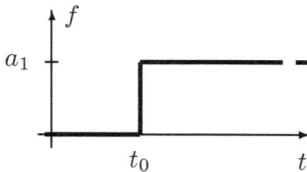

Ist $f(t)$ die um die Zeit t_0 nach rechts verschobene Sprungfunktion $\sigma(t)$ mit der Höhe a_1, dann lautet die zugehörige Laplace-Transformierte:

$$\mathcal{L}\{f(t)\} = a_1 \cdot \mathrm{e}^{-st_0} \cdot \mathcal{L}\{\sigma(t)\} = a_1 \cdot \frac{\mathrm{e}^{-st_0}}{s} \qquad \square$$

A.2.4   Differentiation und Integration

Für die *Ableitung einer Funktion f(t)* nach der Zeit gilt der folgende Satz:

Satz A.5

Ist f(t) eine Funktion, deren Ableitung für $t > 0$ existiert, so gilt:

$$\mathcal{L}\left\{\frac{\mathrm{d}f(t)}{\mathrm{d}t}\right\} = s \cdot F(s) - f(0^+) \ ,$$

mit $f(0^+)$ als Funktionswert nach einer eventuell vorhandenen Sprungstelle bei t = 0. Für die zweite Ableitung gilt entsprechend:

$$\mathcal{L}\left\{\frac{\mathrm{d}^2 f(t)}{\mathrm{d}t^2}\right\} = s^2 \cdot F(s) - s\, f(0^+) - \dot{f}(0^+) \ .$$

Beispiel A.8:

Ist $f(t)$ die Sinusfunktion $\sin \omega_0 t$, so ergibt sich für die Laplace-Transformation ihrer Ableitung (unter Berücksichtigung des Ähnlichkeitssatzes):

$$\mathcal{L}\left\{\frac{\mathrm{d}\sin \omega_0 t}{\mathrm{d}t}\right\} = s \cdot \frac{1}{\omega_0} \cdot F(s/\omega_0) = s \cdot \frac{1}{\omega_0} \cdot \frac{1}{(s/\omega_0)^2 + 1} = \frac{\omega_0 s}{s^2 + \omega_0^2} \quad . \qquad \square$$

Für die Laplace-Transformierte des *Integrals einer Zeitfunktion* gilt der Satz:

Satz A.6

Ist f(t) eine Zeitfunktion für $t > 0$ so gilt:

$$\mathcal{L}\left\{\int_0^t f(\tau)\mathrm{d}\tau\right\} = \frac{1}{s} \cdot \mathcal{L}\{f(t)\} = \frac{1}{s} \cdot F(s) \quad .$$

Beispiel A.9:

Ist $f(t)$ die Sprungfunktion mit der Höhe a, so ergibt sich für die Laplace-Transformierte des Integrals der Sprungfunktion die Rampenfunktion:

$$\mathcal{L}\left\{\int_0^t a \cdot \sigma(\tau)\, \mathrm{d}\tau\right\} = a \cdot \mathcal{L}\left\{\int_0^t \sigma(\tau)\, \mathrm{d}\tau\right\} = a \cdot \frac{1}{s} \cdot \mathcal{L}\{\sigma(t)\} = \frac{a}{s^2} \,. \qquad \square$$

A.2.5   Dämpfungssatz

Für eine exponentiell abklingende Funktion der Form $f_2(t) = f_1(t) \cdot \mathrm{e}^{-at}$ gilt der Satz:

Satz A.7

Ist $f_1(t)$ eine gegebene Zeitfunktion, so folgt für die Laplace-Transformierte der abklingenden Zeitfunktion $f_2(t) = f_1(t) \cdot \mathrm{e}^{-at}$

$$\mathcal{L}\{f_1(t) \cdot \mathrm{e}^{-at}\} = F_1(s+a) \quad .$$

Beispiel A.10:

Es sei $f_1(t) = \sin \omega_0 t$. Die gesuchte Laplace-Transformierte von $f_2(t) = f_1(t) \cdot \mathrm{e}^{-at}$ lautet dann:

$$\mathcal{L}\{f_1(t) \cdot \mathrm{e}^{-at}\} = F_1(s+a) = \frac{\omega_0}{(s+a)^2 + \omega_0^2} \quad . \qquad \square$$

A.2.6   Faltungssatz

Man bezeichnet im Zeitbereich als *Faltungsprodukt zweier Funktionen*, geschrieben als $f_1(t) * f_2(t)$, die Lösung des folgenden Faltungsintegrals:

$$f_1(t) * f_2(t) = \int_0^t f_1(\tau) \cdot f_2(t - \tau) \mathrm{d}\tau \ .$$

Satz A.8

> Die Laplace-Transformierte des Faltungsproduktes zweier Zeitfunktionen beträgt:
>
> $$\mathcal{L}\{f_1(t) * f_2(t)\} = F_1(s) \cdot F_2(s) \ .$$

Der Faltungssatz wird meist im Zusammenhang mit Übertragungsfunktionen angewendet und daher in Abschnitt A.4.2 an einem Beispiel demonstriert.

A.2.7   Grenzwertsätze

Sofern die Laplace-Transformierten von $f(t)$ und $\dot{f}(t)$ existieren, gelten die Sätze:

Satz A.9

> Der Anfangswert der Funktion $f(t)$ zum Zeitpunkt $t = 0^+$ beträgt:
>
> $$f(0^+) = \lim_{t \to 0^+} f(t) = \lim_{s \to \infty} sF(s) \ , \qquad \text{sofern } \lim_{t \to 0^+} f(t) \text{ existiert.}$$

Satz A.10

> Der Endwert der Funktion $f(t)$ zum Zeitpunkt $t \to \infty$ beträgt:
>
> $$f(\infty) = \lim_{t \to \infty} f(t) = \lim_{s \to 0} sF(s) \ , \qquad \text{sofern } \lim_{t \to \infty} f(t) \text{ existiert.}$$

Beispiel A.11:

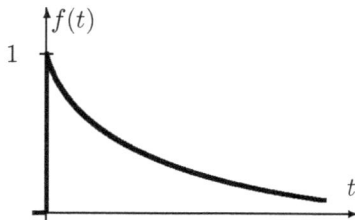

Für die abklingende Exponentialfunktion e^{-at} gilt nach visueller Überprüfung $f(0^+) = 1$ und $f(\infty) = 0$.

Die Anwendung der Grenzwertsätze liefert:

$$f(0^+) = \lim_{t \to 0^+} f(t) = \lim_{s \to \infty} sF(s) = \lim_{s \to \infty} s \cdot \frac{1}{s + a} = 1$$

$$f(\infty) = \lim_{t \to \infty} f(t) = \lim_{s \to 0} sF(s) = \lim_{s \to 0} s \cdot \frac{1}{s + a} = 0 \ . \qquad \square$$

A.3   Die inverse Laplace-Transformation

Definition. Die Rücktransformation der Bildfunktion $F(s)$ vom Bildbereich in den Zeitbereich wird als inverse Laplace-Transformation bezeichnet. Sie ist über das folgende Umkehrintegral definiert:

$$f(t) = \frac{1}{2\pi\mathrm{j}} \int\limits_{\sigma_0-\mathrm{j}\infty}^{\sigma_0+\mathrm{j}\infty} F(s)\,\mathrm{e}^{st}\,\mathrm{d}s \qquad \text{für} \qquad t > 0\ ,$$

wobei $f(t) = 0$ für $t < 0$ gilt. Für dieses Integral muss σ_0 größer als der größte Realteil der singulären Punkte von $F(s)$ sein [54].

Für die inverse Laplace-Transformation schreibt man in *Operatorschreibweise*

$$f(t) = \mathcal{L}^{-1}\{F(s)\}\ .$$

In der Regelungstechnik wird die Rücktransformation vom Bildbereich in den Zeitbereich meist durch eine Partialbruchzerlegung von $F(s)$ mit anschließender Rücktransformation anhand der Korrespondenztabelle A.1 auf den Seiten 414 und 415 durchgeführt. Daher wird auf eine weitere Betrachtung der inversen Laplace-Transformation verzichtet und auf die Literatur verwiesen [54].

A.4   Anwendungen der Laplace-Transformation

A.4.1   Lösung von Differentialgleichungen

Für die Lösung von Differentialgleichungen mithilfe der Laplace-Transformation wird nach folgendem Schema vorgegangen:

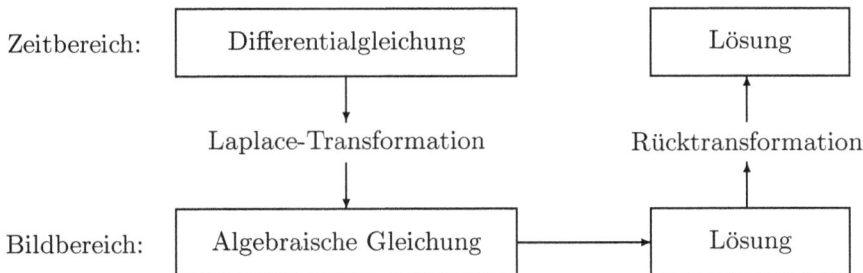

Die Differentialgleichung in der Variablen $x(t)$ wird vom Zeitbereich in den Bildbereich transformiert. Es folgt die Auflösung nach $X(s) = \mathcal{L}\{x(t)\}$ und die anschließende Rücktransformation vom Bildbereich wieder in den Zeitbereich.

Beispiel A.12   Homogene Differentialgleichung:
Gegeben sei die folgende homogene Differentialgleichung (Zeitbereich):

$$x(t) + a_1 \cdot \dot{x}(t) + a_2 \cdot \ddot{x}(t) = 0 \ .$$

Dann lautet die Laplace-Transformierte dieser Differentialgleichung (Bildbereich):

$$X(s) + a_1 \cdot \{sX(s) - x(0^+)\} + a_2 \cdot \{s^2 X(s) - sx(0^+) - \dot{x}(0^+)\} = 0$$

Daraus folgt nach der Umstellung und unter Berücksichtigung von $\mathcal{L}\{0\} = 0$ die Lösung im Bildbereich:

$$X(s) = \frac{a_1 \cdot x(0^+) + a_2 \cdot \dot{x}(0^+) + a_2 \cdot s \cdot x(0^+)}{1 + a_1 s + a_2 s^2} \ .$$

Abschließend folgt die Rücktransformation in den Zeitbereich. Dazu seien zur Vereinfachung die folgenden Zahlenwerte angenommen: $a_1 = 5/6$, $a_2 = 1/6$, $x(0^+) = 1$ und $\dot{x}(0^+) = 0$.

Somit lautet die Lösung für $X(s)$ im Bildbereich mit anschließender Partialbruchzerlegung

$$X(s) = \frac{5/6 + 1/6 \cdot s}{1 + 5/6 \cdot s + 1/6 \cdot s^2} = \frac{s+5}{6 + 5s + s^2} = \frac{3}{s+2} - \frac{2}{s+3}$$

Die Lösung im Zeitbereich ist dann:

$$x(t) = \mathcal{L}^{-1}\{X(s)\} = 3\mathrm{e}^{-2t} - 2\mathrm{e}^{-3t} \ . \qquad \qquad \square$$

Beispiel A.13   Inhomogene Differentialgleichung:
Gegeben sei die inhomogene Differentialgleichung im Zeitbereich

$$a_1 \dot{x}(t) + x(t) = \mathrm{e}^{-2t} \ .$$

Gesucht ist die Lösung dieser Differentialgleichung. Die Vorgehensweise ähnelt der Lösung der homogenen Differentialgleichung.
1. Transformation in den Bildbereich:

$$a_1 \cdot \{sX(s) - x(0^+)\} + X(s) = \frac{1}{s+2} \ .$$

2. Lösung im Bildbereich:

$$X(s) = \frac{1}{(s+2) \cdot (1 + a_1 s)} + \frac{a_1 x(0^+)}{1 + a_1 s} \ .$$

Mit den Zahlenwerten $a_1 = 1/3$ und $x(0^+) = -3$ resultiert

$$X(s) = \frac{3}{(s+2) \cdot (s+3)} - \frac{3}{s+3} \ .$$

3. Rücktransformation in den Zeitbereich nach vorheriger Partialbruchzerlegung:

$$x(t) = \mathcal{L}^{-1}\{X(s)\} = 3\mathrm{e}^{-2t} - 3\mathrm{e}^{-3t} - 3\mathrm{e}^{-3t} = 3\mathrm{e}^{-2t} - 6\mathrm{e}^{-3t} \ . \qquad \square$$

A.4.2 Die Übertragungsfunktion

Eine gewöhnliche Differentialgleichung wird in allgemeiner Form beschrieben durch

$$a_n \overset{n}{x_a} + a_{n-1} \overset{n-1}{x_a} + \ldots + a_2 \ddot{x}_a + a_1 \dot{x}_a + a_0 x_a =$$

$$b_0 x_e + b_1 \dot{x}_e + b_2 \ddot{x}_e + \ldots + b_{m-1} \overset{m-1}{x_e} + b_m \overset{m}{x_e} \ . \ (A.2)$$

Setzt man nun alle Anfangsbedingungen von $x_e(t)$ und $x_a(t)$ gleich Null, so erhält man für die Laplace-Transformation dieser Differentialgleichung A.2 mit $X_a(s) = \mathcal{L}\{x_a(t)\}$ sowie $X_e(s) = \mathcal{L}\{x_e(t)\}$:

$$a_n s^n X_a(s) + a_{n-1} s^{n-1} X_a(s) + \ldots + a_2 s^2 X_a(s) + a_1 s X_a(s) + a_0 X_a(s) =$$

$$b_0 X_e(s) + b_1 s X_e(s) + b_2 s^2 X_e(s) + \ldots + b_{m-1} s^{m-1} X_e(s) + b_m s^m X_e(s) \ . \ (A.3)$$

Ausklammern von $X_e(s)$ und $X_a(s)$ führt zu

$$\left[a_n s^n + a_{n-1} s^{n-1} + \ldots + a_2 s^2 + a_1 s + a_0 \right] \cdot X_a(s) =$$

$$\left[b_0 + b_1 s + b_2 s^2 + \ldots + b_{m-1} s^{m-1} + b_m s^m \right] \cdot X_e(s) \ .$$

Das Verhältnis der Laplace-transformierten Ausgangsgröße $X_a(s)$ zur Laplace-transformierten Eingangsgröße $X_e(s)$ wird definiert als Übertragungsfunktion $F(s)$, d.h. es gilt

$$\boxed{F(s) = \frac{X_a(s)}{X_e(s)} = \frac{b_0 + b_1 s + b_2 s^2 + \ldots + b_m s^m}{a_0 + a_1 s + a_2 s^2 + \ldots + a_n s^n} = \frac{Z(s)}{N(s)}}$$

mit $Z(s)$ und $N(s)$ als Zähler- bzw. Nennerpolynom in s sowie $n \geq m$. $F(s)$ darf nicht mit der Laplace-Transformierten $\mathcal{L}\{f(t)\} = F(s)$ verwechselt werden.

Mithilfe dieser Definition der Übertragungsfunktion $F(s)$ kann bei gegebener Laplace-transformierter Eingangsgröße $X_e(s)$ die Laplace-transformierte Ausgangsgröße $X_a(s)$ eines Systems gemäß

$$X_a(s) = F(s) \cdot X_e(s) \tag{A.4}$$

berechnet werden. Sie wird im Blockschaltbild durch folgendes Blocksymbol dargestellt:

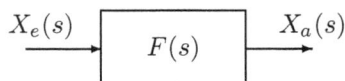

Abbildung A.1: *Blocksymbol der Übertragungsfunktion*

Beispiel A.14 Übertragungsfunktion:

Gegeben sei die Übertragungsfunktion eines Systems zu $F(s) = \dfrac{1}{s+2}$. Gesucht ist der Systemausgang $x_a(t)$ für den Sprungeingang $x_e(t) = \sigma(t)$.

Lösung: 1. Laplace-Transformation des Eingangssignals

$$\mathcal{L}\{\sigma(t)\} = X_e(s) = \frac{1}{s} \ .$$

2. Berechnung des Laplace-transformierten Ausgangssignals

$$X_a(s) = F(s) \cdot X_e(s) = \frac{1}{s+2} \cdot \frac{1}{s} = \frac{1}{s \cdot (s+2)} \ .$$

3. Rücktransformation in den Zeitbereich (mithilfe von Tabelle A.1 auf Seite 414)

$$x_a(t) = \mathcal{L}^{-1}\{X_a(s)\} = \frac{1}{2} \cdot \left[1 - \mathrm{e}^{-2t}\right] \quad .$$

$\square$

A.4.3   Die Gewichtsfunktion

Wählt man als Eingangssignal $x_e(t)$ die Impulsfunktion $\delta(t)$, so lautet ihre Laplace-Transformierte

$$\mathcal{L}\{\delta(t)\} = X_e(s) = 1 \ .$$

Die Systemantwort auf eine Erregung am Eingang mit der Impulsfunktion nennt man die Impulsantwort. Die Anwendung der Gleichung A.4 liefert für diese Systemantwort

$$X_a(s) = F(s) \cdot X_e(s) = F(s) \cdot 1 = F(s) \ .$$

Die Rücktransformation dieses $F(s)$ bzw. $X_a(s)$ in den Zeitbereich heißt Gewichtsfunktion $g(t)$:

$$\boxed{g(t) = \mathcal{L}^{-1}\{F(s)\} \qquad \text{bzw.} \qquad F(s) = \mathcal{L}\{g(t)\} \ .}$$ (A.5)

Beispiel A.15 Gewichtsfunktion:

Es sei die Übertragungsfunktion eines Systems gegeben zu $F(s) = \dfrac{2}{s+2}$. Gesucht ist die Gewichtsfunktion $g(t)$.

Die Anwendung von Gleichung A.5 liefert:

$$g(t) = \mathcal{L}^{-1}\{F(s)\} = \mathcal{L}^{-1}\{\frac{2}{s+2}\} = 2 \cdot \mathrm{e}^{-2t} \ .$$

$\square$

Beispiel A.16   Faltungssatz:

Gegeben sei die Übertragungsfunktion eines Systems zu $F(s) = \dfrac{2}{s+2}$. Gesucht ist die Systemantwort $x_a(t)$ für die Anregung $x_e(t) = \mathrm{e}^{-3t}$.

1. Lösung mit Anwendung der Definition der Übertragungsfunktion:

Bestimmung von $X_e(s)$

$$X_e(s) = \mathcal{L}\{\mathrm{e}^{-3t}\} = \frac{1}{s+3} \ .$$

Berechnung von $X_a(s)$

$$X_a(s) = F(s) \cdot X_e(s) = \frac{2}{s+2} \cdot \frac{1}{s+3} = \frac{2}{(s+2)\cdot(s+3)} = \frac{2}{s+2} - \frac{2}{s+3}$$

Rücktransformation in den Zeitbereich

$$x_a(t) = \mathcal{L}^{-1}\{X_a(s)\} = 2 \cdot [\mathrm{e}^{-2t} - \mathrm{e}^{-3t}] \ .$$

2. Anwendung des Faltungssatzes (Satz A.8):

Berechnung von $g(t)$

$$g(t) = \mathcal{L}^{-1}\{F(s)\} = \mathcal{L}^{-1}\{\frac{2}{s+2}\} = 2 \cdot \mathrm{e}^{-2t} \ .$$

Faltungssatz:

$$x_a(t) = \mathcal{L}^{-1}\{F(s) \cdot X_e(s)\} = g(t) * x_e(t) = \int_0^t g(\tau) \cdot x_e(t-\tau)\mathrm{d}\tau \ .$$

Dann wird nach dem Einsetzen von $x_e(t)$:

$$x_a(t) = \int_0^t 2 \cdot \mathrm{e}^{-2\tau} \cdot \mathrm{e}^{-3(t-\tau)}\mathrm{d}\tau = 2 \cdot \mathrm{e}^{-3t} \cdot \int_0^t \mathrm{e}^{\tau}\mathrm{d}\tau = 2 \cdot \mathrm{e}^{-3t} \cdot [\mathrm{e}^{\tau}]_0^t$$

$$= 2 \cdot \mathrm{e}^{-3t} \cdot [\mathrm{e}^{t} - 1] = 2 \cdot [\mathrm{e}^{-2t} - \mathrm{e}^{-3t}] \ .$$

□

Tabelle A.1: *Korrespondenztabelle der Laplace-Transformation*

	Zeitfunktion $f(t)$	Laplace-Transformierte $F(s)$
1	δ-Impuls $\delta(t)$	1
2	Sprungfunktion $\sigma(t)$	$\dfrac{1}{s}$
3	t	$\dfrac{1}{s^2}$
4	t^2	$\dfrac{2}{s^3}$
5	t^3	$\dfrac{6}{s^4}$
6	t^n	$\dfrac{n!}{s^{n+1}}$
7	e^{-at}	$\dfrac{1}{s+a}$
8	$t \cdot \mathrm{e}^{-at}$	$\dfrac{1}{(s+a)^2}$
9	$t^2 \cdot \mathrm{e}^{-at}$	$\dfrac{2}{(s+a)^3}$
10	$\left(t - \dfrac{at^2}{2}\right) \cdot \mathrm{e}^{-at}$	$\dfrac{s}{(s+a)^3}$
11	$\left(1 - 2at + \dfrac{(at)^2}{2}\right) \cdot \mathrm{e}^{-at}$	$\dfrac{s^2}{(s+a)^3}$
12	$t^n \cdot \mathrm{e}^{-at}$	$\dfrac{n!}{(s+a)^{n+1}}$
13	$1 - \mathrm{e}^{-at}$	$\dfrac{a}{s \cdot (s+a)}$
14	$\mathrm{e}^{-at} - \mathrm{e}^{-bt}$	$\dfrac{b-a}{(s+a) \cdot (s+b)}$
15	$a\mathrm{e}^{-at} - b\mathrm{e}^{-bt}$	$\dfrac{(a-b) \cdot s}{(s+a) \cdot (s+b)}$
16	$1 + \dfrac{b\,\mathrm{e}^{-at} - a\,\mathrm{e}^{-bt}}{a-b}$	$\dfrac{a \cdot b}{s \cdot (s+a) \cdot (s+b)}$
17	$1 - (1 + at) \cdot \mathrm{e}^{-at}$	$\dfrac{a^2}{s \cdot (s+a)^2}$
18	$at - 1 + \mathrm{e}^{-at}$	$\dfrac{a^2}{s^2 \cdot (s+a)}$

Tabelle A.1: *Korrespondenztabelle der Laplace-Transformation (Fortsetzung)*

	Zeitfunktion $f(t)$	Laplace-Transformierte $F(s)$
19	$\frac{e^{-at}}{(b-a)(c-a)} + \frac{e^{-bt}}{(c-b)(a-b)} + \frac{e^{-ct}}{(a-c)(b-c)}$	$\frac{1}{(s+a)(s+b)(s+c)}$
20	$\frac{1}{abc} \cdot \left\{ 1 - \frac{bc \cdot e^{-at}}{(b-a)(c-a)} - \frac{ca \cdot e^{-bt}}{(c-b)(a-b)} - \right.$ $\left. - \frac{ab \cdot e^{-ct}}{(a-c)(b-c)} \right\}$	$\frac{1}{s(s+a)(s+b)(s+c)}$
21	$\sin \omega_0 t$	$\frac{\omega_0}{s^2 + \omega_0^2}$
22	$\cos \omega_0 t$	$\frac{s}{s^2 + \omega_0^2}$
23	$\sin(\omega_0 t + \varphi)$	$\frac{s \sin \varphi + \omega_0 \cos \varphi}{s^2 + \omega_0^2}$
24	$1 - \cos \omega_0 t$	$\frac{\omega_0^2}{s \cdot (s^2 + \omega_0^2)}$
25	$\frac{1}{2} t \sin \omega_0 t$	$\frac{\omega_0 s}{(s^2 + \omega_0^2)^2}$
26	$\frac{1}{2} \left(\sin \omega_0 t - \omega_0 t \cdot \cos \omega_0 t \right)$	$\frac{\omega_0^3}{(s^2 + \omega_0^2)^2}$
27	$\frac{1}{2} \left(\sin \omega_0 t + \omega_0 t \cdot \cos \omega_0 t \right)$	$\frac{\omega_0 s^2}{(s^2 + \omega_0^2)^2}$
28	$\sin^2 \omega_0 t$	$\frac{2\omega_0^2}{s \cdot (s^2 + 4\omega_0^2)}$
29	$\cos^2 \omega_0 t$	$\frac{s^2 + 2\omega_0^2}{s \cdot (s^2 + 4\omega_0^2)}$
30	$e^{-at} \cdot \sin \omega_0 t$	$\frac{\omega_0}{(s+a)^2 + \omega_0^2}$
31	$e^{-at} \cdot \cos \omega_0 t$	$\frac{s+a}{(s+a)^2 + \omega_0^2}$
32	$\frac{1}{\omega_e} e^{-\delta t} \sin \omega_e t$	$\frac{1}{\omega_0^2 + 2D\omega_0 s + s^2}$
	mit: $\quad \delta = D \cdot \omega_0; \quad D < 1; \quad \omega_e = \omega_0 \cdot \sqrt{1 - D^2}$	
33	$1 - \frac{e^{-\delta t}}{\omega_e} \left(\delta \sin \omega_e t + \omega_e \cos \omega_e t \right)$	$\frac{\omega_0^2}{s \cdot (\omega_0^2 + 2D\omega_0 s + s^2)}$
		Abkürzungen siehe Nr. 32; $D < 1$

B   Tabelle häufig vorkommender Regelkreisglieder

In der Tabelle auf den folgenden Seiten sind Systembezeichnung, Differentialgleichung, Übertragungsfunktion, Übergangsfunktion, Ortskurve $F(j\omega)$, Amplituden- und Phasenverlauf des Bode-Diagramms, Pol-/Nullstellenverteilung in der s-Ebene sowie *eine* technische Realisierung von häufig vorkommenden Regelkreisgliedern aufgelistet.

	System	Differentialgleichung	Übertragungs-funktion $F(s)$	Übergangsfunktion	Ortskurve $F(j\omega)$
1	P	$x_a(t) = K \cdot x_e(t)$	K		
2	PT$_1$	$T_1 \dot{x}_a + x_a = K x_e(t)$	$\dfrac{K}{1 + T_1 s}$		
3	PT$_2$	$T_1 T_2 \ddot{x}_a + (T_1 + T_2)\dot{x}_a + x_a = K x_e$ (nicht schwingungsfähig)	$\dfrac{K}{1 + T_a s + T_b^2 s^2}$ $T_a = T_1 + T_2$ $T_b^2 = T_1 \cdot T_2$		
4	PT$_2$	$\dfrac{1}{\omega_0^2}\ddot{x}_a + \dfrac{2D}{\omega_0}\dot{x}_a + x_a = K x_e$ (schwingungsfähig)	$\dfrac{K}{1 + \frac{2D}{\omega_0}s + (\frac{s}{\omega_0})^2}$		
5	I	$x_a(t) = K_I \cdot \int x_e(\tau)d\tau$	$\dfrac{K_I}{s}$		
6	IT$_1$	$T_1 \dot{x}_a + x_a = K_I \int x_e(\tau)d\tau$	$\dfrac{K_I}{s \cdot (1 + T_1 s)}$		
7	D	$x_a(t) = K_D \cdot \dfrac{dx_e(t)}{dt}$	$K_D \cdot s$		
8	DT$_1$	$T_1 \dot{x}_a + x_a = K_D \cdot \dfrac{dx_e(t)}{dt}$	$\dfrac{K_D \cdot s}{1 + T_1 s}$		

	B o d e - D i a g r a m m		s-Ebene	Technische
	Amplitudengang	Phasengang	○ Nullst. × Pol	Realisierung
1	$\frac{|F|}{dB}$, K_{dB}, ω	$\frac{\varphi}{Rad}$, 0, ω	keine Nullst. / kein Pol	u_e, R, u_a
2	$\frac{|F|}{dB}$, K_{dB}, $\frac{-20dB}{Dek}$, $1/T_1$, ω	$\frac{\varphi}{Rad}$, 0, $1/T_1$, $-\frac{\pi}{2}$, ω	$\frac{1}{T_1}$	u_e, R, C, u_a
3	$\frac{|F|}{dB}$, K_{dB}, $\frac{-20dB}{Dek}$, $\frac{-40dB}{Dek}$, $1/T_2$, $1/T_1$, ω	$\frac{\varphi}{Rad}$, 0, ω_0, $\frac{\pi}{2}$, $-\pi$, ω	$\frac{1}{T_1}$, $\frac{1}{T_2}$	u_e, R_1, C_1, R_2, C_2, u_a
4	$\frac{|F|}{dB}$, K_{dB}, ω_0, $\frac{-40dB}{Dek}$, ω	$\frac{\varphi}{Rad}$, 0, ω_0, $\frac{\pi}{2}$, $-\pi$, ω	×, ×, σ_e, ω_e, $-\omega_e$	M, c, F_e, d, x_a
5	$\frac{|F|}{dB}$, $\frac{-20dB}{Dek}$, ω	$\frac{\varphi}{Rad}$, 0, $-\frac{\pi}{2}$, ω		Q_{Zu}, h_a, Q_{Ab}
6	$\frac{|F|}{dB}$, $\frac{-20dB}{Dek}$, $\frac{-40dB}{Dek}$, $1/T_1$, ω	$\frac{\varphi}{Rad}$, 0, $1/T_1$, $-\frac{\pi}{2}$, $-\pi$, ω	×, $\frac{1}{T_1}$	U_e, R, φ_a, N, S
7	$\frac{|F|}{dB}$, $\frac{20dB}{Dek}$, ω	$\frac{\pi}{2}$, $\frac{\varphi}{Rad}$, 0, ω		u_e, i_a, C
8	$\frac{|F|}{dB}$, $\frac{20dB}{Dek}$, $\frac{K_D}{T_1}\Big|_{dB}$, $1/T_1$, ω	$\frac{\pi}{2}$, $\frac{\varphi}{Rad}$, 0, $1/T_1$, ω	×, $\frac{1}{T_1}$	R, u_e, L, u_a

	System	Differentialgleichung	Übertragungs-funktion $F(s)$	Übergangsfunktion	Ortskurve $F(\mathrm{j}\omega)$
9	PI	$x_a = K_P(x_e + \frac{1}{T_N} \int x_e(\tau)\mathrm{d}\tau)$	$\dfrac{K_P \cdot (1 + T_N s)}{T_N s}$		
10	PD	$x_a(t) = K_P(x_e + T_V \frac{\mathrm{d}x_e(t)}{\mathrm{d}t})$	$K_P \cdot (1 + T_V s)$		
11	PDT$_1$	$T_D \dot{x}_a + x_a = K_P(x_e + T_V \frac{\mathrm{d}x_e(t)}{\mathrm{d}t})$	$K_P \cdot \dfrac{1 + T_V s}{1 + T_D s}$		
12	PID	$x_a = K_P(x_e + \frac{1}{T_N} \int x_e \mathrm{d}\tau + T_V \frac{\mathrm{d}x_e}{\mathrm{d}t})$	$K_P \cdot (1 + \frac{1}{T_N s} + T_V s)$		
13	PI-DT$_1$	$T_D \dot{x}_a + x_a = K_P\{(1 + \frac{T_D}{T_N})x_e + \frac{1}{T_N} \int x_e \mathrm{d}\tau + (T_D + T_V)\frac{\mathrm{d}x_e}{\mathrm{d}t}\}$	$K_P + \frac{K_P}{T_N s} + \frac{K_P T_V s}{1 + T_D s}$		
14	PID-T$_1$	$T_D \dot{x}_a + x_a = K_P\{x_e + \frac{1}{T_N} \int x_e \mathrm{d}\tau + T_V \frac{\mathrm{d}x_e}{\mathrm{d}t}\}$	$K_P \dfrac{1 + \frac{1}{T_N s} + T_V s}{1 + T_D s}$		
15	T_t	$x_a(t) = K x_e(t - T_t)$	$K e^{-s T_t}$		
16	Allpass	$T_1 \dot{x}_a + x_a = K(T_1 \dot{x}_e - x_e)$	$K \dfrac{1 - T_1 s}{1 + T_1 s}$		

	Bode-Diagramm		s-Ebene ○ Nullst. × Pol	Technische Realisierung
	Amplitudengang	Phasengang		
9	$\frac{|F|}{dB}$ $\frac{-20dB}{Dek}$ $K_P|_{dB}$	$\frac{\varphi}{Rad}$ 0 $-\frac{\pi}{2}$	$j\omega$ $\frac{1}{T_N}$ σ	R_1, C, R_2, u_e, $-u_a$
10	$\frac{|F|}{dB}$ $\frac{20dB}{Dek}$ $K_P|_{dB}$	$\frac{\varphi}{Rad}$ $\frac{\pi}{2}$ 0	$j\omega$ $\frac{1}{T_V}$ σ	R_1, R_2, C, u_e, $-u_a$
11	Fall: $T_V > T_D$ $\frac{|F|}{dB}$ $\frac{20dB}{Dek}$ $\frac{K_P T_V}{T_D}$ $K_P|_{dB}$	Fall: $T_V > T_D$ $\frac{\varphi}{Rad}$ $\frac{\pi}{2}$ 0	Fall: $T_V > T_D$ $1/T_V$ $j\omega$ $\frac{1}{T_D}$ σ	R_2, R_1, C, R_3, u_e, $-u_a$
12	$\frac{|F|}{dB}$ $\frac{20dB}{Dek}$ $\frac{-20db}{Dek}$ $K_P|_{dB}$	$\frac{\pi}{2}$ $\frac{\varphi}{Rad}$ 0 $-\frac{\pi}{2}$	Werte abhängig von T_N und T_V $j\omega$ σ	R_2 C_1 R_3, R_1, C_2, u_e, $-u_a$
13	$\frac{|F|}{dB}$ $\frac{20dB}{Dek}$ $\frac{-20dB}{Dek}$	$\frac{\pi}{2}$ $\frac{\varphi}{Rad}$ 0 $-\frac{\pi}{2}$	Werte abhängig von T_N und T_V $j\omega$ $\frac{1}{T_D}$ σ	Z.B. Summation einer PI- und einer DT_1-Operationsverstärkerschaltung
14	$\frac{|F|}{dB}$ $\frac{20dB}{Dek}$ $\frac{-20dB}{Dek}$ $K_P|_{dB}$	$\frac{\pi}{2}$ $\frac{\varphi}{Rad}$ 0 $-\frac{\pi}{2}$	Werte abhängig von T_N und T_V $j\omega$ $\frac{1}{T_D}$ σ	R_1 C_3 R_2, C_2, C_1, u_e, $-u_a$
15	$\frac{|F|}{dB}$ K_{dB}	$\frac{\varphi}{Rad}$ 0	keine Nullst. $j\omega$ σ kein Pol	Förderband
16	$\frac{|F|}{dB}$ K_{dB}	0 $\frac{\varphi}{Rad}$ $\frac{1}{T_1}$ $-\frac{\pi}{2}$ $-\pi$	$j\omega$ $\frac{1}{T_1}$ $\frac{1}{T_1}$ σ	R, R, u_e, u_a, R, L

Literaturverzeichnis

[1] J. Ackermann: *Robuste Regelung*. Springer Verlag, Berlin/Heidelberg, 1993

[2] *Advanced Continuous Simulation Language (ACSL®) Reference Manual*. Mitchell and Gauthier Ass., Concord, Mass., 1987

[3] D. P. Atherton: *Nonlinear Control Engineering*. Van Nostrand Reinhold Comp., London/New York, 1982

[4] J. D'Azzo, C. H. Houpis: *Linear Control System – Analysis and Design*. McGraw-Hill Book Company, New York, 1981

[5] M. C. Biggs: Constrained minimization using resursive equality quadratic programming, in *Numerical Methods for Non-Linear optimization* (F. A. Lootsma, ed.), pp. 411-428, Academic Press, 1972, London/New York

[6] A. S. Boksenboom, R. Hood: *General algebraic method applied to control analysis of complex engine types*. NACA Techn. Rep. 980, Washington 1950

[7] H. W. Bode: *Network Analysis and Feedback Amplifier Design*. Van Nostrand, New York, 1945

[8] I. N. Bronstein, K. A. Semendjajew: *Taschenbuch der Mathematik*. Verlag Harri Deutsch, Thun/Frankfurt(Main), 1981

[9] K. L. Chien, J. A. Hrones, J. B. Reswick: On the automatic control of generalized passive systems, *Transactions of the ASME 74*, (1952), S. 175–185

[10] P. M. Derusso, R. J. Roy, C. M. Close: *State Variables for Engineers*. John Wiley & Sons Inc., New York, 1967

[11] R. F. Drenick: *Die Optimierung linearer Regelsysteme*. Oldenbourg Verlag, München, 1967

[12] K. Dutton, S. Thompson, B. Barraclough: *The Art of Control Engineering*. Pearson/Prentice Hall, Harlow GB, 1997

[13] dSpace® *Model Based Control Design*. Paderborn, 2006

[14] R. Fletcher: Methods for solving nonlinearly constrained optimization problems, in *The State of the Art in Numerical Analysis* (D. Jacobs, ed.) pp. 365-448, 1977, Academic Press, London/New York

[15] O. Föllinger: *Regelungstechnik*. 11. Auflage, VDE Verlag, Heidelberg, 2013

[16] C. E. Garcia, M. Morari: Internal Model Control – 1. A unifying review and some new results, *Ind. Eng. Chem. Process Des. & Dev.*, 21, 1982, S. 308–323

[17] K. Graf, C. Wurmthaler: Eine neue Kaskadenstruktur, *Automatisierungstechnik*, 51, 2003, S. 113–118

[18] E. Hairer, S. P. Nørsett, G. Wanner: *Solving Ordinary Differential Equations I*. Springer Verlag, Berlin, 1987

[19] S.-P. Han: A globally convergent method for nonlinear programming, *J. Opt. Th. Applics.* 22, pp. 297-310, 1977

[20] H. Hanselmann, F. Schütte: Control System Prototyping, Productionizing And Testing With Modern Tools, *PCIM 2001, 19.-21. Juni 2001*, Nürnberg

[21] H. Heinze: Erstellung eines mathematischen Modells und Entwurf von Reglern zu einer instabilen Strecke, *Diplomarbeit*, TU-Berlin

[22] A. Hurwitz: Ueber die Bedingungen, unter welchen eine Gleichung nur Wurzeln mit negativen reellen Theilen besitzt, *Math. Ann. 46* (1895), S. 273–284

[23] T. Kailath: *Linear Systems*. Prentice-Hall, Inc., Englewood Cliffs, N.J., 1980

[24] C. Kessler: Über die Vorausberechnung optimal abgestimmter Regelkreise, Teil III. Die optimale Einstellung des Reglers nach dem Betragsoptimum, *Zeitschrift Regelungstechnik*, (1955) Heft 2, S. 40–49

[25] C. Kessler: Das symmetrische Optimum, Teil I, *Zeitschrift Regelungstechnik*, (1958) Heft 11, S. 395–400

[26] C. Kessler: Das symmetrische Optimum, Teil II, *Zeitschrift Regelungstechnik*, (1958) Heft 12, S. 432–436

[27] G. Kreisselmeier, R. Steinhauser: Systematische Auslegung von Reglern durch Optimierung eines vektoriellen Gütekriteriums, *Zeitschrift Regelungstechnik*, (1979) Nr. 27, S. 76–79

[28] G. Kreisselmeier: Struktur mit zwei Freiheitsgraden, *Zeitschrift Automatisierungstechnik*, (1999) Nr. 47, S. 266–269

[29] L. Lambert: Skriptum Vorlesung Regelungstechnik, *Fachhochschule Schweinfurt*, 2006

[30] C. Moler, C. van Loan: *Nineteen Dubious Ways to Compute the Exponential of a Matrix*, SIAM Review Vol. 20, 1978 , p. 801–836

[31] Chr. Landgraf, G. Schneider: *Elemente der Regelungstechnik.* Springer Verlag, Berlin/Heidelberg, 1970

[32] W. Latzel: Einstellregeln für vorgegebene Überschwingweiten, *Zeitschrift Automatisierungstechnik*, (1993) Nr. 41, S. 103–113

[33] W. Leonhard: *Einführung in die Regelungstechnik.* Vieweg Verlag, Braunschweig/München, 1985

[34] J. Lunze: *Robust Multivariable Control.* Prentice-Hall, Hemel Hempstead, UK, 1989

[35] J. Lunze: *Reglungstechnik 1.* Springer Verlag, 10. Aufl., Berlin/Heidelberg, 2014

[36] MATLAB® Users's Guide, The MathWorks Inc., South Natick, Mass., 2003

[37] M. Morari, E. Zafiriou: *Robust Process Control.* Prentice-Hall, Englewood Cliffs, 1989

[38] G. C. Newton, L. A. Gould, J. F. Kaiser: *Analytical design of linear feedback controls.* J. Wiley & Sons, New York/London, 1957

[39] W. Oppelt: *Kleines Handbuch technischer Regelvorgänge.* 5. Auflage, Verlag Chemie, 1972

[40] G. Pfaff, Ch. Meier: *Regelung elektrischer Antriebe II.* R. Oldenbourg Verlag, München/Berlin, 1982

[41] W. H. Press et al.: *Numerical Recipes, The Art of Scientific Computing.* Cambridge University Press, Cambridge, 1986

[42] M. Reuter, S. Zacher: *Regelungstechnik für Ingenieure.* Vieweg Verlag, Braunschweig/Wiesbaden, 2002

[43] G. Roppenecker: *Zeitbereichsentwurf linearer Regelungen.* Oldenbourg Verlag, München, 1990

[44] E. J. Routh: Stability of a Given State of Motion, Adams Prize Essay, Macmillan, London, 1877

[45] E. Samal: *Grundriß der praktischen Regelungstechnik.* R. Oldenbourg Verlag, München/Wien, 2004

[46] J. F. Schaefer, R. H. Cannon Jr.: On the Control of unstable mechanical Systems, *Preprints of the 3rd IFAC-Congress,* (1966), Paper 6.C.

[47] G. Schmidt: *Grundlagen der Regelungstechnik.* Springer Verlag, Berlin/Heidelberg, 1987

[48] G. Schulz, K. Graf : *Regelungstechnik 2 (Mehrgrößenregelung, Digitale Regelung, Fuzzy-Regelung)* Oldenbourg Verlag, 3. Aufl. München, 2013

[49] H. Schwarz: *Vorschläge zur Elimination von Kopplungen in Mehrgrößenregelkreisen,* Regelungstechnik 9, 1961, S. 454-459 und S 505–510

[50] W. I. Smirnow: *Lehrgang der höheren Mathematik, Teil II.* VEB Deutscher Verlag der Wissenschaften, Berlin 1990

[51] O. Smith: *Close Control of Loops with Deadtime,* Chem. Eng. Progr., 53, pp: 217–219, (1957)

[52] J. Stoer, R. Bulirsch: *Einführung in die numerische Mathematik.* Springer Verlag, Berlin/Heidelberg, 1973

[53] H. Unbehauen: *Regelungstechnik III, 7. Auflage.* Vieweg Verlag, Braunschweig/Wiesbaden. 2011

[54] H. Weber: *Laplace-Transformation für Ingenieure der Elektrotechnik.* Teubner Studienskripten, Teubner Verlag, Stuttgart, 1984

[55] W. Weber: Ein systematisches Verfahren zum Entwurf linearer und adaptiver Regelungssysteme, *ETZ-A 88* (1967), S. 138–144

[56] W. Weber: Ein leicht zu berechnender Regler für vorgeschriebenes Zeitverhalten des Regelkreises, *Zeitschrift Regelungstechnik,* (1968) Heft 6, S. 260–262

[57] Wikipedia, Die freie Enzyklopädie. Bearbeitungsstand: 4. April 2007, Rotationsachsen und Ruder eines Flugzeugs, Quelle: Bild Achsen-cessna2.png ergänzt, Zeichner: André Huppertz/ErnstA 29.8.2005, Lizenzstatus: GNU FDL

[58] J. G. Ziegler, N. B. Nichols: Optimum settings for automatic controller, *Transactions of the ASME 64,* (1942), S. 759

Namens- und Sachverzeichnis

Glossar

A/D-Wandlung	A/D-conversion
Abklingkonstante	damping coefficient
Ableitung	derivation
Abstandsregelung	distance control
Abtaster	sampling device
Amplitudengang	magnitude diagram
Amplitudenspektrum	magnitude spectrum
analog	analog
Anfangswertsatz	initial value theorem
Anregelzeit	rise time
Anti-Wind-Up	anti wind-up
aperiodisch	overdamped
aperiodischer Grenzfall	critically damped
Auslegung	design
Ausregelzeit	settling time
Ausgangssignal	output signal
Bandbreite	bandwidth
Begrenzung	saturation
Beschreibungsfunktion	describing function
BIBO-Stabilität	BIBO-stability
Blockschaltbild	block diagram
Bode-Diagramm	Bode diagram, Bode plot
charakteristische Gleichung	characteristic equation
charakteristisches Polynom	characteristic polynomial
Cramer'sche Regel	Cramer's rule
Dämpfungsgrad	damping ratio
D/A-Wandler	D/A converter
D/A-Wandlung	D/A conversion
Differentialgleichung	differential equation
digital	digital
Digitalrechner	digital computer

dominantes Polpaar	dominant pair of poles
Dreipunktregler	three point controller
dynamische Kompensation	dynamic compensation
Eigenwert	eigenvalue
Eingangssignal	input signal
Eingangsvektor	input vector
eingeschwungener Zustand	steady state
Einheitsmatrix	unity matrix
Empfindlichkeit	sensitivity
Endwertsatz	final value theorem
Exponentialfunktion	exponential function
extern stabil	externally stable
externe Stabilität	external stability
Faltungsintegral	convolution integral
Faltungsoperator	convolution operator
Fourier-Koeffizient	Fourier coefficient
Fourier-Reihe	Fourier series
Fourier-Transformierte	Fourier transform
Freiheitsgrad	degree of freedom
Frequenzbereich	frequency domain
Frequenzgang	frequency behaviour
Frequenzgang-Ortskurve	frequency plot
Frequenzspektrum	frequency spectrum
Führungsverhalten	command response
Füllstandsregelung	level control
Gegenkopplung	negative feedback
Gewichtsfunktion	impulse response
Gleichstrommotor	direct current motor, DC motor
Grenzfrequenz	corner frequency, cut off frequency
Gütefunktion	performance index
Gütekriterium	performance criterion
Hydrauliksystem	hydraulic system
Hysterese	hysteresis
IAE-Kriterium	IAE criterion
Imaginärteil	imaginary part
Impulsantwort	impulse response
instabiles System	unstable system
Istwert	actual value

intern stabil	internally stable
interne Stabilität	internal stability
Interrupt-Controller	interrupt controller
ISE-Kriterium	ISE criterion
IT$_2$-Regelstrecke	IT$_2$ plant
ITAE-Kriterium	ITAE criterion
kanonische From	canonical form
Kaskade	cascade
Kausalität	causality
Kennlinie	graph, curve
Kommutativgesetz	commutative law
Kompensator	compensator
Kopplung	coupling
Kreisschaltung	feedback loop
Kreisverstärkung	loop gain
lineare Gleichungen	linear equations
Linearisierung	linearization
Mikrocontroller	microcontroller
Mitkopplung	positive feedback
Modellfolgeregelung	model following control
Nennergrad	denominator degree, order of denominator
Nennerpolynom	denominator polynomial
Netzwerk	network
Normalform	canonical form
Nullstelle	zero
nummerische Lösung	numerical solution
Ortskurve	locus plot
P-Regler	proportional controller
Parallelschaltung	parallel connection
Parameterempfindlichkeit	parameter sensitivity
Parameteridentifizierung	parameter identification
PD-Regler	PD controller
PDT$_D$-Regler	PDT$_D$ controller
Pendel	pendulum
periodisch	underdamped, periodic
Phasengang	phase plot

Phasenkorrektur	phase shift, phase correction
Phasenrand	phase margin
PI-Regler	PI controller
PID-Regler	PID controller
Pol	pole
Pol-/Nullstellendarstellung	pole-zero representation
Pol-/Nullstellenkompensation	pole-zero compensation
Positionsalgorithmus	position algorithm
PT_1-Regelstrecke	PT_1 plant
PT_2-Regelstrecke	PT_2 plant
PT_3-Regelstrecke	PT_3 plant
Realteil	real part
Regeldifferenz	control difference
Regelgröße	controlled variable, control variable
Regelkreis	control loop
Regelstrecke	plant
Regelung	control
Regler	controller
Reglerentwurf	controller design
Reglerüberlauf	controller wind up
Reglerverstärkung	feedback gain
Reihenentwicklung	series expansion
Reihenschaltung	series connection
Rekursionsgleichung	recurrence equation
rekursive Lösung	recurrence solution
Residuen	residues
Residuensatz	residue theorem
robust	robust
Robustheit	robustness
Rückführung	feedback
s-Ebene	s plane
Servo-Kompensator	servo compensator
Simulationsdiagramm	simulation diagram
Skalar	scalar
Sollwert	reference input, command
Spaltenvektor	column vector
Sprung	step
Sprunganwort	step response
Sprungfunktion	step function

SPS	programmable logic controller
stabil	stable
Stabilität	stability
Stationarität	stationarity
Stellglied	actuator
Stellgröße	manipulated variable, actuating signal
Steuerung	open loop control
Störgröße	disturbance
Störgrößenaufschaltung	disturbance rejection
Störgrößenkompensation	disturbance compensation
Störverhalten	disturbance response
Summationsstelle	summation
Totzeit	dead time, transport lag
Überschwingen	overshoot
Übergangsverhalten	transient response
Übertragungsfunktion	transfer function
Übertragungsmatrix	transfer matrix
Unterprogramm	subroutine
Vektor	vector
Verkopplung	coupling
Verstärker	amplifier
Verstärkung	gain
Verzögerung	delay
Vieta'scher Satz	Vieta's rule
Vorfilter	prefilter
Vorlast	preload
Wind-Up	wind-up
Wurzelortskurve	root locus plot
Zählergrad	numerator degree, order of numerator
Zählerpolynom	numerator polynomial
Zeilenvektor	row vector
Zeitbereich	time domain
Zeitverhalten	time behaviour
Zustandsmatrix	state matrix
Zustandsraum	state space
Zweipunktregler	two point controller

www.ingramcontent.com/pod-product-compliance
Lightning Source LLC
Chambersburg PA
CBHW081225220326
41598CB00037B/6880